U0903840

AutoCAD 2009 工程绘图及 Solid Edge、UG 造型设计

第 2 版

主　编　姚涵珍　周桂英　楚大庆　郭志全

参　编（按章节顺序排序）

刘合荣　邢鸿雁　郑圣子　于海艳

机 械 工 业 出 版 社

本书由浅入深、循序渐进，系统地介绍了使用 AutoCAD 2009 进行计算机绘图的方法和技巧；同时对 Solid EdgeV20、UG NX4.0 主要内容结合实例进行了较详细的介绍。全书共分 5 篇 22 章。第 1 篇（第 1～3 章）AutoCAD 2009 基础，内容包括 AutoCAD 2009 新增功能；工程绘图快速入门及其所涉及的 AutoCAD 2009 最基本的绘图、编辑命令。第 2 篇（第 4～9 章）AutoCAD 2009 二维绘图，包括绘制各种平面图形、组合体、机件的表达方法、零件图、装配图画法及 AutoCAD 2009 中的设计中心；常用绘图、编辑命令；尺寸、极限与配合、形位公差的标注；剖面线、图块和属性（用属性标注表面粗糙度）、文本注写。第 3 篇（第 10～13 章）AutoCAD 2009 三维几何造型及其二维图的自动生成，包括三维绘图基础，三维基本体素绘制的方法，三维组合体及其视图、剖视图的自动生成，由三维实体生成二维视图或剖视图。第 4 篇（第 14～17 章）Solid EdgeV20 三维实体造型及零件装配，包括 Solid EdgeV20 三维实体造型的基础、特征造型方法、零件装配、装配体高级功能。第 5 篇（第 18～22 章）UG NX4.0 造型设计，包括 Unigraphics 基本操作、草图、特征造型、工程图、装配。

本书适合作为大专院校师生、研究生、广大工程制图技术员和工程师学习的教材及软件培训班的培训教材。

图书在版编目（CIP）数据

AutoCAD2009 工程绘图及 Solid Edge、UG 造型设计 / 姚涵珍等主编．—北京：机械工业出版社，2008.8（2011.2 重印）
ISBN 978-7-111-24714-2

Ⅰ.A… Ⅱ.姚… Ⅲ.①工程制图：计算机制图—应用软件，AutoCAD 2009②工业产品—造型设计：计算机辅助设计—应用软件，Solid Edge、UG Ⅳ.TB237 TB472-39

中国版本图书馆 CIP 数据核字（2008）第 107871 号

机械工业出版社（北京市百万庄大街 22 号 邮政编码 100037）
责任编辑：周国萍
封面设计：姚 毅 责任印制：李 妍
北京振兴源印务有限公司印刷
2011 年 2 月第 2 版第 5 次印刷
184mm×260mm·23.25印张·574 千字
9501－10500 册
标准书号：ISBN 978-7-111-24714-2
定价：38.00 元

凡购本书，如有缺页、倒页、脱页，由本社发行部调换
电话服务
社服务中心：（010）88361066
销 售 一 部：（010）68326294
销 售 二 部：（010）88379649
读者服务部：（010）68993821
策划编辑：（010）88379733
网络服务
门户网：http：//www.cmpbook.com
教材网：http：//www.cmpedu.com
封面无防伪标均为盗版

第 2 版前言

本书是在第 1 版《AutoCAD 2005 工程绘图及 Solid Edge、UG 造型设计》的基础上，精辟地讲授了用 AutoCAD 2009 进行工程绘图的要点、思路、方法及技巧；同时对 Solid EdgeV20、UG NX4.0 主要内容结合实例进行了较详细的介绍。这样，有利于学生学习最新的造型设计软件，也有利于教学。

在内容上，本书作了如下较大的改进：

1）所有章节的内容都按 AutoCAD 2009、Solid Edge V20、UG NX4.0 升级提高。

2）AutoCAD 2009 与以前版本相比，对用户界面进行了重大改进，使许多操作变得更加直观和实用，增强和增加了大量的功能。同时，AutoCAD 2009 全面提升了工程设计的能力，使读者能更加注重于自己的设计。

3）UG NX4.0 在建模上有重大改进，简化了创建和重定义自由形状的工作流程；增加了高动态范围图像（HDRI）的基于图像的灯光，从而增强了 NX 的渲染和可视化工具；增加了新的翻边、腔体和凸台建模功能，这些是汽车行业车身设计中常用的功能。

4）Solid Edge V20 提供的新工具使 AutoCAD 的老用户在与原有 AutoCAD 系统非常一致的界面查看数据，可从 AutoCAD 庞大的用户群中挖掘出更多的潜力。

全书共分 5 篇 22 章。第 1 篇（第 1～3 章）AutoCAD 2009 基础，包括 AutoCAD 2009 新增功能、工程绘图快速入门及其最基本绘图、编辑命令和精确绘图；第 2 篇（第 4～9 章）AutoCAD 2009 二维绘图，包括绘制各种平面图形、组合体、剖视图、零件图、装配图及其常用绘图、编辑命令，尺寸、极限与配合、形位公差的标注，剖面线、图块和属性（用属性标注表面粗糙度）、文本注写，AutoCAD 设计中心；第 3 篇（第 10～13 章）AutoCAD 2009 三维几何造型及其二维图的自动生成，包括三维绘图基础，创建、编辑三维曲面，三维实体以及三维实体的布尔运算、着色、渲染等，三维实体的剖切及三维实体的尺寸标注，由三维实体生成视图、剖视图；第 4 篇（第 14～17 章）Solid Edge V20 三维实体造型及零件装配，包括 Solid Edge 三维实体造型的基础、特征造型方法、零件装配、装配体高级功能；第 5 篇（第 18～22 章）UG NX4.0 造型设计，包括 Unigraphics 基本操作、草图、特征造型、工程图、装配。

本书的最大特点是以工程制图为主线，AutoCAD 2009、Solid Edge V20、UG NX4.0 为软件平台，将典型机械工程图的绘制贯穿始终，用工程图的实例引导读者快速入门，循序渐进，精辟地讲授了用 AutoCAD、Solid Edge、UG 进行工程绘图的要点、思路、方法及技巧。因而可以作为大专院校师生、研究生、广大工程制图技术员和工程师学习的教材。

参加本书编写的有：周桂英（第 1、2、3、9、10、13 章），楚大庆（第 4、7、8 章），刘合荣（第 5 章），邢鸿雁（第 6 章），姚涵珍（第 11 章），于海艳（第 14、15、18、19、22 章），郑圣子（第 12、16、17 章），郭志全（第 20、21 章）。全书由姚涵珍、周桂英、楚大庆、郭志全任主编。

由于编者水平有限，书中不当之处在所难免，恳请读者批评指正。

编者

第 1 版前言

AutoCAD 是美国 Autodesk 公司开发的专门用于计算机辅助绘图和设计软件包，具有易于掌握、使用方便、绘图精确和体系结构开放等优点；Unigraphics（简称 UG）是由美国 EDS 公司推出的一个功能强大的应用软件，它针对整个产品开发的全过程，从产品的概念设计直到产品建模、分析和制造；Solid Edge 是一个用于进行机械装配、零件建模和图样制作的计算机辅助设计（CAD）系统。因此，AutoCAD、Solid Edge、UG 是 CAD 族群中在全世界使用最为普遍的几种软件，广泛应用于机械、建筑、电子、航天、造船、石油化工、土木工程、冶金、农业气象、纺织、轻工等行业。

AutoCAD2005 是 Autodesk 公司开发的最新版本，该版本绘图功能更加强大，在运行速度、图形处理、网络功能等方面都达到了崭新的水平；UG 集成软件能够让工业设计人员快速使模型概念化，生成光照、颜色效果，渲染生成逼真实体，并可使工业设计者自由地表达其设计思想，提供与产品设计过程中的其他小组人员之间高水平地协同工作；Solid Edge 是采用“流”技术开发的，具有优异的软件性能和友好的用户界面，因而更易于学习、使用。Solid Edge 还提供了单独的环境来供用户创建零件、构建装配体和自动生成工程图样。

全书共分 5 篇 22 章。第 1 篇（第 1～3 章）AutoCAD 2005 基础，包括 AutoCAD 2005 新增功能、工程绘图快速入门及其最基本绘图、编辑命令和精确绘图；第 2 篇（第 4～9 章）包括绘制各种平面图形、组合体、剖视图、零件图、装配图及其所需的常用绘图、编辑命令，尺寸、极限与配合、形位公差的标注，剖面线、图块和属性（用属性标注表面粗糙度）、文本注写，AutoCAD 设计中心；第 3 篇（第 10～13 章）AutoCAD 三维绘图，包括三维绘图基础，创建、编辑三维曲面、三维实体以及三维实体的布尔运算、着色、渲染等，三维实体的剖切及三维实体的尺寸标注，由三维实体生成视图、剖视图；第 4 篇（第 14～17 章）Solid Edge 三维实体造型及零件装配，包括 Solid Edge 三维实体造型的基础、特征造型方法、零件装配、装配体分解；第 5 篇（第 18～22 章）UG 工业设计，包括 UG NX 基本操作、草图模式、零件的三维实体造型、工程图的自动生成、由零件进行三维装配、三维装配体的分解。

本书由长期从事大学工程制图、AutoCAD、Solid Edge、UG 应用开发的专家教授和讲师（研究生）编写，是长期教学经验的结晶，实力强大的作者队伍确保了本书的质量。本书的最大特点是以工程制图为主线，AutoCAD 2005、Solid Edge V15、UG NX2.0 为软件平台，将典型的机械工程图的绘制贯穿始终，用工程图的实例引导读者快速入门，循序渐进，精辟地讲授了用 AutoCAD、Solid Edge、UG 进行工程绘图的要点、思路、方法及技巧。因而不失为大专院校师生、研究生、广大工程制图技术员和工程师学习的好教材。

参加本书编著的有：周桂英副教授（第 1、2、3、9、10、13 章），楚大庆副教授（第 4、7、8 章），刘桂英副教授（第 5、6 章），姚涵珍教授（第 11、12 章），于海艳讲师研究生（第 14、15 章），郑盛梓讲师研究生（第 16、17 章），范富才讲师研究生（第 18、19、22 章），郭志全讲师研究生（第 20、21 章）。全书由姚涵珍、周桂英、楚大庆任主编。

由于编者水平有限，书中会有不少不当之处，恳请读者批评指正。

编者

2005 年 5 月

目　录

第2篇 AutoCAD 2009 二维绘图

第 4 篇 Solid Edge V20 三维实体造型及零件装配

第 5 篇 UG NX4.0 造型设计

第1篇　AutoCAD 2009 基础

第1章　AutoCAD 2009 新增功能简介

AutoCAD 2009 与以前版本相比，对用户界面进行了重大改进，使许多操作变得更加直观和实用，增强和增加了大量的功能。将直观强大的概念设计和视觉工具结合在一起，促进了 2D 设计向 3D 设计的转换。AutoCAD 2009 软件整合了制图和可视化，加快了任务的执行，能够满足读者的需求和偏好，能够更快地执行常见的 CAD 任务，更容易找到那些不常见的命令。新版本也能通过让读者在不需要软件编程的情况下自动操作制图，从而进一步简化了制图任务，极大地提高了效率。可以使读者更简捷、方便地使用软件，全面提升了工程设计的能力，使读者能更加注重于自己的设计。概括起来，主要有以下几个方面。

1.1　AutoCAD 2009 新增 Menu Browser（菜单浏览器）

AutoCAD 2009 用户界面左上角新增一个菜单浏览器。

调用方式：单击菜单浏览器图标。

菜单浏览器可以方便地访问不同的项目，包括命令和文档。单击菜单浏览器，显示一个垂直的菜单项列表，如图 1-1 所示。它用来代替以往水平显示在 AutoCAD 窗口顶部的菜单。读者可以选择一个菜单项来调用相应的命令。菜单浏览器顶部的查找工具使读者能够查找关键项目的 CUI 文件。例如，当在查找域里输入 Line 后，AutoCAD 会动态过滤查找选项来显示所有包含 Line 单词的 CUI 条目（Linetype、Command Line、Line、Multiline 等）。读者可以单击列表中的一个项来调用相应的命令。

除了访问命令外，菜单浏览器还可以让读者查看和访问最近打开的文档。读者可以以图标或小、中、大预览图来显示文档名，方便读者更好地分辨文档，如图 1-2 所示。当鼠标在文档名上停留时，会自动显示一个预览图形和其他的文档信息，如图 1-3 所示。读者可以按顺序列表来查看最近访问的文档，也可以组织文档以日期或文件类型显示，如图 1-4 所示。

除了最近访问的文档，菜单浏览器还能方便地访问最近执行的动作。读者可以查看最近执行动作的列表，然后选择一个来重复执行；也可以通过菜单浏览器中的右键菜单，固定一个最近访问的文档或执行动作让它保留在列表中，或通过右键菜单清除最近访问的文档及执行动作列表。

1.2　AutoCAD 2009 新增 Quick Properties（快捷特性）工具

新增的快捷特性工具可以让读者就地查看和修改对象属性，而不用求助于属性面板。

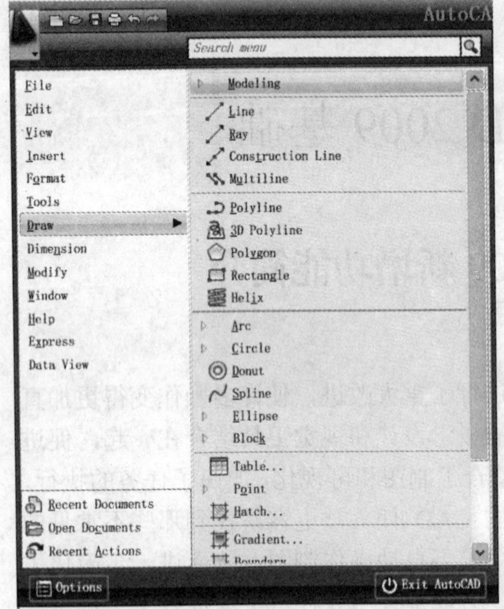

图 1-1　垂直的菜单项列表

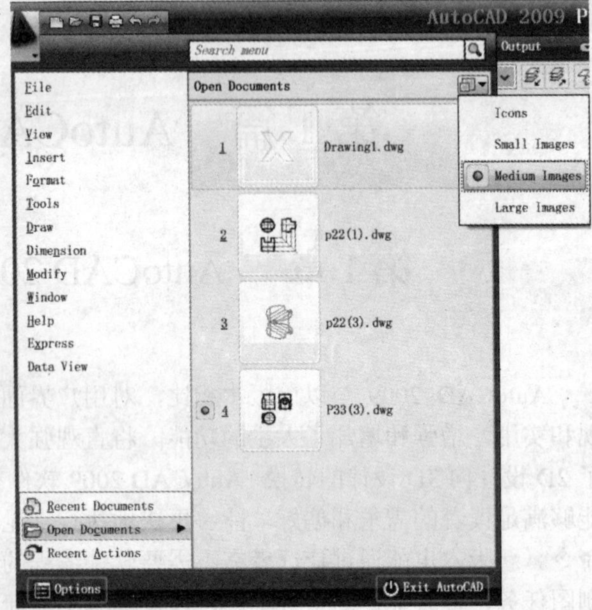

图 1-2　以图标或预览图来显示文档名

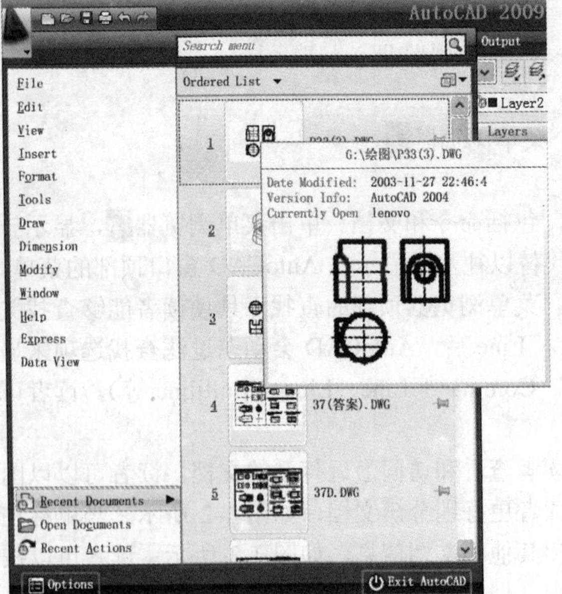

图 1-3　自动显示的预览图形

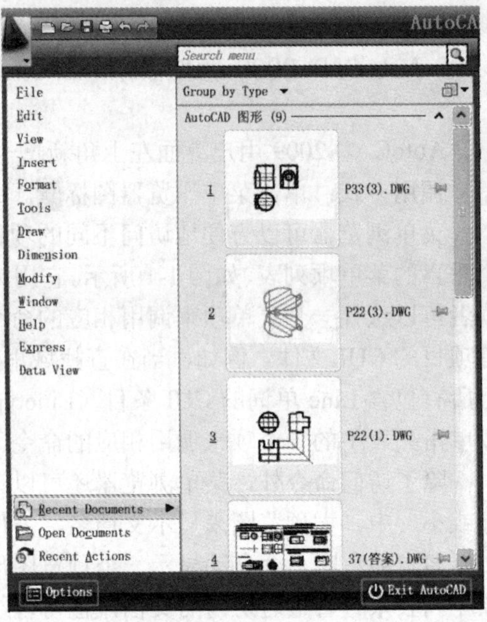

图 1-4　文档以 Group by Type（日期）分组

调用方式：单击状态栏快捷特性图标。打开快捷特性后，只要选择一个对象，它的属性就会显示，以方便读者编辑，如图 1-5 所示。读者可以通过 CUI 来控制每个对象属性的显示，还可以在草图设置对话框新增的选项卡中，设置快捷特性面板的位置模式和大小。

1.3　AutoCAD 2009 新增 Record（动作录制器）

新增的动作录制器可以让读者快速而简单地录制绘图步骤，以便重复使用。

调用方式：在功能区选项板中单击 Tools（工具）选项，如图 1-6 所示。然后在动作录制器面板上单击“Record”（录制）按钮。

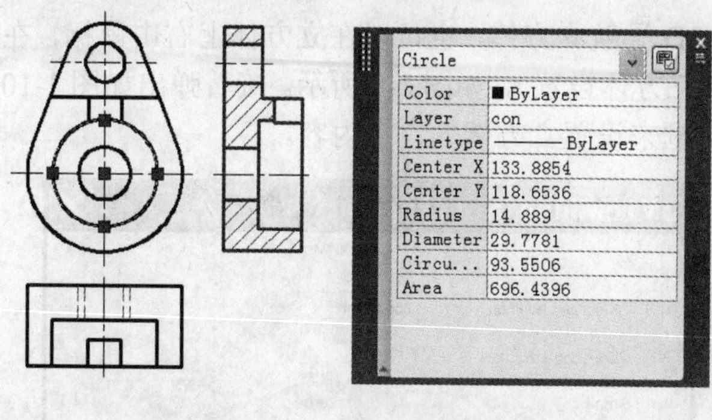

图 1-5　Quick Properties（快捷特性）属性显示

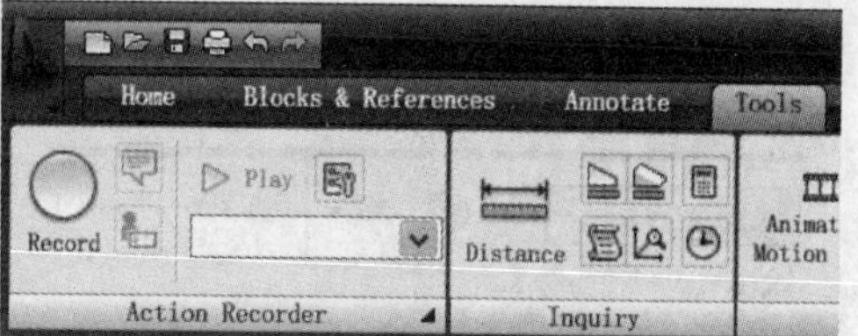

图 1-6　Record（动作录制器）

单击“Record”（录制）按钮后，就可以录制读者的操作步骤。

“动作录制器”可以录制下面这些动作：命令行、工具栏、Ribbon 面板、下拉菜单、属性窗口、层属性管理器和工具面板。完成录制后，只要单击一下“停止”按钮就可以了。接着提示输入一个宏名，然后宏会以文本的形式出现在一个框中。一个扩展名为.actm 的文件会被保存在“选项”中设定的目录下。

注意：宏除了层管理器和属性面板外，不会认其他的对话框。所有其他的带对话框的命令需要在命令行上运行（在命令行前面加一个短划线“-”）。例如：-HATCH。宏会让读者进入对话框，但需要输入信息并手动退出。

1.4　AutoCAD 2009 新增 Quick View Layouts 与 Quick View Drawings（快速查看布局与图形）

新增的快速查看布局与图形，可以方便读者浏览和操控当前图形的模型与布局特征。

调用方式：单击状态栏中图标。

当选择快速查看布局图标时，会看到布局的缩略图。可以按住 Ctrl 键，然后使用鼠标滚轮来动态改变图像的尺寸。当选择快速查看图形图标时，会看到打开的图形和它们的布局预览。当从图形预览移动鼠标到它的一个布局时，缩略图的大小会改变，查看的焦点会从图形变成布局。可以按住 Ctrl 键，然后用鼠标来动态改变图像的尺寸。

1.5　AutoCAD 2009 新增 ViewCube（3D 导航立方体）

新增的 Cube 命令会非常直观地显示 3D 导航立方体，如图 1-7 所示。

图 1-7　3D 导航立方体

调用方式：在命令行中键入 Cube 命令，或在功能选项板 Home 标签上的 Viwe（视图）面板上单击 ViewCube Display（显示立方体）按钮（3D 可视样式必须被激活），如图 1-8 所示。

当 3D 导航立方体打开后，鼠标在立方体上移动时，会变成活动的，热点会亮显。单击一个热点来恢复相关的视图。

可以使用显示立方体底部的罗盘在视图之间进行切换。选择并拖动罗盘上任一字母在同一个平面上旋转当前视图。

可以通过 Cube 命令打开、关闭或设置 3D 导航立方体，也可以在立方体上右击鼠标，在显示的菜单中，选择“ViewCube Settings”（立方体设置），如图 1-9 所示。接着弹出如图 1-10 所示对话框。读者可以通过立方体设置对话框来设置立方体的许多内容。

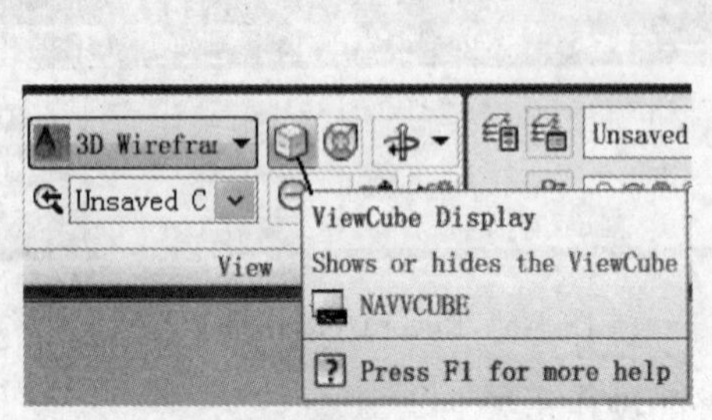

图 1-8　在 Viwe（视图）面板上激活 ViewCube（导航立方体）

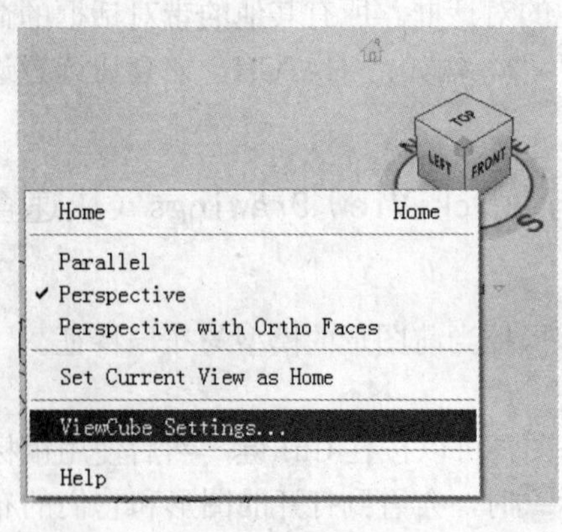

图 1-9　右键 ViewCube Settings 菜单

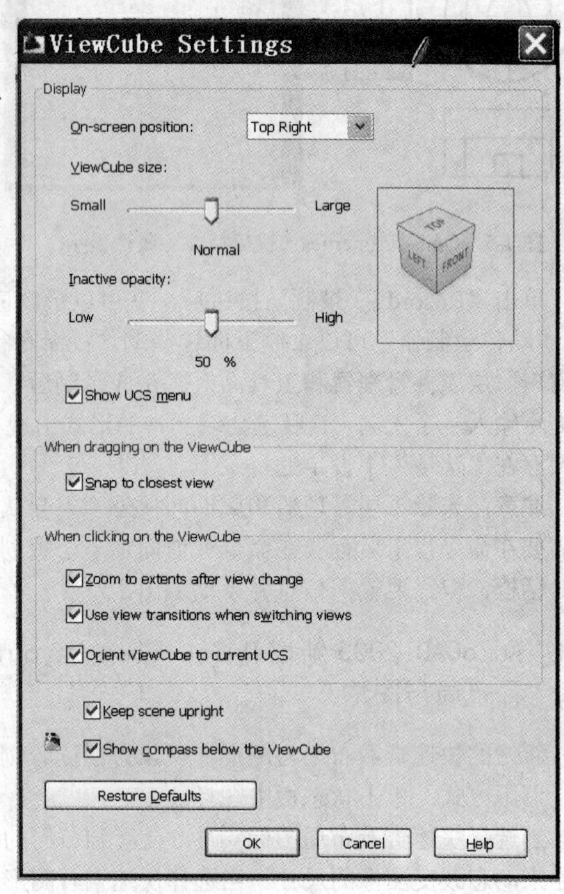

图 1-10　“ViewCube Settings”（立方体设置）对话框

读者在坐标系统的下拉列表中选择 UCS 或 WCS（也可以在这个下拉列表中创建一个新的 UCS）。

提示：单击立方体上方的房子标记，可以快速返回到初始视图。初始视图可以通过快捷菜单设置。

1.6　AutoCAD 2009 新增管理工作空间

1. 管理工作空间

新的工作空间提供了读者使用得最多的二维草图与注释工具直达访问方式。它包括菜单、工具栏和工具选项板组及面板。二维草图与注释工作空间以 CUI 文件方式提供，以便读者将其整合到自己的自定义界面中。除了新的二维草图与注释工作空间外，三维建模工作空间也做了一些增强。

2. 使用面板

在 AutoCAD 2009 版本中，使用面板有新的增强。它包含了 9 个新的控制台，更易于访问图层、注解比例、文字、标注、多种箭头、表格、二维导航、对象属性以及块属性等多种控制。

可使用自定义用户界面（CUI）工具来自定义面板控制台。用户界面还有更加自动化的一项，就是当从面板中选定一个工具时，如果该选定的面板控制台与一个工具选项板组相对应，则工具选项板将自动显示该组。例如，在面板上调整一可视样式属性，此时，样式选项板组将自动显示。

3. 使用选项板

在该版本中，可基于现有的几何图形，创建新的工具选项板工具，当从图形中拖动对象到非活动的工具选项板时，AutoCAD 会自动激活它，使读者将对象放入相应的位置。

可自定义工具选项板关联工具的图标，通过在工具上右键单击出现菜单，选择新的“指定图像”菜单项来完成。如果以后不想再使用选定的图像作为该工具的图标，可通过右键菜单项来移除它。移除后，将恢复原来默认的图像。

当修改工具选项板上的工具位置，它们的顺序将保持到工具目录（除非目录文件为只读）和配置文件中。这样，不需要人工修改工具就可以和别人共享工具选项板。

新的 Tpnavigate 命令可以通过命令行来设置工具选项板或工具选项板组。

1.7 AutoCAD 2009 增强的自定义用户界面

自定义用户界面（CUI）对话框做了更新，变得更强更容易使用。增强了窗格头、边框、分隔条、按钮和工具提示。在 CUI 对话框打开的情况下，可直接在工具栏中拖放按钮重新排列或删除。另外，可粘贴或复制 CUI 中的命令、菜单、工具栏等元素。

命令列表屏包含了新的搜索工具，这样就可以过滤所需要的命令名。只需简单将鼠标移动到命令名上就可查看关联于命令的宏，也可将命令从命令列表中拖放到工具栏中。

新的面板节点可让读者自定义 AutoCAD 面板中的选项板。自定义面板选项板和自定义工具栏十分相似，可以在 CUI 对话框中编辑，也可以直接在面板中编辑。另外，可以通过从工具节点中拖动工具栏到面板节点中的方法在面板选项板中创建一新的工具行。

当在自定义树中选定工具条或面板时，选定的元素将会以预览的方式显示在预览屏中。可从自定义树中或命令列表中直接拖动命令，将它们拖放到工具条/预览屏。可以在预览屏中拖动工具来重新排列或删除。如在预览屏中选定了某个工具，在自定义树和命令列表中与该工具关联的工具会自动处于选定状态。同样，在自定义树中选定了工具，在预览屏中和命令列表中相关的工具也会自动高亮。当鼠标划过图像时，工具提示每个按钮图标的名称。

当通过在工具条、工具选项板或面板屏中使用右键菜单中的自定义项来访问 CUI 对话框时，此时打开的是简化的对话框，对话框中只有命令列表显示，也可以使用新的 QUICKCUI 命令来访问 CUI 的简化状态。

第 2 章　AutoCAD 2009 基本知识

AutoCAD 是当今世界最流行的绘图软件之一，是一个集二维绘图、三维绘图及设计为一体的大型 CAD 软件。它综合了计算机知识和工程制图知识，具有易于掌握，使用方便，体系结构开放等优点。本章主要讲述 AutoCAD 2009 的基本功能；如何安装、启动和退出；AutoCAD 2009 的工作空间及 AutoCAD 2009 的命令执行方法。

2.1　AutoCAD 2009 的基本功能

2.1.1　AutoCAD 2009 的二维绘图功能

AutoCAD 2009 提供了一组对象（Line、Circle、Arc 等）来构造图形。对象就是绘图时所用的图形元素（图元），用一条命令就可以将一个对象画进图中。除常用的直线、圆以外，文本、属性、尺寸标注等也是对象。下面列出了一些常用的对象类型：

1）点：可用点、方块等多种形式绘制，其位置用二维或三维坐标给定。

2）直线：用二维或三维坐标给定，线型和线宽可以设置。

3）圆和圆弧：有多种画圆和圆弧的方法，可以设置不同的线型和线宽。

4）文本：有多种书写文本的方法，可用多种不同的字体，并且可有各种排列方式。

5）实心体：可构造任意给定宽度的粗线条，也可填充任意形状的带色实心体。

6）形：具有特定形状的图形元素，由读者定义生成并存储在特殊的形文件中，在绘图时可调入到图形中的某一指定位置上。

7）块：由多个图形对象组成的复杂图形，可作为一个整体插入到任意图形中去，插入时可改变块的大小和方向。

8）多义线：二维多义线可以由直线和圆弧组成，三维多义线是由直线段组成的一般三维实体。

9）尺寸标注：提供线型、半径和角度三种基本的标注类型，以及水平、垂直、对齐、旋转、坐标、基线和连续等一般标注。此外，还提供引线标注、公差及自定义表面粗糙度标注。

2.1.2　AutoCAD 2009 的二维图形编辑功能

在建立一张新图或将一张已经存在的旧图调出进行某些修改，使之成为另一张新图的过程中，AutoCAD 2009 提供了很强的对图形进行修改编辑的功能，如删除、恢复、移动、复制、镜像、旋转、阵列、修剪、拉伸、画过渡圆角、倒角等。同时还提供辅助绘图的功能，如栅格定位、自动捕捉、自动跟踪和辅助作图线等。

2.1.3　图形显示功能

AutoCAD 2009 提供了多种方法观看生成过程中的图形或是已经完成的图形。这些功能主要有：

1）缩放：改变当前视窗中图形的视觉尺寸，以便清晰观察图形的全部或者某一部分的细节。

2）漫游：通过当前窗口漫游一幅图形，相当于窗口不动，在窗口后上、下、左、右移动一张大图形，漫游观看图上的不同部分。

3）三维视图控制：能选择不同的视点或投影方向，显示轴测图、透视图或平面图；能消除三维显示中的隐藏线，产生阴影及表面着色；能实现三维动态显示及物体内部（如建筑物）的三维显示。

4）多视窗控制：能将整个屏幕分成多个视窗，每个视窗都可以单独进行各种显示并能定义独立的用户坐标系。

5）重画或重新生成图形：在当前视窗或全部视窗中根据坐标系统的变化对所有的图形数据进行重新运算和生成。

2.1.4 三维实体造型功能

AutoCAD 2009 进一步完善了 AME（Advanced Modeling Extension）模块，并且使其操作与二维操作类似。AME 是一个三维实体造型模块，主要功能有：

1）参数化基本体素生成：能生成长方体、圆柱体、球、楔形体、圆锥与圆环等，还可以生成经旋转和拉伸（平移扫描）而成的形体。

2）立体的布尔运算：立体经过并、交、差等布尔运算，可生成复杂的形体，也可分解复杂的形体。

3）立体的编辑：可对立体进行倒角、圆角、移动、改变体素属性等操作，其三维实体建模核心 ACIS 系统可以通过体、面、边的编辑技术灵活编辑 ACIS 三维实体。

4）立体的显示：三维模型的显示，可以在动态旋转下以任意一种模式执行三维线框、三维消隐线框、平面渲染、光滑渲染、平面渲染加显示棱边、光滑渲染加显示棱边等操作。

5）生成二维视图：可以在三维动态旋转模式下方便地选择各种标准的视图方向，产生工程中经常使用的各种标准视图，如主视图、俯视图、左视图、轴测图以及剖面图。

2.1.5 系统的二次开发功能

AutoCAD 2009 不仅能够胜任二、三维绘图工作，而且还是一个良好的 CAD 二次开发的平台，系统提供的主要开发工具有：

1）用户能自定义屏幕菜单、下拉式菜单、图标菜单、图形输入板菜单和按钮菜单。

2）用户能定义与图形有关的一些属性，如线型、剖面线图案、文本字体、符号、样板图形等。

3）建立命令组文件（Script File），自动执行预定义的命令序列。

4）通过 DXF 或 IGES 等规范的图形数据转换接口，与其他 CAD 系统或应用程序进行数据交换，以实现不同系统之间的集成。

5）提供了一个完全集成在 AutoCAD 2009 内部的 Visual LISP 编程开发环境，读者可使用 LISP 语言定义新命令，开发新应用，迅速而方便地建立自己的高效解决方案。编译后的 Visual LISP 代码是二进制的，从而有助于保护软件算法和知识产权。

6）具有一个功能强大的编程接口 Object ARX，提供了对 AutoCAD 2009 进行二次开发的 C 语言编程环境与接口。可以从 Object ARX AcDb 的基本类中导出 AutoCAD 2009 的所有对象，因此，自定义的对象可以完全建立在已有的 AutoCAD 2009 对象库之上。

7）配备了更加丰富的 ActiveX 对象用于定义和编程。应用 AutoCAD ActiveX 技术，可以从 AutoCAD 内部或外部应用程序控制编程。

8）熟悉 Visual Basic 的读者还可以用 VBA（Visual Basic for Application）进行开发，这也是一个面向对象的编程环境，它具有与 VB 类似的特点，语法简单，功能强大。

2.2 AutoCAD 2009 的安装、启动与退出

2.2.1 软、硬件配置

1）Intel Pentium（r）Ⅲ 800MH 或更高的处理器。

2）Microsoft Windows XP Professional、Windows XP Home、Windows XP Tablet PC 或 Microsoft Windows 2000。

3）256MB RAM。

4）400MB 或更大的磁盘空间。

5）VGA 显示器，支持 1024×768 或更高的分辨率。

6）CD-ROM 驱动器。

7）鼠标或其他定标设备。

2.2.2 安装方法

在使用 AutoCAD 2009 之前，必须将其安装到计算机的硬盘中，安装过程如下：

1）首先将 AutoCAD 2009 的光盘放入光驱中，然后打开“资源管理器”或“我的电脑”，进入光盘的根目录下，找到软件包中的 PARADOX 文件。

2）双击“PARADOX”，运行该程序，显示欢迎安装画面。

3）单击“next”按钮，进入下一步操作，屏幕上显示出关于安装 Autodesk 软件的许可协议。

4）单击“I Accept”单选项，表示同意该协议，然后单击“next”按钮，进入下一步操作。在显示的界面中填入 AutoCAD 2009 产品序列号（Serial Number）和 CD KEY。

5）单击“next”按钮，进入填写用户信息的界面。在相应空栏中填入自己的信息。

6）单击“next”按钮，选中“Typical”（典型安装）。

7）单击“next”按钮，选择安装路径。AutoCAD 2009 安装时默认的安装目录是 C:\Program Files\AutoCAD 2009。

8）如果想改变默认安装路径，可单击“Browse”按钮，选择想要安装的路径。

9）选定了安装路径，单击“next”按钮，显示开始安装的确认信息。

10）确认无误后，单击“next”按钮，开始安装，安装界面将随时显示安装进程。

11）安装结束后，重新启动计算机。

12）软件安装结束后，在计算机桌面上创建一个快捷图标。

2.2.3 启动与退出

当要启动 AutoCAD 2009 时，只需双击桌面上的快捷图标即可。

当绘制编辑图形结束后，可以在快速访问工具栏中单击“保存”按钮，或单击“菜单浏览器”图标，在弹出的菜单中选择“File”（文件）→“Qsave”（保存）。在执行“Exit”（退出）命令时，若尚未保存修改后的图形，AutoCAD 2009 会提醒读者是否将修改后的图形存盘，单击按钮“是”或“否”直接退出 AutoCAD 2009。

2.3 AutoCAD 2009 的管理工作空间

AutoCAD 2009 的管理工作空间提供了 2D Drafting &Annotation（二维草图与注释）、3D Modeling（三维建模）和 AutoCAD Classic（经典）三种工作空间模式。

2.3.1 选择工作空间

要在三种工作空间模式中切换，只需单击菜单浏览器图标，在弹出的菜单中选择“Tools”（工具）→“Workspaces”（工作空间）菜单中的子命令，如图 2-1 所示；或在状态栏中单击切换工作空间图标，在弹出的菜单中选择相应的命令即可，如图 2-2 所示。

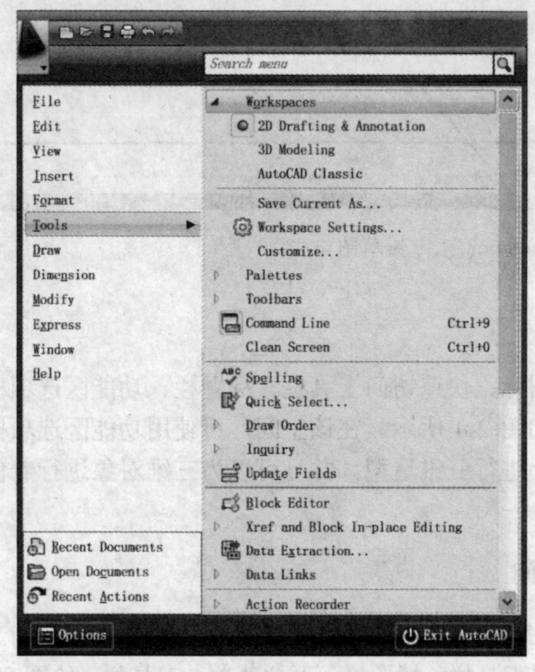

图 2-1 “Workspaces”（工作空间）

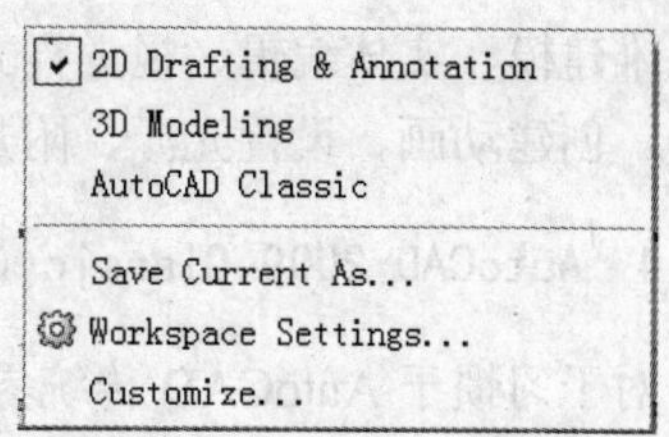

图 2-2 切换工作空间按钮菜单

2.3.2 2D Drafting&Annotation（二维草图与注释）空间

在默认状态下，打开二维草图与注释空间，其界面主要由菜单浏览器图标、快速访问工具栏、标题栏、功能区选项板、绘图窗口、命令行、状态栏等元素组成，如图 2-3 所示。在该空间中，可以使用绘图、修改、图层、特性、块、标注、文字等功能面板，绘制和编辑二维图形。

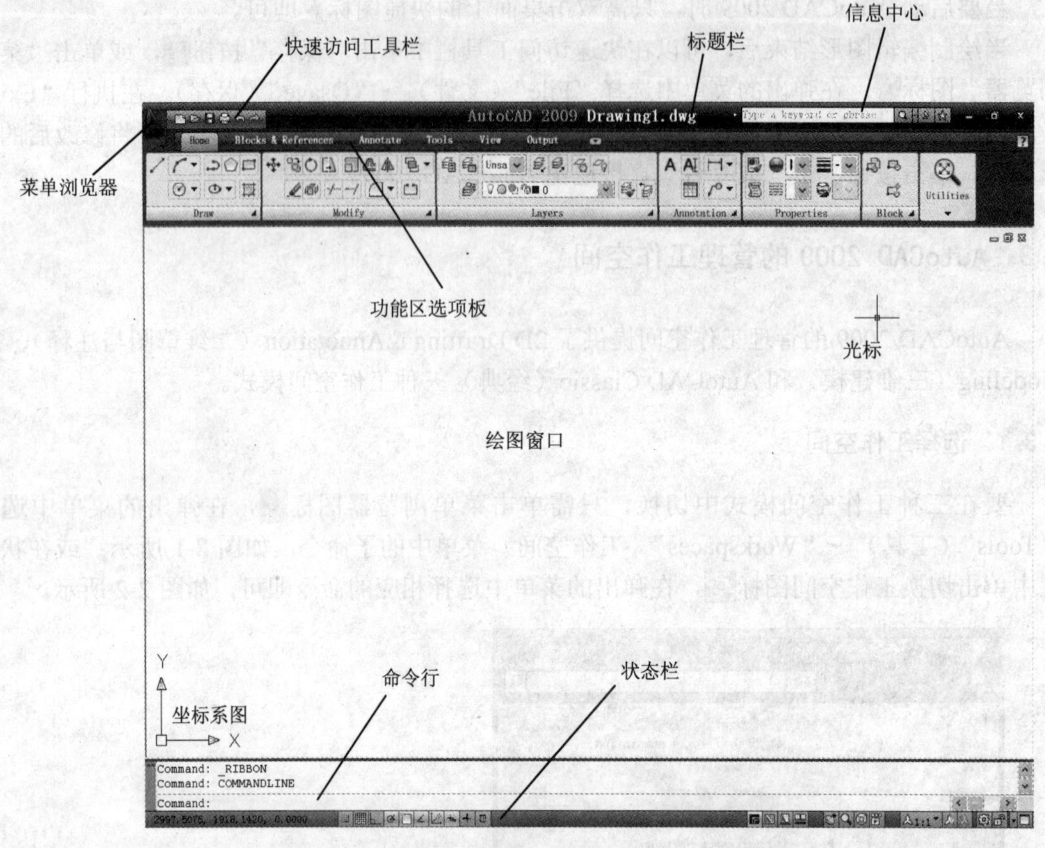

图 2-3 “2D Drafting &Annotation”（二维草图与注释）空间

2.3.3 3D Modeling（三维建模）空间

三维建模空间界面主要由菜单浏览器图标、快速访问工具栏、标题栏、功能区选项板、绘图窗口、命令行、状态栏等元素组成，如图 2-4 所示。在该空间，可使用功能区选项板中的三维建模、实体编辑、视觉样式等面板，进行三维造型；并且可以为三维对象进行着色、渲染，创建动画、设置光源、附加材质等。

2.3.4 AutoCAD 2009 Classic（经典）空间

对于习惯于 AutoCAD 传统界面的读者来说，可以使用“AutoCAD 经典”工作空间。该空间界面主要由菜单浏览器图标、快速访问工具栏、标题栏、下拉菜单、工具栏、绘图窗口、命令行、状态栏等元素组成，如图 2-5 所示。

2.3.5 AutoCAD 2009 工作空间的基本元素

AutoCAD 2009 三个工作空间都包含菜单浏览器图标、快速访问工具栏、标题栏、功能区选项板、绘图窗口、命令行与文本窗口、状态栏等元素。

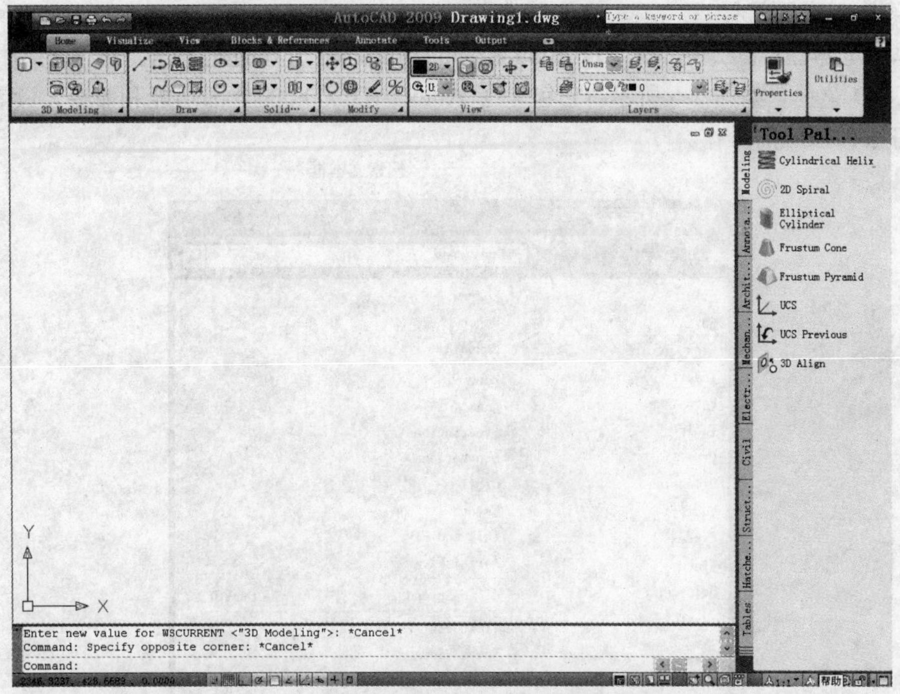

图 2-4 “3D Modeling”（三维建模）空间

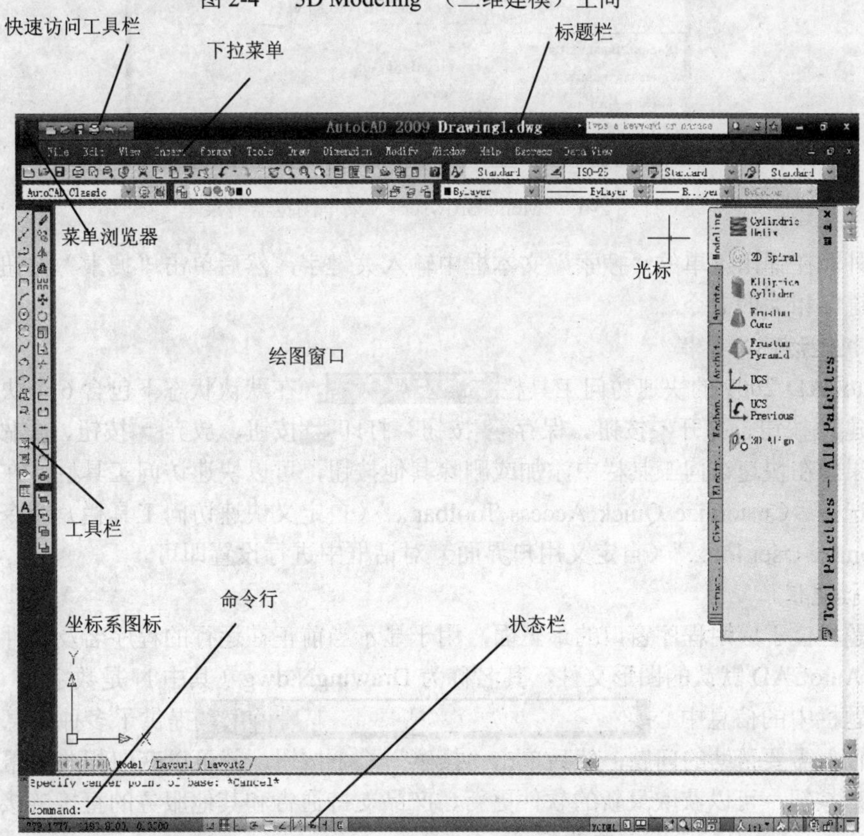

图 2-5 “AutoCAD 2009 Classic”（经典）空间

1. 菜单浏览器图标

菜单浏览器图标是 AutoCAD 2009 新增的功能，位于界面左上角。单击该图标，将弹出 AutoCAD 菜单，如图 2-6 所示。它包含了 AutoCAD 2009 的全部功能和命令，读者选择命令后即可执行相应的操作。

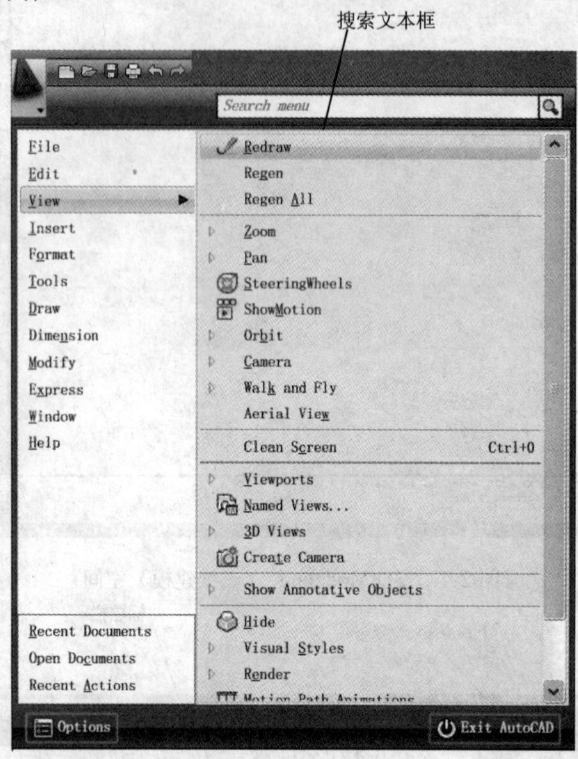

图 2-6 “Menu Browser”（菜单浏览器）菜单

另外，在弹出菜单的“搜索”文本框中输入关键字，然后单击“搜索”按钮，就可以显示与关键字相关的命令。

2. 快速访问工具栏

AutoCAD 2009 的快速访问工具栏，在默认状态下包含 6 个快捷按钮。分别为新建按钮、打开按钮、保存按钮、打印按钮、放弃按钮、重做按钮。

如果想在快速访问工具栏中添加或删除其他按钮，可以快速访问工具栏，在弹出的快捷菜单中选择“Customize Quick Access Toolbar...”（自定义快速访问工具栏）命令，在弹出的“Customize User Int....”（自定义用户界面）对话框中进行设置即可。

3. 标题栏

标题栏位于应用程序窗口的最上面，用于显示当前正在运行的程序名及文件名等信息，如果是 AutoCAD 默认的图形文件，其名称为 DrawingN.dwg（其中 N 是数字）。

标题栏中的信息中心 Type a keyword or phrase 提供了多种信息来源。在文本框中输入需要帮助的问题，然后单击“搜索”按钮，就可以获取相关的帮助。单击通信中心按钮，可以获取最新的软件更新、产品支持通告和其他服务的直接链接。单击收藏夹按钮，可以保存一些重要的信息。

单击标题栏右端的 按钮，可以最小化、最大化或关闭程序窗口。标题栏最左边是应用程序的小图标，单击它弹出一个 AutoCAD 窗口控制下拉菜单，利用该下拉菜单中的命令，可以进行最小化或最大化窗口、恢复窗口、移动窗口或关闭 AutoCAD 等操作。

4. 功能区选项板

功能区选项板是一种特殊的选项板，位于绘图窗口的上方，用于显示基于任务工作空间的按钮和控件。在默认状态下，在二维草图与注释空间中，功能区选项板有 6 个选项卡，即常用 Home、块和参照 Blocks & References、注释 Annotate、工具 Tools、视图 View、输出 Output。每个选项卡包含若干个面板，每个面板又包含众多由图标表示的命令按钮，如图 2-7 所示。

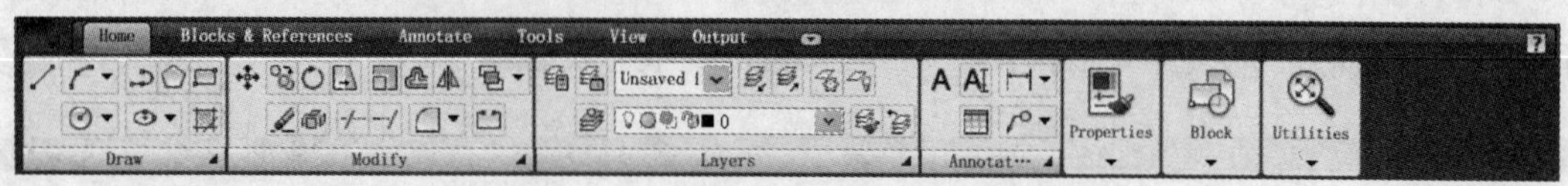

图 2-7 “Menu Browser”（菜单浏览器）按钮菜单

如果某个面板中没有足够的空间显示所有的工具按钮，单击右下角的三角按钮，可展开折叠区域。如图 2-8 所示为单击“Draw”（绘图）面板右下角的三角按钮后的效果。

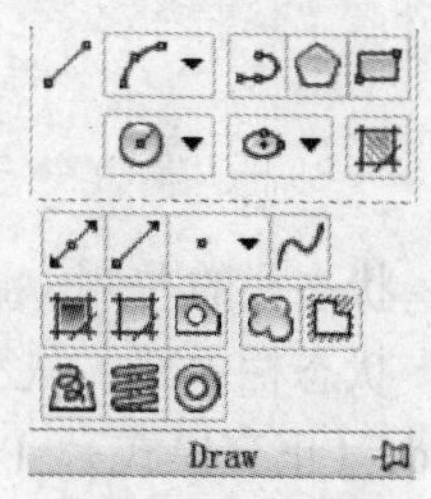

图 2-8 展开绘图面板

如果在选项卡后面单击最小化为面板标题按钮，选项板区域将只显示面板的标题，如图 2-9 所示。如果再次单击该按钮，只显示选项卡名称，如图 2-10 所示。此时，再单击该按钮，将恢复默认样式。

5. 绘图窗口

绘图窗口是读者绘图的工作区域，所用的绘图结果都反映在这个窗口中。读者可以根据需要关闭其周围和里面的各个工具栏、选项板等，以增大绘图空间。如果图纸比较大，需要查看未显示部分时，可以单击窗口右边与下边滚动条上的箭头按钮，或拖动滚动条上的滑块来移动图纸。

图 2-9 最小化为面板标题

图 2-10 只显示选项卡名称

在绘图窗口中除了显示当前的绘图结果外，还显示了当前使用的坐标系类型以及坐标原点，X、Y、Z 轴的方向等。在默认情况下，坐标系为世界坐标系（WCS）。

绘图窗口的右下方有“模型”和“布局”选项，单击可以在模型空间和图纸空间切换。

6. 命令行与文本窗口

1）命令行窗口位于 AutoCAD 2009 的底部，主要用来接受读者输入的命令，同时显示 AutoCAD 2009 系统提示的信息。AutoCAD 2009 命令行系统默认时只能显示 3 行目录，但读者可以通过“Options”对话框根据需要设置显示的行数。

2）AutoCAD 2009 文本窗口：文本窗口是放大了的“命令行”窗口，主要用于记录命令的执行过程，也可以用来输入新命令。读者可以在文本窗口内浏览本次打开图形文件后所进行的相关操作；也可以通过 Edit 下拉菜单粘贴相关操作到命令行重新执行，复制操作过程到文本文件从而保存操作过程。

如果需要查看以前输入的所有命令记录，可以按 F2 功能键，则 AutoCAD 2009 自动弹出“AutoCAD Text Window”（AutoCAD 文本窗口）窗口，该窗口会显示所有输入命令的记录。

7. 状态栏

状态栏如图 2-11 所示，用于显示和控制图形当前的状态。

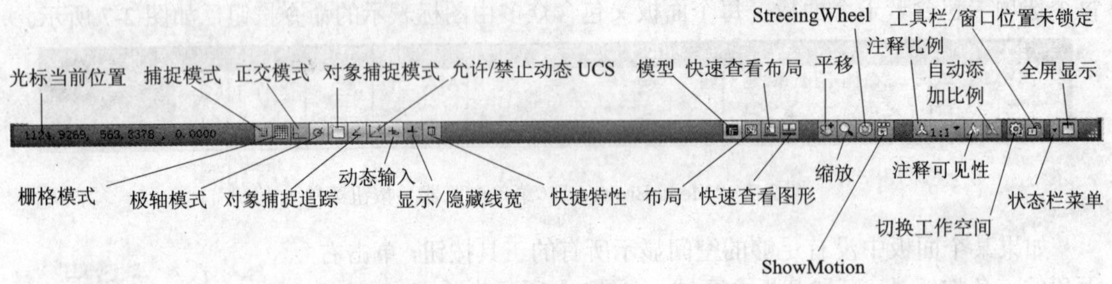

图 2-11　AutoCAD 2009 状态栏

状态栏的左侧，显示当前绘图区光标所在位置的 X、Y、Z 坐标。

状态栏中部，从左到右分别为 Snap Mode（捕捉模式）、Grid Display（栅格模式）、Ortho Mode（正交模式）、Polar Tracking（极轴模式）、Object Snap（对象捕捉模式）、Object Snap Tracking（对象捕捉追踪）、Allow/Disallow Dynamic UCS（允许/禁止动态 UCS）、Dynamic Input（动态输入）、Show/Hide Linewight（显示/隐藏线宽）、Quick Properties（快捷特性）等 10 个状态转换按钮，其功能如下：

1）Snap Mode（捕捉）功能：单击图标，打开捕捉设置。此时光标只能在 X 轴、Y 轴或极轴方向移动固定的距离（即精确移动）。单击菜单浏览器图标，在弹出的菜单中选择“Tools”（工具）→“Drafting Settings”（草图设置）命令，在打开的“Drafting Settings”（草图设置）对话框的 Snap Mode& Grid Display（捕捉和栅格）选项卡中设置 X、Y 轴或极轴捕捉间距。

2）Grid Display（栅格）功能：单击图标，打开栅格显示。此时屏幕上布满网点，好像坐标纸一样。读者可以控制显示或隐藏。其中，点与点之间的间距（即 X 轴和 Y 轴间距）也可通过“Drafting Settings”（草图设置）对话框的 Snap Mode& Grid Display（捕捉和栅格）选项卡来设置。

3）Ortho Mode（正交）功能：单击图标，打开正交模式，此时绘制水平或垂直线。

4）Polar Tracking（极轴）功能：单击图标，打开极轴追踪模式。在绘制图形时，系统将根据设置显示一条追踪线，可在该追踪线上根据提示精确移动光标，从而进行精确绘图。在默认情况下，系统预设了 4 个极轴，与 X 轴的夹角分别为 0°、90°、180°、270°（即角增量为 90°）。Polar Tracking（极轴）选项卡设置角度增量。

5）Object Snap（对象捕捉）功能：单击图标，打开对象捕捉模式。在绘图过程中，可以使用对象捕捉模式自动捕捉到关键点，例如端点、中点、圆心和交点等。可以使用“Drafting Settings”（草图设置）对话框的 Object Snap（对象捕捉）选项卡设置对象捕捉模式。

6）Object Snap Tracking（对象捕捉追踪）功能：单击图标，打开对象捕捉追踪模式。可以帮助读者按指定的角度增量来追踪点，或沿着基于目标捕捉到的关键点辅助线方向追踪。

7）Allow/Disallow Dynamic UCS（允许/禁止动态 UCS）功能：单击图标，可以允许或禁止动态 UCS。

8）Dynamic Input（动态输入）功能：单击图标，绘图时将自动显示动态输入文本框，方便绘图时设置精确数值。

9）Show/Hide Linewight（显示/隐藏线宽）功能：单击图标，可以显示或隐藏图形对象的线宽。

10）Quick Properties（快捷特性）功能：单击图标，可以显示对象的快捷特性面板，帮助读者快捷编辑对象的一般特性。通过“Drafting Settings”（草图设置）对话框的 Quick Properties（快捷特性）选项卡设置快捷特性面板的位置模式和大小。

AutoCAD 2009 状态栏中的其他选项：

1）：Model（模型）与 Layout（布局）转换图标。

2）：Quick View Layouts（快速查看布局）与 Quick View Drawings（快速查看图形）图标。单击该图标，可以浏览和操控当前图形的模型与布局个性特征。

3）：Pan（平移）图标。

4）：Zoom（缩放）图标。

5）：SteeringWheel 图标。单击该图标，可以打开控制盘来追踪光标在绘图窗口中的移动，并且提供了控制二维和三维图形显示的工具。

6）：ShowMotion 图标。单击该图标，可以访问当前图形中已存储并按类别组织起来的一系列活动的命名视图。

7）在 AutoCAD 2009 的状态栏中还包含一个图形状态栏，含有 Annotation Scale（注释比例）、Annotation Visibility: Show Annotative objects for all scale（注释可见性）、Annomatically add Scale to Annotative objects When the Annotation Scale changes（自动添加比例）3 个按钮，其功能如下：

① ：Annotation Scale（注释比例）图标。单击该图标，可以更改对象的注释比例。

② ：Annotation Visibility: Show Annotative objects for all scale（注释可见性）图标。单击该图标，可以用来设置仅显示当前比例的可注释对象或显示所有比例的可注释对象。

③ ：Annomatically add Scale to Annotative objects When the Annotation Scale changes（自动添加比例）图标。单击该图标，可在更改注释比例时自动将比例添加到可注释对象。状态栏右下角还有四个图标，用来快速访问常用功能。

8）：Workspace Switching（切换工作空间）图标。单击该图标，可以在二维草图与注释、三维建模、AutoCAD 经典，三种工作空间模式中切换。

9）：Toolbar/Window positions Unlocked（锁定工具栏）图标。单击该图标，可以控制是否锁定工具栏或图形窗口在图形界面上的位置。

10）：Application Status Bar Menu（状态栏菜单）图标。单击该图标，可以控制状态行中功能图标的显示与隐藏，或更改状态托盘设置。

11）：Clean Screen（全屏显示）图标。单击该图标，可以隐藏 AutoCAD 窗口中功能区选项板界面元素，使 AutoCAD 的绘图窗口全屏显示。

2.3.6 AutoCAD 2009 经典空间菜单

AutoCAD 2009 经典空间提供菜单驱动。菜单是读者在 AutoCAD 2009 经典空间进行绘图工作的一个主要工具。系统提供了多种菜单让读者选用，如工具栏菜单、下拉菜单、屏幕菜单、图标菜单和快捷菜单等。

1. 工具栏菜单

工具栏菜单具有典型的 Windows 菜单风格，每个菜单包含一组相关命令，如图 2-12 所示的“Draw”工具栏菜单就包含绘制图形实体的相关命令，每个命令均以形象的图形按钮方式显示，很容易识别和记忆。

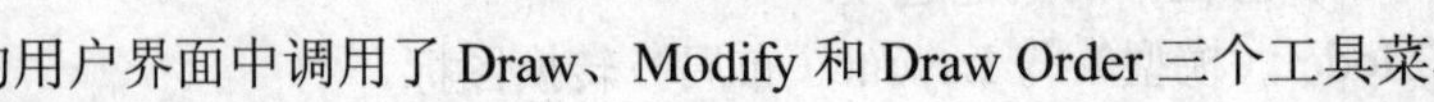

图 2-12 “Draw”工具栏菜单

默认状态的用户界面中调用了 Draw、Modify 和 Draw Order 三个工具菜单。如想调用其他工具栏菜单或关闭当前的工具栏菜单，可在任意一个工具栏按钮上单击右键，从弹出的快捷菜单中单击要显示或隐去的工具栏名称，带有打开标记“√”的工具栏将作为浮动工具栏立即显示在屏幕上；而没有标记的则被隐去，如图 2-13 所示。用光标单击已显示在屏幕上的工具栏右上角的“×”按钮，也可以隐去该工具栏。

2. 下拉菜单

下拉菜单在绘图窗口的正上方，默认状态下的下拉菜单包含 File、Edit、Insert、View、Format、Tools、Draw 等 13 个常用菜单，每个菜单均由一些相关的命令项组成。下拉菜单中的选项有三种情况：

1）右面有小三角符号的菜单项，表示还有子菜单，如图 2-14 所示。

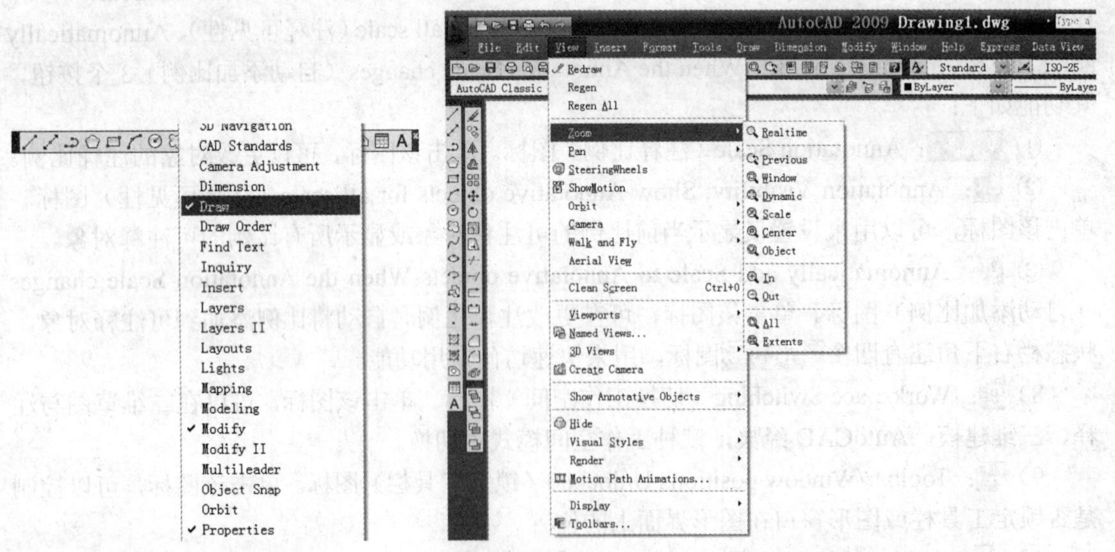

图 2-13 工具栏右键菜单　　图 2-14 工具栏右键子菜单

2）右面有省略号的菜单项，将弹出一个对话框。

3）右面没有任何符号的菜单项，表示执行相应的 AutoCAD 命令。

下拉菜单的菜单名以及下拉菜单中的命令选项都定义有热键。屏幕上热键以下划线标出，如 New，表明其热键为 N。对于菜单中的命令热键，执行时须同时按 Alt 键，然后按热键激活下拉菜单后方能执行。

3. 屏幕菜单

读者可以根据自己的习惯和喜好，选择打开或关闭屏幕菜单。具体操作如下：

Command：Options↙（或单击右键，选择 Options 选项）

AutoCAD 2009 将自动弹出“Options”（选项）对话框，在 Display（显示）选项卡中选中“Display screen menu”（显示屏幕菜单）复选框，如图 2-15 所示，则 AutoCAD 2009 将在绘图区域的右侧显示屏幕菜单，如图 2-16 所示。

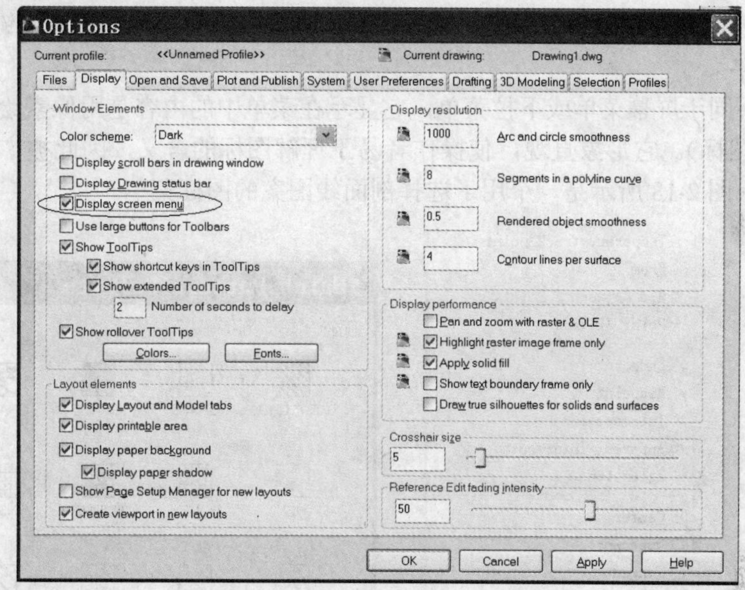

图 2-15 “Options”（选项）对话框

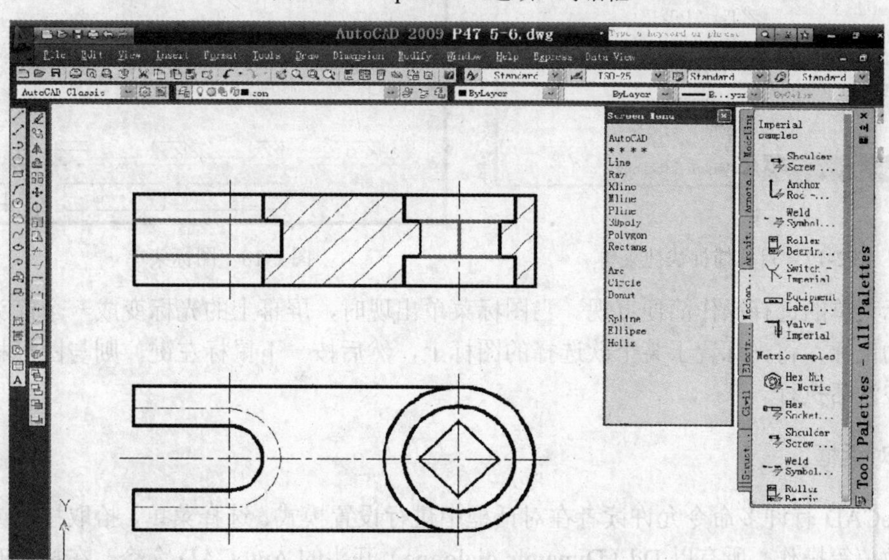

图 2-16 绘图区域显示屏幕菜单

通过屏幕菜单，不仅可以选择执行绘图命令，而且还可以获得提示和帮助。因为不管用什么方法激活一条命令，屏幕菜单都会用一页来显示该命令特定的选项。在默认状态下，屏幕菜单是关闭的。

4. 快捷菜单（右键弹出菜单）

当光标位于图形屏幕时，单击右键所显示的小型菜单称为快捷菜单。快捷菜单的内容随光标当前所在位置的不同而有所差异。例如，当光标放置于状态行上时，单击右键，此时弹出的快捷菜单内容为开关各个状态设置。另外，当在绘图命令执行过程中单击右键时，将弹出与命令选项有关的快捷菜单。一种常用的快捷菜单的内容为目标捕捉模式和点过滤器。这是当光标位于绘图窗口时，单击鼠标上的弹出按钮所显示的，如图 2-17 所示。对于三键鼠标来说，弹出按钮是指鼠标的中键；而对于两键的鼠标来说，弹出按钮是 Shift 与鼠标右键的组合。

5. 图标菜单

图标菜单不同于屏幕菜单或下拉菜单，它显示在菜单中的内容是用像素绘出的小图像，称为“icon”（图标）。它形象直观，使操作者易于理解图标的含义，因此被广泛用于用户交互界面技术中。图 2-18 所示是一个用于选择剖面线图案的图标菜单。

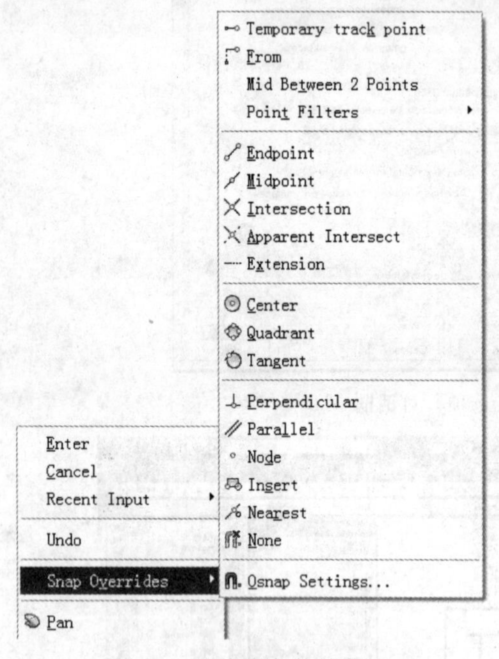

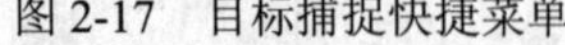

图 2-17 目标捕捉快捷菜单

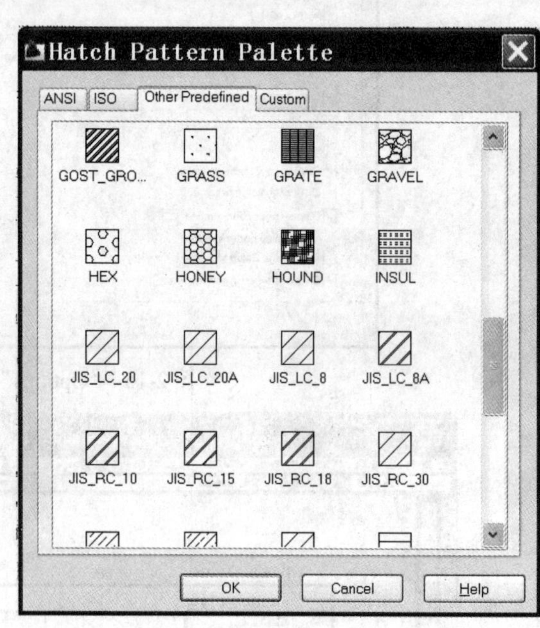

图 2-18 图标菜单

图标菜单的选择操作简便直观。当图标菜单出现时，屏幕上的光标变成一个箭头形状。此时移动鼠标，将光标置于某个欲选择的图标上，然后按一下鼠标左键，则与图标相关联的命令即被激活执行。

2.3.7 对话框

AutoCAD 有许多命令允许读者在对话框中进行设置模式、选择菜单、拾取按钮或输入文本及参数值等操作。所有以 Dd（Dynamic dialogue）开头的 AutoCAD 命令，在执行时均会显示出一个对话框；另外在菜单中命令后带有“…”的命令，在执行时也显示一个对话框。图

2-19 所示是设置图线线宽的“Lineweight Settings”对话框。

1. 对话框的构成

AutoCAD 的对话框由对话框标题、按钮、校验框、列表框、编辑框及其他相应的提示行构成。

(1) 对话框标题　每个对话框都显示有对话框标题。对话框标题只表示该对话框的功能，不实现任何操作。图 2-19 所示的对话框标题为 Lineweight Settings，表示该对话框是用于定义图线线宽用的。

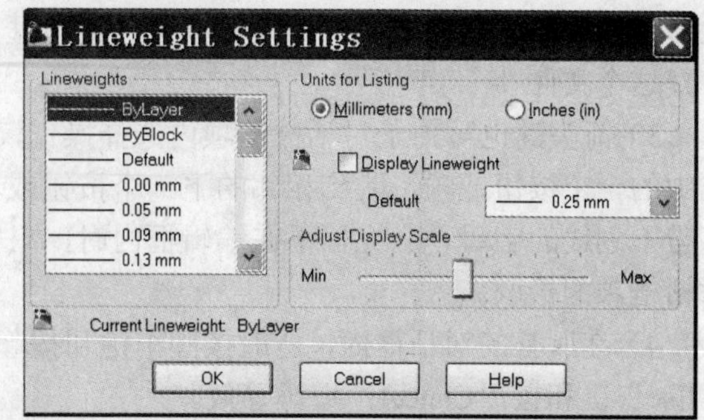

图 2-19 “Lineweight Settings”（线宽）对话框

(2) 按钮　按钮构成对话框的选项，它分为动作按钮和可调按钮两类。

1）动作按钮：按这类按钮即可执行某个动作，它通常包括以下几种按钮：

① OK 与 Cancel 按钮：可通过它们来确认操作或者取消操作。

② 名字后带有“…”的按钮：此类按钮将弹出一个子对话框。在完成对该子对话框的操作后，状态又返回到原对话框处。

③ 名字后带有“<”的按钮：它表示要求返回到图形区去执行一个动作。按这样的按钮，原来的对话框消失，界面返回到图形编辑状态。在完成该按钮要求对图形的操作后，原对话框又重新出现。

2）可调按钮：是一组相互排斥的按钮，只能选择其中的一个。当一个按钮被选中后，之前选中的一个将自动失效。被选中的按钮中有一个黑点，如⊙。按钮右侧的文字说明了其功能。

可调按钮是选择用按钮，它被按动后并不是马上执行某个动作，而只有在按下对话框中的“OK”按钮后才执行相应动作。

(3) 校验框　校验框实际上是一个开关选择性按钮，它同可调按钮一样只作选择而不立即产生动作；但它又与可调按钮不同，它只能作开（ON）或关（OFF）之间的切换选择。如果校验框被选中而处于打开状态，则在框里显示有“×”或“√”。如果框内是空白，则表示该项处于关闭状态。

(4) 列表框　列表框是用于显示诸如文件名和目录名之类的表项，可以用鼠标从中进行选择。如果列表框中的内容较多，框内一次容纳不下，则在框的侧面会出现滚动条。

(5) 编辑框　编辑框是一行文字输入区域，它允许输入不超过一行的文本信息。编辑框用于在对话框设置参数时输入或改变其参数值或文字字符。

当把对话框的箭头形光标移至编辑框区域内时，按动一下鼠标左键，编辑框内的光标形状就变成文字形光标。用鼠标或者键盘上的左右箭头键，可以把文字光标移动到需要编辑的文字字符处，进行增、删、改等编辑操作。

2. 对话框的操作及使用

对话框的一般操作及使用要注意以下几点：

1）当对话框出现时，光标变成一个指向左上方的箭头。此时，AutoCAD 2009 只响应鼠标的移动、拾取及键盘的输入，而不响应切换屏幕的操作。只有在按动 OK 或 Cancel 按钮，退出对话框后才能恢复原来图形窗口或文本窗口的状态。

2）使用鼠标或其他定标设备进行对话框的选择操作最为方便。一般用拾取按钮单击一次即可。在某些对话框内，例如标准文件对话框，要在列表框所选文件名处双击按钮，才能打开这个文件。

3）箭头键也可用于对话框的项内选择操作，但不方便。在计算机上，可按 Tab 键从对话框中的一个按钮或项，跳到相邻的下一个按钮或项，操作也较方便。有些对话框项的名字含有带下划线的字母，当光标不在编辑框内时，只需键入该字母，就可以代替用鼠标完成对该对话框项的拾取。

4）在所有的对话框内，一般按回车键和按“OK”按钮等效（光标在编辑框中例外）；按“Esc”键和按“Cancel”按钮等效。

5）某些对话框的项被选取后会显示一个子对话框，读者必须完成对该子对话框的操作，并按下子对话框的“OK”按钮或“Cancel”按钮后，才能返回到原来的对话框；否则，子对话框将一直处于激活状态。

6）大多数对话框有 Help 按钮，如果不太清楚该对话框的功能及其使用，按“Help”按钮就会显示帮助信息框。

2.4 命令输入方法

使用 AutoCAD 2009 进行绘图工作时，必须输入并执行一系列命令，以完成相应的操作。AutoCAD 2009 启动后进入默认的图形编辑状态，屏幕显示图形窗口，底部命令行窗口提示有 Command，此时表示 AutoCAD 2009 已处于命令状态并准备接受命令。AutoCAD 2009 命令的输入设备主要有键盘、鼠标和数字化仪等，而又以鼠标和键盘最为常用。可以使用键盘输入命令，或者使用菜单等激活命令，从而实现建立、观看、修改等绘图与图形编辑工作。

2.4.1 菜单输入命令

利用菜单是输入执行 AutoCAD 2009 命令的一种最为简单的方法。AutoCAD 2009 可以用各种菜单输入执行命令，比如常用的工具栏菜单、下拉菜单和图标菜单等。要使用菜单输入命令，必须首先打开相应的菜单工具栏，在菜单工具栏中拾取相应的命令图标即可执行该命令。

2.4.2 快速输入命令

AutoCAD 2009 提供了工具条菜单、下拉菜单和屏幕菜单来输入命令，这对初学者非常方便。但对于有些熟练的读者更喜欢用键盘直接输入命令，尤其是有一些常用的命令可以一键输入，这比在菜单中一级一级地寻找或通过移动鼠标操作要快。可以一键输入的命令有：

A——Arc（画圆弧）；B——Block Definition（调用块定义对话框）；C——Circle（画圆）；D——Dimention Style Manager（调用尺寸样式管理对话框）；E——Erase（擦除）；F——Fillet（画圆角）；G——Object Grouping（标选择集对话框）；H——Boundary Hatch（边界剖面线对话框）I——Insert（调用插入对话框）；M——Move（移动）；O——Offset（画平行线）；P——Pan（平移观察窗口）；R——Redraw（重画图形）；S——Stretch（实体拉伸）；T——MTEXT（调用多行文本编辑器）；U——Undo（撤消上一个命令操作）；V——View（调用视窗控制

对话框）；W——Write Block（调用块存盘对话框）；X——Explode（打散操作）；Z——Zoom（缩放图形窗口）。

2.4.3 键盘输入命令

键盘是 AutoCAD 输入文本的常用方法。从键盘输入命令，只需在命令行 Command 提示符后键入命令名，接着按下 Enter 或空格键即可。操作过程如下：

Command：命令名↙

命令提示：参数或子命令↙

操作时关键是对于命令序列要给出正确回答。只要掌握下列几条有关的符号约定，就不会感到困难了。

1）命令提示中在“or”前为命令操作默认选项，“[]”内为其他选项。

2）斜杠“/”作为命令选项（或称子命令）的分隔符。

3）选项中的大写字母表示它的关键字母，选取某个选项，只需输入这个大写字母即可。

4）在尖括号“<>”内出现的是默认项或当前值，若使用该项，直接回车。

现举一个画圆的例子来说明：

Command：Circle↙（输入画圆命令）

Specify center point for circle or [3P/2P/Ttr （tan tan radius）]: 5,5↙（给定画圆圆心）

Specify radius of circle or [Diameter] <234.0281>: 5↙（给定画圆半径）

说明：画圆（Circle）有四种方式，即圆心与半（直）径方式、三点画圆（3P）方式、两点画圆方式（2P）、双切点半径画圆方式。默认状态下为圆心半径方式。

键盘操作可非常方便准确地输入画图的相关数据。

2.4.4 重复执行命令

AutoCAD 2009 执行完某个命令后，如果要立即重复执行该命令，则只需在 Command: 提示符出现后，按一下回车键或者空格键即可。

2.4.5 透明命令

AutoCAD 可以在某个命令正在执行期间，插入执行另一个命令。这个中间插入执行的命令须在其命令名前加“'”作为前导，我们称这种可从中间插入执行的命令为透明命令。例如，在使用 Circle 命令画圆的同时，可以透明地使用 Zoom 命令来进行缩放。

Command: Circle↙

Specify center point for circle or [3P/2P/Ttr （tan tan radius）]: 'Zoom↙

>>Specify corner of window，enter a scale factor （nX or nXP），or

[All/Center/Dynamic/Extents/Previous/Scale/Window] <real time>:

注意：使用透明命令时，在透明命令的提示前会出现“>>”，它提醒读者当前正处于透明命令执行状态。当透明命令执行完成后，系统又回到原先命令的提示状态。最常用的透明命令有：

1）Help：寻求帮助。

2）Redraw：重画。

3）Zoom：缩放图形。

4）Pan：平移图形。

使用透明命令时，应注意以下限制：

1）某些命令当作为透明命令时将会有些变化。例如，Help 命令不能提示命令表，而只显示某个命令的使用信息；如果透明命令的使用使屏幕切换为文本窗口，则可按 F2 键使之返回图形窗口。

2）在命令提示 Command: 后使用透明命令，其效果等同于非透明命令。

3）当 AutoCAD 要求输入文本时不能使用透明命令。

4）不允许同时执行两条或两条以上的透明命令。

5）不允许使用与正在执行的命令同名的透明命令。

2.5 AutoCAD 的坐标系统

坐标系统是 AutoCAD 中确定目标位置的基本手段，掌握各种坐标系统以及正确的数据输入方法，对于正确快捷地作图是至关重要的。

2.5.1 坐标系统的选用

在默认情况下，AutoCAD 规定 X 轴为水平轴，Y 轴为垂直轴，Z 轴指向屏幕外，三轴相交于坐标原点(0, 0, 0)，通常原点位于作图区的左下方，这就是世界坐标系（World Coordinate System，简称 WCS)。而用户也可设立自己的坐标系，即用户坐标系（User Coordinate System，简称 UCS)。

进行二维绘图，使用世界坐标系就可以很好地完成任务了。如果进行三维绘图，则要使用用户坐标系来重新设置原点和坐标，以帮助更好地定位和绘图。如何使用 UCS，将在三维绘图部分详细介绍。

2.5.2 坐标的显示模式

坐标显示的作用是为了跟踪作图时的光标位置。它位于状态行的左端，有以下三种显示模式：

1）动态直角坐标（Dynamic Cartesian）：在这种模式下，随着光标的移动，X、Y、Z 的值不断发生相应变动。

2）动态极坐标（Dynamic Polar）：在这种模式下，随着光标的移动，状态行内显示的是目标位置的极坐标、极角（与 X 轴正向的夹角）和 Z 坐标，如 3.5<12，0.0。

3）静态坐标（Static）：在静态坐标下，坐标值并不随光标的移动马上变化，只有在选定点后，坐标值才变化。

当要指定相对于前一点的位置时，使用极坐标比较方便。三者之间的切换可按 F6 或者 Ctrl+D。

2.5.3 坐标值的输入

在工程制图中，要实现图形的精确绘制，图形的定位就成为一个非常重要的内容。

AutoCAD 2009 提供了几种方法来定位点的位置，现将几种常用的方法介绍如下：

1. 绝对直角坐标和绝对极坐标

1）绝对直角坐标的输入格式：当系统提示输入点时，直接输入 X 坐标、逗号、Y 坐标，然后回车，例如 6，4↙。

2）绝对极坐标的输入格式：当系统提示输入点时，直接输入“距离<角度”，然后回车，例如 15<30↙（表示该点距坐标原点的距离为 15 个单位，与 X 轴正方向的夹角为 30°。

2. 相对直角坐标和相对极坐标

相对坐标所关联的是先后输入的两个点之间的坐标关系。欲输入一个相对坐标，需在坐标值前加@符号。

1）相对直角坐标的输入格式：当系统提示输入点时，输入@，距离前一点的 X 方向的位移、逗号、距离前一点的 Y 方向的位移，然后回车，例如@14，−13↙。

2）相对极坐标的输入格式：当系统提示输入点时，输入@、极坐标、<、角度值，然后回车，例如@3<60↙。

绝对坐标和相对坐标的选用应本着如何使作图更为方便快捷的原则进行。如果所绘制的图形各点相对于某定点的坐标为已知，则应当选该定点为坐标原点，运用绝对坐标表达图形上各点的坐标。如果一个图形的相邻目标间的相对坐标比较容易确定，则应当运用相对坐标来操作。

3. 直接距离输入

输入格式：当系统提示输入点时，移动光标，用鼠标指定出绘制物体的方向，然后从键盘直接输入距离值。

注意：此法在绘制水平线与竖直线时尤为重要，打开正交模式，用鼠标指定出方向后直接输入长度。

4. 动态输入

调用方式：在状态行上，单击按钮使其凹下，动态输入处于打开；相反为关闭。

动态输入也可视为直接长度输入的一种扩充。在需要输入坐标的时候，AutoCAD 会跟随光标显示动态输入框，此时可以直接输入距离值，然后用 Tab 切换到角度值，方便准确地输入坐标值。

注意：动态输入光标附近提供的坐标值是相对坐标值，要使用绝对坐标应在数值前加前缀“#”指定。

直接距离输入和动态输入不能同时使用，按下状态栏上的按钮，就可以使用动态输入，关闭就可以使用直接距离输入。图 2-20 为动态输入方式。

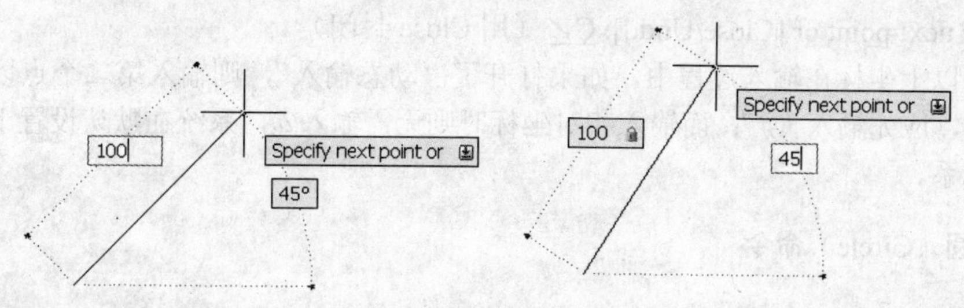

图 2-20　动态输入方式

第3章　工程绘图快速入门

本章主要目的是通过一个典型的二维绘图实例，来使读者了解 AutoCAD 2009 的二维绘图基本过程，引导读者快速入门。快速入门应该具备以下知识：掌握最常用的绘图及编辑命令；了解绘图环境设置及图层管理；掌握如何进行精确绘图。

3.1　常用绘图、编辑命令

3.1.1　画线（Line）命令

1. 功能

绘制二维或三维直线段。

2. 调用方式

单击绘图工具栏中的图标（或键入 L）。

3. 格式

Command: 单击图标

Command: _line Specify first point:（指定起始点）

Specify next point or [Undo]:（指定下一点或取消）

Specify next point or [Undo]:（指定下一点或封闭或取消）

Specify next point or [Close/Undo]:（按回车键结束命令）

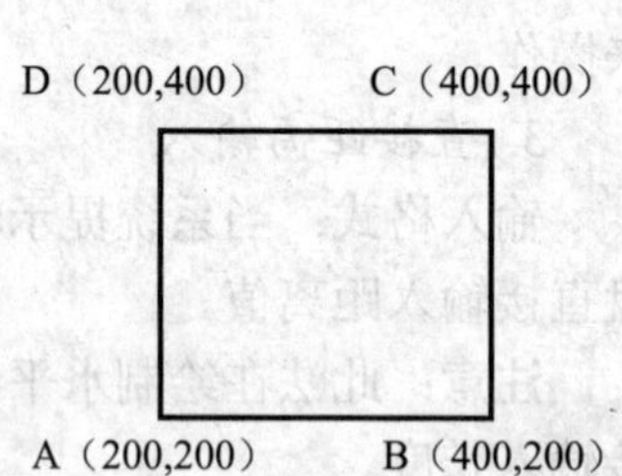

图 3-1　画线操作实例

可以依次绘制出连接相邻点的直线段。

命令中的参数：Close：从当前位置自动与起点封闭；Undo：撤消上一个命令。

操作实例：用 Line 画线命令绘制如图 3-1 所示图形。

Command: 单击绘图工具栏中的图标（或键入 L↙）

Command: _line Specify first point:200,200↙（用绝对坐标输入起点 A）

Specify next point or [Undo]: 400,200↙（用绝对坐标输入 B 点）

Specify next point or [Undo]: @0,200↙（用相对直角坐标输入 C 点）

Specify next point or [Close/Undo]: @200<180↙（用相对极坐标输入 D 点）

Specify next point or [Close/Undo]: C↙（用 Close 封闭）

注意：以上坐标在输入过程中，如果打开了“动态输入”，则输入第二个点以后的点的绝对坐标时，应先输入“#”；而输入相对坐标时则无需输入@，系统在默认设置下会自动当作相对坐标系。

3.1.2　画圆（Circle）命令

1. 功能

按指定方式画圆。

2. 调用方式

单击绘图工具栏中的图标（或键入 C）。

3. 格式

Command: 单击图标

Command: _circle Specify center point for circle or [3P/2P/Ttr (tan tan radius)]:（输入圆心位置或选项）

Specify radius of circle or [Diameter]:（输入半径或直径）

即可画出一个给定圆心、半径（或直径）的圆。

命令中的参数：3P：指定圆周上的三点画圆；2P：指定直径的两个端点画圆；Ttr (tan tan radius)：相切、相切、半径的方式画圆。

操作实例：根据不同的已知条件进行画圆操作，完成图 3-2。

完成图 3-2a 的操作如下：

Command: 单击图标（或键入 C↙）

CIRCLE Specify center point for circle or [3P/2P/Ttr (tan tan radius)]:（输入 O 点坐标）↙

Specify radius of circle or [Diameter]:（给定圆半径或直径 D）↙

结果如图 3-2a 所示。

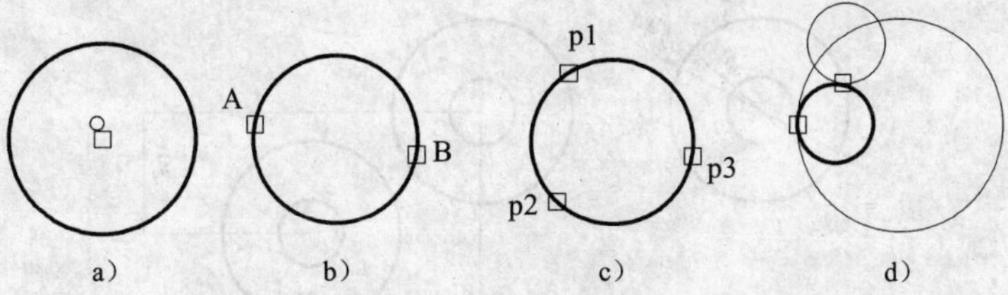

图 3-2 根据不同已知条件画圆的操作实例

完成图 3-2b 的操作如下：

Command: 单击图标

Specify center point for circle or [3P/2P/Ttr (tan tan radius)]: 2P↙（以 2P 方式画圆）

Specify first end point of circle's diameter: end ↙of （捕捉 AB 的 A 点）

Specify second end point of circle's diameter: end↙ of （捕捉 AB 的 B 点）

结果如图 3-2b 所示。

完成图 3-2c 的操作如下：

Command: 单击图标

Specify center point for circle or [3P/2P/Ttr (tan tan radius)]: 3P↙（以 3P 方式画圆）

Specify first point on circle:（给定 p1 点）↙

Specify second point on circle:（给定 p2 点）↙

Specify third point on circle:（给定 p3 点）↙

结果如图 3-2c 所示。

完成图 3-2d 的操作如下：

Command: 单击图标

Specify center point for circle or [3P/2P/Ttr (tan tan radius)]:T↙（以 Ttr 方式画圆）

Specify point on object for first tangent of circle: （定义与待画圆相切的第一个目标）↙

Specify point on object for second tangent of circle: （定义与待画圆相切的第二个目标）↙

Specify radius of circle <128.4768>: 输入待画圆的半径↙

结果如图 3-2d 所示。

3.1.3 复制（Copy）命令

1. 功能

将指定对象复制到指定位置上，可以单个复制或多个复制。

2. 调用方式

单击绘图工具栏中的图标。

3. 格式

Command: 单击图标

Select objects:（选取要复制的对象）

Specify base point or displacement（指定基点或位移）

操作实例：用 Copy 编辑命令，将已有目标（图 3-3a）复制到指定位置，结果如图 3-3 所示。

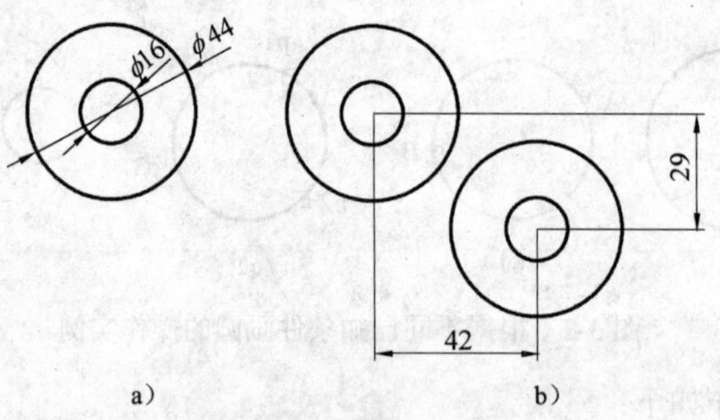

图 3-3 复制操作实例

Command: 单击图标

Select objects:↙（直接用鼠标选取目标，输入回车确认）

Specify base point or displacement: 42,-29↙（输入复制后目标的位置）

Specify second point of displacement or <use first point as displacement>:↙（指定位移的第二点或用第一点作位移）

3.1.4 剪切（Trim）命令

1. 功能

剪去一个目标的多余部分。

2. 调用方式

单击绘图工具栏中的图标。

3. 格式

Command: 单击图标

Current settings: Projection=UCS Edge=None

Select cutting edges ...

Select objects:（选取剪切边界）

Select objects:（可以继续选取剪切边界或回车结束选取）

Select object to trim or shift-select to extend or [Project/Edge/Undo]:（选取要剪切的对象或按住 Shift 键选择要延伸的对象或选项）

命令中的参数：Project（投影）：该选项用来设置剪切空间；Edge（边）：该选项用来设置剪切方式；Undo（放弃）：取消上一次操作。

操作实例：用 Trim 编辑命令，修剪已有目标（图 3-4a）的多余部分，结果如图 3-4c 所示。

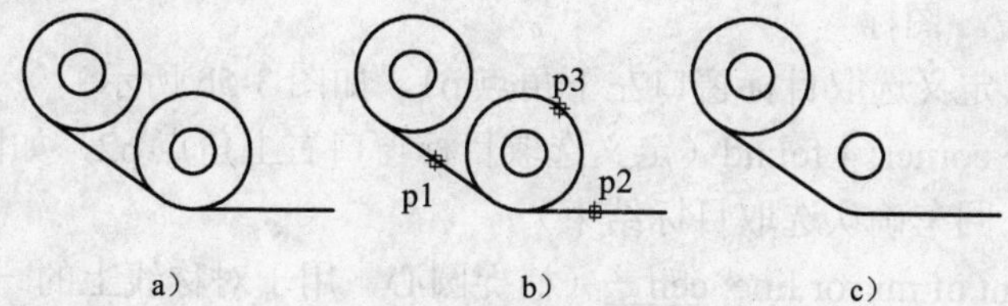

图 3-4　剪切操作实例

Command: 单击图标

Current settings: Projection=UCS，Edge=None

Select cutting edges ...

Select objects: 1 found（拾取 p1 以选取第一条剪切边，如图 3-4b 所示）

Select objects: 1 found, 2 total（拾取 p2 以选取第二条剪切边，如图 3-4b 所示）

Select objects:↙（剪切边拾取完毕回车确认）

Select object to trim or shift-select to extend or [Project/Edge/Undo]:↙（拾取 p3 以选取被剪切部分，如图 3-4b 所示）

Select object to trim or shift-select to extend or [Project/Edge/Undo]:↙（剪切操作完成回车确认）

3.1.5　镜像（Mirror）命令

1. 功能

按设定的对称线将选定目标进行对称操作。镜像时可以删除原对象，也可以保留原对象。

2. 调用方式

单击绘图工具栏中的图标。

3. 格式

Command: 单击图标

Select objects:（选取要镜像的对象）

Select objects:（可以继续选取或回车结束选取）

Specify first point of mirror line:（指定镜像线上的第一点）

Specify second point of mirror line:（指定镜像线上的第二点）

Delete source objects? [Yes/No] <N>:↙

操作实例：用 Mirror 编辑命令，完成图 3-5a 到图 3-5c 的操作。

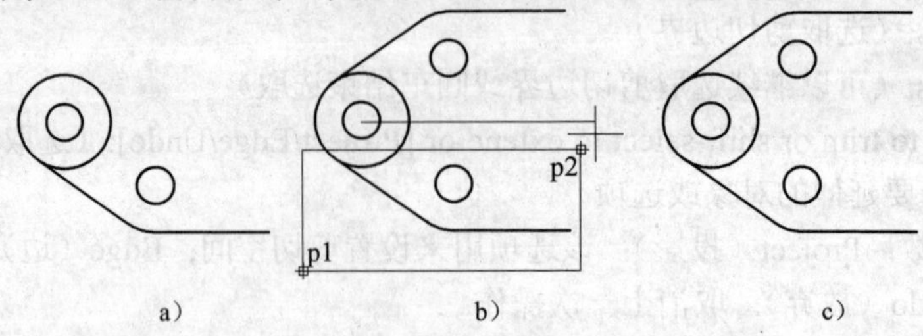

图 3-5　镜像操作实例

Command: 单击图标

Select objects:（定义选取目标窗口左下角点 p1，如图 3-5b 所示）

Specify opposite corner: 4 found（定义选取目标窗口右上角点 p2，如图 3-5b 所示）

Select objects:（回车确认选取目标结束）

Specify first point of mirror line: cen↙（捕捉圆心，用于对称线上的一点）

of Specify second point of mirror line:（将 Polar tracking 打开，从而以追踪方式确定过圆心的水平线为对称线）

Delete source objects? [Yes/No] <N>:↙（是否删除原有目标选项，这里不删除）

3.1.6　擦除（Erase）命令

1. 功能

将绘制错误或不再使用的图线擦去。

2. 调用方式

单击绘图工具栏中的图标。

3. 格式

Command: 单击图标

Select objects:（选取要擦除的对象）

Select objects:（可以继续选取或回车结束选取）

即可擦除被选取的对象。

3.2　绘图环境设置

回想一下手工绘图的过程，在开始绘图之前，要先削好铅笔，准备好尺子、橡皮和图纸等。用 AutoCAD 绘图，也类似于手工绘图。上一节介绍的基本绘图、编辑命令好比手工绘图的笔和橡皮，绘图环境设置好比手工绘图的尺子和图纸。因此绘图环境的设置是用 AutoCAD 绘图的基本要求和必备条件。

3.2.1　绘图单位设置

在 AutoCAD 2009 中，可以单击菜单浏览器图标，在弹出的菜单中选择“Format”（格式）→“Units”（单位）；或在命令行 Command:提示符下键入 units，并按回车键；弹出一个

"Drawing Units"对话框，如图 3-6 所示。在对话框中，可以对输入数据的格式和精度进行以下设置。

1. 设置长度度量单位与精度

在 Length 区域内，用 Type 下拉列表可设置绘图单位的数据格式，通常选用 Decimal（十进制），并用其中的 Precision 下拉列表选择设置当前长度单位格式的测量精度，选择整数。

2. 设置角度度量单位与精度

在 Angle 区域内，用 Type 下拉列表可设置角度的数据格式；同样用其中的 Precision 下拉列表选择设置当前角度单位格式的测量精度。默认的角度格式是 Decimal Degrees，即用十进制数来表示角度值。

3. 确定零度角的位置

要控制角度的方向，请按对话框中的"Direction..."按钮，此时将弹出"Direction Control"子对话框，如图 3-7 所示。默认时，0°角的方向是 East，即为 X 轴正向；角度的正增量方向为逆时针（Counter-Clockwise）方向。

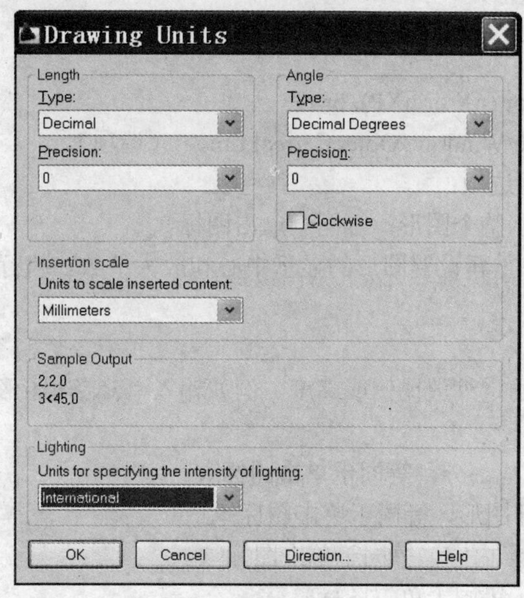

图 3-6 "Drawing Units"对话框

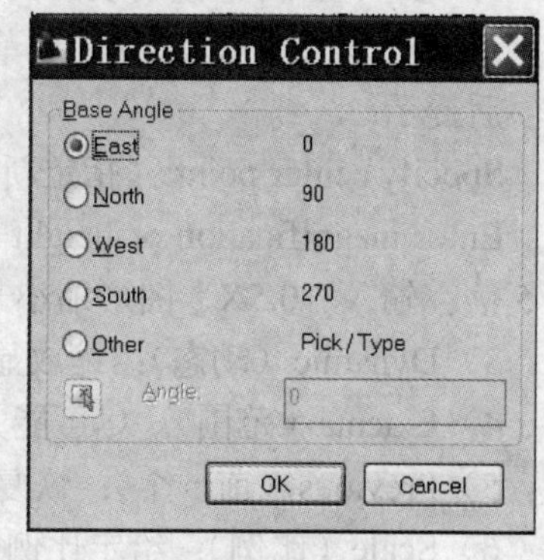

图 3-7 "Direction Control"子对话框

3.2.2 绘图幅面设置

读者可以根据所绘图形的大小、比例等因素来确定绘图幅面，如 A4（297，210），A3（420，297）等。

设置方法：在 AutoCAD 2009 中，可以单击菜单浏览器图标，在弹出的菜单中选择"Format"（格式）→"Drawing Limits"（图形界限）；或在命令行 Command:提示符下键入 limits，并按回车键。

格式：

Command: limits↙

Reset Model space limits:

Specify lower left corner or [ON/OFF] <0.0000,0.0000>:（指定绘图幅面左下角点的坐标）

Specify upper right corner <420.0000,297.0000>:（指定绘图幅面右上角点的坐标）

命令中的参数：ON：表示打开图线边界的检查功能，对任何超出边界的图形对象不予接受；OFF：表示关闭图线边界的检查功能，对所绘图形的范围不加限制，此项为默认设置项。

3.2.3 图形显示

在绘图过程中，有时需要将图形放大绘制细部结构，有时却要观看图形的全貌。AutoCAD提供了强大的图形显示功能，但它只改变图形的显示尺寸，而不改变图形的真实尺寸，大大方便了读者观察和绘制图形的需要。

1. Zoom（缩放）

（1）功能　将绘图区域内的视图放大或缩小，图形的实际尺寸不变。

（2）调用方式　单击状态行中的图标，或单击 Utilities（实用程序）工具面板的缩放图标。

（3）格式

Command: Zoom↙

Specify corner of window, enter a scale factor (nX or nXP), or

[All/Center/Dynamic/Extents/Previous/Scale/Window /Object] <real time>:（选项）

这一命令经常使用，这里仅介绍几个常用选项：

1）All（全部）：按所设的图纸幅面来显示整个图形，等同于单击图标。

2）Center（中心）：等同于单击图标，重新设置图形的显示中心和放大倍数。执行该选项后提示：

Specify center point:（指定新的显示中心）

Enter magnification or height <当前值>: 给定缩放比例或高度。例如输入“5X”，图形放大5倍；输入“0.5X”图形缩小一半。

3）Dynamic（动态）：缩放显示图形的生成部分，等同于单击图标。

4）Extents（范围）：尽可能大地显示全部图形，等同于单击图标。

5）Previous（前一个）：恢复前一次的显示内容，等同于单击图标。

6）Scale（比例）：给定比例来显示图形，等同于单击图标。

7）Window（窗口）：用矩形窗口来确定需要显示的图形范围，使其尽可能大地显示于绘图区，等同于单击图标。

8）Object（对象）：指定对象放大，等同于单击图标。

9）real time（实时缩放）：通过按下鼠标左键沿垂直方向上下拖动，来控制图形的显示大小，等同于单击状态行图标。

2. Pan（实时平移）

实时平移是移动观察图形的一个视口，可以在任何方向上移动观察图形，并且不会改变图形的形状和位置。单击状态行中的图标，按住鼠标左键，移动鼠标即可改变视口位置，按 Esc 或 Enter 键退出。

3. 缩放（Zoom）与实时平移（Pan）的快速转换

利用鼠标右键弹出的快捷菜单实施快速转换，在弹出的快捷菜单中（图 3-8）选择需要的菜单。缩放转换为实时平移，其方法是在不退出“Zoom”显示状态下，单击鼠标右键，再选择“Pan”菜单即可。

说明：绘图时经常使用“Pan”和“Zoom”图标，能够迅速实现实时平移和实时缩放：输入“Z”回车，再输入“A”，系统响应后立即显示全屏图形。

Exit
✔ Pan
Zoom
3D Orbit
Zoom Window
Zoom Original
Zoom Extents

图 3-8　Zoom 与 Pan 转换快捷菜单

3.3　图层和特性

3.3.1　图层、线型和颜色的概念

1. 图层（Layer）

图层是 AutoCAD 的重要绘图工具之一，它就像一张没有厚度的透明纸，可以在上面绘制图形。在一幅图中绘制一个实体图形，既有各种线性要素，如点画线、虚线、细实线、粗实线等，又有尺寸、文字、图例符号等要素。为了便于管理图形的各种要素，AutoCAD 提出了图层的概念，在一幅图形中设置多个图层，每种图形要素分别放在不同的图层上，各层之间完全对齐，这些图层叠放在一起就构成了一幅完整的图形，如图 3-9 所示。

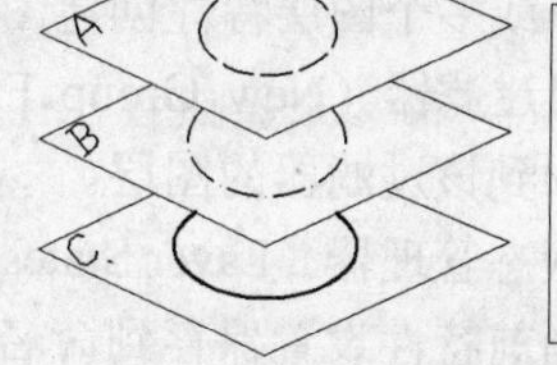

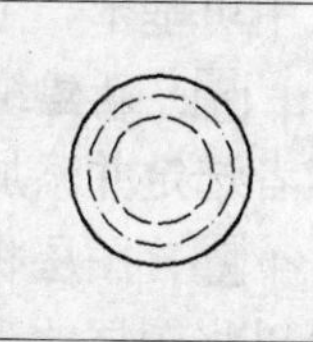

图 3-9　层与图形的关系

2. Color（颜色）

AutoCAD 的每一个图层都设有颜色，用以区别不同的实体。每种颜色在调色板中有一个对应的颜色号。

3. 线型（Linetype）

用 AutoCAD 绘图，在每一个图层上根据实体图形要素的要求设置一种线型。AutoCAD 允许各图层设置不同的线型或相同的线型。AutoCAD 系统提供了线型库文件，其中包含了数十种线型。读者可随时加载该文件，并使用它定义各种线型。如果这些线型仍不能满足需要，可以自己定义某种线型，并在 AutoCAD 中使用。

4. 线宽（Lineweight）

用 AutoCAD 绘图，在每一个图层上不但要根据实体图形要素的要求设置一种线型，而且还要求根据实体图形要素设置显示和打印线宽。

3.3.2　图层特性管理器

1. 功能

图层特性管理器（Layer Properties Manager）用于管理图层。用它可以创建新图层，也可以改变已有图层的特性。

2. 调用方式

单击菜单浏览器图标，在弹出的菜单中选择“Format”（格式）→“Layer”（图层）命令；或在功能选项板中选择“Home”（常用）选项卡，在 Layer（图层）面板中，单击“Layer Properties”（图层特性）按钮。图层面板如图 3-10 所示。

图 3-10　“Layers”（图层）面板

3. 操作步骤

1）用鼠标左键单击图层命令图标。

2）弹出图 3-11 所示“Layer Properties Manager”（图层特性管理器）对话框。

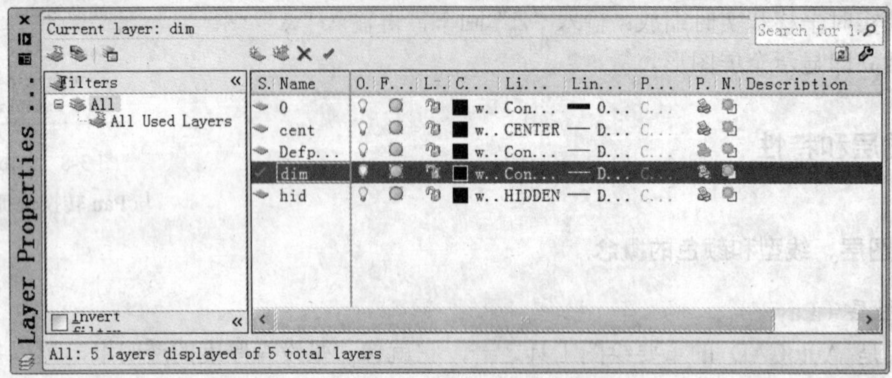

图 3-11 “Layer Properties Manager”对话框

简单介绍常用各项按钮功能：

：新建特性过滤器（New Property Filter），单击该图标，显示图层过滤特性对话框，从中可基于一个或多个图层特性创建图层过滤器。

：新建组过滤器（New Group Filter），单击该图标，创建一个图层过滤器，其中包含读者选定并添加到该过滤器的图层。

：图层状态管理器（Layer States Manager），单击该图标，显示图层状态管理器，从中可以将图层的当前特性设置保存到命名图层状态中，以后可以再恢复这些设置。

：新建图层（New Layer），单击该图标，创建一个新图层。

：删除图层（Delete Layer），单击该图标，标记选定图层，以便进行删除。

：置为当前（Set Current），单击该图标，将选中的图层设置为绘图的当前层。

单击某层 Sta 栏，用于设置该层状态；单击某层 Color 栏用于设置该层所有实体的颜色；Linetype 栏用于设置该层所有实体的线型，单击后会出现如图 3-12 所示的“Select Linetype”（选择线型）对话框，用于设置图层的线型，在对话框中单击 Load... 按钮，弹出如图 3-13 所示的“Load or Reload Linetypes”（加载或重载线型）对话框，用于装载线型；Lineweight 栏用于设置该层的实体线宽。

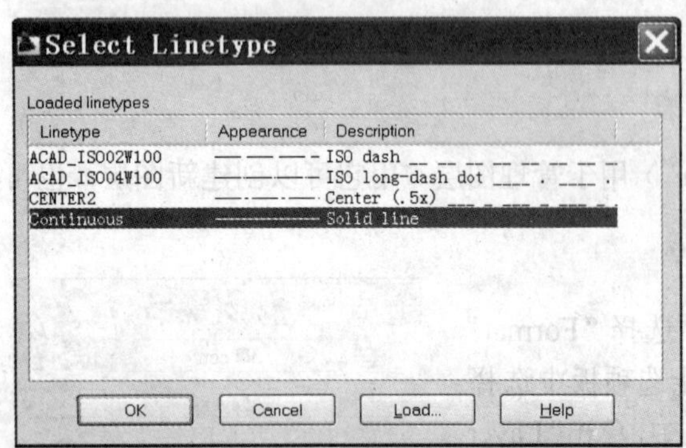

图 3-12 “Select Linetype”对话框

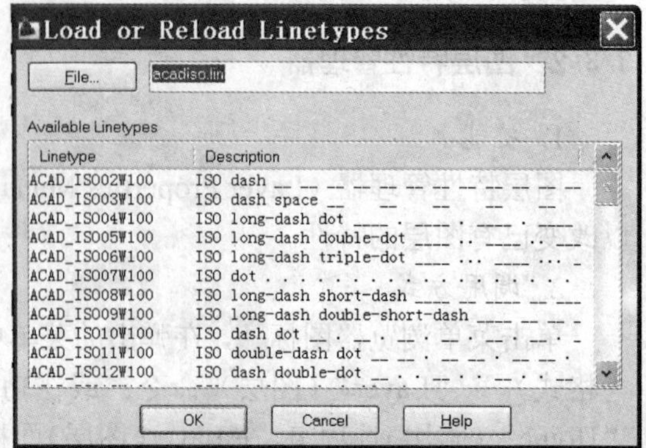

图 3-13 “Load or Reload Linetypes”对话框

4. 线型和线宽显示效果调整的相关说明

（1）线型的显示效果调整　在通过上面的属性设置后，如果线型的显示效果不理想（如虚线的间隔太小等），可以通过命令 Ltscale 来调整，操作如下：

Command: ltscale↙

Enter new linetype scale factor <1.0000>:（输入显示比例，值越大，间隔越大）↙

（2）线宽的显示效果调整　在通过上面的属性设置后，按下状态行的LWT按钮，如果线型的显示效果不理想（如线宽的显示不明显），可以再通过命令 Lineweight 来调整。操作方法如下：

鼠标放在状态行显示/隐藏线宽图标上，单击右键，在弹出的右键快捷菜单中单击“Settings”（设置），弹出如图 3-14 所示的“Lineweight Settings”（线宽设置）对话框，通过左右拉动滑块 Min Max 来调整线宽显示。

3.4　精确绘图

在图形绘制过程中，经常需要选取一些特殊的点，如圆心、交点、端点、中点和垂足等，这些点靠人的眼力精确地找出，往往做不到。AutoCAD 提供了下列几种方法帮助读者快速、精确地捕捉到这些点，从而提高绘图的速度和精度。

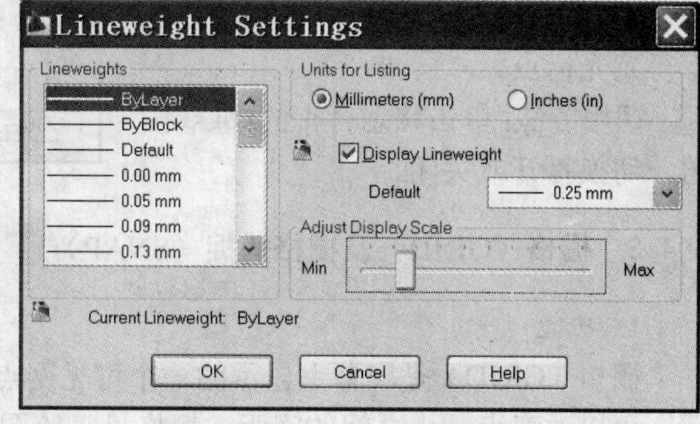

图 3-14　“Lineweight Settings”对话框

3.4.1　对象捕捉模式（Object Snap）

对象捕捉工具栏如图 3-15 所示。

图 3-15　“Object Snap”工具栏

激活对象捕捉（Object Snap）有两种模式：

1. 单击对象捕捉

在命令的操作过程中，当需要使用某种特定对象捕捉模式时，临时单击相应对象捕捉模式，捕捉到这个点后，单击左键，对象捕捉就自动关闭。单击某个捕捉功能仅能使用一次，下次使用时需再次单击，操作相对繁琐。

2. 运行对象捕捉

在“Drafting Settings”（草图设置）对话框中的 Object Snap 选项中设置物体捕捉的默认方式，如图 3-16 所示。在状态行中，若（Object Snap）处于打开状态，设置的对象捕捉就一直可用，直到OSNAP关闭，捕捉才结束。这样，在操作过程中，若需要某特殊点时，将光标放在其位置上，捕捉自动找到。使用此种模式，要求读者记清每种捕捉模式的图标，一定要在正确的捕捉标记出现后按左键确认，否则，将出错。调用图 3-16“Drafting Settings”对话框的方法：鼠标移到状态行，在或OSNAP图标上单击鼠标右键选择“Settings”选项。

3.4.2　自动追踪（AutoTrack）

自动追踪（AutoTrack）功能分为两种，即对象捕捉追踪（Object Snap Tracking）和极轴追踪（Polar Tracking）。

1. 对象捕捉追踪（Object Snap Tracking）

对象捕捉追踪必须与物体捕捉结合使用。在进行对象捕捉追踪前，要激活 Osnap（物体捕捉）。对象捕捉追踪沿着基于对象捕捉点的辅助线方向追踪。

调用方式：单击状态行上的∠或OTRACK图标，切换打开或关闭。

2. 极轴追踪（Polar Tracking）

极轴追踪是按预先设定的角度增量来追踪点。当 AutoCAD 要求指定一个点时，系统将按预先设置的角度增量来显示一条辅助线，读者可按辅助线追踪得到光标点。

调用方法：单击状态行上的POLAR按钮，切换打开或关闭。

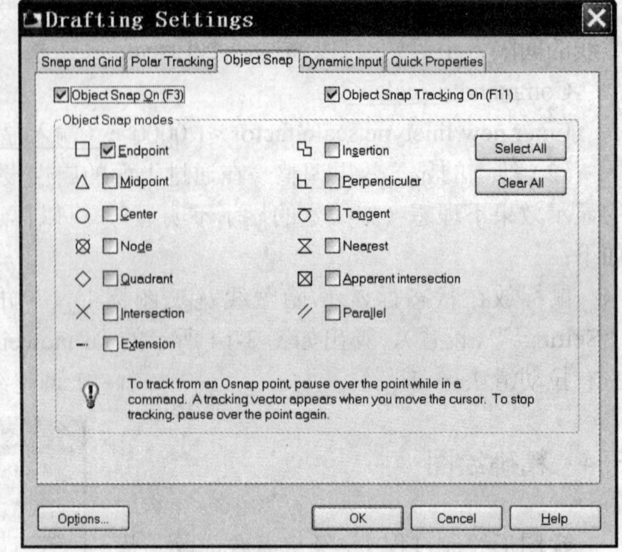

图 3-16 “Drafting Settings”对话框

3.4.3 栅格（GRID）及栅格捕捉（SNAP）

1. 功能

栅格（GRID）是屏幕上显示的一个可见网点，好像坐标纸一样。读者可以控制显示或隐藏，可以改变点与点之间的间距。栅格只是绘图的辅助工具，不是图形的一部分，因此不会被打印出来。

栅格捕捉（SNAP），当打开时，它会迫使光标落在最近的栅格点上；当关闭时，它对光标无任何影响。

2. 调用方式

1）在状态行上，单击▦或GRID图标使其亮显，栅格点处于显示状态，相反为隐藏状态。

2）在状态行上，单击SNAP图标使其亮显，栅格捕捉处于打开状态，相反为关闭状态。

3.4.4 正交模式（ORTHO）

1. 功能

用于选择是否以正交方式绘图。当选择正交方式绘图时，可绘制与 X、Y 平行的线段。

2. 调用方式

在状态行上，单击ORTHO图标使其亮显，正交模式处于打开状态，相反为关闭状态。

3.5 绘制托架零件的俯、主视图

根据前面所学知识，用 AutoCAD 2009 绘制如图 3-17 所示的托架零件图，绘图比例为 1:1。

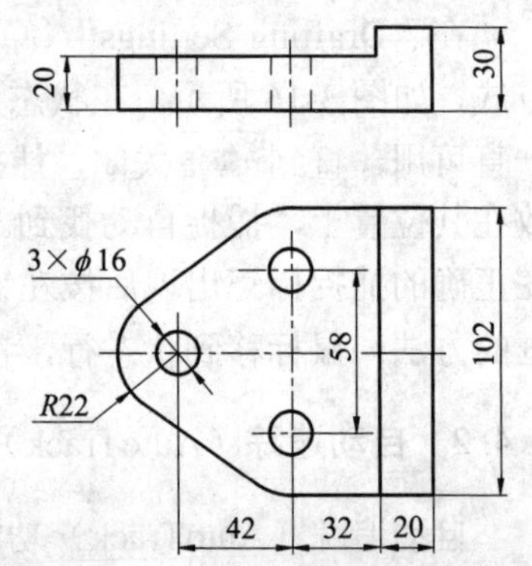

图 3-17 钻孔托架零件图

3.5.1 绘制托架零件的俯视图

1）设置绘图环境后绘制同心圆，如图 3-18 所示。操作过程如下：

Command: 单击图标

Specify center point for circle or [3P/2P/Ttr (tan tan radius)]:

Specify radius of circle or [Diameter]: 8↙

Command: ↙

Specify center point for circle or [3P/2P/Ttr (tan tan radius)]:（捕捉已绘圆的中心）

Specify radius of circle or [Diameter] <8.0000>: 22↙

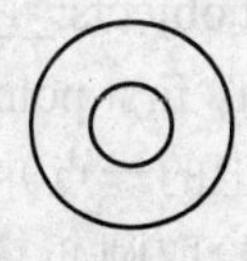

图 3-18 绘制同心圆

2）复制同心圆并作切线，如图 3-19 所示。操作过程如下：

Command: 单击图标

Select objects: Specify opposite corner: 2 found

Select objects: ↙

Specify base point or displacement, or [Multiple]: 42,–29↙

Specify second point of displacement or <use first point as displacement>:↙

Command: 单击图标

Specify first point: 单击图标

To（拾取目标）

Specify next point or [Undo]: 单击图标

To（拾取目标）

Specify next point or [Undo]: ↙

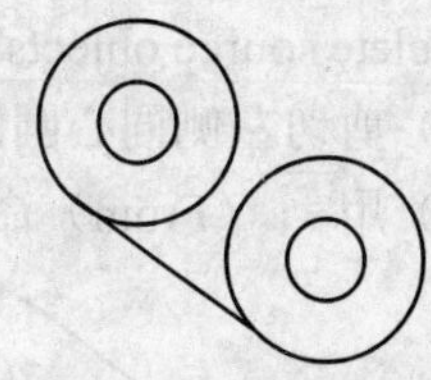

图 3-19 复制同心圆并作切线

3）绘制下侧和右侧的直线，如图 3-20 所示。操作过程如下：

Command: 单击图标

Specify first point: 单击图标

Of（拾取目标）

Specify next point or [Undo]: @52,0↙

Specify next point or [Undo]: @0,102↙

Specify next point or [Close/Undo]: ↙

Command:

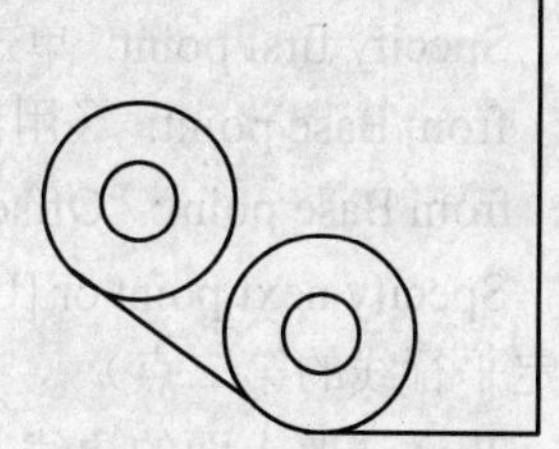

图 3-20 绘制下侧和右侧直线

4）剪切右下侧同心圆的多余圆弧，如图 3-21 所示。操作过程如下：

Command: 单击图标

Current settings: Projection=UCS Edge=None

Select cutting edges...Select objects: 1 found（拾取剪切边）

Select objects: 1 found, 2 total（拾取第二条剪切边）

Select objects: ↙（回车确认剪切边，选取结束）

Select object to trim or [Project/Edge/Undo]:（拾取被剪切部分）

Select object to trim or [Project/Edge/Undo]: ↙（回车确认被剪切部分，选取结束）

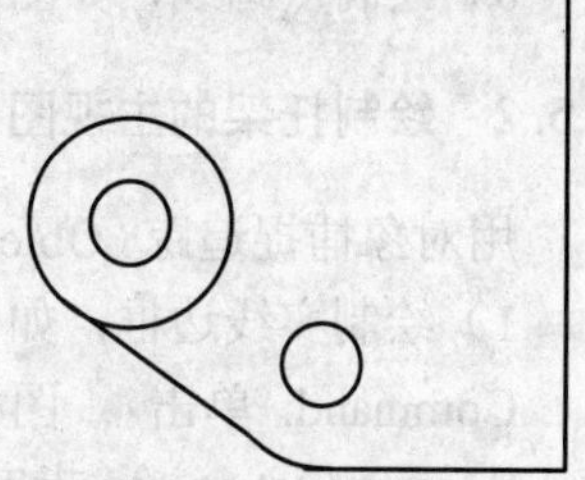

图 3-21 剪切右下侧同心圆的多余圆弧

5）将下面部分对称到上部，如图 3-22 所示。操作过程如下：

Command: 单击 图标

Select objects:（定义选取目标窗口，方法如图 3-5 所示）

Specify opposite corner: 4 found

Select objects: ↙（目标选取结束）

Specify first point of mirror line: cen（定义左侧圆心为对称中心线上的一点）

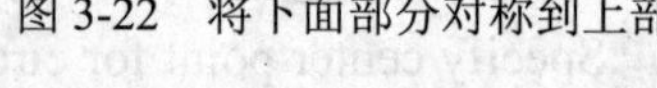

图 3-22 将下面部分对称到上部

Of（拾取圆心）

Specify second point of mirror line:（通过追踪方式确定对称中心线）

Delete source objects? [Yes/No] <N>: ↙（回车确认不删除原有目标）

6）剪切左侧同心圆的多余圆弧，如图 3-23 所示。操作过程略。

7）用 （From）命令绘制右侧的平行线，如图 3-24 所示。操作过程如下：

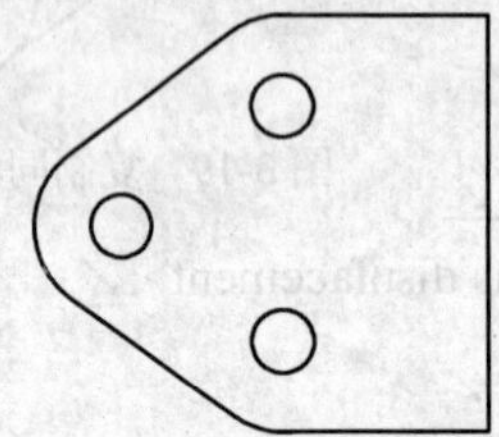

图 3-23 剪切左侧同心圆的多余圆弧

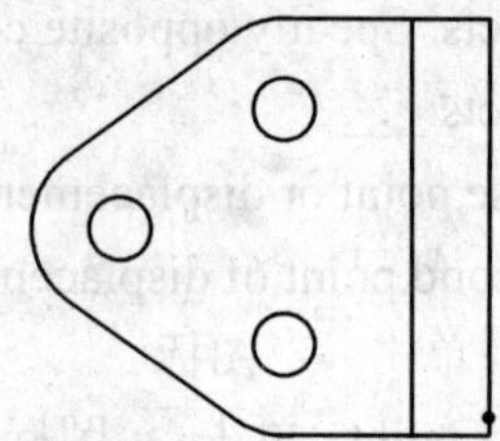

图 3-24 用 From 绘制平行线

Command: 单击 图标

Specify first point: 单击 图标（捕捉临时参照点偏移）

from Base point: （用鼠标单击右下角点（指定正交偏移基点），如图 3-24 所示）

from Base point: <Offset>: @–20,0↙（确定从基点偏移的距离）

Specify next point or [Undo]: 单击 图标（使用垂直捕捉，确定平行线的第二点）

To（选取上面的边线）

Specify next point or [Undo]: ↙（回车确认画线结束）

8）绘制点画线，如图 3-25 所示。

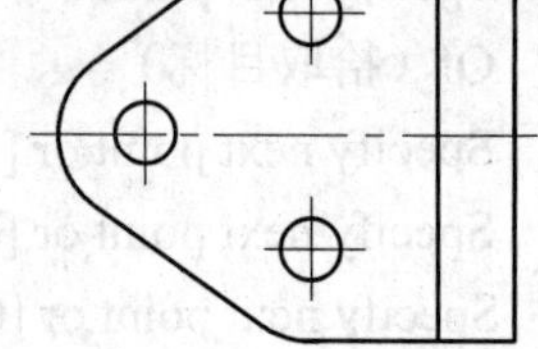

图 3-25 绘制点画线

3.5.2 绘制托架的主视图

用对象捕捉追踪（Object Snap Tracking）绘制托架的主视图。

1）绘制实线边框，如图 3-26 所示。操作过程如下：

Command: 单击 图标

Specify first point: 指定 c 点（将光标在 a 点停留片刻，沿目标捕捉点的辅助线方向追踪，确定画线起点 c）

Specify next point or [Undo]: 确定 d 点（将光标在 b 点停留片刻，沿目标捕捉点的辅助线方向追踪，确定画线的终点 d）

Specify next point or [Undo]: @0,30↙（使用相对坐标画线段

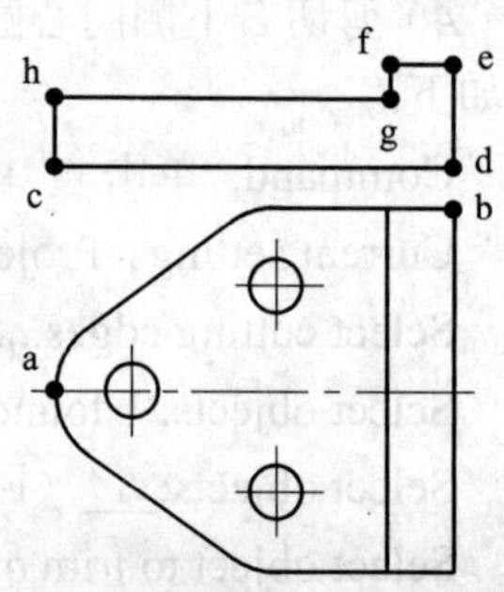

图 3-26 绘制主视图实体边框

de）

Specify next point or [Close/Undo]: @–20,0↙（使用相对坐标画线段 ef）

Specify next point or [Close/Undo]: @0,–10↙（使用相对坐标画线段 fg）

Specify next point or [Close/Undo]: @–96,0↙（使用相对坐标画线段 gh）

Specify next point or [Close/Undo]:C↙（hc 之间连线以使线框封闭）

2）绘制圆孔在主视图中的投影：首先用对象捕捉追踪绘制点画线，然后绘制圆孔在正投影上某一侧的虚线，如图 3-27 所示。另一侧用镜像来完成，具体操作步骤省略，绘制结果如图 3-28 所示。

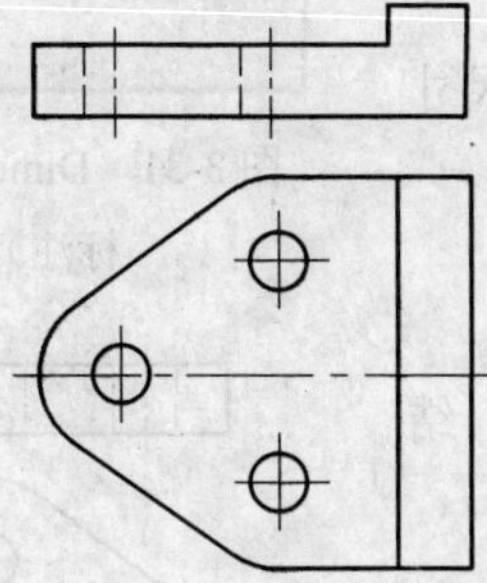

图 3-27　绘制主视图孔的投影

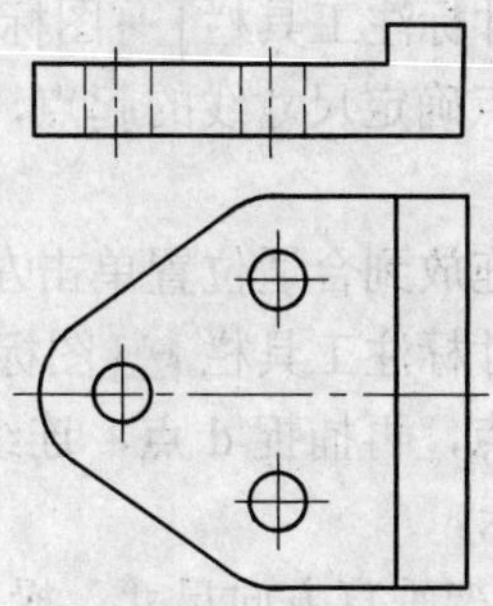

图 3-28　托架零件的绘制结果

3.5.3　托架零件的尺寸标注

尺寸标注是工程制图中的一项重要内容。因为图形只表达了物体的形状，而物体的大小和相对位置必须用尺寸标注来完成。在 AutoCAD 中，尺寸标注的要素与工程制图类似，即由尺寸界限、尺寸线、尺寸终端、尺寸数值构成，如图 3-29 所示。

AutoCAD 提供了多种尺寸标注类型，本节只介绍水平方向尺寸标注、垂直方向尺寸标注、圆弧半径尺寸标注和直径尺寸标注。使读者通过这一节的学习，能够进行简单的尺寸标注，更为全面的内容详见后面相关章节。

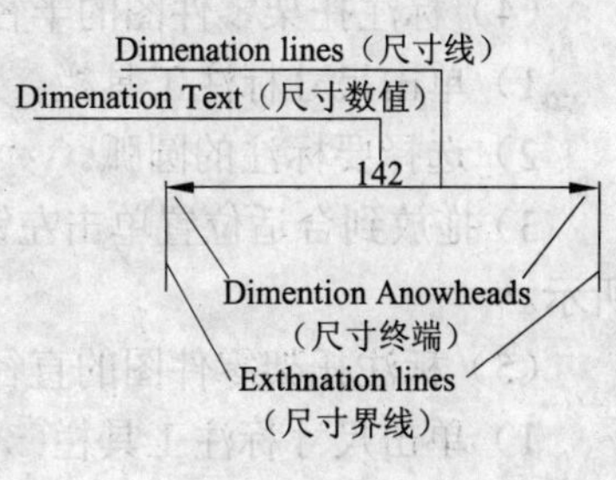

图 3-29　尺寸组成

尺寸标注方法：首先建立一个用于尺寸标注的新图层，其次利用“Dimension Style Mangager”（尺寸标注样式管理器）对话框设置尺寸标注样式并保存该设置，再设置常用的对象捕捉方式，进行尺寸标注及编辑。

具体操作如下：

1. 调用尺寸标注使用的图层

1）单击图层面板中图标，如图 3-10 所示。弹出图 3-11 所示“Layer Properties Manager”对话框。

2）设置尺寸线层作为当前层，如图 3-11 所示。

2. 单击 Annotation（注释）选项板，调出 Dimensions（尺寸标注）面板，如图 3-30、3-31 所示

3. 标注托架零件图的尺寸

（1）单击状态行图标　打开OSNAP和OTRACK按钮。

图 3-30　Annotation（注释）选项板

（2）标注水平尺寸　托架零件图中的水平尺寸 42、32、20 可注成连续式，如图 3-32 所示。操作步骤如下：

1）单击尺寸标注工具栏图标（标注线性尺寸）。

2）捕捉 a 点确定尺寸线的起点，再捕捉 b 点确定尺寸线的终点。

3）将标注拖放到合适位置单击左键确认即可。

4）单击尺寸标注工具栏图标（标注连续尺寸）。

5）捕捉 c 点，再捕捉 d 点，连续按两次回车即可，结果如图 3-32 所示。

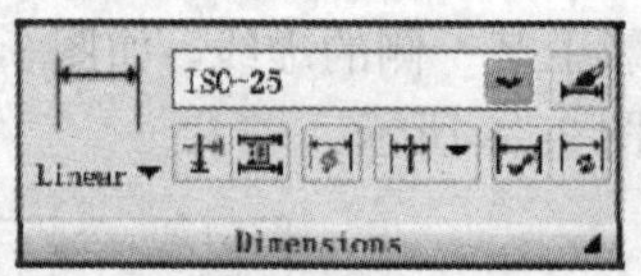

图 3-31　Dimensions（尺寸标注）面板

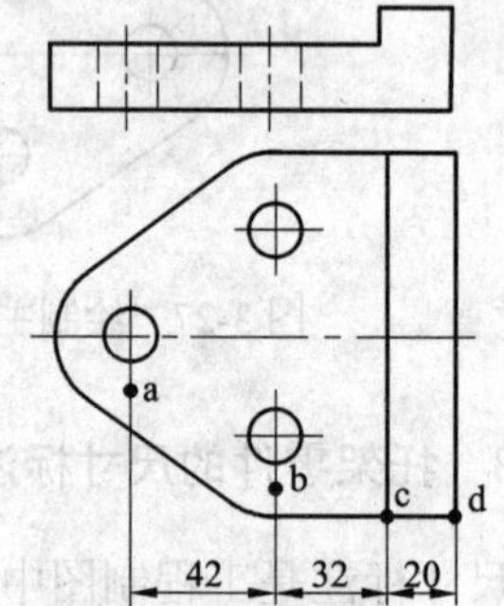

图 3-32　托架水平方向尺寸标注

（3）标注托架垂直方向尺寸　操作步骤如下：

1）单击尺寸标注工具栏图标（标注线性尺寸）。

2）捕捉 e 点确定尺寸线的起点，再捕捉 f 点确定尺寸线的终点。

3）将标注拖放到合适位置单击左键确认即可。

按上述方法，标注尺寸 102、20 和 30，结果如图 3-33 所示。

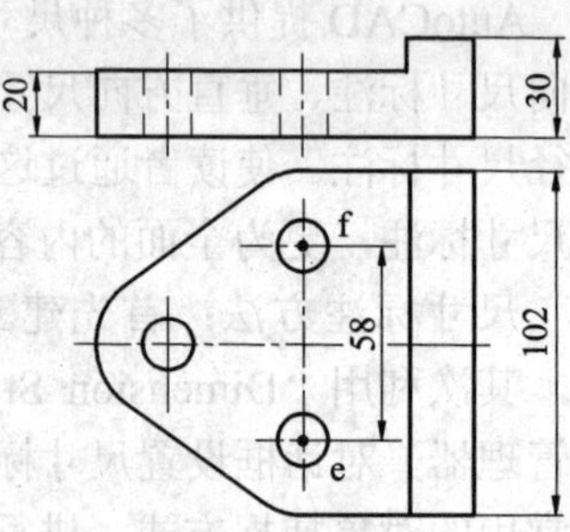

图 3-33　托架垂直方向尺寸标注

（4）标注托架零件图的半径尺寸　操作步骤如下：

1）单击尺寸标注工具栏图标。

2）选择要标注的圆弧。

3）拖放到合适位置单击左键确认即可，结果如图 3-34 所示。

（5）标注托架零件图的直径尺寸　操作步骤如下：

1）单击尺寸标注工具栏图标。命令行提示：

Select arc or circle:

2）选择要标注的圆。提示：

Dimension text＝16

Specify dimension line location or [Mtext/Text/Angle]: t↙

Enter dimension text <16>: 3×%%c16↙

3）拖放到合适位置单击左键确认即可，结果如图 3-34 所示。

上图的不同标注样式在“Modify Dimension Style”对话框中设置，如图 3-35 所示。

调用“Modify Dimension Style”对话框的方法：单击尺寸标注面板中的图标，或在 Command: 命令行中键入 D，调出“Dimension Style Modify”（标注样式管理器），如图 3-36 所示；再单击“Modify”按钮，结果如图 3-35 所示。

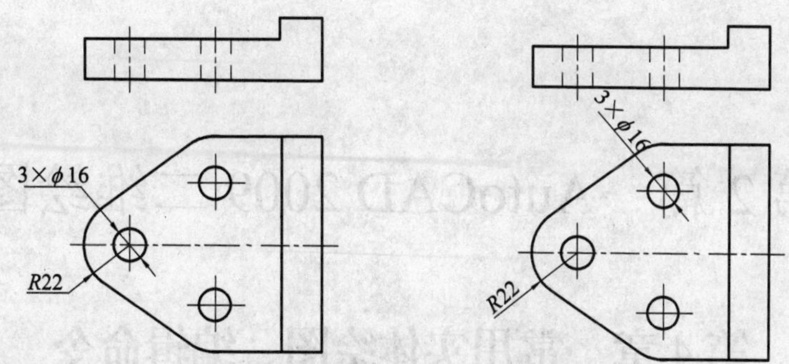

图 3-34　托架零件图半径与直径尺寸标注

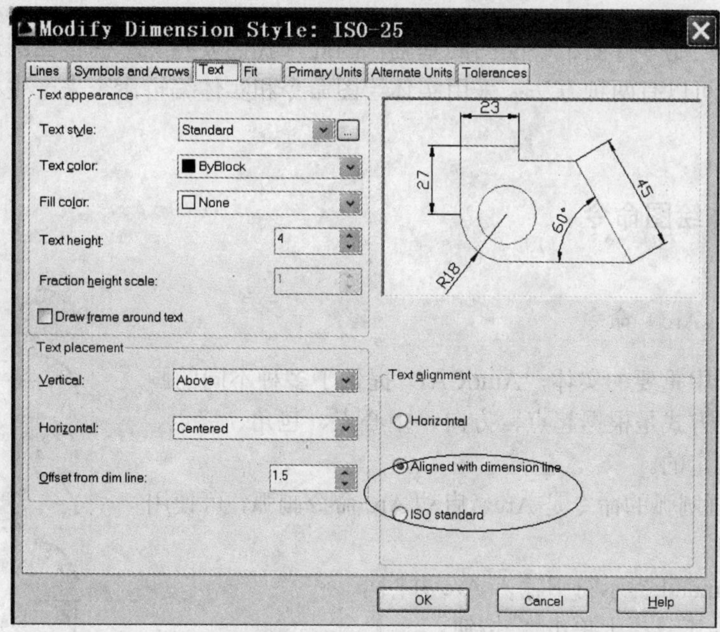

图 3-35　“Modify Dimension Style”对话框

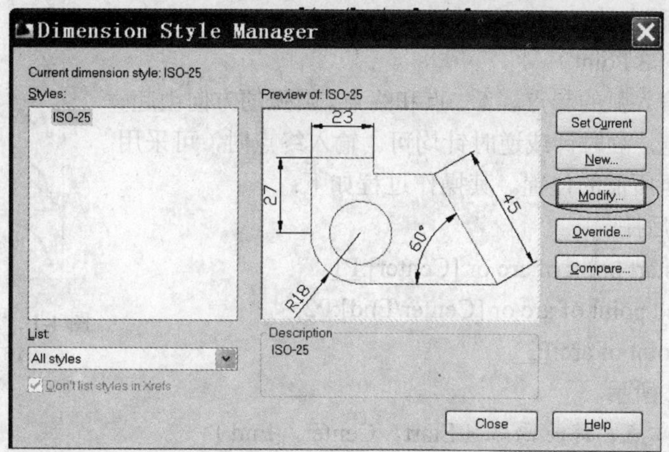

图 3-36　“Dimension Style Modify”（标注样式管理器）对话框

第 2 篇　AutoCAD 2009 二维绘图

第 4 章　常用实体绘图、编辑命令

平面图形是绘制零件图、装配图的基础，因此，我们要熟练掌握平面图形的绘制。创建平面图形，大致可以有两种方法：采用实体绘图命令和实体编辑命令来产生构成图形的各个实体对象。

4.1　常用实体绘图命令

4.1.1　画圆弧（Arc）命令

圆弧是图形中重要的实体，AutoCAD 提供了多种不同的画圆弧方式。这些方式是根据起点、方向、中心点、包角、终点、弦长等选项来确定的。

AutoCAD 画圆弧的命令是 Arc。启动 Arc 命令画弧，可使用以下方法：

1）在 Command:提示符下输入 Arc 并回车。

2）在 Draw 工具栏上单击按钮。

3）打开二级菜单，则弹出如图 4-1 所示的子菜单，其中列出了画圆弧的 11 种方法。

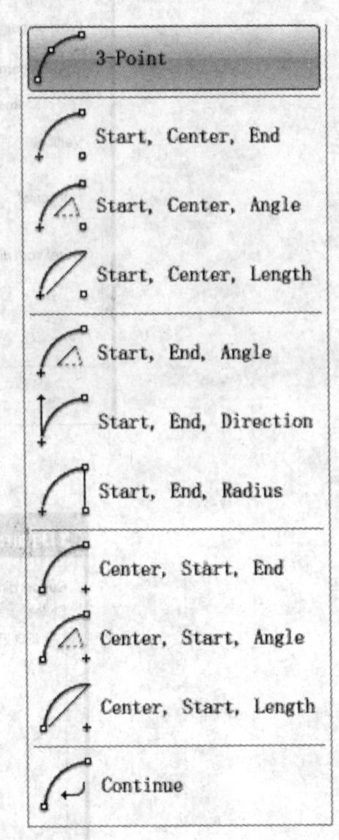

图 4-1 “Arc”（画圆弧）子菜单

1. 三点画弧（3 Point）

该方式要求输入弧的起点、第二点和终点。圆弧的方向由起、终点的方向来确定，顺时针或逆时针均可。输入终点时，可采用拖动方式将弧拖至所需的位置。其操作过程如下：

单击按钮后提示：

_arc Specify start point of arc or [Center]:P1

Specify second point of arc or [Center/End]:P2

Specify end point of arc:P3

结果如图 4-2 所示。

P3
P2
P1

图 4-2　三点画弧

2. 起点、中心点、终点画弧（Start，Center，End）

当已知弧的起点、中心点和终点时，可选择这一画弧方式。给出弧的起点、中心点之后，弧的半径就可确定，终点只决定弧的长

度；但弧不一定通过终点，终点和中心点的连线是弧长的截止点。输入起点和中心点后，中心点至光标的连线将动态拖动圆弧以达到合适位置。图 4-3 所示图形表明了起点、中心点和终点的位置关系。具体操作步骤如下：

单击按钮后提示：

_arc Specify start point of arc or [Center]:P1

Specify second point of arc or [Center/End]: C↙

Specify center point of arc:P2

Specify end point of arc or [Angle/chord Length]:P3

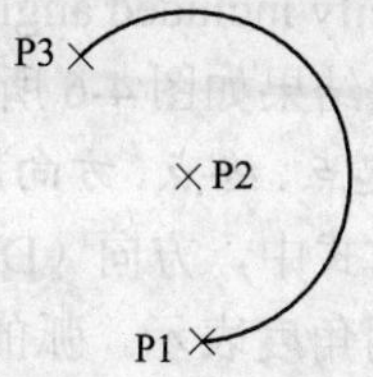

图 4-3 起点、中心点、终点画弧

结果如图 4-3 所示。

3. 起点、中心点、包角画弧（Start，Center，Angle）

这种方式要求输入起点、中心点及其所对应的圆心角。使用圆心 P2，从起点 P1 按指定包角逆时针绘制圆弧（逆弧）。如果角度为负，AutoCAD 将顺时针绘制圆弧（顺弧）。该方式画弧的操作步骤如下：

单击按钮后提示：

_arc Specify start point of arc or [Center]:P1

Specify second point of arc or [Center/End]: C↙

Specify center point of arc:P2

Specify end point of arc or [Angle/chord Length]:A↙

Specify included angle: 90 or –90 or–270↙

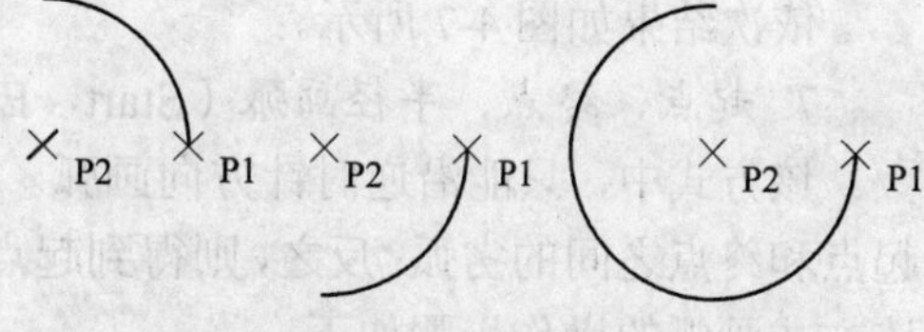

图 4-4 起点、中心点、包角画弧

依次结果如图 4-4 所示。

4. 起点、中心点、弦长画弧（Start，Center，Length）

当弧的起始点和圆心确定以后，也可以用给定弦长来确定一个弧。弦是连接弧的两个端点的直线，根据给定的弦长可以确定弧，但不能确定唯一的弧，可能画出四种不同的弧。为此 AutoCAD 规定，从始点按逆时针方向画弧，并规定弦长为正值时，绘制劣弧；弦长为负值时，绘制优弧。该方式画弧的操作步骤如下：

单击按钮后提示：

_arc Specify start point of arc or [Center]:P1

Specify second point of arc or [Center/End]:C↙

Specify center point of arc:P2

Specify end point of arc or [Angle/chord Length]: L↙

Specify length of chord: 18 or –18↙

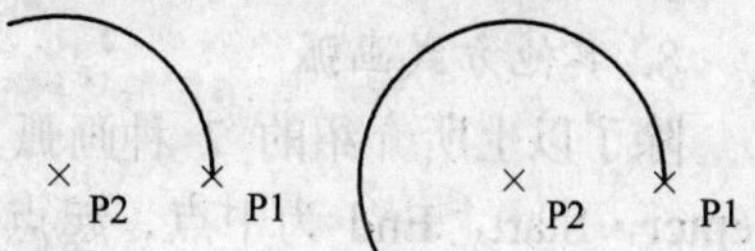

图 4-5 起点、中心点、弦长画弧

依次结果如图 4-5 所示。

5. 起点、终点、包角画弧（tart，End，Angle）

通常是由始点到终点按逆时针方向画弧（逆弧），但若输入的角度为负值，按顺时针方向画弧（顺弧）。该方式画弧的操作步骤如下：

单击按钮后提示：

_arc Specify start point of arc or [Center]:P1

Specify second point of arc or [Center/End]: E↙

Specify end point of arc: P2

Specify center point of arc or [Angle/Direction/Radius]: A↙

Specify included angle:90 or –90↙

依次结果如图 4-6 所示。

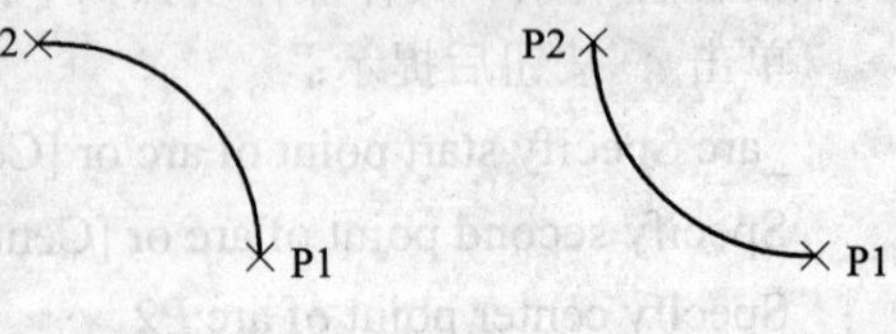

图 4-6 起点、终点、包角画弧

6. 起点、终点、方向画弧（Start，End，Direction）

该方式中，方向（Direction）指弧的切线方向，该方向用角度表示。弧的大小由起点、终点之间的距离及弧度所决定，而不考虑是劣弧、优弧，还是顺弧、逆弧。弧的方向与给出的切线方向相切。该方式画弧的操作步骤如下：

单击按钮后提示：

_arc Specify start point of arc or [Center]:P1

Specify second point of arc or [Center/End]: E↙

Specify end point of arc:P2

Specify center point of arc or [Angle/Direction/Radius]: D↙

Specify tangent direction for the start point of arc: P3 or 135↙

依次结果如图 4-7 所示。

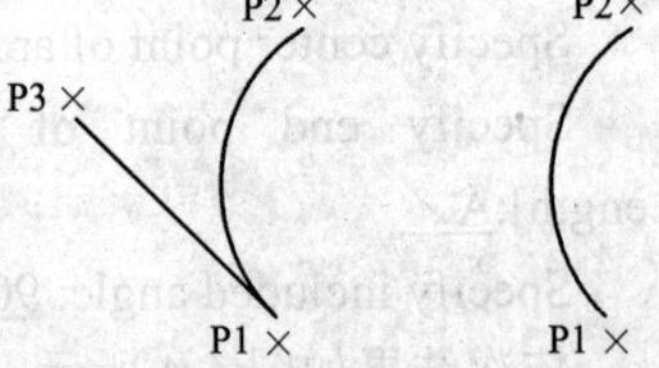

图 4-7 起点、终点、方向画弧

7. 起点、终点、半径画弧（Start，End，Radius）

该方式中，只能沿逆时针方向画弧。若半径为正，则得到起点和终点之间的劣弧；反之，则得到起点和终点之间的优弧。该方式画弧的操作步骤如下：

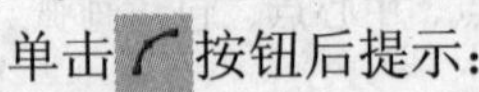

单击按钮后提示：

_arc Specify start point of arc or [Center]:P1

Specify second point of arc or [Center/End]: E↙

Specify end point of arc:P2

Specify center point of arc or [Angle/Direction/Radius]: R↙

Specify radius of arc: 10 or –10↙

依次结果如图 4-8 所示。

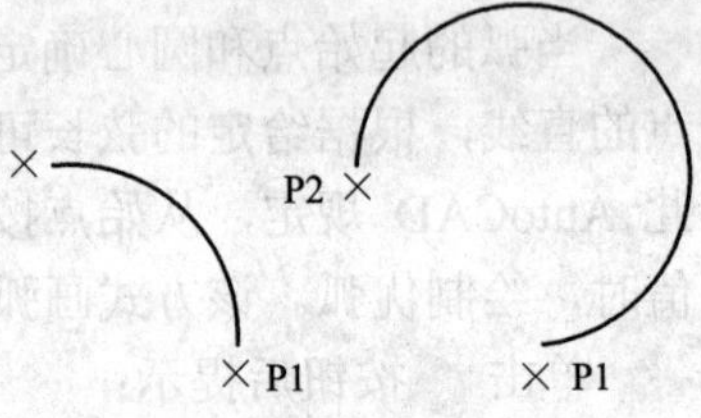

图 4-8 起点、终点、半径画弧

8. 其他方式画弧

除了以上所介绍的 7 种画弧方式外，下面 4 种方式也可绘制圆弧。下面作简要介绍：Center，Start，End 为中点、起点、终点绘制圆弧，Center，Start，Angle 为中点、起点、包角绘制圆弧，Center，Start，Length 为中点、起点、弦长绘制圆弧，Continue 为继续方式绘制圆弧。对于继续方式画弧，如果未指定点就按 Enter 键，AutoCAD 将把最后绘制的直线或圆弧的端点作为起点，并立即提示指定新圆弧的端点。这将创建一条与最后绘制的直线或圆弧相切的圆弧。该方式画弧的操作步骤如下：

单击按钮后提示：

_arc Specify start point of arc or [Center]:↙

Specify end point of arc:P1 or P2

依次结果如图 4-9 所示。

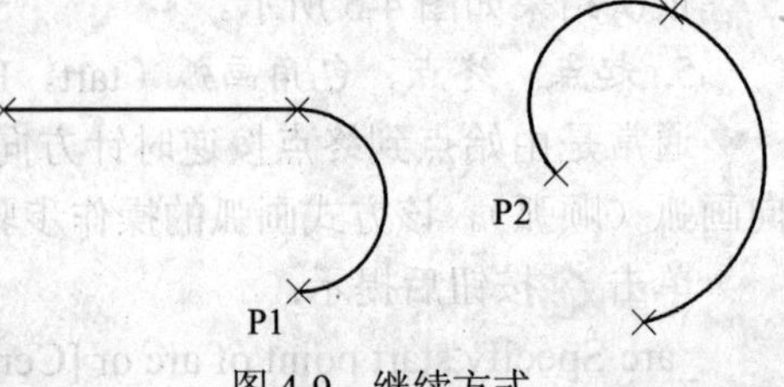

图 4-9 继续方式

若直接单击相应按钮来选择画弧方法，可提高效率。

4.1.2 画正多边形（Polygon）命令

正多边形是一种多义线实体，只能绘制 3～1024 之间的边数。AutoCAD 将以零宽度绘制多义线，并且没有切线信息。可以使用 Pedit 来修改这些数值。

AutoCAD 画正多边形的命令是 Polygon。启动 Polygon 命令画正多边形，可使用以下 3 种方法：

1）在 Command:提示符下输入 Polygon 并回车。

2）在 Draw 工具栏上单击⬠按钮。

3）打开 Draw 菜单，单击“Polygon”命令。

绘制正多边形有 3 种方法，下面逐一介绍。

1. *用内接法画正多边形*

指定外接圆的半径。正多边形的所有顶点都在圆周上。其操作过程如下：

单击⬠按钮后提示：

Enter number of sides <4>: 6↙

Specify center of polygon or [Edge] P1

Enter an option [Inscribed in circle/Circumscribed about circle] <I>:↙

Specify radius of circle: 15 or P2

依次结果如图 4-10 所示。

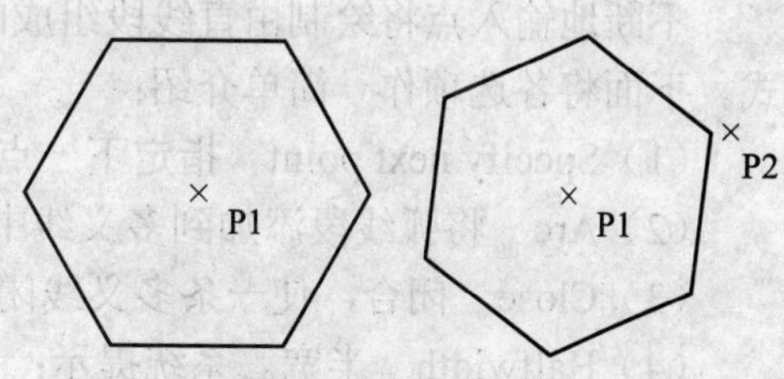

图 4-10 内接法

2. *用外切法画正多边形*

指定内切圆的半径。正多边形的各边中点都在圆周上。其操作过程如下：

单击⬠按钮后提示：

Enter number of sides <6>:↙

Specify center of polygon or [Edge]: P1↙

Enter an option [Inscribed in circle/Circumscribed about circle] <I>: C↙

Specify radius of circle: 15 or P2

依次结果如图 4-11 所示。

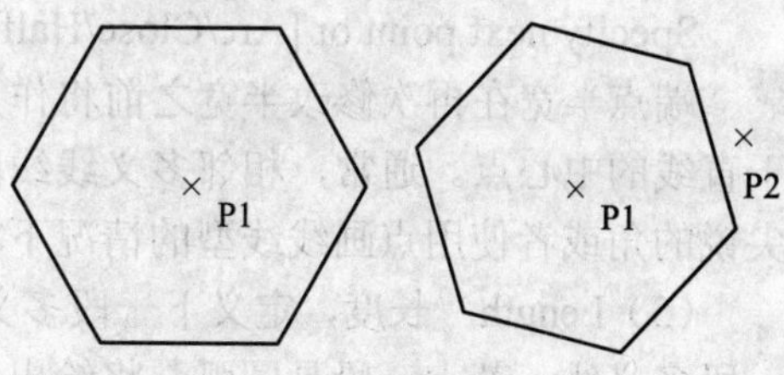

图 4-11 外切法

3. *用边长画正多边形*

通过指定第一条边的端点逆时针来定义正多边形其他边。其操作过程如下：

单击⬠按钮后提示：

Enter number of sides <4>: 6↙

Specify center of polygon or [Edge]: E↙

Specify first endpoint of edge: P1

Specify second endpoint of edge:P2

依次结果如图 4-12 所示。

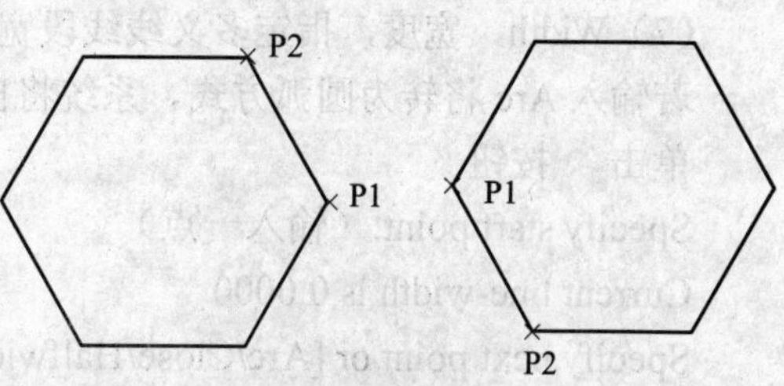

图 4-12 用边长画正多边形

4.1.3 画多义线（Polyline）命令

Polyline（多义线）可以绘制一个由若干直线和圆弧连接而成的折线或曲线；并且无论这条多义线包含多少条直线和圆弧，整条多义线都是一个实体。可以一次编辑所有线段；也可以分别编辑每条线段，设置各线段的宽度，使线段的始末端点具有不同的线宽或者封闭、打开多义线。绘制弧线段时，弧线的起点是前一个线段的端点。可以指定弧的角度、圆心、方向或半径。通过指定一个中间点和一个端点也可以完成弧的绘制。

AutoCAD 画多义线的命令是 Pline 。启动 Pline 命令画多义线，可使用以下 3 种方法：

1）在 Command:提示符下输入 Pline 并回车。

2）在 Draw 工具栏上单击按钮。

3）打开 Draw 菜单，单击“Polyline”命令。

启动后，系统提示：

单击按钮

Specify start point:P1

Current line-width is 0.0000

Specify next point or [Arc/Close/Halfwidth/Length/Undo/Width]: P2

不断地输入点将绘制由直线段组成的多义线，即直线方式；若输入 Arc 将为绘制圆弧方式。下面将各选项作一简单介绍：

（1）Specify next point　指定下一点。

（2）Arc　将弧线段添加到多义线中。

（3）Close　闭合，使一条多义线闭合。

（4）Halfwidth　半宽。系统提示：

Specify starting half-width <0.0000>: 3↙（输入一个值或按 Enter 键）

Specify ending half-width <3.0000>: 5↙（输入一个值或按 Enter 键）

Specify next point or [Arc/Close/Halfwidth/Length/Undo/Width]:

端点半宽在再次修改半宽之前将作为所有后续线段的统一半宽。宽线段的起点和端点位于直线的中心点。通常，相邻多义线线段的交点将得到修整。但在弧线段互不相切，有非常尖锐的角或者使用点画线线型的情况下将不执行修整。

（5）Length　长度，定义下一段多义线的长度，AutoCAD 将按照上一线段的方向绘制这一段多义线。若上一段是圆弧，将绘出与圆弧相切的线段。

（6）Undo　放弃，取消刚刚绘制的那一段线段或弧线段。

（7）Width　宽度，指定多义线线段宽度，其他意义同半宽。

若输入 Arc 将转为圆弧方式。系统将提示：

单击按钮

Specify start point:（输入一点）

Current line-width is 0.0000

Specify next point or [Arc/Close/Halfwidth/Length/Undo/Width]: A↙

Specify endpoint of arc or[Angle/Center/CLose/Direction/Halfwidth/Line/Radius/Second pt/Undo/Width] :

下面将各选项作一简单介绍：

（1）Specify endpoint of arc　指明圆弧端点，绘制弧线段。弧线段从多义线上一段端点的切线方向开始。

（2）Angle　角度，指定从起点开始的弧线段的包含角。指定包含角时，输入正数将按逆时针方向创建弧线段；输入负数将按顺时针方向创建弧线段。

（3）Center　圆心，指定弧线段的圆心。

（4）CLose/Halfwidth/Undo/Width　与直线方式的选项意义相同，不再重复介绍。

（5）Direction　方向，指定弧线段的起点方向。其操作为：

Specify the tangent direction for the start point of arc: 指定一点

Specify endpoint of the arc: 指定一点

（6）Line　直线，退出“圆弧”方式并返回直线方式，出现 Pline 命令的初始提示。

（7）Radius　半径，指定弧线段的半径。

（8）Second pt　第二点，指定三点圆弧的第二点和端点。

下面举例说明绘制由直线段组成的多义线的步骤：

单击按钮后提示：

Specify start point: P1

Current line-width is 0.0000

Specify next point or [Arc/Close/Halfwidth/Length/Undo/Width]: P2

Specify next point or [Arc/Close/Halfwidth/Length/Undo/Width]: P3

Specify next point or [Arc/Close/Halfwidth/Length/Undo/Width]: C↙

结果如图 4-13 所示。

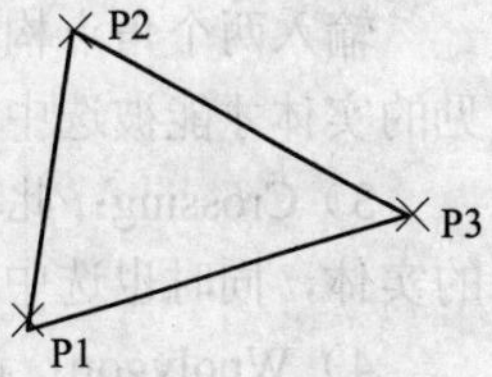

图 4-13　直线方式

绘制由直线和弧线组成的多义线的步骤：

单击按钮后提示：

Specify start point: P1

Current line-width is 0.0000

Specify next point or [Arc/Close/Halfwidth/Length/Undo/Width]: @10<30↙

Specify next point or [Arc/Close/Halfwidth/Length/Undo/Width]: A↙

Specify endpoint of arc or

[Angle/Center/CLose/Direction/Halfwidth/Line/Radius/Second pt/Undo/Width]: R↙

Specify radius of arc: 5↙

Specify endpoint of arc or [Angle]: A↙

Specify included angle: −225↙

Specify direction of chord for arc <30>:↙

Specify endpoint of arc or[Angle/Center/CLose/Direction/Halfwidth/Line/Radius/Second t/Undo/Width]: L↙

Specify next point or [Arc/Close/Halfwidth/Length/Undo/Width]: @10<30↙

Specify next point or [Arc/Close/Halfwidth/Length/Undo/Width]:↙

结果如图 4-14 所示。

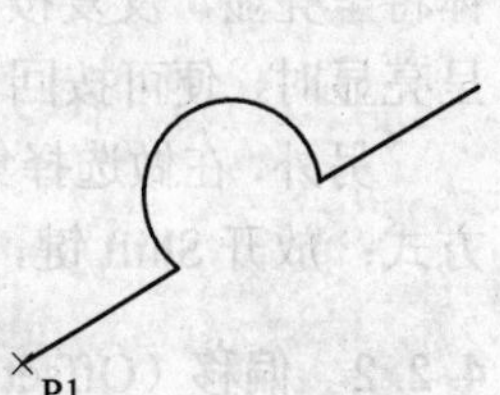

图 4-14　直线和弧线方式

创建多义线之后，可用 Pedit 命令进行编辑，或使用 Explode 命令将其分解成单独的直线段和弧线段。在分解多义线时，线宽恢复为 0，分解后的线段将根据先前的多义线的中心重新定位。

4.2 常用实体编辑命令

4.2.1 实体的选择方式

当执行编辑操作或进行其他操作时，AutoCAD 通常会提示：Select objects:（选择实体），读者选择将要进行操作的实体对象，系统提供的选项如下：

Expects a point or Window/Last/Crossing/BOX/ALL/Fence/WPolygon/CPolygon/Group/Add/Remove/Multiple/Previous/Undo/AUto/Single

常用选项的意义如下：

1）a point：读者通过鼠标输入点后，系统立即扫描图形，搜索穿过该点的实体，被选中的实体将加亮（Highlight）以醒目显示。

2）Window：选择该项后系统将提示：

Specify first corner:（第一角点）

Specify opposite corner:（另一角点）

输入两个角点构成的矩形窗口，窗口所包含的所有实体均被选中。只有在屏幕上全部可见的实体才能被选中。

3）Crossing：此项功能类似于“Window”功能，其操作过程也类同。它不仅选中窗口内的实体，同时也选中了所有与窗口交叉的实体。

4）Wpolygon：选择用一个不规则多边形所包含的所有实体。该选项会给出提示信息：

First polygon point:（选取定义多边形的第一个点）

Specify endpoint of line or [Undo]:（依次定义多边形的一组点）

此时，不规则多边形围住的实体均被选中。

5）Cpolygon：与 Wpolygon 选择功能类似，但凡与边相交的也在选择之列。

在实际操作中，有时要选择一个非常邻近另一些实体的实体，有些实体甚至交叉重叠在一起，当用鼠标选择所要的实体时，往往选取了别的实体。AutoCAD 提供了 object selection cycling（实体循环选择）功能。使用的方法是：按下 Ctrl 键的同时单击想要选择的实体。系统提示：<Cycle on>，如果所选的实体不是所要的，就再次按鼠标左键，下一个紧挨着的实体将呈亮显，反复按鼠标左键，则紧挨着的实体周期性地出现亮显状态，当想要选择的实体呈亮显时，便可按回车键。系统提示：<Cycle off>1 found Select objects:，可继续做选择集。

另外，在做选择集时，选择实体时按下 Shift 键，则 Add/Remove 方式切换为 Remove/Add 方式；放开 Shift 键，则 Add/Remove 方式还原。

4.2.2 偏移（Offset）命令

1. 功能

偏移是创建一个选定对象的等距曲线对象，即创建一个与选定对象类似的新对象，并把它放在离原对象一定距离的位置。可以偏移直线、圆弧、圆、二维多义线、椭圆、椭圆弧、射线和平面样条曲线。偏移圆根据偏移方向创建更大或更小的圆，在圆周外侧偏移将创建更大的圆，在圆周内侧偏移将创建更小的圆。对于多义线，则由其组成的直线段和圆弧的等距曲线自动延伸或修剪而组成一条连续的多义线。Offset 不能用在三维面或三维对象上。

2. 格式

Command: Offset↙或单击按钮

Specify offset distance or [Through] <Through>: 指定一个距离、输入 T 或按 Enter 键

Select object to offset or <exit>: 选择一个对象或按 Enter 键结束命令

Specify point on side to offset: 在要偏移对象的一侧指定点

Select object to offset or <exit>:

AutoCAD 重复这两个提示，因而可以连续创建多个偏移对象。如果要结束命令，可以按 Enter 键。

3. 举例

单击按钮后提示：

Specify offset distance or [Through] <Through>: 5↙

Select object to offset or <exit>: 选择要偏移的对象

Specify point on side to offset: 指定偏移点 P1

Select object to offset or <exit>: 选择要偏移的对象

Specify point on side to offset: 指定偏移点 P2

Select object to offset or <exit>: 选择要偏移的对象

Specify point on side to offset: 指定偏移点 P3

Select object to offset or <exit>: 选择要偏移的对象

Specify point on side to offset: 指定偏移点 P4

Select object to offset or <exit>:

结果如图 4-15 所示。

对于多义线，则由其组成的直线段和圆弧的等距曲线自动延伸或修剪而组成一条连续的多义线。采用通过点方式，结果如图 4-16 所示。其操作过程如下：

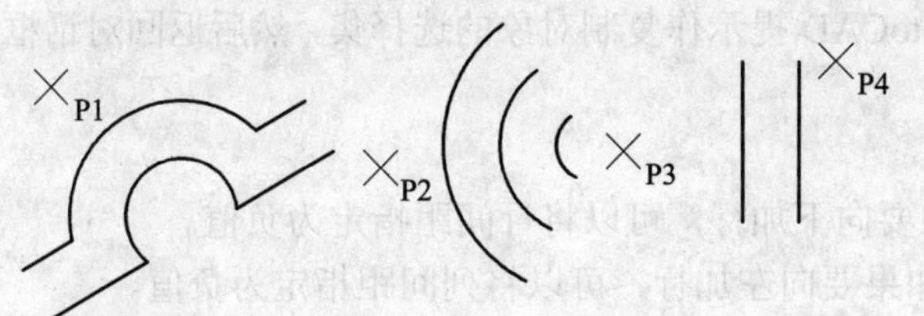

图 4-15　Offset（偏移）命令

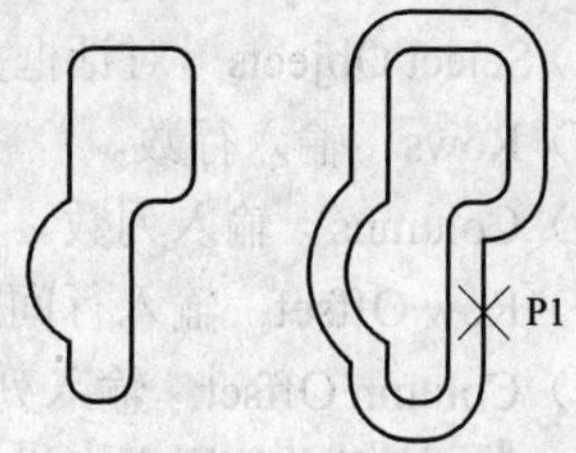

图 4-16　通过点方式

单击按钮后提示：

Specify offset distance or [Through] <Through>:↙

Select object to offset or <exit>:选择多义线

Specify through point:P1

Select object to offset or <exit>:↙

Command:

4.2.3 阵列（Array）命令

1. 功能

创建按指定方式排列的多重对象副本。可以在环形或矩形阵列（图案）中复制对象或选择集。对于环形阵列，可以控制副本对象的数目和决定是否旋转对象。对于矩形阵列，可以控制行和列的数目以及它们之间的距离。

2. 格式

Command: Array↙或单击按钮

屏幕上出现图 4-17 所示的矩形阵列对话框。在该对话框中，读者可以进行阵列的设置。下面详细介绍对话框中各部分的作用。

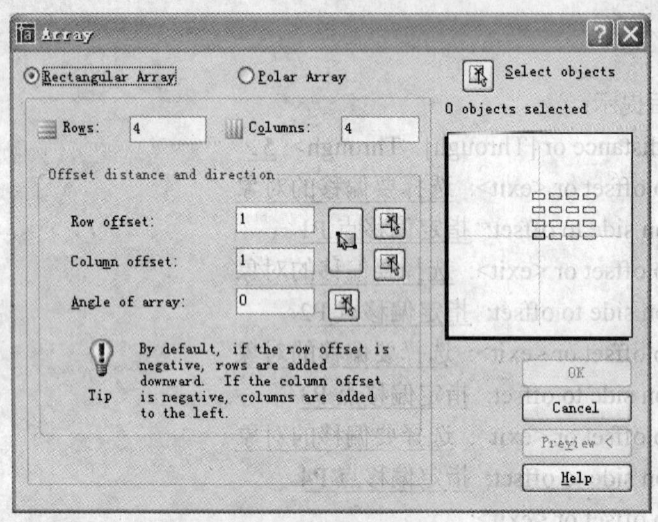

图 4-17　矩形阵列对话框

（1）Rectangular Array　创建矩形阵列。

（2）Polar Array　创建环形阵列。

（3）Select Objects　对话框关闭，AutoCAD 提示作复制对象的选择集，然后返回对话框。

（4）Rows　输入行数。

（5）Columns　输入列数。

（6）Row Offset　输入行间距。如果要向下加行，可以将行间距指定为负值。

（7）Column Offset　输入列间距。如果要向左加行，可以将列间距指定为负值。

（8）按钮　使用定点设备确定单位网，此网确定了行、列间距。

（9）按钮　使用定点设备分别确定行、列间距。

（10）Angle of array　AutoCAD 沿当前捕捉旋转角定义的基线构造矩形阵列。通常角度为零，因此行和列与图形坐标轴 X 和 Y 正交。可以使用 Snap 命令修改角度及创建旋转阵列。在 SNAPANG 系统变量中存储捕捉旋转角。

（11）OK　生成阵列。

若选择创建环形阵列，屏幕上出现图 4-18 所示的环形阵列对话框。在该对话框中，读者可以进行阵列的设置。下面详细介绍对话框中各部分的作用。

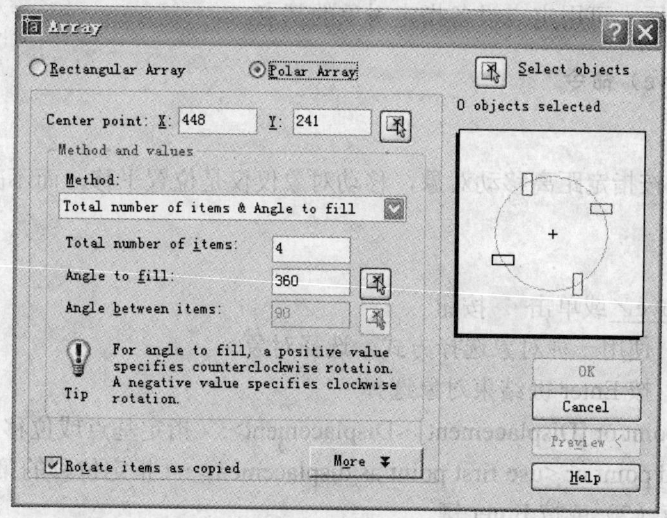

图 4-18 环形阵列对话框

（1）Method and Values 环形阵列中定位创建选定对象的方式与数值。

（2）Method 环形阵列中定位创建选定对象的方式。

（3）Total Number of items 创建选定对象的项目数。如果输入项目数，必须指定填充角度或项目间角度之一。如果按 Enter 键（且不提供项目数），两者均必须指定。

（4）Angle to fill 指定填充角度。逆时针旋转输入一个正数，顺时针旋转输入一个负数。拾取右方按钮，暂时关闭对话框，返回作图区，可用定点设备指定填充角度。

（5）Angle between items 指定项目间的角度，逆时针旋转输入一个正数，顺时针旋转输入一个负数。拾取右方按钮，暂时关闭对话框，返回作图区，可用定点设备指定项目间的角度。

（6）Rotate items as copied 旋转阵列中的对象，在预览区显示。

（7）More/Less 打开或关闭环形阵列对话框中的附加选项。当选择 More 时，出现附加选项对话框，如图 4-19 所示，并且 More 按钮变为 Less 按钮。

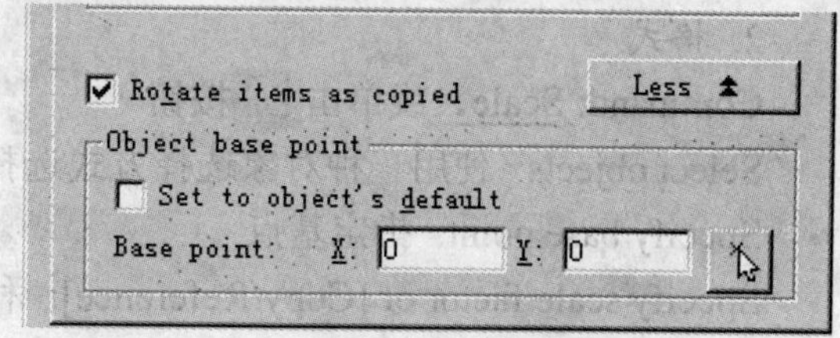

图 4-19 附加选项对话框

1）Object base point：AutoCAD 将确定阵列的中心点到最后一次选定对象的参考点（基点）之间的距离。在环形阵列中，AutoCAD 将使用选择集中最后一个对象的参考点作为所有对象的参考点。如果使用窗口或交叉选择定义选择集，选择集中的最后一个对象是随机的。如果从选择集中删去一个对象，然后再将其添加到选择集中，该对象将成为选择集中最后一个选定的对象。也可以将选择集做成块然后创建它的副本。

2）Set to object's default：使用对象基点的默认值。AutoCAD 使用圆、圆弧、椭圆的圆心、块或形的插入基点、文字起点和线的起点等作为对象的参考点的默认值。去掉此选项，可手工设置对象的基点。

3）Base point：分别在 X 和 Y 框中输入基点的 X 和 Y 坐标。拾取右方按钮，暂时关闭对话框，返回作图区，可用定点设备指定对象的基点。

4.2.4 移动（Move）命令

1. 功能

在指定方向上按指定距离移动对象，移动对象仅仅是位置平移，而不改变对象的方向和大小。

2. 格式

Command: Move↙或单击按钮

Select objects：使用一种对象选择方式，选择对象

Select objects：按 Enter 键结束对象选择

Specify base point or [Displacement] <Displacement>:（指定基点或位移）：基点（1）

Specify second point or <use first point as displacement>:（指定位移的第二点或<用第一点作位移>）：指定点（2）或按 Enter 键

指定的两个点定义了一个位移矢量，它指明了被选定对象的移动距离和移动方向。如果在确定第二个点时按 Enter 键，那么第一个点的坐标值就被认为是相对的 X、Y、Z 位移。例如：在确定基点时输入 2，3，而在确定第二个点时按 Enter 键，则选定的对象相对于当前位置往 X 方向移动 2 个单位，往 Y 方向移动 3 个单位。

4.2.5 比例缩放（Scale）命令

1. 功能

在 X 和 Y 方向使用相同的比例因子缩放选择集。这样，可以使对象变得更大或更小，但不改变它的宽高比。可以通过指定一个基点和长度（基于当前图形单位，被用做比例因子），或直接输入比例因子来缩放对象；也可以为对象指定当前长度和新长度。

2. 格式

Command: Scale↙或单击按钮

Select objects：使用一种对象选择方式选择对象

Specify base point：指定基点

Specify scale factor or [Copy/Reference]：利用比例因子缩放或利用参照缩放

（1）Scale factor　利用比例因子缩放，将改变选定对象的所有尺寸。比例因子大于 1 时将放大对象，比例因子小于 1 时将缩小对象。

（2）Copy　将保留原有对象。

（3）Reference　利用参照缩放，将使用现有对象的尺寸作为新尺寸的参照。要利用参照缩放，请指定当前比例和新的比例长度。例如，如果一个对象的一边是 4.8 个单位长度，要将它扩张到 7.5 个单位长度，则用 4.8 作为参照长度，7.5 作为新的长度。

4.2.6 拉长（Lengthen）命令

1. 功能

Lengthen 命令修改对象的长度和圆弧的包含角。该命令并不影响闭合的对象。选定对象

的延伸方向并不需要与当前用户坐标系的 Z 轴平行。

2. 格式

Command: Lengthen↙或单击按钮

Select an object or [DElta/Percent/Total/DYnamic]:

各选项含义如下：

（1）Select an object　选择对象，显示对象的长度，如果对象有包含角，则一同显示包含角。

（2）Delta　增量，以指定的增量改变对象的长度，从选定对象中距离选择点最近的端点处按增量开始拉长。以指定增量修改圆弧的角度，从圆弧的指定端点处按增量开始拉长。如果增量是正值，就拉伸对象；如果是负值，就修剪对象。

Enter delta length or [Angle] <0.0000>: 指定的增量或者修改圆弧的角度

Enter delta length or [Angle] <−5.0000>: A↙

Enter delta angle <0>: 指定的增量

Select an object to change or [Undo]:

（3）Percent　百分数，通过指定对象总长度的百分数拉伸对象长度；或通过指定圆弧总角度的百分比修改圆弧角度。

Enter percentage length <100.0000>（输入长度百分数<当前值>）：输入非零正值或按 Enter 键采用默认值。

Select an object to change or [Undo]:

（4）Total　全部，通过指定固定端点间总长度的绝对值设置选定对象的长度；或通过指定总包含角设置选定对象的总角度。

Specify total length or [Angle] <1.0000)>:（指定总长度或 [角度(A)] <当前值>:）指定长度或输入 A 按 Enter 键

Specify total length or [Angle] <3.0000)>: A↙

Specify total angle <57>: 指定总角度

（5）Dynamic　动态，打开动态拖动模式。根据被拖动的端点的位置改变选定对象的长度。

AutoCAD 将端点移动到所需的长度或角度，而另一端保持固定。若选择要修改的对象为封闭，则提示：Cannot LENGTHEN this object.。

3. 举例

单击按钮后提示：

Select an object or [DElta/Percent/Total/DYnamic]: DE↙

Enter delta length or [Angle] <−5.0000>: 2↙

Select an object to change or [Undo]: 点画线端点 1

Select an object to change or [Undo]: 点画线端点 2

Select an object to change or [Undo]: 点画线端点 3

Select an object to change or [Undo]: 点画线端点 4

Select an object to change or [Undo]: ↙，结果如图 4-20 所示。

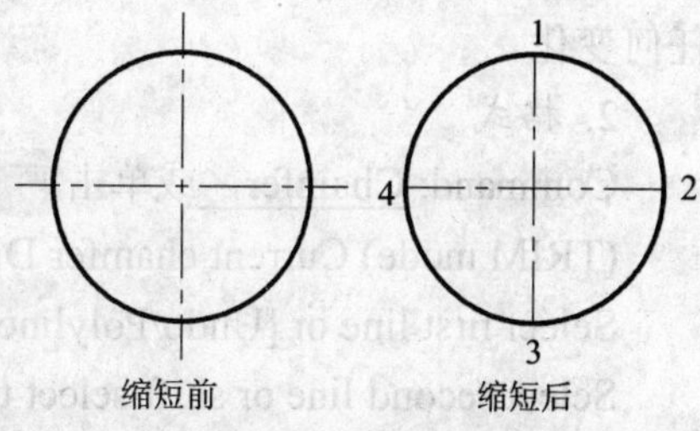

图 4-20　Lengthen 命令

4.2.7 打断（Break）命令

1. 功能

将直线、圆弧和多义线等的任一部分删去或断开。断开部分由第一断点 P1 和第二断点 P2 的位置来控制，可以实现：擦除实体的中间部分，分成两个实体；擦除实体的一端，剩下部分实体；对于圆，不能分成两个实体，其擦除部分是从第一断点 P 逆时针到第二断点 P2 的部分；不擦除任何部分，仅仅是断开，分成两个实体。

2. 格式

Command: Break↙或单击按钮

Select object:（除指点方式外选实体）

Specify first break point:（输入第一断点 P1）

Specify second break point:（输入第二断点 P2）

如图 4-21 中间两图所示。

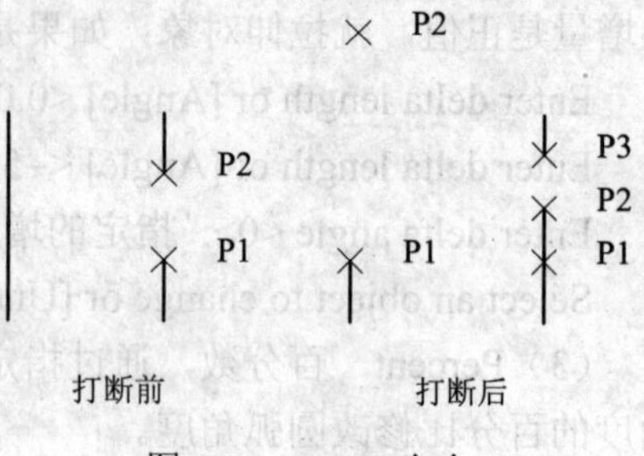

图 4-21 Break 命令

由于选择集中有多个实体，AutoCAD 将选择该选择集中的最后那个实体作为要断开的实体。通常采用指点方式。在指点方式下，AutoCAD 默认把实体的拾取点作为第一断点，它的格式是：

Command: Break↙

Select object:（采用指点选实体方式）

Specify second break point or [First point]:

输入第二断点（或重新输入第一断点）

如图 4-21 右图所示。

3. 说明

操作时，断点可以不必落在实体上，AutoCAD 会在实体上寻找最近的点来确定断点的确切位置。若是删除实体的一端，第二断点可以远离切除的端点。若仅仅将实体分成两部分，而不删除什么，则第二断点用@来应答。AutoCAD 在把圆变成圆弧时，采用从第一断点逆时针到第二断点来删除圆上的弧段。

4.2.8 倒角（Chamfer）命令

1. 功能

对两条相交直线做倒角。若为修剪模式，则在倒角处，两条直线自动延长或修剪，倒角距离由读者给出，最后连接两个修剪端点；若为不修剪模式，则仅仅画出倒角，两条直线无任何变化。

2. 格式

Command: Chamfer↙或单击按钮

(TRIM mode) Current chamfer Dist1 = 0.0000, Dist2 = 0.0000

Select first line or [Undo/Polyline/Distance/Angle/Trim/mEthod/Multiple]:

Select second line or shift-select to apply corner:

根据不同的响应，分别出现下列提示

1）选择第一条直线，后续提示为：

Select second line or shift-select to apply corner:（选择第二条直线，选择对象时可以按住 Shift 键，用 0 值替代当前的倒角距离）

2）输入 N，恢复在命令中执行的上一个操作。

3）输入 P，后续提示为：

Select 2D polyline:（选择二维多义线）

4）输入 D，后续提示为：

Specify first chamfer distance <默认值>:（输入第一倒角距离 Dist1）

Specify second chamfer distance <默认值>:（输入第二倒角距离 Dist2）

5）输入 A，后续提示为：

Specify chamfer length on the first line <20.0000>:（输入第一条线上的倒角长度）

Specify chamfer angle from the first line <0>:（输入从第一条线上旋转的倒角角度）

6）输入 T，后续提示为：

Enter Trim mode option [Trim/No trim] <Trim>:（修剪模式/不修剪模式〈修剪模式〉）

若选 T，则对所选实体修剪后做倒角；若选 N，则对所选实体不修剪而仅仅做倒角。

7）输入 E，后续提示为：

Enter trim method [Distance/Angle] <Angle>:

若选 D，倒角由 Dist1 与 Dist2 确定；若选 A，倒角由 chamfer length 与 chamfer angle 确定。

8）输入 M，后续提示为：

Select first line or [Undo/Polyline/Distance/Angle/Trim/mEthod/Multiple]:

为多组对象倒角。重复显示 Chamfer 提示，直到用户按 Enter 键结束命令。

3. 举例与说明

（1）两条线作倒角

单击 按钮后提示：

(TRIM mode) Current chamfer Dist1 = 10.0000, Dist2 = 10.0000

Select first line or [Undo/Polyline/Distance/Angle/Trim/mEthod/Multiple]: D↙

Specify first chamfer distance <5.0000>: 5↙

Specify second chamfer distance <5.0000>: 2↙

Command: ↙

CHAMFER

(TRIM mode) Current chamfer Dist1 = 5.0000, Dist2 = 2.0000

Select first line or [Undo/Polyline/Distance/Angle/Trim/mEthod/Multiple]:拾取第一条直线

Select second line or shift-select to apply corner: 拾取第二条直线

Command: ↙

CHAMFER

(TRIM mode) Current chamfer Dist1 = 5.0000, Dist2 = 2.0000

Select first line or [Undo/Polyline/Distance/Angle/Trim/mEthod/Multiple]:A↙

Specify chamfer length on the first line <4.0000>: 5↙

Specify chamfer angle from the first line <0>:30↙

Command:↙

CHAMFER

(TRIM mode) Current chamfer Length = 5.0000, Angle = 30

Select first line or [Undo/Polyline/Distance/Angle/Trim/mEthod/Multiple]: 拾取第一条直线

Select second line or shift-select to apply corner: 拾取第二条直线

结果如图 4-22 所示。

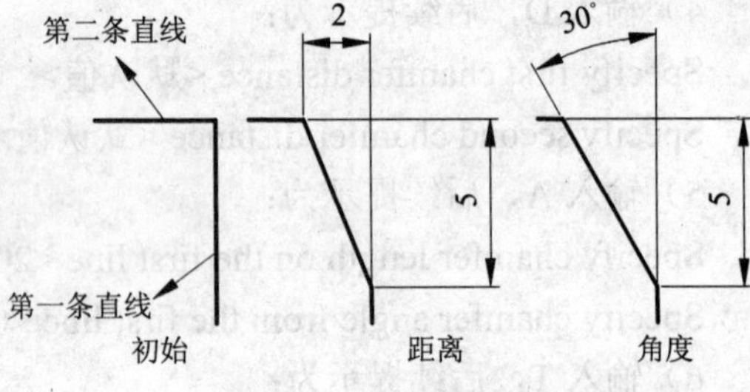

图 4-22 两条线作倒角

如果倒角距离 Dist1 与 Dist2 不相等，读者应分清第一条线与第二条线如何与 Dist1、Dist2 对应，否则将得不到所期望的结果。与 Fillet 命令相同，如果两条线位于同一个图层，则倒角也将位于同一图层，否则将位于当前层。

（2）整条多义线作倒角

单击按钮后提示：

(TRIM mode) Current chamfer Dist1 = 10.0000, Dist2 = 10.0000

Select first line or [Undo/Polyline/Distance/Angle/Trim/mEthod/Multiple]: D↙

Specify first chamfer distance <10.0000>: 1↙

Specify second chamfer distance <1.0000>:

Command: ↙（回车重复 CHAMFER）

CHAMFER

(TRIM mode) Current chamfer Dist1 = 1.0000, Dist2 = 1.0000

Select first line or [Undo/Polyline/Distance/Angle/Trim/mEthod/Multiple]: P↙

Select 2D polyline:（选中多义线）

4 lines were chamfered（4 条线作了倒角）

上述命令序列的结果，如图 4-23 所示。

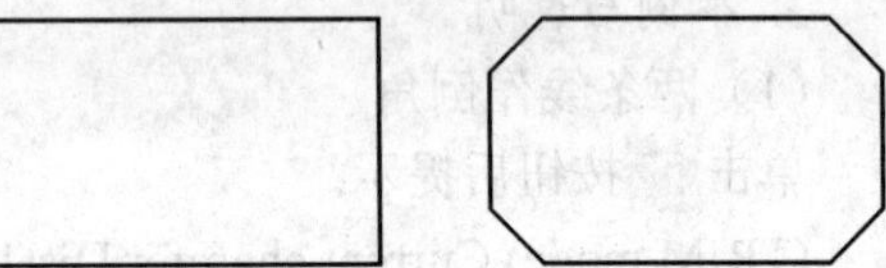

图 4-23 整条组合线作倒角

4.2.9 倒圆（Fillet）命令

1. 功能

利用给定的圆角半径作弧来光滑连接两条直线、弧或圆。若为修剪模式（Mode = TRIM），则调整原来直线和弧的长度，不足的部分自动延长，多余的部分自动删除；若为不修剪模式（Mode = NOTRIM），则仅仅作出圆角。两种修剪模式对于两圆都不修剪，因它能达到光滑连接。

2. 格式

Command: Fillet↙或单击按钮

Current settings: Mode = TRIM, Radius = 10.0000

Select first object or [Undo/Polyline/Radius/Trim/Multiple]:

Select second object or shift-select to apply corner:

根据不同的响应，分别出现下列提示：

1）选择第一个实体，后续提示为：

Select second object or shift-select to apply corner:（选择第二个实体，选择对象时可以按住 Shift 键，用 0 值替代当前的倒圆半径）

2）输入 N，恢复在命令中执行的上一个操作。

3）输入 P，后续提示为：

Select 2D polyline:（选择二维多义线）

4）输入 R，后续提示为：

Specify fillet radius <10.0000>:（输入倒圆半径）

5）输入 T，后续提示为：

Enter Trim mode option [Trim/No trim] <No trim>:

若选 T，则对所选实体修剪后作倒圆；若选 N，则对所选实体不修剪而仅仅作倒圆。

3. 举例

整条多义线作倒圆

Command: Fillet↙

Current settings: Mode = TRIM, Radius = 1.0000

Select first object or [Undo/Polyline/Radius/Trim/Multiple]:P↙

Select 2D polyline: 选多义线

6 lines were filleted

如果圆角半径不为零，那么 AutoCAD 会在相邻直线段相交的每个顶点处插入圆角。如果两条线段中间被一条弧隔开，这两条线段向该弧段逼近，但并不发散，那么就移去中间的弧段，并用圆角弧代替它；若在逼近弧段时发散，则维持该弧段不变。

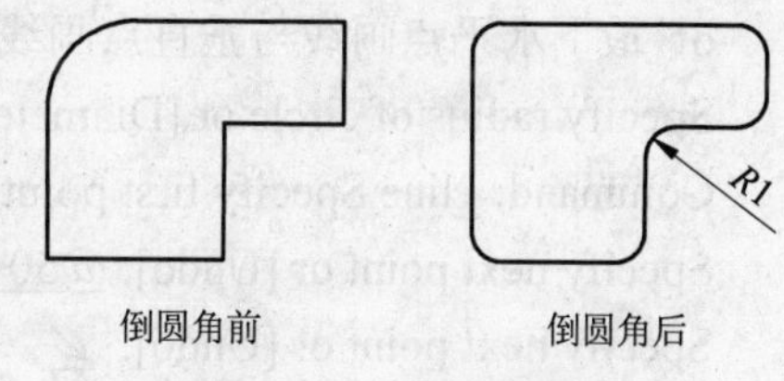

图 4-24　多义线倒圆角

上述命令序列的结果如图 4-24 所示。

顺便指出，与 Chamfer 命令相同，如果两个实体位于同一个图层，则圆角弧也将位于同一图层，否则将位于当前层。

4.3　二维平面图形绘制范例

绘制二维平面图形时，首先要进行形体分析，确定画图路线，灵活运用编辑命令。下面举例说明。

例　绘制二维平面图形（图 4-25）。

首先要设置绘图环境，假定已按快速入门设置好绘图环境，下面直接从画图形开始。

1）绘制定位线，进入点画线层 CEN:

Command: L↙

Specify first point: 垂直点画线下端

Specify next point or [Undo]: @0,100↙

Specify next point or [Undo]: ↙

Command: ↙（重复画线命令）

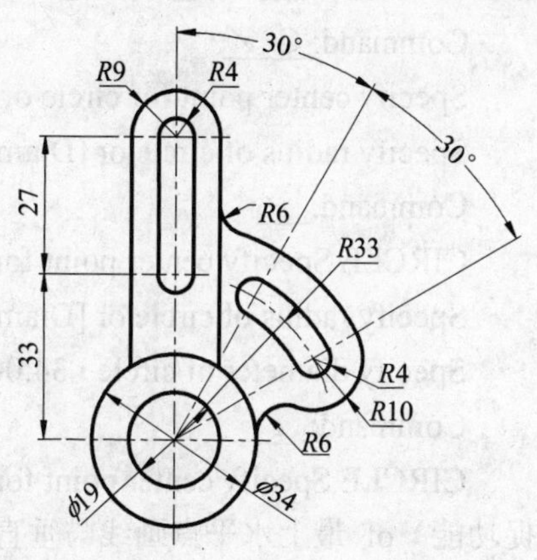

图 4-25　二维平面图形范例

LINE Specify first point: 点取最下水平点画线左端

Specify next point or [Undo]: @40,0↙

Specify next point or [Undo]: ↙

单击按钮（画中间水平点画线）

Specify offset distance or [Through] <Through>: 33↙

Select object to offset or <exit>:选择要偏移的对象

Specify point on side to offset:在偏移的一侧点一下

Select object to offset or <exit>:↙

Command: ↙（重复偏移命令，画最上水平点画线）

OFFSET

Specify offset distance or [Through] <33.0000>: 27↙

Select object to offset or <exit>:选择要偏移的对象

Specify point on side to offset: 在偏移的一侧点一下

Select object to offset or <exit>:↙

Command: C↙

Specify center point for circle or [3P/2P/Ttr (tan tan radius)]: Int↙

of 最下水平点画线与垂直点画线

Specify radius of circle or [Diameter]: 33↙

Command: _line Specify first point: 捕捉圆心

Specify next point or [Undo]: @50<30↙

Specify next point or [Undo]: ↙

Command: ↙

LINE Specify first point: 捕捉圆心

Specify next point or [Undo]: @50<60↙

Specify next point or [Undo]: ↙

结果如图 4-26 所示。

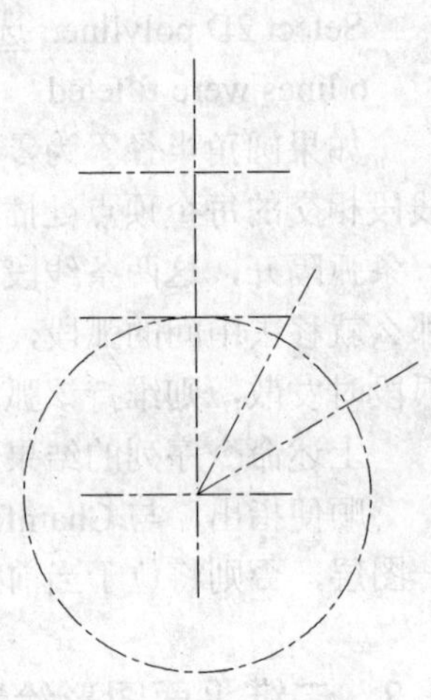

图 4-26 绘制定位线

2）画已知圆弧与直线，进入粗实线层 CON：

Command: C ↙

Specify center point for circle or [3P/2P/Ttr (tan tan radius)]: 捕捉圆心

Specify radius of circle or [Diameter] <33.0000>: 17↙

Command: ↙

CIRCLE Specify center point for circle or [3P/2P/Ttr (tan tan radius)]: 捕捉圆心

Specify radius of circle or [Diameter] <17.0000>: D↙

Specify diameter of circle <34.0000>: 19↙

Command: ↙

CIRCLE Specify center point for circle or [3P/2P/Ttr (tan tan radius)]: INT↙（可启用自动捕捉功能）of 最上水平点画线与垂直点画线

Specify radius of circle or [Diameter] <9.5000>: 9↙

Command: ↙

CIRCLE Specify center point for circle or [3P/2P/Ttr (tan tan radius)]: 捕捉新画圆圆心

Specify radius of circle or [Diameter] <9.0000>: 4↙

Command: ↙

CIRCLE Specify center point for circle or [3P/2P/Ttr (tan tan radius)]: INT↙

Of 中间水平点画线与垂直点画线

Specify radius of circle or [Diameter] <4.0000>:↙

Command: ↙

CIRCLE Specify center point for circle or [3P/2P/Ttr (tan tan radius)]: >>设置 INT 捕捉方式

Resuming CIRCLE command.

Specify center point for circle or [3P/2P/Ttr (tan tan radius)]: 选择 60°倾斜点画线与圆点画线

Specify radius of circle or [Diameter] <4.0000>:↙

Command: ↙

CIRCLE Specify center point for circle or [3P/2P/Ttr (tan tan radius)]: 选择 30°倾斜点画线与圆点画线

Specify radius of circle or [Diameter] <4.0000>:↙

Command: ↙

CIRCLE Specify center point for circle or [3P/2P/Ttr (tan tan radius)]: 捕捉上一个小圆圆心

Specify radius of circle or [Diameter] <4.0000>: 10↙

结果如图 4-27 所示。

3）画中间、连接圆弧与直线：

Command: L↙

Command: _line Specify first point: <Osnap on>绘制左方垂直长线

Specify next point or [Undo]: <Osnap off>用鼠标给出适当的长度

Specify next point or [Undo]: <Osnap on>↙

Command: ↙

LINE Specify first point: 绘制左方垂直短线

Specify next point or [Undo]:

Specify next point or [Undo]: ↙

Command: ↙

LINE Specify first point: 绘制右方垂直短线（也可用 Mirror 命令绘制右方长线与短线）

Specify next point or [Undo]:

Specify next point or [Undo]: ↙

Command: ↙

LINE Specify first point: 绘制右方垂直长线

Specify next point or [Undo]: <Osnap off>

Specify next point or [Undo]: ↙

Command: A↙

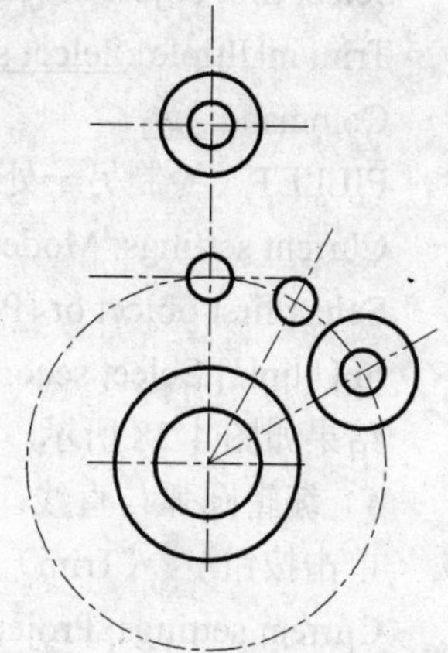

图 4-27 画已知圆弧与直线

Command: Arc Specify start point of arc or [Center]: <Osnap on>绘制 *R*37（33+4）圆弧，并注意按逆时针方向确定起点与终点，否则，得不到预期的结果

Specify second point of arc or [Center/End]: C↙

Specify center point of arc: 捕捉该弧圆心

Specify end point of arc or [Angle/chord Length]: <Ortho off>

Command: ↙

ARC Specify start point of arc or [Center]: 绘制 *R*29（33-4）圆弧

Specify second point of arc or [Center/End]: C↙

Specify center point of arc: 捕捉该弧圆心

Specify end point of arc or [Angle/chord Length]: 选取适当位置的点

Command: ↙

ARC Specify start point of arc or [Center]: 绘制 *R*43（33+10）圆弧

Specify second point of arc or [Center/End]: E↙

Specify end point of arc:选取适当位置的点

Specify center point of arc or [Angle/Direction/Radius]: 捕捉该弧圆心

单击按钮（Fillet）（修改 Current settings）

Current settings: Mode = TRIM, Radius = 20.0000

Select first object or [Polyline/Radius/Trim/mUltiple]: T↙

Enter Trim mode option [Trim/No trim] <Trim>: N↙

Select first object or [Polyline/Radius/Trim/mUltiple]: R↙

Specify fillet radius <20.0000>: 6↙

Command: ↙

FILLET（绘制 *R*6 连接弧）

Current settings: Mode = NOTRIM, Radius = 6.0000

Select first object or [Polyline/Radius/Trim/mUltiple]:Select second object:

Command: ↙

FILLET（绘制另一处 *R*6 连接弧）

Current settings: Mode = NOTRIM, Radius = 6.0000

Select first object or [Polyline/Radius/Trim/mUltiple]:Select second object:

结果如图 4-28 所示。

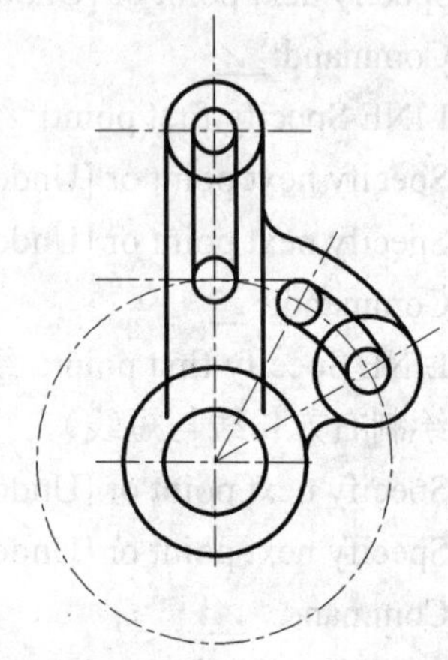

图 4-28 画中间、连接圆弧与直线

4）编辑圆弧与直线：

单击按钮（Trim）

Current settings: Projection=UCS Edge=None

Select cutting edges ...

Select objects: 1 found 长线

Select objects: 1 found, 2 total 长线

Select objects: 1 found, 3 total 大圆

Select objects: 1 found, 4 total 大弧

Select objects: 1 found, 5 total 下面 *R*6 连接弧

Select objects: ↙

Select object to trim or shift-select to extend or [Project/Edge/Undo]: <u>点左长线的下部</u>

Select object to trim or shift-select to extend or [Project/Edge/Undo]: <u>点右长线的下部</u>

Select object to trim or shift-select to extend or [Project/Edge/Undo]: <u>点 *R*9 圆的下部</u>

Select object to trim or shift-select to extend or [Project/Edge/Undo]: <u>点 *R*10 圆的上部</u>

Select object to trim or shift-select to extend or [Project/Edge/Undo]: ↙

Command: ↙（重复编辑）

TRIM

Current settings: Projection=UCS Edge=None

Select cutting edges ...

Select objects: 1 found 短直线

Select objects: 1 found, 2 total 短直线

Select objects: Specify opposite corner: 1 found, 3 total 右方 *R*（33+4）小圆弧

Select objects: 1 found, 4 total 右方 *R*（33-40）小圆弧

Select objects: ↙

Select object to trim or shift-select to extend or [Project/Edge/Undo]: <u>点 *R*4 小圆弧</u>

Select object to trim or shift-select to extend or [Project/Edge/Undo]: <u>点 *R*4 小圆弧</u>（生成长圆形）

Select object to trim or shift-select to extend or [Project/Edge/Undo]: <u>点 *R*4 小圆弧</u>

Select object to trim or shift-select to extend or [Project/Edge/Undo]: <u>点 *R*4 小圆弧</u>（生成弯曲长圆形）

Select object to trim or shift-select to extend or [Project/Edge/Undo]: ↙

结果如图 4-29 所示。

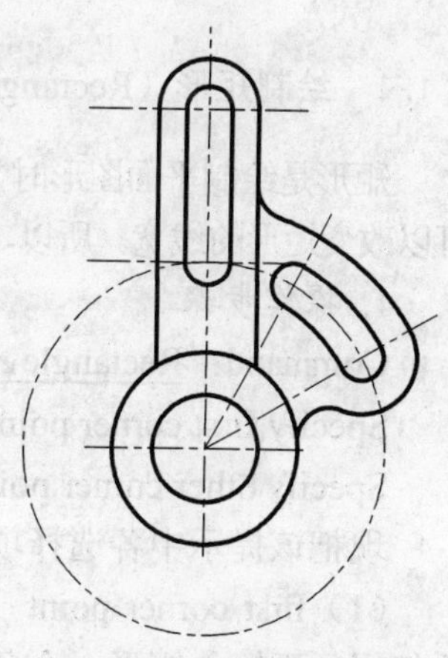

图 4-29 编辑圆弧与直线

5）整理图形：

Command: _break Select object: <u>点画线圆</u>

Specify second break point or [First point]: <Osnap off> <u>点画线圆</u>（要逆时针断开圆）

Command: <u>Lengthen↙</u>

Select an object or [DElta/Percent/Total/DYnamic]: <u>DY↙</u>

Select an object to change or [Undo]: <u>长度不合适的点画线</u>

Specify new end point: <u>合适的点</u>

Select an object to change or [Undo]:（重复上述过程）

结果如图 4-30 所示。

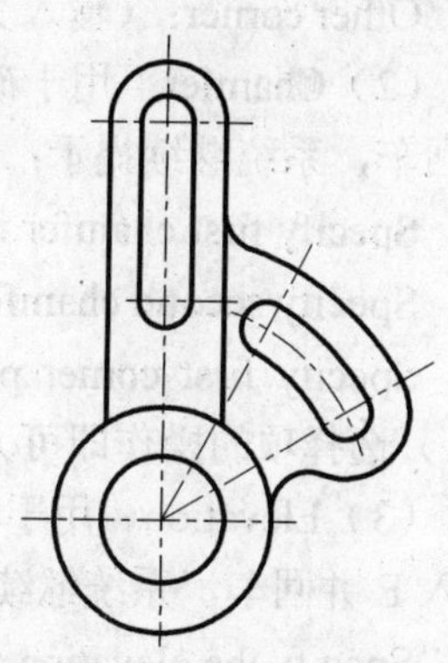

图 4-30 整理图形结果

第 5 章　组合体及剖视图的绘制与编辑

在生产实践中，机件的结构和形状多种多样。用 AutoCAD 绘图与手工绘制一样，应该首先考虑看图方便。在完整、清晰表达机件结构形状的前提下，力求绘图简便，以提高绘图效率和图面质量。为达到这些要求，本章主要介绍：常用绘图和编辑命令；组合体投影图的画法；应用对话框填充图案；剖视图的画法等内容。

前几章已分别介绍了画直线（Line）、画圆（Circle）、画圆弧（Arc）常用绘图命令及删除（Erase）、修剪（Trim）、镜像（Mirror）、复制（Copy）、阵列（Array）、偏移（Offset）、倒直角（Chamfer）、断开（Break）等常用编辑命令的命令格式及操作步骤。这些命令在以后的绘图中仍然常用。除此之外，本章再介绍几个常用命令。

5.1　常用绘图命令

5.1.1　绘制矩形（Rectangle）命令

矩形是绘制平面图形时常用的简单图形。可直接绘制矩形，也可以对矩形倒角或倒圆角，还可以改变矩形的线宽。所以，读者应熟练掌握绘制矩形的命令及操作步骤。

1. 操作步骤

Command：Rectangle↙或单击

Specify first corner point or[Chamfer/Elevation/Fillet/Thickness/Width]：指定一点

Specify other corner point or[Area/Dimensions/Rotation]：

现把该提示中各选择项的功能介绍如下：

（1）first corner point　用于确定矩形第一个角点的位置，为系统的默认选项。可直接在系统提示下输入矩形一个角点的坐标，接着系统提示：

Other corner：（输入另一个对角点的坐标，则绘出一个普通的矩形）

（2）Chamfer　用于确定矩形的倒角尺寸，绘制倒直角的矩形。在系统提示下，输入 C 并回车，系统继续提示：

Specify first chamfer for rectangles<0.000>：输入倒直角第一边的距离

Specify second chamfer for rectangles<0.000>：输入倒直角第二边的距离

Specify first corner point or[Chamfer/Elevation/Fillet/Thickness/Width]：（在此提示下重复（1）选择项的操作即可）

（3）Elevation　用于确定矩形的绘图高度（标高），一般用于三维图形。在系统提示下，输入 E 并回车，系统继续提示：

Specify the elevation for rectangles<0.000>：输入矩形的标高

Specify first corner point or[Chamfer/Elevation/Fillet/Thickness/Width]：（在此提示下继续操作即可）

（4）Fillet　用于绘制一个带圆角的矩形，需输入矩形的倒圆角半径值。在系统提示下，输入 F 并回车，系统继续提示：

Specify fillet radius for rectangles<0.0000>：输入圆角半径值

Specify first corner point or[Chamfer/Elevation/Fillet/Thickness/Width]：（在此提示下重复（1）选择项的操作即可）

（5）Thickness　用于确定矩形的厚度，一般用于三维图形。在系统提示下，输入 T 并回车，系统继续提示：

Specify thickness for rectangles<0.0000>：输入矩形的厚度

Specify first corner point or[Chamfer/Elevation/Fillet/Thickness/Width]：（在此提示下进行其他选项的操作）

（6）Width　用于确定矩形的线宽，绘制指定线宽的矩形。在系统提示下，输入 W 并回车，系统继续提示：

Width for rectangle：（输入矩形的线宽等）

（7）Area　用于通过面积和长或宽创建矩形。在系统提示下，输入 A 并回车，系统继续提示：

Enter area of rectangle in current units<100.0000>：输入矩形的面积值

Calculate rectangle dimensions based on[Length/Width]<Length>：回车或输入 W

Enter rectangle Length<10.0000>：输入矩形的长度或宽度

（8）Dimensions　用于通过矩形的长和宽创建矩形。第二个指定点将矩形定位在与第一角点相关的四个位置之一内。在系统提示下，输入 D 并回车，继续按系统提示操作。

（9）Rotation　用于旋转所绘制的矩形成一定的角度。指定旋转角度后，系统按指定角度创建矩形。在系统提示下，输入 R 并回车，系统继续提示：

Specify rotation angle or[pick points]<0>：输入角度

Specify other corner point or[Area/Dimensions/Rotation]：输入另一个角点或选择其他选项

2. 应用举例

绘制如图 5-1a 所示的图形。

Command：Rectangle↙或单击

Specify first corner point or[Chamfer/Elevation/Fillet/Thickness/Width]：C↙

Specify first chamfer distance for rectangles<0.000>：16↙

Specify second chamfer distance for rectangles<0.000>：16↙

Specify first corner point or[Chamfer/Elevation/Fillet/Thickness/Width]：点取图 5-1b 中的 P 点

Specify other corner point or[Area/Dimensions/Rotation]：@132，76↙

结果如图 5-1b 所示。

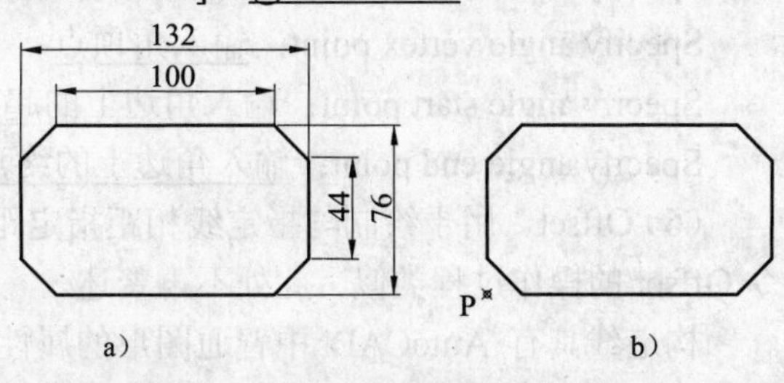

图 5-1　应用 Rectangle 命令绘制矩形

5.1.2　绘制构造线（Xline）命令

构造线也称无限长线，它可以从指定点向两个方向无限延伸。构造线命令主要用于绘制作图的辅助线。当绘制多视图时，为了保持投影联系，可先画出若干条构造线，再以构造线为基准画图。

1. 操作步骤

Command：Xline↙或单击

Specify a point or[Hor/Ver/Ang/Bisect/Offset]:

现把该提示中各选项的功能介绍如下：

（1）Specify a point　用于通过指定点，绘制各种方向的构造线，直到按回车键或空格键结束该命令。

（2）Hor　用于绘制通过指定点且平行 X 轴的构造线。在上述提示下，输入 H 并回车，系统接着提示：

Specify through point：输入一点

Specify through point：↙或继续输入一个点

（3）Ver　用于绘制通过指定点且平行 Y 轴的构造线。在上述提示下，输入 V 并回车，系统接着提示：

Specify through point：输入一点

Specify through point：↙或继续输入一个点

（4）Ang　用于绘制与 X 轴正向成指定角度的构造线。在上述提示下，输入 A 并回车，系统接着提示：

Enter Angle of Xline（0）or[Reference]:

在该提示下，有两种选择方式：

1）Enter Angle of Xline（0）：用于绘制与 X 轴成指定角度的构造线。在此提示下直接输入角度值，系统接着提示：

Through point：输入通过点

Through point：↙或继续输入通过点

2）Reference：用于绘制与指定直线成指定角度的构造线。在上述提示下，输入 R 并回车，系统接着提示：

Select object：选择参照线

Enter angle<0>：输入角度值

Through point：输入通过点

Through point：↙或继续输入通过点

（5）Bisect　用于绘制角的平分线（构造线）。操作步骤如下：

Command：Xline↙或单击

Specify a point or[Hor/Ver/Ang/Bisect/Offset]：B↙

Specify angle vertex point：输入角顶点

Specify angle start point：输入角边上的起点

Specify angle end point：输入角边上的终点

（6）Offset　用于绘制与指定线相距指定距离的平行构造线。该选项的操作过程与偏移命令 Offset 的操作过程类似，此处不再赘述。

构造线具有 AutoCAD 中普通图形的属性，如图层、颜色、线型等。所以其不仅能作为辅助线，而且还可以将构造线编辑成直线段等。

2. 应用举例

用构造线画出如图 5-2a 所示角的平分线。操作步骤如下：

首先调出点画线层作为当前层。

Command：Xline↙或单击

Specify a point or[Hor/Ver/Ang/Bisect/ Offset]：B↙

Specify angle vertex point：捕捉图 5-2b 中的 P1 点（交点）

Specify angle start point：捕捉图 5-2b 中的 P2 点（端点）

Specify angle end point：捕捉图 5-2b 中的 P3 点（端点）

Specify angle end point：↙

然后应用断开命令（Break）进行编辑，结果如图 5-2c 所示。

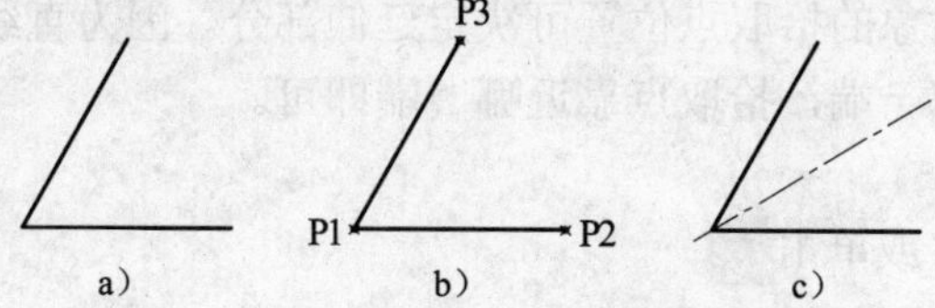

图 5-2　应用 Xline 命令绘制角平分线

5.1.3　绘制样条曲线（Spline）命令

样条曲线是通过一组定点的光滑曲线。定点数量由图形的大小确定。AutoCAD 使用的特殊样条曲线类型称为非均匀有理 B 样条曲线 NURBS（NBURS 是 Non Uniform Rational Bezier —Spline 的缩写）。样条曲线非常适合于绘制不规则形状的曲线，例如飞机、汽车、轮船等零件的轮廓线，也常用于绘制波浪线。本节仅介绍用样条曲线绘制波浪线的方法和步骤。

例　绘制如图 5-3a 所示的波浪线。

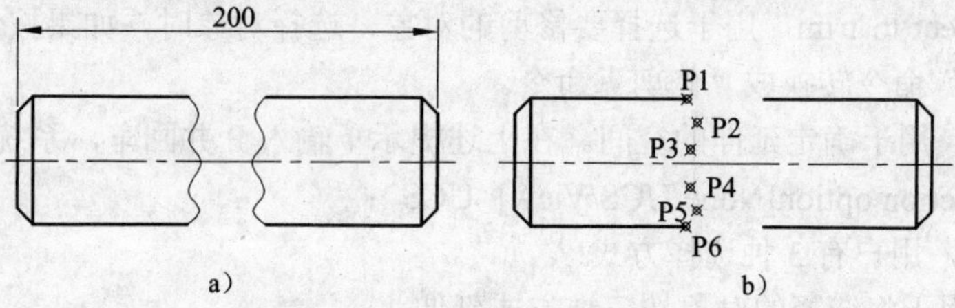

图 5-3　应用 Spline 命令绘制波浪线

Command：Spline↙或单击

Specify first point or[object]：捕捉图 5-3b 中所示的 P1 点（端点）

Specify next point：点取图 5-3b 中所示的 P2 点

Specify next point or[Close/Fit tolerance]<start tangent>：点取图 5-3b 中所示的 P3 点

Specify next point or[Close/Fit tolerance]<start tangent>：点取图 5-3b 中所示的 P4 点

Specify next point or[Close/Fit tolerance]<start tangent>：点取图 5-3b 中所示的 P5 点

Specify next point or[Close/Fit tolerance]<start tangent>：捕捉图 5-3b 中所示的 P6 点（端点）

Specify next point or[Close/Fit tolerance]<start tangent>：↙

Specify start tangent：↙

Specify end tangent：↙

用同样的方法绘制另一条波浪线，结果如图 5-3a 所示。

5.2 常用编辑命令

5.2.1 延伸（Extend）命令

延伸命令用于将选中的对象延伸到指定的边界。系统允许使用直线、圆弧、椭圆弧、多段线、样条曲线、构造线、射线及文字作为延伸边界。但是，只有直线段、圆弧和开放的多段线才能被延伸。

注意：选择被延伸对象的拾取点位置可决定延伸部分。因为直线段和弧线段都有两个端点，所以读者需要延伸哪一端，拾取点靠近哪一端即可。

1. 操作步骤

Command：Extend↙或单击 ⁻/

Current settings：projection=UCS, Edge=Extend

Select boundary edges…

Select objects or <select all>：选择边界对象或选择所有对象作为可能的边界对象

Select objects：↙或继续选择边界

Select object to extend or shift-select to trim or[Fence（栏选）/Crossing（窗交）/Project（投影）/Edge（边）/Undo（放弃）]：

现把该提示中各选择项的功能介绍如下：

（1）Select object to extend　用于选择要延伸的对象，为系统的默认选项，读者可直接在系统提示下选取。

（2）shift-select to trim　用于选择要修剪的对象，选择对象时，如果按住 Shift 键，系统就自动将“延伸”命令转换成“修剪”命令。

（3）Project　用于确定延伸的空间。在上述提示下输入 P 并回车，系统继续提示：

Enter a projection option[None/UCS/View]<UCS>：

在该提示下，用户有 3 种选择方式：

1）None：用于将选择的对象按三维方式延伸。

2）UCS：用于将选择的对象在当前 UCS 的 OXY 平面上延伸。

3）View：用于将选择的对象在当前的视图平面上延伸。

（4）Edge　用于确定延伸的方式，是延伸到实际边界上还是延伸到边界的延长线上。在上述提示下输入 E 并回车，系统继续提示：

Enter an implied edge extension mode[Extend/No Extend]<No Extend>：

在该提示下，有两种选择方式：

1）Extend：用于将延伸对象延伸到边界线的延长线位置。换句话说：如果边界线过短，延伸后不能与其相交，此时 AutoCAD 可假想将边界线延长，使延伸对象到达与其相交的位置。

2）No Extend：系统只按实际位置将延伸对象延伸。

2. 应用举例

把图 5-4a 所示的图形编辑成正确的图形。

Command：Extend↙或单击

Current settings：projection=UCS, Edge=Extend

Select boundary edges…

Select objects or <select all>：点取图 5-4b 中的 A 线

Select objects：↙

Select object to extend or shift-select to trim or[Fence/Crossing/Project/Edge/Undo]：点取图 5-4b 中的 B 线

编辑结果如图 5-4c 所示。

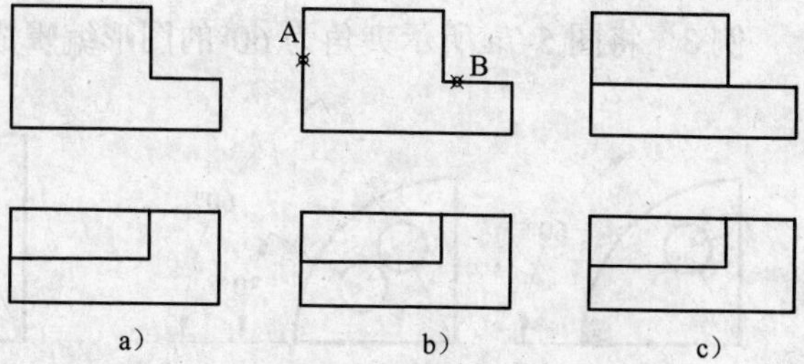

图 5-4 应用 Extend 命令编辑图形

5.2.2 旋转（Rotate）命令

旋转命令用于将选中的对象绕基点（指定点）旋转指定的角度。默认设置时输入的角度为正值，选中的对象按逆时针方向旋转；输入的角度为负值，则该对象按顺时针方向旋转。

1. 操作步骤

Command：Rotate↙或单击

Current positive angle in UCS：ANGDIR=counterclockwise [逆时针]；ANGBASE=0

Select objects：选择旋转对象

Select objects：↙（或继续选择对象）

Specify base point：选择旋转基点

Specify rotation angle or [Copy/Reference]<0>：

现把该提示中各选择项的功能介绍如下：

（1）Rotation angle　用于选择旋转角度，为系统的默认选项，读者可直接在系统的提示下输入旋转角度值。

（2）Copy　用于创建要旋转的选定对象的副本。旋转对象的同时，保留原对象。

（3）Reference　用于将旋转对象以参考方式进行旋转。

2. 应用举例

例 1　将图 5-5a 所示图形旋转 90°。

Command：Rotate↙或单击

Current positive angle in UCS：ANGDIR=counterclockwise ANGBASE=0

Select objects：all↙

Select objects：↙

Specify base point：捕捉圆心（圆心为旋转基点）

Specify rotation angle or[Copy/Reference]<0>：90↙

旋转结果如图 5-5b 所示。

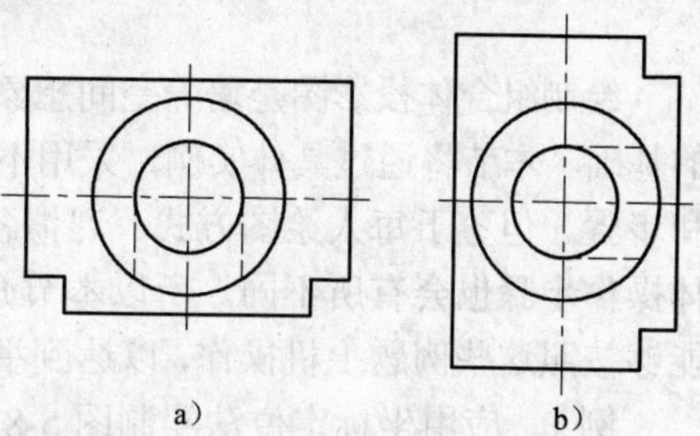

图 5-5 应用 Rotate 命令编辑图形

例 2 将图 5-6a 所示夹角为 60°的图形复制在夹角为 30°的位置。

Command：Rotate↙或单击

Current positive angle in UCS：ANGDIR=counterclockwise ANGBASE=0

Select objects：选取图 5-6a 中的两条点画线和一个小圆

Select objects：↙

Specify base point：选择基点（捕捉两粗直线的交点）

Specify rotation angle or [Copy/Reference]：C↙

Specify rotation angle or [Copy/Reference]<0>：–30↙

旋转结果如图 5-6b 所示。

例 3 将图 5-7a 所示夹角为 60°的图形编辑成夹角为 45°的图形。

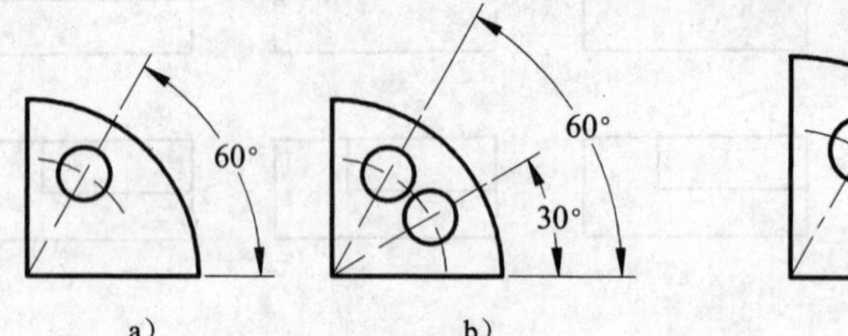

图 5-6 应用 Rotate 命令编辑图形

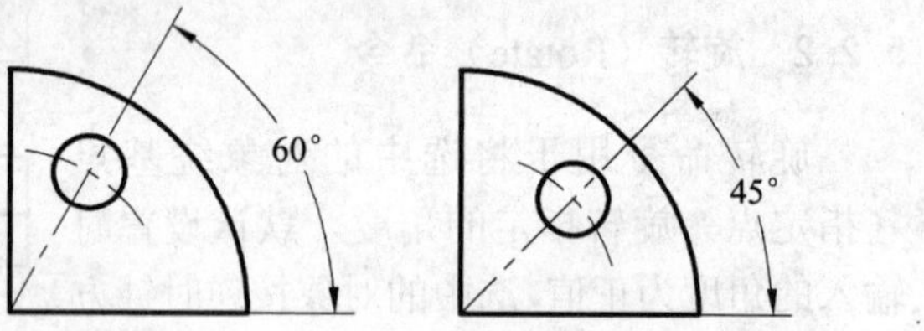

图 5-7 应用 Rotate 命令编辑图形

Command：Rotate↙或单击

Current positive angle in UCS：ANGDIR=counterclockwise ANGBASE=0

Select objects：选取图 5-7a 中的两条点画线和一个小圆

Select objects：↙

Specify base point：选择基点（捕捉两粗直线的交点）

Specify rotation angle or [Copy/Reference]：R↙

Specify the reference angle<0>：60↙

Specify the new angle or[Points]<0>：45↙

旋转结果如图 5-7b 所示。

5.3 组合体投影图的画法

绘制组合体投影图是培养空间想象能力的一个重要环节，同时也为绘制各种图形打下坚实的基础。本节将通过具体实例，采用不同的绘图方法介绍 AutoCAD 绘制组合体投形图的方法和步骤。但鉴于每人绘图方式、习惯各不相同，在使用计算机进行绘图时，调用的命令和具体操作步骤也会有所不同。所以本节介绍的方法和步骤并不唯一，仅供初学者练习，并希望能够按照这些例题上机操作，以达到举一反三、综合应用以下方法绘制组合体投影图的目的。

例 1 应用坐标定位法绘制图 5-8 所示组合体的三面投影图。

绘图步骤如下：

（1）用形体分析法，分析拟定绘制本例图的方法和顺序

（2）设置绘图范围（图纸幅面 A3）

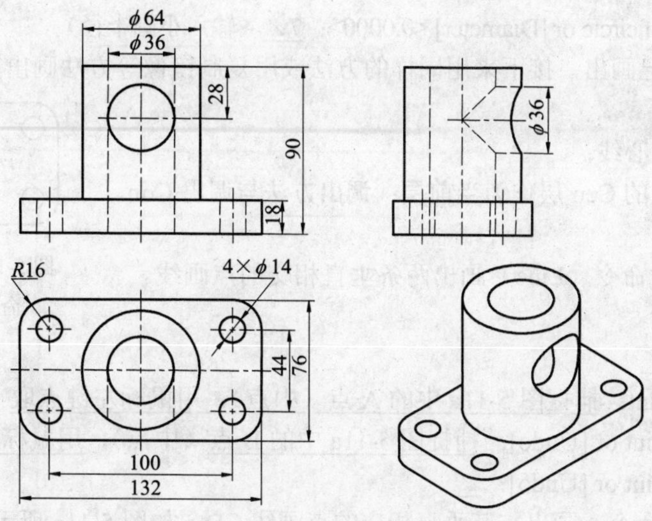

图 5-8　组合体例图 1

（3）设置线型比例

（4）设置图层　图层的设置请参照表 5-1 所示的层名、颜色、线型、线宽。

表 5-1　层名、颜色、线型、线宽

层　名	功　能	颜　色	线　型	线　宽
Con	粗实线	Red（红色）	Continuous（连续线）	0.5
Cen	点画线	Yellow（黄色）	Acad-iso04w100（点画线）	0.2
Hid	虚线	Blue（蓝色）	Acad-iso02w100（虚线）	0.2

（5）绘制组合体的水平投影图

1）绘制外框线及 4 个小圆：

① 调出已设置的 Con 层：单击用户界面中的层控制框右边的小三角按钮，在弹出的下拉列表中选择“Con“即可。

② 调用绘制矩形命令绘制外框线。

Command：Rectangle↙或单击

Specify first corner point or [Chamfer/Elevation/Fillet/Thickness/Width]：F↙

Specify fillet radius for rectangles <0.0000>：16 ↙（输入圆角半径）

Specify first corner point or [chamfer/Elevation/Fillet /Thickness/Width]：70, 30↙

Specify other corner point or[Area/Dimensions/Rotation]：@132,76↙

结果如图 5-9 所示

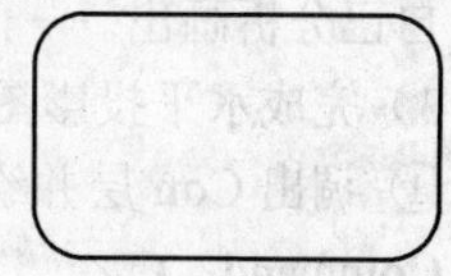

图 5-9　应用 Rectangle 命令绘制外框线

③ 绘制 4 个小圆。

Command：（Circle）C↙

Specify center point for circle or [3P/2P/Ttr(tam tan radius)]：设置圆心捕捉模式，移动鼠标到图 5-9 左下角的圆弧，当圆心处出现小圆圈时用鼠标点取

继续提示：

Specify radium of circle or [Diameter] <0.0000>：7↙（输入小圆半径）

左下角的小圆已画出，接下来用同样的方法或用复制镜像等方法画出其余 3 个小圆。结果如图 5-10 所示。

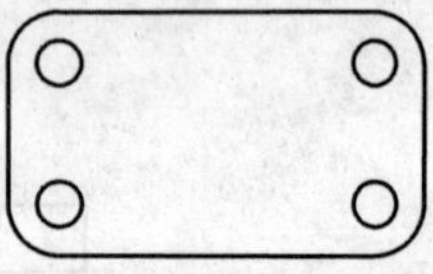

图 5-10　应用 Circle 命令绘制小圆

2）绘制对称中心线：

① 调出已设置的 Cen 层作为当前层：调出方法与调出 Con 层相同，不再赘述。

② 用绘制直线命令（Line）画出两条垂直相交的点画线。步骤如下：

Command：L↙

Specify first point：捕捉图 5-11a 中的 A 点（中点），用鼠标左键点取

Specify next point or [Undo]：捕捉图 5-11a 中的 B 点（中点），用鼠标左键点取

Specify next point or [Undo]：↙

重复当前画线命令，画出与其垂直相交的点画线 CD，如图 5-11a 所示。

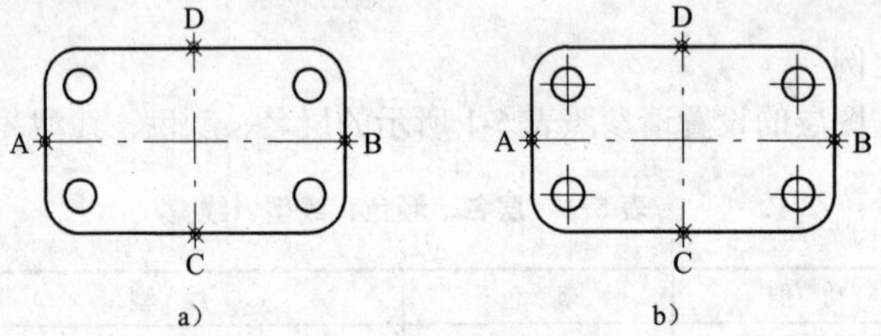

图 5-11　绘制对称中心线

为了使画出的点画线整齐美观，点画线超出轮廓线 3～5mm。这里，全部设定为 5mm。

③ 用拉长命令（Lengthen）修改点画线的长度，使点画线超出轮廓线 5mm。步骤如下：

Command：Lengthen↙

Select an object or [Delta/Percent/Total/Dynamic]：DE↙

Enter delta length or [Angle] <0.0000>：5↙

Select an object to change or [Undo]：用鼠标左键点取点画线端点 A

Select an object to change or [Undo]：用鼠标左键点取点画线端点 B

Select an object to change or [Undo]：用鼠标左键点取点画线端点 C

Select an object to change or [Undo]：用鼠标左键点取点画线端点 D

Select an object to change or [Undo]：↙（点画线已画出）

结果如图 5-11b 所示，绘制其余 4 个小圆的对称中心线时，注意捕捉小圆的象限点，由读者自己分析画出。

3）完成水平投影图的绘制：

① 调出 Con 层并绘制图 5-8 中直径为 36、64 的两个圆。

Command：C↙

Specify center point for circle or[3P/2P/Ttr（Tan tan radius）]：点取垂直相交两点画线的交点，（单击工具条中交点捕捉按钮）

当交点处出现小叉时，圆心即确定。接着系统继续提示：

Specify radius of circle or[Diameter]<7>：18↙（ϕ36 的圆即画出）

重复当前命令操作可画出ϕ64 的圆，如图 5-12 所示。

② 调出 Hid 层，绘制图 5-13 中所示的两条虚线：

Command：L↙

Specify first point：捕捉图 5-13 中ϕ36 圆的 A 点（象限点），单击左键，确定画线的起点。

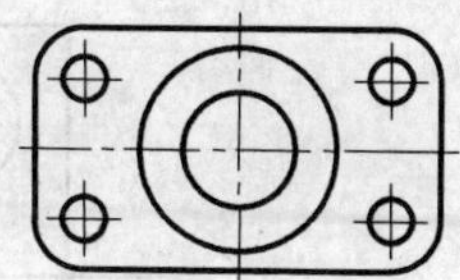

图 5-12　应用 Circle 命令绘制ϕ36、ϕ64 两个圆

Specify next point or[Undo]：沿着垂直方向极轴追踪线捕捉图 5-13 中的 B 点（与ϕ64 圆的交点），单击左键，确定画线的终点。

重复当前命令操作可画出右边的一条虚线，如图 5-13 所示。

至此，该组合体的水平投影图已绘制完毕。

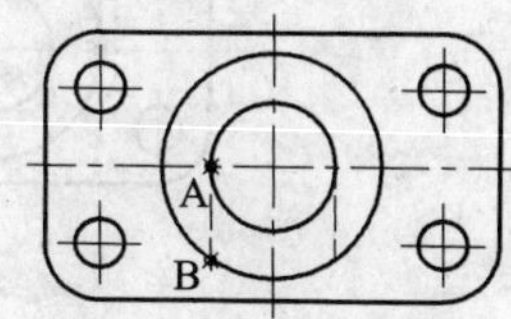

图 5-13　应用 Line 命令绘制虚线

（6）绘制组合体的正面投影图

1）绘制正面投影图中的粗实线：

① 调出 Con 层。

② 用绘制直线（Line）命令画图中的粗实线，步骤如下：

command：L↙

specify first point：捕捉水平投影图中底板左边轮廓线上端点，沿着垂直方向极轴追踪线向上移动光标，输入 40↙（确保正面投影与水平投影长对正）

specify next point or [undo]：@132,0↙

specify next point or [undo]：@0,18↙

specify next point or [undo]：@−132，0↙

specify next point or [undo]：@0, −18↙

specify next point or [undo]：↙

command：L↙

specify first point：捕捉水平投影图中ϕ64 圆的象限点 A，沿着垂直方向极轴追踪线向上移动光标，捕捉交点 B，单击左键，确定画线的起点（确保正面投影与水平投影长对正）

specify next point or [undo]：@0,72↙

specify next point or [undo]：@64,0↙

specify next point or [undo]：@0，−72↙

specify next point or [undo]：↙

接下来，调用画圆（Circle）命令，画出正面投影中直径为 36 的圆。

Command：（Circle）C↙

Specify center point for circle or [3P/2P/Ttr(tam tan radius)]：设置中点捕捉模式，捕捉图中中点 A 沿着垂直方向极轴追踪线向下移动鼠标，输入 28↙（设定圆心）

Specify radius of circle or[Diameter]<7>：18↙（ϕ36 的圆即画出），如图 5-14a 所示。

2）绘制点画线：

①调出 Cen 层。

②画出图 5-14b 中的点画线。

Command：L↙

Specify first point：捕捉图 5-14b 中的 C 点（中点），用鼠标左键点取

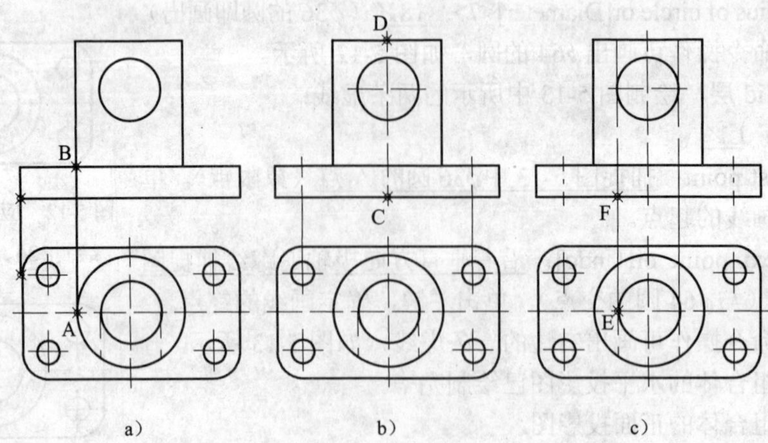

图 5-14　绘制正面投影图

Specify next point or [Undo]：捕捉图 5-14b 中的 D 点（中点），用鼠标左键点取

Specify next point or [Undo]：↙

重复当前画线命令，画出其余点画线，然后用拉长命令（Lengthen）修改点画线的长度，使点画线超出轮廓线 5mm。参考水平投影中点画线的画法，如图 5-14b 所示。

3）绘制虚线：

① 调出 Hid 层。

② 绘制直径为ϕ36 圆柱孔的右轮廓线（虚线）。

Command：L↙

Specify first point：捕捉水平投影图中ϕ36 圆的象限点 E，沿着垂直方向极轴追踪线向上移动光标，捕捉交点 F，单击左键，确定画线的起点

Specify next point or[Undo]：@0,90↙

用同样的方法可画出另外的虚线，如图 5-14c 所示。

至此，该组合体的正面投影图已绘制完毕，如图 5-15 所示。

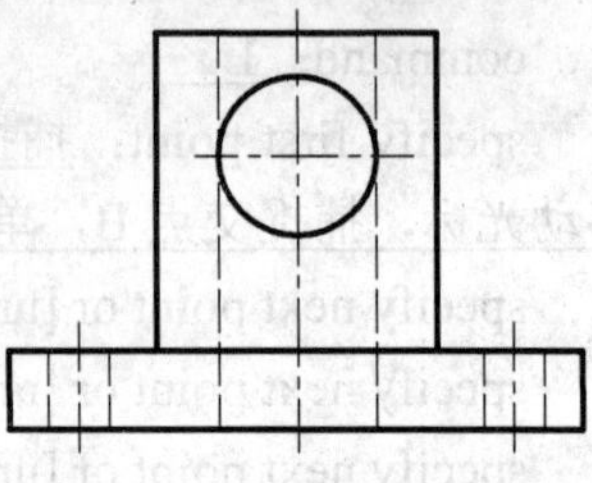

（7）绘制组合体的侧面投影图

1）调出 Con 层，应用 Rectangle 命令绘制矩形。

Command：Rectangle↙或单击

图 5-15　完成正面投影图

Specify first corner point or[Character/Elevation/Fillet/Thickness/Width]：捕捉正面投影图中的端点 A，沿着水平方向极轴追踪线向右移动光标，输入 40↙，确定起点（布图基准点，确保侧面投影与正面投影高平齐）

Specify other corner point or[Area/Dimensions/Rotation]：@76,18↙

结果如图 5-16b 所示。

2）应用 Copy 命令把正面投影图中的有关图线复制到侧面投影图中。

Command：Copy↙或单击

Select objects：选择正面投影图中有关的图线（如图 5-16a 中所选图线）

Select objects：↙

Specify base point or [Displacement/ mode][<Displacement>：捕捉图 5-16a 中的 B 点（交

点），单击左键

Specify second point or <use first point as displacement>：捕捉图 5-16b 中的 C 点（中点），单击左键

Specify second point or[Exit/Undo]<Exit>：↙

复制结果如图 5-16c 所示。

3）用画直线（Line）命令绘制图形中缺少的直线，如图 5-16d 所示，再用 Trim 命令修剪多余的图线，如图 5-16e 所示。

4）应用画圆弧命令（Arc）绘出ϕ36 圆柱孔与ϕ64 圆柱相贯的相贯线。

Command：A↙

Specify start point of arc or[Center]：用鼠标左键点取图 5-16e 中的 A 点（起点）

Specify second point of arc or[Center/End]：E↙

Specify end point of arc：点取图 5-16e 中的 B 点（终点）

Specify center point of arc or[Angle/Direction/Radius]：R↙

Specify radius of arc：32↙（以大圆柱的半径为半径画弧，代替相贯线的投影）

结果如图 5-16f 所示。

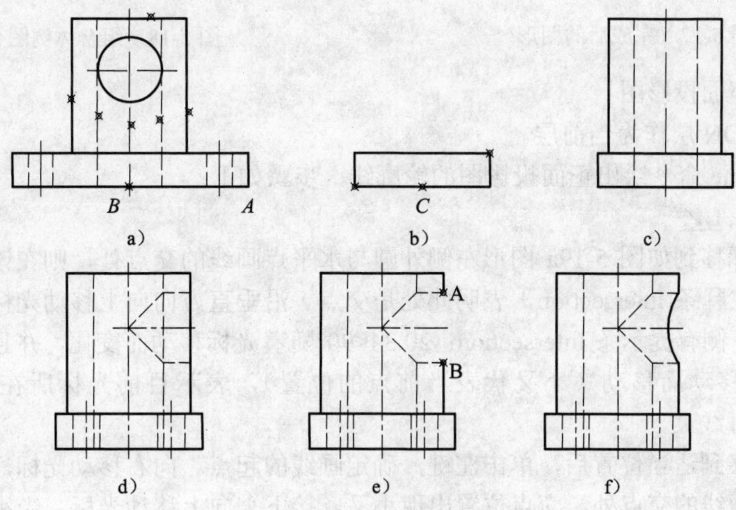

图 5-16　绘制侧面投影图

至此，组合体的三面投影图全部绘制完毕，如图 5-17 所示。

在绘制大而复杂的图形时，为把图形布置得既匀称美观又符合投影规律，经常用坐标定位法先画出绘图基准线，再综合运用其他方法绘出图形。下面以例题形式介绍其他绘图方法。

例 2　应用目标捕捉追踪功能绘制图 5-18 所示的组合体三面投影图。

绘图步骤如下：

（1）应用画平面图形的方法绘制水平投影图

（2）应用目标捕捉追踪功能绘制正面及侧面投影图　操作过程如下：

首先单击 Tools 菜单，选中“Drafting settings”下拉菜单项，系统弹出“Drafting settings”对话框，单击该对话框中的“Object Snap”选择项，系统弹出“Object Snap”选择项，选中需要的特殊点，如端点（Endpoint）、中点（Midpoint）、圆点（Center）、象限点（Quadrant）、

交点（Intersection）等点的捕捉方式复选框，选中“Object Snap On”[F3]和“Object Snap Tracking On”[F11]的复选框，单击“OK”按钮，系统切换到绘图屏幕；也可以单击状态栏中“Object Snap”和“Object Snap Tracking”按钮使其处于打开状态，完成设置。

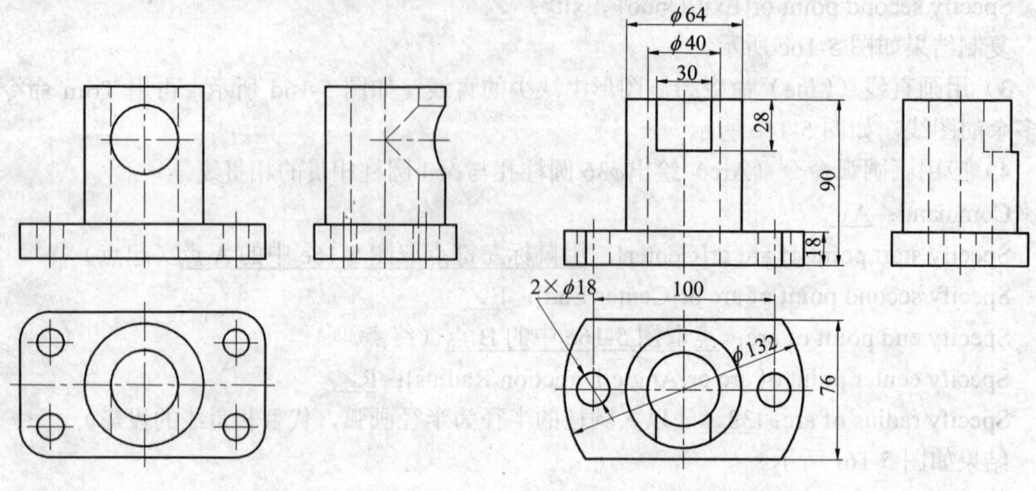

图 5-17　完成后的图形　　　　图 5-18　组合体例图 2

（3）绘制正面投影图

1）调出 CON 层作为当前层。

2）应用 Line 命令绘出正面投影图的轮廓线，步骤如下：

Command：L↙

然后把光标移到如图 5-19a 图形左侧外圆与水平点画线的交点处，则在该点位置出现小叉，同时显示注释条 Intersection，表明此处是交点。沿垂直方向向上移动光标，读者可以发现，在光标右下侧有提示条 Intersection：20.34<90°随着光标移动而变化，并且光标上有一小叉随着光标的移动而移动（小叉代表当前点的位置），表示目前光标所在位置在距交点 20.34mm 的垂直线上。

当小叉上移到适当位置后，单击左键，确定画线的起点。向右移动光标，到图形的右侧外圆与水平点画线的交点处，交点位置出现小叉，接下来向上移动光标。当小叉出现在两闪动线的交点处时，在光标右下侧有提示条 Polar：<0°，Intersection：<90°，单击左键，则画出一条与水平投影图长对正的水平线，如图 5-19b 所示。接下来系统提示：

Specify next point or[undo]：输入@0,18↙

如图 5-19c 所示，已画出两条线。用同样方法画出其他粗实线，如图 5-19d 所示。

分别调出 Cen、Hid 层，应用目标捕捉追踪功能和上下文菜单逐一画出点画线和虚线，如图 5-19e 所示。

（4）绘制侧面投影图

1）应用 Copy 命令复制水平投影图中的有关图元（几何元素），如图 5-20 所示，操作步骤同例 1。

2）应用旋转命令把复制的图元旋转 90°。

Command：Rotate↙或单击

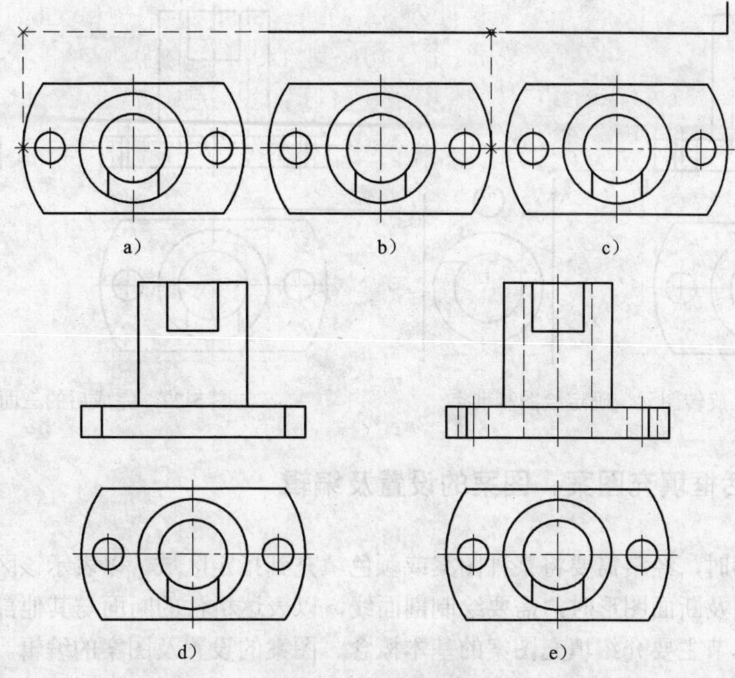

图 5-19　画正面投影图

Current positive angle in UCS：ANGDIR= counter clockwise ANGBASE=0

Select objects：用框选选择复制的图元

Select objects：↙

Specify base point：捕捉该图元的圆心（单击 C 点附近即可）

Specify rotation angle or [Copy/Reference]<0>：90↙

结果如图 5-21 所示。

3）应用系统提供的目标捕捉追踪功能绘出符合高平齐、宽相等投影规律的侧面投影图。操作步骤如下：

Command：L↙

把光标先移动到如图 5-21 所示的 A 点，系统则以小方框显示记录下端点信息。然后移动光标到正面投影图右下角交点处 B 点，再移动光标到图 5-21 中所示的十字光标处（过 A 点与 B 点直线的垂直相交处）。这时读者可以看见提示信息条，该信息条表明小叉处的交点为当前点及点的 X、Y 坐标。

单击左键确定这一当前点。接着用上述方法绘制出其他图线，再应用 Erase 命令删除多余图元，至此全图完成，如图 5-22 所示。

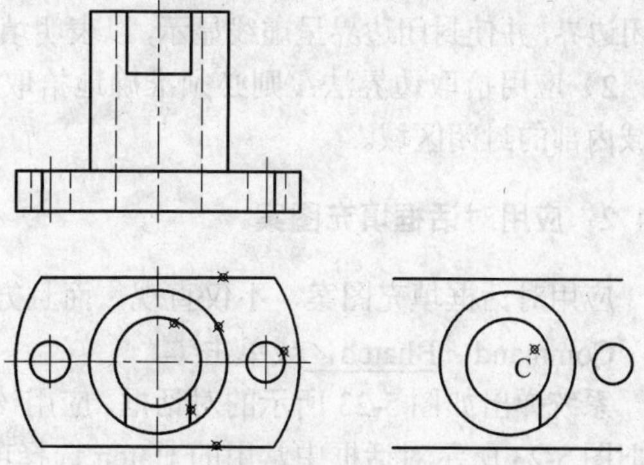

图 5-20　应用 Copy 命令复制图元

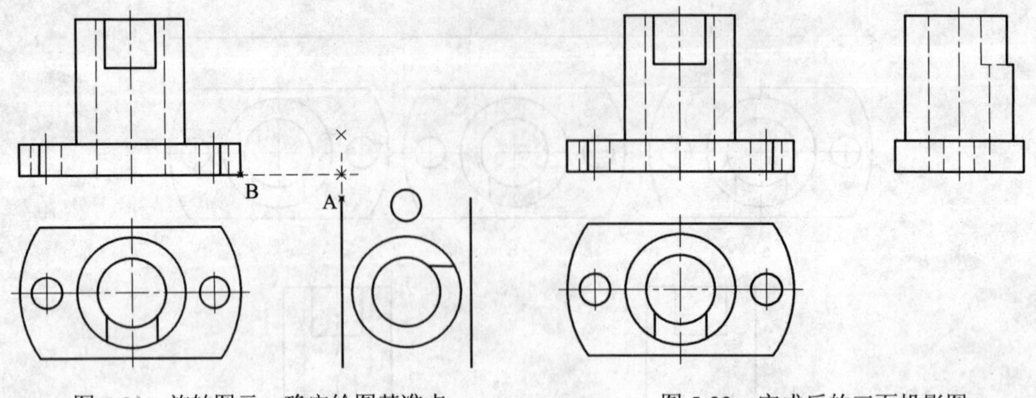

图 5-21　旋转图元，确定绘图基准点　　　　图 5-22　完成后的三面投影图

5.4　应用对话框填充图案、图案的设置及编辑

在绘制图形时，经常需要将某种图案或颜色填充到指定区域，以表示该区域的特性。例如在绘制剖视图及断面图形时，需要绘制剖面线，以表达机件的断面与其他部分的区别以及机件的材质。本节主要介绍填充图案的基本概念、图案的设置及图案的编辑。

5.4.1　基本概念

填充图案包括三层含义：一是图案，即事先定义好的各种图案文件；二是确定要填充图案的区域；三是把选择好的图案填充到确定的区域中。现作如下介绍：

（1）图案　就是由各种纹理、花纹或其他图形元素构成的图形。AutoCAD 提供了丰富的图案，存放在标准图案文件 ACAD.PAT 和 ACADISO.PAT 中。每种图案都有一个名字，读者可以根据需要选用，同时也允许读者自己定义图案文件。

（2）区域的边界条件　在填充图案时，应首先确定区域的边界。边界一般可由直线、多段线、样条曲线、构造线、射线、圆、圆弧、椭圆、面域等组成。组成的边界必须封闭可见。

（3）选择填充区域的方法　在应用填充图案命令（Bhatch）填充图案时，可用以下两种方法选择填充区域：

1）单点选择对象法：在需要填充的区域内任意点取一点，AutoCAD 则自动确定包围该点的封闭边界，并使封闭边界呈虚线显示，以表明填充区域选择成功。这是最常用的一种方法。

2）应用拾取边界法：则必须准确地拾取边界及边界内的孤岛。所谓孤岛，即位于填充区域内部的封闭区域。

5.4.2　应用对话框填充图案

应用对话框填充图案，不仅直观，而且方便，读者很容易掌握。操作步骤为：

Command：Bhatch↙或单击

系统弹出如图 5-23 所示的对话框。应用该对话框设置填充图案、填充边界、填充方式等。现把图 5-23 所示对话框中常用的 Hatch 选择项的功能介绍如下：

1）Type 下拉列表框：用于设置填充图案的类型。列表中有 Predefined（预定义）、User defined（用户定义）、Custom（自定义）三种选择。

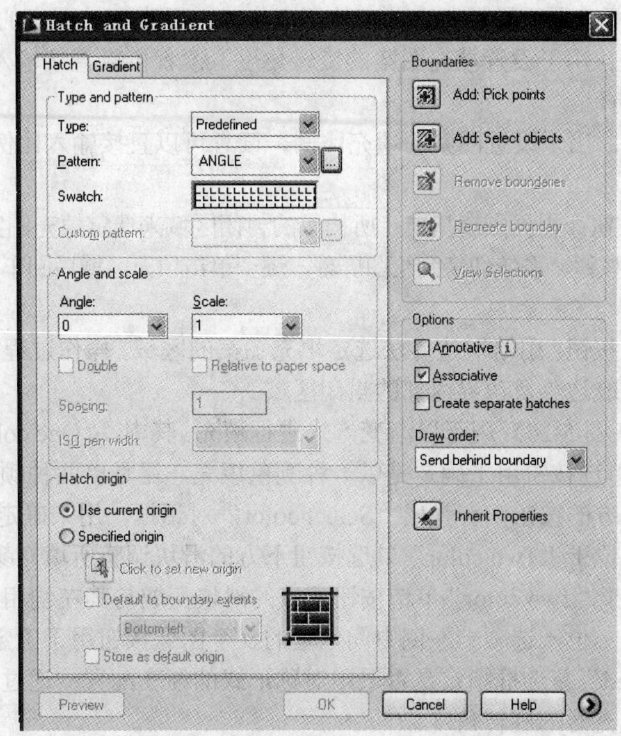

图 5-23 “Hatch and Gradient”对话框

2）Pattern 下拉列表框：用于设置图案。列表中列出了有效的预定义图案，供读者选择。读者可以直接通过下拉列表选择图案，也可以单击小三角右边的按钮，从弹出的“Hatch pattern palette”对话框中选择图案，如图 5-24 所示。

在该对话框中，单击不同的选择项可弹出相应的对话框，最常用的为 ANSI 对话框，如图 5-25 所示。读者常选择该对话框中的 ANSI31、ANSI37 图案作为填充图案。

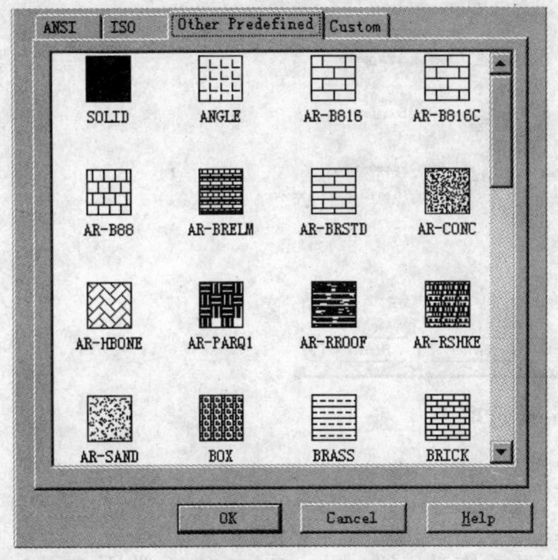

图 5-24 “Hatch pattern palette”对话框

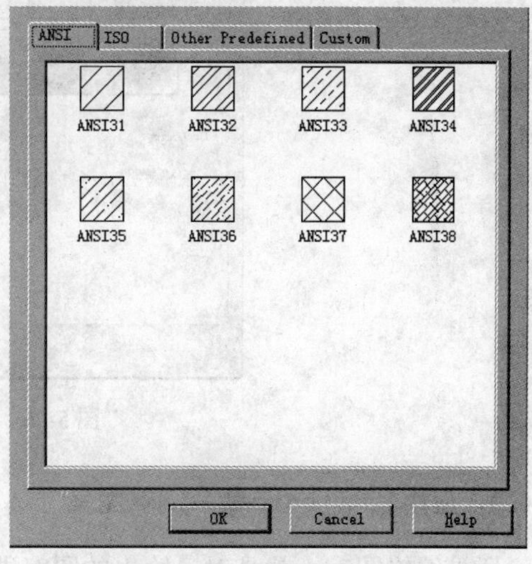

图 5-25 “ANSI”对话框

3）Swatch 预览框：用于显示所选图案的填充样式，以观察该图案的填充效果。

4）Angle 文本框：用于设置填充图案的旋转角度。读者可以直接输入角度值，也可以从对应的下拉列表中选择。

5）Scale 文本框：用于设置图案的填充比例。读者可以直接输入比例值，也可以从对应的下拉列表中选择。

6）Pick points 按钮：根据围绕指定点所构成的封闭区域来选定填充图案的区域。操作过程为：单击 Pick points 按钮，系统切换到绘图屏幕，逐一单击填充区域后回车，系统又切换到如图 5-23 所示的对话框。

7）Select objects 按钮：用拾取边界法选定填充图案的区域。操作过程同单点选择对象法，但读者必须准确地拾取边界及边界内部的封闭区域。

Gradient 选项卡（图 5-26）：用于以渐变方式进行填充。其中，“One color”（单色）和“Two color”（双色）两个单选按钮用于确定是以一种颜色填充，还是以两种颜色填充。单击位于“One color”单选下方的按钮，会弹出“Select color”对话框，用来确定颜色。当以一种颜色填充时，可以利用位于“Two color”单选按钮下方的滑块调整所填充颜色的浓淡度；当以两种颜色填充时，位于“Two color”单选按钮下方的滑块变成与其左侧相同的颜色框和按钮，用于确定另一种颜色。位于选项卡左侧中间位置的 9 个图像按钮用于确定填充方式。此外，还可以通过“Centered”复选框指定是否采用对称形式的渐变配置；通过“Angle”下拉列表框确定以渐变方式填充时的旋转角度。

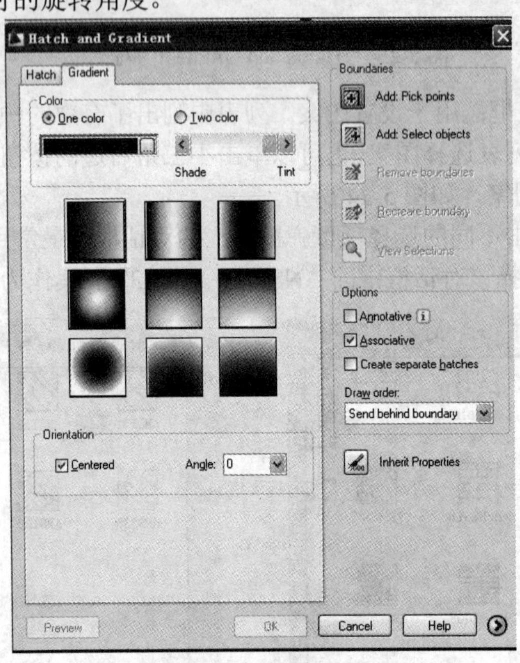

图 5-26　Gradient 选项卡

5.4.3　应用 Hatchedit 命令编辑图案

所谓编辑图案，就是对已给出的图案进行必要的修改。在 AutoCAD 中，常用 Hatchedit 命令来编辑修改插入到填充区域中的填充图案。

1. 操作步骤

Command：Hatchedit↙或单击

Select hatch object：（选择需要修改的图案之后，系统弹出 Hatch Edit 编辑对话框，如图 5-27 所示）

在图 5-27 的对话框中，可以对选中的图案进行修改。例如修改图案的类型、填充角度、间距等。该对话框中的各选择项功能与图 5-23 对话框中的各选择项功能基本相同，在此不再介绍。

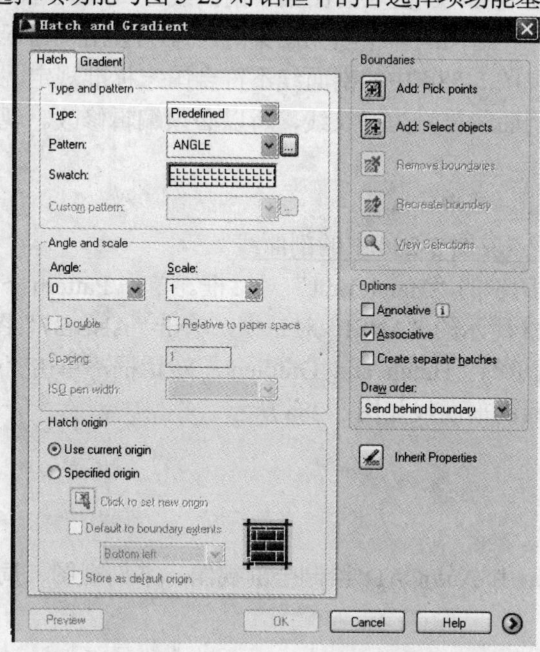

图 5-27　Hatch Edit 编辑对话框

2. 应用举例

绘制如图 5-28a 所示的填充图案（剖面线）。

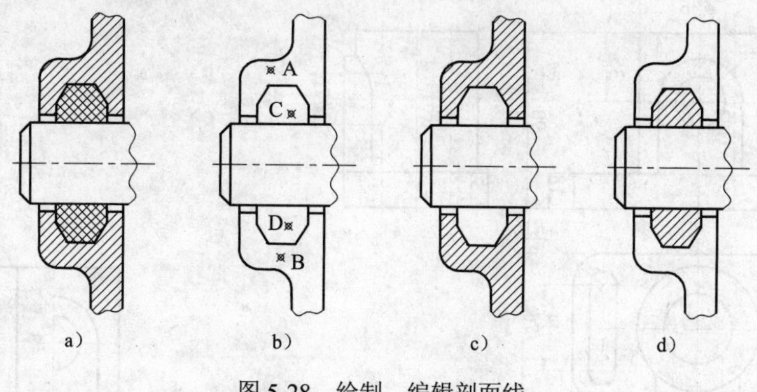

图 5-28　绘制、编辑剖面线

（1）绘制填充图案（本例指剖面线）　操作过程为：

Command：Bhatch↙或单击

系统弹出如图 5-23 所示的对话框，在 Type 下拉列表框中选择“Predefined”选项，单击 Pattern 下拉列表框小三角右侧的按钮，系统弹出如图 5-24 所示的“Hatch pattern palette”对话框。单击“ANSI”选择项，系统弹出如图 5-25 所示的“ANSI”对话框；单击“ANSI31”图案，单击“OK”按钮，系统切换到图 5-23 所示的“Hatch and Gradient”对话框，在 Angle 文本框中确定图案的角度，在 Scale 文本框中设置合适的比例，单击“Pick points”按钮；系统切换到绘图屏幕，点取图 5-28b 中的 A、B 点（选定填充区域），回车，系统切换到图 5-23 所示对话框；单击“OK”按钮，完成 A、B 区域的图案绘制，如图 5-28c 所示。

用同样的方法步骤绘制 C、D 区域的图案（剖面线），如图 5-28d 所示。

（2）编辑填充图案　在绘图工作中填充图案时，难免会出现错误。所以认真编辑修改是必不可少的。经检查发现图 5-28d 中的剖面线不符合国家标准规定，因为 C、D 区域的机件材料为填料，而填料的剖面线符号为网纹线，所以必须编辑修改。现把编辑修改的方法步骤介绍如下：

Command：Hatchedit↙或单击

Select hatch object：点取图 5-28d 中的剖面线

系统弹出如图 5-27 所示的“Hatch Edit”对话框。单击 Pattern 下拉列表框小三角右侧的按钮，系统弹出如图 5-25 所示的“ANSI”对话框，单击“ANSI37”图案，单击“OK”按钮，系统切换到如图 5-23 所示的“Hatch and Gradient”对话框，单击“OK”按钮，完成 C、D 区域的图案编辑。修改后的剖面线如图 5-28a 所示。

5.5　剖视图的绘制

本节仅通过图例介绍用 AutoCAD 绘制全剖视图、半剖视图、局部剖视图及断面图等常用的两种方法。

1. 改变线型法

例　应用改变线型法将图 5-29 所示组合体的三面投影图改画成剖视图（主视图取半剖，左视图取全剖，如图 5-30 所示）。

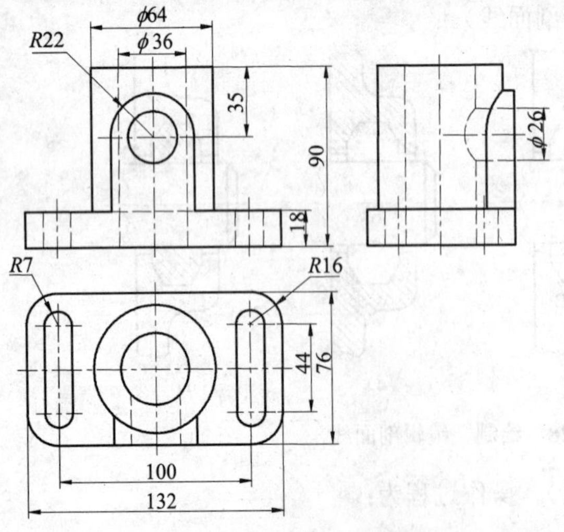

图 5-29　组合体的三面投影图

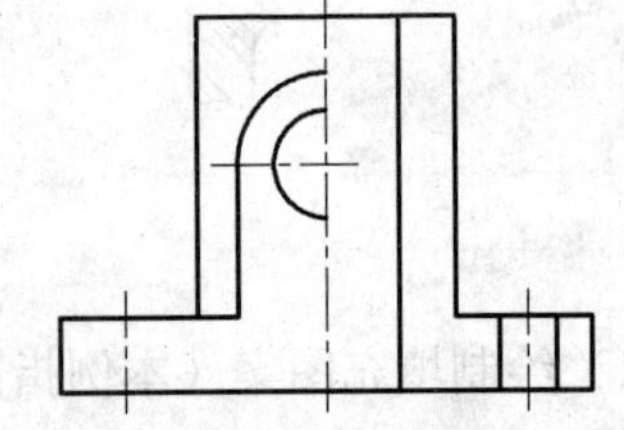

图 5-30　改变线型法画半剖视图

绘图步骤如下：

（1）将正面投影图改画成半剖视图

1）调用格式刷将剖开后可见的线（原虚线）刷成粗实线。操作步骤为：

单击格式刷按钮，单击粗实线，单击需要改变成粗实线的虚线，则虚线变成粗实线。

2）应用删除命令（Erase）删除多余的图线。

3）应用对话框画出主视图的剖面线，该剖面线应与全剖后左视图的剖面线一同绘制。

（2）将侧面投影图改画成全剖视的左视图

1）应用修剪命令（Trim）修剪左视图全剖后多余的图线，结果如图 5-31a 所示。

2）调用格式刷按钮将虚线刷成粗实线，操作步骤同前，结果如图 5-31b 所示。

3）关闭点画线层。关闭层的方法同前，结果如图 5-32a 所示。

4）应用对话框画出剖面线，操作过程如前例所示，点取图 5-32b 中的 A、B、C3 点（选择填充区域），预览满意，单击 OK 按钮，结果如图 5-32c 所示。

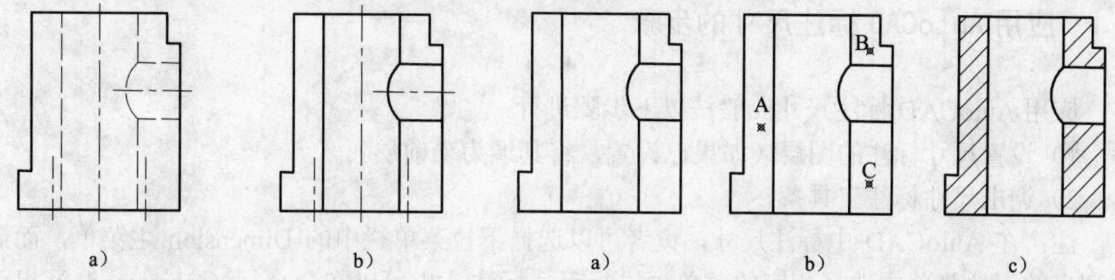

图 5-31　改变线型法画全剖视图　　　图 5-32　应用对话框绘制剖面线

（3）完成全图的绘制

1）用上述方法绘制出主视图的剖面线。

2）打开点画线图层。至此，全图已绘制完毕，如图 5-33 所示。

2. 直接绘制法

例　应用直接绘制法画出如图 5-34 所示轴的局部剖视图和移出断面图。

操作步骤如下：

1）应用前面介绍的绘图方法和步骤画出轴的主视图及移出断面。

2）应用 Spline 命令绘制局部剖的范围线，即波浪线。

3）绘制剖面线。（方法类同前）

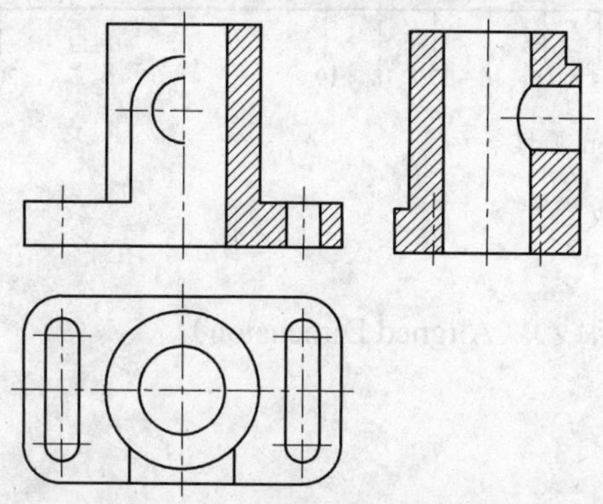

图 5-33　完成后的剖视图

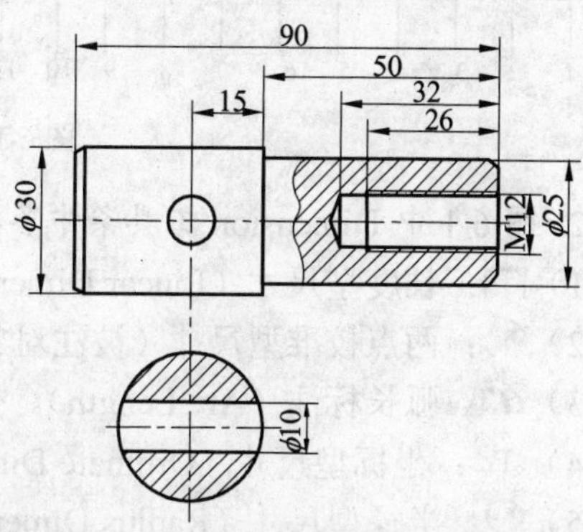

图 5-34　剖面线直接绘制法

第6章　尺寸标注

在实际绘图时，图形只能表达零件的内、外形状，而零件的真实大小和它们之间的相对位置必须通过标注尺寸才能表达清楚。AutoCAD 提供了一套完整的尺寸标注命令，包括基本尺寸、尺寸公差和形位公差等的标注。在标注尺寸时，尺寸文本可以用键盘输入，也可以通过系统自动对目标进行测量，并在指定位置标注出尺寸。本章主要介绍：尺寸标注样式的设置；各种类型的尺寸标注；尺寸标注的编辑及各类尺寸标注的应用举例。

6.1　应用 AutoCAD 标注尺寸的步骤

应用 AutoCAD 标注尺寸一般按以下步骤进行：

1）设置尺寸标注的图层（如果已设置，将其调为当前层）。

2）调出尺寸标注工具条。

注：在 AutoCAD 中标注尺寸，读者可以选择下拉菜单栏中的 Dimension 主菜单，而后从列出的下拉菜单中选择相应的菜单项进行尺寸标注；也可以在命令行（Command:）提示下直接输入命令来完成尺寸标注，但使用给定的尺寸标注工具条来标注更为方便。

3）设置尺寸标注的样式，使其满足国家标准的规定。

4）分别标注基本尺寸、尺寸公差和形位公差。

6.2　尺寸标注工具条的调用和简介

1. 尺寸标注工具条的调用方法

将鼠标移放到屏幕区任意一个工具条上，单击鼠标右键，在弹出的浮动菜单中选择“Dimension”，即可在屏幕区出现图 6-1 所示的工具条，然后将其放在屏幕区合适的位置。

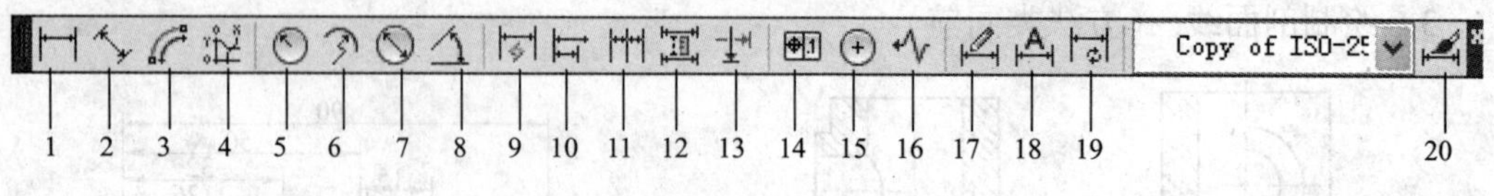

图 6-1　Dimension 工具条

2. 图 6-1 中 Dimension 工具条中各按钮的含义

1）：长度型尺寸（Linear Dimension）。

2）：两点校准型尺寸（被注对象为一般斜线）（Aligned Dimension）。

3）：弧长标注（Arc Length）。

4）：坐标型尺寸（Ordinate Dimension）。

5）：半径型尺寸（Radius Dimension）。

6）：折弯半径标注（Jogged）。

7）：直径型尺寸（Diameter Dimension）。
8）：角度型尺寸（Angular Dimension）。
9）：快速标注尺寸（Quick Dimension）。
10）：基线型尺寸（Baseline Dimension）。
11）：连续型尺寸（Continue Dimension）。
12）：等距标注（Dimspace）
13）：尺寸折断标注（Dimension Break）。
14）：形位公差尺寸（Tolerance）。
15）：圆心标记（Center Mark）。
16）：折弯线性尺寸（Jogged Linear）
17）：编辑尺寸文本位置（Dimension Text Edit）。
18）：编辑尺寸文本（Dimension Edit）。
19）：更新尺寸样式（Dimension Update）。
20）：设置尺寸标注式样（Dimension Style）。

6.3 尺寸标注的样式设置

每个标注都具有与之关联的标注样式。为使尺寸标注符合国家标准规定，在标注尺寸前，首先要设置尺寸标注样式。标注样式可以定义以下内容：尺寸线、尺寸界线、箭头和圆心标记的格式和位置；标注文字的外观、位置和方式；控制文字位置和尺寸线的规则；全局标注比例；主标注单位、换算标注单位和角度标注单位的格式和精度；公差值的格式和精度。在AutoCAD中，用工具或Ddim命令来设置。操作步骤为：

Command：Ddim↙或单击

系统弹出“Dimension Style Manager”对话框，如图6-2所示。该对话框中的各选项功能为：

1. Styles区域

用于显示设定的尺寸标注样式。

2. Preview区域

是一个预览区域，该区域以图形方式显示已选定的尺寸标注样式。

3. List下拉列表框

用于确定在Styles区域列出的尺寸标注式样的范围。单击该下拉列表框右边的小三角可显示出All styles（所有样式）和Style in use（正在使用的样式）两种类型。

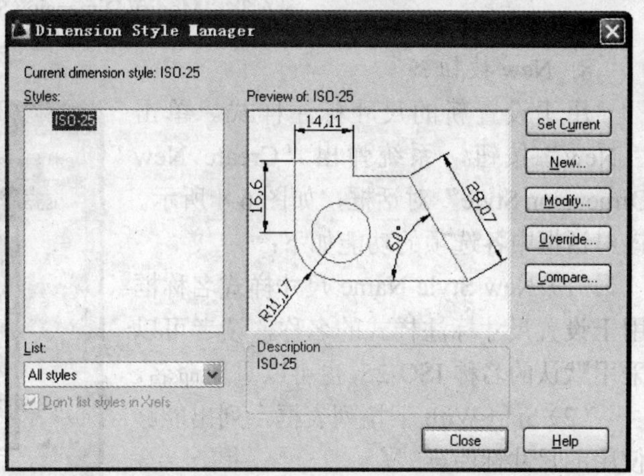

图6-2 “Dimension Style Manager”对话框

4. Description区域

用于显示尺寸标注样式的文本信息。

5. Compare按钮

用于比较不同尺寸标注样式之间的差别。

6. Override 按钮

可重新定义尺寸标注样式。在将一种新样式设为当前样式之前，Override 设置的样式将应用于所有使用该样式创建的后续样式，且不会永久性地修改标注样式。

7. Modify 按钮

用于对已设置的尺寸样式进行必要的修改。

当前标注将使用“Dimension Style Manage”对话框中的当前设置。系统将为标注指定默认的 Standard 样式，直到将另一种样式设置为当前样式为止。

无论在“Dimension Style Manage”对话框中选择 “Modify”还是“Override”，系统都会弹出“Modify Dimension Style”对话框，如图 6-3 所示。

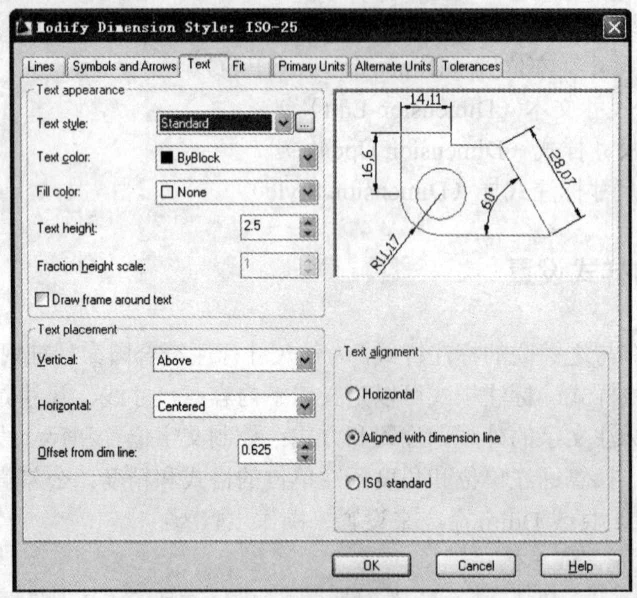

图 6-3 “Modify Dimension Style”对话框

8. New 按钮

用于设置新的尺寸标注样式。单击“New”按钮，系统弹出“Create New Dimension Style”对话框，如图 6-4 所示。该对话框中各选项的功能如下：

（1）New Style Name 尺寸样式名称框　用于设置尺寸标注样式的名称，读者可以采用默认的名称 ISO-25，也可以重新命名。

（2）Start With 下拉列表框　列出能够使用的尺寸标注样式。

（3）Use for 下拉列表框　显示了尺寸标注的各种类型，并可从中选择要设置的尺寸标注类型。

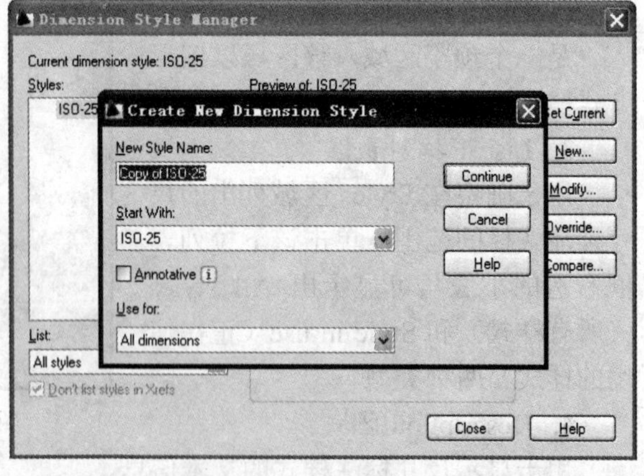

图 6-4 “Create New Dimension Style”对话框

（4）Continue 按钮　用于对选定的尺寸类型继续进行设置。

在 Use for 下拉列表框中选择 All dimensions 选项，然后单击 Continue 按钮，弹出“New Dimension Style”对话框，如图 6-5 所示。

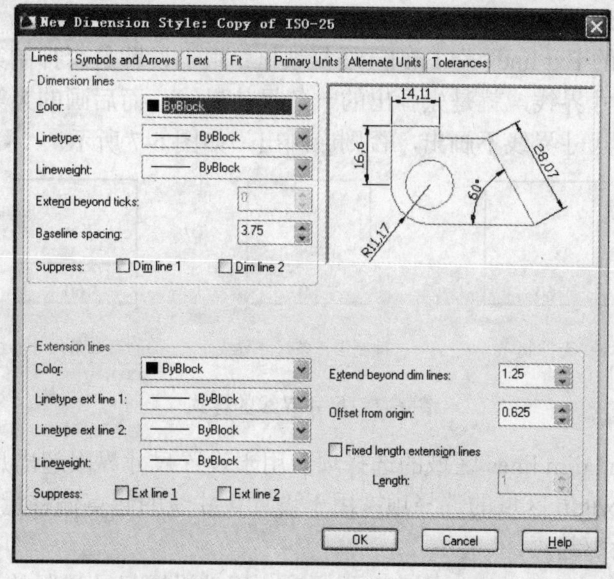

图 6-5 “New Dimension Style”对话框

“New Dimension Style”对话框中的各项功能如下：

1）Lines 选项卡：用于设置尺寸线、尺寸界线、尺寸界线超出尺寸线的长度和尺寸线距离标注特征的距离。

① Dimension lines 区域的选择项：用于设置尺寸线的特性，其中包括：

Color 下拉列表框：用于设置尺寸线的颜色。

Linetype 下拉列表框：用于设置尺寸线的线型。

Lineweight 下拉列表框：用于设置尺寸线的线型宽度。

Extend beyond ticks 微调按钮：设置短线代替箭头时，尺寸线超出尺寸界线的长度。

Baseline spacing 微调按钮：用于设置在标注基线型尺寸时，两尺寸线间的距离。

Suppress 所对应的 Dim line1 和 Dim line2 复选框：用于控制是否抑制第一条和第二条尺寸线。尺寸线被分为两部分，与第一条尺寸界线相邻的为第一条尺寸线；与第二条尺寸界线相邻的为第二条尺寸线。选中复选框时，表示抑制该尺寸线不画出，否则画出尺寸线，如图 6-6 所示。

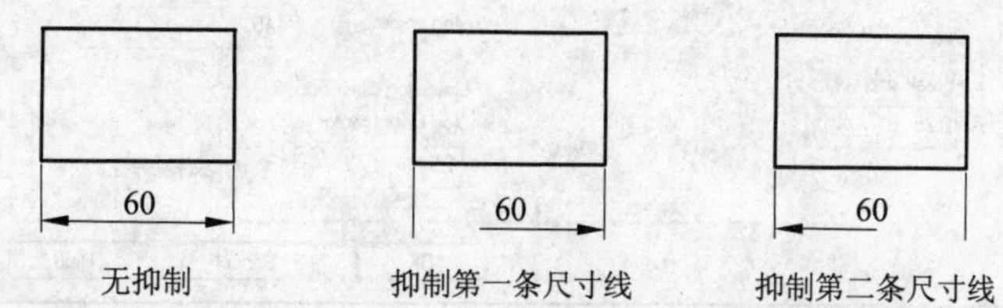

图 6-6 尺寸线的样式

② Extension lines 区域的选择项：用于设置尺寸界线的特性，其中包括：

Color 下拉列表框：用于设置尺寸界线的颜色，读者应选取与尺寸线相同的颜色。

Linetype ext line1 下拉列表框：用于设置第一条尺寸界线的线型。

Linetype ext line2 下拉列表框：用于设置第二条尺寸界线的线型。

Lineweight 下拉列表框：用于设置尺寸界线的线型宽度。

Suppress 所对应的 Ext line1 和 Ext line2 复选框：用于设置是否抑制第一条和第二条尺寸界线。所谓第一条尺寸界线，就是先画出的一条尺寸界线，而后画的为第二条尺寸界线。选中复选框时，相应的尺寸界线不画出，否则应画出，如图 6-7 所示。

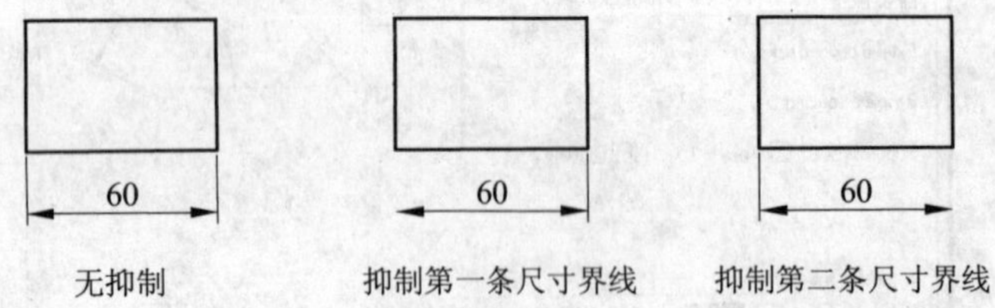

图 6-7 尺寸界线的样式

③ Extend beyond dim lines 区域的选择项：用于设置尺寸界限超出尺寸线的距离。

④ Offset from origin 区域的选择项：用于设置尺寸线的起点偏移量，一般设置为 0，即尺寸线从所标注的轮廓起画。

⑤ Fixed length extension lines Length 选择项：手动设置尺寸界限的长度，一般该项不选择，采用以上各项默认设置。

2）Symbols and Arrows 选择卡：用来设置箭头形状和大小、中心标记符号和大小、弧长符号的位置。单击“Symbols and Arrows”选择卡，弹出对应的对话框，如图 6-8 所示。

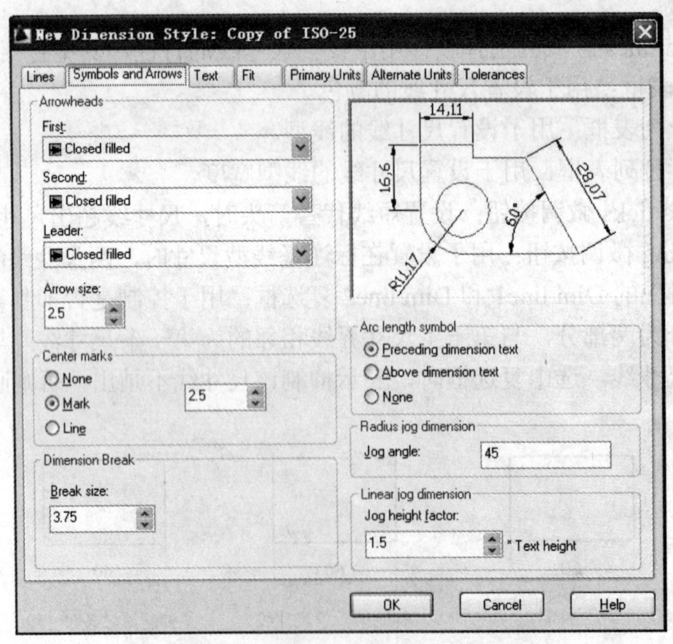

图 6-8 “Symbols and Arrows”对话框

“Symbols and Arrows”对话框中各选项的功能如下：

① Arrowheads 区域的选择项：用于设置箭头的样式及大小，其中包括：

First 下拉列表框：尺寸线首端箭头样式。

Second 下拉列表框：尺寸线末端箭头样式。

Leader 下拉列表框：引线箭头样式。

Arrow size：设置箭头的大小。

② Center marks 区域的选择项：用于设置圆心标记符号及大小。

③ Arc length symbol 区域的选择项：用于设置弧长的标记方法。

2）Text 选项卡：用于设置尺寸文字的样式及位置。单击 Text 选项卡，弹出“Text”对话框，如图 6-9 所示。

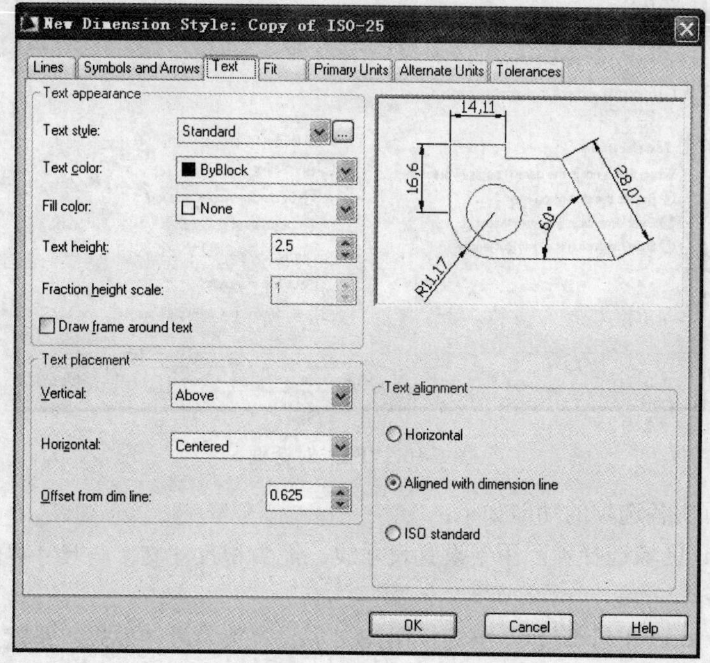

图 6-9 “Text”对话框

“Text”对话框中各选项的功能如下：

① Text appearance 区域的选择项：用于设置尺寸文字的样式。

② Text placement 区域的选择项：用于设置尺寸文字的位置。其中包括：

Vertical 下拉列表框：用于设置尺寸文字相对于尺寸线（垂直）的位置。

Horizontal 下拉列表框：用于设置尺寸文字相对于尺寸界限（水平方向）的相对位置。

Offset from dim line 微调按钮：用于设置尺寸文字与尺寸线间的距离。

③ Text alignment 区域选项：用于设置尺寸文字的字头方向。其中包括：

Horizontal 单选按钮：用于设置是否将尺寸文字水平放置（即字头向上）。

Aligned with dimension line 单选按钮：用于设置是否将尺寸文字沿尺寸线方向标注。一般应选择此项，以符合我国国家标准对尺寸标注的规定，即水平注写时尺寸字头向上，垂直注写时尺寸字头向左，倾斜标注时尺寸字头有向上的趋势。

ISO standard 单选按钮：用于设置是否将尺寸文字按国际标准注写。

3）Fit 选项卡：用于设置尺寸线、箭头和尺寸文字相对于尺寸界线的位置，以及标注尺寸所用的单位、比例等有关内容。单击“Fit”选项卡，系统弹出“Fit”对话框，如图 6-10 所示。

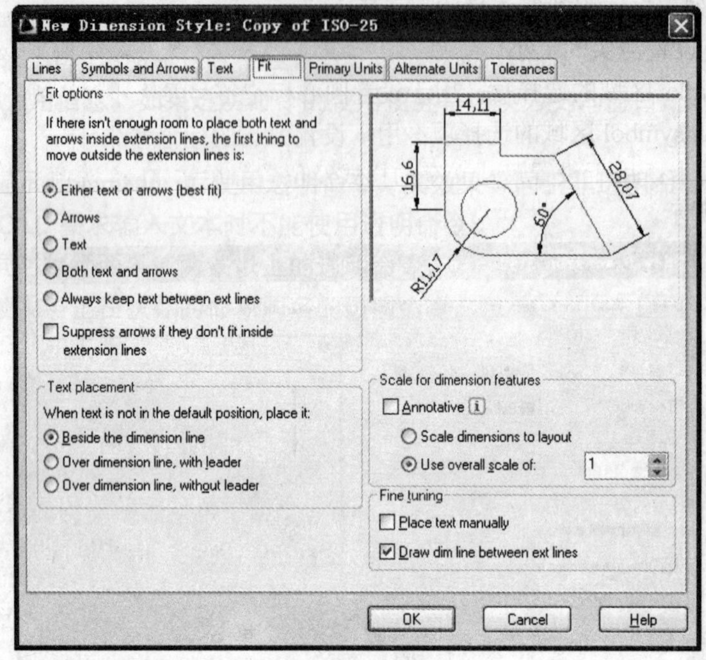

图 6-10 “Fit”对话框

“Fit”对话框中各选项的功能如下：

① Fit options 区域选择项：用于设置尺寸线、箭头和尺寸文字与尺寸界线的相对位置。其中包括：

Either text or arrows（best fit）单选按钮：文字或箭头为最佳效果。是默认设置。

Arrows 单选按钮：用于按箭头优先的方式设置。

Text 单选按钮：用于按文本优先的方式设置。

Both text and arrows 单选按钮：用于把尺寸文字和箭头结合在一起放置。

Always keep text between ext lines 单选按钮：只有一种情况，即如果两尺寸界线之间的距离允许，始终将尺寸文字放置在两尺寸界线内。

Suppress arrows if they don’t fit the extension lines 复选框：用于设置在尺寸界线外画尺寸线。否则，当两尺寸界线之间的距离不足时，将抑制箭头的显示。

② Text placement 区域的选择项：用于设置尺寸文字的位置。

③ Scale for dimension features 区域的选择项：用于设置尺寸标注的比例。

④ Fine tuning 区域的选择项：用于设置尺寸文字的附加选项。

4）Primary Units 选项卡：用于设置尺寸标注的单位。单击该选项卡，系统弹出“Primary Units”对话框，如图 6-11 所示。

Primary Units 对话框中各选项的功能如下：

① Linear dimensions 区域的选择项：用于设置标注线性尺寸时使用的单位制度、精度等级等。其中包括：

Unit format 下拉列表框：包括：Scientific（科学制）、Decimal（十进制）、Engineering（工程制）、Architectural（建筑制）、Fractional（分数制）等尺寸单位制度。读者可以根据需要选择，机械工程中选用 Decimal（十进制）。

Precision 下拉列表框：用于设置基本尺寸的精度。

Fraction format 下位列表框：列出了分数值的显示方式，用于设置分数的格式。

Decimal separator 下拉列表框：用于设置以小数形式进行标注时小数点的样式。

Round off 微调按钮：用于调节各种尺寸标注的取舍值。例如在微调框中把 0.01 改为 0 时，尺寸数值 85.35 就变成 85；把 0.01 改为 0.1 时，尺寸数值 85.35 即改变为 85.4。在由系统自动确定尺寸数值时选用。

Prefix 文本框：用于设置尺寸文字的前缀，如在表达非圆的视图上标注直径尺寸时，需在尺寸数字前加ϕ，可在该项添加：%%C。

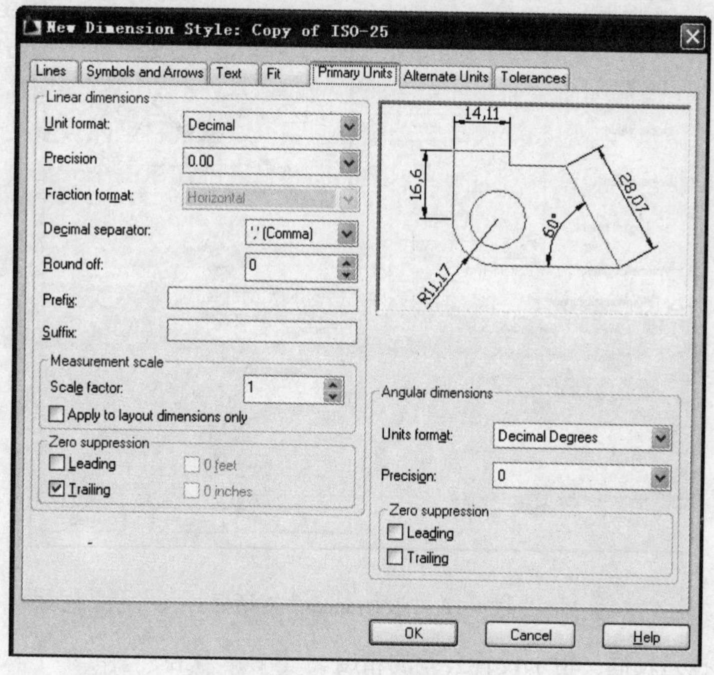

图 6-11 “Primary Units”对话框

Suffix 文本框：用于设置尺寸文字的后缀，如手动标注角度（°）时，可在该项添加：%%d。

② Measurement scale 区域的选择项：用于设置系统自动测量尺寸所使用的比例。

③ Zero suppression 区域的选择项：用于控制线性尺寸数值前后的无用零。

Leading 复选框：用于设置在十进制的尺寸标注中，省略首部的无用零。例如尺寸数值 0.2500，选中复选框后，则变成.2500。

Trailing 复选框：用于设置在十进制的尺寸标注中，省略尾部的无用零。例如尺寸数值 0.2500，选中该复选框后，则变成 0.25。

0 feet 复选框：用于设置在英制的尺寸标注中，省略首部的无用零。

0 inches 复选框图：用于设置在英制的尺寸标注中，省略后部的无用零。

④ Angular dimensions 区域的选择项：用于设置标注角度型尺寸单位制度及精度等级。

⑤ Zero suppression 区域的选择项：用于控制角度型尺寸数值前后无用零。

5）Alternate Units 选项卡：用于设置尺寸标注的替换单位。若需对已设置好的尺寸的单位制进行更改时，可单击该选项卡，系统弹出“Alternate Units”对话框。

6）Tolerances 选项卡：用于设置尺寸偏差的形式。单击该选项卡，系统弹出“Tolerances”对话框，如图 6-12 所示。

“Tolerances”对话框中各选择项的功能如下：

① Tolerances format 区域的选择项：用于设置尺寸偏差样式，其中包括：

Method 下拉列表框：设置尺寸偏差的样式，包括 Symmetrical（对称偏差）、Deviation（极限偏差）、Limits（极限尺寸）、Basic（基本尺寸）。

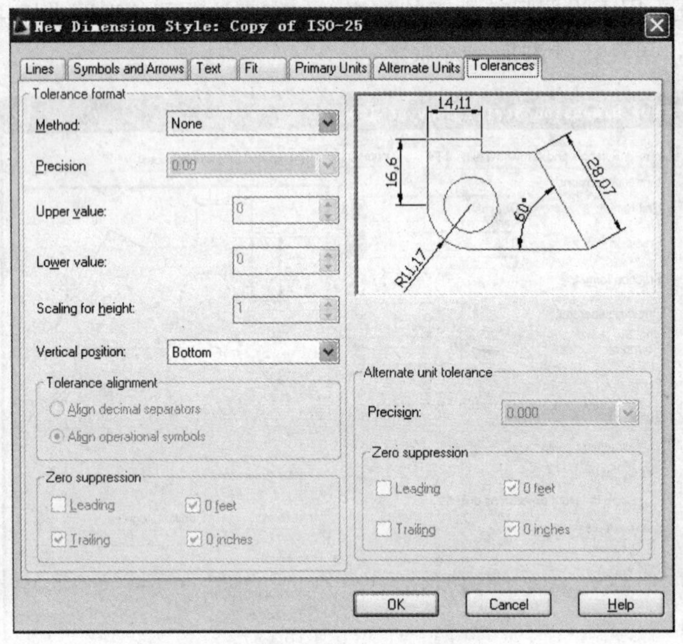

图 6-12 “Tolerances”对话框

Precision 下拉列表框：用于设置公差的精度。

Upper value 微调按钮：用于设置尺寸的上偏差值。

Lower value 微调按钮：用于设置尺寸的下偏差值。

Scaling for height 微调按钮：用于设置偏差高度的比例因子，当选 Symmetrical（对称偏差）时，该项设为 1；当选 Deviation（极限偏差），该项设为 0.6。

Vertical position 下拉列表框：设置尺寸偏差值相对于基本尺寸的对齐方式。

② Zero suppression 区域的选择项：用于控制极限偏差值的前后零。

③ Alternate unit tolerance 区域的选择项：用于设置用替换单位制标注尺寸偏差的精度。

Precision 下拉列表框：用于设置精度。

Zero suppression 区域的选择项：用于控制极限偏差值的前后零。

9. Set Current 按钮

单击该按钮，确定把设置好的尺寸标注样式供读者当前使用。

6.4 各种类型的尺寸标注

在 AutoCAD 中，尺寸标注分为长度型、半径型、直径型、角度型、引线型、折断型、坐标型等类型，如图 6-1 的工具条所示。

6.4.1 长度型尺寸标注

长度型尺寸标注分为线性标注、对齐标注、基线标注和连续标注。

1. 线性标注的操作方法和举例

（1）操作步骤

Command：Dimlin↙或单击[按钮]

Specify first extension line origin or<select object>：输入第一条尺寸界线的起点或直接回车选择标注的线段

Specify second extension line origin：输入第二条尺寸界线的起点

Specify dimension line location or [Mtext/Text/Angle/Horizontal/Vertical/Rotated]：确定尺寸线的位置

该提示下，[ ]中各选项的功能如下：

1）Mtext 选择项：手动输入尺寸文本。输入 M 并回车，系统弹出“Text Formatting”对话框，如图 6-13 所示。读者可在此对话框中输入尺寸文字或进行编辑。

图 6-13 “Text Formatting”对话框

2）Text 选择项：手动直接输入尺寸文本。输入 T 并回车，系统提示：

Enter dimension text<测量值>：输入尺寸文本↙

3）Angle 选择项：设置尺寸文字的倾斜角度。输入 A 并回车，系统提示：

Specify angle of dimension text：输入角度值↙

4）Horizontal 选择项：用于标注水平方向的尺寸。

5）Vertical 选择项：用于标注垂直方向的尺寸。

6）Rotated 选择项：用于旋转标注。输入 R 并回车，系统继续提示：

Specify angle of dimension line<0>：输入尺寸线的倾斜角度

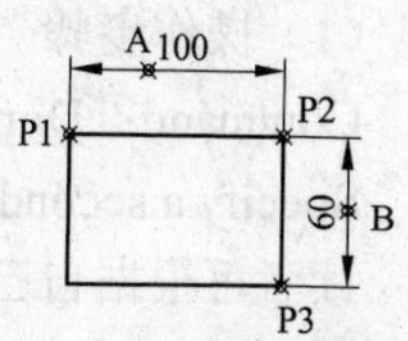

图 6-14 线性标注实例

（2）应用举例 标注图 6-14 所示图中的尺寸。操作步骤如下：

Command：DimLin↙或单击[按钮]

Specify first extension line origin or<select object>：点取 P1 点

Specify second extension line origin：点取 P2 点

Specify dimension line location or [Mtext/Text/Angle/Horizontal/Vertical/Rotated]：点取 A 点，确定尺寸线的位置。

按回车键，重复当前命令，系统继续提示：

Specify first extension line origin or<select object>：点取 P2 点

Specify second extension line origin：点取 P3 点

Specify dimension line location or [Mtext/Text/Angle/Hoizontal/Vertical/Rotated]: 点取 B 点，确定尺寸线的位置。

2. 对齐标注的操作方法和举例

对齐标注用于图中倾斜线的长度标注，即两点的连线既不水平也不垂直的线段，如图 6-15 所示。

（1）操作步骤

Command：Dimaligned↙或单击

Specify first extension line origin or<select object>：输入第一条尺寸界线的起点

Specify second extension line origin：输入第二条尺寸界线的起点

Specify dimension line location or [Mtext/Text/Angle]：确定尺寸线的位置

（2）应用举例　标注图 6-15 所示图形的尺寸。

Command：Dimaligned↙或单击

Specify first extension line origin or<select object>：点取图 6-15 中的 P1 点

Specify second extension line origin：点取图 6-15 中的 P2 点

Specify dimension line location or [Mtext/Text/Angle]：点取适当的一点，确定尺寸线的位置。

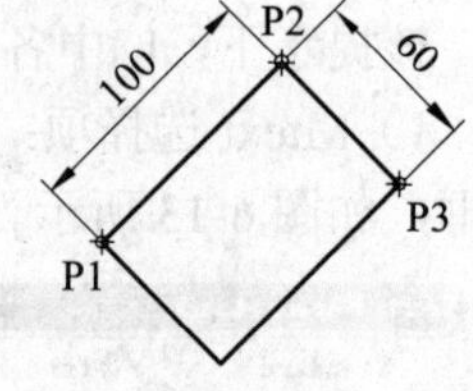

图 6-15　对齐标注实例

Command：Dimaligned↙或单击

Specify first extension line origin or<select object>：点取图 6-15 中的 P2 点

Specify second extension line origin：点取图 6-15 中的 P3 点

Specify dimension line location or [Mtext/Text/Angle]：点取适当的一点，确定尺寸线的位置。

3. 基线标注的操作方法和举例

基线标注即与前一个尺寸具有相同的尺寸标注起点，且尺寸线相互平行的尺寸标注方法。其尺寸线位置相对前一条尺寸线按尺寸样式设置的值自动标注，如图 6-16 所示。

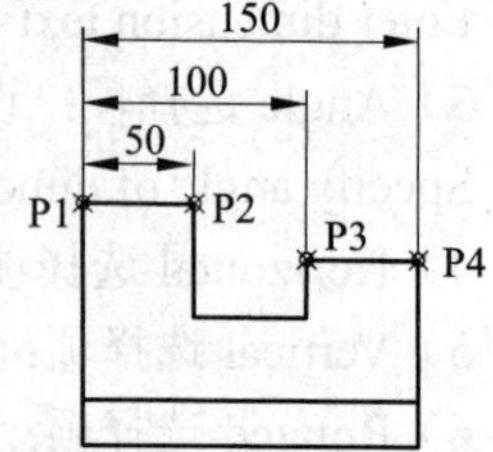

图 6-16　基线标注实例

（1）操作步骤

Command：Dimbase↙或单击

Specify a second extension line origin or（undo/<select>）：

读者可根据自己的实际操作采用以下两种输入方法：

1）若前一个尺寸是刚刚标注的，且它的第一条尺寸界线就是要标尺寸的基准，则可直接指定第二条尺寸界线的起点，并可以按照相应提示进行连续标注。

2）若前一个尺寸不是刚刚标注的，则需要按回车键，系统继续提示：

Select base dimension：选择已经标注的尺寸的一条尺寸界限为基准尺寸。

（2）应用举例　标注图 6-16 所示图形的尺寸。

1）标注线性尺寸 50

Command：Dimlin↙或单击

Specify first extension line origin or<select object>：点取图 6-16 中的 P1 点

Specify second extension line origin：点取图 6-16 中的 P2 点

Specify dimension line location or [Mtext/Text/Angle/Horizontal/Vertical/Rotated]：点取适当的一点，确定尺寸线的位置。

2）标注基线尺寸 100 和 150

Command：Dimbase↙或单击

Specify a second extension line origin or（undo/<select object>）：点取图 6-16 中的 P3 点

Specify a second extension line origin or（undo/<select object>）：点取图 6-16 中的 P4 点

Specify a second extension line origin or（undo/<select object>）：↙（结束该命令的操作）

4. 连续标注的操作方法和举例

连续标注即以前一个尺寸的第二条尺寸界线作为它的第一条尺寸界线，且两尺寸线在同一条直线上的尺寸标注方法，如图 6-17 所示。

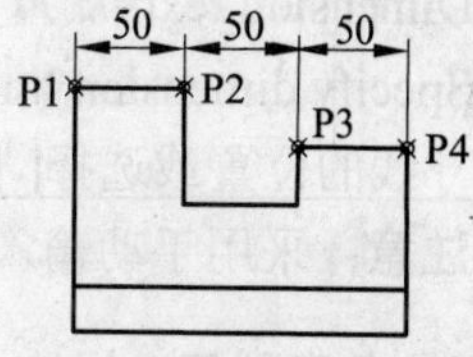

图 6-17　连续标注实例

（1）操作步骤

Command：Dimcont↙或单击

Specify a second extension line origin or（undo/<select>）：

读者可根据自己的实际操作采用以下两种输入方法：

1）若前一个尺寸是刚刚标注的，并确定这一尺寸的第二条尺寸界线就是要标注尺寸的基准，则可直接标注（直接指定第二条尺寸界线的起点）。

2）若前一个尺寸不是刚刚标注的，则需要按回车键，系统继续提示：

Select continued dimension：（选择已经标注的尺寸的第二条尺寸界限为连续标注基准）

（2）应用举例　标注图 6-17 所示图形的尺寸。

1）标注线性尺寸 50

Command：Dimlin↙或单击

Specify first extension line origin or<select object>：点取图 6-17 中的 P1 点

Specify second extension line origin：点取图 6-17 中的 P2 点

Specify dimension line location or [Mtext/Text/Angle/Horizontal/Vertical/Rotated]：点取适当的一点，确定尺寸线的位置。

2）标注连续尺寸 50

Command：Dimcont↙或单击

Specify a second extension line origin or（undo/<select>）：点取图 6-17 中的 P3 点

Specify a second extension line origin or（undo/<select>）：点取图 6-17 中的 P4 点

Specify a second extension line origin or（undo/<select>）：↙（结束该命令的操作）

6.4.2　半径型尺寸标注

半径型尺寸标注用于标注圆弧的半径尺寸，如图 6-18 所示。

操作步骤：

Command：Dimrad↙或单击

Select arc or circle：选择圆或圆弧

Dimension text=测量值

Specify dimension line location or [Mtext/Text/Angle]：确定尺寸线的位置或选择[ ]内的选项重新输入尺寸值

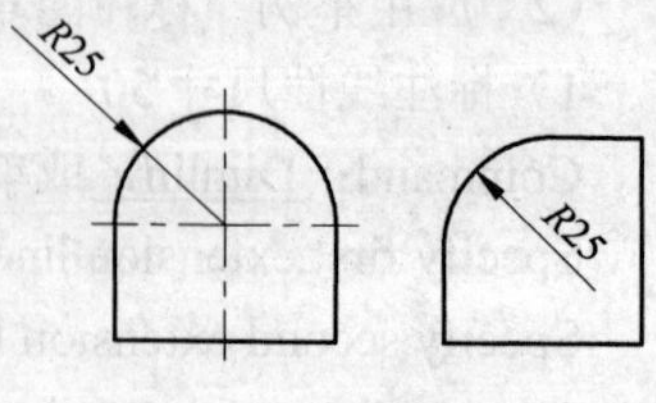

图 6-18　半径标注实例

6.4.3　直径型尺寸标注

直径型尺寸标注用于标注圆或圆弧的直径尺寸，如图 6-19 所示。

操作步骤：

Command：Dimdia↙或单击

Select arc or circle：选择圆或圆弧

Dimension text=测量值

Specify dimension line location or [Mtext/Text/Angle]：确定尺寸线的位置或选择[ ]内的选项重新输入直径尺寸值

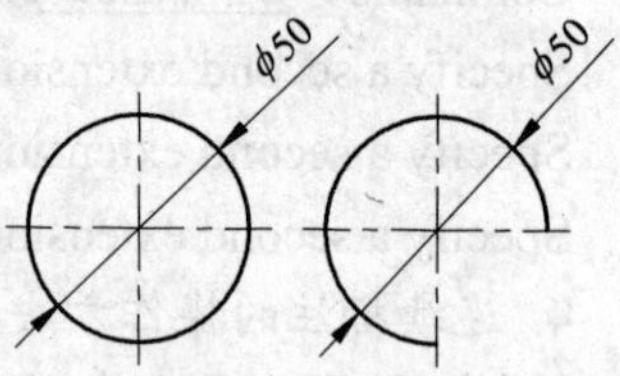

图 6-19　直径标注实例

注意：采用手动输入尺寸数值时，用符号%%C 来表示直径符号ϕ。

6.4.4　角度型尺寸标注

角度型尺寸标注用于标注圆、圆弧、直线所夹的角度尺寸，如图 6-20a、b、c 所示。《机械制图》国家标准规定，角度尺寸的尺寸数值一律水平书写，并在数值的右上角加注角度的单位符号“°”。

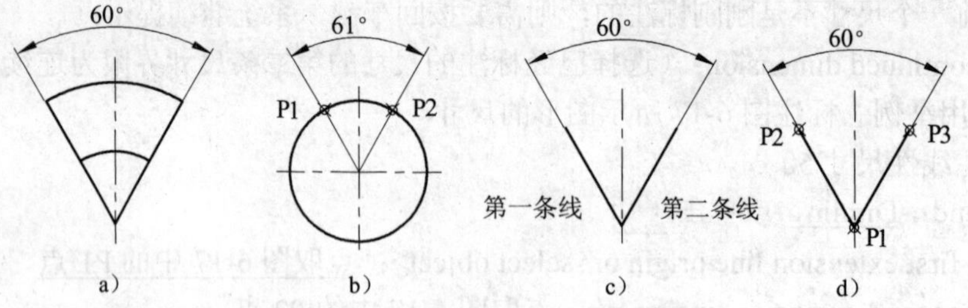

图 6-20　角度标注实例

操作步骤：

Command：Dimangular↙或单击

Select arc, circle, line, or <specify vertex>：

1）直接选择圆弧（标注圆弧的中心角）、圆上一点（圆上一段弧的中心角）、直线或指定的端点（两直线间的夹角），接着提示：

Second angle endpoint：指定第二点

Dimension arc line location or [Mtext/Text/Angle]：确定尺寸线的位置或选择[ ]内的选项重新输入角度尺寸值

注意：采用手动输入尺寸数值时，用符号%%d 来表示直径符号“°”。

2）回车采用 specify vertex 选择项：用于通过指定夹角的顶点标注尺寸，如图 6-20d 所示。其标注过程为：

Command：Dimangular↙或单击

Select arc, circle, line, or<specify vertex>：↙

Specify angle vertex：点取角的顶点，如图 6-20d 中的 P1 点

First angle endpoint：点取角的第一个端点，如图 6-20d 中的 P2 点

Second angle endpoint：点取角的第二个端点，如图 6-20d 中的 P3 点

Dimension arc line location or [Mtext/Text/Angle]：点取适当的一点，确定尺寸线的位置

注意：角度尺寸也可以采用连续及基线标注类型进行标注，如图 6-21、图 6-22 所示。

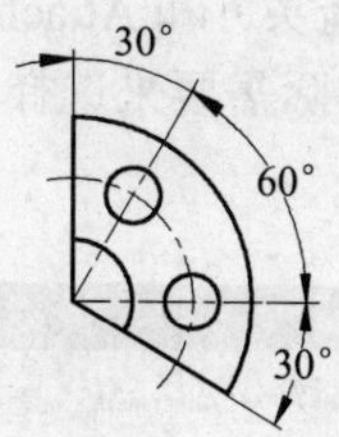

图 6-21　角度尺寸的连续标注

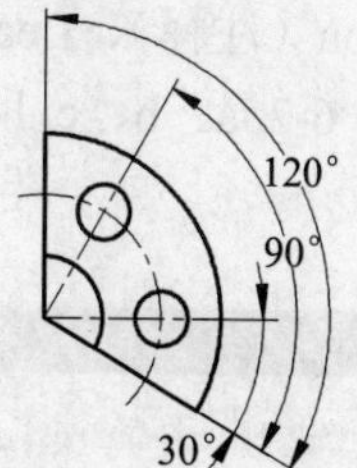

图 6-22　角度尺寸的基线标注

6.4.5　圆心标注

圆心标注用于标注圆或圆弧的圆心位置。在实际绘图时，常用该标注来画小圆的中心线。

注意：圆心标注的形式由 Dimcen 变量确定。当 Dimcen>0 时，画出圆的对称中心线；当 Dimcen<0 时，在圆心处画出十字线；当 Dimcen=0 时，不作中心标记，如图 6-23 所示。

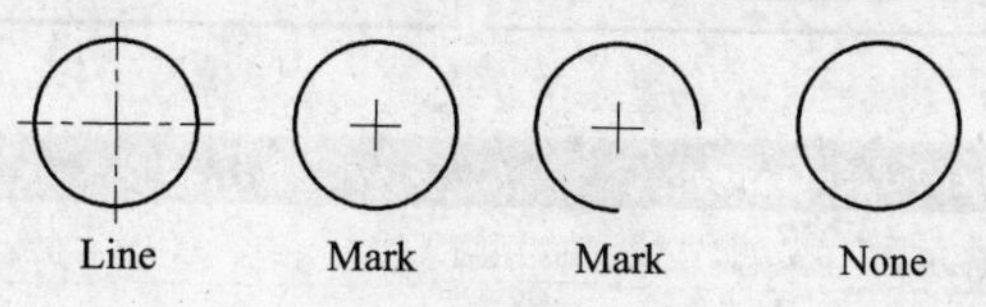

图 6-23　圆心标注

Dimcen 变量可在尺寸样式设置“New Dimension Style”对话框中设置。

操作步骤：

Command：Dimcen↙或单击

Select arc or circle：选择圆弧或圆

6.4.6　引线型尺寸标注

引线型尺寸标注是标注旁注尺寸时经常用到的一种尺寸标注方法，如图 6-24 所示。旁注指引线既可以是折线，也可以是曲线；指引线的端点可以有箭头也可以无箭头。机械工程图样中常用该命令来进行倒角标注和形位公差的标注。

注意：用引线标注尺寸时，系统不能自动测量尺寸值，读者必须自己输入尺寸文本。

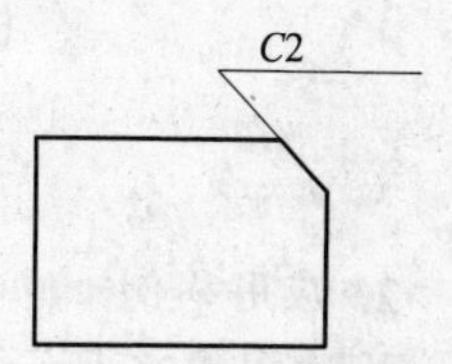

图 6-24　引线标注实例

1. 操作步骤

Command：Qleader↙

Specify first leader point or[Settings]<Setting>：

1）直接单击引线第一点，按下列提示进行标注

Specify next point：给定第二点

Specify next point：↙

Specify text with<0>：↙

Enter first line of annotation text<Mtext>：输入尺寸数值

2）↙设置引线标注样式，系统弹出“Leader setting”对话框，如图 6-25 所示。该对话框中包括 Annotation（注释）、Leader line &Arrow（引线和箭头）和 Attachment（附着）三项选择卡，分别如图 6-25a、b、c 所示。读者可根据标注的实际需要来选择对话框中对应的选项。

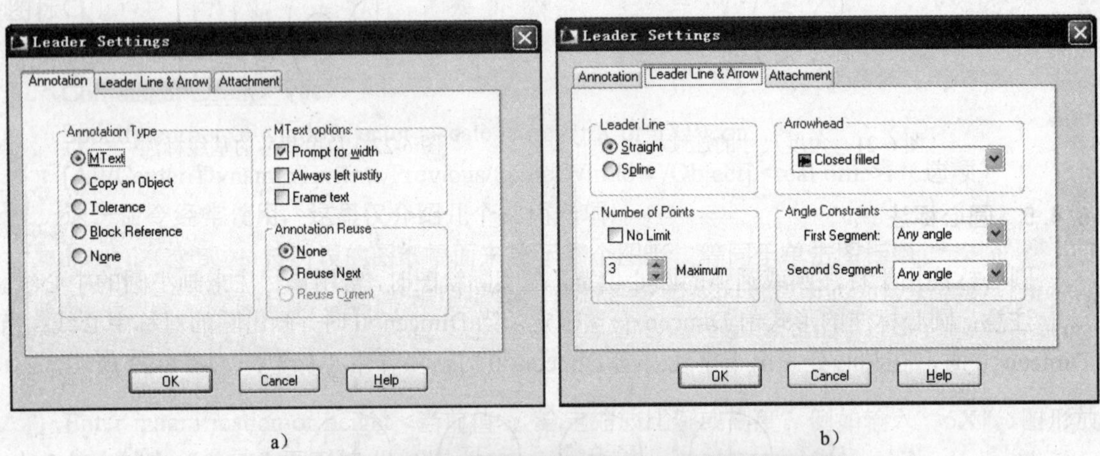

a）　　　　　　　　　　　　b）

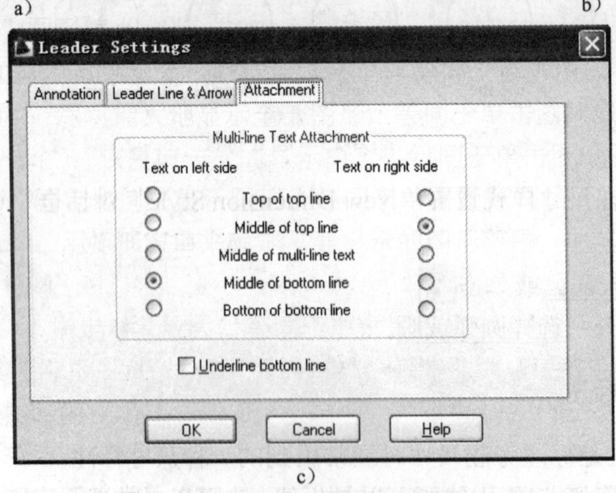

c）

图 6-25 “Leader Settings”对话框

2. 应用举例

标注图 6-26 所示图形的尺寸。

（1）标注轴端倒角尺寸

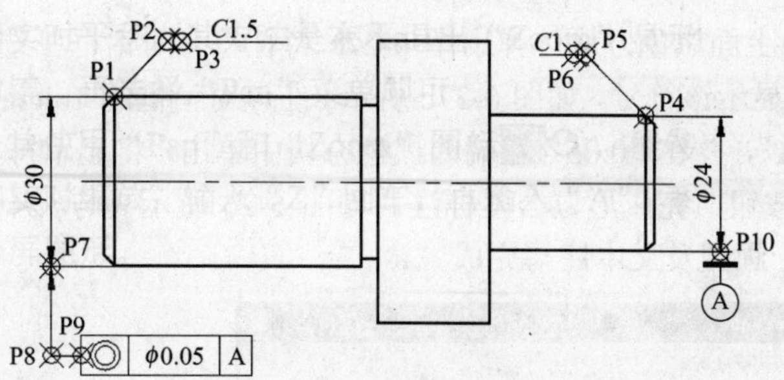

图 6-26 引线标注举例

Command：Qleader↙

Specify first leader point or[Settings]<Setting>：↙，弹出图 6-25 所示的“Leader Setting”对话框，在图 6-25a 选择 Annotation type 选项下“Mtext”；单击“Leader Line &Arrow”选择卡，在图 6-25b 中 Arrowhead 选项下选择“None（无箭头）”，Angle Constraints 选项下的 First Segment 栏选择“45°”，Second Segment 栏选择“Horizontal”（水平）；单击“Attachment”选择卡，在图 6-25c 中选择最下端一行“Underline bottom line”，单击“OK”按钮。

Specify first leader point or[Settings]<Setting>：点取图 6-26 中的 P1 点

Specify next point：点取图 6-26 中的 P2 点

Specify next point：点取图 6-26 中的 P3 点（P3 距离 P2 不要太长）

Specify text with<0>：↙

Enter first line of annotation text<Mtext>：C1.5（轴左端的倒角）

Enter next line of annotation text：↙

Command：Qleader↙

Specify first leader point or[Settings]<Setting>：点取图 6-26 中的 P4 点

Specify next point：点取图 6-26 中的 P5 点

Specify next point：点取图 6-26 中的 P6 点（P6 距离 P5 不要太长）

Specify text with<0>：↙

Enter first line of annotation text<Mtext>：C1（轴右端的倒角）

Enter next line of annotation text：↙

（2）标注形位公差

Command：Qleader↙

Specify first leader point or[Settings]<Setting>：↙，弹出图 6-25 所示的“Leader Settings”对话框，在图 6-25a 选择 Annotation type 选项下选择“Tolerance”（公差）；单击“Leader Line &Arrow”选择卡，在图 6-25b 中 Arrowhead 选项采用实心箭头，Angle Constraints 选项下的 First Segment 栏选择“90°”，Second Segment 栏选择“Horizontal”（水平）；公差标注状态下没有 Attachment 选择卡，单击“OK”按钮。

Specify first leader point or[Settings]<Setting>：点取图 6-26 中的 P7 点

Specify next point：点取图 6-26 中的 P8 点

Specify next point：点取图 6-26 中的 P9 点

这时系统弹出“Geometric Tolerance”对话框，如图 6-27 所示。单击图 6-27a 中 Sym（形

位公差符号）选项中上面黑色方块，弹出图 6-27b 特征符号对话框；选择所需的符号后，在图 6-27a 相应栏里将显示该符号，如图 6-27c 所示；在该对话框的 Tolerance 1 和 Datum1 中分别输入“0.05”和“A”，并在“0.05”左端的黑色方块中单击，将显示符号“ϕ”，如图图 6-27c 所示。单击“OK”按钮，完成形位公差标注，如图 6-26 所示（与ϕ24 对齐的基准符号及字母 A 用一般的画线、画圆及文本注写完成）。

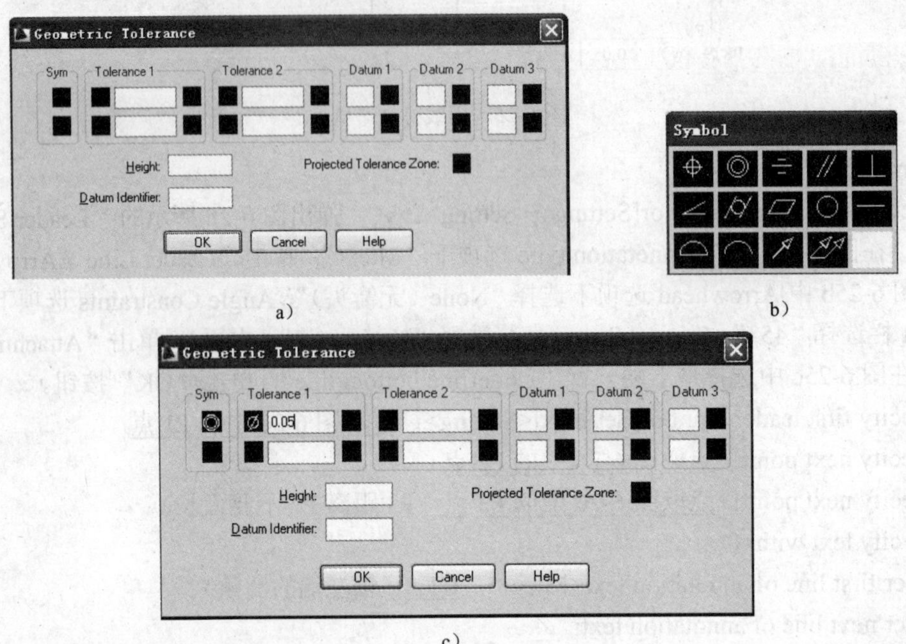

图 6-27 “Geometric Tolerance”对话框

6.5 尺寸的编辑修改

编辑尺寸标注就是对已标注完毕的尺寸进行必要的修改。AutoCAD 提供了多种编辑方法。

6.5.1 尺寸文本的编辑修改

尺寸文本的编辑修改用于改变尺寸文本的值、尺寸文本的角度、尺寸界线与尺寸线的倾斜角度等。

1. 操作步骤

Command：Dimedit↙或单击A

Enter type of dimension editing[Home/New/Rotate/Oblique]<Home>：

上述提示中，[ ]内各选项的功能如下：

1）Home 选择项：用于按默认位置及其方向放置尺寸文本。

2）New 选择项：用于修改指定的尺寸文本值。在该提示下，输入“N”并回车，系统弹出“Text Formatting”对话框。在该对话框中输入新的尺寸文本，如%%C60，单击 OK 按钮，系统提示：

Select dimension：选取需要修改的尺寸，如图 6-28a 中的尺寸 60，即可完成尺寸文本的修改，如图 6-28b 所示。

3）Rotate 选择项：修改尺寸文本的角度。

4）Oblique 选择项：修改尺寸界线，使其与尺寸线倾斜，如图 6-29 所示。

2. 应用举例

将图 6-29a 的尺寸标注形式改成图 6-29b 的标注形式。

Command：Dimedit↙或单击

Enter type of dimension editing[Home/Now/Rotate/Oblique]<Home>：O↙

Select object：点取图 6-29a 中的尺寸 53

Select object：↙

Enter obliquing angle（press Enter for none）：150（倾斜角度）↙

修改结果如图 6-29b 所示。

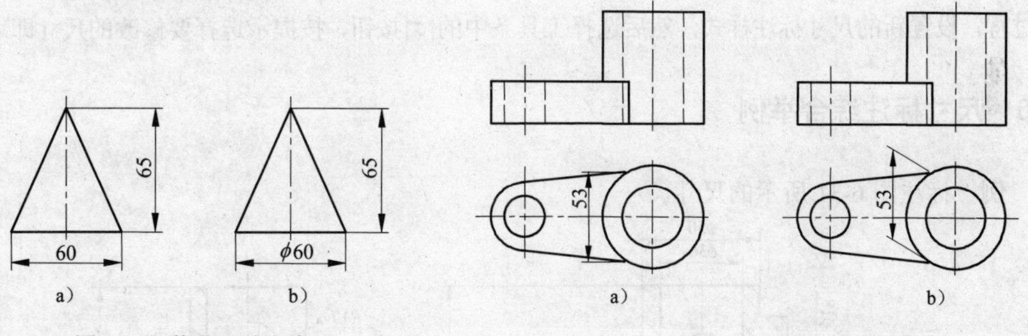

图 6-28　修改尺寸文本　　　图 6-29　修改尺寸界线

6.5.2　尺寸文本位置的编辑修改

尺寸文本位置的编辑修改用于修改已标注尺寸的文本位置。

1. 操作步骤

Command：Dimtedit↙或单击

Select Dimension：点取需修改的尺寸

Specify new location for dimension text or[Left/Right/Center/Home/Angle]：直接设置尺寸文本的新位置或选择[ ]中的选项

在上述提示中，[ ]中各选项的功能如下：

1）Left 选择项：设置是否把尺寸文本（仅适合长度型、半径型、直径型尺寸文本）放置在尺寸线的左侧。

3）Right 选择项：设置是否把尺寸文本（仅适合长度型、半径型、直径型尺寸文本）放置在尺寸线的右侧。

4）Home 选择项：将尺寸文本按默认位置、方向放置。

5）Angle 选择项：将尺寸文本旋转一角度。

6）Center 选择项：将尺寸文本放置在尺寸线的中间。

2. 应用举例

修改图 6-30a 中尺寸文本ϕ60 的位置。

Command：Dimtedit↙或单击[icon]

Select Dimension：单击图 6-30a 中的尺寸 $\phi 60$，并拖动光标到达合适的新位置后，按左键确认

即可完成修改任务，如图 6-30b 所示修改图 6-30a 中尺寸文本 43 的位置。

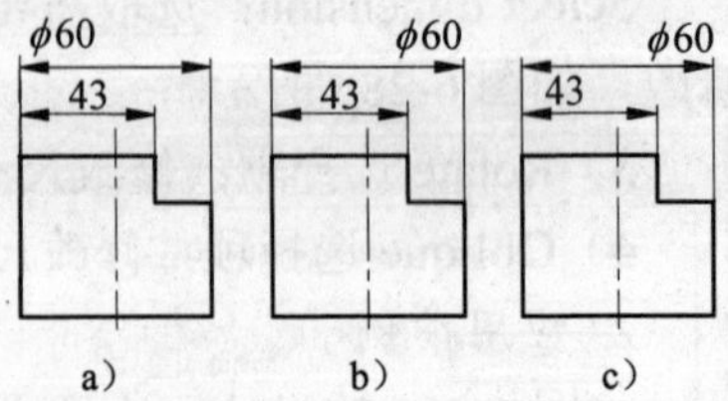

图 6-30　修改尺寸文本位置

Command：Dimtedit↙或单击[icon]

Select Dimension：单击图 6-30a 中的尺寸 43

Specify new location for dimension text or[Left/Right/Center/Home/Angle]：L↙

结果如图 6-30c 所示，尺寸 43 移到尺寸线的左侧。

6.5.3　尺寸样式的编辑修改

修改已经标注尺寸的尺寸样式，首先用 Ddim 命令或工具条中的[icon]按钮按照 6.3 节的操作过程，设置新的尺寸标注样式，然后选择工具条中的[icon]按钮，按提示选择要修改的尺寸即可。

6.6　尺寸标注综合举例

例　标注图 6-31 所示的尺寸。

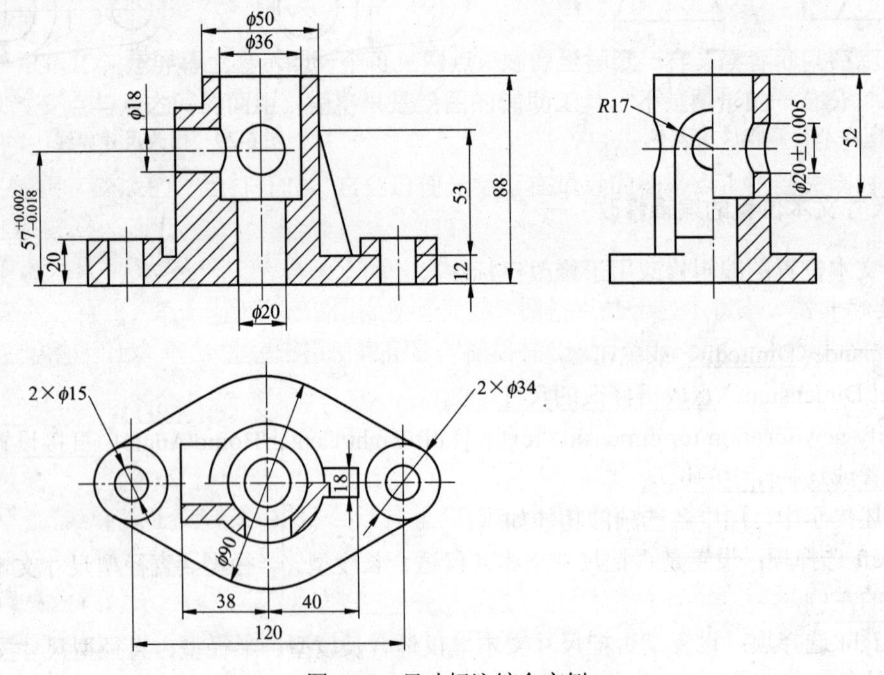

图 6-31　尺寸标注综合实例

具体操作步骤如下：

1. 设置尺寸标注的图层（如果已设置，将其调为当前层）
2. 调出尺寸标注工具条
3. 设置基本尺寸的标注样式

Command：Dimtedit↙或单击[icon]

弹出图 6-2 所示“Dimension Style Manager”对话框。单击该对话框中的“New”按钮，系统弹出“Create New Dimension Style”对话框，如图 6-4 所示。单击图 6-4 中的“Continue”按钮，系统弹出“New Dimension Style”对话框，如图 6-5 所示。在该对话框中设置如下：

（1）单击“Lines”选项卡　单击 Dimension lines 区域里的“Baseline spacing”微调按钮，设置基线标注时两尺寸线间的距离，一般设为 7 左右；单击 Extension lines 区域的“Extend beyond dim lines”微调按钮，设置尺寸界线超出尺寸线的距离，一般设为 2；单击“Offset from origin”微调按钮，设置尺寸线的起点偏移量，一般设为 0。

（2）单击“Symbols and Arrows”选项卡　系统弹出“Symbols and Arrows”对话框，如图 6-8 所示。在“Arrow size”中设置箭头的大小，一般设为 3.5。

（3）单击“Text”选项卡　系统弹出“Text”对话框，如图 6-9 所示。单击 Text appearance 区域的“Text height”微调按钮，设置尺寸文本的高度，一般设为 3.5；单击 Text placement 区域的“offset from dim line”微调按钮，设置尺寸文字与尺寸线间的距离，一般设为 1。

（4）单击“Fit”选项卡　系统弹出“Fit”对话框，如图 6-10 所示。选择 Fit options 区域里的“Arrows”单选按钮，设置尺寸线、箭头及尺寸文本相对尺寸界线的位置；单击 Scale for dimension features 区域的“Use overall scale of”微调按钮，设置尺寸标注的比例因子，一般应设为 1～8（或按图幅的大小调试确定）。

（5）单击“Set Current”和“Close”按钮

4. 标注图 6-31 中的基本尺寸

（1）标注线性尺寸

1）标注水平方向的尺寸

Command：Dimline ↙或单击

Specify first extension line origin or <select objector>：点取图 6-32 中 1 点

Specify second extension line origin：点取图 6-32 中 2 点

Specify dimension line location or[Mtext/Text/ Angle/Horizontal/Vertical/Rotated]：T↙

Enter dimension text<测量值>：%%C20↙

Specify dimension line location or[Mtext/Text/ Angle/Horizontal/Vertical/Rotated]: 给定尺寸线的位置

按同样的方法标注图 6-32 主视图中的ϕ36、ϕ50、ϕ18。

2）标注垂直方向的尺寸

Command：Dimline↙或单击

Specify first extension line origin or <select objector>：点取图 6-32 中 3 点

Specify second extension line origin：点取图 6-32 中 4 点

Specify dimension line location or[Mtext/Text/ Angle/Horizontal/Vertical/Rotated]: 给定尺寸线的位置，结果如图 6-32 中的 12。

（2）标注图 6-31 中的连续尺寸

Command：Dimcont↙或单击

Specify a second extension line origin or（undo/<select>)：↙

Select continued dimension：点取图 6-33 中 1 点

Specify a second extension line origin or（undo/<select>)：点取图 6-33 中 2 点

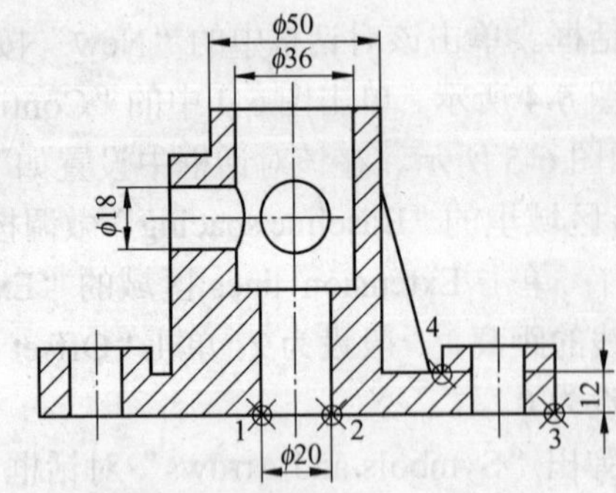

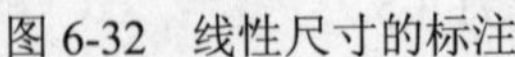
图 6-32 线性尺寸的标注

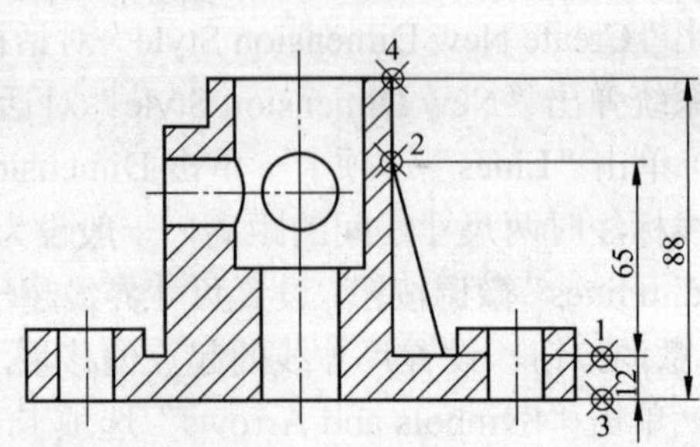

图 6-33 连续和基线标注

完成尺寸 65 的标注。用同样的方法标注图 6-31 中俯视图的连续尺寸 38 与 40。

（3）标注图 6-31 中的基线尺寸

Command：Dimbase↙或单击

Specify a second extension line origin or[Undo/Select]<Select>：↙

Select base dimension：点取图 6-33 中 3 点

Specify a second extension line origin or[Undo/Select]<Select>：点取图 6-33 中 4 点

完成尺寸 88 的标注。

（4）标注半径尺寸

Command：Dimrad↙或单击

Select arc or circle：点取图 6-34 中 1 点

Specify dimension line location or[Mtext/Text/Angle]：点取尺寸线的位置

完成尺寸 $R17$ 的标注。

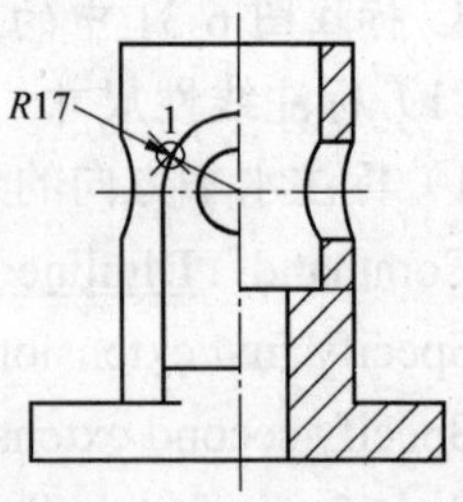

图 6-34 半径尺寸标注

（5）标注直径尺寸

Command：Dimdia↙或单击

Select arc or circle：点取图 6-35 中的 1 点

Specify dimension line location or[Mtext/Text/Angle]：输入 T↙

Enter dimension text<当前值>：输入 2×%%C34↙

Specify dimension line location or[Mtext/Text/Angle]：点取尺寸线的位置

完成 2×ϕ34 的标注。按同样的方法标注图 6-35 中的 2×ϕ15，ϕ90。

5. 标注图 6-31 中的尺寸公差

（1）设置极限偏差标注样式

Command：Dimtedit↙或单击

弹出如图 6-2 所示“Dimension Style Manager”对话框。单击该对话框中的“Override”按钮，系统弹出“Modify Dimension”对话框，如图 6-3 所示。在该对话框中设置 Tolerances format 区域如下：

1）Method 下拉列表框：选择 Deviation（极限偏差）。

2）Precision 下拉列表框：选择 0.000。

3）Upper value 微调按钮：输入上偏差值 0.002。

4）Lower value 微调按钮：输入下偏差值 0.018。

5）Scaling for height 微调按钮：设置偏差高度的比例因子为 0.6。

6）Vertical 下拉列表框：设置尺寸偏差值相对于基本尺寸的对齐方式为 Bottom。

（2）标注图中的极限偏差（图 6-36 中的尺寸 20 事先注好）

Command：Dimbase↙或单击（基准线标注尺寸）

Specify a second extension line origin or[Undo/Select]<Select>：↙

Select base dimension：点取图 6-36 中 1 点

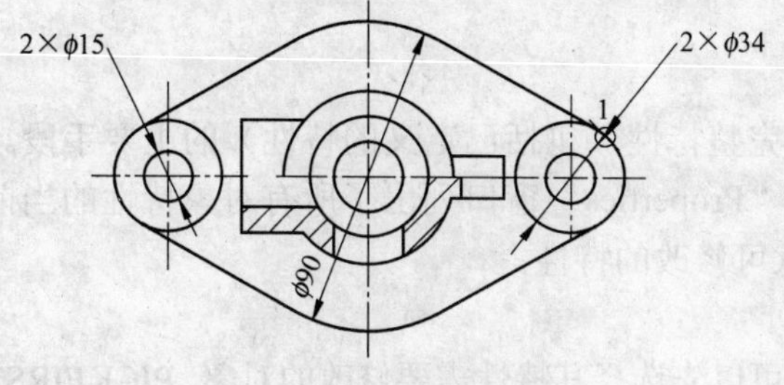

图 6-35　直径尺寸标注

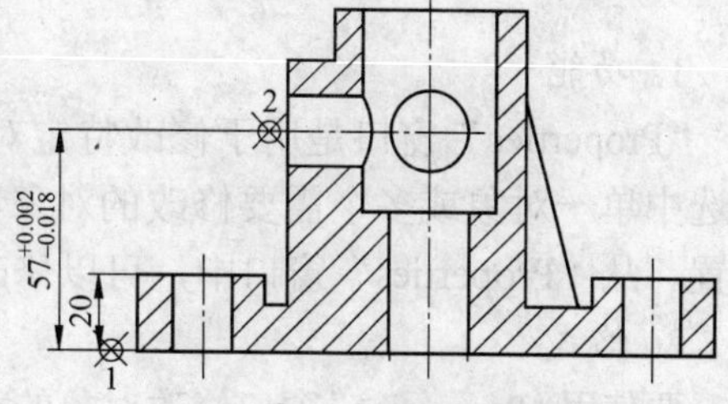

图 6-36　极限偏差标注

Specify a second extension line origin or[Undo/Select]<Select>：点取图 6-36 中 2 点，完成如图 6-36 中尺寸 57 的上下极限偏差的标注。

（3）设置对称偏差样式

Command：Dimtedit↙或单击

弹出如图 6-2 所示"Dimension Style Manager"对话框。单击该对话框中的"Override"按钮，系统弹出"Modify Dimension Style"对话框，如图 6-3 所示。在该对话框中设置 Tolerances format 区域如下：

1）Method 下拉列表框：选择 Symmetrical（对称偏差）。

2）Precision 下拉列表框：选择 0.000。

3）Upper value 微调按钮：输入上偏差值 0.005。

4）Scaling for height 微调按钮：设置偏差高度的比例因子为 1。

5）Vertical 下拉列表框：设置尺寸偏差值相对于基本尺寸的对齐方式为 Middle。

6）单击"Modify Dimension Style"对话框中的"Primary Units"选项卡，弹出"Primary Units"对话框，在该对话框中的 Linear dimension 区域的 Prefix 选项后输入%%C。

（4）标注图 6-31 中的对称偏差

Command：Dimline↙或单击

Specify first extension line origin or <select objector>：点取图 6-37 中 1 点

Specify second extension line origin：点取图 6-37 中 2 点

Specify dimension line location or[Mtext/Text/Angle/Horizontal/Vertical/Rotated]：给定尺寸线的位置，完成如图 6-37 中尺寸 φ20±0.005 的标注。

注意：不注尺寸公差时，应将对话框中 Tolerances format 区域的 Method 下拉列表框中设为"None"。

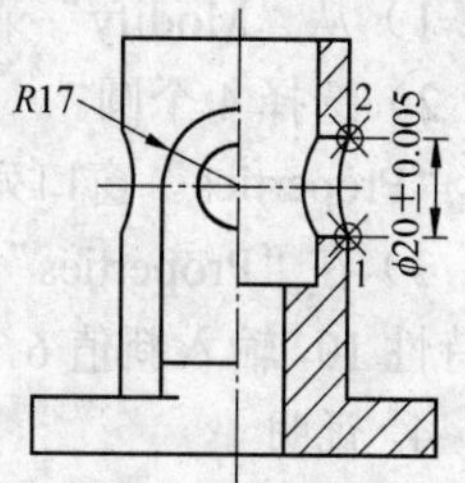

图 6-37　对称公差标注

第 7 章　图形的其他编辑方法

7.1　特性（Properties）命令

1. 功能

“Properties”窗口是用于修改特定对象的完整特性（包括已定义的特性）的主要手段。当选中单一对象或多个需要修改的对象集时，“Properties”窗口列出了所有对象特性的当前设置。从“Properties”窗口中，可以修改任意可修改的特性。

2. 格式

要使用“Properties”窗口修改对象的特性，可以先选择其特性需要修改的对象。PICKFIRST 系统变量必须处于打开状态（设置为默认值 1）。

Command: Properties↙或单击，双击对象；系统弹出如图 7-1 所示对话框，然后使用以下方法中的一种：

1）输入新值。

2）从列表中选择一个值。

3）在对话框中修改特性的值。

4）使用“拾取点”按钮修改坐标值。

在工作时，可以一直将“Properties”窗口打开。每当选择一个对象，“Properties”窗口就显示该对象的特性。选中多个对象时，“Properties”窗口显示通用特性和选择集中对象的公共特性。这些通用特性包括：颜色、图层、线型、线型比例、打印样式、线宽、超级链接、厚度。

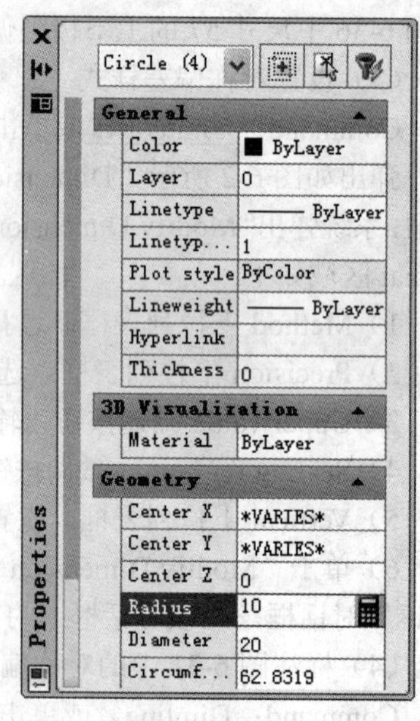

图 7-1　“Properties”（特性）命令对话框

3. 举例

编辑单个或多个对象的特性。可以选择单个或多个对象并修改其特性。以图 7-1 为例修改对象特性的步骤：

1）从“Modify”菜单中选择“Properties”。

2）选择 4 个圆。

“Properties”窗口列出了所有对象的特性。

3）在“Properties”窗口中，选择“Radius”要修改的特性 10，输入新值 6，按 Enter 键，结果如图 7-2 所示。

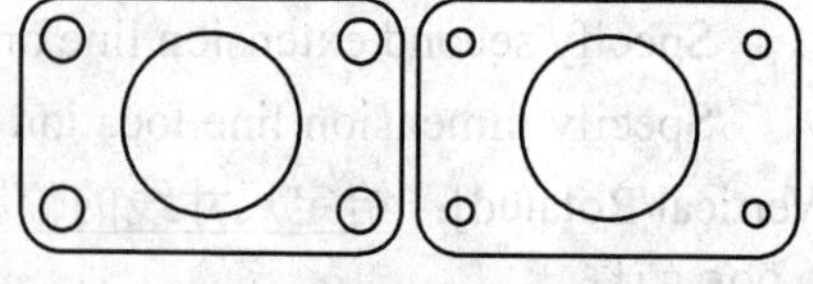

图 7-2　“Properties”对话框修改圆的半径

4. 说明

可用“Object Properties toolbar”工具栏上的控件快速地查看或改变对象的图层、图层特性、颜色、线型、线宽和打印样式。“Object Properties toolbar”工具栏中包含用于查看和编辑这些对象特性的命令。在没有运行命令时，选择一个对象，对象的这些特性都将在工具栏的控件中动态显示。不能修改已锁定的图层上的对象特性。

（1）使用对象特性工具栏编辑图层　使用图层按钮和图层控制，可以查看选定对象的图层，改变对象的图层，将某个图层设置为当前图层，修改图层的特性或访问“图层特性管理器”。在“图层”控件中，显示的图层名称和特性由当前的选择集决定：

1）未选择对象：显示当前图层名称和图层特性。在创建新对象时，对象被创建在当前图层上。

2）选择了一个对象：显示为选定对象指定的图层和图层特性。

3）选择了多个对象：如果所有选定对象都位于相同图层上，则显示公共的图层名和图层特性，如果选定对象中的任何一个位于其他图层上，则“图层”控件为空。

可以使用“图层”控件将对象传递给被锁定、冻结或关闭的图层。下列过程说明了如何在“Object Properties toolbar”工具栏上使用图层。

（2）修改对象图层的步骤

1）选择要改变其所在图层的对象。

2）在“Object Properties toolbar”工具栏上，选择“图层”控件。

由于不能将对象传递给依赖外部参照的图层，因此它们的名称在“图层”控件中显示为无效。

3）选择一个图层。AutoCAD 将所选的图层应用到所有选定的对象上。颜色、线型、线宽和打印样式的修改，可仿图层的修改，不再重复。

7.2　特性匹配（Matchprop）命令

1. 功能

用 Matchprop 命令可将一个对象的某些或所有特性复制到一个或多个对象。可以复制的特性包括颜色、图层、线型、线型比例、线宽、厚度和打印样式，有时也包括标注、文字和图案填充特性。默认情况下，所有可应用的特性都自动地从选定的第一个对象复制到其他对象。如果不希望复制特定的特性，请使用“S”选项禁止复制该特性。可以在执行该命令的过程中随时选择“S”选项。

2. 格式

将特性从一个源对象复制到一个或多个目标对象的步骤：

Command: Matchprop（or Painter）↙或单击

Select source object: 选择源对象

Current active settings:（显示当前设置）

Color Layer Ltype Ltscale Lineweight Thickness PlotStyle Dim Text Hatch Polyline Viewport Table Material Shadow display Multileader

Select destination object(s) or [Settings]: 选择目标对象

为特性匹配修改设置的步骤：

Select destination object(s) or [Settings]:S↙

系统显示“Property Settings”对话框，如图 7-3 所示。在对话框中，选择想要匹配的特性，并清除不想改变的特性，选择“OK”按钮即可。

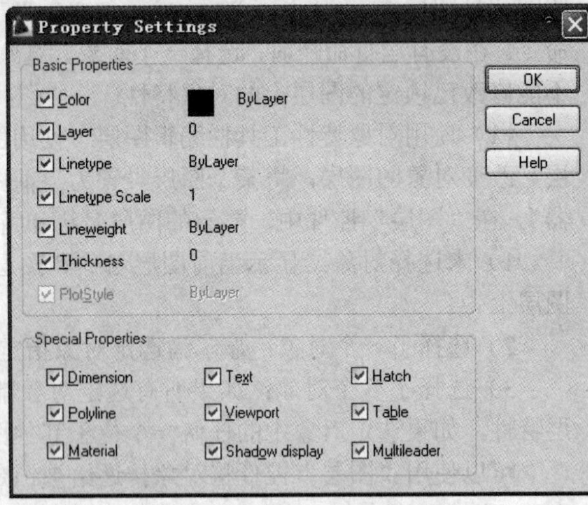

图 7-3 “Property Settings”对话框

3. 举例

Command: Matchprop↙或单击

Select source object: 选矩形

Current active settings: Color Layer Ltype Ltscale Lineweight Thickness PlotStyle Text Dim Hatch Polyline Viewport

Select destination object(s) or [Settings]: 选圆

Select destination object(s) or [Settings]: ↙

结果如图 7-4 所示

图 7-4 Matchprop 编辑命令

7.3 多义线编辑（Pedit）命令

1. 功能

该命令可以编辑二维、三维多义线及三维网格，进行多种操作。

2. 格式与说明

Command: Pedit↙

Select polyline or [Multiple]:（选择一条多义线或多重选择）

系统将检查所选择实体，若所选的是一条直线或一段弧，会提示：

Object selected is not a polyline

Do you want to turn it into one? <Y>↙

该实体被转换成一段多义线。

根据被选的实体类型，系统提示也不相同。

（1）二维多义线　系统提示：

Enter an option [Close/Join/Width/Edit vertex/Fit/Spline/Decurve/Ltype gen/Undo]:

如果当前多义线是封闭的，“Close”将由“Open”取代。现把各选择项的功能叙述如下：

1）Close（闭合）：此选项把多义线构成封闭多义线。系统根据多义线的末端是线还是弧，分别确定用线或用弧来封闭该多义线。

2）Open（打开）：此选项删去多义线的闭合线段。

3）Join（连接）：此选项将找出与某一多义线的两端相遇的线段和弧及其他多义线，然后把它们加到该多义线上。

4）Width（宽度）：此选项可为多义线指定一个新的统一宽度，AutoCAD 提示：

Specify new width for all segments: 1↙（输入新的宽度 1 后，多义线根据此宽度来重新绘

出，以消除多义线宽度不一致的现象）

5）Fit（拟合）：此选项算出一条光滑曲线来拟合多义线的所有顶点，并使用读者所指定的任何切线方向，AutoCAD 在多义线中增加插值点来完成曲线。若不满意，可使用“Edit vertex”选项来增加切点和切线来重新定义曲线，以达到满意的效果。

6）Spline（样条拟合）：此选项把选中的多义线各顶点当作曲线的框架（特征多边形），产生一条 2 次或 3 次的 B 样条曲线。

7）Decurve（去拟合）：此选项移去拟合曲线时增加的插值点，恢复多义线。任何已赋给多义线顶点的切线信息都保留下来，以便下次再拟合曲线时使用。

8）Ltype gen（线型生成）：选择此项，AutoCAD 提示：

Enter polyline linetype generation option [ON/OFF] <Off>:

若选“ON”，生成线型时，以连续方式通过多义线顶点；若选“OFF”，生成线型时，多义线每个顶点的首、尾两端为短划。

9）Undo（撤消）：此选项撤消最新的编辑操作。

10）Edit vertex（编辑顶点）：当选择了“Edit vertex”后，AutoCAD 在屏幕上用“×”来标出多义线的第一个顶点。若还指定了切线方向，还将在那个方向显示一个箭头，并提示：

Enter a vertex editing option

[Next/Previous/Break/Insert/Move/Regen/Straighten/Tangent/Width/eXit] <N>:

每个选项分别描述如下：

① Next（下一个）/Previous（前一个）：这两项选择当前顶点，把标志“×”移至下一个或前一个顶点。即使是闭合的多义线，“×”也不会从终点循环至起点。

② Break（拆开）：该选项将记下“×”标志的当前位置，并提示：

Enter an option [Next/Previous/Go/eXit] <N>:

通过“Next”和“Previous”可以把“×”移到指定位置，然后输入“Go”，当前点与指定点之间的任何线段和顶点将被删除。若输入“eXit”，则取消 Break 操作。

③ Insert（插入）：该选项可以把新的顶点加到多义线中，并指示：

Specify location for new vertex:

新的顶点加在“×”标志的后面，所以要分清多义线的起点与终点。

④ Move（移动）：将“×”标志的顶点移到新的位置。

⑤ Regen（重新生成）：该选项重新生成多义线。

⑥ Straighten（拉直）：该项与“Break”操作相似，删除当前点与指定点之间的任何线段和顶点，并用一条直线取而代之。

⑦ Tangent（切线）：该选项可把切线方向赋给当前的顶点（由“×”标出），以便以后用于曲线拟合。系统提示：

Specify direction of vertex tangent:

可输入所要的切线方向的角度，或指定一点，则切线方向为当前点到该点的连线方向。

⑧ Width（宽度）：该选项可改变当前顶点后面的线段的开始宽度和结束宽度。

注意：这和 Pedit 主提示中的“Width”不同，Pedit 主提示中的“Width”为整个多义线设置一个统一宽度。显然，作用的范围是不同的。AutoCAD 提示：

Specify starting width for next segment <0.0000>:

Specify ending width for next segment <3.0000>:

⑨ eXit（退出）：该选项将退出顶点编辑。

（2）三维多义线 AutoCAD 提示：

Enter an option [Close/Edit vertex/Spline curve/Decurve/Undo/]:

除了“Edit Vertex”和“Spline Curve”外，其他选项与二维多义线时相同。

当选择了“Edit Vertex”选项，系统将提示：

[Next/Previous/Break/Insert/Move/Regen/Straighten/eXit <current>:

它所提供的功能与二维多义线时一样，只是没有了“Tangent”和“Width”选项。

若选择了“Spline Curve”选项，就会对控制点产生一个三维的 B 样条拟合曲线。

（3）三维网格 AutoCAD 将提示：

Enter an option [Edit vertex/Smooth surface/Desmooth/Mclose/Nclose/Undo]:e↙

1）选择“Edit vertex”来编辑多边形网格的顶点。这时在网格的第一个顶点上将出现一个“×”标志，AutoCAD 将提示：

Enter an option [Next/Previous/Left/Right/Up/Down/Move/REgen/eXit <current>:

多边形网格被看作一个 M×N 的矩形阵列，这里的 M 和 N 是在 3DMESH 命令中定义的两个方向上的格点数。

① Next：移动“×”标志到下一个顶点。

② Previous：移动“×”标志到上一个顶点。

③ Left：移动“×”标志沿着 N 方向到上一个顶点。

④ Right：移动“×”标志沿着 N 方向到下一个顶点。。

⑤ Up：移动“×”标志沿着 M 方向到下一个顶点。

⑥ Down：移动“×”标志沿着 M 方向到上一个顶点。

⑦ Move：指明带“×”标志的顶点的新位置，如图 7-5 所示。

⑧ Regen：可以重新显示多边形网格。

⑨ eXit：退出顶点编辑。

顶点编辑的例子如图 7-5 所示。

2）Smooth surface：该选项对多边形网格进行表面拟合。

3）Desmooth：该选项对多边形网格撤消表面拟合。

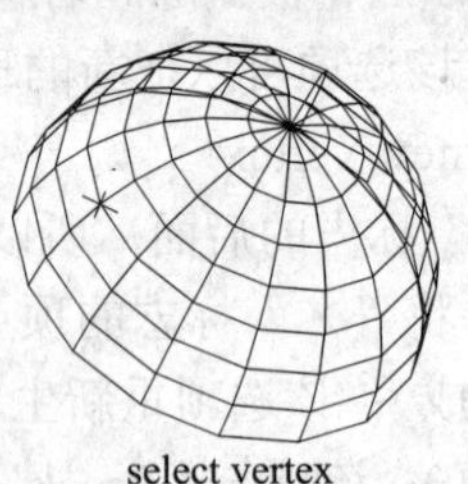

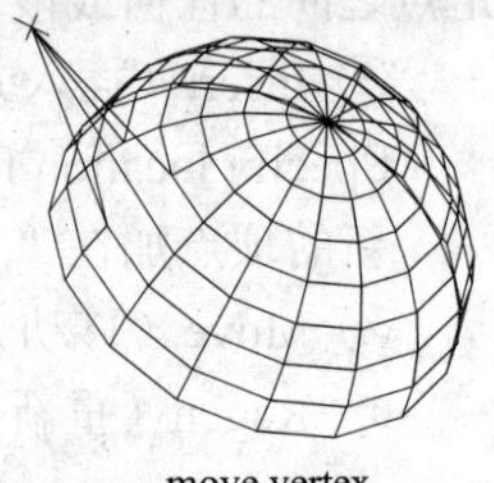

图 7-5 顶点编辑

4）Mclose：在 M 方向闭合多义线。

5）Nclose：在 N 方向闭合多义线。

6）Undo：取消操作。

7.4 夹点编辑

前面介绍了常用的编辑命令，其操作模式都是先发出编辑命令，再选择要编辑的实体。当然，也可以采用主语/谓语方式。Grips 功能提供了一小组强有力的编辑功能，可以用夹点进行快速编辑，其操作模式也完全是另一套规则。

7.4.1 实体夹点（Object Grips）

实体夹点提供了另一种图形编辑方法的基础，在夹点功能有效时（此时系统变量GRIPS=1，也是系统的默认设置），不用启动 AutoCAD 命令，只要用光标拾取实体，该实体就进入实体选择集，并显示该实体的夹点。夹点有两种状态:热态和冷态。热态夹点是指被激活的夹点；冷态夹点是指未被激活的夹点。实体的夹点就是实体本身的一些特征点，当改变实体的形状与位置或复制实体时常用到它。常见实体的夹点如图 7-6 所示。

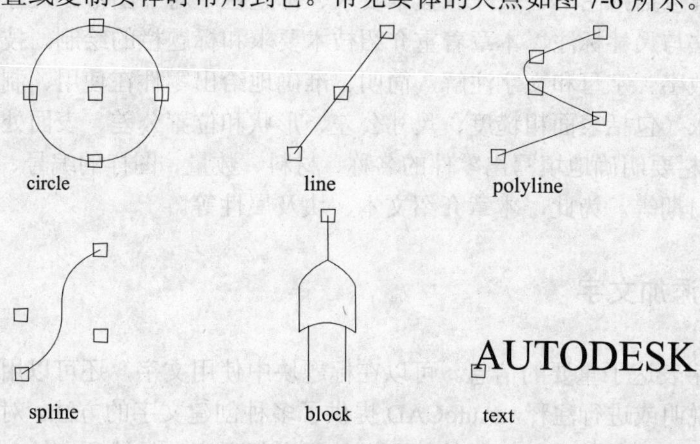

图 7-6 常见实体的夹点

7.4.2 夹点编辑操作过程

使用夹点进行编辑要先选择作为基点的夹点。这个被选定的夹点称为基夹点。然后选择一种夹点模式: Mirror 镜像、Move 移动、Rotate 旋转、Stretch 拉伸或 Scale 缩放。可以按 Spacebar 或 Enter 键，也可以通过键盘快捷键循环选取这些模式。例如，对于拉伸模式，输入 ST 或持续按住 Enter 键直到出现“Stretch 拉伸”。

要将多个夹点作为基夹点，并且保持选定夹点之间的几何图形完好如初，请在选择夹点时按住 Shift 键。

在选择夹点时，在绘图区域中单击右键，从快捷菜单中可以选择一种夹点模式或当前模式下可用的任意选项。

要从显示夹点的选择集中删除特定对象，在选择对象时按住 Shift 键。从选择集中删除的对象不再被亮显，但它们的夹点仍保持活动状态。要退出夹点模式并返回命令提示，输入 X（退出）或按 Esc 键。

前面已经介绍五种编辑模式的操作，各种选项的功能读者已熟悉，这里不再重复。需要指出的是:

1）单击端点夹点可引起端点拉伸。

2）单击线段中点、圆的圆心，可使线段或者圆整体移动。

3）如果两个实体在端点处相连，当单击它们相重合的端点时，这两个实体同时被选中。

4）所有的夹点编辑操作都允许复制选中的实体，只需使用 Copy 选项或在选取点时按下 Shift 键。

5）所有的夹点编辑操作都允许选择一个基点（Base point)，而不要最初选中的那个热点。

第 8 章　零件工作图的绘制

零件图是指导制造零件的图样。因此，图样中必须包括制造和检验该零件时所需要的全部资料。具体内容包括：图形、尺寸、技术要求、标题栏。对于图形、尺寸，前面已经介绍了机件的表达方法与尺寸标注，本章着重介绍技术要求和标题栏的绘制。技术要求就是用一些规定的符号、数字、字母和文字注解，简明、准确地给出零件在使用、制造和检验时应达到的一些技术要求（包括表面粗糙度、尺寸公差、形状和位置公差、表面处理和材料热处理的要求等）。标题栏要明确地填写出零件的名称、材料、数量、图样的编号、比例、制图人与校核人的姓名和日期等。为此，本章介绍文本、块及属性等。

8.1　向图形中添加文字

图形中的文字表达了重要的信息。可以在标题块中使用文字，还可以用文字标记图形的各个部分，提供说明或进行注释。AutoCAD 提供了多种创建文字的方法。对简短的输入项使用单行文字，对带有内部格式的较长的输入项使用多行文字。虽然所有输入的文字都使用当前文字样式建立缺省字体和格式设置，但也可以自定义文字外观。

本节内容包括：使用单行文字、使用多行文字、处理文字样式、编辑文字等。

8.1.1　单行文字（Text）命令

1. 功能

对于不需要使用多种字体的简短内容，如标签，可使用 Text 命令创建单行文字。每行文字都是独立的对象，可对其进行重定位、调整格式或进行其他修改。

2. 格式与说明

Command: Text（or Dtext）↙

Current text style:　"Standard"　Text height:　2.5000　Annotative:　No

Specify start point of text or [Justify/Style]:

对于三种选项，交互方式分别如下：

（1）Specify start point of text　指定第一个字符的插入点。按 Enter 键后可紧接最后创建的文字对象定位新的文字。系统接着提示：

Specify height <2.5000>:（拖动定点设备设置文字高度，光标和插入点之间的距离表明文字的高度；或者在命令行上，以图形单位输入文字高度值）

Specify rotation angle of text <0>:（拖动定点设备设置文字旋转角，光标和插入点之间的角度表明文字的旋转角度；或者在命令行上，输入 X、Y 坐标值；或在命令行上，输入角度值）

在字体光标处即可输入文字，按 Enter 键结束此行文字，开始下一行。每行文字都是独立的对象。可以重新定位、调整格式或进行其他修改。

（2）Justify　决定文字的排列方式。系统提示：

Enter an option [Align/Fit/Center/Middle/Right/TL/TC/TR/ML/MC/MR/BL/BC/BR]:

即根据图 8-1 所示的对齐选项之一对齐文字。默认设置为左对齐。文字的位置由 4 条线确定，分别为顶线（top line）、中线（middle line）、基线（base line）和底线（bottom line）。

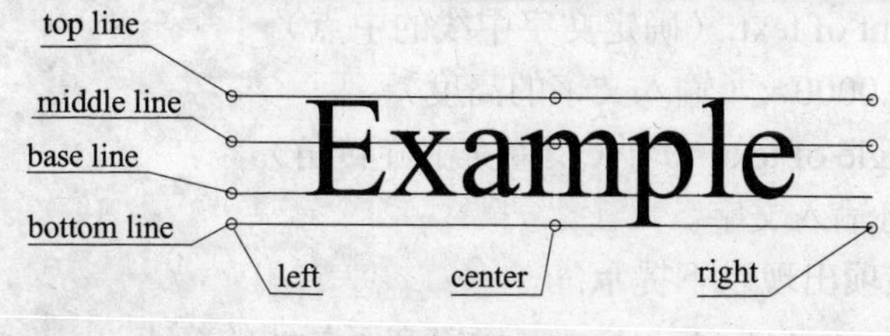

图 8-1 文字的位置确定

下面分别介绍各个选项含义：

1）Align：选择该项出现以下提示：

Specify first endpoint of text baseline:（确定文字基线的起点）

Specify second endpoint of text baseline:（确定文字基线的终点）

在字体光标处即可输入文字，输入的文字均匀地分布于基线的起点和终点之间，其倾斜角度就是基线的倾斜角度，文字的高度和宽度由基线的起点和终点之间的距离、字符数及文字的宽度系数确定。此方式标注的文字都有两个夹点，分别是基线的起点和终点。通过拖动两个夹点，快速更新文字的高和宽度。图 8-2 表明基线的起点和终点的位置会影响标注的结果。

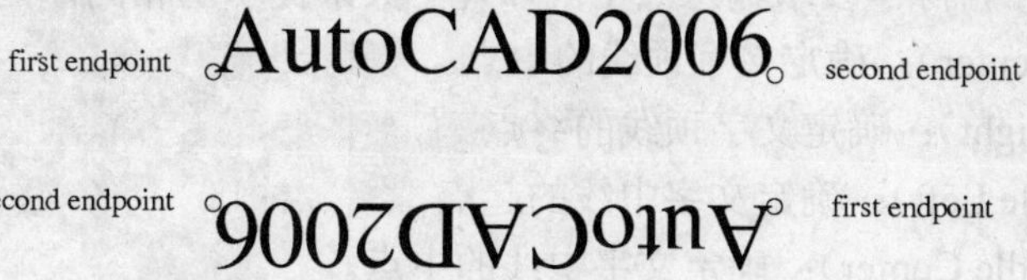

first endpoint AutoCAD2006 second endpoint

second endpoint AutoCAD2006 first endpoint

图 8-2 基线的起点和终点不同时的结果

2）Fit：与 Align 选项类似，选择该项出现以下提示：

Specify first endpoint of text baseline:（确定文字基线的起点）

Specify second endpoint of text baseline:（确定文字基线的终点）

Specify height:（输入文字高度）

在字体光标处即可输入文字，文字的高度由输入文字高度确定，宽度由基线的起点和终点之间的距离和字符数确定。Fit 选项标注的结果如图 8-3 所示。

first endpoint AutoCAD2006 second endpoint

图 8-3 Fit 选项的标注

3）Center：选择该选项出现以下提示：

Specify center point of text:（确定文字基线的中点）

Specify height <10.0000>:（输入文字的高度）

Specify rotation angle of text <0>:（设置文字旋转角）

在字体光标处即可输入文字。确定文字基线的中点后，文字均匀地分布于中点的两侧。文字的宽度由宽度系数确定，以后各选项亦如此。

4）Middle：选择该项出现以下提示：

Specify middle point of text:（确定文字中线的中点）

Specify height <10.0000>:（输入文字的高度）

Specify rotation angle of text <0>:（设置文字旋转角）

在字体光标处即可输入文字。

5）Right：选择该项出现以下提示：

Specify right endpoint of text baseline:（确定文字基线的终点）

Specify height <10.0000>:（输入文字的高度）

Specify rotation angle of text <0>:（设置文字旋转角）

在字体光标处即可输入文字。

6）TL（Top Left）：选择该项出现以下提示：

Specify top-left point of text:（确定文字顶线的起点）

Specify height <10.0000>:（输入文字的高度）

Specify rotation angle of text <30>:（设置文字旋转角）

在字体光标处即可输入文字。

以下几种方式中，除了要求输入点不同以外，其余提示均相同，因此不再详细列举。

7）TC（Top Center）：确定文字顶线的中点。

8）TR（Top Right）：确定文字顶线的终点。

9）ML（Middle Left）：确定文字中线的起点。

10）MC（Middle Center）：确定文字中线的中点。

11）MR（Middle Right）：确定文字中线的终点。

12）BL（Bottom Left）：确定文字底线的起点。

13）BC（Bottom Center）：确定文字底线的中点。

14）BR（Bottom Right）：确定文字底线的终点。

各个选项标注的结果如图 8-4 所示。

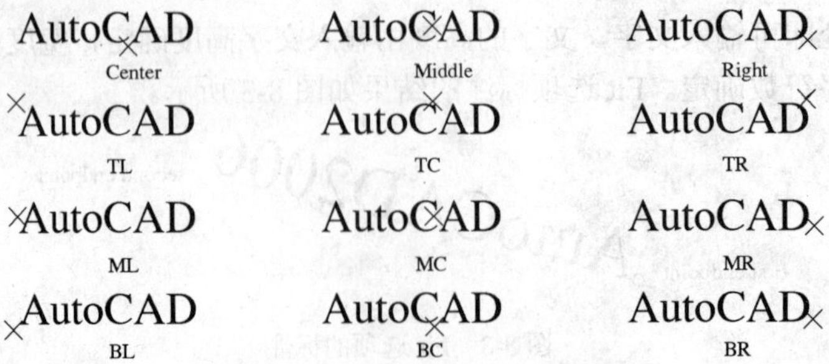

AutoCAD Center	AutoCAD Middle	AutoCAD Right
AutoCAD TL	AutoCAD TC	AutoCAD TR
AutoCAD ML	AutoCAD MC	AutoCAD MR
AutoCAD BL	AutoCAD BC	AutoCAD BR

图 8-4　各个选项标注的结果

（3）Style 样式　设置单行文字格式，即给单行文字指定样式。图形中的所有文字都有与之关联的样式，用以设置字体、字号、角度、方向和其他文字特性。当输入文字时，Text 命令使用当前的文字样式。在“样式”提示下输入样式名可以指定其他现有样式。关于创建、修改和指定样式的详细信息，请参见处理文字样式。

创建单行文字时，指定样式的步骤：

Command: Text↙

Current text style: "Standard" Text height: 2.5000 Annotative: No

Specify start point of text or [Justify/Style]: S↙

Enter style name or [?] <Standard>: ? ↙，输入？查看可用样式的列表，然后输入样式名；或者直接输入现有样式名。

Enter text style(s) to list <*>:↙

Text styles:

Style name: "Standard" Font typeface: txt

Height: 0.0000 Width factor: 1.0000 Obliquing angle: 0

Generation: Normal

Current text style: "Standard"

Current text style: "Standard" Text height: 2.5000

8.1.2 多行文字（Mtext）命令

1. 功能

对于较长、较为复杂的内容，可用 Mtext 创建多行文字。多行文字可布满指定宽度，同时还可以在垂直方向上无限延伸。可以设置多行文字对象中单个字或字符的格式。多行文字是由任意数目的文字行或段落组成的，布满指定的宽度。与单行文字不同的是，在一个多行文字编辑任务中创建的所有文字行或段落都被当作同一个多行文字对象，可以移动、旋转、删除、复制、镜像、拉伸或比例缩放多行文字对象。与单行文字相比，多行文字具有更多的编辑选项。用多行文字编辑器可以将下划线、字体、颜色和高度的变化应用到段落中的单个字符、词语或词组。

2. 格式

Command: Mtext↙

Current text style: "Standard" Text height: 2.5 Annotative: No

Specify first corner:（用定点设备指定角点或者在命令行中输入坐标值）

Specify opposite corner or [Height/Justify/Line spacing/Rotation/Style/Width/Columns]:（用定点设备定义文字宽度，即指定边界框的对角点；或者在命令行中输入宽度值。如果在命令行中输入选项，AutoCAD 继续在命令行中提示，直到指定边界框的对角点为止）

各选项分别介绍如下：

1）Specify opposite corner：指定边界框的对角点。

2）Height：设置文字高度。输入 H 并回车，AutoCAD 继续在命令行中提示如下：

Specify height <2.5>:

指明文字高度后，AutoCAD 继续提示：

Specify opposite corner or [Height/Justify/Line spacing/Rotation/Style/Width/Columns]:

3）Justify：设置排列方式。输入 J 并回车，AutoCAD 继续在命令行中提示如下：

Enter justification [TL/TC/TR/ML/MC/MR/BL/BC/BR] <TL>: 操作完毕后，AutoCAD 继续

提示：

Specify opposite corner or [Height/Justify/Line spacing/Rotation/Style/Width/Columns]:

4）Line spacing：设置行间距。输入 L 并回车，AutoCAD 继续在命令行中提示如下：

Enter line spacing type [At least/Exactly] <At least>:（确定行间距类型）

Enter line spacing factor or distance <1x>:（输入行间距比例系数或距离）

AutoCAD 继续提示：

Specify opposite corner or [Height/Justify/Line spacing/Rotation/Style/Width/Columns]:

5）Rotation　设置文字倾斜角度。输入 R 并回车，AutoCAD 继续在命令行中提示如下：

Specify rotation angle <0>:（指明文字倾斜角度）

AutoCAD 继续提示：

Specify opposite corner or [Height/Justify/Line spacing/Rotation/Style/Width/Columns]:

6）Style：指定文字样式。输入 S 并回车，AutoCAD 继续在命令行中提示如下：

Enter style name or [?] <Standard>:

7）Width：文字宽度。输入 W 并回车，AutoCAD 继续在命令行中提示如下：

Specify width:（指定文字宽度）

AutoCAD 继续提示：

Specify opposite corner or [Height/Justify/Line spacing/Rotation/Style/Width/Columns]:

8）Columns：分栏。输入 C 并回车，AutoCAD 继续在命令行中提示如下：

Enter column type [Dynamic/Static/No columns] <Dynamic>: S↙

Specify total width: <200>: 10↙

Specify number of columns: <2>: 3↙

Specify gutter width: <12.5>: 10↙

Specify column height: <25>: 15↙

即可分栏输入文字（Dynamic 动态确定分栏）。

前面 7 项在指定了边界框的第二角点后，出现多行文字编辑器，如图 8-5 所示。

在多行文字编辑器中的操作步骤如下：

1）要对每个段落的首行缩进，拖动标尺上的第一行缩进滑块。要对每个段落的其他行缩进，拖动段落滑块。

2）要设置制表符，单击标尺设置制表位。

3）如果需要使用文字样式而不是默认值，单击工具栏上“文字样式”控件旁边的箭头，然后选择一个样式。

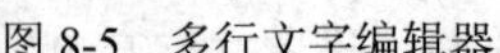

图 8-5　多行文字编辑器

4）在多行文字编辑器中输入文字。

5）要替代当前文字样式，请按如下方式选择文字：

① 要选择一个或多个字母，在字符上单击并拖动定点设备。

② 要选择词语，双击该词语。

③ 要选择段落，三击该段落。

6）在工具栏上，按以下所示更改格式：

① 要更改选定文字的字体，从列表中选择字体。

② 要更改选定文字的高度，在“高度”框中输入新值。

③ 要使用粗体或斜体设置 TrueType 字体的文字格式，或者创建任意字体的下划线文字，单击工具栏上的相应按钮。SHX 字体不支持粗体或斜体的格式。

7）Stack 创建堆叠文字，堆叠文字是用来标记公差或测量单位的文字或分数。可以使用特殊字符：斜杠（/）、磅符号（#）和插入符（^）将选定文字标记为要被堆叠。斜杠定义水平线分隔的垂直堆叠。磅符号定义对角线分隔的对角堆叠。插入符定义公差堆叠，不用直线分隔。

可以在输入文字时自动堆叠分数。自动堆叠自动在斜杠、磅符号或插入符的前后堆叠数字字符。例如，如果在非数字字符或空格后输入 1#3，自动堆叠自动将文字堆叠为对角分数。可以设置将数字和分数之间的空白自动删除。

可以指定自动堆叠是将斜杠字符转换为垂直分数还是对角分数。磅符号总被转换为对角分数，插入符总被转换为公差格式。

自动堆叠只堆叠那些斜杠、磅符号和插入符前后的数字字符。要想堆叠包含空格非数字字符或文字，先选择文字，然后在多行文字编辑器对话框的“字符”选项卡上选择工具栏中的“堆叠”。

要向选定文字应用颜色，从“颜色”列表中选择一种颜色。单击“其他”选项，可显示“选择颜色”对话框。

8）要保存更改并退出多行文字编辑器，单击工具栏上的“OK”按钮。

使用多行文字编辑器包含的快捷菜单，可以方便地进行多种编辑。例如在多行文字中插入符号或特殊字符的步骤：

① 在多行文字编辑器中，单击鼠标右键弹出快捷菜单并单击“Sympol”。

② 单击菜单上的选项之一，若单击“Other”则显示“字符映射表”对话框，如图 8-6 所示。

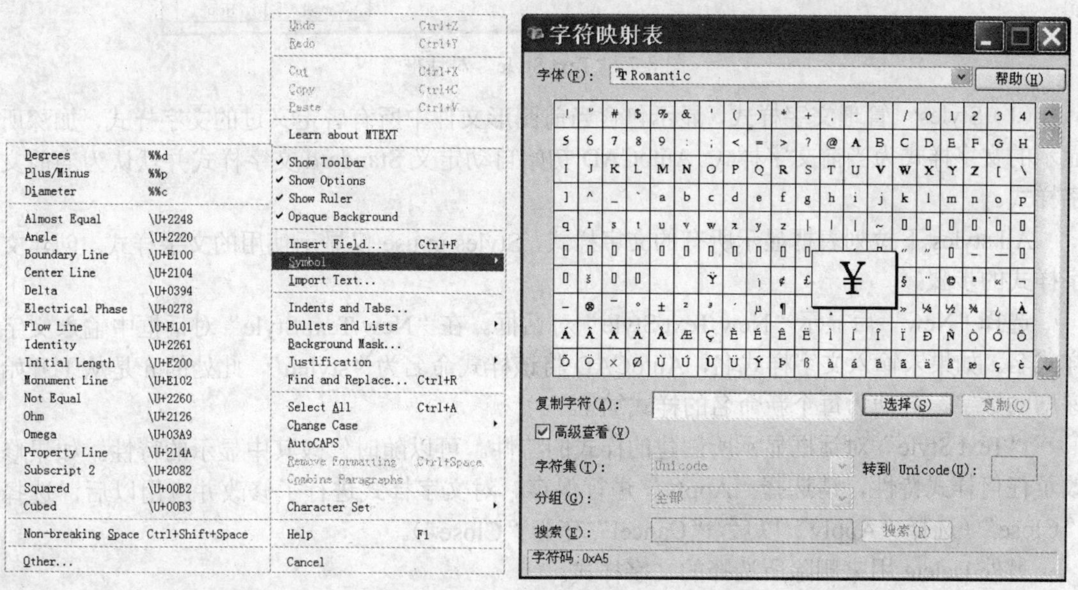

图 8-6　快捷菜单和“字符映射表”对话框

8.1.3 文字样式（Style）命令

1. 功能

AutoCAD 图形中的所有文字都有与之相关联的文字样式。当输入文字时，AutoCAD 使用当前的文字样式，该样式设置字体、字号、角度、方向和其他文字属性。可以创建多种在图形中使用的文字样式。通过用 AutoCAD 设计中心把创建好的文字样式复制到其他图形中，可以实现文字样式的重复使用。一旦创建了样式，就可以修改其属性，更改其名称或在不需再使用它时将其删除。

2. 格式

Command: Style↙

屏幕上出现如图 8-7 所示的对话框。在该对话框中，读者可以进行文字样式的设置。下面详细介绍对话框中各部分的作用。

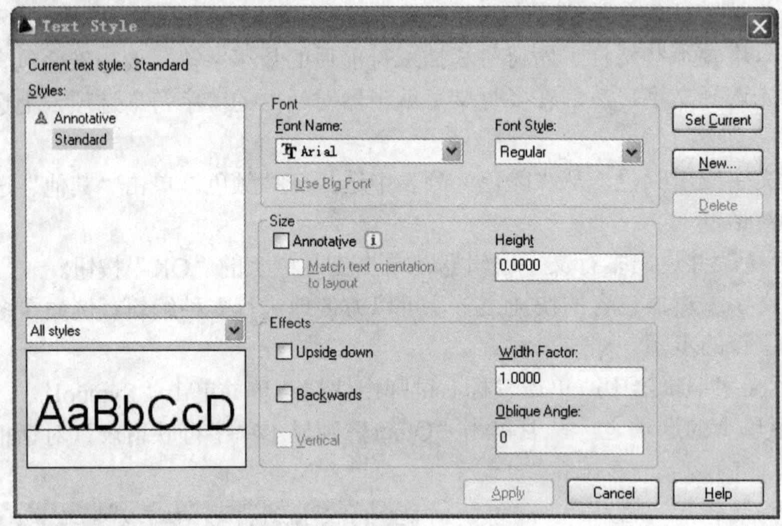

图 8-7 “Text Style”对话框

（1）Styles　管理文字样式，显示包含当前图形文件中所有曾定义过的文字样式，加深所显示的文字样式为当前文字样式。AutoCAD 初始自动定义 Standard 文字样式并默认为当前文字样式。

All styles 下拉列表框显示所有的文字样式，Styles in use 仅显示使用的文字样式。创建文字样式的步骤：

选择“New”后显示“New Text Style”对话框。在“New Text Style”对话框中输入文字样式名。如果未输入文字样式名，AutoCAD 将该样式命名为“stylen”，此处的 n 是从 1 开始递增的数字，自动为每个新命名的样式加 1。

“Text Style”对话框显示所创建的样式的特性。可以随时修改其中显示的特性。如果修改了任何样式特性，请选择“Apply”进行保存。对文字样式进行了修改并应用以后，选择“Close”（选择“Apply”以后，“Cancel”变为“Close”）。

另外 Delete 用来删除所选择的文字样式。

（2）Font　字体文件设置。字体定义了构成每个字符集的文字字符的形。在 AutoCAD 中，除了 AutoCAD 自己生成的形字体（SHX）以外，对于一些包含几千个非 ASCII 字符的字母表文本文件，例如汉字，AutoCAD 相应地提供一种称作 Bigfont（大字体）文件的特殊类型的形定义；还可以用 TrueType 字体，Windows 操作系统所提供的字体文件。

（3）Size

1）Annotative：指明使用注释性样式。此时 Height 变为 Paper Text Height。

2）Height：根据输入值设定字高。若设定为 0，AutoCAD 会每次提示你输入字高。相同的字高，TrueType 字体要比 SHX 字体短一些。

（4）Effects　修改字体的特征：

1）Upside Down：字体头朝下。

2）Backwards：字体对 Y 轴作了一个镜像。

3）Vertical：垂直标注，对于 TrueType 字体不适用。

4）Width Factor：设置字体宽度系数。

5）Oblique Angle：设置字体的倾斜角度。

当修改字体和效果时，可动态预览样板字。

（5）Apply　将在对话框中所作的修改应用于图中当前样式。

（6）Cancel　放弃修改。

字体样式设置完毕后，便可以进行文字标注了。

3. 举例与说明

下面，举例说明不同字体样式的效果，查看各种样式的设置。

Command: Text↙

Current text style:　"Standard"　Text height:　2.5000　Annotative:　No

Specify start point of text or [Justify/Style]: S↙

Enter name of text style or [?] <style6>: ? ↙

Enter text style(s) to list <*>:↙

Text styles:

Style name: "Standard"　　Font typeface: Arial

Height: 10.0000　Width factor: 1.0000　Obliquing angle: 0

Generation: Normal

Style name: "style1"　　Font typeface: 仿宋_GB2312

Height: 10.0000　Width factor: 1.0000　Obliquing angle: 0

Generation: Upside-down

Style name: "style2"　　Font typeface: 仿宋_GB2312

Height: 10.0000　Width factor: 1.0000　Obliquing angle: 0

Generation: Backwards

Style name: "style3"　　Font files: monotxt.shx

Height: 10.0000　Width factor: 1.0000　Obliquing angle: 0

Generation: Vertical

Style name: "style4"　　Font files: romans.shx

Height: 10.0000　Width factor: 1.0000　Obliquing angle: 0

Generation: Normal

Style name: "style5"　　Font files: txt.shx,gbcbig.shx

Height: 10.0000　Width factor: 0.5000　Obliquing angle: 45

Generation: Normal

Style name: "style6"　　Font typeface: 仿宋_GB2312

Height: 10.0000　Width factor: 1.0000　Obliquing angle: 0

Generation: Normal

Current text style: "style6"

图 8-8 表明不同字体样式的效果。图中的问号是由于采用 Font files: txt.shx 而输入了汉字“计算机辅助设计”，只要修改字体文件为汉字字体文件，就能正常显示了。

图 8-8　表明不同字体样式的效果

通过修改文字样式的设置，可以更新使用该样式的现有文字来反映修改的效果。如果修改现有样式的字体或方向，将会重新生成使用该样式的所有文字，以反映新的字体或方向。修改文字的高度、宽度比例和倾斜角不会改变现有的文字，但会应用到以后创建的文字对象上。然而，修改对齐方式和宽度不影响多行文字对象。

8.1.4　动态对话框编辑（DDEdit）命令

1. 功能

修改单行文字、多行文字、属性。

2. 格式

Command: Ddedit ↙

Select an annotation object or [Undo]:

Select an annotation object:

如果选择的文字是由 Text 或 Dtext 命令生成的，则显示所选择的文字，如图 8-9 所示。若选择的文字是由 Mtext 命令生成的，则显示“Text Formatting ”对话框。在其中可以更改文字内容、样式、对正、尺寸和其他特性，如图 8-5 所示。

AutoCAD2006

图 8-9 “Edit Text”对话框

如果选择的文字是属性，则显示“Edit Attribute Definition”对话框，可以修改属性定义；如果选择的块中包含属性，则显示“Enhanced Attribute Editor”对话框。属性见 8.3 节。

Undo：取消文字编辑操作。

8.1.5 控制码与特殊字符

实际绘图时，经常需要标注一些特殊字符，如表示直径的ϕ、正负号±等。这些字符不能直接从键盘上输入，AutoCAD 为输入这些字符提供了一些简洁的控制码，通过从键盘上直接输入这些控制码，可以达到输入特殊字符的目的。

AutoCAD 提供的控制码及其对应的特殊字符见表 8-1。

AutoCAD 提供的控制码均由两个%和一个字母组成，输入控制码后，屏幕上不会立即显示它们所对应的特殊字符，只有在回车之后，才会显示它们所对应的特殊字符。

表 8-1 控制码及其对应的特殊字符

控制码	对应的特殊字符及功能
%%nnn	绘制代码为“nnn”的字符
%%o	打开或关闭上划线
%%u	打开或关闭下划线
%%d	标注符号度（°）
%%p	标注正负公差符号（±）
%%c	标注圆的直径符号（ϕ）
%%%	绘制一个%

8.2 图块

8.2.1 图块的特点

图块是用一个图块名命名的一组图形实体的总称。在一个图块中，各图形实体对象均有各自的图层、线型、颜色等特征，但 AutoCAD 总是把图块作为一个单独的、完整的对象来操作。读者可以根据实际需要按给定的缩放系数和旋转角度插入到指定的任一位置，也可以对整个图块进行复制、移动、旋转、比例缩放、镜像、删除和阵列的操作。

在 AutoCAD 中，使用图块主要有以下特点：

1. 便于创建图块库（Block library）

如果将绘图过程中经常使用的某些图形定义成图块，并保存在磁盘上，就形成一个图块库。当需要某个图块时，将其插入图中，即把复杂的图形分解成几个图块的组合，避免了大量的重复工作，大大提高了绘图效率。

2. 节省磁盘空间

图形文件中的每一个实体都有其特征参数，如图层、线型、颜色等，读者保存所绘制的图形，实质上也就是让 AutoCAD 将图中所有实体的特征参数保存在磁盘上。利用插入图块功能既能满足工程图样的要求，又能减少存储空间。因为图块作为一个整体图形单元，每次插入时，AutoCAD 只需保存该图块的特征参数（如图块名、插入点坐标、缩放系数和旋转角度等），而不需保存每一个实体的特征参数。特别是绘制相对复杂的图形时，利用图块就会节省大量的磁盘空间。

3. 便于图形修改

在工程项目中，特别在讨论设计方案、产品设计、技术改造等阶段，经常要修改图形。如果在当前图形中修改和更新一个早已定义的图块，AutoCAD 系统将会自动更新图中插入的所有该图块。

4. 便于携带属性

有些常用的图块虽然形状相似，但需要读者根据制造装配的实际要求确定特定的技术参数。如在机械制图中，要求读者确定不同加工表面的表面粗糙度值。AutoCAD 允许读者为图块携带属性。所谓属性，既从属于图块的文本信息，是图块中不可缺少的组成部分。在每次插入图块时，可根据读者需要改变图块属性。如机械设计中的表面粗糙度，在插入该图块时，就可以确定将其属性值设为 12.5 还是 6.3。

8.2.2 图块（Block）命令

1. 功能

将对象进行组合可以在当前图形中创建块定义。

2. 格式与说明

Command: Block↙ 或单击

系统弹出如图 8-10 所示“Block Definition”对话框。对话框中各部分的功能分别介绍如下：

（1）Name 文本框　命名图块。名字可多达 255 个字符，包括字母、数字、空格，其他未被 Microsoft Windows 或 AutoCAD 使用的任何字符。

（2）Base Point 选项组　确定插入点位置，默认值为（0，0，0）。可以在 X、Y、Z 文本框中指明 X、Y、Z 坐标。也可以单击 Pick point 按钮，暂时关闭对话框，以便于拾取插入点。

（3）Objects 选项组　选择构成图块的实体，并确定是否保留或删除选择构成图块的实体；或把它们转化为一个图块。

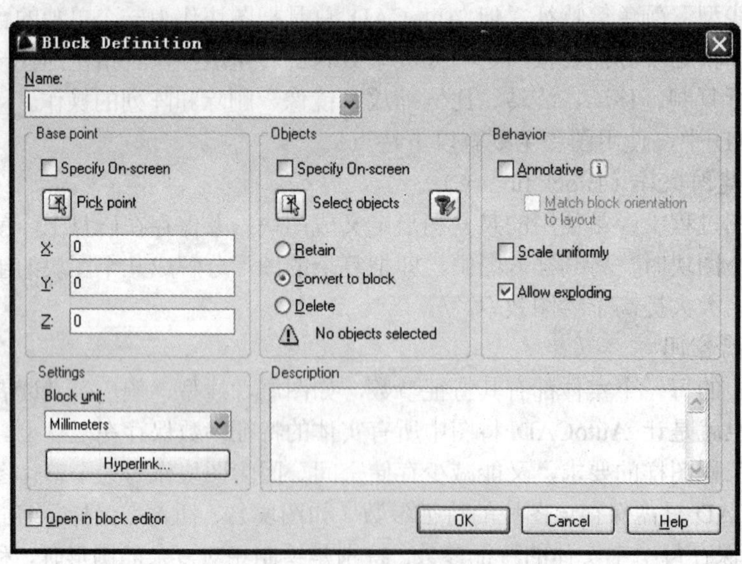

图 8-10 “Block Definition”对话框

单击 Select objects 按钮，AutoCAD 暂时关闭对话框，可在绘图区内用鼠标选择构成图块的实体，之后，对话框重新出现。

单击右边的 Quick select 按钮，将打开 Quick select 对话框，可通过该对话框进行快速过滤来选择满足一定条件的实体目标。

选定 Retain 单选按钮，表明要保留构成图块的实体，还是一个个单独的实体。

选定 Convert to block 单选按钮，表明要把构成图块的实体转化为一个图块。

选定 Delete 单选按钮，表明要删除构成图块的实体。

（4）Behavior 选项组　选择 Scale uniformly，设置统一比例；选择 Allow exploding，确定能否分解图快。

（5）Settings 列表框

1）Block unit：设置图块插入时的单位。

2）Hyperlink：超链接，打开“插入超链接”对话框，可用它将超链接与块定义相关联。

（6）Description 列表框　读者可在其中输入与所定义图块有关的描述性说明文字，这样有助于迅速检索块。

（7）Open in block editor　在块编辑器中打开，当单击“OK”按钮后，在块编辑器中打开当前的块定义。

如果新确定的图块名和当前图形文件中的图块名相同，AutoCAD 将弹出图 8-11 所示的警告信息框。

此时，单击“是（Y）”按钮，将对该图块名进行重新定义，原图块被新图块所取代；若单击“否（N）”按钮，AutoCAD 将返回“Block Definition”对话框，要求重新输入图块名。

如果输入了图块名而未选择构成图块的实体，就结束定义图块操作，此时 AutoCAD 将弹出提示信息框，如图 8-12 所示。要求读者确定是否选择构成图块的实体。这时，单击“是（Y）”按钮，将继续图块定义操作；若单击“否（N）”按钮，AutoCAD 将生成一个空块。

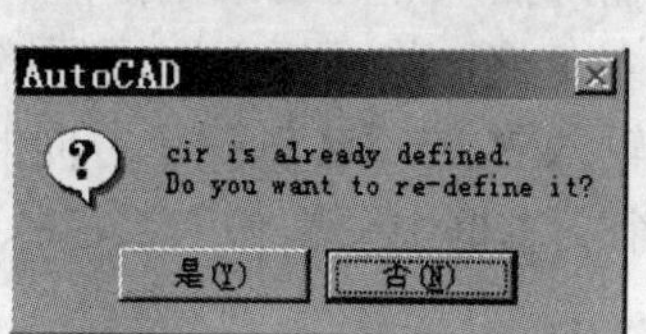

图 8-11　警告信息框

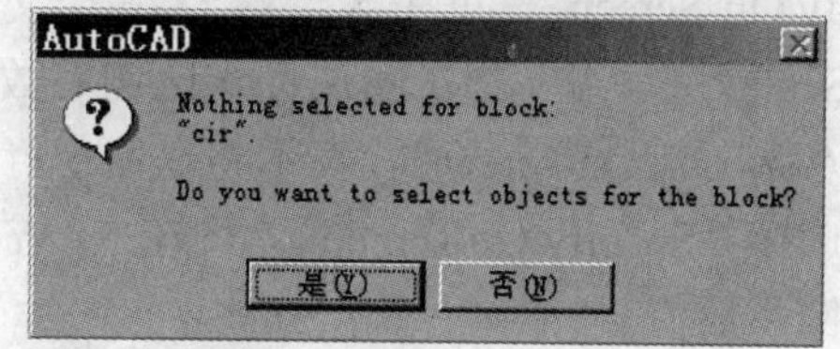

图 8-12　提示信息框

8.2.3　插入图块（Insert）命令

1. 功能

将图块或整个图形插入到当前图形中。

2. 格式与说明

Command: Insert↙或单击

系统弹出“Insert”对话框，如图 8-13 所示。该对话框中各部分的功能分别介绍如下：

（1）Name 下拉列表框　指定要插入的图块名或是作为图块的文件名。若该图块名不存在，此时 AutoCAD 将弹出警告信息框，如图 8-14 所示。

（2）Browse 按钮　打开“Select Drawing

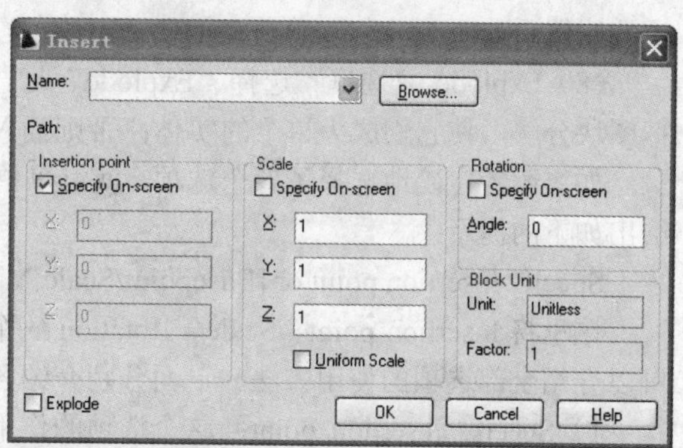

图 8-13　“Insert”对话框

File”对话框，如图 8-15 所示。指定要插入的作为图块的文件名。

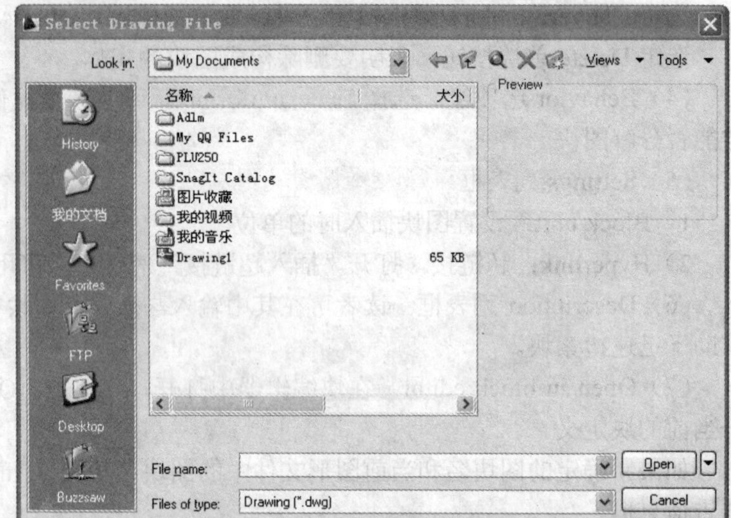

图 8-14　警告信息框　　　　图 8-15 “Select Drawing File”对话框

（3）Path　指定要插入的作为图块的文件名的路径。

（4）Insertion point 选项组　指定图块插入点的位置。选择“Specify On-Screen”，表示将在绘图区内确定插入点，系统关闭对话框，要求在绘图区内用定点设备确定插入点；如不选择“Specify On-Screen”，可在 X、Y、Z 三个文本框中输入插入点的三维坐标值。

（5）Scale 选项组　指定图块插入比例系数，若输入负值，将要插入图块的镜像图形。

选择“Specify On-screen”，表示将在命令行中直接输入 X、Y、Z 轴三个方向的比例系数值；如不选择“Specify On-screen”，可在 X、Y、Z 三个文本框中分别输入 X、Y、Z 轴三个方向的比例系数值。

选择“Uniform Scale”，指定一个 X 轴比例系数值，同时也是 Y、Z 轴比例系数值。

（6）Rotation 选项组　指定图块的旋转角度。

选择“Specify On-screen”，表示将在命令行中直接输入图块的旋转角度；如不选择“Specify On-screen”，可在 Angle 文本框中输入图块的旋转角度。

（7）Block Unit 选项组　可在 Unit 文本框中输入图块的单位，在 Factor 文本框中输入图块的比例系数。

（8）Explode 复选框　选择“Explode”复选框，表示 AutoCAD 在输入图块的同时，将把图块分解，使它们成为单个的实体；否则插入后的图块作为一个实体。

如果读者正确地选择了各个选项，就可以单击“OK”按钮完成基本的设置，此时系统将给出如下的提示：

Specify insertion point or [Basepoint/Scale/X/Y/Z/Rotate]：

这里将 Insertion point、Scale、Rotation 三个选项组都设置成 Specify On-Screen，这样就可以介绍全部选项的使用方法。下面分别介绍各个选项的使用方法。

1）Specify insertion point：这个选项的作用是指明一个插入点，读者可以通过任何一种输入点的方法完成插入点的输入。之后，系统将给出如下的提示：

Enter X scale factor, specify opposite corner, or [Corner/XYZ] <1>:

Enter Y scale factor <use X scale factor>:

Specify rotation angle <0>:

按照提示就可以一步一步地完成插入块的操作了。

2）Basepoint：这个选项的作用是设定基点。

3）Scale：这个选项的作用是设定 X、Y、Z 轴三个方向的相同的比例系数值。读者给定三个方向的相同的比例系数值后，系统将给出如下的提示：

Specify insertion point or [Scale/X/Y/Z/Rotate/PScale/PX/PY/PZ/PRotate]: S

Specify scale factor for XYZ axes: 2

Specify insertion point:

Specify rotation angle <0>:

按照提示就可以一步一步地完成插入块的操作了。

4）X/Y/Z：这个选项的作用是设定 X、Y、Z 轴三个方向的各自的比例系数值。如果选择了这个选项，系统将把这个系数作为 X（或 Y 或 Z）方向的各自的比例系数值。接下来系统将给出如下的提示：

Specify insertion point or [Basepoint/Scale/X/Y/Z/Rotate]:X（或 Y 或 Z）

Specify X scale factor or [Corner] <1>: 2

Specify insertion point:

Specify rotation angle <0>:

按照提示就可以一步一步地完成插入块的操作了。

5）Rotate：这个选项的作用是设定图块的旋转角度。如果选择了这个选项，系统将把这个旋转角度作为图块的倾斜角度。接下来系统将给出如下的提示：

Specify insertion point or [Basepoint/Scale/X/Y/Z/Rotate]: R

Specify rotation angle: 45

Specify insertion point:

Enter X scale factor, specify opposite corner, or [Corner/XYZ] <1>:

Enter Y scale factor <use X scale factor>:

按照提示就可以一步一步地完成插入块的操作了。

如果所插入的图形中包含有在图纸空间布局中创建的对象，那么这些对象不包含在当前图形的块定义中。要在其他图形中使用图纸空间对象，应打开原图，然后用 Block 命令把图纸空间对象定义为块。在图形中定义块之后，就可以将此图形插入到其他图形中，而在原图形中定义的块既可以插入到模型空间，也可以插入到图纸空间。

8.2.4 写图块（WBlock）命令

1. 功能

将块或对象保存为独立的图形文件。

2. 格式与说明

Command: Wblock↙

系统弹出“Write Block”对话框，如图 8-16 所示。该对话框中各部分的功能分别介绍如下：

（1）Source 选项组

1）Block 单选按钮：指定要保存为文件的块。可从 Block 下拉列表框中选择要保存文件的图块名。

2）Entire Drawing 单选按钮：选择当前图形作为一个块。

3）Objects 单选按钮：指定要保存为文件的对象。

4）Base Point 选项组和 Objects 选项组：利用 Base Point 选项组可确定图块的插入点；通过 Objects 选项组可选择构成图块的实体。其含义同前，这里不再赘述。

（2）Destination 选项组　此选项组可设置图块存盘后的文件名、路径和插入比例单位。

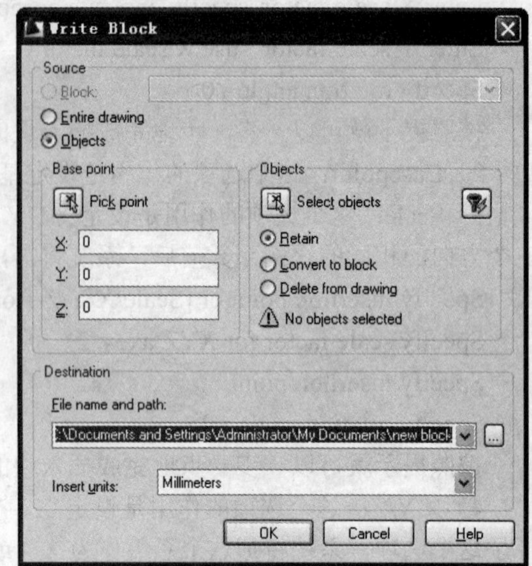

图 8-16 “Write Block”对话框

1）File name and path 文本框：输入新文件的名称。如果选定了块，则 Wblock 自动把该块的名称作为新文件名。读者可直接在下拉列表框中选择系统默认的安装目录，也可通过单击右边的…按钮来选择所需的图块存盘路径，此时弹出“Browse for Drawing File”对话框，如图 8-17 所示。

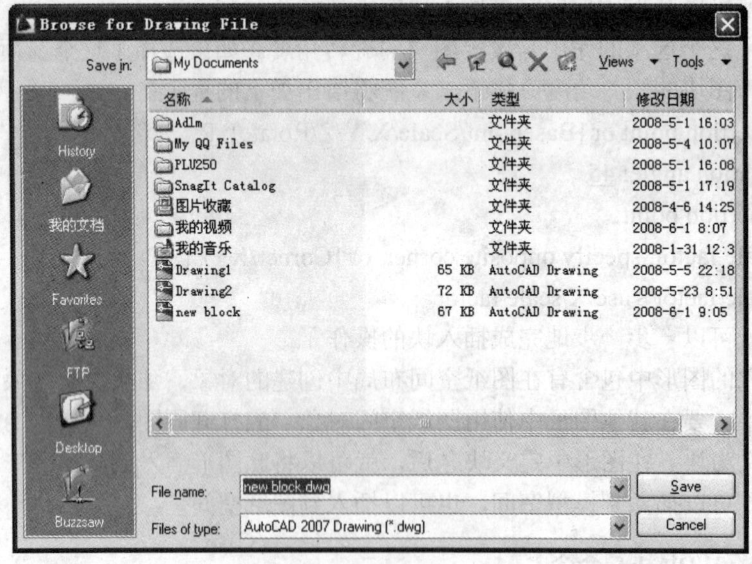

图 8-17 “Browse for Drawing File”对话框

2）Insert units 下拉列表框：指定从设计中心中拖动新文件，并将其作为块插入到使用不同单位的图形中时自动缩放所使用的单位值。如果希望插入时不自动缩放图形，请选择“Unitless”（无单位）。

（3）OK 按钮　单击此按钮，块定义保存为图形文件。

8.2.5 分解（Explode）命令

1. 功能

Explode 命令用于分解块、填充图案和关联性尺寸标注，使它们变成定义前的各自独立的状态。该命令可使多段线、多段弧线以及多线分解为独立的直线和圆弧对象。Explode 命令还可以使三维多边形网格变成三维面，使三维多面网格变成三维面和简单的直线与点对象。

2. 格式与说明

Command: Explode↙或单击

Select objects:

可以使用一种或多种选择对象的方法选择对象，被选对象一定要符合分解命令的要求和条件，否则会出现错误提示：

1 found 1 could not be exploded.

Select objects:

一个符合分解条件的对象被分解后，它的外观显示可能会发生变化。变化如下：

1）分解对象时可能发生的变化：带有宽度特性的多义线在被分解后，将转换为宽度为 0 的直线和圆弧，并且分解后相切的信息也将丢失。如果分解带有宽度和相切信息的多义线时，AutoCAD 将出现如下提示：分解这条多义线将会丢失（宽度/相切）信息。用 Undo 命令可以重新恢复它。当创建块时，组成块的对象都绘制在 0 层上（其颜色定义为随层）。当插入块时，这些对象的颜色将变成插入层的颜色。在执行分解命令后，这些对象的颜色又将变成 0 层的颜色。属性是一种特殊的文本对象。当块定义中包含属性定义时，属性值（如名称和数据）在块被插入时也一同被插入。属性的功能及其应用将在本章的后续部分详细介绍。要正确理解分解带有属性定义的块的影响，就必须充分了解属性定义的原始对象，在创建块之前，它以属性标记的形式显示。当包含属性的块被分解时，块中的属性将转换为原来的属性定义状态，即在屏幕上显示属性标记，同时丢失了在块插入时指定的属性值。因此，块中属性随着块的插入而一起插入。相反，如果块被分解，那么块中的属性将返回到属性定义状态。

2）分解块中的嵌套元素：在分解包含嵌套块和多义线的块时，只能分解一层。这是因为高一层的块被分解，而嵌套块或者多义线仍将保留其块特性或多义线特性。只有在它们已处于最高层时，它们才能被分解。块定义中的视口对象在被分解后不能被打开，除非将它们插入到图纸空间中。X、Y、Z 轴方向比例值相等的块在被分解时，将分解为组成块时的原始对象；而 X、Y、Z 轴方向比例值不相等（比例值不一致的块）的块被分解时，有可能会出现意想不到的结果。如圆变为椭圆。注意：不能分解用 Minsert 命令插入的块，以及外部参照依赖的块。

8.2.6 嵌套的块及与层的关系

块可以由其他的块定义组成。也就是说，当用 Block 命令创建块时，选定的对象本身也可以是一个块，并且选定的块中还可以嵌套其他的块。嵌套块的层数没有限制。但是，不能使用嵌套块的名称作为将要定义的新块的名称，即块定义不能嵌套自己。

任何对象，包括块（嵌套块）在被定义为一个新的块时，如果这些对象位于 0 层，那么当块插入到 0 层时，这些对象将继承 0 层的颜色、线型和线宽等特性；如果块被插入到除 0

层以外的其他图层，那么组成块定义中的对象（在定义成块时绘制在0层）将继承其他层的颜色、线型、线宽等特性。例如，在0层上绘制一个圆并将它定义成块，块名为Z1，然后将块Z1插入到R层（其颜色是红色的），那么圆的颜色将变成R层上的颜色（本例中圆变成红色）。创建另一个包括块Z 1的块Y 3，如果将块Y 3插入到颜色是蓝色的图层中时，那么块Y 3将保留其在R层上的颜色（本例中是红色，而不是蓝色）。

8.3 属性

8.3.1 概述

在插入块的过程中，属性用于自动为块添加文本注释。在创建一个块定义时，属性是预先被定义在块中的特殊文本对象。

属性具有两种基本用途：第一个用途是在插入附着有属性信息的块时，属性作为块的注释信息。根据属性定义的不同方式，在插入块时，系统或者自动显示预先设置（不变的）的文本字符串，或者提示读者（或其他使用者）输入字符串。通过这个特性，在插入每一个块时可以附带文本字符串。属性的第二个（或许是比较重要的）用途是取出保存在图形数据文件中的块的数据。因此，当图形全部完成（或者尚未完成）时，可以使用ATTEXT（attribute extract 的缩写）命令去提取图样中的数据或者以数据库处理程序的形式写入到一个文件中。可以根据需要将任意多个属性附着在一个块中。如前所述，组成属性的文本字符串在被插入时，既可以是固定不变的，也可以是可变的。

当创建块时，所选择的对象将全部包括在块中。这些对象如直线、圆、圆弧等通过它们各自的命令被绘制在图形中。一般的文字也可通过Text命令书写到图形中。正如图形中的对象一样，属性在被定义到块中之前必须在图中已经绘制完成。AutoCAD将这一步骤称为定义属性。一个属性定义是通过Attdef命令定义的属性。在执行Block命令时，属性是该命令选择的对象之一。最后，在插入块时，属性也将附着到块中，属性将通过创建（定义）属性定义的方法成为图形中的一部分。

8.3.2 创建属性定义（Attdef）命令

1. 功能

该命令用于创建一个属性定义。

2. 格式与说明

Command: Attdef↙

AutoCAD 将显示如图 8-18 所示的“Attribute Definition”（属性定义）对话框。

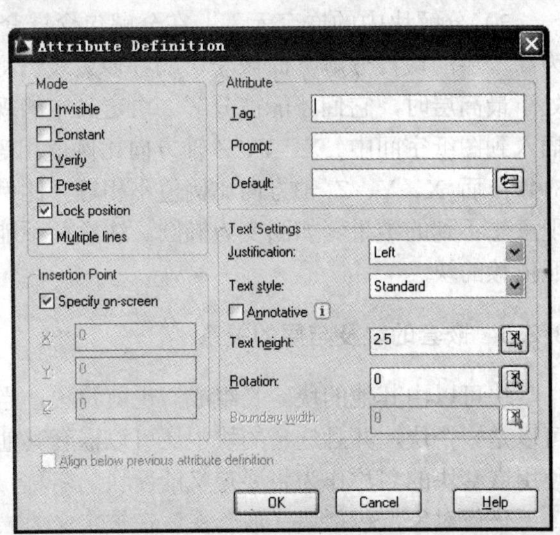

图 8-18 “Attribute Definition”对话框

对话框中各项含义如下：

（1）Mode 选项组　可以选择以下四种模式：

1）选定 Invisible（不可见），则在插入块时，属性值不可见。即使开始可见，到完成插入操作后属性值也是不可见的。如果只用于数据提取的属性值，可设置为不可见，这样可以提高重新生成图形的速度并避免图形混乱。可以用 ATTDISP 命令覆盖不可见模式的设置，将属性不可见模式设置成“是”（或否），不会影响属性标记的可见性。

2）选定 Constant（固定），则在定义属性时必须输入具体的属性值。在每一次插入带有该属性的块时，都会使用该属性值。在插入块时，没有对该值的提示，并且不能修改该值。

3）选定 Verify（验证），则在块插入时检验输入的属性值。在 Insert 命令结束前，还有机会再次确认属性值并可以修改。但是不管怎样，只有两次机会修改属性值。

4）选定 Preset（预置），则在定义属性时指定的默认值将自动赋予该属性。一般在插入块时，不会提示输入属性值

（2）Attribute 选项组　设置一个属性。在文本框中输入属性标记、提示及默认值。

1）Tag（标记）：用于识别每一个出现在图形中的属性。属性标记可以由除了空格以外的任何字符或符号组成。AutoCAD 会将小写字母转变成大写字母。

2）Prompt（提示）：在插入一个带有属性定义的块时，系统会显示有关的提示。如果属性提示为空，AutoCAD 将使用属性标记作为提示。

3）Default（值）：用于指定属性的默认值。这是一个可选项，在打开“固定”模式时，必须指定默认值。单击右侧按钮，则显示“Field”对话框。

（3）Insertion Poin　用于为图形中的属性输入位置。

选择 Specify on-screen 选项可以在屏幕上指定一个位置，也可以在文本框中输入插入点的坐标值以指定属性在图形中的位置。

（4）Text Settings 选项组　设置属性文字的文字样式、高度和旋转角度。各个选项意义同 Text 命令，不再赘述。

（5）Align below previous attribute definition　将属性标记直接置于定义的上一个属性的下面。如果之前没有创建属性定义，则此选项不可用。

（6）Lock position　锁定块参照中属性的位置。

注意在动态块中，由于属性的位置包括在动作的选择集中，因此必须将其锁定。

选择“OK”按钮完成属性定义操作。当关闭属性定义对话框后，属性标记将出现在图形中。重复以上步骤可创建另一个属性定义。

8.3.3　编辑属性（Attedit）命令

1. 功能

该命令用于编辑已经附着到块上并插入到图形中的属性。可以单独地编辑无固定属性值的与指定的块相关的属性。

2. 格式与说明

Command: Attedit↙

Select block reference: 选择附带属性的块，AutoCAD 将显示一个“Edit Attributes”（编辑属性）对话框，如图 8-19 所示。如果所选择的对象不是块或者块中没有附带属性，AutoCAD 将会提示一个出错信息。

编辑属性对话框中列出了所有选定的块中定义的属性值。使用定点设备，可在对话框中选择要修改的属性值。输入新的属性值后，选择“OK”按钮或者单击 Enter 键保存所做的修

改。如果选择“Cancel”按钮，将结束该命令，并将属性值返回到它们原始的状态。

可以用 Attedit 命令来查看所选属性的属性值，而不对其进行修改。

8.3.4 提取属性数据（Attext）命令

1. 功能

从图形中提取属性数据输入盘中文件。

2. 格式与说明

Command: Attext↙

显示图 8-20 所示对话框。对话框选项如下：

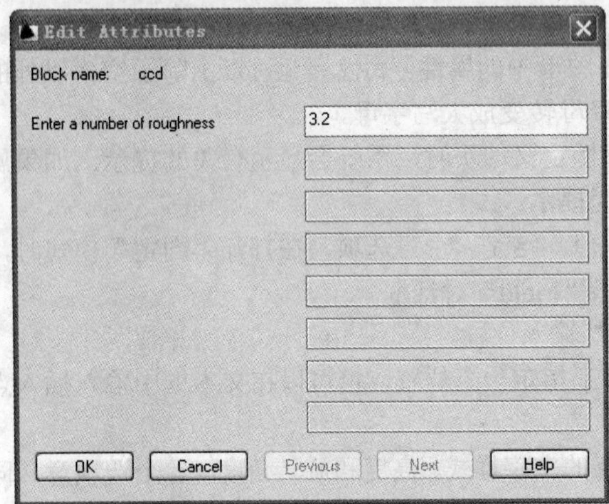

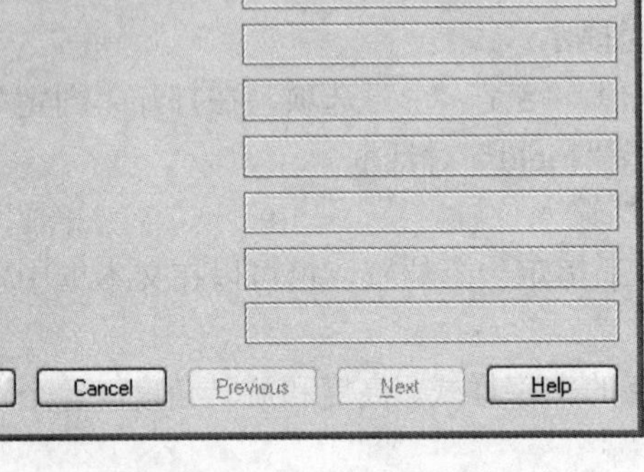

图 8-19 “Edit Attributes”对话框　　图 8-20 “Attribute Extraction”对话框

1）Comma Delimited File（CDF）：建立一个用逗号分隔域的 CDF 文本文件。

2）Space Delimited File（SDF）：建立一个用空格分隔域的 SDF 文本文件。

3）DXF Format Extract File（DXX）：建立一个 ASCII DXF 格式的文本文件。

4）Select Objects：返回图形屏幕，以选取要提取的属性文本。

5）Template File：给 CDF 和 SDF 文件的 TXT 模板文件指定名称。

6）Output File：指定要提取的属性文件名称。CDF 与 SDF 格式的文件用 TXT；DXF 格式的文件用 DXX。

8.4 零件图的绘制

8.4.1 概述

零件图具体内容包括：图形、尺寸、技术要求、标题栏。对于图形，前面已经介绍了机件的表达方法，而尺寸标注提出了合理的要求。本节着重介绍技术要求和标题栏的绘制。技术要求包括表面粗糙度、尺寸公差、形位公差、表面处理和材料热处理的要求等。标题栏要明确地填写出零件的名称、材料、数量、图样的编号、比例、制图人与校核人的姓名和日期等。

8. 4. 2 表面粗糙度

利用块和属性标注表面粗糙度。

1. 绘制表面粗糙度基本符号

Command: Line↙

Specify first point:

Specify next point or [Undo]: @12<240↙

Specify next point or [Undo]: @6<120↙

Specify next point or [Close/Undo]: @6,0↙

Specify next point or [Close/Undo]: ↙

Command: Attdef↙

2. 建立表面粗糙度属性值

在对话框中输入各项内容，如图 8-21 所示。而后适当选择插入点。

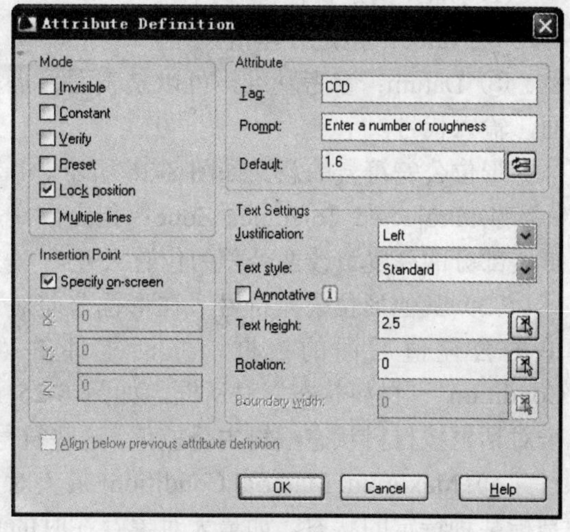

图 8-21 建立表面粗糙度属性值

3. 建立图块

Command: Block↙

Enter block name or [?]: CCD↙

Specify insertion base point: Int↙（采用相交方式）

Of 选择表面粗糙度基本符号下部交点

Select objects: Specify opposite corner: 4 found

Select objects: ↙

图 8-22 表面粗糙度图块

结果如图 8-22 所示。至此，建立了表面粗糙度图块，利用 Insert 命令可以标注零件的表面粗糙度值。

8. 4. 3 形位公差

（1）形位公差符号

Command: Tolerance↙

显示图 8-23 所示对话框。它包括了所有的公差带框和基准符号区。各选项含义如下：

1）Sym 指定形位公差符号。单击“Sym”（公差符号）区中的黑框便可弹出“Symbol”（符号）对话框（图 8-24）。这个对话框包括了所有的重要的形位公差符号，单击所需的符号，返回“Geometric Tolerace”对话框。

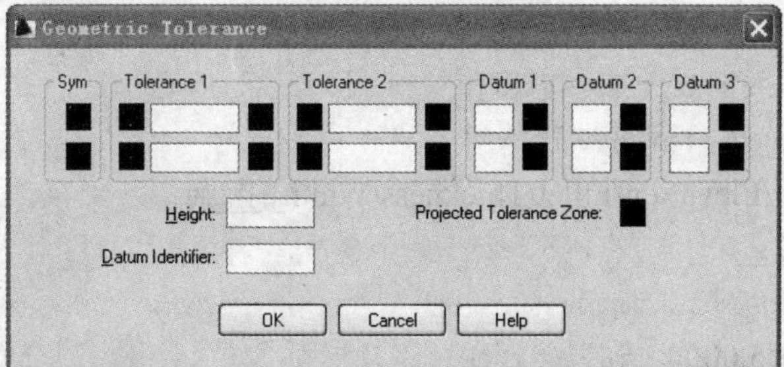

图 8-23 “Geometric Tolerance”对话框

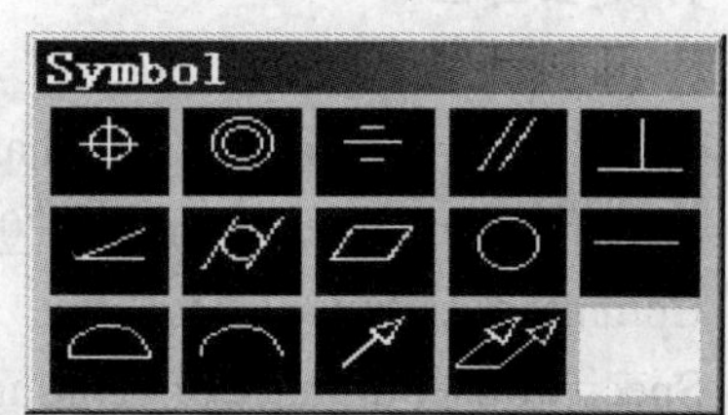

图 8-24 “Symbol”（符号）对话框

2）Tolerance1 指定第一个公差值。其下三个方框分别是：

① Dia：指定直径符号。

② Value：指定公差值。

③ Datum：参考基准，可以是表面、点、线或平面，输入代号。

形位公差符号的意义如图 8-26 所示。

④ Projected Tolerance Zone：指定固定垂直零件扩展部分的高度。改变公差为位置公差。

（2）其他形位公差符号　在形位公差对话框中，单击公差值后面的黑框，激活零件的“Material Condition”（材料状态）对话框，如图 8-25 所示。这个对话框按材料状态编辑主公差值。这些符号的含义：

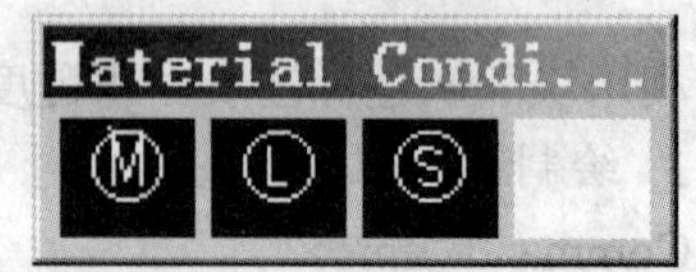

图 8-25 “Material Condition”对话框

定位符号：

⊕ 位置度　// 平行度

◎ 同心度　⊥ 垂直度

⌯ 对称度　∠ 倾斜度

形状符号：　轮廓符号：

⌭ 圆柱度　⌓ 面轮度

▱ 平面度　⌒ 线轮度

○ 圆度　↗ 径向跳动

— 直线度　⌰ 总跳动

图 8-26　形位公差符号的意义

Ⓜ：Maximum Material Condition（最大对象状态），是指某种特定的状态，如最大对象存在时的孔。

Ⓛ：Least Material Condition（最小对象状态），也是指某种特定的状态，即最小对象存在。

Ⓢ：Regardless of Feature size（不相关的特征尺寸），表示特征公差，如平面度、直线度始终不考虑零件加工后的实际尺寸。

（3）利用 Qleader 命令可以标注完整的形位公差　其步骤如下：

Command: Qleader↙

Specify first leader point, or [Settings]<Settings>:↙

在弹出的“Leader Settings”对话框中，单击“Annotation”标签，打开 Annotation 选项卡，并选择“Tolerance”单选按钮。然后在“Leader Settings”对话框中单击“OK”按钮，关闭该对话框，继续操作如下：

Specify first leader point, or [Settings]<Settings>: 拾取指引线第一点

Specify next point: 拾取指引线第二点

Specify next point: ↙

系统打开“Geometric Tolerance”对话框，要求确定形位公差类型及其他参数。其后操作与前面介绍的相同，不再赘述。

8.4.4　建立图框、标题栏

1. 建立图框

Command: Rectang↙

Specify first corner point or [Chamfer/Elevation/Fillet/Thickness/Width]:指点

Specify other corner point: @420,297↙

Command: Offset↙

Specify offset distance or [Through] <5.0000>:5↙

Select object to offset or <exit>: 拾取矩形

Specify point on side to offset: 指定矩形点

Select object to offset or <exit>:↙

Command: 将偏移的内部矩形左边两顶点变为夹点热点

** STRETCH **

Specify stretch point or [Base point/Copy/Undo/eXit]: 20，0↙

Command: *Cancel*

以 A3 为文件名保存该文件，以备其他零件图调用；还可以作其他图幅的图框。

2. 建立标题栏

采用 Line、Offset、Trim、Dtext 等命令绘制图 8-27 所示标题栏线框，过程从略。然后，在填写项目处，建立属性。

Command: -Attdef↙

Current attribute modes: Invisible=N Constant=N Verify=N Preset=N

Enter an option to change [Invisible/Constant/Verify/Preset] <done>:↙

Enter attribute tag name: 设计↙

Enter attribute prompt: 请输入设计者姓名↙

Enter default attribute value:↙

Current text style: "sz" Text height: 5.0000

Specify start point of text or [Justify/Style]:

Specify height <5.0000>:↙

Specify rotation angle of text <0>:↙

重复上述过程，在填写项目处，建立所有属性，结果如图 8-27 所示。

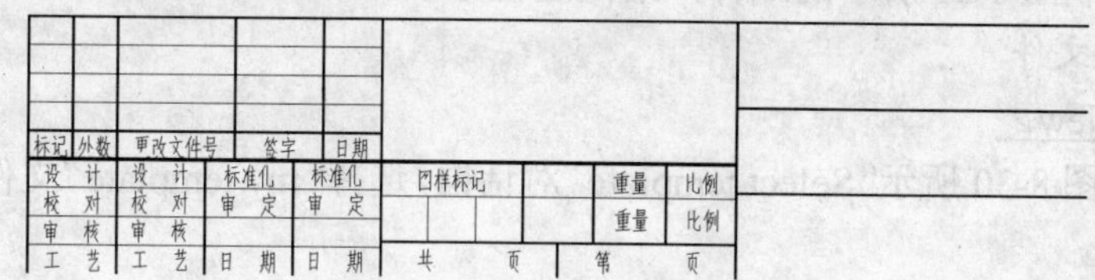

图 8-27 带属性的标题栏

为了插入该标题栏方便，把插入点设置在右下点，过程如下：

Command: Base↙

Enter base point <0.0000,0.0000,0.0000>: <Osnap on>

<Object Snap Tracking on> 拾取标题栏右下点

最后，以 BTL 为文件名保存，以备其他零件图调用。

8.4.5 建立模板文件

设置 AutoCAD 绘图环境的一种快速方法是创建模板图形，该图形具有图形初始化设置信息。如果需要，还可以具有可视对象和文本。当读者开始绘制一张新图时，与模板图形相关的设置就会被自动载入。

打开前面建立了表面粗糙度图块的文件，设置好图层、线型、颜色等绘图环境，而后保存为模板文件：

Command: Save↙

系统弹出图 8-28 所示对话框，输入 My template 文件名，单击“Save”按钮。以后绘制其他零件图时，就可以装载该模板了。

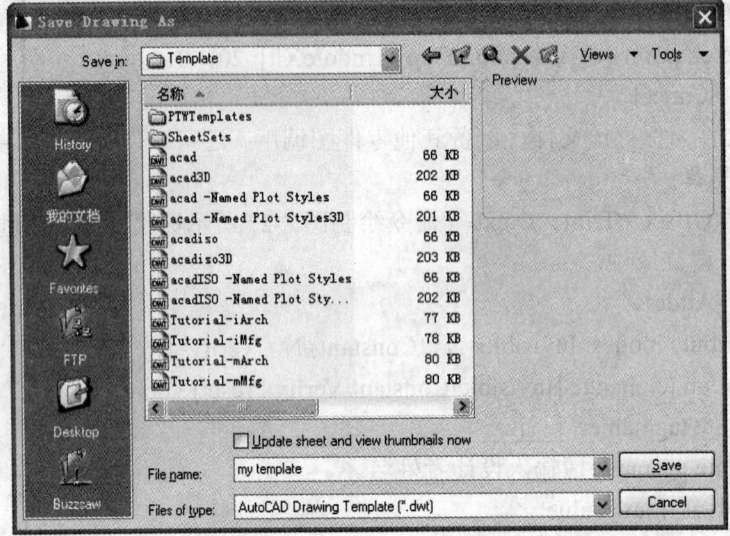

图 8-28　保存模板文件对话框

8.4.6　绘制轴零件图

轴、套类零件，其形状特点一般是由同轴线的回转体组成。主视图按加工位置（即轴线水平）放置。绘制图 8-29 所示的蜗杆，绘图过程如下：

1. 采用模板文件

Command: New↙

系统弹出如图 8-30 所示“Select template”对话框，选择“my template”文件名，单击“Open”按钮。

2. 绘制外形轮廓

首先绘制中心轴线，然后画外形轮廓。

Command: line↙

Specify first point:（采用 Nearst 捕捉方式，在中心轴线上拾取一点）

Specify next point or [Undo]:（打开 Ortho 方式）11↙

Specify next point or [Undo]: @1.5,1.5↙

Specify next point or [Close/Undo]: 54↙

Specify next point or [Close/Undo]: 1.5↙

Specify next point or [Close/Undo]: 20↙

Specify next point or [Close/Undo]:（继续画线操作，直至如图 8-31 所示）

采用 Mirror 命令，将轴线上方的轮廓线镜射，并补画各直线段。对于键槽，可采用 Rectang 命令，利用 From 选项建立基点来确定键槽的位置。

其过程如下：

Command: Rectang↙

其余 25
350
96
158
54
22
6
37
22
6
54
40
3.2
C1.5
R0.5
6.3
3.2
6.3
R1
12.5
6.3
3.2
R1
3.2
6.3
C1.5
φ25m6
φ28
φ30k6
φ38
φ34
φ60h7
φ50
φ34
φ38
φ30k6
φ28
φ25
5
45
R0.5
R1
20°
20°
84
R1
R0.5
轴向模数 5
蜗杆头数 1
导程角 5°42'38"
螺旋线方向 右
压力角 20°
精度等级
中心距 120
蜗轮图号 1-10
8N9
6.3
21h11
19h9
6.3
6.3
19h9
6.3
45
蜗杆
1-16
标记 处数 更改文件号 签字 日期
设计 标准化
校对 审定
审核
工艺 日期
图样标记 重量 比例
1:1
共10页 第4页

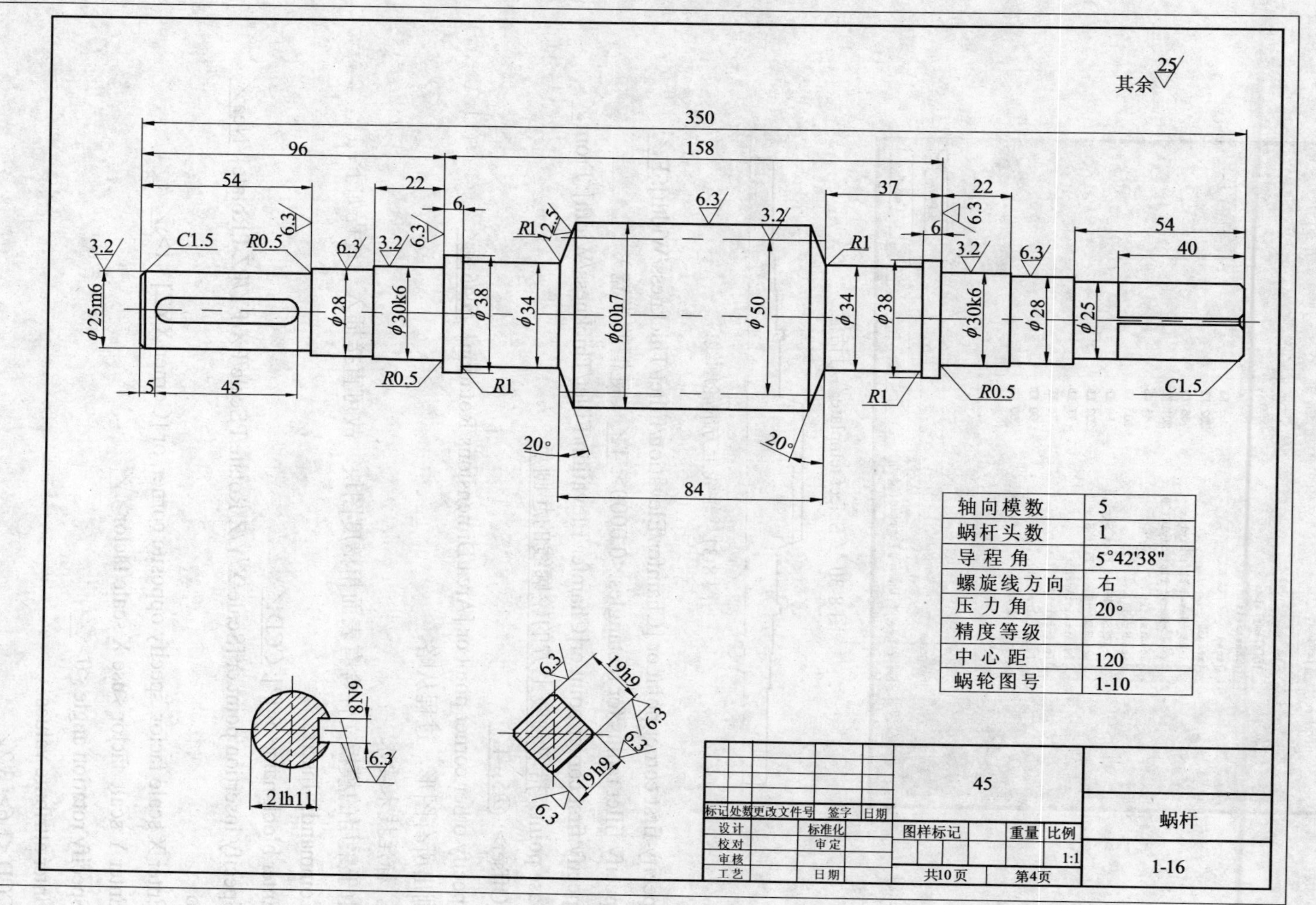

图 8-29　蜗杆零件图

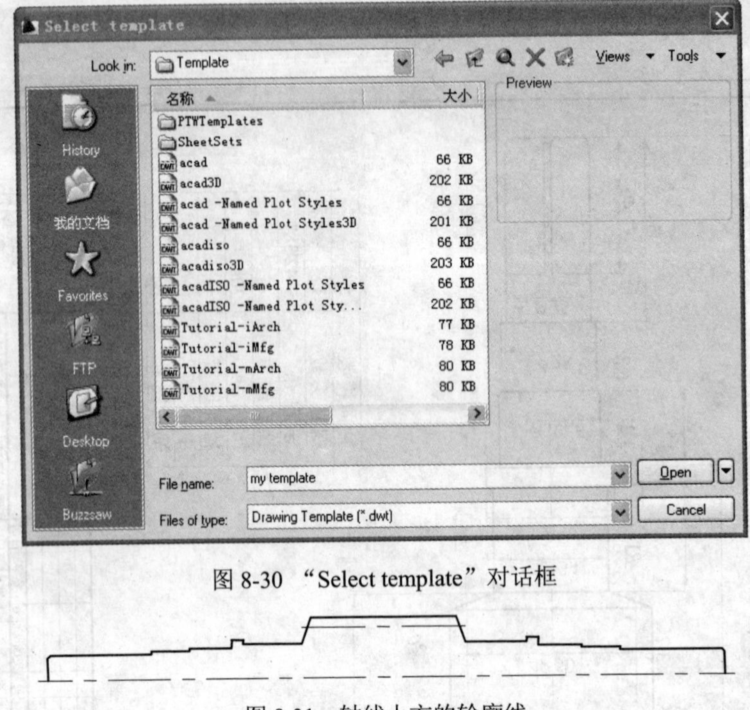

图 8-30 "Select template"对话框

图 8-31 轴线上方的轮廓线

Specify first corner point or [Chamfer/Elevation/Fillet/Thickness/Width]: F↙

Specify fillet radius for rectangles <0.0000>: 4↙（键槽的半宽）

Specify first corner point or[Chamfer/Elevation/Fillet/Thickness/Width]: From↙

Base point: 拾取轴线上方的轮廓线的起画点

<Offset>: @5,–4↙

Specify other corner point or [Area/Dimensions/Rotation]: @45,8↙

画出所有图形，过程从略。

3. 标注技术要求

由于采用的模板文件含有表面粗糙度图块，故可直接插入。过程如下：

Command: -Insert

Enter block name or [?]: CCD↙

Specify insertion point or [Scale/X/Y/Z/Rotate/PScale/PX/PY/PZ/PRotate]: Nea↙

to

Enter X scale factor, specify opposite corner, or [Corner/XYZ] <1>:↙

Enter Y scale factor <use X scale factor>:↙

Specify rotation angle <0>:↙

Enter attribute values

CCD <1.6>: 3.2↙

4. 插入图框、标题栏

前面已作好公共图块 A3、BTL，插入并回答属性提示来填写标题栏内容，过程从略。完成全图如 8-29 所示。

第 9 章　装配图的绘制

装配图是表达机器或部件工作原理、装配关系以及连接关系的图样，也是进行装配、检验、调整、使用和维修的重要技术资料。用 AutoCAD 绘制二维装配图与传统的尺规绘图步骤基本相同。首先要根据所画机器、部件的工作原理和装配关系确定表达方案，其次确定绘图比例与图幅，然后开始绘图。

用 AutoCAD 绘制二维装配图的方法，一般可分为两种：

1）直接绘制二维装配图。

2）由三维实体模型绘制二维装配图。

而直接绘制二维装配图又可分为：直接绘制法、图块插入法、插入图形文件法，以及用设计中心插入图块法等。下面将几种绘图方法分别作一介绍。

9.1　直接绘制法

在产品设计中，一般先画出机器或部件的装配图，然后根据装配图拆画零件图。在没有零件图的情况下，只能用二维绘图功能，按装配图的画图步骤直接绘制装配图。画图时可灵活运用二维绘图、编辑、设置和辅助绘图等各种功能，来完成装配图。

例　绘制图 9-1 截止阀的装配图。

首先定绘图比例 1:1；设图幅 A3；设置绘图环境，然后从主要件阀体开始由外向里画主视图，即阀体→阀杆→垫圈→填料→压盖→螺栓逐个画出。在不影响定位的情况下，也可以由主要装配干线入手，由里向外画主视图，即阀杆→垫圈→填料→压盖→阀体→螺栓逐个画出。画完主视图后，再绘制俯视图。画图时要利用对象捕捉、追踪和正交等辅助绘图功能，保证主、俯视图投影关系正确。图形画完后依次标注尺寸，编序号，填写明细栏等。

9.2　图块插入法

图块插入法是将组成机器或部件的各个零件图形先做成图块，再根据机器或部件的工作原理及零件间的相对位置将图块逐个插入，拼画成二维装配图。

由零件图拼画装配图需注意以下几点：

1）统一各零件图的绘图比例。

2）关闭零件图中的尺寸层。装配图中的尺寸标注要求与零件图不同，零件图上的定形和定位尺寸在装配图上一般不需要标注，因此在做零件图块之前，应把零件图上的尺寸层关闭（这就是一般为什么将尺寸单设层的原因）。待装配图画完之后，再按照装配图标注尺寸的要求标注尺寸。

3）删除或修改零件图中的剖面线。《机械制图》国家标准规定：在装配图中，两个相邻金属零件的剖面线倾斜方向要相反或方向相同间隔不等。在做图块时，要充分考虑到这一点，

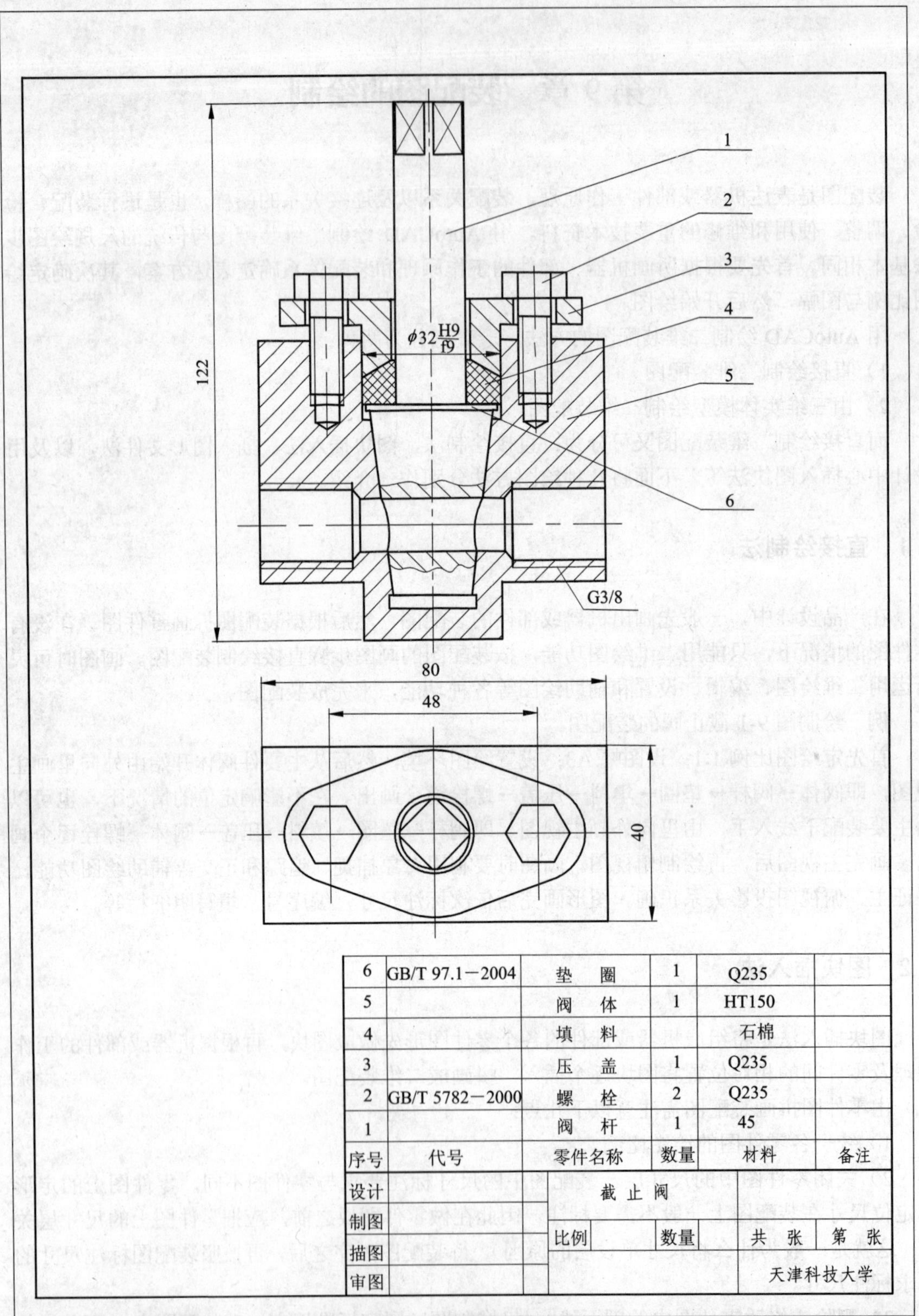

6	GB/T 97.1—2004	垫　圈	1	Q235	
5		阀　体	1	HT150	
4		填　料		石棉	
3		压　盖	1	Q235	
2	GB/T 5782—2000	螺　栓	2	Q235	
1		阀　杆	1	45	
序号	代号	零件名称	数量	材料	备注

设计	截 止 阀			
制图				
描图	比例	数量	共　张	第　张
审图	天津科技大学			

图 9-1　截止阀装配图

零件图块上剖面线的方向在拼画成装配图之后，必须符合《机械制图》国标规定，如果有的零件剖面线方向一时难以确定，做块时可以先不画剖面线，待拼画完装配图后按要求补画。

如果零件图上有螺纹孔，拼画装配图时还要装入螺纹联接件（如阀体上的螺纹孔装配时要装入螺栓），那么螺纹联接部分的画法与螺纹孔不同，螺纹大、小径的粗、细线要有变化，剖面线也需重画。在这种情况下，为了使绘图简便，零件图上的剖面线先不画，甚至螺纹孔也可以先不画。待装配图上装入螺栓之后，再按螺纹联接规定画法将其补画完全。

4）修改零件图的表达方案。由于零件图与装配图的表达侧重点不同，所以在建立图块之前，要选择绘制装配图所需的图形，并进行修改，使其视图表达方法符合装配图表达方案的要求。

例　用图块插入法绘制截止阀装配图。

首先运用二维绘图功能，绘制图 9-2～图 9-5 所示零件图。各零件图的绘图比例均为 1:1，每一零件图设置 5 个图层：粗实线层、细实线层、点画线层、尺寸层和剖面线层。

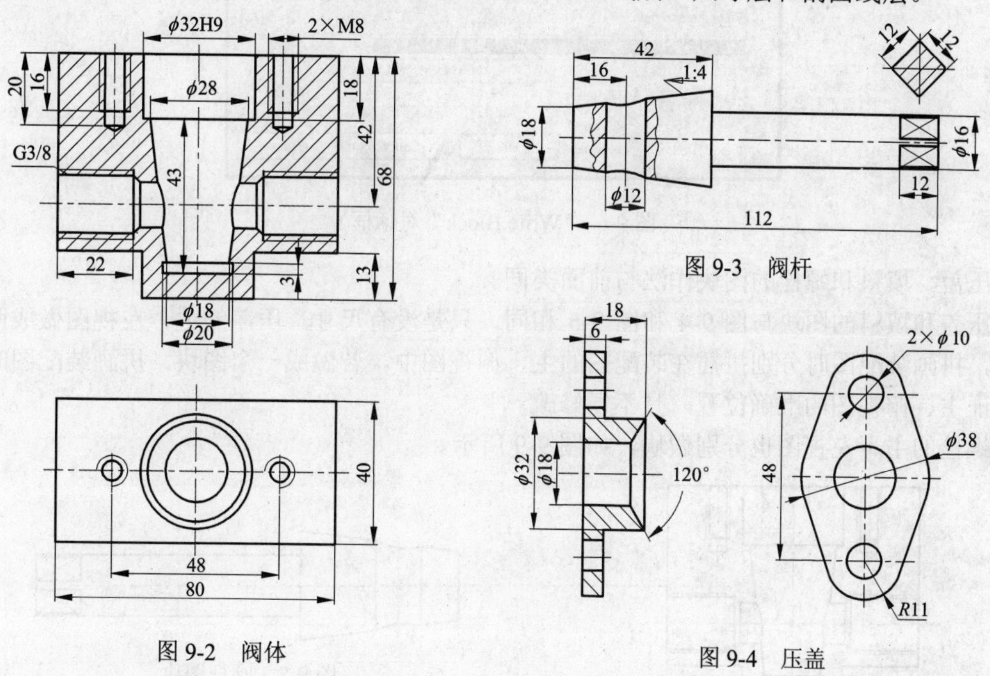

图 9-2　阀体

图 9-3　阀杆

图 9-4　压盖

1. 建立零件图块

以阀体为例，建立图块的步骤如下：

首先把阀体零件图打开，用层控制对话框将尺寸层和剖面线层关闭，将俯视图中的圆与螺纹投影擦去，然后做块，操作如下：

Command: Wblock↙

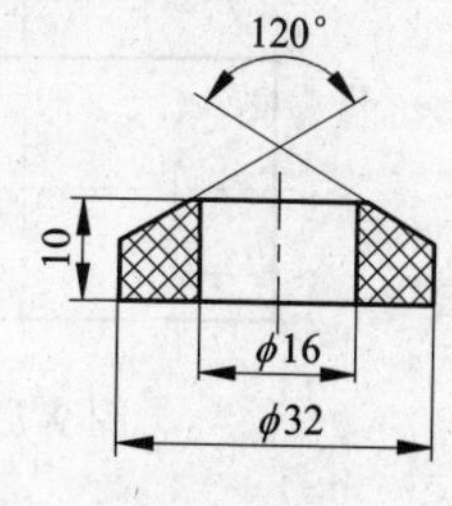

图 9-5　填料

此时屏幕显示“Write Block”对话框，如图 9-6 所示。如果已建块，则在“Block”格中输入块名；如果未建块，则选择“Objects”，点选 Pick point 按钮，选择插入基点，如图 9-7 所示打×处，然后点选 Select objects 按钮，选择阀体，在 Destination 的“File name and path”格中给出阀体块存放的路径与文件名，设好之后，单击“OK”按钮，完成阀体块文件的建立。

用同样的操作方法可将图 9-3 中阀杆的主视图做成图块，如图 9-8 所示。移出剖面可以单独做块，在拼画装配图时插入到俯视图中，擦去剖面线。

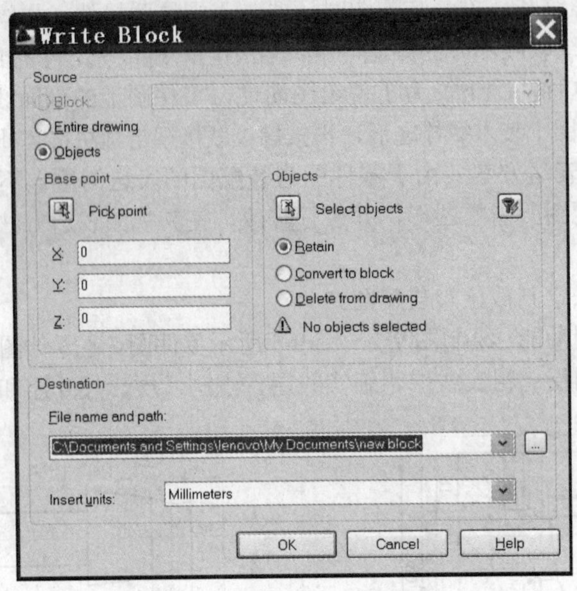

图 9-6 “Write Block”对话框

压盖、填料和螺栓的图块作法与前面类同。

压盖和填料的图块与图 9-4 和图 9-5 相同，只是没有尺寸。压盖的主、左视图做成两个图块，拼画装配图时分别拼插在装配图的主、俯视图中。若做成一个图块，拼画装配图时不能保证主、俯视图的准确位置，且不便修改。

螺栓的主、左视图也分别做块，如图 9-9 所示。

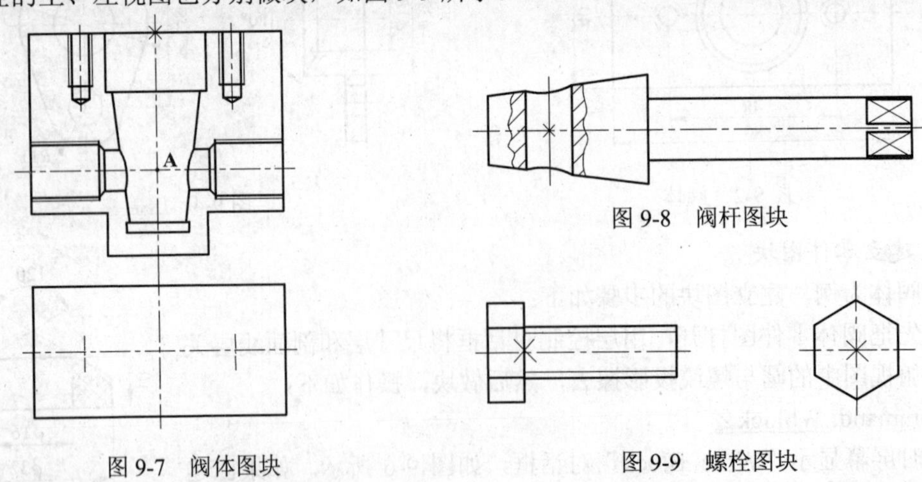

图 9-7　阀体图块

图 9-8　阀杆图块

图 9-9　螺栓图块

为了保证零件图块拼画成装配图后各零件之间的相对位置和装配关系，一定要选择好插入基点，图中打×处为插入基点。

垫圈图形简单并且本装配图中只有一个，可以直接画出；若多处使用，可以做成块，本例采用直接画出。

2. 由零件图块拼画成装配图

（1）定图幅　根据选好的表达方案，计算图形尺寸，定绘图比例，同时考虑标注尺寸、编排序号、画明细栏、标题栏、填写技术要求的位置和所占的面积设定图幅。本例设 A3 图幅。

（2）插入图块，拼画装配图　插入阀体，操作如下：

Command: 单击块面板图标或 Insert↙

此时屏幕显示“Insert”（插入）对话框，如图 9-10 所示。

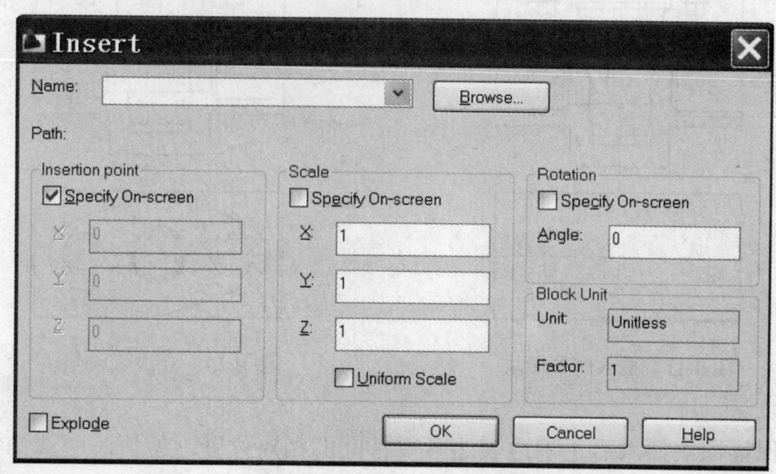

图 9-10 “Insert”对话框

1）单击“Browse”（浏览）按钮，选择块文件，本例块文件名为 fatik。此时，在 Name 格显示块文件名，Path 项显示块文件所在路径。

2）在“Insert”对话框中，通过设置 Insertion point（插入点）、Scale（比例）和 Rotation（旋转角）确定块文件在屏幕的位置、大小及摆放情况。本例中，Insertion point 项选择 Specify On-screen（屏幕确定），Scale 项确定为 1:1:1，Rotation 项中的 Angle 设置为 0°。另外，Scale 与 Rotation 项也可以通过选择 Specify On-screen，在命令行逐项输入插入比例及旋转角。阀体块插入完成如图 9-7 所示。

同样的步骤可插入阀杆图块，但需注意的是在插入阀杆时，插入点应为阀体上的 A 点，比例仍为 1:1:1，而旋转角应为 90°（阀杆在装配图上的摆放位置与零件图不同，相差为 90°），插入后如图 9-11 所示。

用与前面类同的操作，将填料、压盖、螺栓等图块依次插入，画上垫圈，如图 9-12 所示。

（3）检查、修改并画全剖面线　插入完后要仔细检查，将被遮挡的多余图线擦除（例如图 9-12 压盖处的多余线应擦除），把螺纹联接件按《机械制图》国家标准规定画全，并补全所缺的剖面线。要灵活运用 Trim、Break、Erase 和 Change 等命令编辑修改图形。

（4）完成全图　按照装配图标注尺寸的要求，调出尺寸层，进行尺寸标注。然后编排序号，在编写序号时，首先用 Circle 命令在零件的轮廓范围内画一个半径为 0.5mm 的圆，再用 Line 命令画出指引线，然后用 Text 命令写序号，最后用 Line 命令画出边框线。用新增的 Table 命令来绘制标题栏和明细表（也可以把图框和标题栏做成模板图，将明细表的单元格做成图块，用时插入）。用 Text 命令填写标题栏、明细表和技术要求，完成全图，如图 9-1 所示（本例省略了技术要求)。

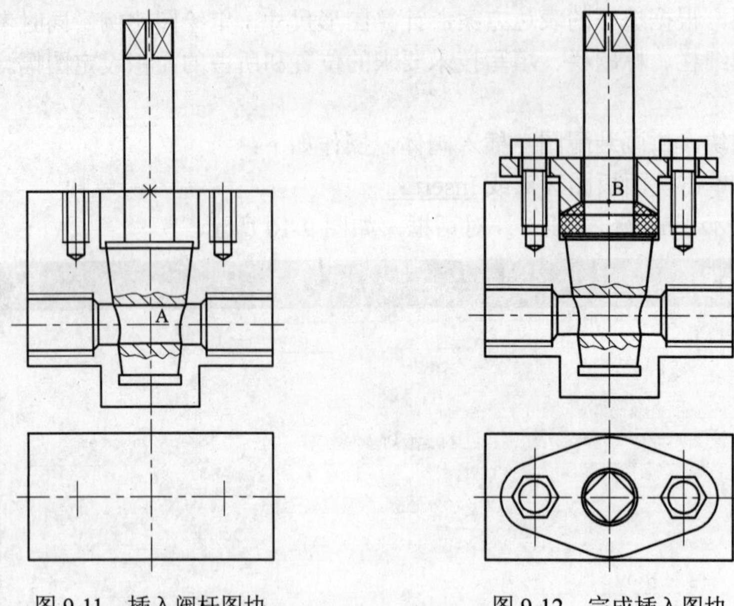

图 9-11 插入阀杆图块　　图 9-12 完成插入图块

注意:

1)为了保证图块插入后正确地表达各零件间的相对位置,做块时要选择好插入基点,插入块时要选择好插入点。比如阀杆块的插入基点选在图 9-8 打×处,块插入时,插入点选阀体上的 A 点(图 9-7),这样就保证了阀体上的孔与阀杆上的孔轴线重合。压盖插入点选在填料的顶面与轴线的交点 B 处(图 9-12),是为了保证两个零件的锥面接触良好。

2)为了零件图块拼画装配图时又快又准,一个零件的一组视图可根据需要做成多个图块,比如压盖主、左视图做成两个图块。

3)图块插入后是一个整体,要修改必须用 Explode 命令将其打散。

4)绘制各零件图时,图层设置应遵守计算机绘图的国家标准,或者自行规定保持各零件图的图层一致,以便拼画装配图时图形的管理。注意不要在零层绘图。

9.3 插入图形文件法

插入图形文件法就是将一个完整的图形文件在不同的图形中直接插入,因此可以用直接插入零件的图形拼画装配图。注意此时插入基点是图形的左下角(0,0),在拼画装配图时无法准确地确定零件图形在装配图中的位置。为了使图形插入后准确地放到需要的位置,在画完图形以后,首先用“Base”命令设好插入基点,然后再存盘,这样拼画装配图时能够准确地将图形放在需要的位置。

设基点操作步骤如下:

Command: Base↙

Enter Base Point <0,0>: INT↙(捕捉交点)

Of:(用鼠标点选图 9-13 中的“×”处,然后存盘即可)

图 9-13～图 9-17 是用“Base”设好插入基点的球阀的零件图的图形,打“×”处是设好

的基点。

下面以球阀为例介绍直接插入图形文件法画二维装配图。

Command: 单击块面板图标

此时屏幕显示“Insert”对话框，如图 9-10 所示。

单击“Browse”（浏览）按钮，打开如图 9-18 所示对话框。根据路径找到要插入的文件 fagai.dwg，单击“Open”按钮，此时又显示“Insert”对话框；单击“OK”按钮，阀盖图形插入完毕。得到的图形与图 9-13 相同。

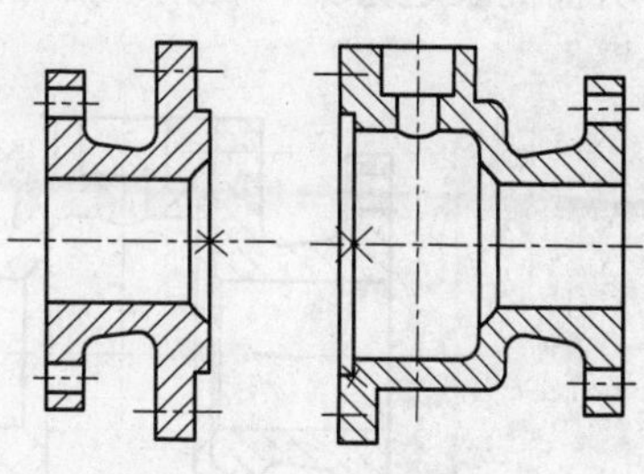

图 9-13　阀盖　　图 9-14　阀体

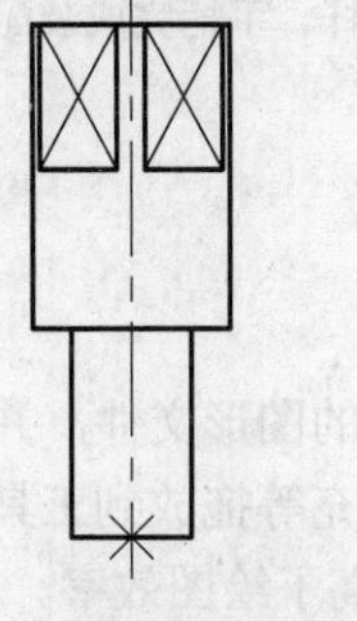

图 9-15　阀杆

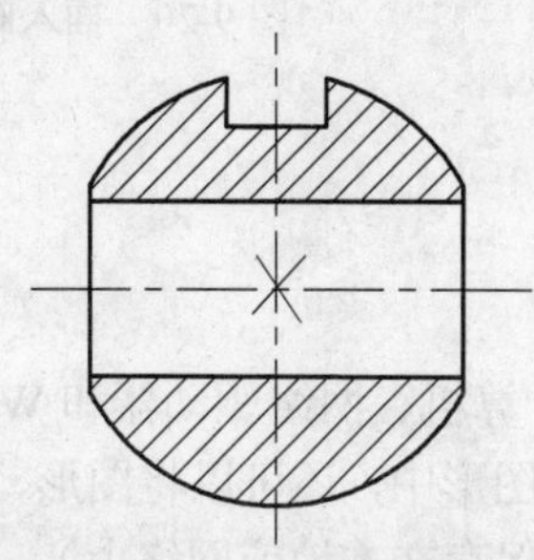

图 9-16　阀心

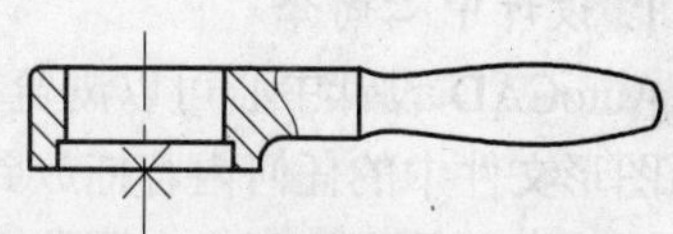

图 9-17　手柄

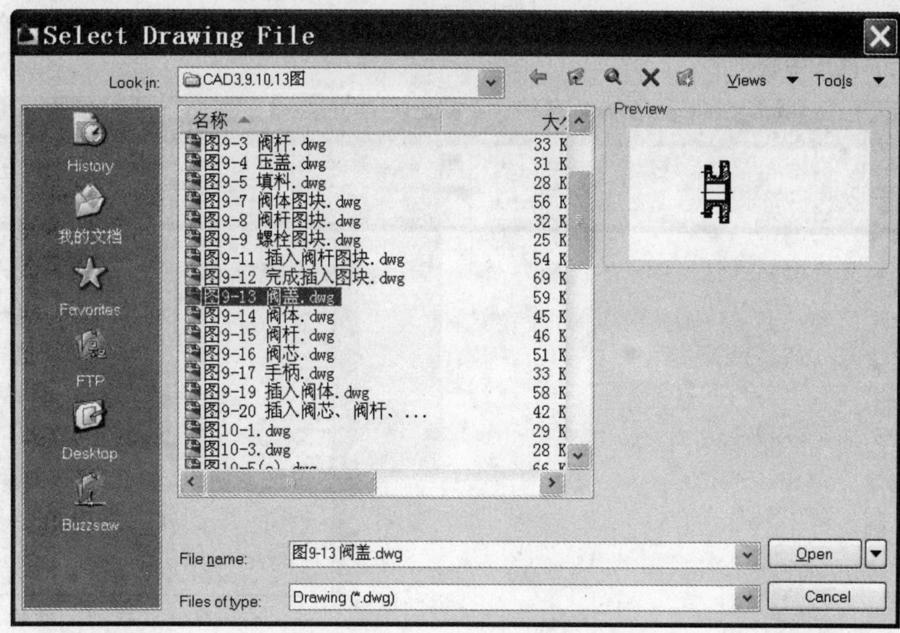

图 9-18　Select Drawing File（选图形文件）对话框

用同样的操作方法逐次将阀体、阀杆、阀心、手柄插入，然后修改完成球阀的装配图图形，如图 9-19 和图 9-20 所示。

图形文件插入后，实际上也成为一个图块，要想对其进行修改，首先需对其用 Explode 命令进行打散。直接插入图形文件画装配图的方法要求，图形文件的表达方案接近于装配图中所需的表达方案，否则，拼画成装配图后的修改工作量很大。

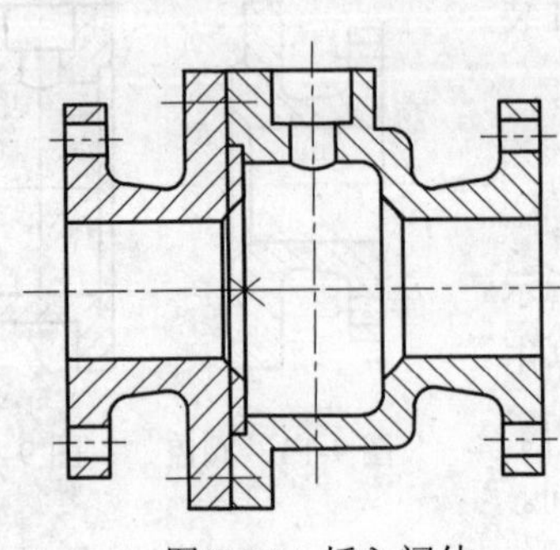

图 9-19　插入阀体

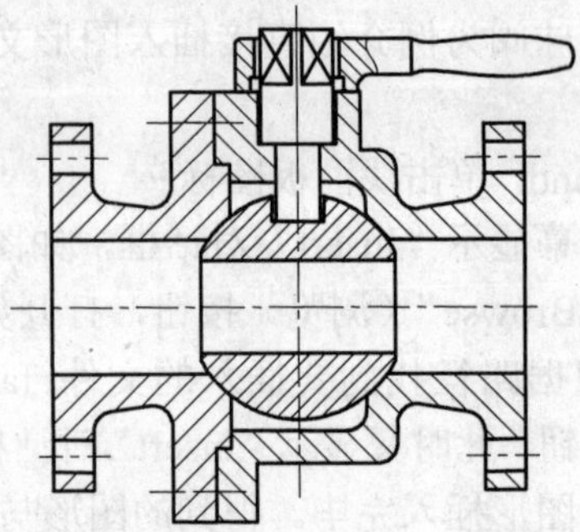

图 9-20　插入阀心、阀杆、手柄完成装配

9.4　用设计中心插入图块法

1. 设计中心简介

AutoCAD 设计中心可以浏览读者计算机、网络驱动器和 Wab 页上的图形文件，并且可以将原图形文件中的任何内容拖放到当前图形中，还可以将图形、块和填充等拖放到工具选项板上（不论图形是否打开，也不管该文件保存在本地或网络上），从而提高了绘图效率。

（1）打开或关闭设计中心方法　在功能区选项板中选择 “View”（视图）选项卡，在 Palettes 选项板中，单击设计中心按钮，可打开或关闭设计中心。图 9-21 是悬浮在 AutoCAD 主窗口上的设计中心。

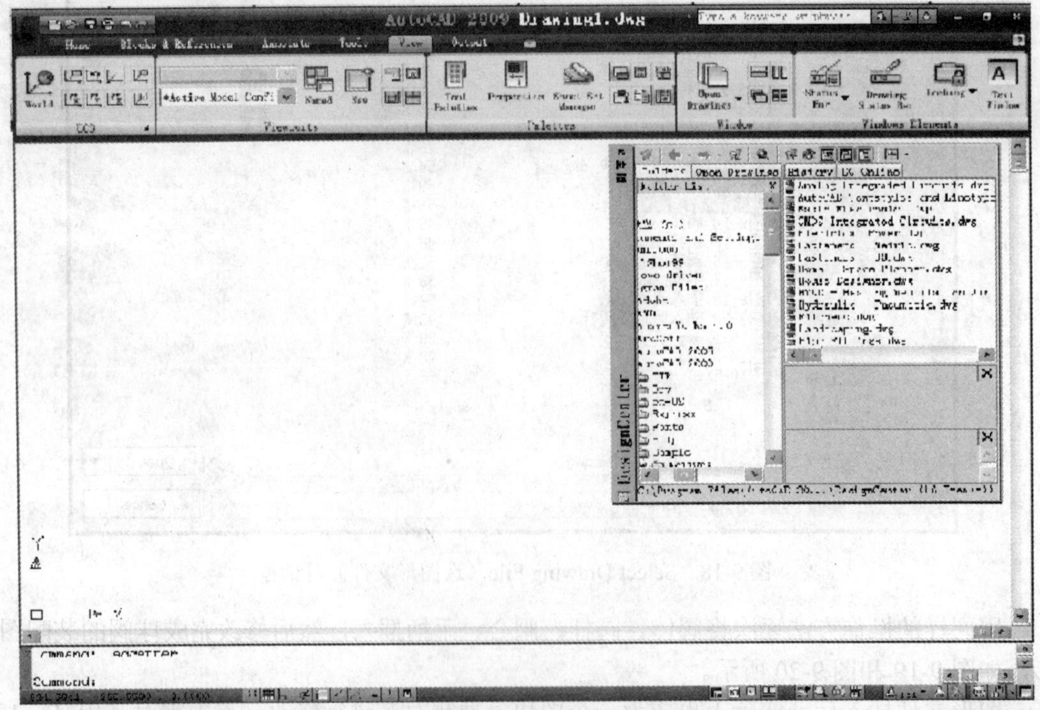

图 9-21　悬浮在 AutoCAD 主窗口上的 Design Center（设计中心）

设计中心打开后，可以把它摆放到 AutoCAD 绘图区的右边，如图 9-21 所示；也可以根据自己的喜好，将设计中心置于绘图区的左侧。在本章绘制装配图的示例中，就将设计中心置于绘图区的右侧使用的。

（2）选项卡介绍　设计中心由两部分组成。在设计中心的顶端为一些功能按钮，利用它们能快速地切换显示当前目录，查找或装载文件，以及进行预览或描述的切换等。在功能按钮下，是 4 个选项卡：Folders、Open Drawings、History 和 DC Online。下面分别对选项卡的功能按钮作以介绍。

1）Folders（文件夹）：单击该选项卡，打开如图 9-22 所示显示框。显示框的左侧部分为一树形目录，用于显示文件或图形组件列表，是 AutoCAD 设计中心资源管理框；在设计中心的右侧是内容显示框，其中上面部分为文件夹细节浏览窗口；在设计中心右下侧为预览区域。使用该选项卡可以向当前文档中插入各种内容。

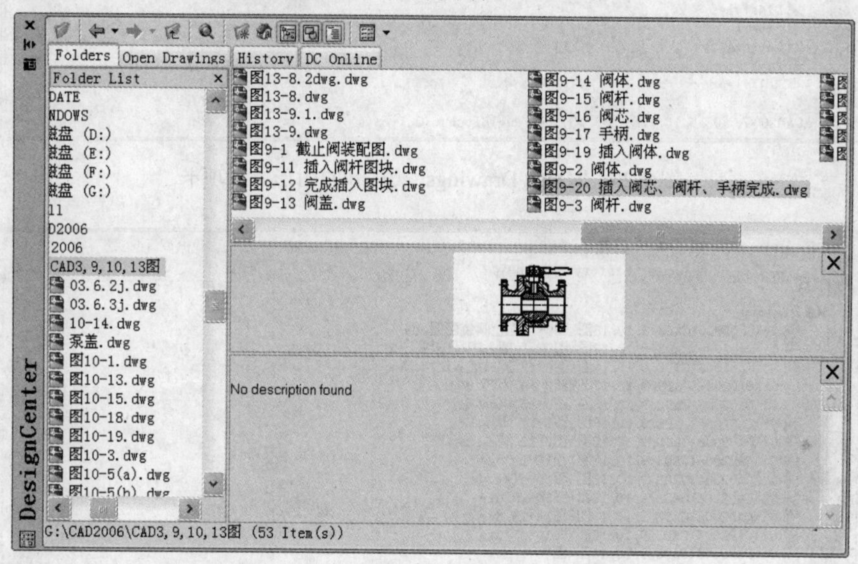

图 9-22 “Folders”（文件夹）显示框

2）Open Drawings（打开的图形）：单击该选项卡，树形目录窗口立即切换到 Open Drawings 文件夹下。在该文件夹下面列出了当前打开的所有图形。利用该功能，可以浏览当前打开的图形。图 9-23 显示了切换到 Open Drawings 文件夹的状态。

此外，还可以单击当前打开的文件图标，由此查看当前图形的图块、线型等图形元素。

3）History（历史记录）：单击该选项卡，显示曾编辑过的图形，如图 9-24 所示。可以双击列出的图形文件，以便快速打开曾编辑过的图形。

4）DC Online（联机设计中心）：单击该选项卡，可以浏览联机设计中心网页，如图 9-25 所示；并且可以下载选定的内容到读者的图形中。

2. 利用 AutoCAD 设计中心打开图形文件

在 AutoCAD 设计中心中，不能通过双击图形文件的方法将其打开，必须将图形从设计中心拖动到绘图区。具体方法是：在内容显示框中选择图形文件，按住鼠标左键将文件拖到绘图区后松开，同时回答系统提示的选项。实际上图形文件是作为图块插入到当前图形中的，所以系统提示的选项与图块插入相同。另外，也可在内容显示框中选中图形文件，单击右键，从快捷菜单中单击“Insert as Block”命令，打开“Insert”对话框，后面的操作与图块插入相同。

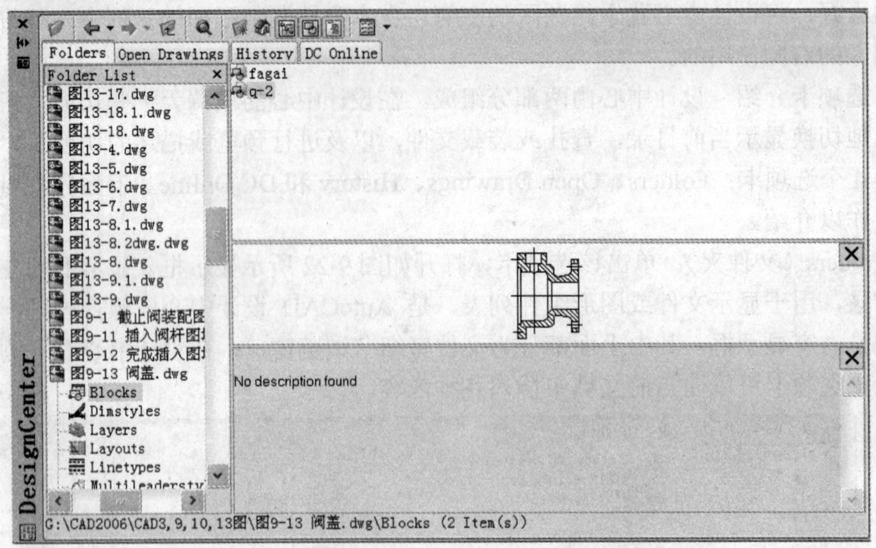

图 9-23 “Open Drawings”（打开的图形）选项卡

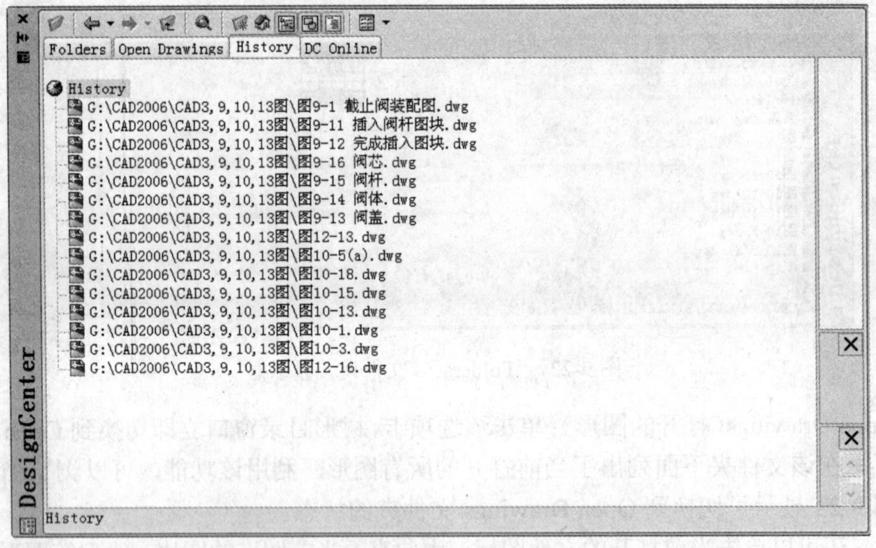

图 9-24 “History”（历史记录）选项卡

3. 利用 AutoCAD 设计中心插入图块

利用 AutoCAD2009 设计中心，可以直接插入其他图形中定义的图块，图块被插入到图形中后，如果原来的图块被修改，则插入到图形中的图块也随之改变。

AutoCAD 设计中心提供了插入块的两种方法：默认比例和旋转角与指定比例和旋转角。

（1）采用“默认比例和旋转角”方式插入图块　利用此方式插入图块时，AutoCAD 将比较图形和插入图块的单位，根据二者之间的比例对图块进行自动缩放。

（2）根据“指定比例和旋转角”插入图块　该种方法又可通过以下三种方法实现：

1）在内容显示框中，双击图块，打开“Insert”对话框，后面的操作与图块插入相同。

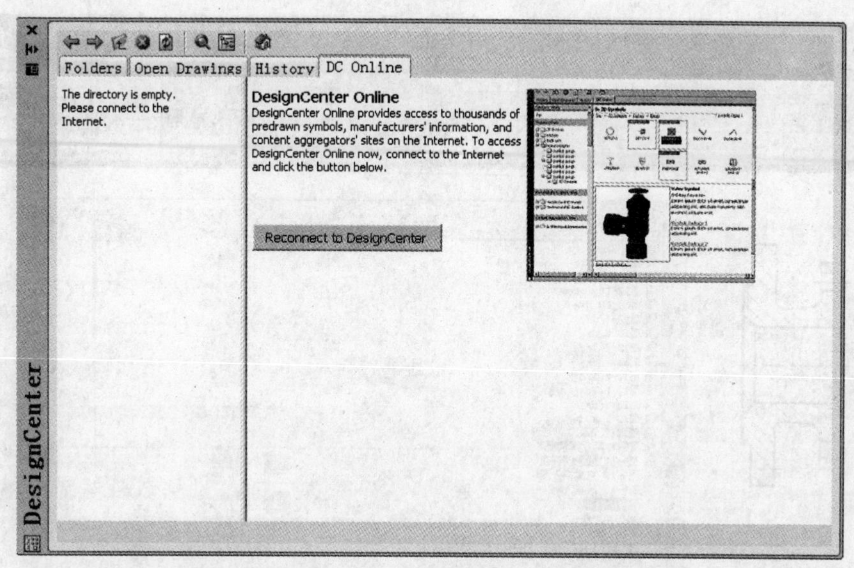

图 9-25 “DC Online”（联机设计中心）选项卡

2）选中要插入的图块，单击右键，在快捷菜单中单击“Insert Block”，打开“Insert”对话框。

3）用右键选择要插入的图块，拖动图块到打开的图形，松开鼠标右键，绘图区显示快捷菜单，从快捷菜单中单击“Insert Block”命令，打开“Insert”对话框。

4. 利用设计中心插入其他图形元素

利用设计中心，除了可以方便地插入其他图形中的图块以外，还可以插入其他图形中的标注样式、图层、平铺布局、线型、文字字样及外部引用。具体方法为：用鼠标点选目标并将其拖到绘图区内，释放鼠标。如果一次想加入多个目标，按住 Shift 键或 Ctrl 键选择多个目标。这与资源管理器中移动文件操作相似。

5. 利用设计中心拼画装配图图形

画图的准备工作这里不再重复，仅以球阀为例介绍用 AutoCAD 设计中心拼画装配图图形的方法。操作如下：

单击“Folders”（折叠）按钮，在资源管理框中找到球阀各零件图文件，比如阀盖，打开文件，从中单击“Blocks”，在内容显示框中显示出 fagai 图块，单击“fagai”图块，在预览框中立即显示出阀盖的图形。用鼠标左键将图块拖到绘图区，释放鼠标左键，阀盖的图形便插入到绘图区，如图 9-26 所示（或用设计中心插入图块的其他方法）。用相同方法逐个将其他图块插入到绘图区的适当位置，完成装配图图形，如图 9-27 所示。

以上介绍了用 AutoCAD 绘制装配图的几种方法。在实际中可以根据装配图的复杂程度灵活应用。一般较简单的装配图直接绘制比较好，较复杂并且标准件较多的装配图用图块或图形插入法比较简便，多家协作的大型项目用 AutoCAD 设计中心更为方便，有的图形可以把几种方法结合起来运用。

用 AutoCAD 绘制装配图，是对制图知识、投影理论和 AutoCAD 二维绘图功能的综合运用。只有对制图知识和投影理论掌握得好，二维绘图功能运用得活，才能又快又好地绘制出装配图。绘制者应多实践，总结出行之有效的简便快速的绘图方法。

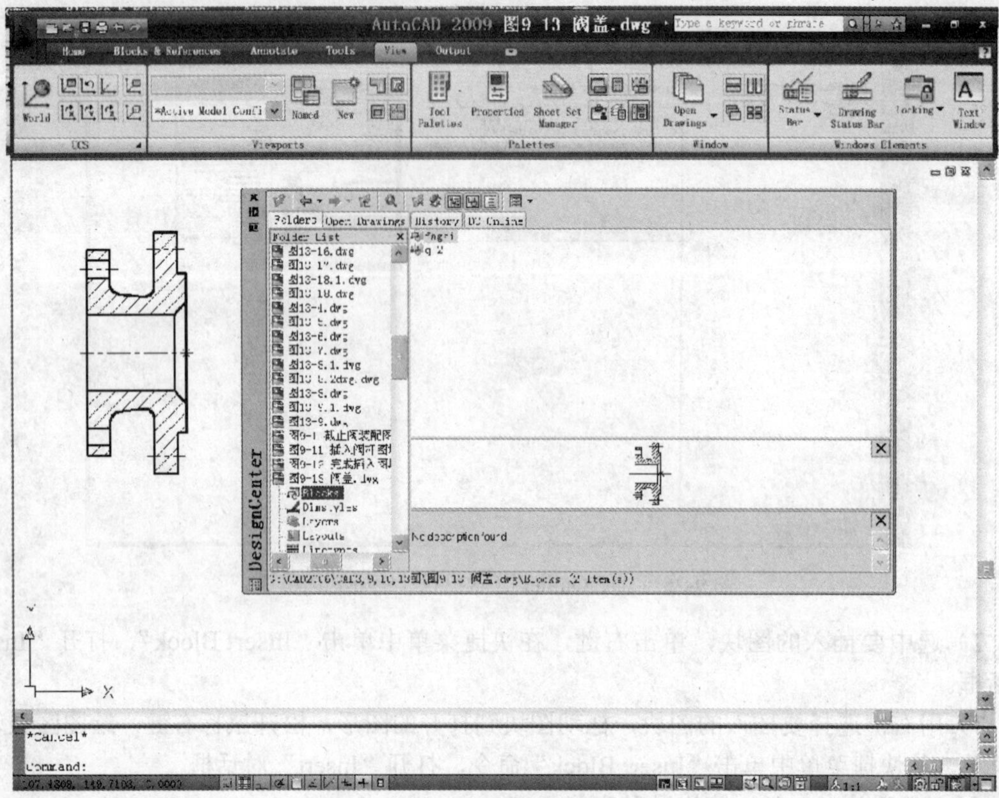

图 9-26　利用设计中心插入阀盖

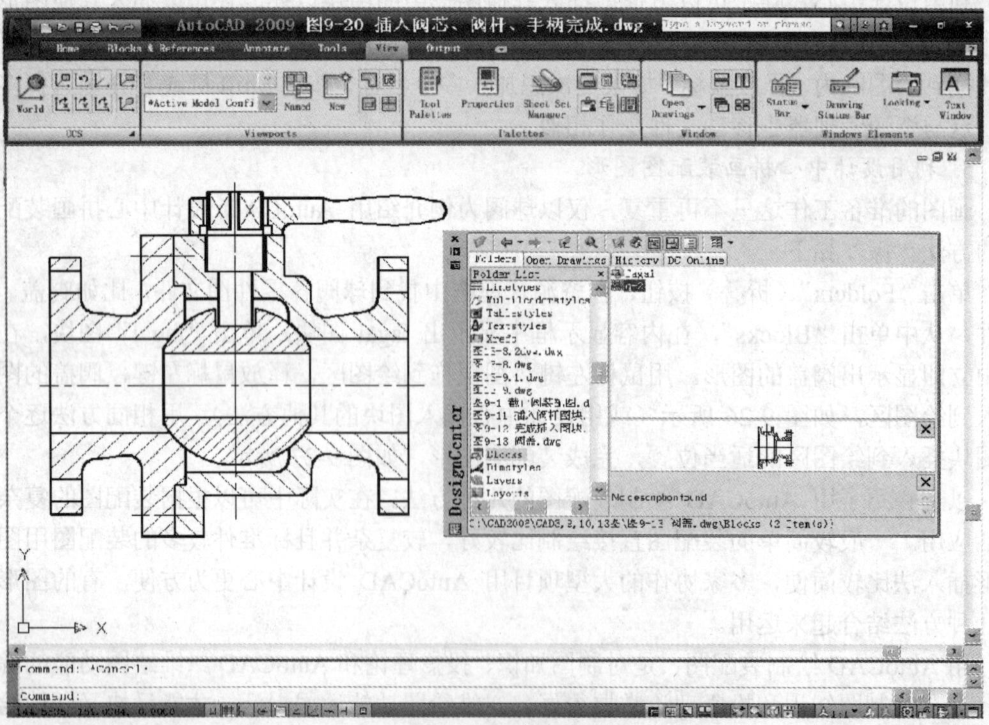

图 9-27　完成装配图

第 3 篇　AutoCAD 2009 三维几何造型及其二维图的自动生成

第 10 章　三维几何造型基础

10.1　三维几何造型的概念及用途

用计算机直接绘制三维图形的技术称为三维几何造型。三维几何造型在机械、建筑、服装、三维动画、广告设计等方面有着广泛的用途。在 CAD/CAM 中主要有如下用途：

1）直观表达机件的立体形状，或直接由三维图形生成投影图（视图、剖视图）或透视图，如零件图或装配图等。

2）随时显示零件的形状，并能利用剖切来检查机件的壁厚、孔深等。检查装配干涉，对传动机构进行传动模拟，自动计算三维图形所表达物体的体积、面积、重心、惯性矩等。

3）进行数控自动编程、刀具轨迹仿真、加工工艺设计等。

4）进行装配规划、机器人视觉识别、机器人运动学及动力学分析等。

根据构造方法及其在计算机内的储存形式的不同，三维几何模型分为三种模型：线框模型（Wireframe Model），如图 10-1a 所示；表面模型（Surface Model），如图 10-1b 所示；实体模型（Solid Model），如图 10-1c 所示。线框模型是三维物体的轮廓描述，它由三维的直线和曲线组成，不含面的信息；表面模型是用物体的表面描述三维物体，表面模型比线框模型进了一步，它不仅包括线的信息，而且包括面的信息，因而可以解决与图形有关的大多数问题，例如消隐、着色、计算表面积、求两表面的交线、生成数控刀具的运动轨迹等。表面模型特别适合于构造复杂的曲面立体模型，如模具、汽车、飞机等复杂零件的表面；但由于表面模型中没有体的信息，因而不能作布尔运算（布尔运算为对象间的相加、相减和求交集）。实体模型是三种模型中最高级的一种，它包括了线、面、体的全部信息，因而，各实体对象间可以进行各种布尔运算，从而创建各种复杂的实体对象。尽管可以用 AutoCAD 创建所有三种类型的模型，但三种模型通常都以线框模型方式显示。

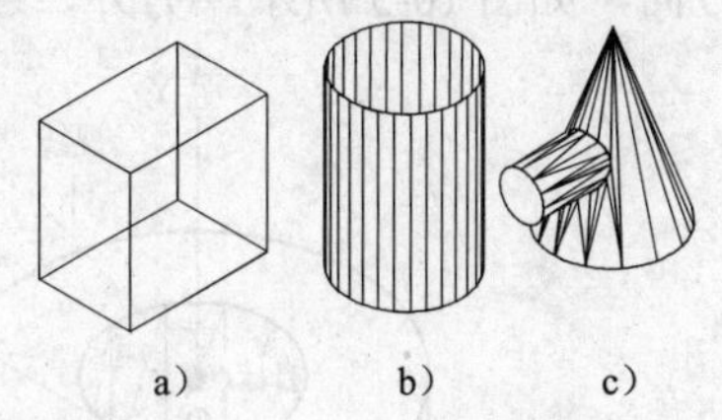

图 10-1　三种方式创建三维模型

10.2　观察三维图形

在绘制三维图形的过程中，常需要从不同的方向观察图形。AutoCAD 默认的观察方向与

Z 轴重合，因而看不见物体的高度，所见的视图是模型在 XY 平面内的视图，即 AutoCAD 的默认视图是 XY 平面视图（简称平面视图）。用三维立体图表达物体各个方向的立体形状时，绘图者和看图者就需要经常改变图形的观察方向，以便从不同的方向绘制或观察物体。AutoCAD 预设置的 10 个特殊的图形观察方向，如图 10-2 所示。

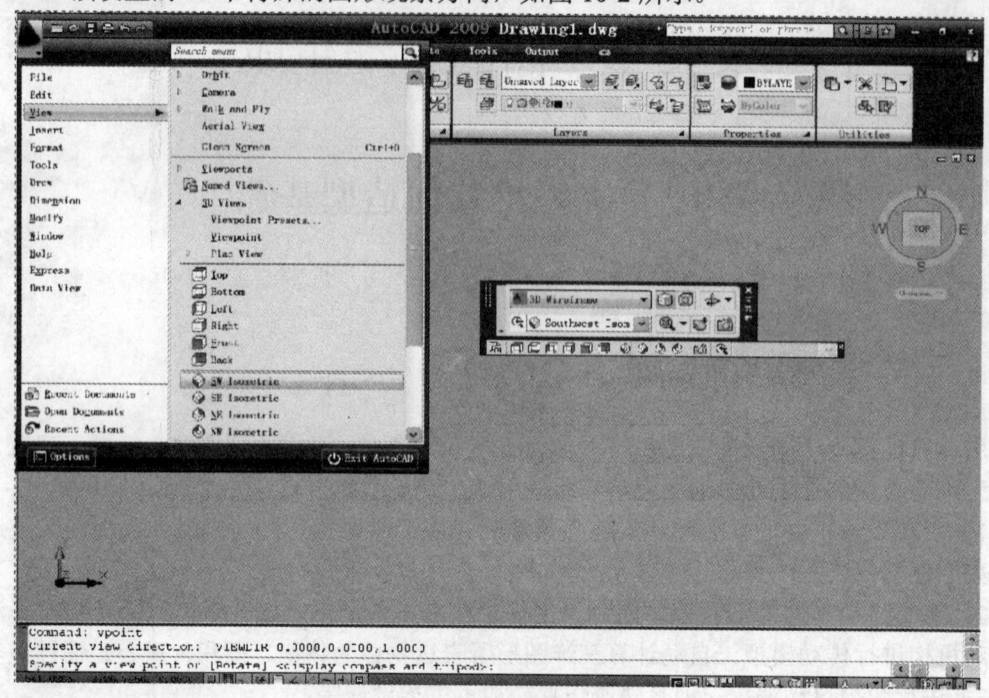

图 10-2　10 种预设的图形观察方向

10.2.1　视点（VPOINT）命令

在绘制三维图形时，首先要了解几个基本概念，它们分别是视点、目标点、视线。

1）视点：指在三维空间中观察三维模型的那个位置，也就是眼睛所在的位置。

2）目标点：当观察三维对象时，眼睛聚焦到一个清晰点上，此点就是目标点。

3）视线：这是一条假想的直线，它将视点与目标点连接起来。

利用 VPOINT 命令，能直接输入视点的 X、Y、Z 坐标或指定视线的角度来确定观看的方向，如图 10-3 所示。另外，还能采用罗盘方式定义视点，如图 10-4 所示。

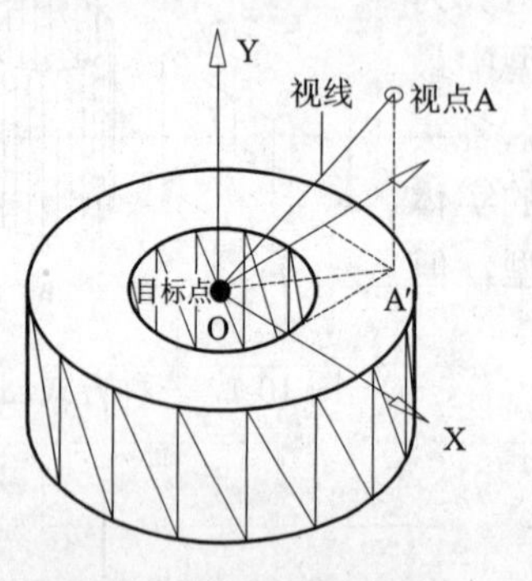

图 10-3　视点及目标点

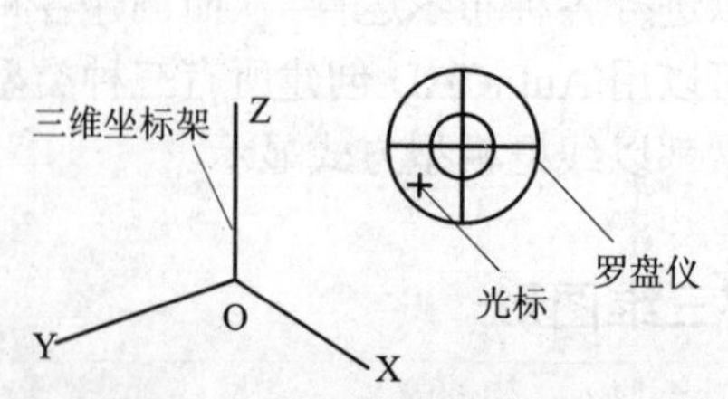

图 10-4　罗盘及三维坐标架

Command：VPOINT↙

Specify a view point or [Rotate]

<display compass and tripod>:

各选项使用说明如下：

1）Specify a view point: 直接输入视点的 X、Y、Z 坐标值，视点与目标点的连线就是视线，如图 10-3 所示。

2）Rotate：选择 R 选项后提示如下：

Enter angle in XY plane from X axis <270>:（输入视线在 XY 平面内的投影与 X 轴的夹角）

Enter angle from XY plan <90>:（输入视线与 XY 平面的夹角）

3）Display compass and tripod：直接回车后，显示如图 10-4 所示的罗盘及三维坐标架。在罗盘内移动十字光标，三维坐标轴将转动，表示正沿着不同的视线方向进行观察，光标处于罗盘的不同位置，相应视点的方位也就不同。

1. 利用罗盘改变视点（图 10-5）

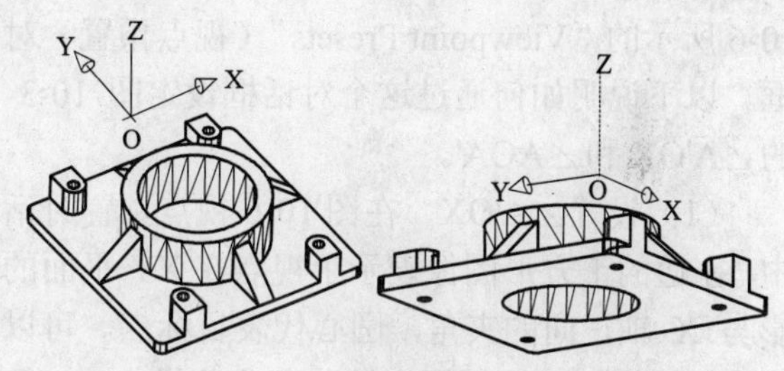

图 10-5　利用罗盘改变视点

罗盘是三维空间的二维表示，它定义了视线与 XY 平面的夹角及视线在 XY 平面的投影与 X 轴的夹角。三维坐标架的原点相当于地球球心，罗盘中心相当于北极，内圆相当于赤道，外圆相当于南极。罗盘的中心表示 Z 轴投影后的集聚点，若选择罗盘的中心点，则视点位于 Z 轴的正方向，观察方向正好垂直于 XY 平面。罗盘内环表示视线与 XY 平面的夹角在 0°～90°之间，即视点在 Z 轴正方向一边。罗盘外环表示视线与 XY 平面的夹角在 0°～−90°之间，即视点在 Z 轴负方向一边。若选择罗盘内圆上的点，则视线与 XY 平面的夹角等于 0°；若选择罗盘外圆上的点，则视点位于 Z 轴的负方向，视线垂直于 XY 平面。在罗盘中将光标移到合适位置后，按“回车”键，AutoCAD 就按设定的视点显示 3D 视图。虽然通过罗盘并不能获得极为精确的视点，但非常直观。因为在视点调整的过程中，读者可以看到三维坐标架的状态，而它的状态就表示了 3D 视图中 WCS 或 UCS 坐标系的状态。

2. 快速选择特殊视点

1）单击“菜单浏览器”，在弹出的菜单中选择 View→3D Viewpoint 中的各选项可快速选择特殊视点。这些选项所对应的特殊视点见表 10-1。

表 10-1　菜单选项所对应的特殊视点

菜 单 选 项	特殊视点	菜 单 选 项	特殊视点
Top（俯视图）	0，0，1	Back（后视图）	0，1，0
Bottom（仰视图）	0，0，−1	SW Isometric（西南等轴测）	−1，−1，1
Left（左视图）	−1，0，0	SE Isometric（东南等轴测）	1，−1，1
Right（右视图）	1，0，0	NE Isometric（东北等轴测）	1，1，1
Front（主视图）	0，−1，0	NW Isometric（西北等轴测）	−1，1，1

2）Command: VPOINT↙

Specify a view point or [Rotate]<display compass and tripod>: 键入表 10-1 中的视点值↙

3）Command: 单击 View（视图）工具栏图标。

3. 视点选择对话框（DDVPOINT）命令

Standard 工具条的“Named Views”提供的 10 种标准视点仅与 WCS 坐标系有关，而不适用于 UCS 坐标系。利用 DDVPOINT 命令可以相对于 WCS 坐标系和 UCS 坐标系设置所需的视点，如图 10-3 所示。A 点代表视点，A'表示视点在 XY 平面上的投影，O 点表示被观察的目标点，AO 直线表示观察方向（视线）。显然，确定视点 A 需要两个角度：一个是 A 点在 XY 平面上的投影与 X 轴的夹角∠A'OX；另一个是视线 AO 与平面 XY 的夹角∠AOA'，这两个角度的组合就决定了观察者相对于目标点的位置。

Command: DDVPOINT（或别名 vp）↙

键入 DDVPOINT 命令后，系统将弹出如图 10-6 所示的“Viewpoint Presets”（视点预置）对话框。以下说明如何通过这个对话框设定图 10-3 中的∠A'OX 和∠AOA'。

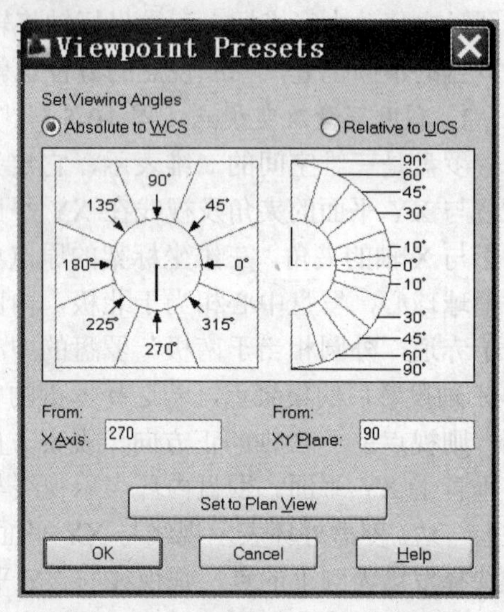

图 10-6 “Viewpoint Presets”视点预置对话框

（1）设置∠A'OX　在图 10-6 视点预置对话框中，左边的正方形图像表示了视点在 XY 平面的投影与 X 轴正向的夹角，圆心代表目标点。可以在“From X Axis”编辑框中输入角度值设定∠A'OX。当在圆内单击一点时，则∠A'OX 由此点在圆内的位置决定；若在圆外单击一点，则∠A'OX 由圆外区域中指定的角度值决定。

（2）设置∠AOA'　在图 10-6 视点预置对话框中，右边的半圆图像表示了视线与 XY 平面的夹角。调整方法与上述过程类似，这里不再重复。

在默认情况下，“Absolute to WCS”选项是选中的，表明设定的∠A'OX 和∠AOA'是相对于 WCS 坐标系，要想相对于 UCS 坐标系设定角度，就必须单击“Relative to UCS”按钮。

（3）如果想生成平面视图，单击该对话框中的按钮 Set to Plan View，就获得了 XY 平面内的平面视图，即视线方向垂直于 XY 平面（∠A'OX 和∠AOA'重新分别设为 270°、90°）。

10.2.2　多视窗设置

视窗是 AutoCAD 在屏幕上用于显示图形的一个区域，默认状态下把整个绘图区域作为一个视窗，可通过视窗观察和绘制图形；也可根据需要把一个绘图区域分成几个视窗，在各个视窗中设置不同的视点，从而可以更加全面地观察物体。如图 10-7 所示的屏幕就被分割成 3 个视窗。

1. 模型空间和图纸空间

（1）模型空间　AutoCAD 有两个绘图空间。它们是模型空间（Model）和图纸空间（Paper space）。大多数绘图和设计都是在模型空间进行的。模型空间可以让一个空间物体从不同的角度去观察和构造，且观察是全方位的。这种全方位的观察可能是操作者围绕着物体转（设置不同的观察点），也可能是物体在操作者的眼前转动（设置 UCS plan 观察平面）。

（2）图纸空间　如果将在模型空间中从不同方向观察到的物体视图，放置在同一个平面上，如同一张工程图样那样划分为主视图、俯视图和左视图等，这个平面就是图纸空间。

模型空间和图纸空间可以互相切换。切换时只需单击状态栏上的 Model 或 Layout 切换按钮即可。

2. 在模型空间设置多视窗

在模型空间设置多视窗，其根本目的是为了在三维图形的绘制中全面地观察物体，而无需反复更改视点的位置，如图 10-7 所示。在模型空间中，任何一个视窗都是不能被移动和复制的，这是它与图纸空间多视窗的根本区别。

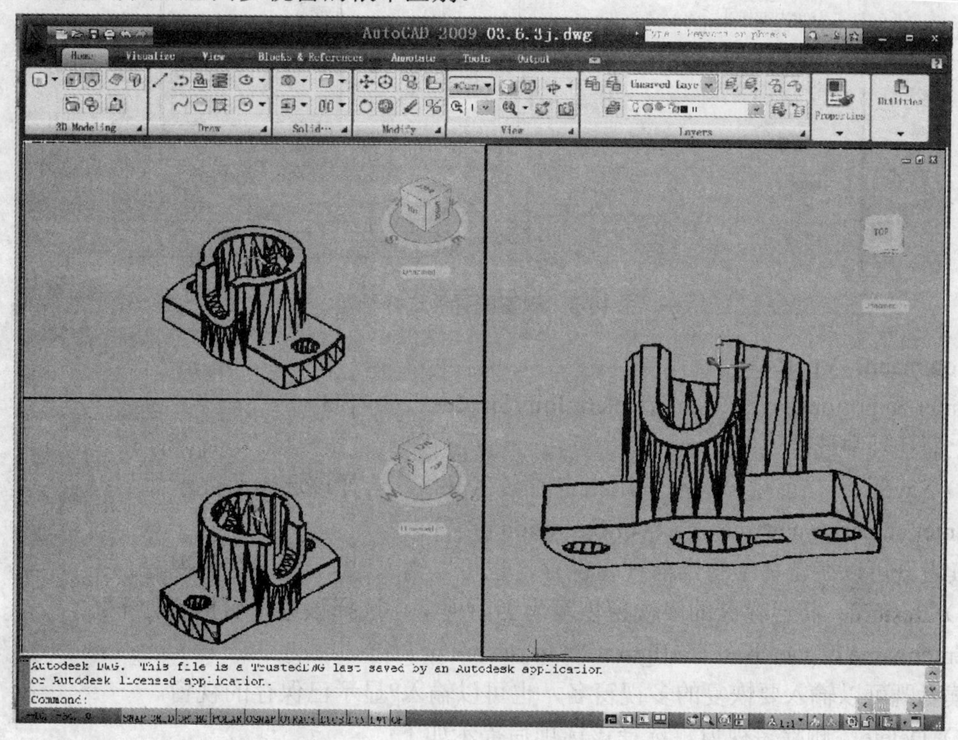

图 10-7　在绘图区域设置 3 个视窗

模型空间中设置多视窗的方法：一种是对话框方式，一种是命令行方式。下面分别介绍。

（1）对话框方式

1）单击菜单浏览器按钮，在弹出的菜单中选择 View（菜单）→Viewports（视口）→“New Viewports”→在对话框中进行多视窗设置选择；或单击 View（菜单）选项卡，在弹出的 Viewports（视口）选项面板中，单击图标，在对话框中进行多视窗设置选择。

2）Command: Vports↙（在命令行键入 Vports 多视窗命令），打开 Viewports 对话框，如图 10-8 所示。在该对话框中进行多视窗设置极为方便。

3）单击 View（菜单）选项卡，在弹出的 Viewports（视口）选项面板中，单击*Active Model Configuration*（活动模型配置）。

（2）命令行方式　使用对话框方式进行多视窗设置虽然直观、简便，但不能对所设定的视窗配置进行存储（Save）、调用（Restore）和删除（Del）等操作，因此并不完美。如果想对已配置好的多视窗进行以上操作，就需要使用命令行方式。具体操作为：

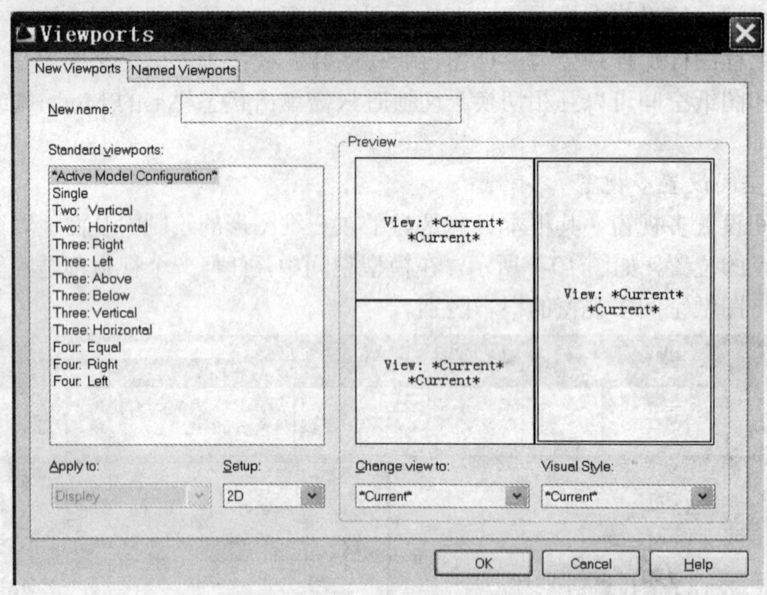

图 10-8　视窗配置的选择预览

Command: -Vports↙

Enter an potion[Save/Restore/Delete/Join/Single/?/2/3/4]<3>:

上面括号中选项说明如下：

1）Save：将当前视窗的配置用指定的名字保存。选择该选项后提示如下：

Enter name for new viewport configuration or [?] :

读者既可以确定名字将当前视窗保存，也可以输入?显示已保存的视窗。

2）Restore：将已存储的多视窗恢复为当前视窗。选择该选项后提示如下：

Enter name of viewport configuration to restore or [?] :

读者既可以输入要恢复的多视窗名，也可以输入?显示已保存的视窗。

3）Delete：删除多视窗。选择该选项后提示如下：

Enter name(s) of viewport configurations to delete <none> :

在该提示下，直接输入视窗名，则 AutoCAD 会自动删除该视窗，同时 AutoCAD 给出如下信息：

Delete one viewport configurations.

4）Join：把两个邻近的视窗合并。

5）Single：将整个图形转换为单一的视窗中的视图。

6）?：查询视窗配置的属性。AutoCAD 将列出当前设置下所有视窗的属性，包括每个视窗的大小、位置等，当前视窗最先列出。

7）2/3/4：这 3 个选项分别把当前视窗分割成 2、3、4 个视区。图 10-9 为用 Vports 设置的 3 个视窗。

注意：将绘图区域设置为多视窗后，在不同的视窗中可以设置不同的视点，但不能自动生成不同的剖视图，如图 10-7 所示。

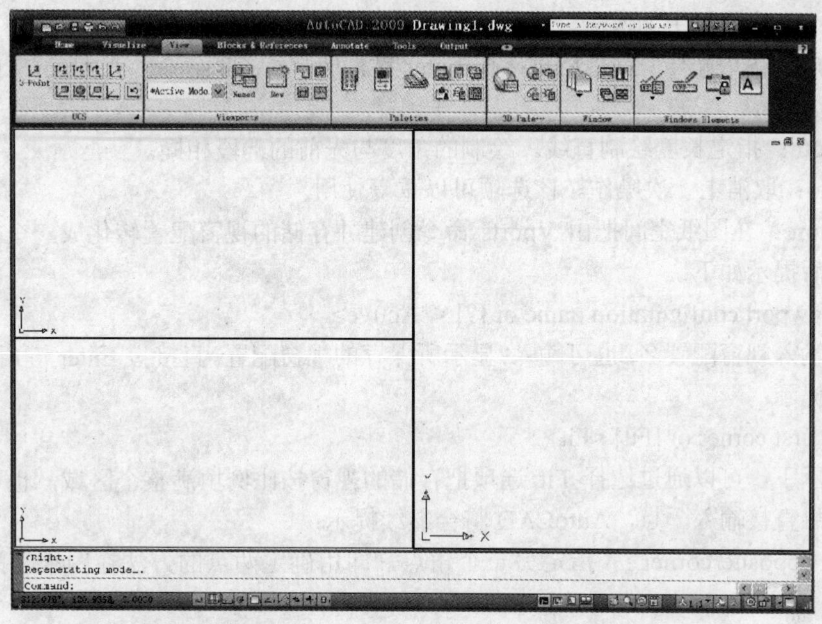

图 10-9　用 Vports 设置 3 个视窗

3. 在图纸空间设置多视窗

可以通过如下两种方法在图纸空间设置多视窗。

1）单击菜单浏览器按钮，在弹出的菜单中选择 View 菜单→Viewports（视口），或单击 View（菜单）选项卡，在弹出的 Viewports（视口）选项面板中，单击图标，进行多视窗设置选择。

2）键盘输入 Mview↙。

用上述两种方法中任一种输入命令后，将得到如下提示：

Specify corner of viewport or[ON/OFF/Fit/Shadeplot/Lock/Object/Polygonal/Restore/LAyer/2/3/4] <Fit>:

上面括号中选项说明：

1）ON/OFF：打开或关闭视窗。关闭的视窗虽不参加重新生成视图的 Regen 命令，但可以提高绘图速度。在一个关闭的视窗中，不能直接回到模型空间。只有利用 ON 打开关闭的视窗，才能返回到模型空间。

2）Fit：建立一个布满屏幕的视窗。

3）Shadeplot：着色打印。

4）Lock：锁定选取的视窗。

5）Object：选取一个封闭多义线、矩形、椭圆、圆等封闭的，而且至少有三个顶点的实体去构成视窗。

6）Polygonal：指定多个点来创建一个不规则的多边形。选择该选项后提示如下：

Specify start point :（指定一点）

Specify next point or [Arc/Close/Length/Undo] :

下面介绍提示行中各选项的含义：

① Arc：在多边形中加入一段弧，具体操作与画弧（Arc）一样。

② Close：至少输入 3 点之后直接按 Enter 键，即执行 Close 命令，AutoCAD 会自动生成封闭的多边形。

③ Length：指定长度绘制直线。绘制的角度与先前的一段相同。

④ Undo：取消上一次操作。该选项可以重复使用。

7）Restore：在图纸空间把由 Vports 命令创建并存储的视窗配置转化成一个视窗对象。选择该选项后提示如下：

Enter viewport configuration name or [?] <*Active>

此时可输入视窗配置名，也可输入?显示所保存的视窗配置。直接按 Enter 键后，AutoCAD 将会有如下提示：

Specify first corner or [Fit] <Fit> :

在该提示下，可以通过选择 Fit 选项把存储的视窗按比例填满整个区域，也可以直接输入一点。如果直接输入一点，AutoCAD 将会继续提示：

Specify opposite corner :（指定另一个角点，即用确定两点的方法在图纸空间内确定视窗）

8）Layer：是否将视口图层特性替代重置为全局特性。

9）2/3/4：这 3 个选项分别把当前视窗分割成 2、3、4 个视区。图 10-10 为将当前视窗分成 4 等分。

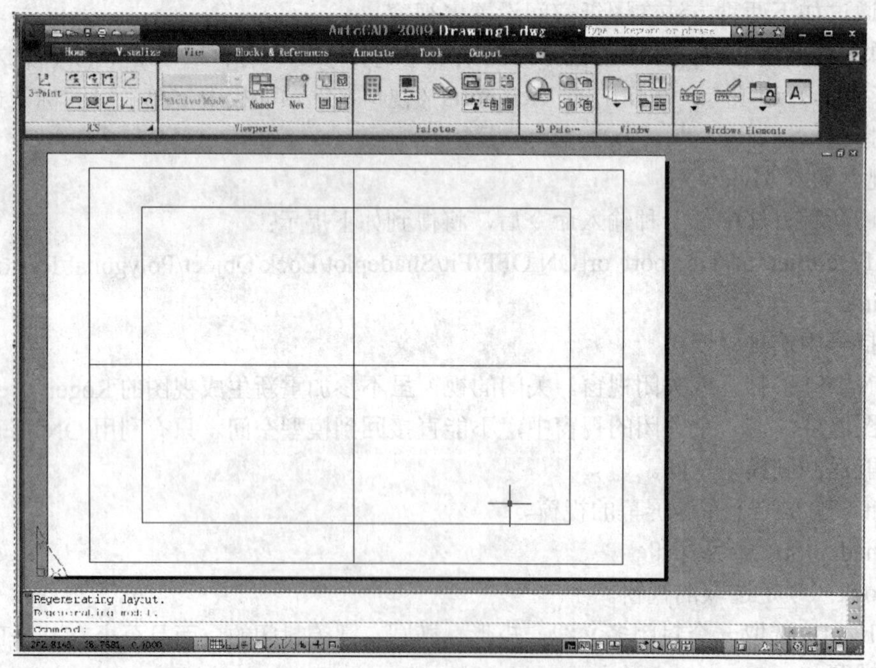

图 10-10　将当前视窗分成 4 等分

10.3　坐标系

AutoCAD 的坐标系分为世界坐标系和用户坐标系两种。绘制二维图形主要用世界坐标系，绘制三维图形主要用用户坐标系。

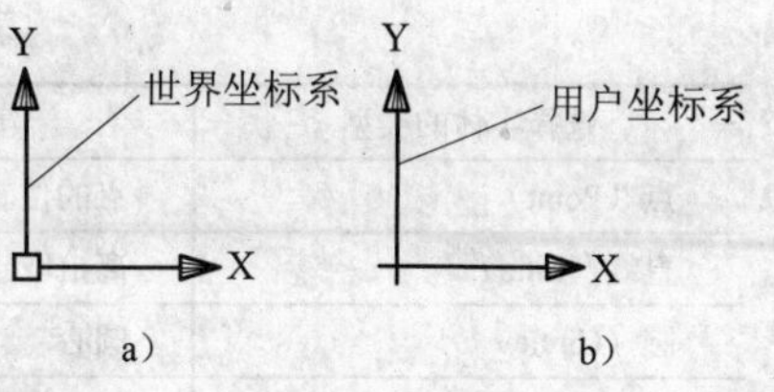

图 10-11　坐标系的图标

10.3.1　世界坐标系

AutoCAD 自动设置的坐标系是世界坐标系，其图标如图 10-11a 所示。

世界坐标系（World Coordinate System），又叫通用坐标系。在该坐标系中，横向为 X 轴，纵向为 Y 轴，Z 轴的方向由屏幕指向操作者，坐标原点在屏幕左下角，这些都是固定不变的，因而又叫绝对坐标系。

10.3.2　创建与使用用户坐标系

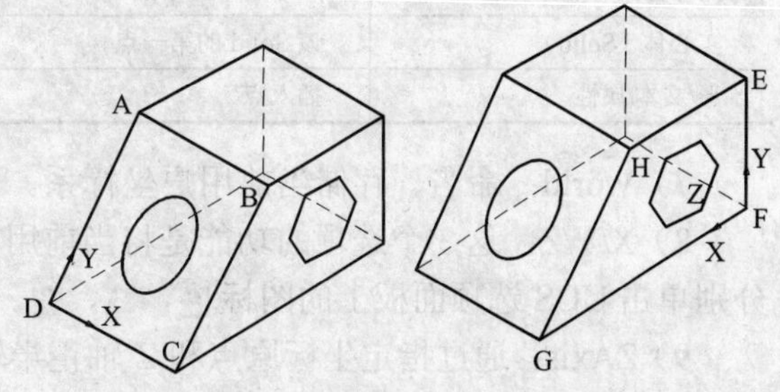

图 10-12　建立用户坐标系实例

由于世界坐标系是唯一的、固定不变的，在绘制三维图形时非常不便。例如要在图 10-12 所示的 ABCD 平面内画一圆，如果在世界坐标系内操作是非常繁琐的，因为该圆在世界坐标系中的形状是一个椭圆。但 AutoCAD 允许建立自己的坐标系——用户坐标系（UCS），读者可将 UCS 的坐标原点放在任何位置，坐标轴可以倾斜任意角度。例如要在图 10-12 所示的 ABCD 平面内画一个圆，只要建立图 10-12 所示的用户坐标系，就可以直接调用画圆命令，画出该圆。

（1）创建用户坐标系　在 AutoCAD 中单击菜单浏览器按钮，在弹出的菜单中选择"Tools"→"New UCS"命令的子命令；或单击 View（菜单）选项卡，在弹出的 UCS 选项面板中，都可以方便地创建 UCS。如单击 UCS 选项面板上的图标，AutoCAD 会有如下提示：

Current ucs name:　*WORLD*（当前坐标系是世界坐标系）

Specify origin of UCS or [Face/NAmed/OBject/Previous/View/World/X/Y/Z/ZAxis]

<World>: _3

3point：三点建立新的用户坐标系。这三点分别是坐标原点、X 轴正半轴上的一点、XY 平面内 Y 轴正半轴上的任意点。

上面各选项说明如下：

1）Specify origin of UCS：默认选项，将坐标原点移到读者指定的点上，坐标轴的方向保持不变。可单击 UCS 选项面板上的图标。

2）Face：使新建用户坐标系的 XY 面平行于选择的平面。可单击 UCS 选项面板上的图标。

3）NAmed：管理已定义的用户坐标系。可单击 UCS 选项面板上的图标。

4）OBject：指定一个实体建立新的用户坐标系。新坐标系的 Z 轴与所选定实体的 Z 轴相同，坐标原点与 X 轴的正向取法见表 10-2。Y 轴方向由右手定则确定。也可分别单击 UCS 选项面板上的图标。

5）Previous：返回上一用户坐标系。可单击 UCS 选项面板上的图标。

6）View：使新建用户坐标系的 XY 面垂直于图形观察方向。可单击 UCS 选项面板上的图标。

表 10-2　坐标原点及 X 轴的正向

选择实体的类型	新建坐标系原点	新建坐标系 X 轴的正向
点（Point）	点的位置	任意
直线（Line）	离拾取点最近的端点	沿直线指向，离拾取点最远的点
圆（Circle）	圆心	从圆心指向离选择圆时的拾取点
圆弧（Arc）	圆心	从圆心指向离选择圆时，距拾取较近的圆弧端点
二维多义线（Polyline）	多义线的起点	从起点指向下一个顶点
三维面（3Dface）	三维面的第一个点	X 轴：从第一点指向第二点，Y 轴：一点指向四点
尺寸标注（Dimension）	尺寸文本的中点	X 轴平行于标注该尺寸文字时 UCS 的 X 轴方向
实心体（Solid）	该 Solid 的第一点	从第一点指向第二点
形/文本/属性	插入点	沿着原 UCS 的 X 轴方向

7）World：命名、存储当前用户坐标系。可单击 UCS 选项面板上的图标。

8）X/Y/Z：这 3 个选项的功能是将当前用户坐标系绕 X、Y 或 Z 轴旋转一定的角度。可分别单击 UCS 选项面板上的图标、、。

9）ZAxis：通过指定坐标原点和 Z 轴正半轴上的一点，建立新的 Z 轴方向。可单击 UCS 选项面板上的图标。选择该选项后提示如下：

Specify new origin point <0,0,0>:（输入新 UCS 的原点位置）

Specify point on positive portion of Z-axis <0.0000,0.0000,1.0000>:（输入新 UCS 的 Z 轴正方向上的一点）

（2）使用正交 UCS　单击 UCS 选项面板上的图标，可调用正交坐标系，如图 10-13 所示。

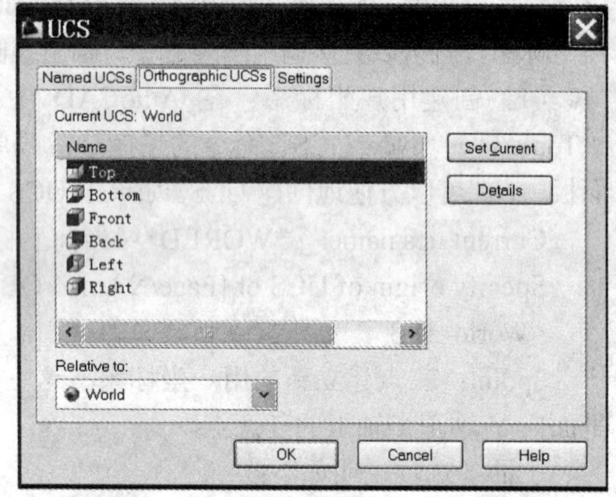

图 10-13　命名 UCSIcon 对话框

10.3.3　坐标系图标显示控制

命令：UCSICON

1. 功能

控制坐标系图标的可见性和位置。

2. 操作格式

Command:UCSICON↙

Enter an option [ON/OFF/All/Noorigin/ORigin/Properties] <ON>:

上面括号中选项说明：

1）ON：在绘图屏上显示坐标系图标。

2）OFF：在绘图屏上不显示坐标系图标。

3）All：如果当前图形屏幕上有多个视窗，则在各个视窗中均显示图标。

4）Noorigin：将坐标系图标显示在屏幕的左下角。

5）ORigin：将坐标系图标显示在当前 UCS 的原点位置。

说明：如果当前 UCS 原点位于绘图屏幕之外，或者坐标系图标放在原点时被视窗剪切，则图标显示在绘图屏幕的左下角。

6）Properties：调用 UCSIcon 对话框设置坐标系图标的显示样式、大小以及颜色等特性，如图 10-14 所示。

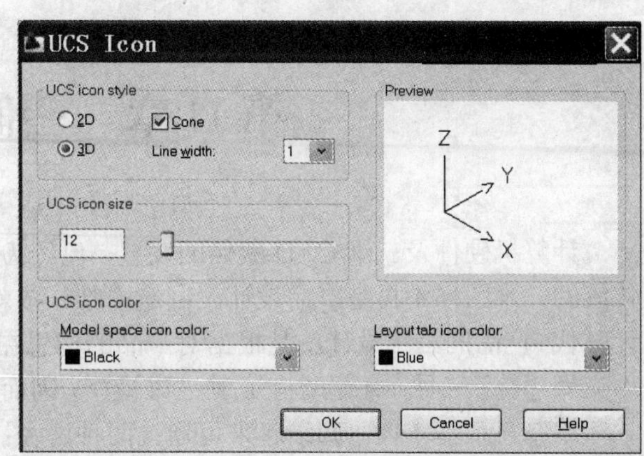

图 10-14　UCSIcon 显示对话框

10.3.4　设置 UCS 平面视图

命令：Plan

1. 功能

设置 UCS 坐标平面视图，即以平面视图（视点为（0，0，1））方式观察视图。可以选择多种坐标系下的平面视图，如当前 UCS、命名保存的 UCS 或 WCS 等。

2. 操作格式

Command : Plan↙

Enter an option [Current ucs/Ucs/World] <Current>:

上面括号中选项说明：

1）Current ucs：表示将在当前视口中重新生成相对于当前 UCS 的平面视图。

2）Ucs：表示恢复命名存储的 UCS 平面视图。

3）World：重新生成相对于 WCS 的平面视图。

10.4　消隐

命令：Hide（或单击菜单浏览器按钮，在弹出的菜单中选择“View”（菜单）→“Hide”）

1. 功能

AutoCAD 重新生成图形，生成后不显示被前面对象挡住的隐藏线。

2. 操作格式

Command : Hide↙

执行 Hide 消隐命令后，绘图窗口将暂时无法使用 Zoom（缩放）和 Pan（平移）命令。直到单击菜单浏览器按钮，在弹出的菜单中选择“View”（菜单）→“Regen”（重生成）命令重生成图形为止。如对图 10-15 执行 Hide 命令，结果如图 10-16 所示。

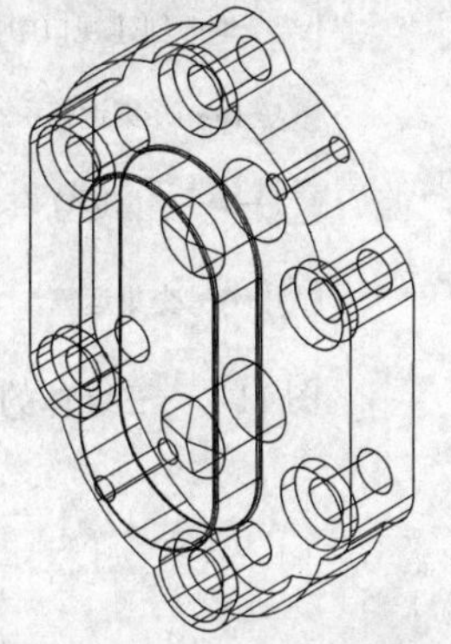

图 10-15　执行消隐命令前的图形

图 10-16　执行消隐命令后的图形

第11章 三维实体造型

计算机硬件及三维 CAD 软件的发展，已经为现代设计表达方法提供了良好的设计环境。传统的二维图样不再是产品设计、制造中唯一依赖的技术文件，设计将进入到产品的三维设计时代。产品的三维设计就是根据对产品的构思在计算机上建立相关的基本体，并通过“并”、“交”、“差”三种布尔运算建立其三维模型，因而基本体是复杂产品三维设计的基础和关键。

绘制三维基本体，归纳起来可通过两种途径：一种是直接输入基本立体的控制尺寸，由 AutoCAD 的相关函数自动生成；另一种是由二维图形以旋转或拉伸等方式生成。

11.1 绘制三维基本体素（Primitives）

本节将介绍如何绘制三维基本体素，墙体（Polysolid）、长方体（Box）、楔形块（Wedge）、圆锥体（Cone）、球体（Sphere）、圆柱体（Cylinder）、圆环体（Torus）、棱锥体（Pyramid）、弹簧体（Helix）等都是三维实体造型中的基本体素。图 11-1 是三维基本体素工具栏。图 11-2 是三维体的操作及布尔运算。

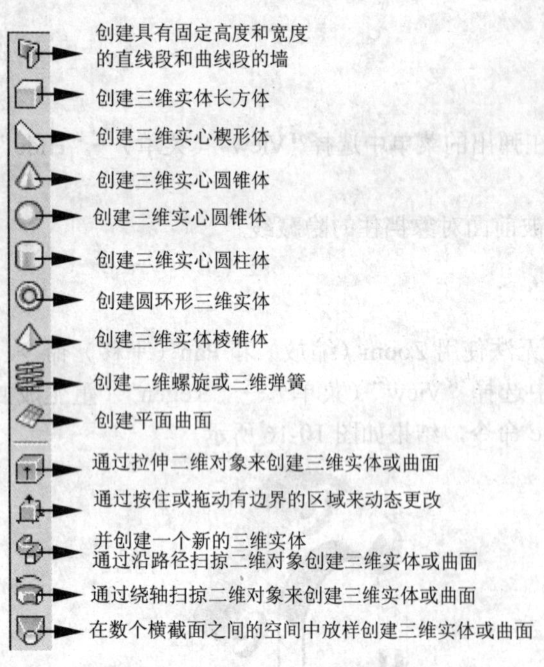

图 11-1 三维基本体素工具栏

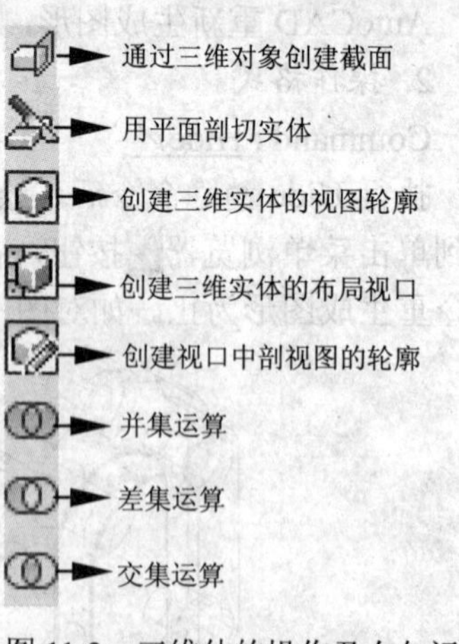

图 11-2 三维体的操作及布尔运算

11.1.1 长方体（Box）命令

1. 功能

创建长方体。

2. 操作

单击 Box 命令图标。

Specify corner of box or [Center]:

生成如图 11-3 所示长方体的方法如下：

1）输入长方体底面点 A 的三维坐标，再输入长方体对角线上的顶点 C 的三维坐标。

2）输入长方体底面的角点 A 的三维坐标，再输入长方体底面对角线上的角点 B 的三维坐标，再输入长方体的高 H。

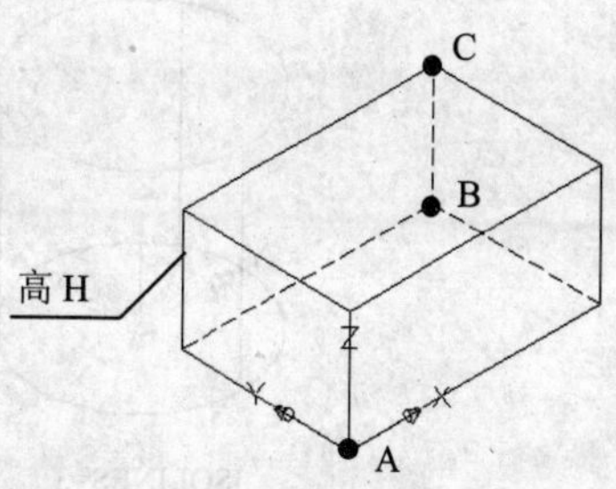

图 11-3 画长方体方法

3）选择选项 Center，输入长方体中心点的三维坐标，再输入长方体底面对角线上的角点 A 的三维坐标，再输入长方体的高 H。

11.1.2 圆柱体（Cylinder）命令

1. 功能

创建圆柱体或椭圆形柱体。

2. 操作

单击 Cylinder 命令图标后提示：

Specify center point of base or [3P/2P/Ttr/Elliptical]:

上面各选项说明如下：

（1）Specify center point of base　此提示要求确定圆柱体基面的中心点位置。读者响应后，AutoCAD 提示：

Specify base radius or [Diameter]:（输入圆柱体基面半径或直径）

Specify height or [2Point/Axis endpoint]<　>:

三选项使用说明如下：

1）Specify height：此提示要求指定圆柱体的高度，即根据高度创建圆柱体。读者响应后，即可绘出圆柱体，如图 11-4 所示。

2）2Point：此提示要求指定两点以确定圆柱的高度。

3）Axis endpoint：此提示要求确定圆柱另一端的中心位置，读者响应（先选择“A”，然后给出圆柱体另一端中心坐标）后，即可画出轴线为三维空间中任意位置的圆柱。

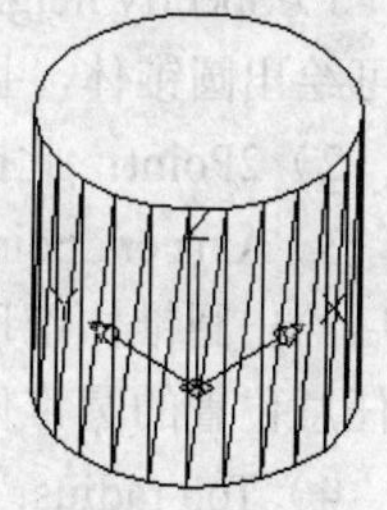
图 11-4 圆柱体

（2）Elliptical　创建椭圆柱体。执行该选项后，AutoCAD 提示：

Specify endpoint of first axis or [Center]:

该项提示要求确定基面上椭圆形状，其操作过程与绘制椭圆相似，不再介绍。

（3）3P/2P/Ttr　要求确定基面上圆的大小，其操作过程与绘制圆相似，不再介绍。

说明：系统变量 ISOLINES 影响圆柱体的显示效果，其值越大，网线越密。图 11-5 给出了系统变量为 3、6、9 圆柱体的显示结果。

例　设置圆锥的线框密度为 20。

操作步骤如下：

Command: ISOLINES↙

Enter new value for ISOLINES<4>: 20↙结果如图 11-6 所示。

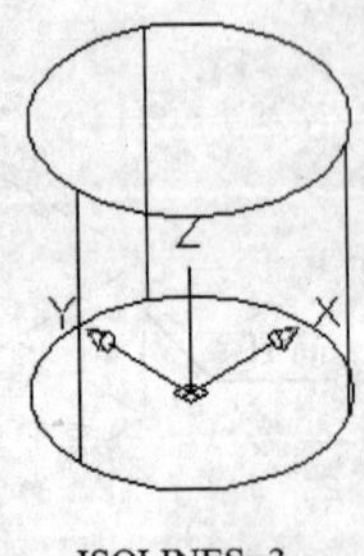

ISOLINES=3

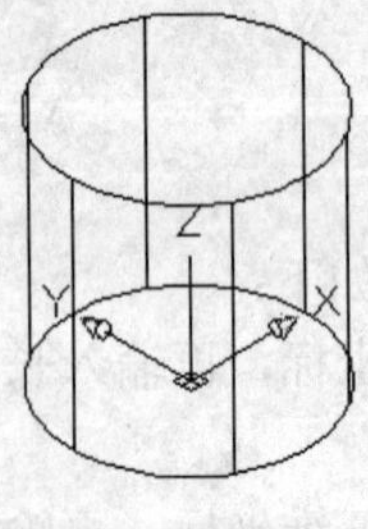

ISOLINES=6

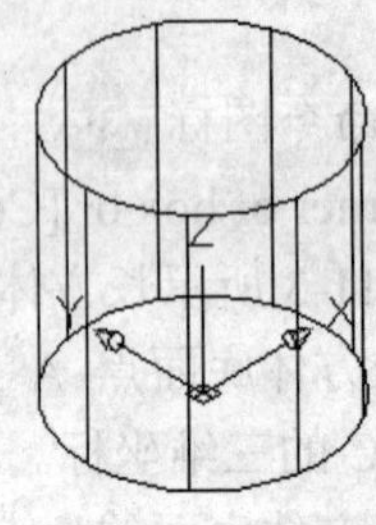

ISOLINES=9

图 11-5　系统变量 ISOLINES 为不同值时的圆柱体实体

11.1.3　圆锥体（Cone）命令

1. 功能

创建如图 11-6 所示的圆锥体或椭圆形锥体实体。

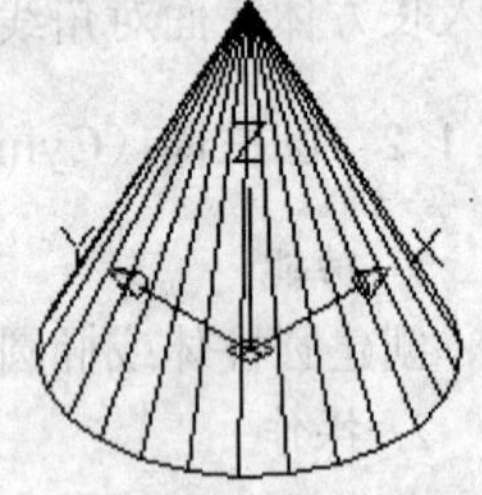

图 11-6　圆锥体

2. 操作

单击 Cone 命令图标后提示：

Specify center point of base or [3P/2P/Ttr/Elliptical]:

上面选项说明如下：

（1）Specify center point of base　此提示要求确定圆锥体基面的中心点位置，回车为取默认值。读者响应后，AutoCAD 提示：

Specify base radius or [Diameter] <100.0000>:（输入圆锥体基面半径或直径）

Specify height or [2Point/Axis endpoint/Top radius] <90.2116>:

四选项使用说明如下：

1）Specify height：此提示要求指定圆锥体的高度，即根据高度创建圆锥体。读者响应后，即可绘出圆锥体，且圆锥体的轴线与当前 UCS 的 Z 轴平行。

2）2Point：此提示要求指定两点以确定圆锥的高度。

3）Axis endpoint：此项提示要求确定圆锥体的锥顶点的位置，读者响应后（先选择"A"，然后给出圆锥体锥顶的三维坐标），即可画出轴线（圆锥底圆中心与锥顶的连线）为三维空间中任意位置的圆锥体实体。

4）Top radius：此项提示可以绘制圆台，具体操作如下：

Specify height or [2Point/Axis endpoint/Top radius]: T↙

Specify top radius <0.0000>: 输入圆台顶圆半径↙

Specify height or [2Point/Axis endpoint]: 输入圆台高度↙

（2）Elliptical　创建椭锥体。执行该选项后，AutoCAD 提示：

Specify endpoint of first axis or [Center]:

该项提示要求确定基面上椭圆形状，其操作过程与绘制椭圆相似，不再介绍。确定椭圆形状后，AutoCAD 继续提示：

Specify height or [2Point/Axis endpoint/Top radius] <185.5790>:（在此提示下确定圆锥体的高度或锥顶位置即可）

（3）3P/2P/Ttr　要求确定基面上圆的大小，其操作过程与绘制圆相似，不再介绍。

11.1.4 球体（Sphere）命令

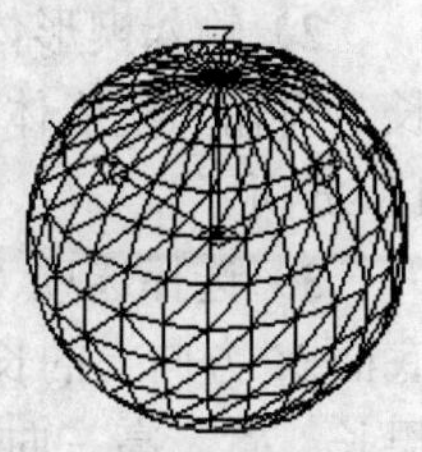

图 11-7 球体

1. 功能

创建球体实体（图 11-7）。

2. 操作

单击 Sphere（球体）命令图标后提示：

Specify center point or [3P/2P/Ttr]:（确定球心位置）↙

Specify radius or [Diameter] <100.0000>:（输入球体的半径或直径）↙

11.1.5 圆环体（Torus）命令

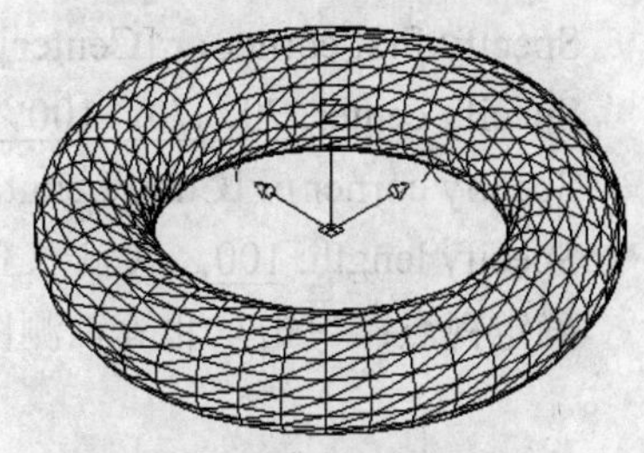

图 11-8 圆环实体

1. 功能

创建圆环实体（图 11-8）。

2. 操作

单击 Torus（圆环体）命令图标后提示：

Specify center point or [3P/2P/Ttr]:（确定圆环中心位置）↙

Specify radius or [Diameter] <100.0000>:（输入圆环体的半径或直径）↙

Specify tube radius or [2Point/Diameter]:（输入圆管的半径或选择两点（2P）或选择直径（D））↙

11.1.6 楔形体实体（Wedge）命令

1. 功能

创建楔形体实体。

2. 操作

单击 Wedge（楔形体实体）命令图标后的操作过程如下：

Specify first corner or [Center]:

Specify other corner or [Cube/Length]:

Specify height or [2Point] <185.5790>:

生成楔形体的方法如下：

1）输入楔形体底面角点 A 的三维坐标，再输入楔形体底面对角线角点 B 的三维坐标，最后输入楔形体的高，绘制楔形体实体，如图 11-9a 所示。

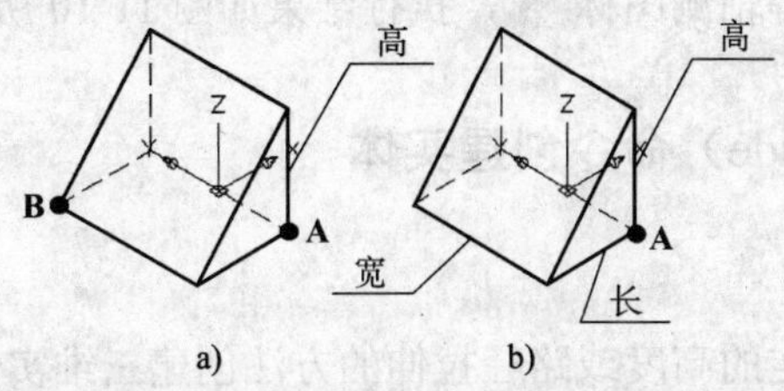

图 11-9 楔形体的绘制

2）输入楔形体底面角点 A 的三维坐标，选择 L 选项，接着输入楔形体底面 X 方向上的长，再输入楔形体 Y 方向上的宽，最后输入楔形体 Z 方向上的高，绘制楔形体实体，如图 11-9b 所示。

3）选择选项 Center，输入楔形体斜面中心点的三维坐标；选择 L 选项，再输入楔形体底面 X 方向上的长，再输入楔形体底面 Y 方向上的宽，最后输入楔形体 Z 方向上的高（如果长、宽、高三向尺寸相同，可选择“Cube”选项，即立方体），绘制楔形体实体。

例 绘制楔形体斜面的中心坐标为（70，70，100），长、宽、高均为 100mm 的楔形体实体。

方法 1，步骤如下：

单击楔形体命令图标后提示：

Specify first corner or [Center]: c↙（选择斜面中心 C）

Specify center: 70，70，100↙（输入斜面中心坐标）

Specify corner or [Cube/Length]: c↙（选择立方体 C）

Specify length: 100↙（输入立方体边长 100）

确定视点：单击东北等轴测图标，执行结果如图 11-10 所示。

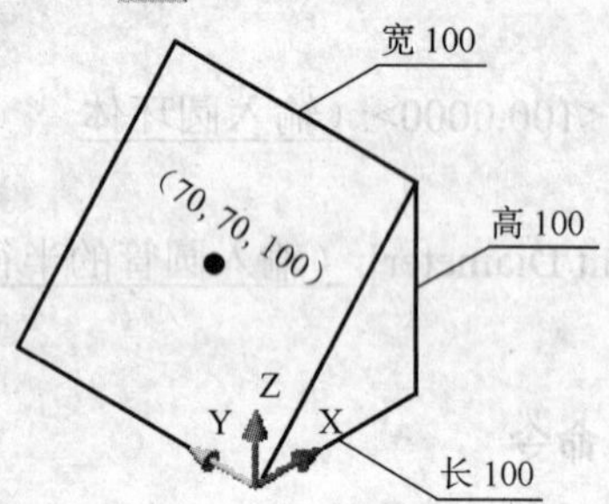

图 11-10　由楔形体斜面中心点坐标及长、宽、高绘制楔形体

方法 2，步骤如下：

单击楔形体命令图标后提示：

Specify first corner or [Center]: c↙（选择斜面中心 C）

Specify center : 70,70,100↙（输入斜面中心坐标）

Specify corner or [Cube/Length]: L↙

Specify length : 100↙（输入长度值 100）

Specify width: 100↙（输入宽度值 100）

Specify height or [2Point]: 100↙（输入高度值 100）

确定视点：单击东北等轴测图标，执行结果如图 11-10 所示。

11.2　通过拉伸（Extrude）命令创建实体

1. 功能

通过将二维对象按指定的高度或路径拉伸的方法创建三维实体。

AutoCAD 能拉伸的对象有：圆、椭圆、正多边形、用画矩形命令画的矩形、封闭的样条曲线、封闭的多义线、面域等。用画直线命令等绘制的一般平面图形，必须先用“Pedit”命令将其编辑生成同一图元的面域才能拉伸。

2. 操作

单击 Solids 工具条上的拉伸命令图标后提示：

Current wire frame density: ISOLINES=4（提示：当前的线框密度为 4）

Select object:（选择要拉伸的目标）

Select object: ↙（不选了回车，也可继续选择要拉伸的目标）

Specify height of extrusion or [Path]:

各选项说明如下：

（1）Specify height of extrusion　确定 Z 轴方向拉伸高度。

（2）Path　沿路径拉伸图形。

例 1　按图 11-11 所示的尺寸，用拉伸的方法创建 V 形块实体。

操作步骤如下：

1）将用户坐标系设置为图 11-11 所示位置（略）。

2）用“Pline”命令绘制 V 形端面

单击 Pline 多义线命令图标后提示：

Specify start point: 0,0↙（输入起点坐标）

Current line-width is 0.0000（显示当前线宽为零）

Specify next point or [Arc/Halfwidth/Length/Undo/Width]: 200↙（输入 X 极轴方向长度 200）

Specify next point or [Arc/Close/Halfwidth/Length/Undo/Width]: 200↙（输入 Y 极轴方向长度 200）

Specify next point or [……]: 40↙（极轴方向 40）（[……]表示内容与上一行相同）

Specify next point or [……]: @−40,−100↙

Specify next point or [……]: 40↙

Specify next point or [……]: @−40,100↙

Specify next point or [……]:40↙

Specify next point or [……]: C↙（Close 封口）

3）将 V 形沿 Z 的负向拉伸（−300mm）：

单击 Extrude（拉伸命令）图标后提示：

Current wire frame density: ISOLINES=20（提示当前的线框密度为 20，默认为 4）

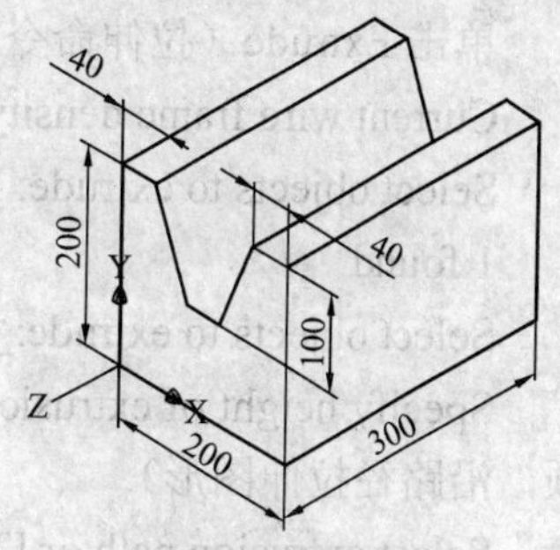

图 11-11　按 Z 轴负方向拉伸生成的实体

Select objects to extrude: L↙（选择刚画完的目标（Last））

1 found（提示发现一个目标）

Select objects to extrude:↙（不选目标了）

Specify height of extrusion or [Direction/Path/Taper angle] <−200.0000>: 300↙（输入拉伸极轴方向 300）

结果如图 11-11 所示。

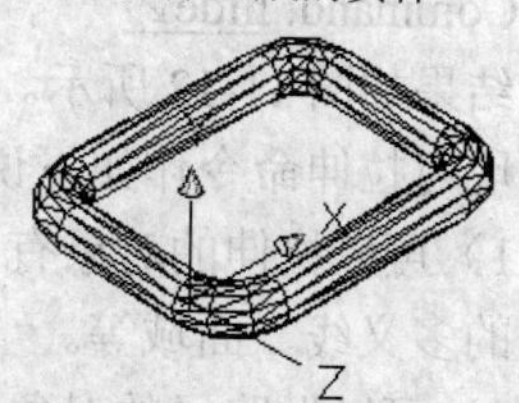

图 11-12　沿封闭路径拉伸实例

例 2　用沿路径拉伸的方法，绘制如图 11-12 所示的图形。

操作步骤如下：

1）将用户坐标系及线型设置为图 11-13 所示（略）。

2）用“Rectang”矩形命令绘制带圆角的矩形路径：

单击矩形命令图标后提示：

Specify first corner point or [Chamfer/Elevation/Fillet/Thickness/Width]:f↙（调用 Fillet 选项，画带圆角的矩形）

Specify fillet radius for rectangles<0.000>:30↙

Specify first corner point or [Chamfer/Elevation/Fillet/Thickness/Width]: 0,0↙（输入矩形的第一角点坐标）

Specify other corner point[Dimensions]: 200,150↙

结果如图 11-13 所示。

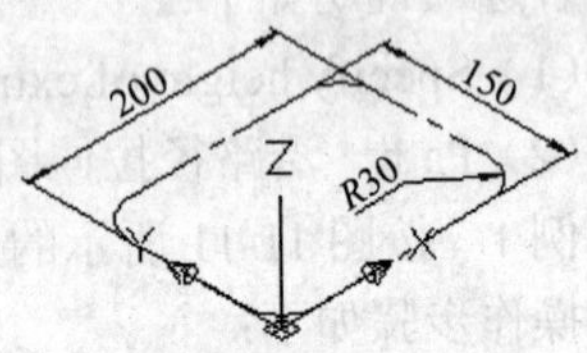

图 11-13　拉伸路径

3）画图 11-14 所示的圆形截面：单击 UCS 工具条图标（将用户坐标系绕 X 轴旋转 90°）后提示：

Specify rotation angle about X axis <90>: ↙（回车，接受默认值，旋转 90°）

Command: c↙（输入画圆命令）

CIRCLE Specify center point for circle or [3P/2P/Ttr（tan tan radius）]: 捕捉图 11-4 矩形左边的前端点（坐标原点移到图 11-14 中 ϕ30 的圆心，也可仍在矩形的角点）

Specify radius of circle or [Diameter]<10.0000>: 15↙（输入圆半径 15）

结果如图 11-14 所示。

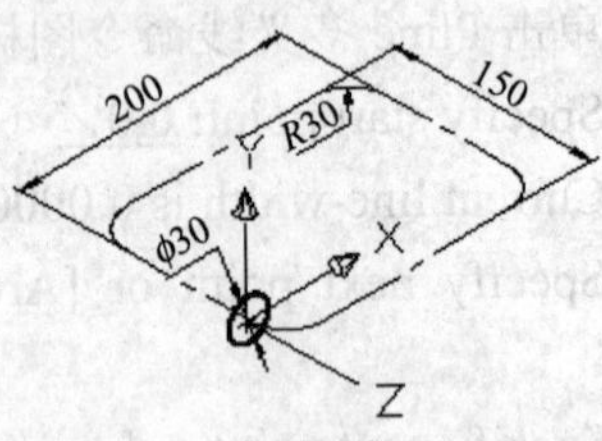

图 11-14　拉伸路径上的截面

4）执行拉伸命令：

单击 Extrude（拉伸命令）图标后提示：

Current wire frame density: ISOLINES=4

Select objects to extrude: L↙（Last 选择刚画完的圆）

1 found

Select objects to extrude: ↙（回车或单击鼠标右键，结束选择）

Specify height of extrusion or [Direction/Path/Taper angle] <–300.0000>: P↙（调用 Path 选项，沿路径拉伸图形）

Select extrusion path or [Taper angle]: 选择矩形作为拉伸路径

5）执行消隐命令：

Command: hide↙

结果如图 11-12 所示。

现对拉伸命令作如下说明：

1）可以拉伸的对象有：圆、椭圆、正多边形、用矩形命令画的矩形、封闭的样条曲线、封闭的多义线、面域等。

2）可以做路径的对象有：直线、圆、椭圆、圆弧、椭圆弧、多义线、样条曲线等。

3）路径与拉伸对象不能在同一平面内，二者分别在两个互相垂直的 XY 坐标面内绘制。

4）当厚度为正时，沿 Z 轴的正向拉伸；当厚度为负时，沿 Z 轴的负向拉伸。

5）拉伸的收缩角范围在–90°～+90°之间。

6）不能拉伸的对象有：含有图块的对象，有剖面线的多义线，有交叉多义线，除头条所列对象外、没有生成面域的一般平面图形。

7）含有宽度的多义线，在拉伸时忽略宽度，沿线宽中心拉伸。含有厚度的对象，拉伸时厚度被忽略。

8）Path 路径选项可以不闭合，也可以是非平面曲线，但也是有限制的。一个限制是路径的圆弧部分的半径必须大于等于轮廓对象的宽度。也就是说，如果轮廓对象的半径是 40mm，则路径上所有圆弧部分的半径必须大于等于 40mm，如图 11-15 中的左图所示。另一方面，路径上允许有角（即具有不同方向的两段直线相交处），可以将直线间的这个角看作是半径为零的圆弧，如图 11-15 中的中图所示。

9）当路径为样条曲线（实体类型，而不是样条拟合的多段线），在路径的起、终点，拉伸对象总是垂直于路径。如果拉伸对象在起点处不垂直于路径，AutoCAD 自动地旋转拉伸对象，使之与路径垂直，如图 11-15 中的右图所示。

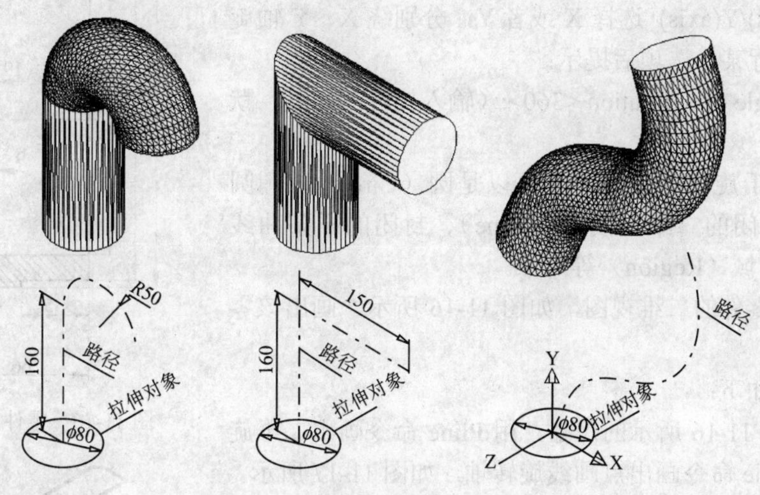

图 11-15　沿不封闭路径拉伸的实例

11.3　通过回转（Revolve）命令创建实体

1. 功能

绕轴旋转二维对象来创建三维实体，该三维实体即为回转体。回转体又是一种非常重要的基本体（仅次于柱体）。回转体可以看成是由母线绕轴线旋转一定的角度形成的。圆柱、圆锥、球体是最基本的回转体。用 AutoCAD 的旋转命令可以绘制更复杂的回转体。

2. 操作

单击 Revolve（旋转）命令图标后提示：

Current wire frame density: ISOLINES=4（提示当前的线框密度为 4，默认为 4）

Select objects: <u>选择二维旋转对象</u>

Select objects: ↙（选择结束）

Specify start point for axis of revolution or define axis by [Object/X(axis)/Y(axis)]:

各选项说明如下：

（1）Specify start point for axis of revolution　输入旋转轴的始端。通过确定旋转轴的两端点位置确定旋转轴，为默认项。读者给出一个端点后，AutoCAD 继续提示：

Specify endpoint of axis: 输入旋转轴的另一端点↙

Specify angle of revolution <360> :输入旋转的角度↙（默认值为 360°）

（2）Object　绕指定的对象旋转。此时只能选择用 Line 命令绘制的直线或用 Pline 命令绘制的多段线。选择多段线时，如果拾取的多段线是线段，对象将绕该线段旋转；如果选择的是圆弧段，AutoCAD 以该圆弧段两端点的连线作为旋转轴旋转。执行 Object 选项后，AutoCAD 提示：

Select an object:（选择作为旋转轴的对象）

Specify angle of revolution <360>:（输入旋转的角度，默认值为 360°）

（3）X(axis)/Y(axis) 选择 X 或者 Y，分别绕 X、Y 轴旋转成实体，执行某一选项后提示：

Specify angle of revolution <360>:（输入旋转的角度，默认值为 360°）

说明：用于旋转的二维对象可以是圆（Circle）、椭圆（Ellipse）、封闭的二维多段线（Pline）、封闭的样条曲线（Spline）及面域（Region）等对象。

例　根据零件的二维视图，如图 11-16 所示，画出该零件的三维实体。

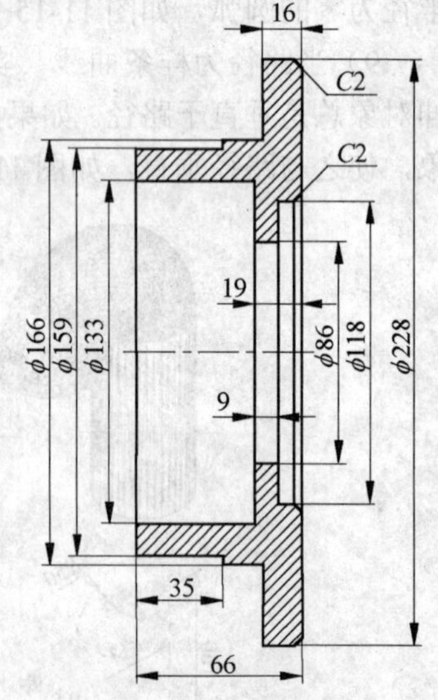

图 11-16　零件的二维视图

操作步骤如下：

1）根据图 11-16 所示的尺寸，用 Pline 命令画出二维旋转对象及用 Line 命令画出点画线旋转轴，如图 11-17 所示。（作图步骤从略）

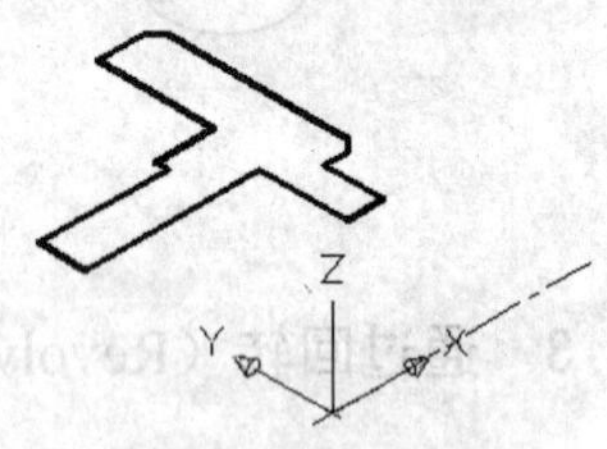

图 11-17　二维旋转对象及旋转轴 X

2）用旋转命令（Revolve）绕点画线旋转轴旋转二维对象来创建三维实体。作图步骤如下：

单击 Revolve（旋转）命令图标后提示：

Current wire frame density: ISOLINES=20（屏幕提示）

Select objects to revolve: Specify opposite corner: 14 found（用选择框选择了图 11-17 中的二维旋转对象 14 个）

Select objects to revolve: ↙（选择结束）

Specify axis start point or define axis by [Object/X/Y/Z] <Object>:X↙（绕 X 轴旋转）

Specify angle of revolution or [STart angle] <360> :–270°↙（输入转角–270°）

Command: hide↙执行消隐命令，结果如图 11-18 所示。

现对 Revolve（旋转）命令作如下说明：

1）可以旋转的二维对象有：圆、椭圆、正多边形、用矩形命令画的矩形、封闭的样条曲线、封闭的多义线、面域等。

2）二维对象旋转生成的三维实体，其表面也是由网格表示，网格密度由系统变量 ISOLINES 控制（图 11-18、图 11-19 的系统变量 ISOLINES 设置为 20）。

3）图块中的二维实体不能进行旋转，但可以将图块打散，然后用 Pedit 将要旋转的二维对象编辑成一个图元，即可对其进行旋转。

4）每进行一次 Revolve 命令，只能旋转生成一个三维实体。

5）用 Line 命令画出的直线不能直接作为旋转对象，必须对其进行多义线编辑（Pedit），使之成为完整封闭的复合线，然后才能旋转生成三维实体，如图 11-19 所示。

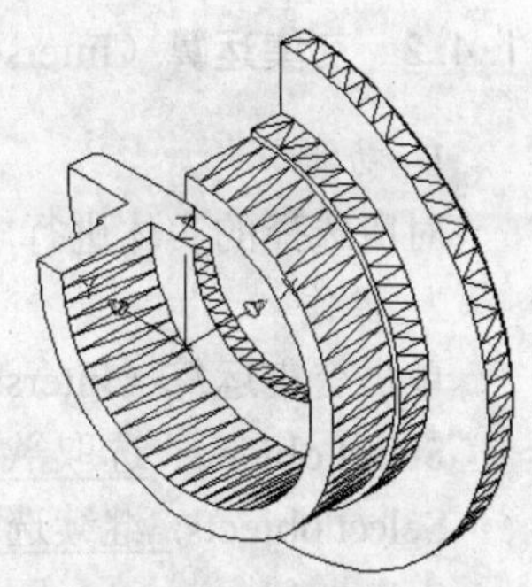

图 11-18　旋转后的实体

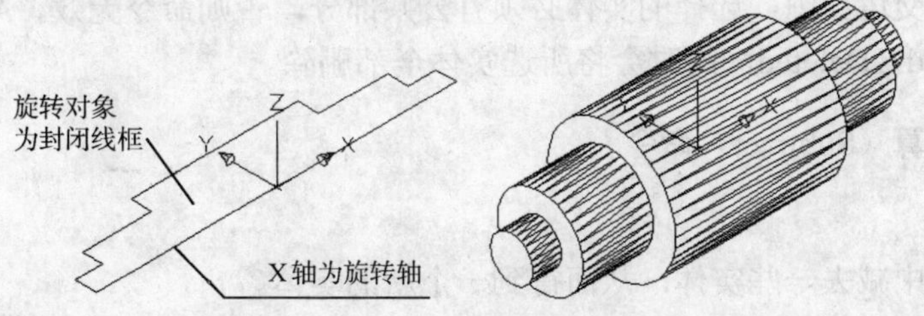

图 11-19　旋转生成的轴类零件实体

11.4　三维实体的布尔运算

在三维绘图中，复杂的实体往往不能一次生成。一般都是由相对简单的实体通过布尔运算组合而成的。布尔运算就是对多个三维实体进行求并（Union）、求差（Subtract）和求交（Intersect）的运算，使它们进行组合，最终形成需要的组合体。

11.4.1　并集运算（Union）命令

1. 功能

对所选择的实体进行求并运算，可将两个或两个以上的实体进行合并，使之成为一个整体。

2. 操作

单击并集运算（Union）命令图标后提示：

Select objects: 选取欲合并的实体（如图 11-20 中的 S1）

Select objects: 继续选取合并实体（如图 11-20 中的 C）

Select objects: ↙（选择结束）

AutoCAD 就开始进行合并运算，如图 11-20 中的 S1 与圆柱 C 合并成为一个整体 S2。

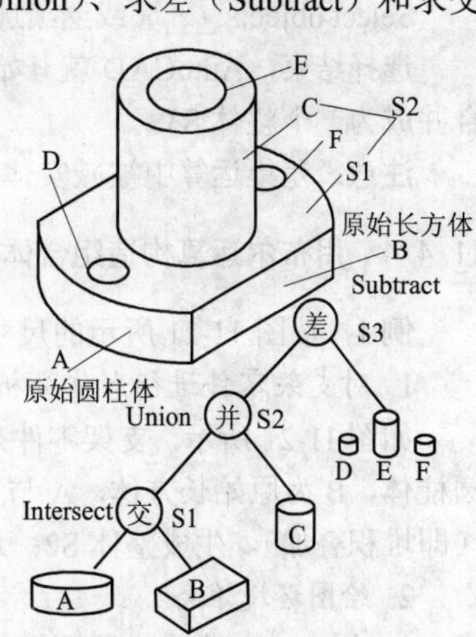

图 11-20　布尔运算 CSG 树

（组合体形体分析）

11.4.2 交集运算（Intersect）命令

1. 功能

对所选择的实体进行求交运算，通过各实体的公共部分创建新实体。

2. 操作

单击交集运算（Intersect）命令图标后提示：

Select objects: 选取欲求交的实体（如图 11-20 中的圆柱体 A）

Select objects: 继续选取求交实体（如图 11-20 中的长方体 B）

Select objects: ↙（回车表示选择结束，也可继续选取）

选择结束，AutoCAD 就开始进行求交运算，如图 11-20 所示的底板，由圆柱体 A 与长方体 B 的公共部分创建一个新整体 S1。

注意：在求交运算中，选择的实体必须有公共部分，否则命令无效。AutoCAD 将提示：Null solide created，Deleted，同时会将所选实体全部删除。

11.4.3 差集运算（Subtract）命令

1. 功能

从一些实体中减去一些实体，从而得到一个新的实体。

2. 操作

单击 Subtract（差集运算）命令图标后提示：

Select solide and regions to subtract from..

Select objects: 选取被减实体（如图 11-20 中的 S2）

Select objects: ↙（选择结束）

Select solide and regions to subtract ..

Select objects: 选取要减去的实体（如内孔 D、E、F）

Select objects: ↙（或继续选取要减去的实体）

选择结束，AutoCAD 就开始进行差集运算，如图 11-20 中的 S2 减去内孔圆柱 D、E、F 合并成为一个整体 S3。

注意：差集运算中被减实体与减去实体之间必须有公共部分，否则得不到预期的效果。

11.4.4 用布尔运算构造组合体实例

例 1 按图 11-21 所示的尺寸，完成支架零件的三维实体造型。

1. 对支架零件进行形体分析

如图 11-21 所示，支架零件是由 A、B、C、D、E、F 六种基本形体构成，其中 A 为原始圆柱体，B 为原始长方体，A 与 B 作交集运算，生成底板 S1；S1 又与圆柱体 C 作并集运算（即堆积叠加），生成整体 S2；最后由 S2 减去圆柱 D、E、F，生成支架零件的三维实体。

2. 绘图环境准备

1）用 Limits 命令设置图幅：420×297（若默认为该图幅，就不必进行此步）。

2）单击 Layer（设层）命令图标，在层的对话框中设置：层名为 OBJ（或其他层名）、颜色为红色（也可为其他色）、线宽为 0.5mm，并设当前层为 OBJ。

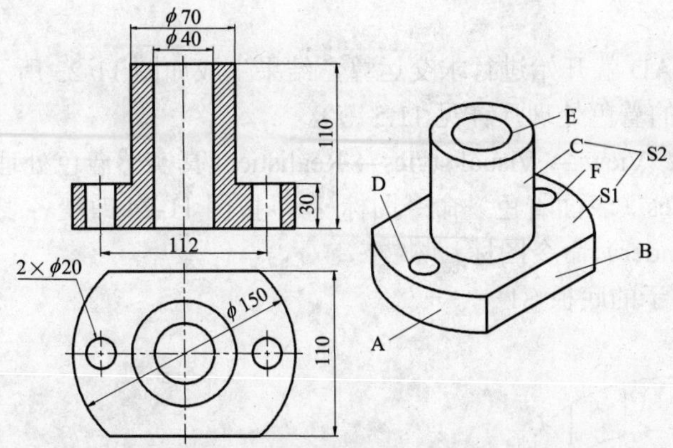

图 11-21　由支架投影图进行三维实体造型

3. 绘制支架的三维实体图

（1）建立用户坐标系，原点设为底板底面的中心　单击 SW Isometric（西南等轴测）命令图标，单击 Origin（原点命令）图标后提示：

Current ucs name:　*NO NAME*

Specify origin of UCS or [Face/NAmed/OBject/Previous/View/World/X/Y/Z/ZAxis]

<World>: _o（屏幕提示）

Specify new origin point<0,0,0>：<u>用鼠标在屏幕合适的位置点取一个新的坐标原点</u>

结果如图 11-22 所示。

（2）绘制底板

1）生成ϕ150 的圆柱体。

单击 Cylinder（圆柱）命令图标后提示：

Specify center point of base or [3P/2P/Ttr/Elliptical]:

<u>0,0,0↙</u>（输入圆柱底面中心坐标为原点）

Specify base radius or [Diameter]: <u>75↙</u>

（输入圆柱半径 75）

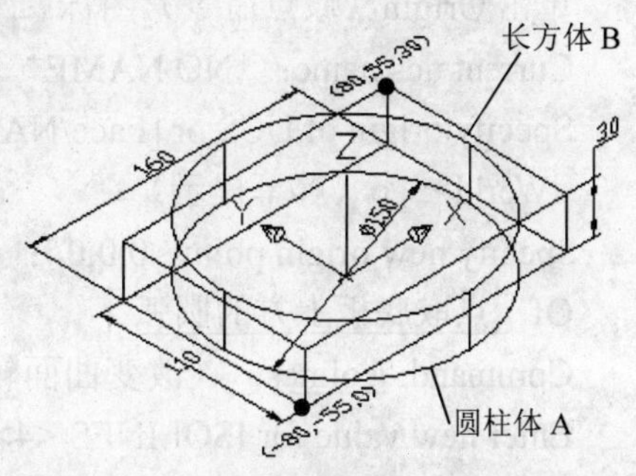

图 11-22　ϕ150 的圆柱及长方体的生成

Specify height or [2Point/Axis endpoint] <253.3849>:

<u>30↙</u>（输入圆柱体高度 30）

结果如图 11-22 所示的圆柱体 A。

2）生成长方体。

单击 Box（长方体）命令图标后提示：

Specify first corner or [Center]: <u>−80，−55↙</u>（输入长方体左下角点坐标）

Specify other corner or [Cube/Length]: <u>@160,110,30↙</u>（输入长方体右上角点相对坐标）

结果如图 11-22 所示的长方体 B。

3）将 A、B 两基本体进行"交集"运算，生成一新的实体 S1。

单击 Intersect（交集）运算命令图标后提示：

Select objects: <u>选取图 11-22 中的圆柱体 A</u>

Select objects: <u>继续点取图 11-22 中的长方体 B</u>

Select objects: ↙

选择结束，AutoCAD 就开始进行求交运算，结果生成如图 11-23 所示的底板 S1。

4）进行三维实体的着色处理（详见 11.5 节）。

① 点取下拉菜单：View → Visual styles→ Realistic（真实感着色处理）。

② 单击 Color Faces（表面着色）命令图标，按图 11-24 改变各表面颜色。

③ 单击渲染（Render）命令图标。

结果如图 11-24 所示的底板 S1。

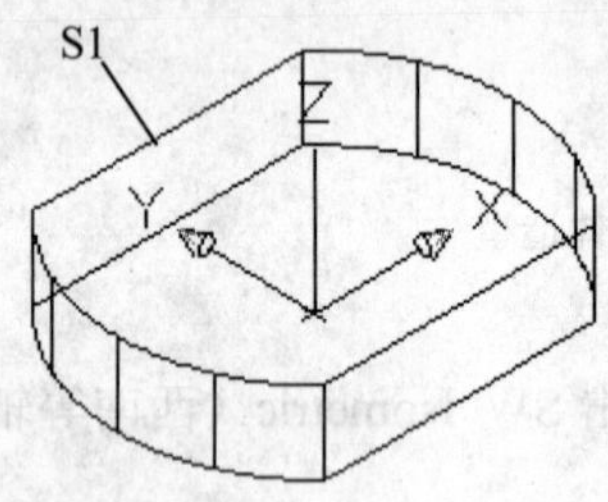

图 11-23　圆柱体与长方体的“交集”体 S1

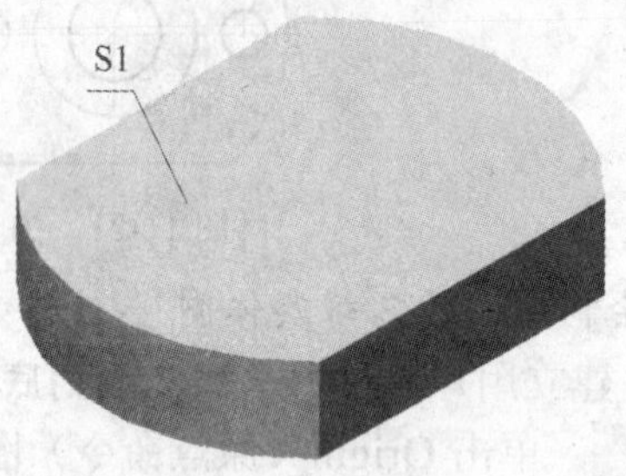

图 11-24　执行着色处理后的 S1

（3）绘制ϕ70 圆柱体 C

1）设用户坐标系原点于底板上方。

单击 Origin（原点命令）图标后提示：

Current ucs name: *NO NAME*（屏幕提示）

Specify origin of UCS or [Face/NAmed/OBject/Previous/View/World/X/Y/Z/ZAxis] <World>: _o（屏幕提示）

Specify new origin point <0,0,0>: CEN↙（圆心捕捉）

Of　点取底板上方的圆弧

Command: isolines↙（改变曲面轮廓素线的变量）

Enter new value for ISOLINES <4>: 20↙

Command: facetres↙（改变曲面小平面数的变量）

Enter new value for FACETRES <0.5000>: 8↙

重新显示的结果如图 11-25 所示。

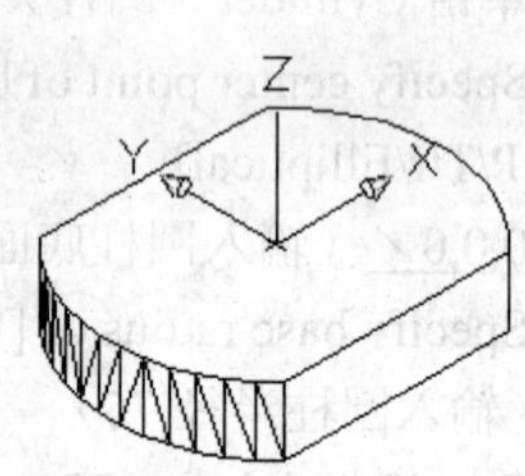

图 11-25　在底板上方设新原点

2）绘制ϕ70 的圆柱 C。

单击 Cylinder（圆柱）命令图标后提示：

Specify center point of base or [3P/2P/Ttr/Elliptical]: 0,0,0↙（输入圆柱底圆中心坐标）

Specify base radius or [Diameter] <75.0000>: 35↙

（圆柱 C 半径 35）

Specify height or [2Point/Axis endpoint] <30.0000>: 80↙（圆柱 C 高度 80）

结果如图 11-26 所示。

3）将 S1 与圆柱 C 作“并集运算”，生成新的实体 S2。

单击 Union（并集）命令的图标后提示：

Select objects: 点取图 11-26 中的 S1

Select objects: 继续点取图 11-26 中的 C

Select objects: ↙

选择结束，AutoCAD 就开始进行并合运算，生成新的实体 S2。

4）消隐处理：Command: hide↙（输入消隐命令），结果如图 11-26 所示。

（4）绘制圆柱孔 D、E、F（图 11-27）

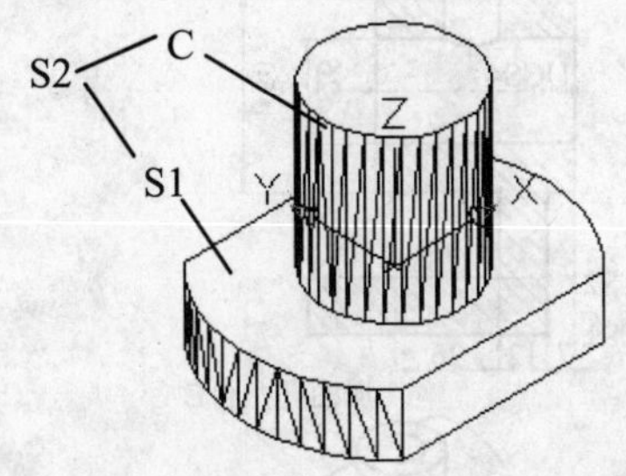

图 11-26 绘制圆柱体 C，并与底板 S1 作“并”运算

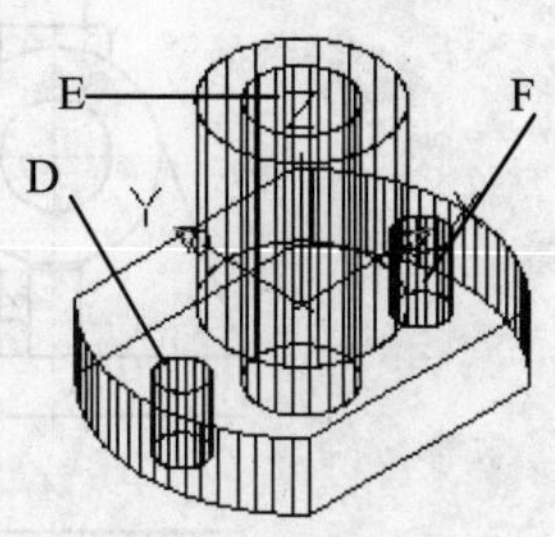

图 11-27 绘制圆柱孔 D，E、F

1）绘制底板左圆柱孔 D。

单击 Cylinder（圆柱）命令图标后提示：

Specify center point of base or [3P/2P/Ttr/Elliptical]: –56，0↙（左孔 D 圆心）

Specify base radius or [Diameter] <10.0000>: 10↙（左孔 D 的半径 10）

Specify height or [2Point/Axis endpoint] <30.0000>: –30↙（左孔 D 的高度–30）

2）用上述类同的方法，绘制内孔圆柱 E、F，结果如图 11-27 所示。

（5）作减集运算　用 S2 减去内孔 D、E、F。

单击 Subtract（差集）命令图标后提示：

Select solide and regions to subtract from...（提示）

Select objects: 点取被减实体 S2

Select objects: ↙（被减实体选择结束）

Select solide and regions to subtract ..（提示）

Select objects: 分别点取要减的实体（图 11-27 中的圆柱内孔 D、E、F）

Select objects: ↙

要减实体选择结束，AutoCAD 就开始进行差集运算，如图 11-26 中的 S2 减去图 11-27 中的内孔圆柱 D、E、F，成为最终的新实体 S3，如图 11-28 所示。

（6）消隐处理　Command: hide↙（输入消隐命令），结果如图 11-28 所示。

注意：存盘时，只存未经消隐的立体图，下次调出后可重新消隐（节省存储空间）。

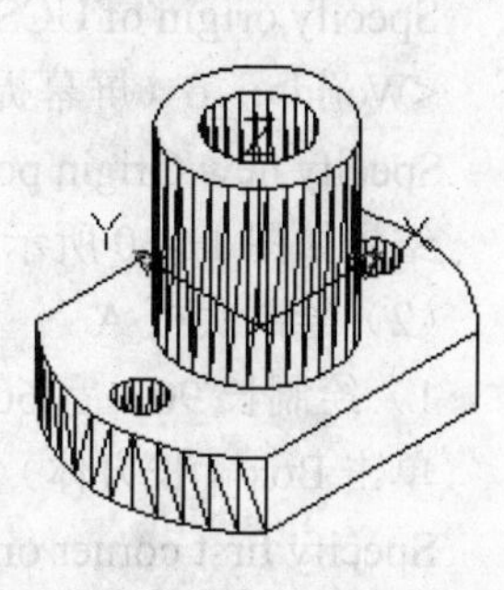

图 11-28 支架三维实体消隐图

例 2　按图 11-29 所示的尺寸，完成轴承座的三维实体造型。

1. 对轴承座进行形体分析

由图 11-29 所示，轴承座是由 A、B、C、D、E 五种基本形体组合而成。其中底板 A 为原始长方体，前面进行 $R16$ 的圆角化，并减去 2 个 $\phi 18$ 的圆柱孔；B、C 为原始平面图形拉伸形成体，拉伸必须沿 Z 轴方向，因而必须随时改变 Z 轴方向；D、E 均为空心圆柱体，但必须注意圆柱的高度方向必须沿 Z 轴方向，因而也必须随时改变 Z 轴方向。本组合体形成以叠加、挖孔为主，所以各基本体之间主要进行“并集”、“差集”运算。

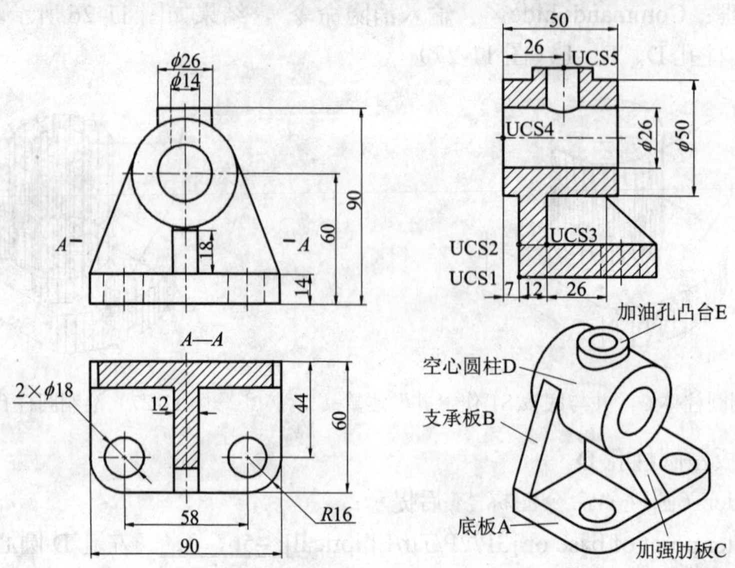

图 11-29　按轴承座的投影图、轴测图进行三维实体造型

2. 绘图环境准备

1）用 Limits 命令设置图幅:420×297（系统默认图幅，一般不必进行此步）。

2）单击 Layer（设层）命令图标，在层的对话框中设置：层名为 OBJ 或其他层名、颜色为红色或其他色，并设当前层为 OBJ（在新设层上实体造型对生成工程图有益）。

3. 绘制轴承座的三维实体图

（1）建立用户坐标系，原点设在底板后面底线中点，如图 11-30 所示　单击 SW Isometric（西南等轴测）命令图标，单击 Origin（原点命令）图标后提示：

Current ucs name：*WORLD*（屏幕提示：当前坐标系是世界坐标系）

Specify origin of UCS or [Face/NAmed/OBject/Previous/View/World/X/Y/Z/ZAxis] <World>: _o（屏幕提示）

Specify new Origin point<0,0,0>：用鼠标在屏幕合适的位置点取一个新的坐标原点

结果如图 11-30 所示。

（2）绘制底板 A

1）绘制长 90、宽 60、高 30 的长方体。

单击 Box（长方体）命令图标后提示：

Specify first corner or [Center]:　–45,–60,0↙（长方体左下角坐标）

Specify other corner or [Cube/Length]: @90,60,14↙（输入长方体右上角点相对坐标）

结果如图 11-30 所示。

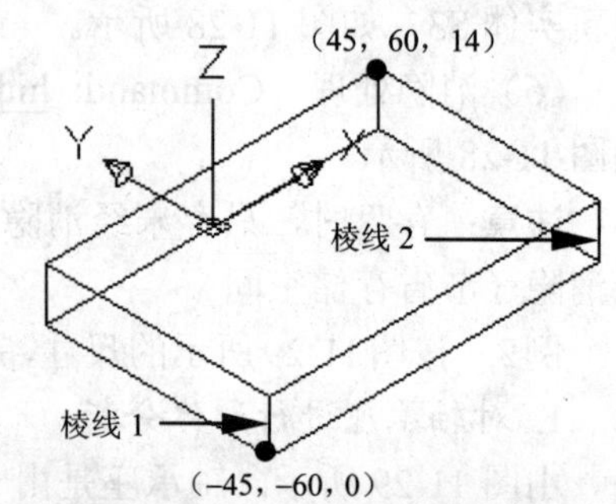

图 11-30　轴承座底板 A 的原始长方体

2）对长方体圆角化。

单击 Fillet（圆角化命令）命令图标后提示：

Current settings: Mode = TRIM, Radius = 0.0000（提示默认半径为 0）

Select first object or [Undo/Polyline/Radius/Trim/Multiple]: 点取欲圆角化的棱线 1

Enter fillet radius: 16↙（输入圆角半径直径 16）

Select an edge or [Chain/Radius] : 点取欲圆角化的棱线 2

Select an edge or [Chain/Radius] : ↙（选择结束）

2 edge(s) selected for fillet.（提示两条边被圆角化）

结果如图 11-31 所示。

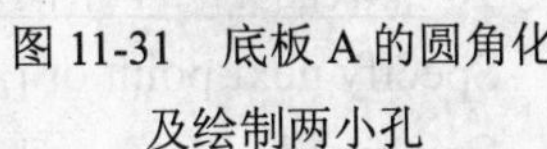

图 11-31　底板 A 的圆角化及绘制两小孔

3）绘制两个小圆柱孔（即底板上的 2×ϕ18 小孔）。

单击 Cylinder（圆柱体）命令图标后提示：

Specify center point of base or [3P/2P/Ttr/Elliptical]: CEN↙（圆心捕捉）Of: 点取底板前上面圆角的圆心

Specify base radius or [Diameter] <9.0000>: 9↙（底板孔的半径 9）

Specify height or [2Point/Axis endpoint] <–30.0000>: 14↙（孔的深度 Z 的拖动方向一致为 14，相反为–14）

用上述类同的方法绘制底板右圆柱孔，结果如图 11-31 所示。

（3）绘制支承板 B

1）设新的用户坐标系原点。

单击 Origin（原点命令）图标后提示：

Current ucs name: *WORLD*（屏幕提示：当前坐标系是世界坐标系）

Specify origin of UCS or [Face/NAmed/OBject/Previous/View/World/X/Y/Z/ZAxis]

<World>: _o（屏幕提示）

Specify new origin point <0,0,0>: MID↙（中点捕捉方式）

Of 点取底板后上方的边线

结果此线中点即为新的原点，如图 11-32 所示。

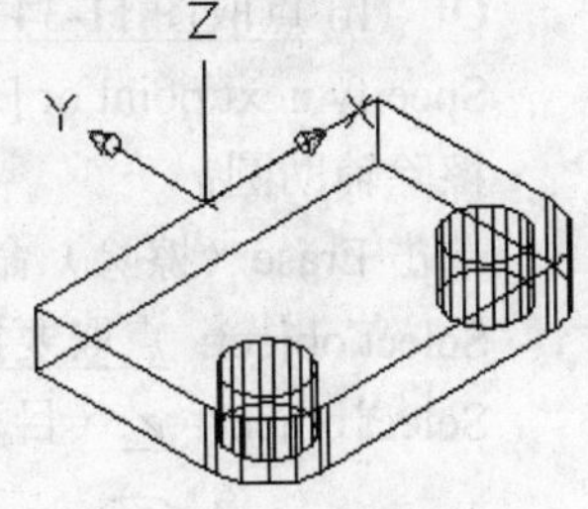

图 11-32　用户坐标系原点移至底板 A 上方

2）设新的 Z 轴方向为支承板的拉伸方向。

单击设新的 Z 轴方向命令图标后提示：

Current ucs name: *NO NAME*（提示：无名）

Specify origin of UCS or [Face/NAmed/OBject/Previous/View/World/X/Y/Z/ZAxis]

<World>: _zaxis（屏幕提示）

Specify new origin point or [Object] <0,0,0> : ↙（确认新 Z 轴上的第一点为当前坐标系原点）

Specify point on positive portion of Z-axis <0.0000,0.0000, 1.0000>: 0,–1,0↙

原–Y 为新的 Z 轴正方向，也可以打开“极轴”按钮，并点取所需的新 Z 轴方向，结果如 11-33 所示。

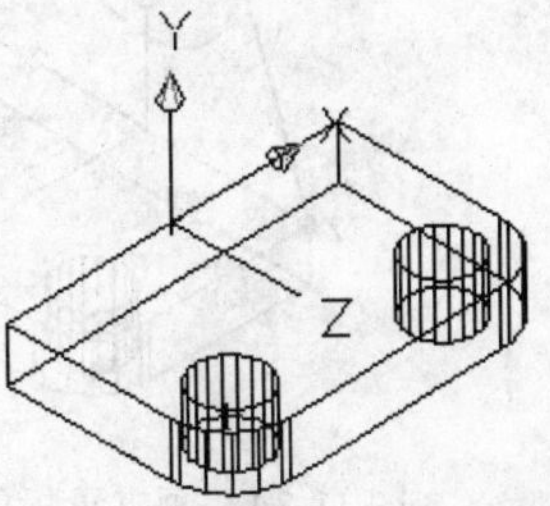

图 11-33　新的 Z 轴为支承板的拉伸方向

3）绘制支承板的二维拉伸图。

Command : C↙（C 为画圆命令，绘制支承板二维封闭图形的辅助圆）

CIRCLE Specify center point for circle or [3P/2P/Ttr (tan tan radius)] : 0,46,0↙（ϕ50 的圆心坐标）

Specify radius of circle or [Diameter]: 25↙（空心圆柱 D 的半径）

Command : PL↙（画多义线命令）

PLINE（提示）

Specify start point : end↙（端点捕捉方式）

Of 点取图 11-34 中的 1 处

Current line-width is 0.0000

Specify next point or [Arc/Halfwidth/Length/Undo/Width] : tan↙（切点捕捉方式）

To 点取图 11-34 中的 4 处

Specify next point or [Arc/Close/Halfwidth/Length/Undo/Width]: ↙（画线结束）

Command : PL↙（画多义线命令）

PLINE（提示）

Specify start point : end↙（端点捕捉方式）

Of 点取图 11-34 中的 1 处（接前一条线起端，因拉伸只能是二维封闭图形）

Current line-width is 0.0000

Specify next point or [Arc/Close/Halfwidth/Length/Undo/Width] : end↙（端点捕捉）

Of 点取图 11-34 中的 2 处

Specify next point or [Arc/Close/Halfwidth/Length/Undo/Width] : tan↙（切点捕捉）

To 点取图 11-34 中的 3 处

Specify next point or [Arc/Close/Halfwidth/Length/Undo/Width] : end↙（端点捕捉）

Of To 点取图 11-34 中的 1 与 4 线段的端点 4 处

Specify next point or [Arc/Close/Halfwidth/Length/Undo/Width] : ↙（画线结束）

擦除辅助圆：

单击 Erase（擦除）命令图标后提示：

Select object: 点取要擦除的辅助圆

Select object: ↙（目标选择结束，结果如图 11-35 所示）

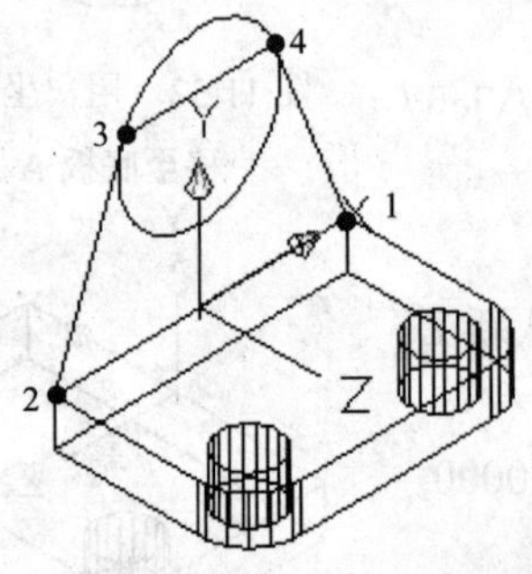

图 11-34 画支承板的二维平面图形

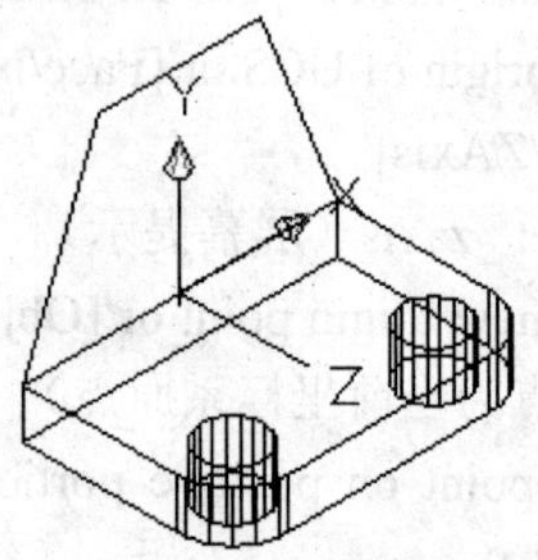

图 11-35 消去ϕ50 的辅助圆，用 Pedit 将 1234 编辑成封闭图形

编辑多义线:

Command : pedit↙（编辑多义线命令，将上面所画的两个图元编辑成一体）

Select polyline or [Multiple]: 点取刚画的多义线

Enter an potion [Close/Join/Width/Edit vertex/Fit Spline/Decurve/Ltype gen/Undo] : J↙

Select object : 点取刚画的第一条多义线 14

Select object : 点取刚画的第二条多义线 1234

Select object : ↙（目标选择结束）

3 segments added to polyline（提示）

Enter an option [Open/Join/Width/Edit vertex/Fit/Spline/Decurve/Ltype gen/Undo: ↙

结果如图 11-35 所示。

4）拉伸二维平面图形，生成支承板 B 的三维实体图。

单击 Extrude（拉伸）命令图标后提示:

Current wire frame density: ISOLINES=20（提示）

Select objects to extrude :L↙（Last 选择刚用 Pedit 编辑完的图形）

Select objects to extrude: ↙（回车，目标选择结束）

Specify height of extrusion or [Direction/Path/Taper angle]<0.0000> 12↙（拉伸的 Z 向尺寸 20，即支承板 B 的厚度）

结果如图 11-36 所示。

（4）绘制加强肋板 C

1）设新的用户坐标系原点。

单击 Origin（原点命令）图标后提示:

Current ucs name: *NO NAME*（提示：无名）

Specify origin of UCS or [Face/NAmed/OBject/Previous/View/World/X/Y/Z/ZAxis] <World>: _o（屏幕提示）

Specify new origin point <0,0,0> : MID↙（中点捕捉方式）

Of 点取支承板前方的边线

结果此线中点即为新的原点，如图 11-37 所示。

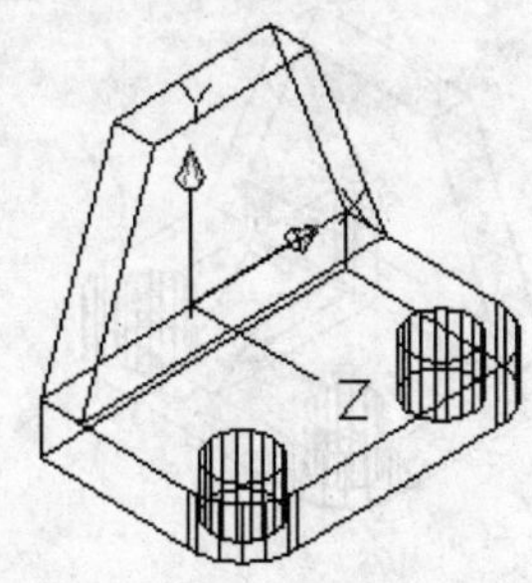

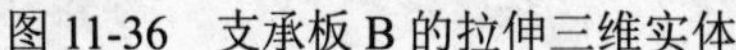

图 11-36 支承板 B 的拉伸三维实体

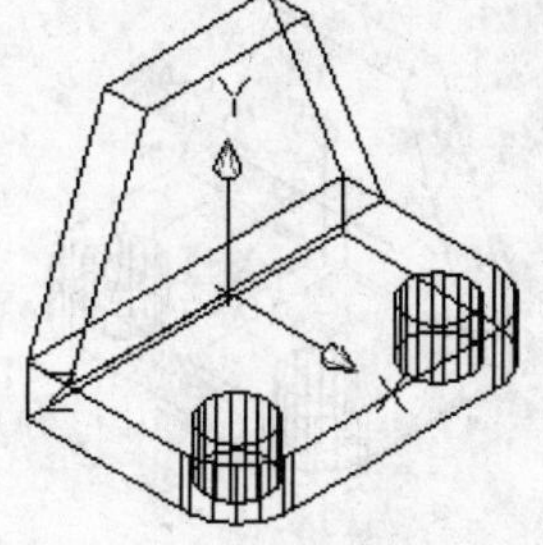

图 11-37 设置新的用户原点及新的 Z 轴方向

2）设新的 Z 轴方向为肋板 C 的拉伸方向。

单击设新的 Z 轴方向命令图标后提示:

Current ucs name：*NO NAME*（提示：无名）

Specify origin of UCS or [Face/NAmed/Object /Previous/View/World/X/Y/Z/ZAxis] <World>: _zaxis（屏幕提示）

Specify new origin point or [Object] <0,0,0> : ↙（确认新的 Z 轴上的第一点为当前坐标系原点）

Specify point on positive portion of Z-axis <0.0000,0.0000,1.0000> : 打开"极轴"按钮，并点取图 11-36 中的 X 负向为新 Z 轴正向，结果如图 11-37 所示。

3）绘制肋板 C 拉伸所用的二维平面图形。

Command : PL↙（PL 为画多义线命令）

PLINE（提示）

Specify start point : 0,0,6↙（端点捕捉方式）

Current line-width is 0.0000（提示当前线宽为零）

Specify next point or [Arc/Halfwidth/Length/Undo/Width] : per↙（垂足捕捉方式）

To 点取图 11-38 中前面边线的垂足

Specify next point or [Arc/Close/Halfwidth/Length/Undo/Width] : @−22,18↙

Specify next point or [Arc/Close/Halfwidth/Length/Undo/Width] : @0,4↙

Specify next point or [Arc/Close/Halfwidth/Length/Undo/Width] : @−26,0↙

Specify next point or [Arc/Close/Halfwidth/Length/Undo/Width] : c↙（画线封口）

结果如图 11-38 所示，该二维平面图形已是一整体，所以可用此二维图形直接拉伸。

4）拉伸二维平面图形，生成加强肋板的三维实体图。

单击拉伸（Extrude）命令图标后提示：

Current wire frame density: ISOLINES=20（提示）

Select objects to extrude :L↙（Last 选择刚画完的图形）

Select objects to extrude: ↙（目标选择结束）

Specify height of extrusion or [Direction/Path/Taper angle] <0.0000>: 12↙（拉伸沿 Z 的负向 12mm，即肋板 C 的厚度为 12）

结果如图 11-39 所示。

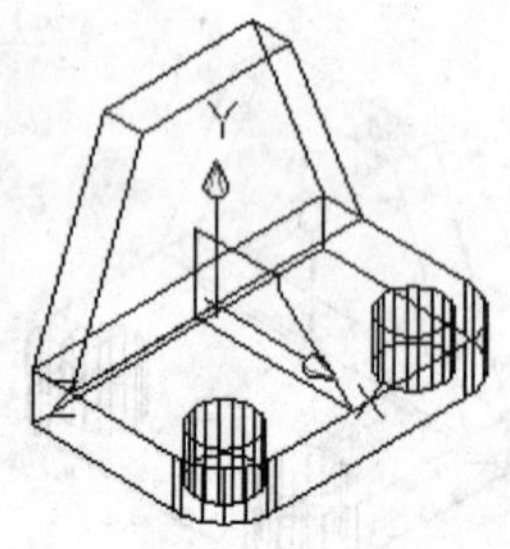

图 11-38 肋板的二维平面图形

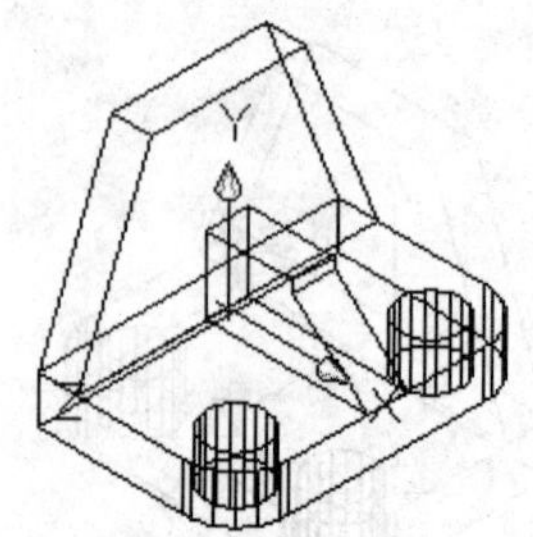

图 11-39 拉伸后的加强肋板

（5）绘制ϕ50 的空心圆柱体 D

1）设新的用户坐标系原点。

单击 Origin（原点命令）图标后提示：

Current ucs name：*NO NAME*（提示：无名）
Specify origin of UCS or [Face/NAmed/OBject/Previous/View/World/X/Y/Z/ZAxis] <World>: _o（屏幕提示）
Specify new origin point <0,0,0>: –19,46,0↙（设空心圆柱体后端面中心为新原点）
结果如图 11-40 所示。

2）设新的 Z 轴方向为空心圆柱体的轴线方向。
单击设新的 Z 轴方向命令图标后提示：
Current ucs name：*NO NAME*（提示：无名）
Specify origin of UCS or [Face/NAmed/Object /Previous/View/World/X/Y/Z/ZAxis] <World>: _zaxis（屏幕提示）
Specify new origin point or [Object] <0,0,0> : ↙（确认新的 Z 轴上的第一点为当前坐标系原点）

Specify point on positive portion of Z-axis <0.0000,0.0000，1.0000>: 1,0,0↙（原 X 方向为新 Z 轴方向），结果如图 11-41 所示。

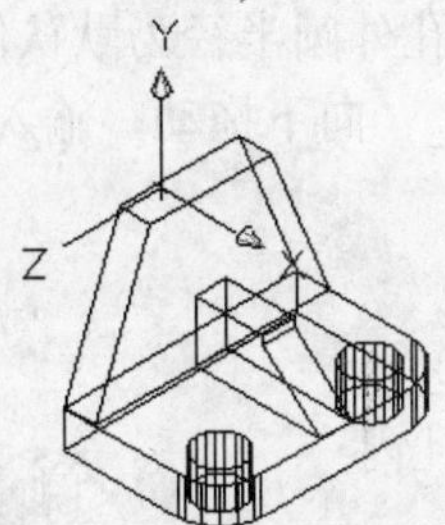

图 11-40　设置ϕ50 圆柱的新原点

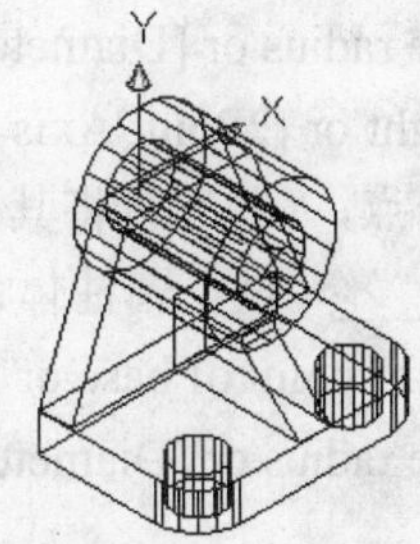

图 11-41　绘制ϕ50、ϕ26 空心圆柱体

3）绘制空心圆柱体。
单击圆柱体（Cylinder）命令图标后提示：
Specify center point of base or [3P/2P/Ttr/Elliptical]: 0,0,0↙（圆柱的圆心坐标为原点）
Specify base radius or [Diameter] <9.0000>: 25↙（圆柱外圆半径 25）
Specify height or [2Point/Axis endpoint] <12.0000>: 50↙（圆柱体轴向长度 50）
Command: ↙（重复圆柱体命令）
Specify center point of base or [3P/2P/Ttr/Elliptical]: 0,0,0↙（圆柱的圆心坐标为原点）
Specify base radius or [Diameter] <25.0000>: 13↙（内孔半径）
Specify height or [2Point/Axis endpoint] <50.0000>： ↙（圆柱体轴向长度默认为 50）
结果如图 11-41 所示。

（6）绘制加油孔凸台 E

1）设新的 Z 轴方向为加油孔圆柱体的轴线方向。
单击设新的 Z 轴方向命令图标后提示：
Current ucs name：*NO NAME*（提示：无名）
Specify origin of UCS or [Face/NAmed/OBject/Previous/View/World/X/Y/Z/ZAxis] <World>: _zaxis 屏幕提示）
Specify new origin point or [Object] <0,0,0> : ↙（确认新的 Z 轴上的第一点为当前坐标系

原点）

Specify point on positive portion of Z-axis <0.0000,0.0000,1.0000>: 0,1,0↙（原 Y 方向为新 Z 轴方向）

结果如图 11-42 所示的 Z 轴方向。

2）设新的用户坐标系原点。

单击 Origin（原点命令）图标后提示：

Current ucs name: *NO NAME*（提示：无名）

Specify origin of UCS or [Face/NAmed/OBject/Previous/View/World/X/Y/Z/ZAxis] <World>: _o（屏幕提示）

Specify new origin point <0,0,0>: 0,–26,30↙（设置加油孔凸台顶端中心为新原点）

结果如 11-42 所示的坐标系。

3）绘制加油孔凸台 E。

单击 Cylinder（圆柱体）命令图标后提示：

Specify center point of base or [3P/2P/Ttr/Elliptical]: 0,0,0↙（圆柱的圆心为原点）

Specify base radius or [Diameter] <13.0000> : ↙（加油孔外圆半径为默认值 13）

Specify height or [2Point/Axis endpoint] <50.0000>: 30↙（向下拖动，输入凸台高度 30，此处尺寸稍大一点，“并”可将其去掉）

Command: ↙（重复圆柱体命令）

Specify center point of base or [3P/2P/Ttr/Elliptical]: 0,0,0 ↙

Specify base radius or [Diameter] <13.0000>: 7↙（加油孔内孔半径 7）

Specify height or [2Point/Axis endpoint] <–30.0000>: 30↙（向下拖动，输入凸台高度 30，此处尺寸稍大一点，统一作“减”时可将多余的去掉）

结果如图 11-42 所示。

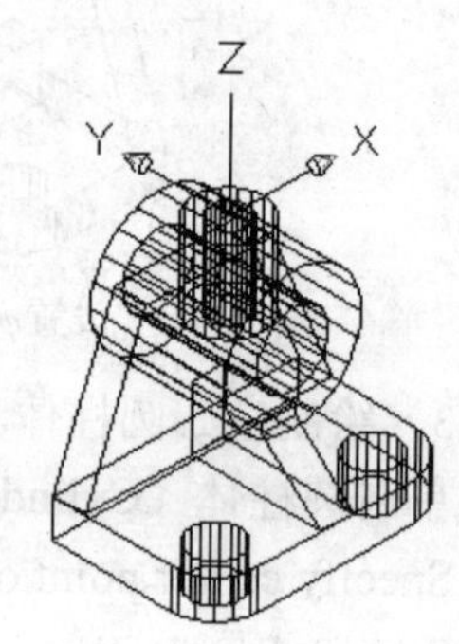

图 11-42 顶端加油孔的绘制

（7）按图 11-43 将 A、B、C、D、E 进行“并集”运算 单击 Union（“并集”）命令图标后提示：

Select objects: 点取“并集”实体 A、B、C、D、E

Select objects: ↙

目标选择结束，AutoCAD 就开始进行并集运算，生成新的并合体，如图 11-43 所示。

（8）进行“差集”运算（将上述“并合体”减去内孔圆柱 1、2、3、4，如图 11-43 所示） 单击“差集”（Subtract）命令图标后提示：

Select solide and regions to subtract from..（提示）

Select objects: 选取被减实体（图 11-43 中的并合体）

Select objects: ↙（被减实体选择结束）

Select solide and regions to subtract ..（提示）

Select objects: 点取要减的内孔圆柱 1

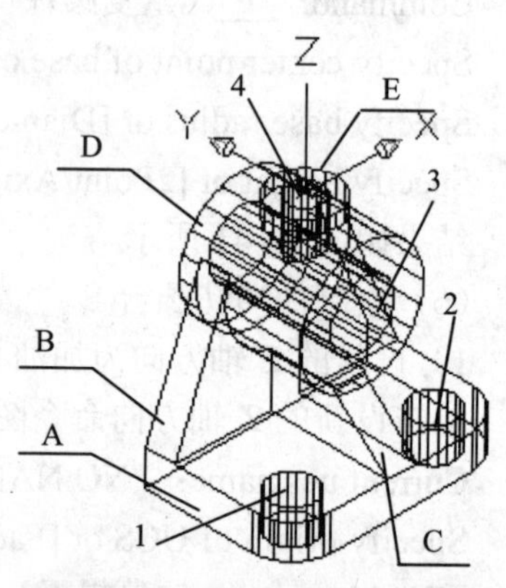

图 11-43 “并”、“差”运算后的实体

Select objects: 点取要减的内孔圆柱 2

Select objects: 点取要减的内孔圆柱 3

Select objects: 点取要减的内孔圆柱 4

Select objects: ↙

要减的实体选择结束，AutoCAD 就开始进行差集运算，结果为一个新实体，如图 11-43 所示。

（9）消去隐藏线　Command: hide↙（输入消隐命令），结果如图 11-44 所示。

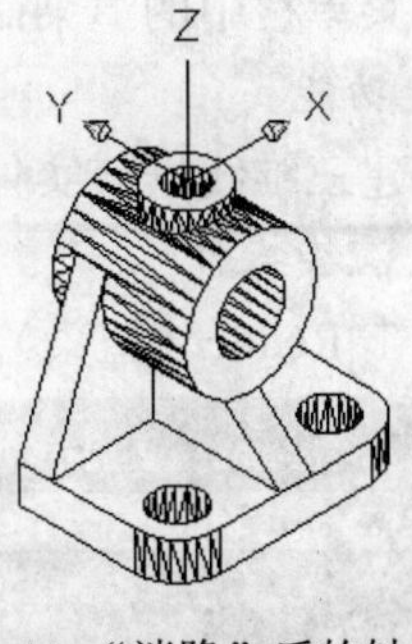

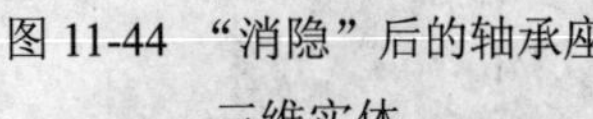

图 11-44 “消隐”后的轴承座三维实体

注意：

1）组成组合体的基本体全部创建完毕后，最后统一做“并”、“交”、“差”为好。但在创建基本体过程中的“并”、“交”、“差”可以先做，比如例 1 中的底板为圆柱体与长方体“交”出来的。

2）组合体造型过程中按需要设置新的用户坐标系和新的 Z 轴方向是非常必要的，这样可有利于所需基本体的生成，因为圆柱、圆锥的轴线以及二维图形用拉伸或旋转生成基本体时均是沿 Z 轴方向。

11.5　着色处理

1. 功能

不仅能对实体进行消隐，而且能对实体进行着色。

2. 操作

下拉菜单：View→Visual styles→Conceptual

命令输入：

Command : Shademode↙

Enter an option [2dwireframe/3dwireframe/3dHidden/Realistic/Conceptual/Other]

<Conceptual>: C↙（图 11-45）

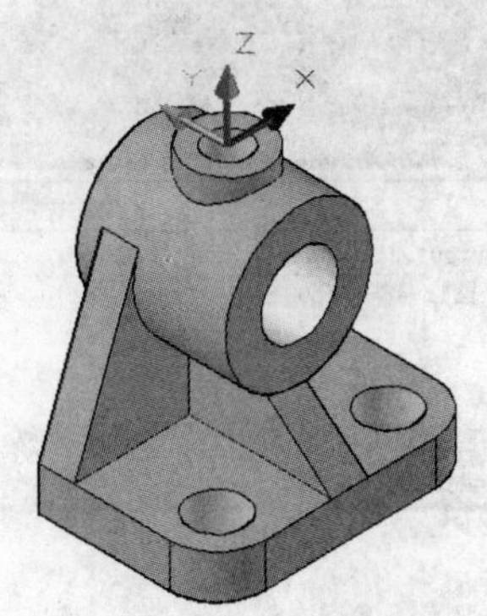

图 11-45　轴承座的 Conceptual 着色

各选项说明如下：

2：二维形式显示。

3：三维线框显示。

H：消隐后三维线模型显示。

R：真实视觉样式着色，并做光滑处理。

C：概念视觉样式着色，并做光滑处理。

O：其他样式着色。

11.6　三维渲染（Render）命令

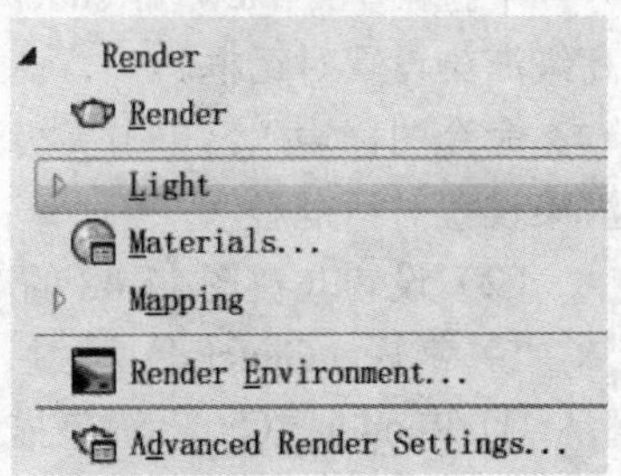

图 11-46　Render 菜单栏

AutoCAD 利用读者指定的光源对指定材料的视图进行渲染后，将产生一幅真实感的图片。读者可以利用图 11-46

所示的菜单栏中的渲染命令对三维实体进行渲染。

1. 功能

创建三维线框或实体模型的照片级真实着色图像，让读者预测设计的结束。

2. 渲染操作

单击 Render（渲染）命令图标，AutoCAD 弹出如图 11-47 所示的 Render 图像信息框。

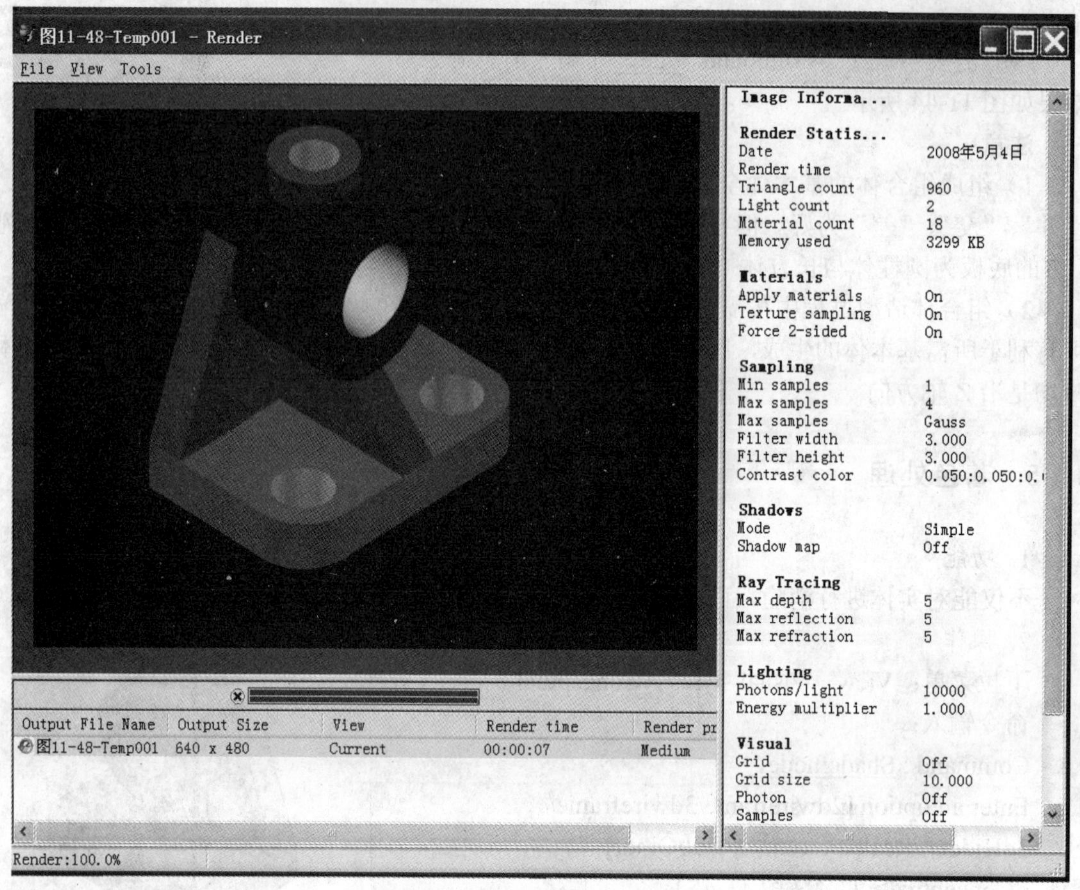

图 11-47　Render 图像信息框

3. 高级渲染设置

（1）操作

下拉菜单：View→Render→Advanced Render settings，AutoCAD 弹出如图 11-48 所示的高级渲染设置对话框。

命令图标输入：单击高级渲染设置命令图标，AutoCAD 弹出如图 11-48 所示的高级渲染设置对话框。

（2）设置（在图 11-48 的对话框中）

1）常规（General）

① Render　C…　渲染描述：

P…表示过程（Procedure），可设置：View（视图）、Crop（修剪）、Selected（选定的）。

D…表示目标（Destination），可设置：Window（窗口）、Viewport（视口）。

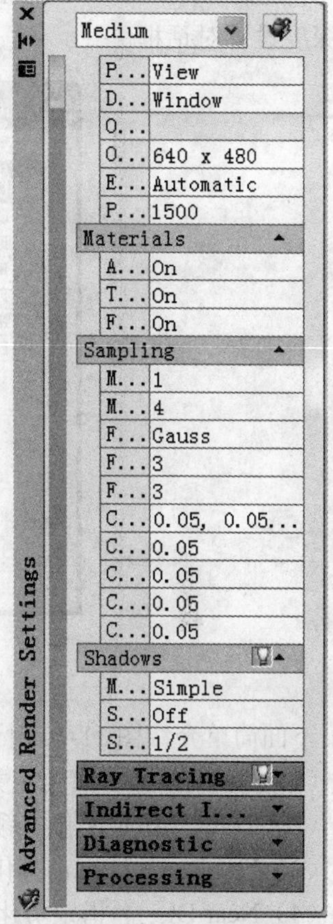

图 11-48 高级渲染设置对话框

O…表示输出文件名（Output file name）。

O…表示输出尺寸（Output size），可设置：320×240、640×480、800×600、1024×768。

E…表示曝光类型（Exposure Type），可设置：Automatic（自动）、Logarithmic（对数）。

P…表示物理比例（Physical Scale），可增大或减小。

② Materials（材质）：

A…表示应用材质（Apply materials），可打开或关闭。

T…表示纹理过滤（Texture filtering），可打开或关闭。

F…表示强制双面（Force 2-sided），可打开或关闭。

③ Sampling（采样）：

M…表示最小样例数（Min samples），可设置：1/64、1/16、1/4、1、4、16、256、1024。

M…表示最大样例数（Max samples），可设置：1/64、1/16、1/4、1、4、16、256、1024。

F…表示过滤器类型（Filter type），可设置：Box（长方体）、Triangle（三角形）、Gauss（高斯）、Mitchell（米切尔）、Lanczos（蓝佐斯）。

F…表示过滤器宽度（Filter width），可增大或减小。

F…表示过滤器高度（Filter height），可增大或减小。

C…表示对比色（Contrast color），可在其右侧单击后在显示的“选择颜色对话框”中设置。

C…表示对比红色（Contrast red），可增大或减小。

C…表示对比蓝色（Contrast blue），可增大或减小。

C…表示对比绿色（Contrast green），可增大或减小。

C…表示指定颜色采样中 Alpha 分量阈值（Contrast alpha），可增大或减小。

④ Shadows（阴影）：

M…表示模式（Mode），可设置：Simple（简化）、Sorted（分类）、Segment（分段）。

S…表示阴影贴图（Shadow map），可打开或关闭。

S…表示采样乘数（Sampling multiplier），可设置：0、1/8、1/4、1/2、1、2。

2）Ray Tracing：表示可以进行最大深度、最大反射、最大折射的光线跟踪设置。

3）Indirect I…：表示可以进行全局照明、最终聚集、光源特性的间接发光设置。

4）Diagnostic：表示可以对栅格、栅格尺寸、光子、渲染 BSP 光线追综加速方法所用参数的效果进行诊断设置。

5）Processing：表示可以对平铺尺寸、平铺次序、内存限制进行设置。

11.7 渲染环境（Render Environment）命令

渲染环境命令可以使用环境功能来设置雾化效果或背景图像。

下拉菜单：View→Render→Render Environment…，AutoCAD 弹出如图 11-49 所示的雾化/深度设置对话框。

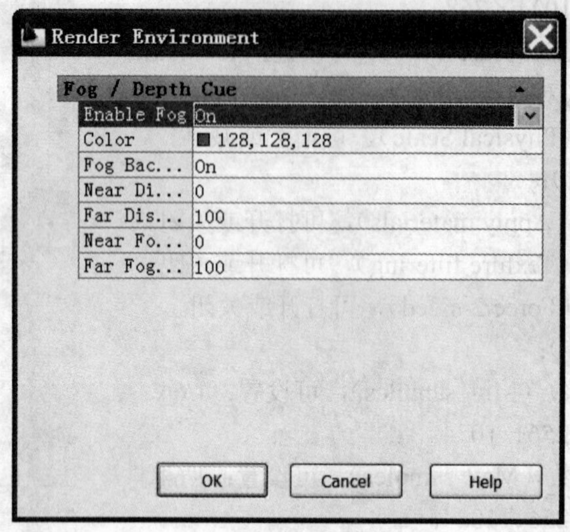

图 11-49 雾化/深度设置对话框

下面简单介绍图 11-49 对话框中的内容：

（1）Enable Fog 启用或关闭雾化（On/Off）。

（2）Color 指定雾化的颜色。

（3）Fog Bac… 指定雾化是否对背景起作用（On/Off）。

（4）Near Di… 指定雾化开始处到相机的距离。

（5）Far Dis… 指定雾化结束处到相机的距离。

（6）Near Fo… 设置近处雾化百分比。

（7）Far Fog… 设置远处雾化百分比。

11.8 光源（Light）命令

在场景中布置合适的光线，可以影响到实体各个表面的明暗情况，并能生成阴影。读者可以利用 AutoCAD 提供的设置光线的命令 Light，在一个视图中任意组合光线，从而组成渲染的场景。

下拉菜单：View→Render→Light，如图 11-50 所示。

下面对图 11-50 所示的三种灯进行简介：

（1）New Point Light 新建点光源。

操作：Command: pointlight↙

Specify source location <0,0,0>: 在屏幕合适的位置点取点光源的坐标

Enter an option to change [Name/Intensity/Status/shadoW/Attenuation/Color/eXit] <eXit>: X↙（若用各选择项的默认值，回车即可）

（2）New Spotlight 新建聚光灯。

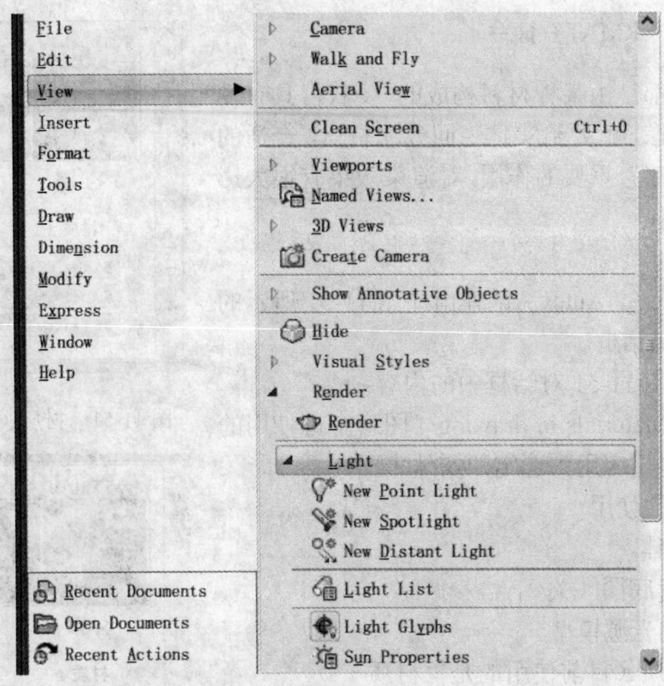

图 11-50 光源命令（Light）的点取

操作：Command: spotlight↙

Specify source location <0,0,0>: 在屏幕合适的位置点取点光源的源坐标

Specify target location <0,0,-10>: 在屏幕合适的位置点取点光源的目标坐标

Enter an option to change

[Name/Intensity/Status/Hotspot/Falloff/shadoW/Attenuation/Color/eXit] <eXit>: X↙（若用各选择项的默认值，回车即可）

（3）New Distant Light　新建平行光。

操作：Command: distantlight↙

Specify light direction FROM <0,0,0> or [Vector]: 指定光线方向的起点（若回车，光线从原点发出）

Specify light direction TO <1,1,1>: 指定光线方向的终点

Enter an option to change [Name/Intensity

/Status/shadoW/Color/eXit] <eXit>: X↙（若用各选择项的默认值，回车即可）

光源设置结果如图 11-54 所示。

11.9 三维实体的材质贴附

木材之所以称为木材，而不称它为钢铁或是玻璃，是因为这三者都有各自的表面物理特征，因此，表面特征是区分不同物体的关键点。本节介绍的材质贴附命令“RMAT”与材质库命令“MATLIB”，就是用来在三维实体图上贴上所需的各种材料。

11.9.1 材质贴附（RMAT）命令

三维实体对象都是由某种材料构成的，要获得具有良好真实感的渲染图像，就要给实体表面分配材质，合适的材质在渲染处理中起着重要的作用，对渲染效果有很大影响。

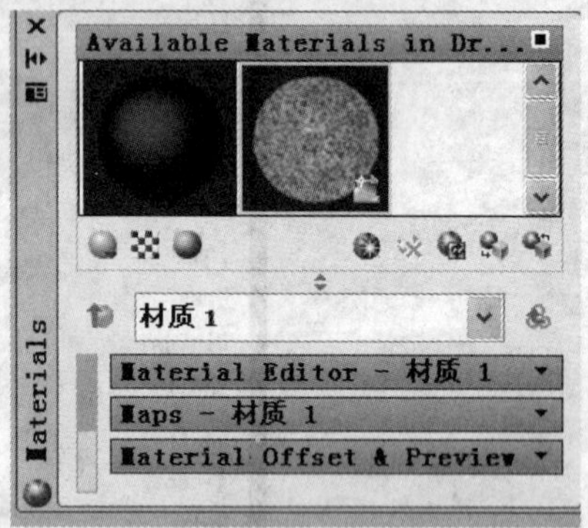

图 11-51 材质（Materials）对话框

操作：

Command: rmat↙，AutoCAD 弹出如图 11-51 所示的材质（Materials）对话框。

下面简单介绍图 11-51 对话框中的内容：

（1）Available Materials in drawing（图形中可使用的材质） 提供所选材质应用到选定的实体表面。

（2）工具图标的使用

：样例几何体。

：交错参考底图（关/开）。

：预览样例光源模型。

：创建新材质（目前使用的是“材质 1”）。

：从图形中清除未使用的材质。

：表明材质正在使用。

：将材质应用到选定的图形对象。

：从选定的对象中删除材质。

（3）Material Editor（材质编辑器） 单击 Material Editor 左边的▼，显示如图 11-52 所示的对话框。

1）Type，类型设置：单击 Realistic 右边的▼，可选择真实（Realistic）、真实金属（Realistic Metal）、高级（Advanced）、高级金属（Advanced Metal）四种类型。

2）Template，样板设置：单击 Metal Flat 右边的▼，可选择用户定义金属（User defined Metal）、金属（Metal）、金属拉丝（Metal-Brushed）、金属光滑（Metal-Flat）、金属磨光（Metal- Polished）、镜像（Mirror）六种类型。

（4）Maps-材质 1 对所选的材质 1 贴图设置。对漫射贴图（Diffuse map）、不透明贴图（Opacity map）、凸凹贴图（Bump map）可按需要进行贴图类型的设置。

（5）Advanced Lighting Over… 高级光源替代设置。

（6）Material Scaling & Tiling 材质缩放与平铺设置。

（7）Material Offset & Preview 材质偏移与预览。

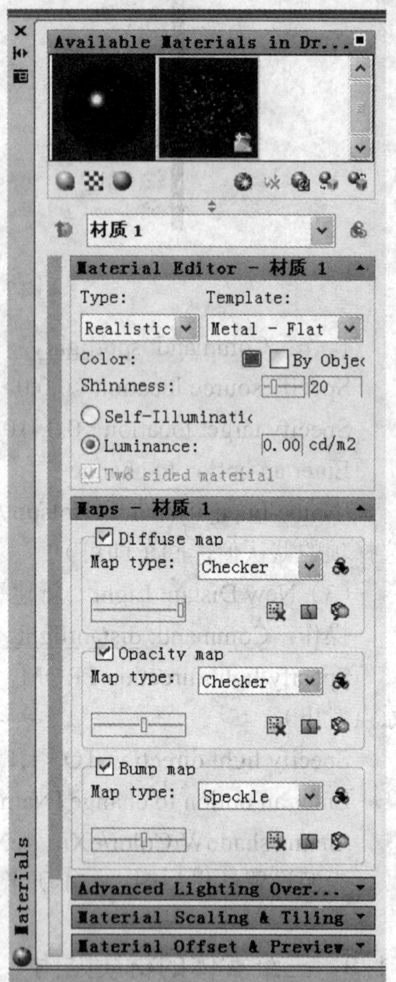

图 11-52 材质库编辑器对话框

11.9.2 工具选项板（Toolpalettes）命令

操作过程如下：

1）Command: toolpalettes↙，AutoCAD 弹出图 11-53 左侧所示的工具选项板—材质“Tool Palettes—Materials”对话框。

2）在该对话框的右侧（工具选项板）标题处单击右键，AutoCAD 弹出图 11-53 右侧所示的工具选项板—材质库“Tool Palettes—Materials Library”对话框。

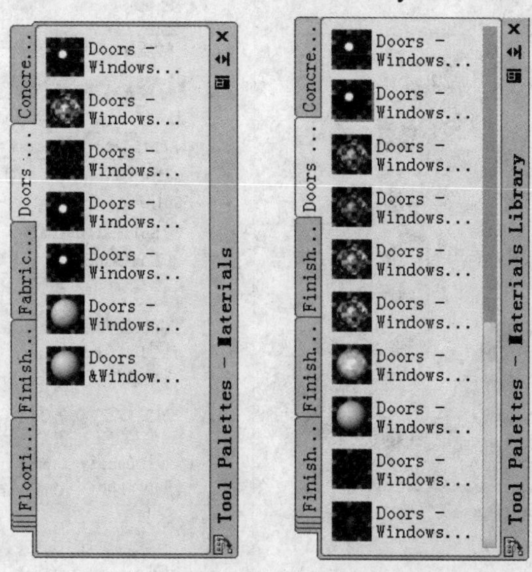

图 11-53　工具选项板（左），材质库对话框（右）

3）在“Tool Palettes—Materials Library“对话框中选取所需的材料，所选中的材料会自动添加到图 11-52 材质库编辑器对话框顶部的 Available Materials in drawing（图形中可用的材质）栏中，供所选材质应用到实体表面。

11.9.3　实例操作

1）打开一个三维实体图形，如图 11-45 所示。

2）Command: rmat↙，AutoCAD 弹出如图 11-51 所示的材质（Materials）对话框。

3）Command: toolpalettes↙，AutoCAD 弹出如图 11-53 左侧所示的工具选项板—材质“Tool Palettes—Materials”对话框。

4）在工具选项板—材质库“Tool Palettes—Materials Library”对话框中选取所需的材料。

5）在图 11-52 材质库编辑器对话框中选取图形所使用的材质。

6）单击 按钮，将所选材质应用到轴承座上。

7）单击下拉菜单：View→Render→Light，点取新建点光源或聚光灯光源或平行灯光源，在实体图形的合适位置设置光源，对光源进行移动、复制或删除，直至效果最佳为止，结果如图 11-54 所示。

技巧提示：

1）如果要在立体上贴附不同的材质，则组成该实体的各个基本体必须是相互独立的实体，即未执行过 Union（并集）运算。因执行过并集运算后，组合体的各个小实体就会被结合成一个实体，而一个实体只能贴附一种材质。

2）如果要替换已贴附的材质，可将新材质直接贴附上去即可。

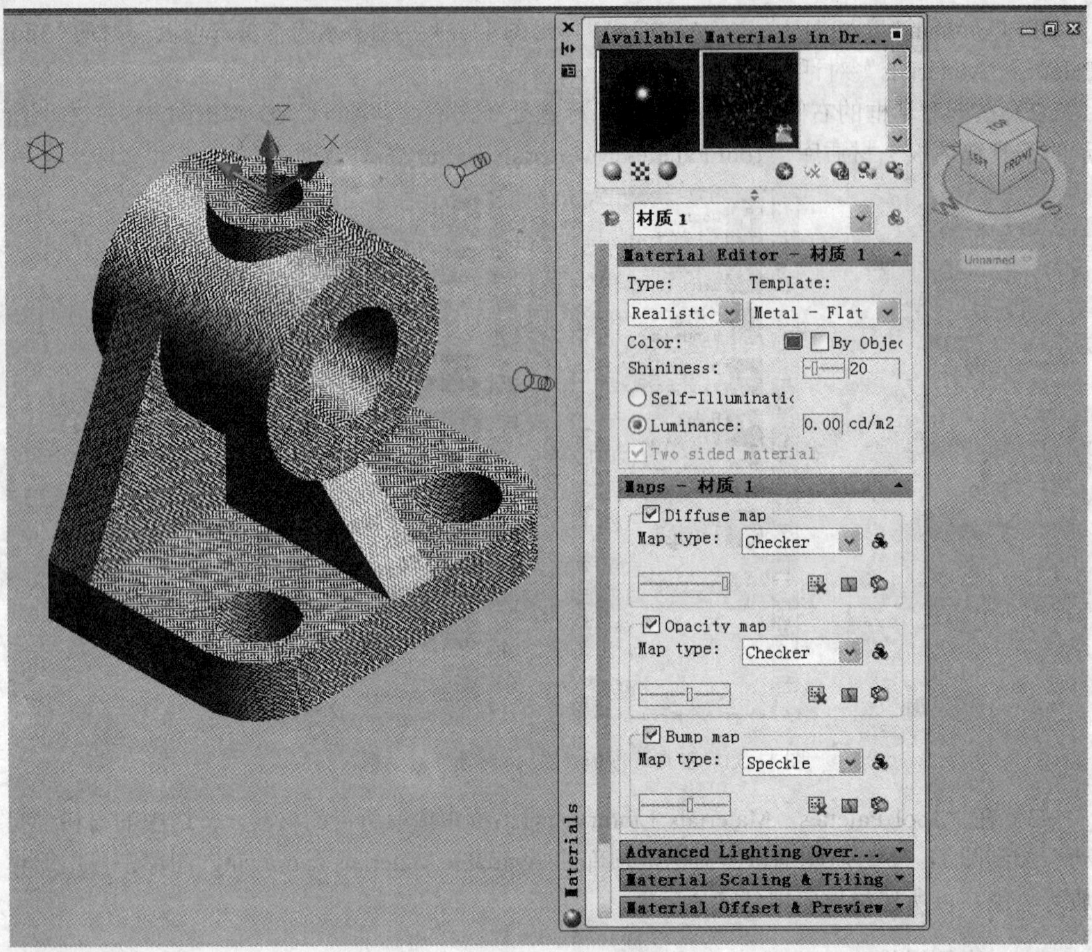

图 11-54 轴承座的材质贴图

11.10 控制三维实体显示

影响三维实体显示的因素主要有三个，它们分别是 ISOLINES、DISPSILH 和 FACETRES。其中 ISOLINES 用于控制素线的数量，DISPSILH 用于控制是否显示对象轮廓，FACETRES 用于控制曲面的面数。

11.10.1 使用 ISOLINES 变量改变实体的曲面轮廓素线

ISOLINES 的有效值范围从 0～2047，默认值为 4。其值为 0 时，则会使曲面没有素线。增加素线的条数会使实体看起来接近 3D 实物，但显示时间变长，如图 11-55 所示。

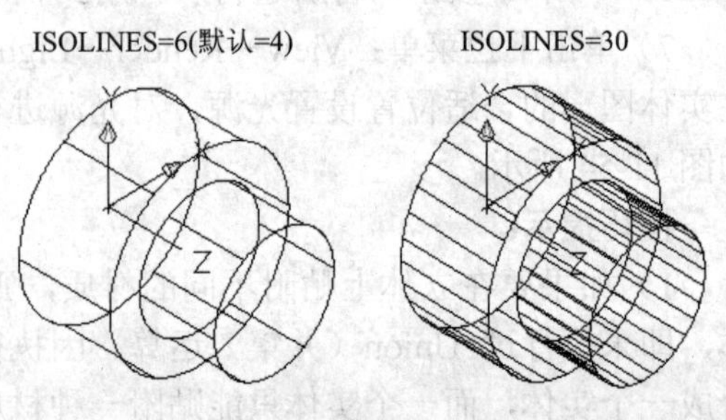

图 11-55 ISOLINES 设置对实体表面显示的影响

设置方法有两种：

（1）命令设置

Command : isolines↙

Enter new value for ISOLINES<4>:30↙

（2）使用“显示选项对话框”设置 Command: config↙→显示选项对话框→单击“Display”菜单→在“Display resolution”子对话框的“Contour lins per surface”栏，按图 11-55 的右图设置 30→点取“OK”→单击下拉菜单“View”→单击“Regen”（重新显示），如图 11-55 右图所示。

11.10.2 使用 DISPSILH 变量以线框形式显示实体轮廓

操作：

（1）Command : dispsilh↙

Enter new value for DISPSILH<0>:↙

Command : hide↙

结果如图 11-56 左图所示。

（2）Command : dispsilh↙

Enter new value for DISPSILH<0>:1↙

Command : hide↙

结果如图 11-56 右图所示。

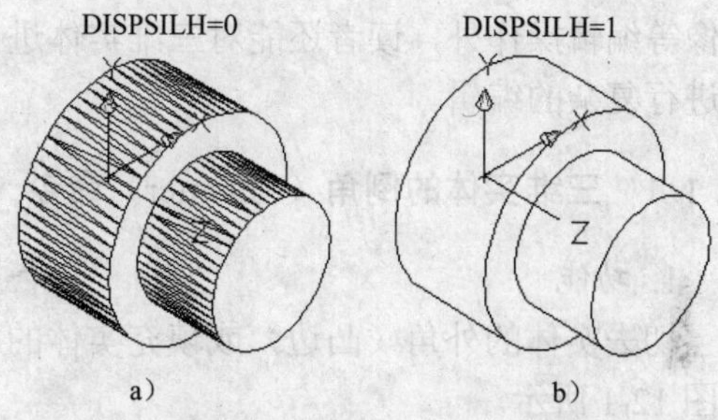

图 11-56 DISPSILH 设置对实体表面显示的影响

注意：

1）修改 DISPSILH 变量后，必须执行 Hide 命令才能看出其结果。

2）要消除（Hide）结果，只需执行 Regen 或 Regenall 命令。

11.10.3 使用 FACETRES 变量以改变渲染对象的平滑度

读者可以用 FACETRES 系统变量控制曲面的小平面数，FACETRES 值的范围为 0.01～10，默认值为 0.5。FACETRES 设定值高会生成更多的小平面，从而使曲面更平滑，但进行 Hide、Shade、Render 所用的时间也就越长。

操作：

（1）Command : facetres↙

Enter new value for FACETRES<0.5>: 0.8↙

Command : hide↙

结果如图 11-57 左图所示。

（2）Command : facetres↙

Enter new value for FACETRES<0.5>: 8↙

Command : hide↙

结果如图 11-57 右图所示。

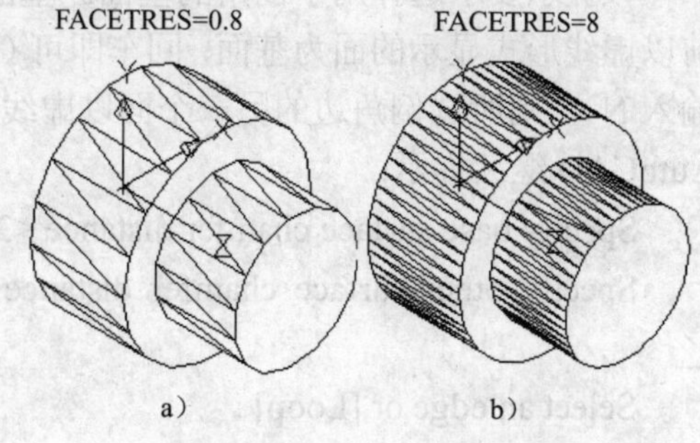

图 11-57 FACETRES 变量设置对实体表面显示的影响

注意：

1）在基本建模阶段，为了使计算机速度得到最优化，可设置较低的 FACETRES 值，仅当生成最后的绘图时，才提高 FACETRES 值。

2）当 DISPSILH 值为 0（即禁止轮廓显示），并执行 Hide、Shade 或 Render 命令时，设置的 FACETRES 值才能生效。

第 12 章　编辑三维实体及三维实体的尺寸标注

12.1　编辑三维实体

除可以用前面已经介绍的二维编辑命令对三维实体进行诸如复制、移动、旋转、阵列、镜像等编辑操作外，读者还能对三维实体进行倒角、圆角、剖切、创建截面图以及对三维实体进行复杂的编辑。

12.1.1　三维实体的倒角（Chamfer）命令

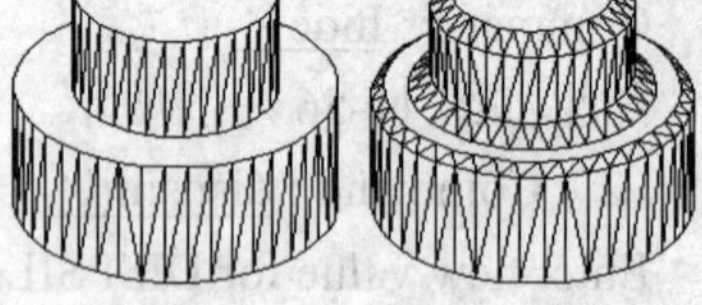

1. 功能

切去实体的外角（凸边）或填充实体的内角（凹边），如图 12-1 所示。

图 12-1　三维实体倒角图例

2. 操作

单击 Chamfer（倒角）命令图标后提示：

（TRIM mode）Current chamfer Dist1 = 3.0000, Dist2 = 3.0000（屏幕提示）

Select first line or [Undo/Polyline/Distance/Angle/Trim/mEthod/Multiple]:（在此提示下选择实体上要倒角的边）

选择后该边所相邻的两个面中的一个面以虚线形式显示，同时提示：

Base surface selection…（提示）

Enter surface selection option [Next/OK（current）] <OK> :

该提示要求选择用于倒角的基面。基面是指所选倒角边相邻两个面中的一个。如果选当前以虚线形式显示的面为基面，回车即可（即执行 OK（current）选项）；若执行 Next 选项（即输入 N），则所选倒角边的另一个面以虚线形式显示，并以此面为倒角的基面。确定基面后，AutoCAD 继续提示：

Specify base surface chamfer distance <3.0000>: 输入基面一侧的倒角距离↙

Specify other surface chamfer distance<3.0000>: 输入与基面相邻的另一面上的倒角距离↙

Select an edge or [Loop] :

选项含义如下：

1）Select an edge：对基面上的指定边倒角，为默认值。指定各边后，即可实现对指定边的倒角。

2）Loop：对基面上的各边均倒角。选择该选项（即 Select an edge or [Loop] : L↙）后，AutoCAD 继续提示：

Select an edge or [Edge] :

选择基面上要倒角的一条边，即可实现基面上多个目标的倒角。也可以通过选项 E↙（即

Edge 选项）切换到对基面上的一个或多个指定边倒角。

12. 1. 2 三维实体的倒圆角（Fillet）命令

1. 功能

对三维实体的凸边或凹边倒出圆角，如图 12-2 所示。

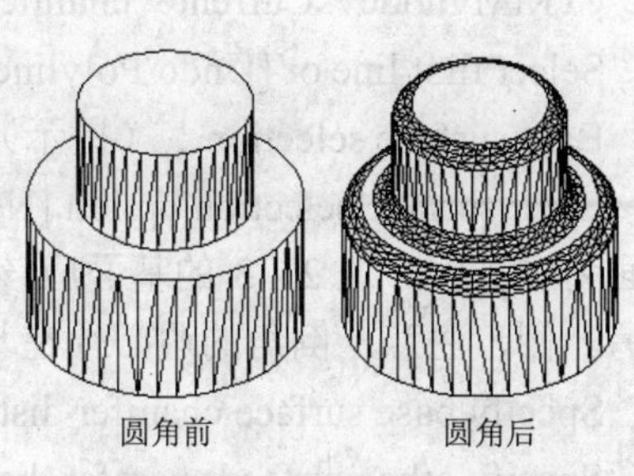

图 12-2 三维实体倒圆角图例

2. 操作

单击 fillet（倒圆角）命令图标后提示：

Current settings: Mode = TRIM,

Radius = 3.0000（屏幕提示）

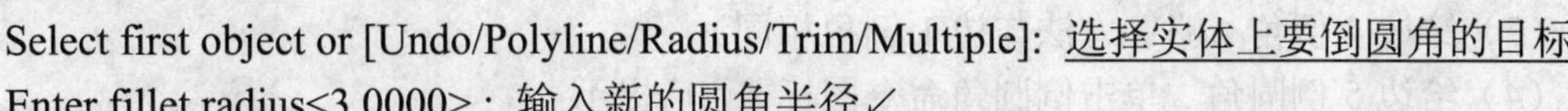

Select first object or [Undo/Polyline/Radius/Trim/Multiple]: 选择实体上要倒圆角的目标

Enter fillet radius<3.0000> : 输入新的圆角半径↙

Select an edge or [Chain/Radius] :

各选项含义如下：

1）Select an edge：选择要倒圆角的目标，在此提示下可选择多个目标后回车，AutoCAD 对它们均倒出圆角。

2）Chain：选择多个目标进行倒圆角。执行该项，即输入 C↙后，AutoCAD 又提示：

Select an edge Chain or [Edge/Radius] :

如果要倒圆角的多个目标彼此首尾相切，此时选中其中一个目标，其余目标均被选中。确定目标后，AutoCAD 对它们进行倒圆角操作。此外，也可以在该提示下依次选择各个目标进行倒圆角。

3）Radius：重新设圆角半径。执行该项，即选择 R，即输入 R↙后，AutoCAD 又提示：

Enter fillet radius : 输入新的圆角半径值↙

Select an edge or [Chain/Radius] :（确定倒圆角的目标或重新输入圆角半径）

例 对图 12-3 所示的实体进行倒角、圆角操作。要求：对边 1、2、3、4 倒角，倒角距离均为 5；对边 5 倒圆角，圆角半径为 6。

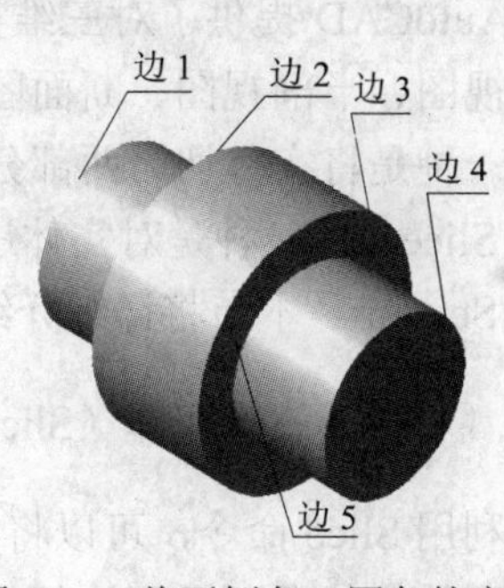

图 12-3 将要倒角、圆角的实体

步骤如下：

（1）给边 1 倒角 单击倒角命令图标后提示：

（TRIM mode）Current chamfer Dist1=2.0000 Dist2=2.0000（屏幕提示）

Select first line or [Undo/Polyline/Distance/Angle/Trim/mEthod/Multiple]: 选择边 1

Base surface selection…（提示）

Enter surface selection option [Next/OK（current）] <OK> : ↙（选择“OK”，即当前面为倒角基面）

Specify base surface chamfer distance <2.0000> : 5↙（输入倒角距离 1 为 5）

Specify other surface chamfer distance <2.0000> : 5↙（输入倒角距离 2 为 5）

Select an edge or [Loop] : 选择边 1（点取边 1），回车后边 1 倒角完成。

（2）给边 2、3 倒角 单击倒角命令图标后提示：

（TRIM mode）Current chamfer Dist1=5.0000 Dist2=5.0000（屏幕提示）

Select first line or [Undo/Polyline/Distance/Angle/Trim/mEthod/Multiple]：点边 2

Base surface selection…（提示）

Enter surface selection option [Next/OK（current）] <OK>: ↙（选择“OK”，选中的当前基面为虚灰色，边 2、3 的基面应该是 2 与 3 之间的圆柱面，若基面不对可用 N 选项选边 2 的另一侧，注意：倒角的边必须在基面上）

Specify base surface chamfer distance <5.0000>：↙（取默认倒角距离值 1 为 5）

Specify other surface chamfer distance <5.0000>：↙（取默认倒角距离值 2 为 5）

Select an edge or [Loop]：选择边 2（点取边 2），回车后边 2、边 3 倒角完成。

（3）给边 4 倒角（略：方法与边 1 倒角相同）

（4）给边 5 倒圆角 单击倒圆角命令图标后提示：

Current settings：Mode = TRIM, Radius=3.0000（屏幕提示）

Select first object or [Undo/Polyline/Radius/Trim/Multiple]：选择要倒圆角的边 5

Enter fillet radius〈3.0000〉：6↙（输入圆角半径 6）

Select an edge or [Chain/Radius]：↙（取前面已选择的边 5）

（5）着色处理

Command：shademode↙

Enter option [2Dwireframe/3Dwireframe/Hidden/Flat/Gouraud /flat+edges/gOurade+edges]：G↙（选择 Gouraud 着色）

结果如图 12-4 所示。

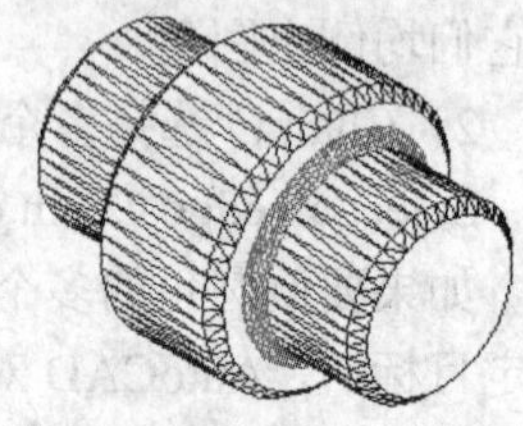

图 12-4 倒角、圆角后的实体

12.2 剖切三维实体

AutoCAD 提供了对三维实体进行剖切的功能。利用这些功能，可以方便地绘制出实体的全剖视图、半剖视图、断面图等，或将实体切开成为几个部分。三维实体的剖切主要分为两种：一种是将实体切为两部分，可以只保留其中一部分，也可以全保留，实现这一功能的命令是 Slice；另一种是对实体进行剖切，其结果是在实体内部的剖切位置生成一个断面图，命令是 Section。本节将详细介绍这两个命令的使用方法。

12.2.1 切开三维实体（Slice）命令

利用 Slice 命令，可以将实体从指定平面处剖开，可以对剖切的部分进行有选择地保留，但剖开的实体在断面两边都只生成一个对象，即使被剖实体被切成多块也只为同一个对象。

执行 Slice 命令后，AutoCAD 首先要求你选取要剖的对象，然后提供 7 个不同的选项来定义断面。每个选项的最后，AutoCAD 允诺保留断面两边的对象或指出想保留断面的那一面。

Slice 用一个无限大的剖切平面将选择的目标剖开，所以你不可以只剖对象的某一部分或用阶梯面来剖。

1. 功能

将实体剖开。

2. 操作

单击 Slice（剖切）命令图标后提示：

Select objects to slice: 选择要被剖切的实体

Select objects to slice: ↙（回车结束选择）

Specify start point of slicing plane or [planar Object/Surface/Zaxis/View/XY/YZ/ZX/3points] <3points>:

选项介绍如下：

（1）planar Object 选项　该选项用已有的对象来定义断面。所用的对象必须是 2D 多义线、圆弧和平面样条曲线。直线、三维多义线和非平面样条线不可用。选择该选项后提示：

Select a circle, ellipse, arc, 2D-spline, 2D-polyline to define the slicing plane: 选择确定剖切平面的图形

Specify a point on desired side or [keep Both sides] <Both>: 确定被剖开实体的保留方式

1）“B”表示剖切后保留两部分实体，为默认项。

2）只保留一部分实体，而另一部分被删除。读者可以在剖切平面的某一侧点取一点或给出一点的坐标，则位于该侧的那部分实体将被保留。

（2）Surface 选项　挑选一个表面。

（3）Zaxis 选项　用 Z 轴选项来定义剖切平面。类似于 UCS 命令的 Z 轴选项来确定 XY 平面的朝向。第一个点给剖切平面定位，第二个点确定剖切平面的方向，即剖切平面的方向垂直于第一点到第二点的直线。

（4）View 选项　该选项首先要求你给出一个点，剖切平面通过该点并与当前视图平面平行。选择该选项后 AutoCAD 提示：

Specify a point on the current view plane<0,0,0> : 输入一点以确定剖切平面的位置

Specify a point on desired side of the plane or [keep Both sides] : 确定被剖开实体的保留方式

（5）XY/YZ/ZX 选项　这三项分别表示用与当前 UCS 下的 OXY 坐标面、OYZ 坐标面、OZX 坐标面平行的平面作为剖切平面，它要求输入剖切平面上的一个点，该点确定剖切平面到当前所选的坐标面的距离。输入的点也可是当前 UCS 的原点，那么剖切平面就是当前所选的坐标面。例如图 12-5 中的剖切平面就是 OXY 坐标平面，具体操作如下：

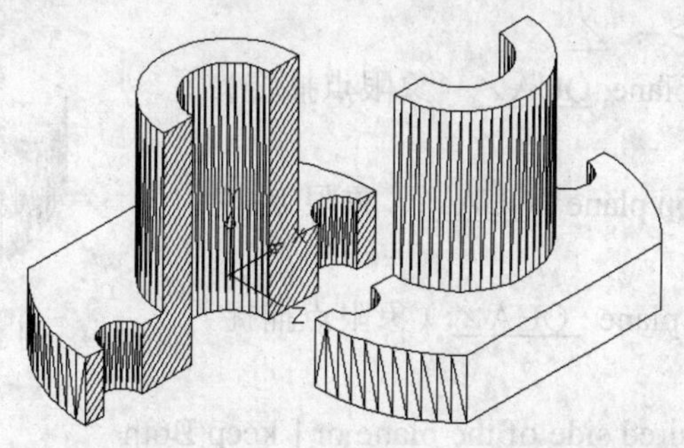

图 12-5　用 XY 坐标平面剖开并移动剖切平面一侧的实体

1）改变 Z 轴方向，使 XY 为剖切平面。

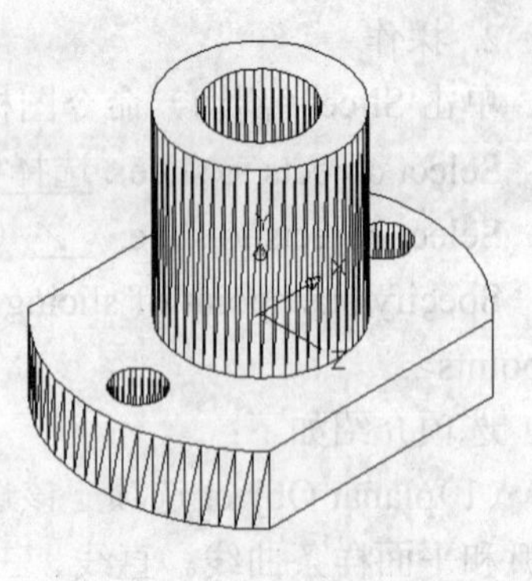

图 12-6　实体剖开之前的坐标系设置

单击设置新 Z 轴命令图标后提示：

Specify new origin point <0,0,0> : ↙（新 Z 轴的第一点为当前坐标系原点）

Specify point on positive portion of Z-axis <0.0000, 0.0000,1.0000> : 启用 POLAY（极轴）功能按钮→在新的 Z 方向单击左键，结果如图 12-6 所示。

2）用 XY 坐标面剖切实体。

单击剖切命令图标后提示：

Select objects : 选择实体

Select objects : ↙（回车结束选择）

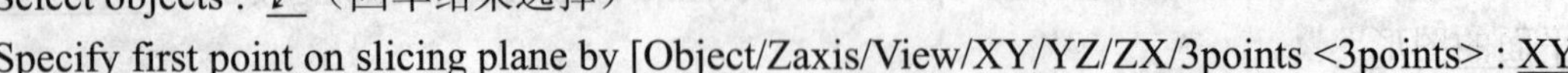

Specify first point on slicing plane by [Object/Zaxis/View/XY/YZ/ZX/3points <3points> : XY ↙

Specify a point on the XY- plane <0,0,0> : ↙（选择原点为剖切平面上的点）

Specify a point on desired side of the plane or [keep Both sides] : B↙（断面两侧均保留）

注意：如果要生成全剖视的主视图，剖切面前面的部分不必保留，那么上面行的选择应该改为：Specify a point on desired side of the plane or [keep Both sides] : 0，0，–1↙，或在保留侧选择一点。

3）单击 Move 移动命令按钮，将剖切面前面的部分移开（操作从略）。

4）单击 Bhatch 剖面线命令按钮，在实体的断面部分画上剖面线（类同二维，操作从略），结果如图 12-5 所示。

（6）3point 选项　该选项通过指定的空间三个点来确定剖切平面，为默认项。图 12-7 的具体操作如下：

1）第一次用 XY 坐标面剖切，方法类同前面所述，剖切面两面均保留。（操作从略）

2）用三点确定的剖切平面，第二次剖切该实体：

单击剖切命令图标后提示：

Select object : 选择第一次剖切后剖切面前面的那部分

Select object : ↙（回车结束选择）

Specify first point on slicing plane by [Object/Zaxis/View/XY/YZ/ZX/3point <3point> ：↙

Specify first point on plane :QUA↙（象限点捕捉）

Of 点取 A 圆弧

Specify second point on plane : QUA↙（象限点捕捉）

Of 点取 B 圆弧

Specify third point on plane : QUA↙（象限点捕捉）

Of 点取 C 圆弧

Specify a point on desired side of the plane or [keep Both sides]: 1,0,0↙（剖切面的右面保留）

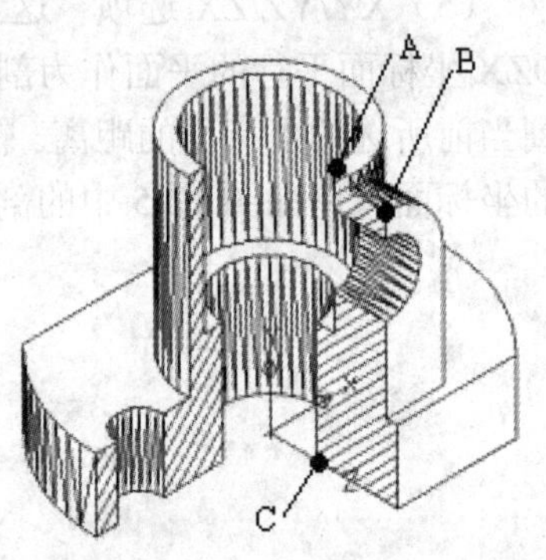

图 12-7　被 XY 剖切面及 3 点（A、B、C）剖切面所剖切的实体

结果如图 12-7 所示，为以后要生成半剖的主视图作好了准备。

3）作并集运算：将后面一半和前面的四分之一合并成一整体。

4）着色处理：

Command :shademode↙

Enter option [2Dwireframe/3Dwireframe/Hidden/Flat/Gouraud/fLat+edges/gOurade+edges]:

G↙

结果如图 12-8 所示。

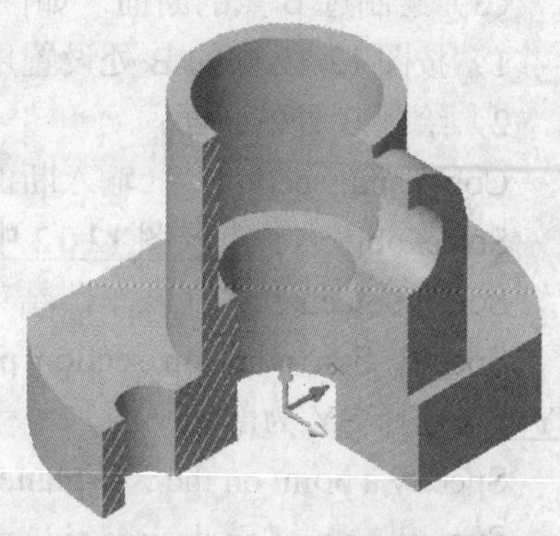

图 12-8 Gouraud 着色后的剖切立体

12. 2. 2 生成断面（Section）命令

1. 功能

将实体剖开。利用 Section 命令，可以在给出的三维实体上方便地得到任意位置的截面图，如图 12-9 所示。

2. 操作

Command: section↙（输入断面命令）

Select objects: 1 found（选择图 12-9 中的轴）

Select objects:↙（目标选择结束）

Specify first point on Section plane by [Object/Zaxis/View/XY/YZ/ZX/3points] <3points>:

上述提示用来确定剖切平面，各选项含义与 12.2.1 所介绍的相同，在此不再重复。剖切平面确定后，AutoCAD 便自动生成平面剖切实体得到的断面图形，该断面图形仍位于实体被剖处，读者可以对其进行独立编辑，如移出原图外，并为其画出剖面线等。

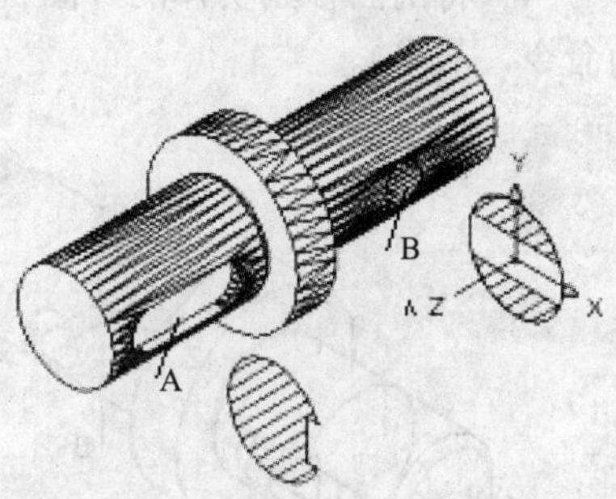

图 12-9 轴的移出断面图

例 绘制图 12-9 所示的在 A、B 两处的移出断面图。

（1）绘制图 12-10 所示的轴的三维实体图 作图过程从略。

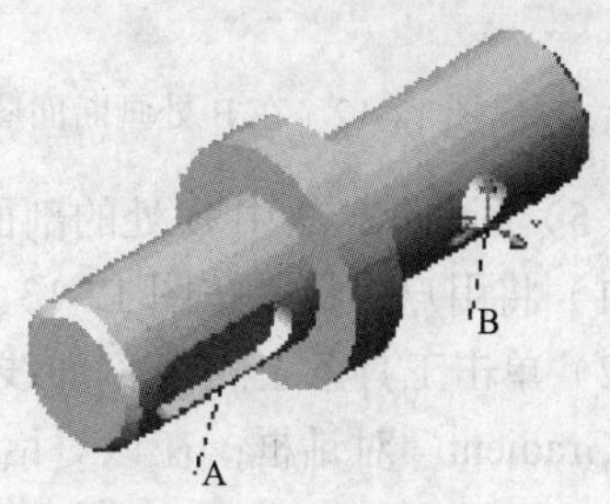

图 12-10 绘制断面图所用原图

（2）生成过 A 点的断面 如图 12-11 所示。

1）按图 12-11 中的 A 处设置用户坐标系。

2）生成 A 处的断面：

Command: section↙（输入断面命令）

Select objects: 1 found（选择图 12-9 中的轴）

Select objects:↙（目标选择结束）

Specify first point on Section plane by [Object/Zaxis/View/XY/YZ/ZX/3points] <3points>: XY↙（选择 XY 为剖切平面）

Specify a point on the XY-plane <0,0,0>: ↙

Specify a point on desired side or [keep Both sides] <Both>: ↙

结果如图 12-11 在 A 处的断面图所示。

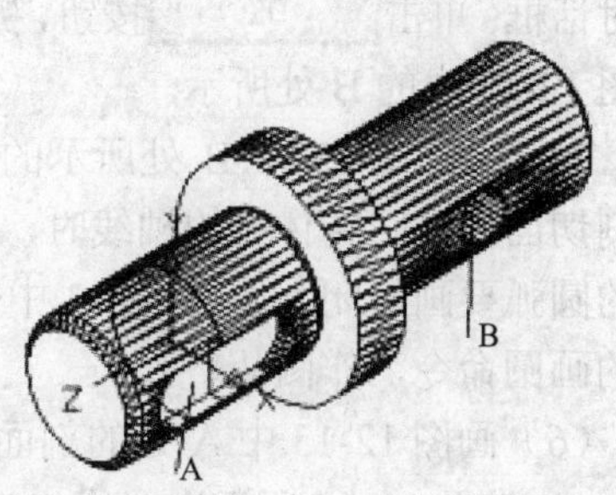

图 12-11 在 A 处画断面图

（3）绘制过 B 点的断面　如图 12-12 的 B 处所示。

1）按图 12-12 中的 B 处设置用户坐标系。

2）绘制 B 处的断面：

Command: section↙（输入断面命令）

Select objects : 点取图 12-12 中的轴

Select objects : ↙（回车，结束选择）

Specify first point on section plane by [Object/Zaxis/View/XY/YZ/ZX/3point] <3point> : XY↙（选择 XY 为剖切平面）

Specify a point on the XY-plane <0,0,0> : ↙（坐标原点为剖切面上的一个点）

Specify a point on desired side or [keep Both sides] <Both>: ↙

结果如图 12-12 的 B 处所示。

（4）将剖面移到实体的外面合适的位置　如图 12-13 所示（操作类同二维中的 Move 移动命令，从略）。

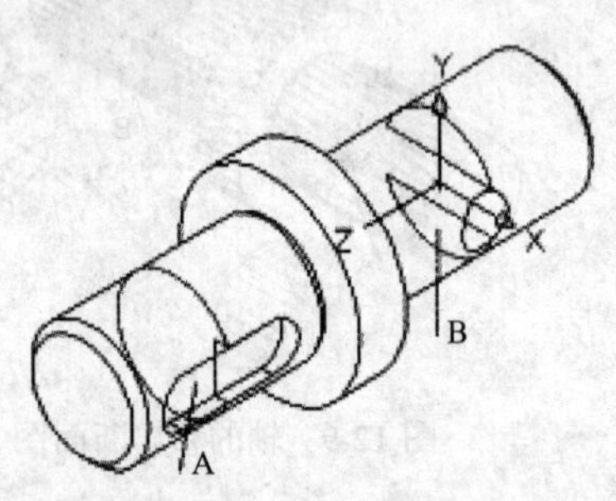

图 12-12　在 B 处画断面图

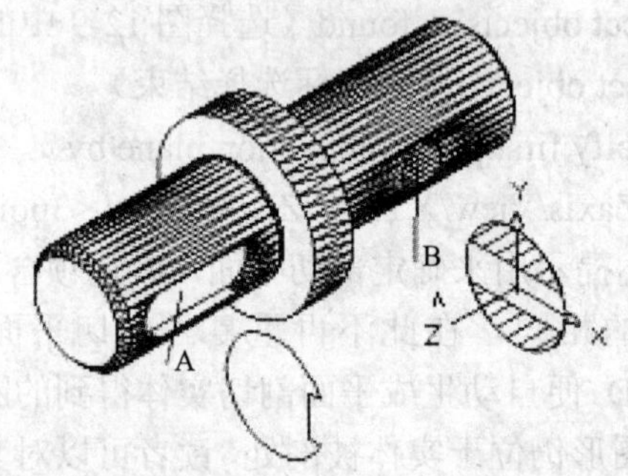

图 12-13　将 A、B 断面移出，并绘制 B 处剖面线

（5）画图 12-13 中 B 处的剖面线（注意：剖面线必须在 XY 坐标面内绘制）

1）将用户坐标系按图 12-13 所示设置在 B 处断面的中心。

2）单击工具条上的剖面线按钮，显示“Hatch and Gradient”对话框；在该对话框的 Pattern 中选择“ANSI31”，在 Scale 文本框中输入“2”，单击选择实体按钮，系统暂时隐去剖面线对话框；单击 B 处的断面轮廓圆弧，按回车键结束选择，系统返回剖面线对话框；单击 OK 按钮，完成剖面线的绘制，如图 12-13 中的 B 处所示。

3）画图 12-13 中 B 处所示的圆。按国标规定，当剖切面通过回转体孔的轴线时，要按剖视画，即剖面的圆弧要画封闭，如图 12-13 中的 B 处所示（用二维的画圆命令，作图从略）。

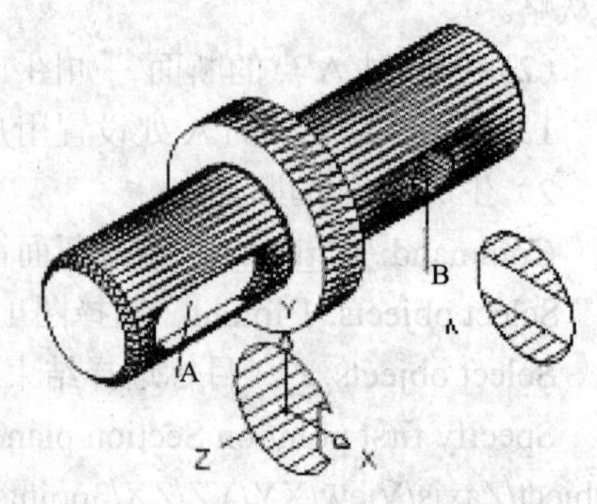

图 12-14　绘制 A 处移出断面图的剖面线

（6）画图 12-13 中 A 处的剖面线

1）按图 12-14 所示设置用户坐标系原点及 Z 轴方向。

2）画图 12-14 中 A 处的剖面线。操作方式类同图 12-13 中 B 处的剖面线画法。

12.3 三维实体的基本编辑方法

与编辑二维对象一样，也可以对三维对象进行编辑。二维绘图介绍的编辑命令大部分适用于编辑三维对象。除此之外，AutoCAD 还提供三维阵列、三维镜像、三维旋转以及对齐等用于三维编辑的命令。

12.3.1 三维阵列（3Darray）命令

下拉菜单：Modify→3D operation→3Darray

命令：3Darray

功能：将指定的对象在三维空间实现矩形或环形阵列，如图 12-15 或图 12-16 所示。

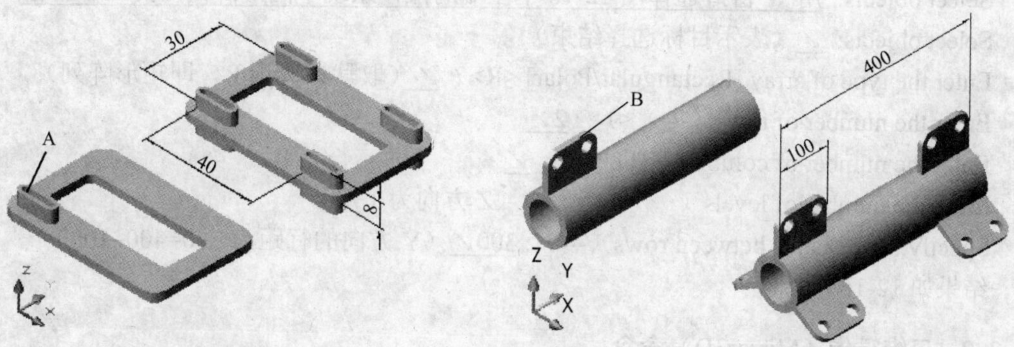

图 12-15　利用三维矩形阵列功能绘图　　　图 12-16　利用三维环形及矩形阵列功能绘图

操作 1：绘制图 12-15 中目标 A 的矩形阵列。

Command : 3darray↙（阵列命令）

Select objects: 选择图 12-15 中的阵列目标 A

Select objects: ↙（回车表示目标选择结束）

Enter the type of array [Rectangular/Polar] <R> : ↙（回车表示取默认的矩形阵列）

Enter the number of rows（---）<1> : 2↙（Y 方向为 2 行）

Enter the number of columns（|||）<1> : 2↙（X 方向为 2 列）

Enter the number of levels（…）<1> : 2↙（Z 方向为 2 层）

Specify the distance between rows（---）: 30↙（Y 方向的行距为 30）

Specify the distance between columns（|||）: 40↙（X 方向的列距为 40）

Specify the distance between levels（…）: –8↙（Z 方向的层间距为 8）

执行结果按指定的要求实现矩形阵列，如图 12-15 所示。

操作 2：绘制图 12-16 中目标 B 的环形阵列。

Command : 3darray↙（阵列命令）

Select objects: 选择图 12-16 中的阵列目标 B

Select objects: ↙（回车表示目标选择结束）

Enter the type of array [Rectangular/Polar] <R> : P↙（选择环形阵列 P）

Enter the number of items in the array : 3↙（输入阵列的项目个数为 3）

Specify the angle to fill（+=ccw，–=cw）<360> : ↙（环形阵列的填充角度为 360°）

Rotate arrayed objects? [Yes/No] <Y> : ↙（用 Y 响应，阵列的同时，对象自身还要旋转。若用 N 响应，对象只阵列，自身不旋转）

Specify center point of array : cen↙（圆心捕捉方式：确定旋转轴上的第一点）

Of 点取图 12-16 中的左端圆弧的中心

Specify second point on axis of rotation : cen↙（圆心捕捉方式：确定旋转轴上第二点）

Of 点取图 12-16 中的右端圆弧中心

结果如图 12-16 所示的左端。

操作 3：绘制图 12-16 中的右端（矩形阵列）。

Command : 3darray↙（阵列命令）

Select objects: 用 W 窗口选择图 12-16 中左端的操作系统中圆形阵列后的三个目标

Select objects: ↙（表示目标选择结束）

Enter the type of array [Rectangular/Polar] <R> : ↙（取默认选项 R，即矩形阵列）

Enter the number of rows（---）<1> : 2↙

Enter the number of columns（|||）<1> : ↙

Enter the number of levels（···）<1> : ↙（Z 方向为 1 层）

Specify the distance between rows（---）: 300↙（Y 方向的行距为 300=400–100）

结果如 12-16 所示。

12.3.2 三维镜像（Mirror3D）命令

下拉菜单：Modify→3D operation→Mirror3D

命令：Mirror3D

功能：将指定的对象在三维空间相对于某一平面镜像，如图 12-17 所示。

操作：利用三维镜像功能将图 12-17 中的左图修改为右图。

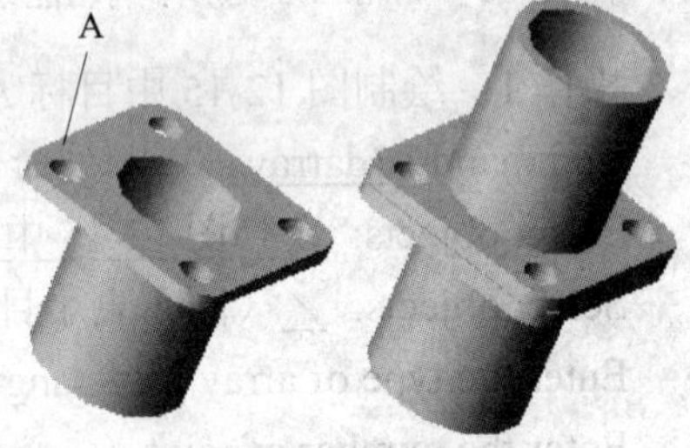

图 12-17 利用三维镜像功能绘图

Command : mirror3d↙（三维镜像命令）

Select objects: 选择图 12-17 中的镜像目标 A

Select objects: ↙（回车表示目标不选了）

Specify first point of mirror plane（3 points）or[Object/Last/Zaxis/View/XY/YZ/ZX/ 3points] <3points>: ↙（回车表示用默认 3 点确定对称平面，此时也可直接输入第一点）

Specify first point on mirror plane : cen↙

Of 点取目标 A 顶面上中间圆弧

Specify second point on mirror plane : cen↙（圆心捕捉方式）

Of 点取目标 A 顶面上四个小圆孔中的一个圆弧

Specify third point on mirror plane : cen↙（圆心捕捉方式）

Of 点取目标 A 顶面上四个小圆孔中的另一个圆弧

Delete source objects ? [Yes/No] <N> : ↙（N 为确定镜像后不删除原目标 A）

结果如图 12-17 中的右图所示。

三维镜像命令 Specify first point of mirror plane（3 points）or [Object/Last/Zaxis/View/XY/YZ/ZX/3points]<3points>：各选项的主要含义如下：

（1）Object 选项　用指定对象所在的平面作为镜像面。执行该选项后，AutoCAD 提示：

Select a circle, arc, or2D-polyline segment :（选择圆、圆弧或者二维多义线）

Delete source objects ? [Yes/No] <N>:（确定镜像后是否删除原目标）

（2）Last 选项　用上次定义的镜像面作为当前的镜像面。执行该选项后，AutoCAD 提示：

Delete source objects ? [Yes/No] <N>:（确定镜像后是否删除原目标）

（3）Zaxis 选项　通过确定平面上的一点和该平面法线上的一点来定义镜像面。执行该选项后，AutoCAD 提示：

Specify point on mirror plane:（确定镜像面上的任一点）

Specify point on Z-axis（normal）of mirror plane:（确定镜像面法线方向上任一点）

Delete source objects ? [Yes/No] <N>:（确定镜像后是否删除原目标）

（4）View 选项　用与当前视图平面平行的面作为镜像面。执行该选项后，AutoCAD 提示：

Specify point on view plane <0,0,0>:（输入视图面上的任一点）

Delete source objects ? [Yes/No] <N>:（确定镜像后是否删除原目标）

（5）XY/YZ/ZX 选项　这三项分别表示用与当前 UCS 的 XY、YZ、ZX 坐标面平行的面作为镜像面。执行各选项后，AutoCAD 提示：

Specify point on XY（或 YZ、ZX）plane <0,0,0>:（确定 XY（或 YZ、ZX）平面上的任一点）

Delete source objects ? [Yes/No] <N>:（确定镜像后是否删除原目标）

（6）3point 选项　通过 3 点确定镜像面，为默认值。确定第 1 点后，AutoCAD 继续提示：

Specify second point on mirror plane:（确定对称平面上的第 2 点）

Specify third point on mirror plane:（确定对称平面上的第 3 点）

Delete source objects ? [Yes/No] <N>:（确定镜像后是否删除原目标）

12.3.3　三维旋转（Rotate3D）命令

下拉菜单：Modify→3D operation→Rotate 3D

命令：Rotate3D

功能：将指定的对象绕空间轴旋转指定的角度。

操作：

例　使图 12-18 中目标 A 绕 CD 轴旋转 120°，至 B 的位置。

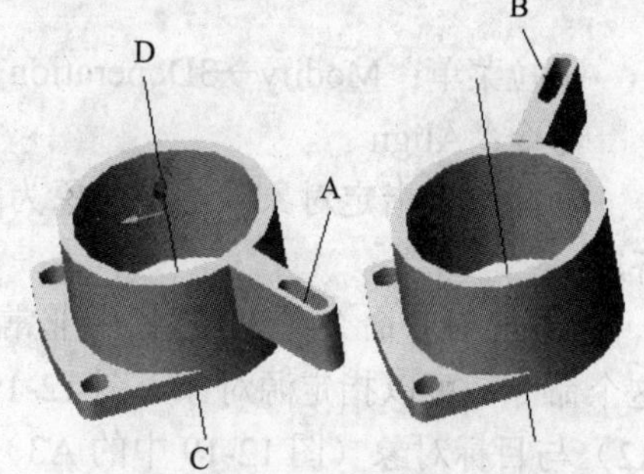

图 12-18　利用 Rotate3D 命令旋转实体 A 至 B 的位置

Command : Rotate3D↙（三维旋转命令）

Select objects: 选择图 12-18 中的阵列目标 A

Select objects: ↙（回车表示目标不选了）

Specify first point on axis or define axis by [Object/ Last/View/Xaxis/Yaxis/Zaxis/2point] : end↙（端点捕捉）

Of 点取旋转轴上的第一点 C（确定旋转轴上第一点。执行该选项后，又提示下一行）

Specify second point on axis : end↙（端点捕捉方式）

Of 点取旋转轴上的第二点 D（注意：第一点 C 至第二点 D 为旋转轴的正方向）

Specify rotation angle or [Reference] : 120↙（注意：输入正的或负的旋转角，角度的正方向由右手螺旋法则确定）

结果如图 12-18 中的右图所示。

Specify first point on axis or define axis by [Object/Last/View/Xaxis/Yaxis/Zaxis/2Point]:

各选项含义如下：

（1）Object 选项　用指定的对象作为旋转轴。执行该选项后，AutoCAD 提示：

Select a line ,circle , arc , or 2D-polyline segment :选择合法对象（如果选择的是直线段，该直线段即为旋转轴；如果选择的是圆、圆弧时，它们的轴线将成为旋转轴；如果选择的是多段线（Pline），多段线为直线段时，该多段线将成为旋转轴，多段线为圆弧时，它的轴线则为旋转轴）

Specify rotation angle or [Reference] : 输入转角（也可按参考方式（R）确定旋转角度）

（2）Last 选项　将上一次执行 Rotate3D 命令时定义的旋转轴作为当前旋转轴。执行该选项后，AutoCAD 提示：

Specify rotation angle or [Reference] : 输入转角（也可按参考方式（R）确定旋转角度）

（3）View 选项　旋转轴垂直于当前视图。执行该选项后，AutoCAD 提示：

Specify a point on the view direction axis <0,0,0> : 输入旋转轴上的任一点

Specify rotation angle or [Reference] : 输入转角（也可按参考方式（R）确定旋转角度）

（4）Xaxis/Yaxis/Zaxis 选项　绕与当前 UCS 的 X 轴（或 Y 轴、Z 轴）平行的轴旋转。执行该选项后，AutoCAD 提示：

Specify a point on the Xaxis <0,0,0> : 确定旋转轴上的任一点

Specify rotation angle or [Reference] : 输入转角（也可按参考方式（R）确定旋转角度）

（5）2points 选项　绕由指定两点确定的旋转轴旋转，为默认项。操作过程类同于（1）。

12.3.4　三维对齐（Align）命令

下拉菜单：Modify→3Doperation→Align

命令：Align

功能：将指定对象以某个对象为基准进行对齐。

Align 对齐命令在 3D 建模中非常有用，通过这个命令，可以指定源对象（图 12-19 中的 A1、A2）与目标对象（图 12-19 中的 A3）的对齐点，从而使源对象的位置与目标对象的位置对齐。

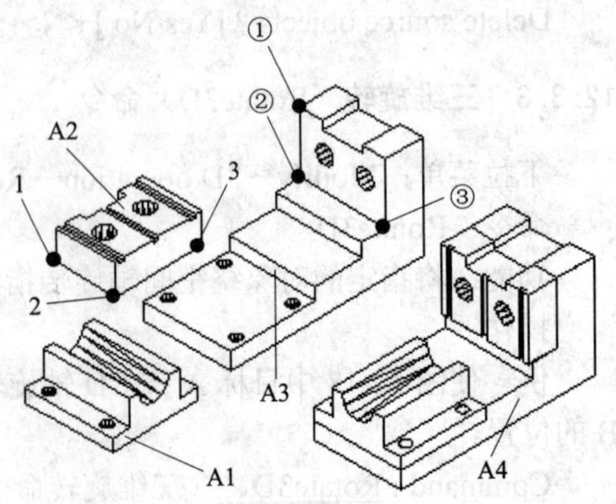

图 12-19　用 Align 命令对齐立体

操作 1：将 A2 与 A3 按 A4 对齐。

Command : align↙（对齐命令）

Select objects: 选择图 12-19 中的对齐目标源对象 A2

Select objects: ↙（回车表示目标不选了）

Specify first source point : end↙（端点捕捉方式）

Of 点取 1 点（选择源对象上的一点，该点一般称为源点）

Specify first destination point : end↙（端点捕捉方式）

Of 点取①点（选择目标对象上的第①点，该点一般称为目标点）

Specify second source point : end↙

Of 点取 2 点（选择第 2 个源点）

Specify second destination point ： end↙

Of 点取②点（取第②个目标点）

Specify third source point or <continue> : end↙

Of 点取 3 点（选择第 3 个源点）

Specify first destination point : end↙

Of 点取③点（选择第③个目标点）

执行结果如图 12-19 中的 A4 图所示。

操作 2：将 A1 与 A3 按 A4 对齐。

其操作与操作 1 类同，这里不再重复。

12.4 三维实体高级编辑（Solidedit）命令

AutoCAD 提供的 Solidedit 命令可以对已创建的三维实体进行复杂的编辑。可以说，Solidedit 命令是 AutoCAD 最为强大的三维工具之一，它使在 AutoCAD 中三维实体造型变得比以往任何时候都更加简捷，是 AutoCAD 在三维方面最有价值的新功能。

下拉菜单：Modify→Solids Editing→点取相应命令

工具条：Solidedit→点取相应的按钮，如图 12-20 所示。

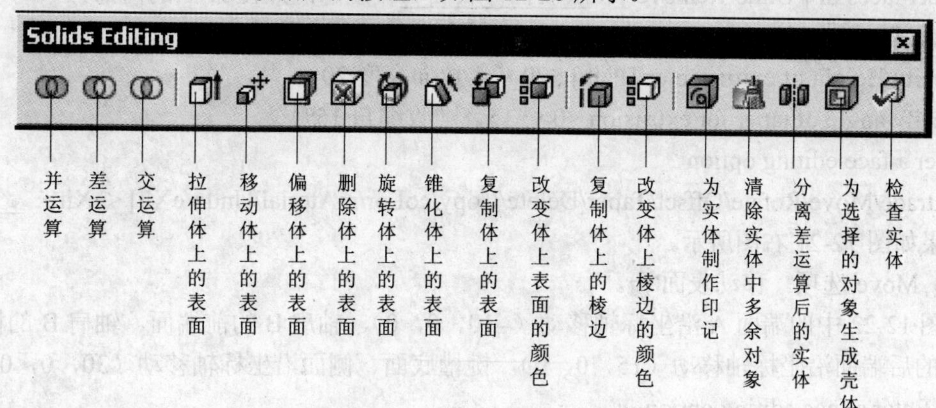

图 12-20 编辑三维实体工具条

操作：

Command : solidedit↙（三维实体编辑命令）

Solids editing automatic checking : SOLIDCHECK=1（屏幕提示）

Enter a Solids editing option [Face/Edge/Body/Undo/eXit] <eXit> :

主要功能简介如下：

1）Face：对三维实体表面进行修改。

2）Edge：对三维实体边界进行修改。

3）Body：对三维实体选项组进行修改。

12.4.1 编辑实体表面选项（Face）

Enter a Solids editing option [Face/Edge/Body/Undo/eXit] <eXit>: F↙（选择 Face 选项）

Enter a face editing option [Extrade/Move/Rotate/Offset/Taper/Delete/Copy/coLor/Undo/eXit] <eXit>:

各选项说明如下：

（1）Extrade 选项　拉伸表面。

例 1　按图 12-21 所示，拉伸实体表面 A：拉伸高度为 20，收缩角为 15°；拉伸实体表面 B：按路径 C，生成图 12-21 右图。

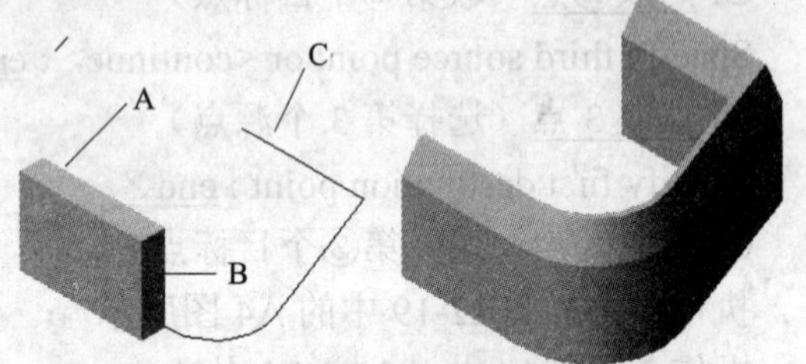

图 12-21　拉伸实体表面 B（按路径 C）、A（拉伸高度为 20、收缩角为 15°）

① Enter a face editing option [Extrade/Move/Rotate/Offset/Taper/Delete/Copy/coLor/mAterial/Undo/eXit] <eXit>: E↙

Select faces or [Undo/Remove] : 点取拉伸表面 B（注意：点在 B 面的内部）

Select faces or [Undo/Remove/ALL] : ↙（回车结束选择）

Specify Height of extrusion or [Path] : P↙（选择按路径拉伸）

Select extrusion path : 点取路径 C（完成了 B 面的拉伸）

② Enter a face editing option

[Extrade/Move/Rotate/Offset/Taper/Delete/Copy/coLor/mAterial/Undo/eXit] <eXit>: E↙

Select faces or [Undo/Remove] : 点取拉伸表面 A（注意：点在 A 面的内部）

Select faces or [Undo/Remove/ALL] : ↙（回车结束选择）

Specify Height of extrusion or [Path] : 20↙（拉伸高度 20）

Specify angle of taper for extrusion <0> : 15↙（收缩角 15°）

Enter a face editing option

[Extrade/Move/Rotate/Offset/Taper/Delete/Copy/coLor/mAterial/Undo/eXit] <eXit>: ↙

结果如图 12-21 右图所示。

（2）Move 选项　移动表面。

按图 12-22 中的端面 A 沿坐标轴移动（–10，0，0），轴肩 B 的前端面、轴肩 B 的柱面、轴肩 B 的后端面沿坐标轴移动（15，0，0），键槽底面、侧面沿坐标轴移动（30，0，0）。

① Enter a face editing option

[Extrade/Move/Rotate/Offset/Taper/Delete/Copy/coLor/mAterial/Undo/eXit] <eXit>: M↙

Select faces or [Undo/Remove]: 点取要移动的实体表面 A（注意：点在移动端面 A 的内部）

Select faces or [Undo/Remove/ALL] : ↙（回车结束选择）

Specify a base point or displacement : –10，0，0↙

Specify a second point of displacement : ↙（按端面 A 的法线方向，即 X 方向移动–10）

② Enter a face editing option

[Extrade/Move/Rotate/Offset/Taper/Delete/Copy/coLor/mAterial/Undo/eXit] <eXit>:M↙

Select faces or [Undo/Remove] : 点取轴肩 B 的前端面

Select faces or [Undo/Remove/ALL] : 点取轴肩 B 的柱面

Select faces or [Undo/Remove/ALL] : 点取轴肩 B 的后面

Select faces or [Undo/Remove/ALL] : ↙（选择结束）

Specify a base point or displacement : 15，0，0↙（输入 X 轴向移动距离 15）

Specify a second point of displacement : ↙（回车）

③ Enter a face editing option

[Extrade/Move/Rotate/Offset/Taper/Delete/Copy/coLor/mAterial/Undo/eXit] <eXit>:M↙

Select faces or [Undo/Remove] : 选择键槽 C 的底面（注意：点在键槽底面的内部）

Select faces or [Undo/Remove/ALL] : 选择键槽 C 的侧面

Select faces or [Undo/Remove/ALL] : ↙（回车结束选择）

Specify a base point or displacement : 30，0，0↙（键槽 C 在 X 轴向移动距离 30）

Specify a second point of displacement : ↙（回车）

Enter a face editing option

[Extrade/Move/Rotate/Offset/Taper/Delete/Copy/coLor/mAterial/Undo/eXit] <eXit>: ↙（结束操作，结果如图 12-22 右图所示）

（3）Rotate 选项 旋转表面。

把图 12-23a 的端面 A 沿旋转轴 12 转动−10°；表面 3、4、5、6、7 绕坐标原点转至图 12-23b 中 8 的位置。

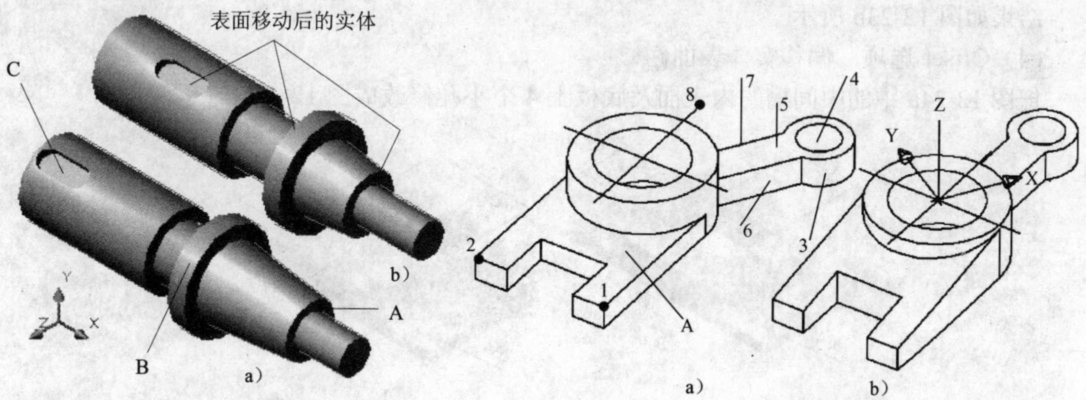

图 12-22 移动实体表面 A、B、C

图 12-23 表面 A 沿轴 12 转动−10°、表面 3、4、5、6、7 绕坐标原点转至 8

① Enter a face editing option

[Extrade/Move/Rotate/Offset/Taper/Delete/Copy/coLor/mAterial/Undo/eXit] <eXit>:R↙

Select faces or [Undo/Remove] : 点取要转动的实体表面 A（注意：点在转动端面 A 的内部）

Select faces or [Undo/Remove/ALL] : ↙（结束选择）

Specify an axis point or [Axis by object/View/Xaxis/Yaxis/Zaxis] <2points> :end↙

of 捕捉端点 1

Specify the second point on the rotation axis : end↙（端点捕捉方式）

of 捕捉端点 2

Specify a rotation angle or [Reference] : –10↙（绕 12 轴旋转–10°）

② Enter a face editing option

[Extrade/Move/Rotate/Offset/Taper/Delete/Copy/coLor/mAterial/Undo/eXit] <eXit>:R↙（应用“Rotate”选项）

Select faces or [Undo/Remove] : 点取要转动的实体表面 3（注意：点在移动端面 3 的内部）

Select faces or [Undo/Remove/ALL] : 点取要转动的实体表面 4↙

Select faces or [Undo/Remove/ALL] : 点取要转动的实体表面 5↙

Select faces or [Undo/Remove/ALL] : 点取要转动的实体表面 6↙

Select faces or [Undo/Remove/ALL] : 点取要转动的实体表面 7↙

Select faces or [Undo/Remove/ALL] : ↙（回车结束选择）

Specify an axis point or [Axis by object/View/Xaxis/Yaxis/Zaxis] <2points> : 0,0,0↙

Specify the second point on the rotation axis : @0,0,10↙（输入转轴上的第 2 点）

Specify a rotation angle or [Reference] : r↙（选取 Reference 选项）

Specify the reference（starting）angle <0> : ↙（参考始角选择默认值 0°）

Specify the ending angle : end↙

Of 点取端点 8

Enter a face editing option

[Extrade/Move/Rotate/Offset/Taper/Delete/Copy/coLor/mAterial/Undo/eXit] <eXit>: ↙

Enter a solids editing option [Face/Edge/Body/Undo/eXit] <eXit>:↙

结果如图 12-23b 所示。

（4）Offset 选项　偏移实体表面。

把图 12-24a 中的中间槽的内表面及底板上 4 个小孔修改成图 12-24b。

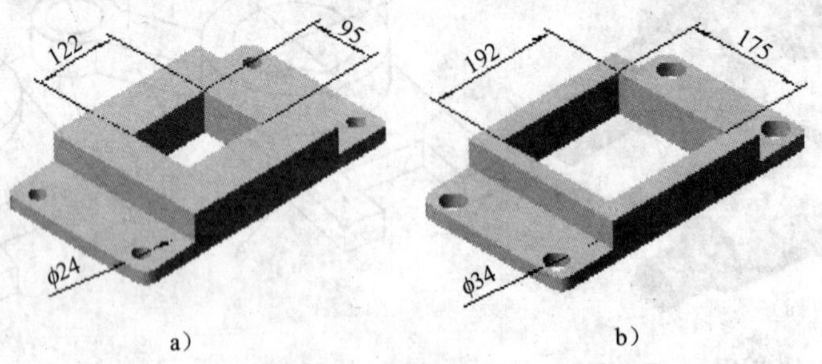

图 12-24　用偏移选项（Offset）改变孔、槽大小

① Enter a face editing option[Extrade/Move/Rotate/Offset/Taper/Delete/Copy/coLor/material/Undo/eXit] <eXit>:O↙

Select faces or [Undo/Remove] : 点取要偏移的图 12-24a 中尺寸 122 槽的一个内表面

Select faces or [Undo/Remove] : 点取要偏移的图 12-24a 中尺寸 122 槽的另一个内表面

Select faces or [Undo/Remove/ALL] : ↙（结束选择）

Specify the offset distance : –35↙（偏移量为负表示向体积减小的方向偏移，即：

（122–192）/2 = –35）

② Enter a face editing option [Extrade/Move/Rotate/Offset/Taper/Delete/Copy/coLor/mAterial/Undo/eXit] <eXit>:O↙

Select faces or [Undo/Remove] : 点取要偏移的图 12-24a 中尺寸 95 槽的一个内表面

Select faces or [Undo/Remove] : 点取要偏移的图 12-24a 中尺寸 95 槽的另一个内表面

Select faces or [Undo/Remove/ALL] : ↙（结束选择）

Specify the offset distance : –40↙（偏移量为负表示向体积减小的方向偏移，即：（95–175）/2= – 40）

③ Enter a face editing option[Extrade/Move/Rotate/Offset/Taper/Delete/Copy/coLor/mAterial/Undo/eXit] <eXit>:O↙

Select faces or [Undo/Remove] : 点取要偏移的图 12-24a 中尺寸ϕ24 孔的第一个内表面

Select faces or [Undo/Remove] : 点取要偏移的图 12-24a 中尺寸ϕ24 孔的第二个内表面

Select faces or [Undo/Remove] : 点取要偏移的图 12-24a 中尺寸ϕ24 孔的第三个内表面

Select faces or [Undo/Remove] : 点取要偏移的图 12-24a 中尺寸ϕ24 孔的第四个内表面

Select faces or [Undo/Remove/ALL] : ↙（结束选择）

Specify the offset distance : –5↙（即：（24–34）/2 = –5）

Enter a face editing option

[Extrade/Move/Rotate/Offset/Taper/Delete/Copy/coLor/mAterial/Undo/eXit] <eXit>: ↙（结束操作，结果如图 12-24b 所示）

注意：

1）偏移量的正负决定表面的偏移方向。偏移为正时，表面将向实体增大的方向偏移；偏移为负时，表面将向实体缩小的方向偏移。

2）实体相邻的表面必须同时被偏移。

（5）Taper 选项　锥化实体表面 。

把图 12-25a 中的凸台的外表面 A 修改为锥度为 1:8 的凸台，如图 12-25b 所示。

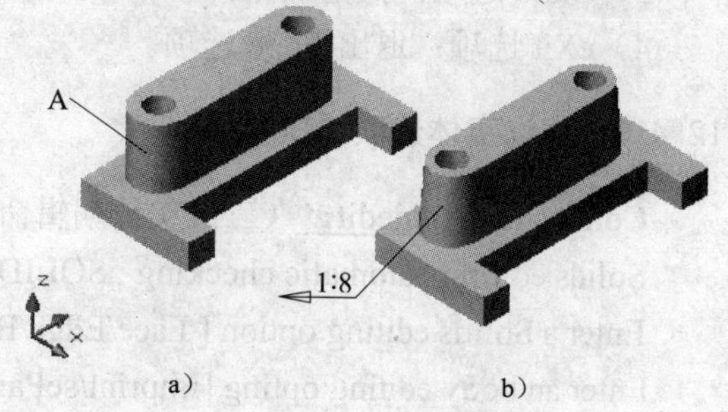

图 12-25　锥化选项（Taper）的应用：使表面 A 产生锥度 1:8

Enter a face editing option

[Extrade/Move/Rotate/Offset/Taper/Delete/Copy/coLor/mAterial/Undo/eXit] <eXit>: T↙

Select faces or [Undo/Remove] : 点取要锥化的实体表面 A（图 12-25a）

Select faces or [Undo/Remove/ALL] : ↙（结束选择）

Specify the base point : cen↙（圆心捕捉方式）

Of 捕捉凸台底圆的圆心

Specify another point along the axis of　tapering : cen↙（圆心捕捉方式）

Of 捕捉凸台顶圆的圆心

Specify the taper angle : 7.15↙（锥度 1:8 的锥顶角为 7.15°）

Enter a face editing option

[Extrade/Move/Rotate/Offset/Taper/Delete/Copy/coLor/mAterial/Undo/eXit] <eXit>:↙（结束

操作，结果如图 12-25b 所示）

（6）Delete 选项：删除实体表面。

能被删除的实体表面有：实体的内表面（即实体内的孔洞表面）、倒圆角和倒直角。

注意：删除实体内的孔洞表面，实质上就是将孔洞填实。

（7）Copy 选项：复制实体表面。

（8）coLor 选项：修改实体表面的颜色。

coLor 选项用来修改指定表面的颜色。当实体表面被修改为某种颜色时，该表面的线框也将改变为重新赋予的颜色。

（9）Undo 选项：撤消操作（只能撤消已执行的 Solidedit 下属选项）。

（10）eXit 选项：退出 Solidedit 操作。

12.4.2 编辑实体边界选项（Edge）

Command : solidedit↙（三维实体编辑命令）

Solids editing automatic checking : SOLIDCHECK=1（屏幕提示）

Enter a Solids editing option [Face/Edge/Body/Undo/eXit] <eXit> : E↙（选择 Edge 选项）

Enter an edge editing opting [Copy/coLor/Undo/eXit] <eXit> :

选项含义如下：

1）Copy 选项：复制边。

2）coLor 选项：改变边的颜色。

3）Undo 选项：撤消操作。

4）eXit 选项：退出 Edge 选项。

12.4.3 编辑实体选项（Body）

Command : solidedit↙（三维实体编辑命令）

Solids editing automatic checking : SOLIDCHECK=1（屏幕提示）

Enter a Solids editing option [Face/Edge/Body/Undo/eXit] <eXit> : B↙（选择 Body 选项）

Enter an body editing opting [Imprint/seParate solids/Shell/cLean/Check/Undo/eXit] <eXit>:

选项含义如下：

（1）Imprint 选项　实体制作印记。

例　在图 12-26 中将几何图形 1、2 压印在实体 A 上（结果如图 12-26b 图中的①、②所示），然后拉伸图形①、②以形成新的特征，如图 12-26c 所示。

操作步骤：

1）分别用 Pedit 命令将图形 1 和图形 2 编辑成二个整体。

2）分别用 Move 命令将图形 1 和图形 2 按图 12-26c 所示的尺寸，移动至 A 上，结果如图 12-26b 所示。

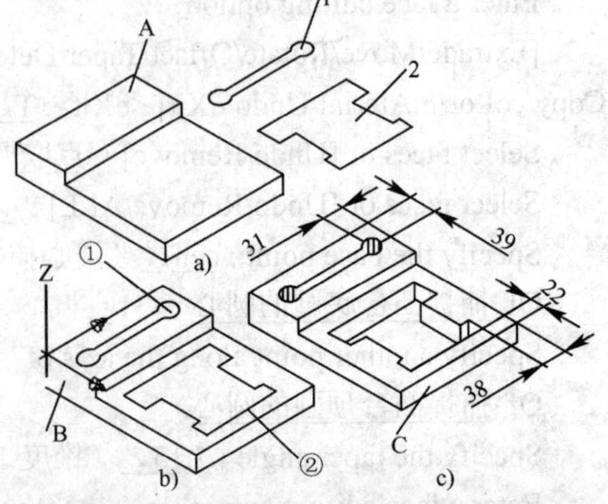

图 12-26　在 A 的上顶面压印几何对象 1、2

3）为实体 B 制作印记，操作如下：

Command : solidedit↙（三维编辑命令）

Solids editing automatic checking : SOLIDCHECK=1（屏幕提示）

Enter a Solids editing option [Face/Edge/Body/Undo/eXit] <eXit> : B↙（Body 选项）

Enter an body editing opting [Imprint/seParate solids/Shell/cLean/Check/Undo/eXit] <eXit>: I↙

Select a 3D solid : 选取三维实体 B

Select an object to imprint : 选①

Delete the source object<n> : ↙（回车表示不删除作为印记的原目标图形）

Select an object to imprint : 选②

Delete the source object<n> : ↙（回车表示不删除作为印记的原目标图形）

Select an object to imprint : ↙（回车表示操作完毕）

4）拉伸实体 B 表面的压印①、②，操作如下：

Command : solidedit↙（三维实体编辑命令）

Solids editing automatic checking : SOLIDCHECK=1（屏幕提示）

Enter a Solids editing option [Face/Edge/Body/Undo/eXit] <eXit> : F↙（选择表面）

Enter a face editing option

[Extrade/Move/Rotate/Offset/Taper/Delete/Copy/coLor/mAterial/Undo/eXit] <eXit>:E↙（拉伸实体表面）

Select faces or [Undo/Remove] : 点取拉伸表面①

Select faces or [Undo/Remove/ALL] : 点取拉伸表面②

Select faces or [Undo/Remove/ALL] : ↙（结束选择）

Specify height of extrusion or [Path] : −50↙（向 Z 的负向拉伸，大小超过板的厚度）

Specify angle of taper for extrusion <0> : ↙（回车表示收缩角取默认值 0°）

两次回车后操作结束，结果如图 12-26 中的 C 所示。

注意：

1）作为印记的目标图形必须与三维实体的某一表面共面。

2）目标图形一旦被刻于三维实体上，二者就成为一个整体。

（2）seParate solids 选项　分离实体。

注意：不能分离使用并运算后“并合”而成的实体。选择该项“P”后提示：

Select a 3D solid : 选择要分离的实体（选择实体后，AutoCAD 可自动将其分离）

注意：该选项主要是将体积不连续的完整实体分成几个相互独立的三维实体。

（3）Shell 选项　为选择对象生成壳体。

选择该项后提示：

Select a 3D solid : 选取图 12-27 中的三维实体 A

Remove faces or [Undo/Add] : 选取抽壳表面 1

Remove faces or [Undo/Add/ALL] : 选取抽壳表面 2

Remove faces or [Undo/Add/ALL] : ↙（结束选取）

Enter the shell offset distance : 20↙（壳体厚度 20）

两次回车后结果如图 12-27 中的右图所示。

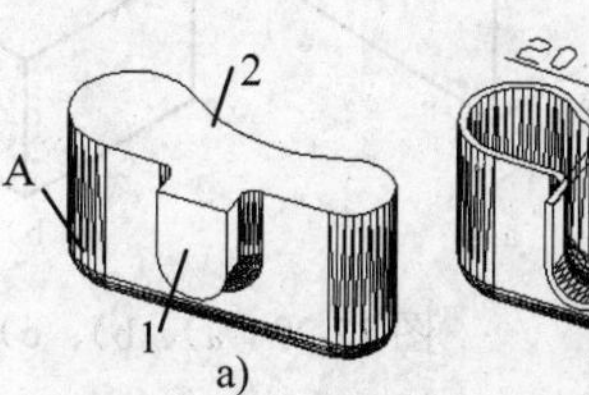

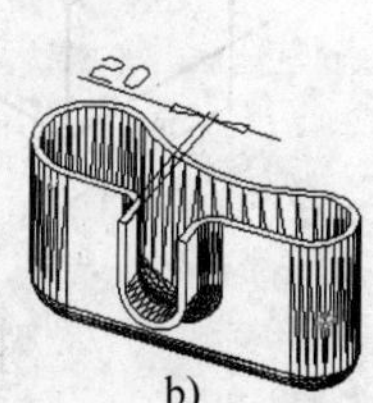

图 12-27　用 Shell（抽壳）选项对 1、2 面抽壳

注意：厚度为正时，表面向内偏移形成壳体；厚度为负时，表面向外偏移形成壳体。

（4）cLean 选项　将实体中多余的棱边、顶点等对象去掉。

例如：用该选项清除实体上压印的几何对象。

12.5　三维实体的尺寸标注

如何标注立体图的尺寸，目前还没有颁布正式的国家标准。但是无论标注什么样的尺寸，都应当做到使标注的尺寸清晰、齐全、正确，不能出现局部拥挤、相互交叉等现象。我们参照《机械制图》国家标准中对标注轴测图尺寸的有关规定来标注三维实体的尺寸。

12.5.1　三维实体尺寸标注的一般原则

标注立体图尺寸的要点是：先将用户坐标系的 XY 坐标建立到要标注尺寸的端面上，然后用标注平面图形尺寸的命令标注该端面的尺寸，标注 XY 面内立体端面的尺寸与标注平面图形的尺寸完全相同。因此，要标注立体图的尺寸，必须弄清以下 6 个问题：

1）建立什么样的用户坐标系以标注不同方向的立体端面尺寸。

2）注在不同方向实体端面上的尺寸数字，取什么样的字头方向，才能符合看图习惯，而不致于引起歧义。

3）绘制何种形式的尺寸线、尺寸界线。

4）轴测图的线性尺寸一般应沿轴测轴的方向标注，尺寸数字应按相应的轴测图形标注在尺寸线上方。尺寸线必须和所标注的线段平行，尺寸界线一般应平行于某一轴测轴。当在图形中出现向下的字头时，应引出标注，将数字按水平位置注写，如图 12-28 中引出标注的尺寸 70。

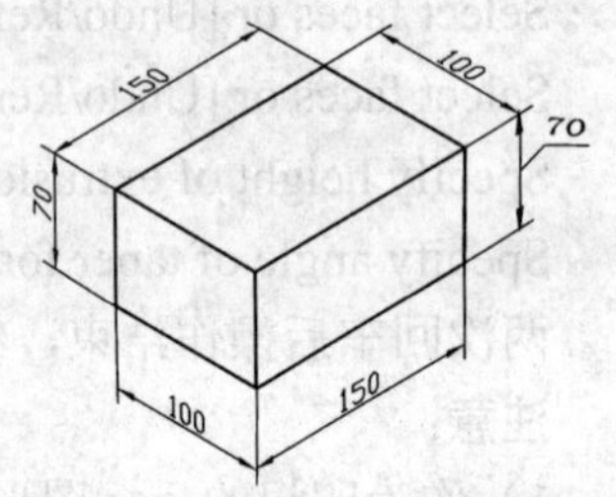

图 12-28　标注尺寸的基本规则

对如何实现上述规定，说明如下：

① 在欲标注尺寸的端面上建立用户坐标系，并使 X、Y 轴的方向分别符合图 12-29a、b、c 所示的方向（坐标原点可以在端面的任意位置上），再调用标注平面图形尺寸的命令标注该端面的尺寸。

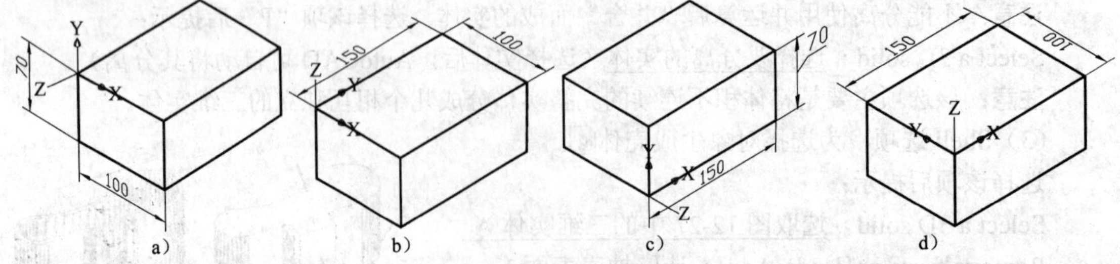

图 12-29　a）、b）、c）为正确的用户坐标系，d）为不正确的用户坐标系

注意：如果建立的用户坐标系 X、Y 轴的方向不符合图 12-29a、b、c 所示的方向，标注尺寸数字的字头方向将不符合国标的要求，如图 12-29d 所示，由于错误的用户坐标系 X、Y 轴的方向，导致尺寸 100 的错误字头方向。

② 在图 12-29c 中引出标注的铅垂尺寸 70，其不能一次标注成功，只能先注出，再用炸开（Explode）命令将其炸开，然后重新画线引出标注。

5）标注圆的直径时，尺寸线和尺寸界线应分别平行于所在平面的轴测轴；标注圆弧半径和较小圆的直径时，尺寸线可以从（或通过）圆心引出标注，如图 12-30 所示。

6）标注角度的尺寸线时，应将尺寸线画成与该坐标平面相应的椭圆弧，角度数字一般注在尺寸线的中断处，字头通过建立尺寸式样，直接标注为如图 12-31 所示的尺寸形式。

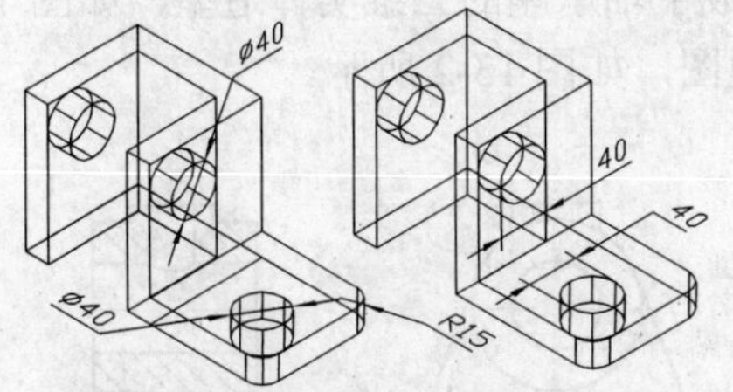

图 12-30　立体图标注直径和半径

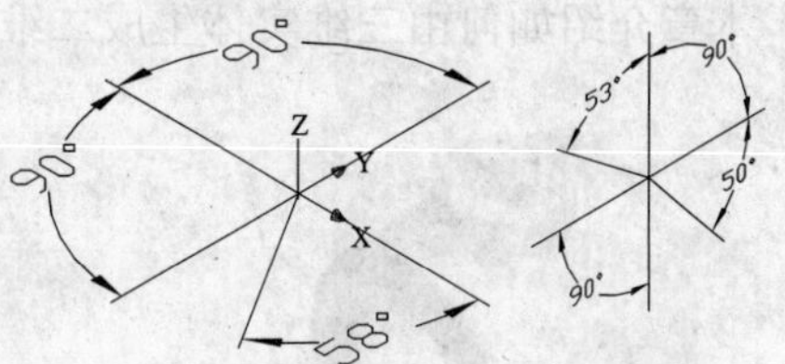

图 12-31　立体图标注角度尺寸的形式

12.5.2　标注立体图尺寸实例

例　标注图 12-32 右图所示立体图的尺寸，标注步骤如下：

1）设置该立体图的“尺寸标注式样”，（图标为 ）（参见第 6 章设置尺寸标注的样式）。

2）按形体分析法标注图 12-32 所示立板各部分尺寸，标注方法与二维图形的尺寸标注完全类同（在此从略），关键是标注立板的每一个端面尺寸前，必须先分别按图 12-32 设置用户坐标系，然后才能按二维图形注写尺寸。

3）按图 12-33 所示标注底板各部分的尺寸，与 2）类同，从略。

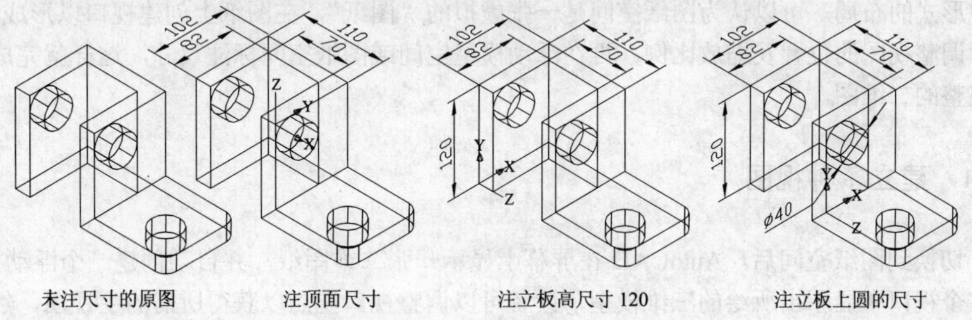

未注尺寸的原图　　注顶面尺寸　　注立板高尺寸 120　　注立板上圆的尺寸

图 12-32　标注立板各部分的尺寸

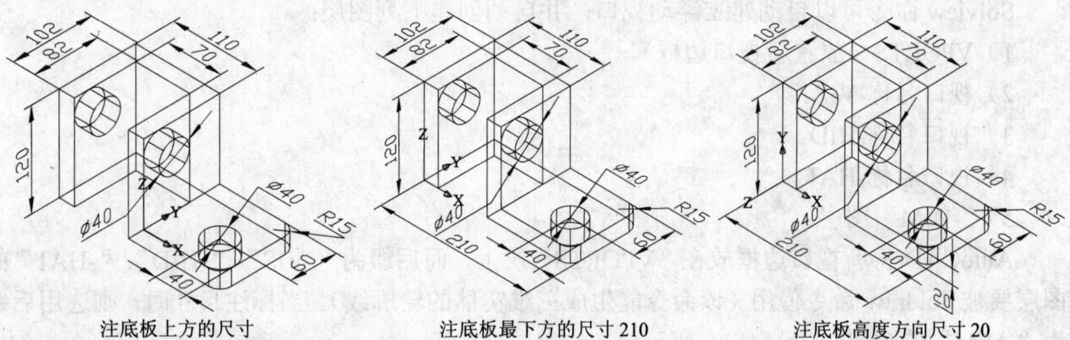

注底板上方的尺寸　　注底板最下方的尺寸 210　　注底板高度方向尺寸 20

图 12-33　标注底板各部分的尺寸

第13章　由三维实体生成二维视图或剖视图

在第11章学习了用布尔运算构建组合体，完成了轴承座的三维实体造型，如图13-1所示。本章介绍如何由三维实体生成二维视图或剖视图，如图13-2所示。

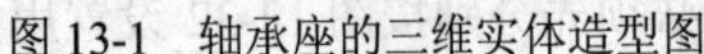

图13-1　轴承座的三维实体造型图

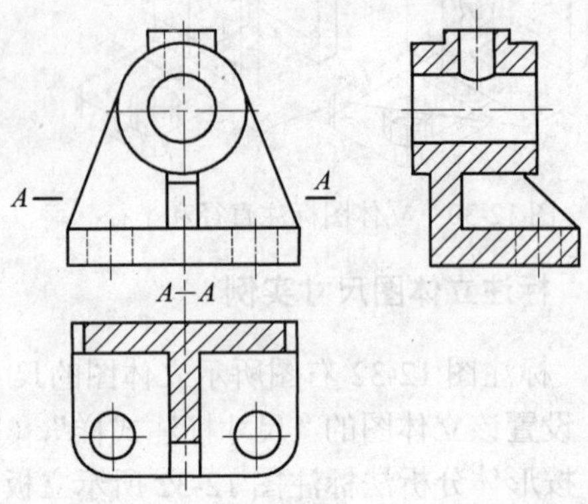

图13-2　由轴承座的三维实体图生成三视图（剖视图）

AutoCAD的图纸布局功能是很强的，当进入图纸空间后，就可根据三维模型轻易地创建多种形式的布局。可以认为图纸空间是一张虚拟的“图纸”，在图纸上创建视口以形成视图，然后调整视图的位置及缩放比例，再在浮动模型空间或图纸空间标注尺寸，这样就完成了一张完整的二维图。

13.1　建立多种视图

切换到图纸空间后，AutoCAD在屏幕上显示一张二维图纸，并自动创建一个浮动视口，在这个视口中显示出所绘的三维模型，读者可以调整视口视点以获得所需的主视图，然后用Solview和Mview命令生成其他视图，包括正交视图、斜视图、剖视图等。

Solview命令可以自动建立浮动视口，并自动创建下列图层：

1）VPORTS（放置新视口边框）。

2）视口名称-VIS。

3）视口名称-HID。

4）视口名称-HAT。

5）“-DIM”图层。

AutoCAD将新视口边框放在“VPORTS”层上，而后缀为“-VIS”、“-HID”、“-HAT”的图层要被Soldraw命令使用（该命令能生成三维实体的轮廓线）。当标注尺寸时，则选用后缀为“-DIM”的图层。

执行Solview（生成视图）命令的方法：在三维建模空间的“功能区选项板”中选择“Home”

（常用）选项卡，在弹出的“3D Modeling”（三维建模）面板中，单击图标，AutoCAD 将有如下提示：

Command: _solview Regenerating layout.（屏幕提示）

Regenerating model - caching viewports.（屏幕提示）

Enter an option [Ucs/Ortho/Auxiliary/Section] :

上面括号中各选项说明如下：

1）Ucs：基于当前的 UCS 或保存的 UCS 创建新视口，视口中的视图是 UCS 平面视图。

2）Ortho：根据已生成的视图建立新的正交视图。

3）Auxiliary：在视图中选择两个点来指定一个倾斜平面，AutoCAD 将创建倾斜平面内的斜视图。

4）Section：在视图中指定两个点来定义剖切平面的位置，AutoCAD 根据剖切平面创建剖视图。

建立多种视图的具体操作：

（1）调出第 12 章完成的轴承座三维实体造型图　如图 13-3 所示。

（2）生成轴承座的三视图

1）加强肋板与整体作“并集”运算（因肋板左视图按不剖画，故造型时未作“并集”运算）。单击“Modeling”（实体编辑）选项面板中的并集图标，AutoCAD 会有如下提示：

Select objects : ALL↙（选取肋板及已做过布尔运算的其余部分）

Select objects : ↙（回车表示选择结束）

2）单击状态行上的图标，进入图纸空间，AutoCAD 在图纸空间自动创建一个视口，如图 13-4 所示。

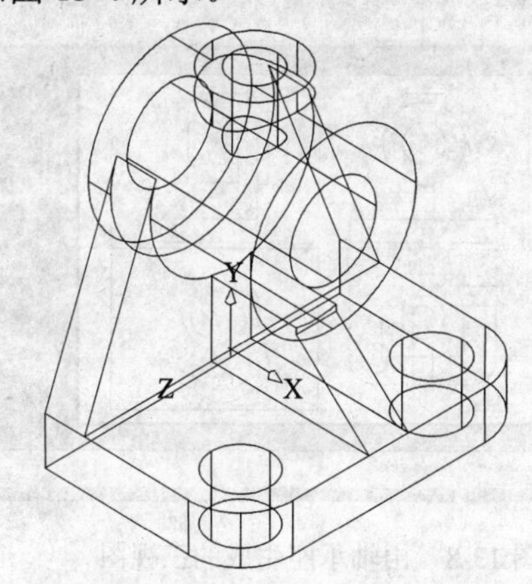

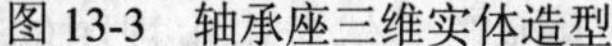

图 13-3　轴承座三维实体造型

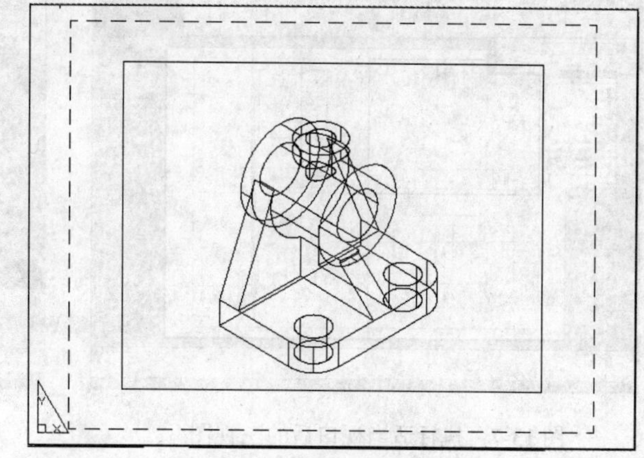

图 13-4　进入图纸空间

3）单击“功能区选项板”的“Home”（常用）选项卡，在弹出的“Modeling”（实体编辑）选项面板中单击图标，将虚线框里的图形全部擦除，如图 13-5 所示。然后单击“功能区选项板”中的“View”（视图）选项，在弹出的“Viewports”（视口）选项面板中，单击 New（新建）图标，将弹出“Viewports”（视口）对话框。选择“Four：Equal”（4 个：相等），AutoCAD 弹出下面提示：

Specify first corner or [fit]＜fit＞：↙（回车表示选择默认，结果如图 13-6 所示）

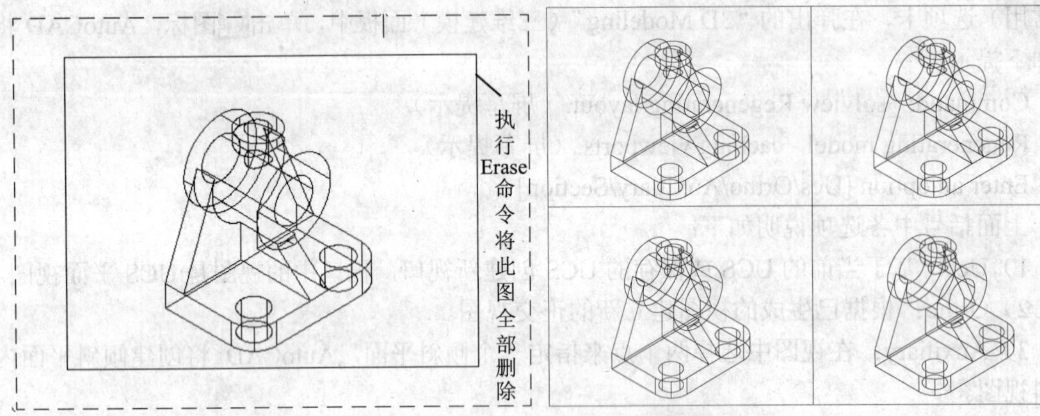

图 13-5　擦除虚线框里的全部图形　　　　图 13-6　图纸空间轴承座的 4 个视窗

4）激活浮动视口，设置“前视点”：单击“功能区选项板”的“Home”（常用）选项卡，在弹出的“View”（视图）选项板中单击图标，获得主视图，并用状态行中的1:1图标，注释比例。

5）同理，分别激活要改变视图状态的浮动视口，再分别单击、图标，就可获得俯视图和左视图，结果如图 13-7 所示。

6）用 Solprof 命令，或在“3D Modeling”（三维建模）面板中单击图标，分别对图 13-7 中的 4 个图生成二维轮廓线，将原三维实体消去。最后再调整各视口中各层的线性及可见性，结果如图 13-8 所示。

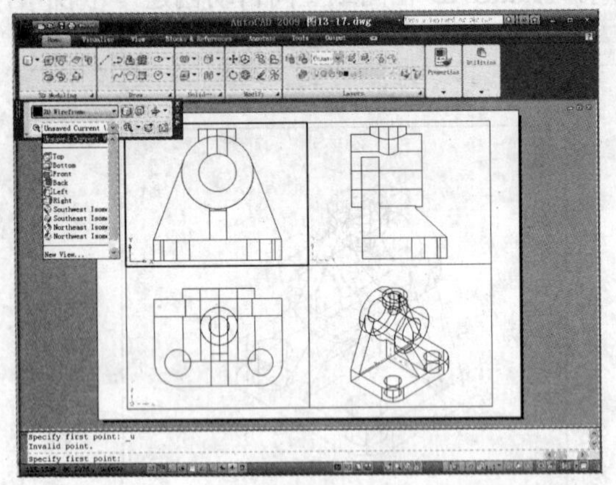

图 13-7　执行适当视口后的三视图

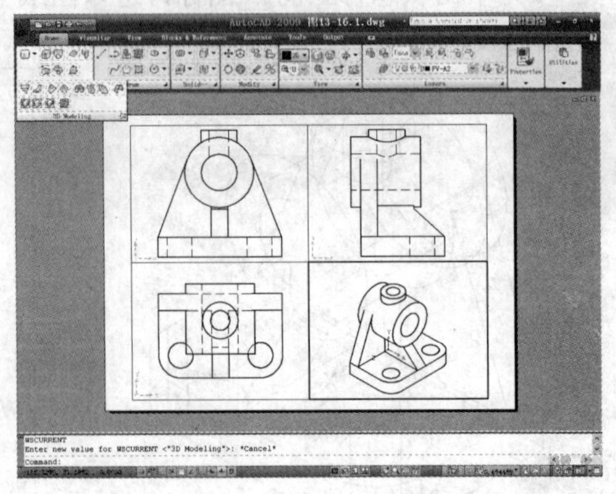

图 13-8　由轴承座生成的三视图

（3）生成全部的俯视图、左视图及轴测图　首先应生成主视图，然后由主视图创建全剖的俯视图、全剖的左视图及轴测图。

1）生成轴承座主视图：

① 重复生成轴承座三视图的操作步骤 1）、2），得到图 13-9。

② 选择浮动视口，激活它的关键点，如图 13-9 中的 A 点，进入拉伸模式。然后拉角点线调整视口大小，结果如图 13-10 所示。

③ 单击“View”（视图）选项板（全部缩放）图标，使模型全部显示在视口中，如图

13-11 所示。

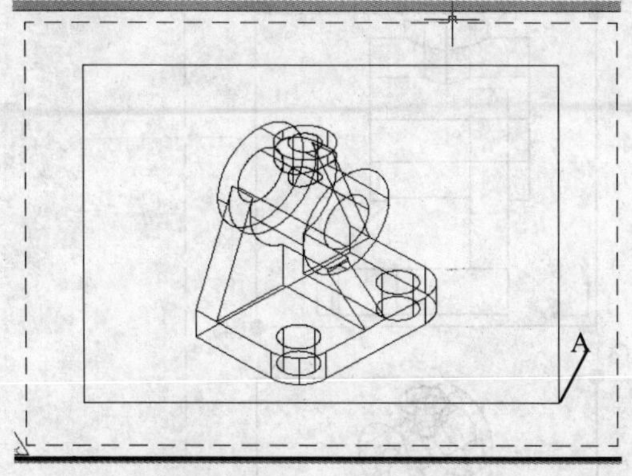

图 13-9 进入图纸空间

图 13-10 调整浮动视口大小

④ 设置“前视点”：单击按钮，就获得了主视图（但还未取轮廓），如图 13-12 所示。

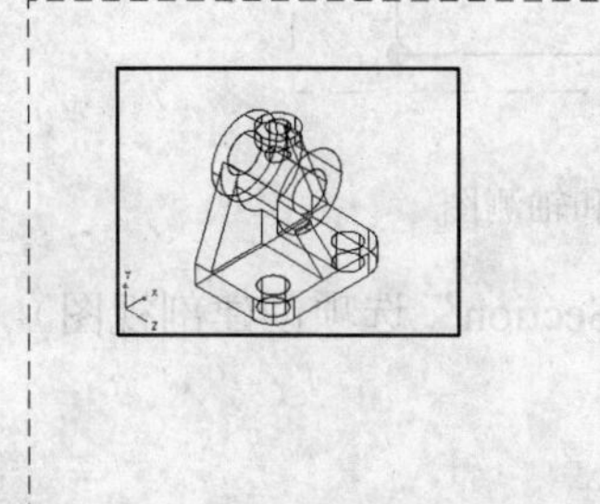

图 13-11 激活全部缩放浮动视口

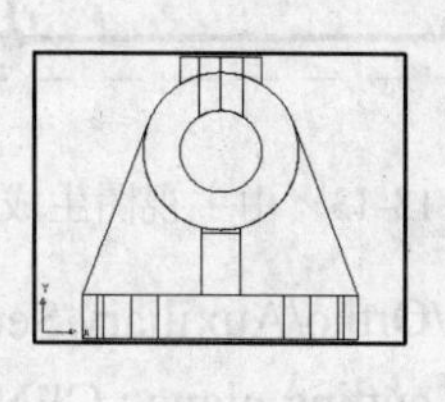

图 13-12 轴承座主视图

2）由主视图创建全剖的俯视图、左视图。具体操作如下（图 13-13）：

单击“3D Modeling”（三维建模）选项面板中图标（Solview）后提示：

Enter an option [Ucs/Ortho/Auxiliary/Section] : S↙（使用“Section”选项创建剖视图）

Specify first point of cutting plane : 点图 13-13 中的 A1 点

Specify second point of cutting plane : 点图 13-13 中的 A2 点（A1 与 A2 的连线为俯视图剖切位置）

Specify side to view from : 在连线 A1-A2 的上方单击一点（此点为视点）

Enter view scale<0.887610> : ↙（回车：取默认值）

Specify view center : 在屏幕的适当位置单击一点以放置全剖的俯视图

Specify view center <specify viewport> : ↙

Specify first corner of viewport : 在视口的左上角（1）处单击一点

Specify opposite corner of viewport : 在视口的右下角（2）处单击一点

Enter view name : 全剖俯视图↙（输入视图名称“全剖俯视图”。此时剖视图生成，但还未取轮廓）

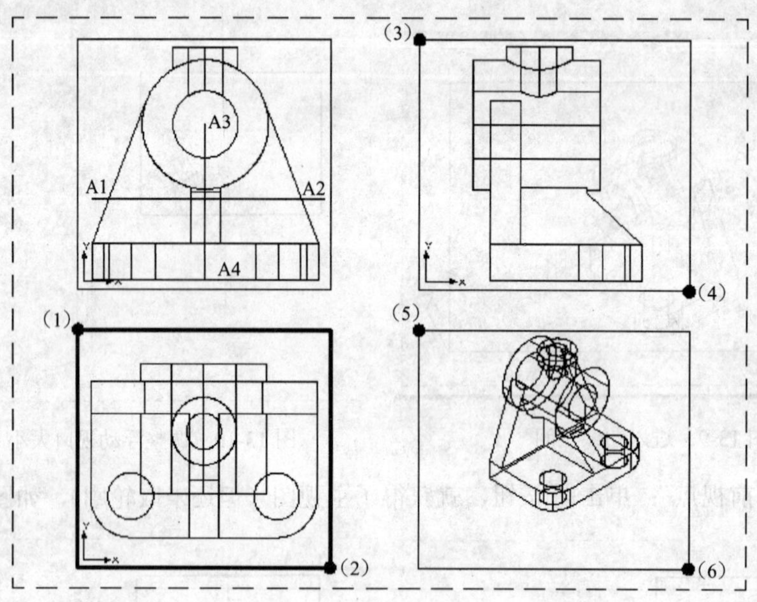

图 13-13　由主视图生成全剖的俯视图、左视图和轴测图

Enter an option [Ucs/Ortho/Auxiliary/Section] : S↙（使用“Section”选项创建剖视图）

Specify first point of cutting plane : CEN↙（圆心捕捉）

Of 点取圆心 A3 所在的圆弧

Specify second point of cutting plane : 点图 13-13 中的 A4（A3 与 A4 的连线为左视图剖切位置）

Specify side to view from : 在连线 A3—A4 的左方单击一点

Enter view scale<0.887610> : ↙（回车：取默认值）

Specify view center : 在屏幕的适当位置单击一点以放置全剖的左视图

Specify view center <specify viewport> : ↙

Specify first corner of viewport : 在视口的左上角（3）处单击一点

Specify opposite corner of viewport : 在视口的右下角（4）处单击一点

Enter view name : 全剖左视图↙（输入视图名称“全剖左视图”。此时剖视图生成，但还未取轮廓）

Enter an option [Ucs/Ortho/Auxiliary/Section] : ↙（回车结束）

3）由主视图创建轴测图：

Command : mview↙（创建浮动视口命令）

Specify corner of viewport or [ON/OFF/Fit/Shadeplot/Lock/Object/Polygonal/Restore/2/3/4] <Fit>: 在视口左上角（5）处单击一点

Specify opposite corner : 在视口右下角（6）处单击一点

Switching to model space（提示转为模型空间，并使（5）与（6）的细线框变为粗线框）

Command : vpoint↙（视点命令，或单击 轴测图图标按钮）

Specify a view point or [Rotate] <display compass and tripod> : −1, −1,1↙（若取图标按钮，

就无此步）

Command : ↙（结束）。

13.2 生成三维模型的二维轮廓线

前面已经用 Solview 和 Mview 命令创建了一系列视口，各视口的观察点不同，因而显示出三维模型的不同视图，如图 13-13 所示。但大家应注意，这些图形并不是二维的，而仍然是三维图。下面使用 Solprof 及 Soldraw 命令生成三维实体的二维轮廓线。

13.2.1 用 Solprof 命令生成二维轮廓线

使用 Solprof 命令可创建三维实体的 2D 轮廓线，轮廓线是一个图块。生成轮廓线的同时，Solprof 命令还自动创建前缀为“PH-”及“PV-”的图层，这些图层分别用于放置不可见轮廓线（放在“PH-”图层上）和可见轮廓线（放在“PV-”图层上）。

（1）用 Solprof 命令创建轴承座主视图轮廓线（图 13-14）

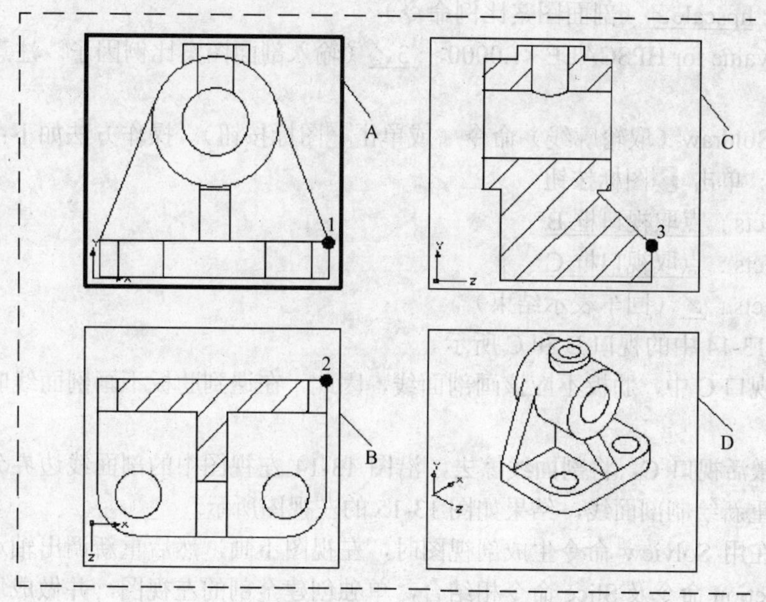

图 13-14 用 Solprof、Soldraw 命令生成轴承座二维轮廓线

1）激活主视图所在的视口。

2）输入 Solprof（外形视图取轮廓线）命令，或在“3D Modeling”（三维建模）面板中单击图标，操作方法如下：

单击图标（Solprof）后提示：

Select objects :（在被激活的主视图视口 A 中选取轴承座）

Select objects : ↙（回车表示目标不选了）

Display hidden profile lines on separate layer? [Yes/No] <Y> : ↙（回车表示将不可见轮廓线放在一个单独的图层上）

Project profile lines onto a plane ? [Yes/No] <Y> : ↙（回车表示将轮廓线投影到平面上）

Delete tangential edges ? [Yes/No] <Y> : ↙（回车表示要删除相切的重叠边）

（2）用 Solprof 命令创建轴承座轴测图轮廓线　执行过程与主视图轮廓线生成类同，在此从略，结果如图 13-14 中的视口 A 和 D 所示。

13.2.2　用 Soldraw 生成轴承座轮廓线

Soldraw 命令仅适用于 Solview 命令创建的视口。该命令将三维模型投影到垂直于观察方向的平面上，还自动把可见轮廓线及不可见轮廓线分别放置在层名为“视口名称-VIS”、“视口名称-HID”上。当用 Solview 命令处理剖视图（由 Solview 命令中的“Section”选项建立的视图）时，AutoCAD 会添加剖面图案，并将剖面图案放在图层“视口名称-HAT”上。

以下用 Soldraw 命令生成模型轮廓线及剖面图案（见图 13-14）。

（1）设置默认的剖面图案及图案比例

Command : hpname↙（剖面图案名命令）

Enter new value for HPNAME < “ANGLE” > : ansi31↙（输入剖面图案名称）

Command : hpscale↙（剖面图案比例命令）

Enter new value for HPSCALE <1.0000> : 3↙（输入剖面图案比例因子。注意：与图幅大小有关）

（2）输入 Soldraw（取轮廓线）命令（或单击图标按钮）　操作方法如下：

Command : 单击图标按钮

Select objects : 点取视口框 B

Select objects : 点取视口框 C

Select objects : ↙（回车表示结束）

结果如图 13-14 中的视口 B 和 C 所示。

注意：在视口 C 中，肋板不应该画剖面线，因此，在遇到肋板不画剖面线时应按如下方法处理：

方法 1：激活视口 C，将剖面线擦去，沿图 13-14 左视图中的剖面线边界分别画一圈封闭的边界线，重新绘制剖面线，结果如图 13-15 的左视图所示。

方法 2：在用 Solview 命令生成剖视图时，左视图不画，然后重新调出轴承座的三维实体图，再用 Section 命令及 Slice 命令相结合，单独创建全剖的左视图，并做成块，最后在图纸空间内插入此块。具体操作如下：

1）调出轴承座的三维实体图，如图 13-16 所示。

2）用 Section（切割命令）生成剖面：

Command : Section↙（切割命令）

Select objects : 点取 1

Select objects : 点取 2（肋板 2 与整体此时不能“并”）

Specify first point on section plane by [Object/Zaxis/View/ XY/YZ/ZX/3points] <3points> : XY↙（XY 为切割面较好）

Specify a point on the XY-plane <0,0,0> :↙（回车，表示选择坐标原点为平面上的点，剖面生成，如图 13-17 所示）

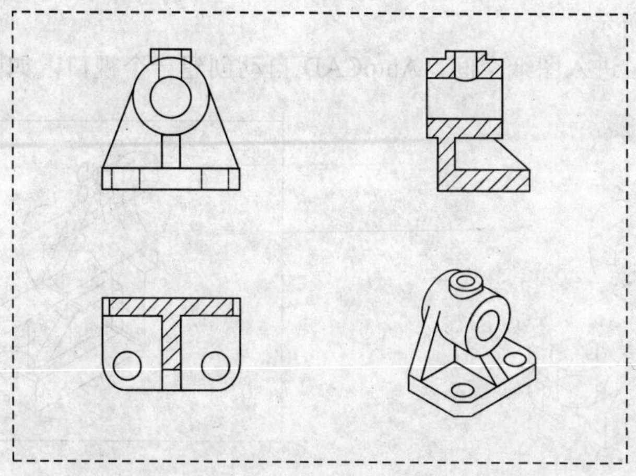

图 13-15　设置视口的缩放比例及修改左视图的剖面线

Command：单击 图标↙（“并集”运算命令）

Select objects：点取图 13-16 中的 1

Select objects：点取图 13-16 中的 2（肋板 2 与整体作“并”运算）

Select objects：↙

结果如图 13-17 所示。

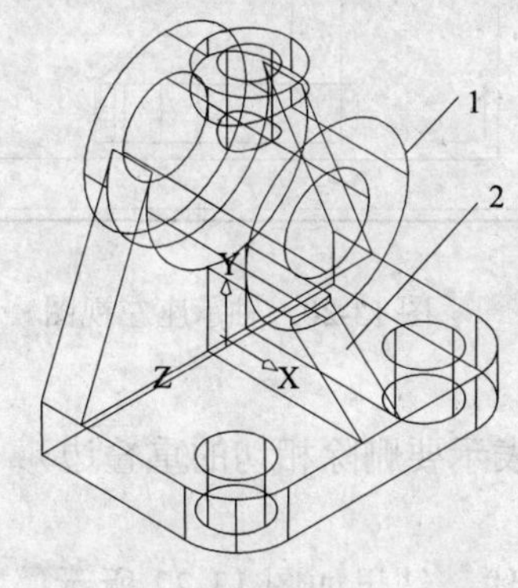

图 13-16　轴承座的三维实体图及剖切坐标系的设置

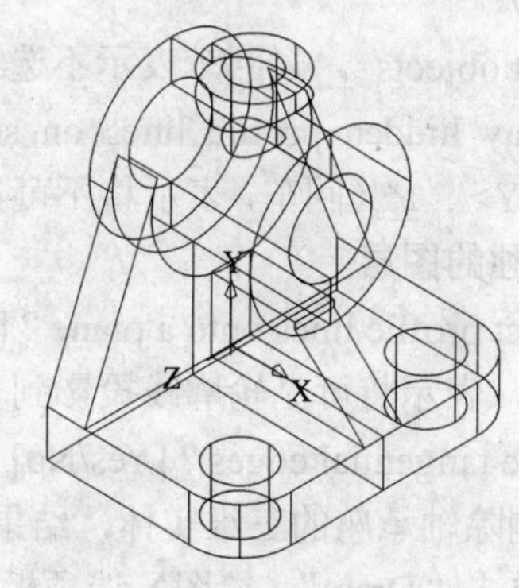

图 13-17　用 Section 切割命令在 XY 坐标面处生成剖面

3）用 Slice（ ）剖切命令剖开轴承座。

Command：单击 图标

Select objects：点取轴承座实体

Select objects：↙（回车表示目标不选了）

Specify first point on slicing plane by [Object/Zaxis/View/ XY/YZ/ZX/3points] <3points>：XY↙（XY 为切开面较好）

Specify a point on the XY-plane <0,0,0>：↙（回车，表示选择坐标原点为平面上的点）

Specify a point on desired side of the plane or [keep Both Sides]：0,0,−1↙（选择 Z 轴负向一点为希望留下的一侧）

结果如图 13-18 所示。

4）单击按钮，进入图纸空间，AutoCAD 自动创建一个视口，如图 13-19 所示。

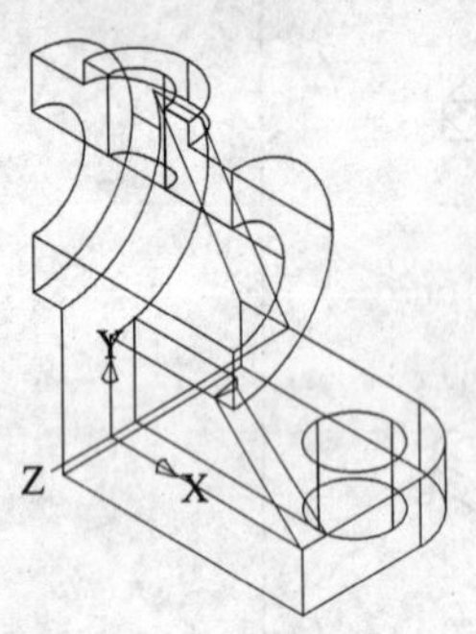

图 13-18 剖切后的轴承座

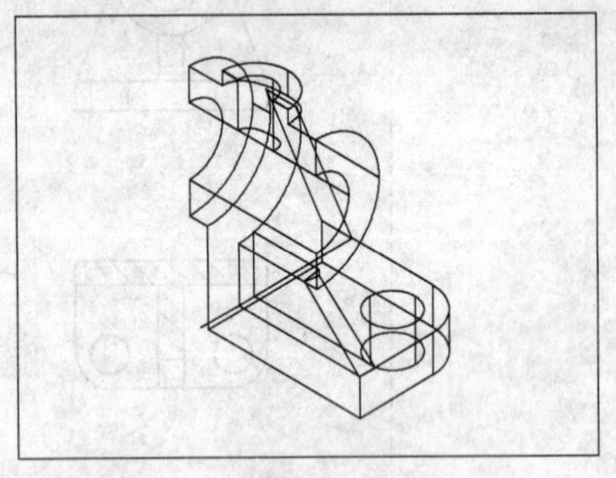

图 13-19 自动创建一个视口

5）单击左视图图标，生成右半个轴承座的左视图，如图 13-20 所示。

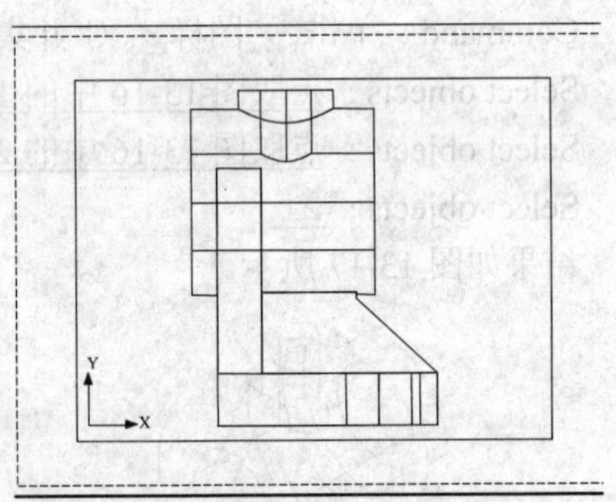

图 13-20 轴承座左视图

6）生成剖切后轴承座三维体的轮廓线：

Command : solprof↙（轮廓线命令）

Select objects : 选取轴承座（光点视口框，再点轴承座）

Select objects :↙（回车表示不选目标了）

Display hidden profile lines on separate layer? [Yes/No]<Y> : ↙（回车，表示将不可见轮廓线投影到一个单独的图层上）

Project profile lines onto a plane ? [Yes/No] <Y> : ↙（回车，表示将可见轮廓线投影到一个平面上）

Delete tangential edges ? [Yes/No] <Y> : ↙（回车，表示要删除相切的重叠边）

7）删除轴承座的三维实体，结果如图 13-21 所示。

8）单击“Draw”（绘图）选项板图标，绘制剖面线，结果如图 13-22 所示。

9）用 Wblock 写块命令将轴承座全剖左视图作成块。

10）调出前面已画好的轴承座的主视图、全剖俯视图及轴测图，并转入图纸空间，用 Insert 命令插入全剖左视图的图块，结果如图 13-23 所示。

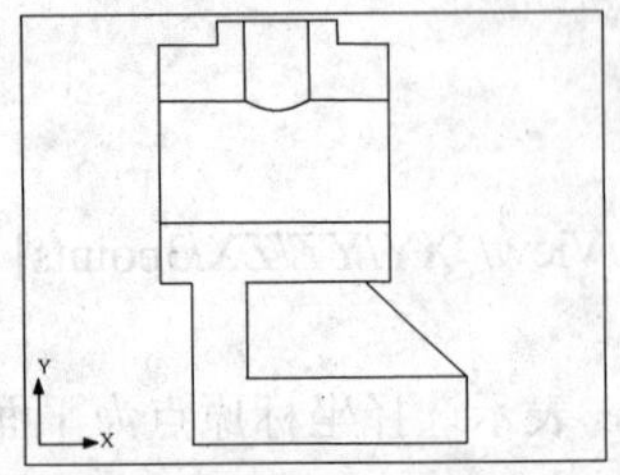

图 13-21 生成剖切后轴承座三维实体的轮廓线

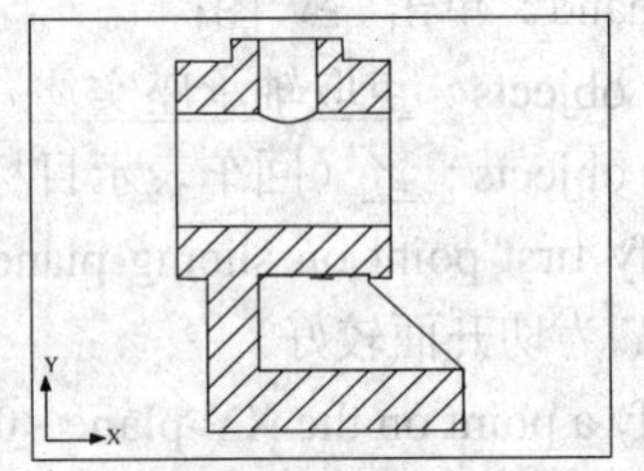

图 13-22 轴承座全剖的左视图

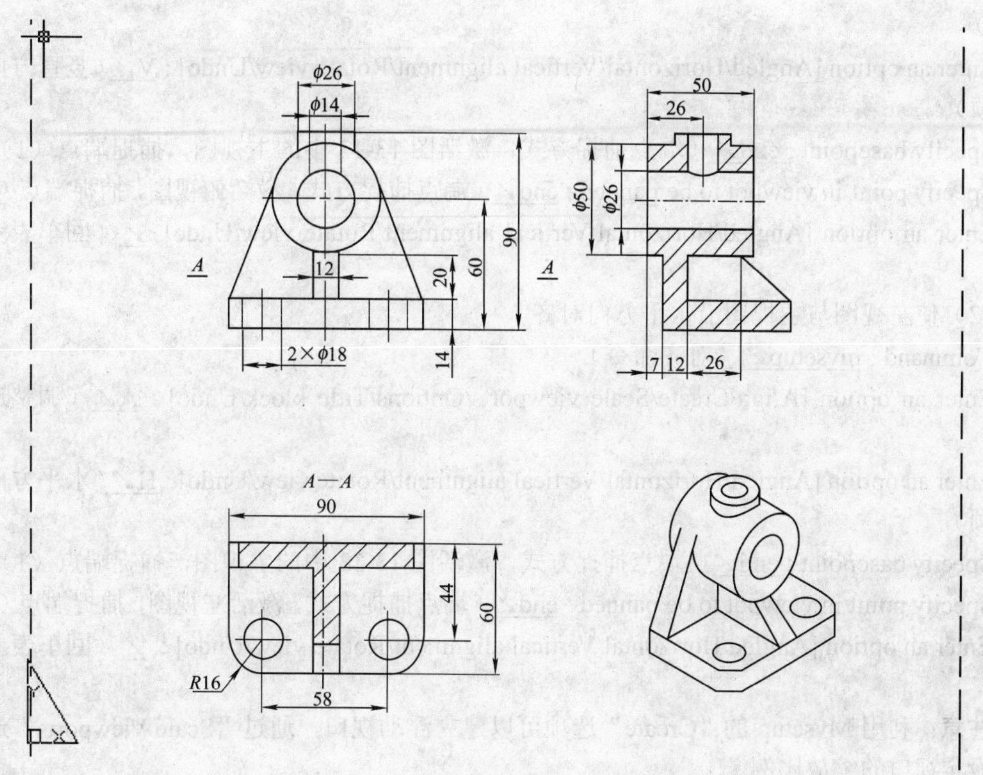

图 13-23 轴承座三维实体生成视图或全剖俯视图及轴测图后的尺寸标注

13.3 设置视口的缩放比例

在手工绘图时，首先考虑按一定的比例来绘制二维图形，当在图纸空间的虚拟“图纸”上建立视图时，也要考虑类似的问题。读者必须设定视口的缩放比例，这个比例值就相当于手工绘图时的绘制比例。

设置比例的方法：激活视图后，在弹出的快捷菜单设置比例；或在状态行单击 1:1 注释比例图标设置比例。然后通过关键点编辑方式调整视口大小，再用 Move 命令移动视口的位置。

13.4 用 Mvsetup 命令对齐视图

对于工程图，基本视图之间的投影关系要满足“长对正”、“高平齐”、“宽相等”的原则。如果主视图、俯视图及左视图没有对齐，可以用 Mvsetup 命令调整俯视图及左视图的位置，使它们与主视图之间的投影关系符合要求。

（1）使俯视图与主视图沿竖直方向对齐

Command : mvsetup↙（对齐命令）

Enter an option [Align/Create/Scale viewports/Options/Title block/Undo] : A↙（调整选项

Align）

Enter an option [Angled/Horizontal/Vertical alignment/Rotate view/Undo] : V↙（竖直方向对齐选项）

Specify basepoint : end↙（端点捕捉方式，激活图 13-13 中的主视图，捕捉端点（1））

Specify point in viewpot to be panned : end↙（端点捕捉方式，激活俯视图，捕捉端点（2））

Enter an option [Angled/Horizontal/Vertical alignment/Rotate view/Undo] :↙（回车表示结束）

（2）使左视图与主视图沿水平方向对齐

Command : mvsetup↙（对齐命令）

Enter an option [Align/Create/Scale viewports/Options/Title block/Undo] : A↙（调整选项 Align）

Enter an option [Angled/Horizontal/Vertical alignment/Rotate view/Undo] : H↙（水平方向对齐选项）

Specify basepoint : end↙（端点捕捉方式，激活图 13-13 中的主视图，捕捉端点（1））

Specify point in viewpot to be panned : end↙（端点捕捉方式，激活左视图，捕捉端点（3））

Enter an option [Angled/Horizontal/Vertical alignment/Rotate view/Undo] : ↙（回车表示结束）

注意：利用 Mvsetup 的“Create”选项可以建立浮动视口，通过“Scale Viewports”选项可以设定视口的缩放比例。

13.5 在生成的二维视图上标注尺寸

在第 6 章的二维绘图中已系统地讲述了尺寸标注，在这里只介绍三维实体生成二维视图或剖视图后直接在虚拟“图纸”上标注尺寸。标注尺寸前必须对尺寸式样进行必要的设置才能获得正确的标注结果。具体操作与第 6 章中二维平面图形的尺寸标注相同，在此从略。结果如图 13-23 所示。

第4篇 Solid Edge V20 三维实体造型及零件装配

第14章 Solid Edge 三维实体造型的基础

14.1 Solid Edge 的组成

Solid Edge V20 提供了非常强大的实体零件 Part、钣金零件 Sheet Metal 、焊接 Weldment 、装配 Assembly 、图纸 drawing。各个模块的功能简单介绍如下：

1. 实体零件

进入实体零件的方法是：依次单击“开始”→“程序”→“Solid Edge V20”→“实体零件（Part)”。实体零件允许构造具有真实特征的三维立体造型。零件造型的过程以一个基本特征（如立方体或圆柱体）作为开始，通过在其上构建零件特征来创建零件模型。零件特征包括拉伸体和切口（拉伸型、旋转型、扫掠型和放样型）、孔、肋板、薄壁、圆角、拔模斜度和倒角，还可以构造圆和矩形式样及镜像特征。

图14-1 Solid Edge 的功能模块

2. 钣金零件

进入钣金零件的方法是：依次单击“开始”→“程序”→“Solid Edge V20”→“钣金零件 Sheet Metal ”。Solid Edge V20 有出众的钣金造型功能，包括平板特征、边缘折弯、轮廓折弯、二次折弯、冲压特征、翻边、气窗、凹坑、加强条等十余项钣金专用的特征，足以完成极其复杂的钣金设计。

3. 焊接

进入焊接模块的方法是：单击“开始”→“程序”→“Solid Edge V20”→“焊接 Weldment ”。Solid Edge V20 为构造焊接件提供了一个单独的焊接模块，是将现有的装配文件中的零件作为焊接对象来处理，包含了一组生成焊缝和对焊接件进行机加工的命令。

4. 装配

进入装配的方法是：依次单击“开始”→“程序”→“Solid Edge V20”→“装配 Assembly ”。Solid Edge V20 可以创建一个包含多个零件和子装配体的大型、复杂的装配体。装配模块包含了使用自然装配技术（如拼合和对齐）将零件装配到一起的命令。同时它也提供了许多装配体管理的功能。Solid Edge V20 装配模块包含一个爆炸环境和动画制作环境，在爆炸环境中，可以用自动或手动的方式生成装配件的爆炸图；在动画制作环境中，可以对装配件生成动画，并将动画结果保存为“*.Avi”文件。还可以生成装配件的三维剖视图，给零件分配不同的材质并进行渲染，对装配件进行干涉检查并计算装配件的物理性质。

5. 图纸

进入图纸的方法是：单击“开始”→“程序”→“Solid Edge V20”→“图纸”。Solid Edge V20 的图纸模块可以将零件环境、钣金环境和装配环境中生成的各类零件、钣金件、装配件、焊接件等实体进行投影，生成用于指导生产的工程图。

14.2 Solid Edge 的用户界面

Solid Edge 是基于 Microsoft Windows 操作系统开发而成的软件，虽然包含多个模块，多个环境，但每个模块的用户界面基本是相同的，主要区别是特征命令工具条和动态工具条。下面以零件环境（Solid Edge Part）为例，介绍 Solid Edge V20 的用户界面。

零件造型模块的用户界面如图 14-2 所示，包含有标题栏、主菜单、主工具条、特征工具条、动态工具条、工作区、特征管理器等。

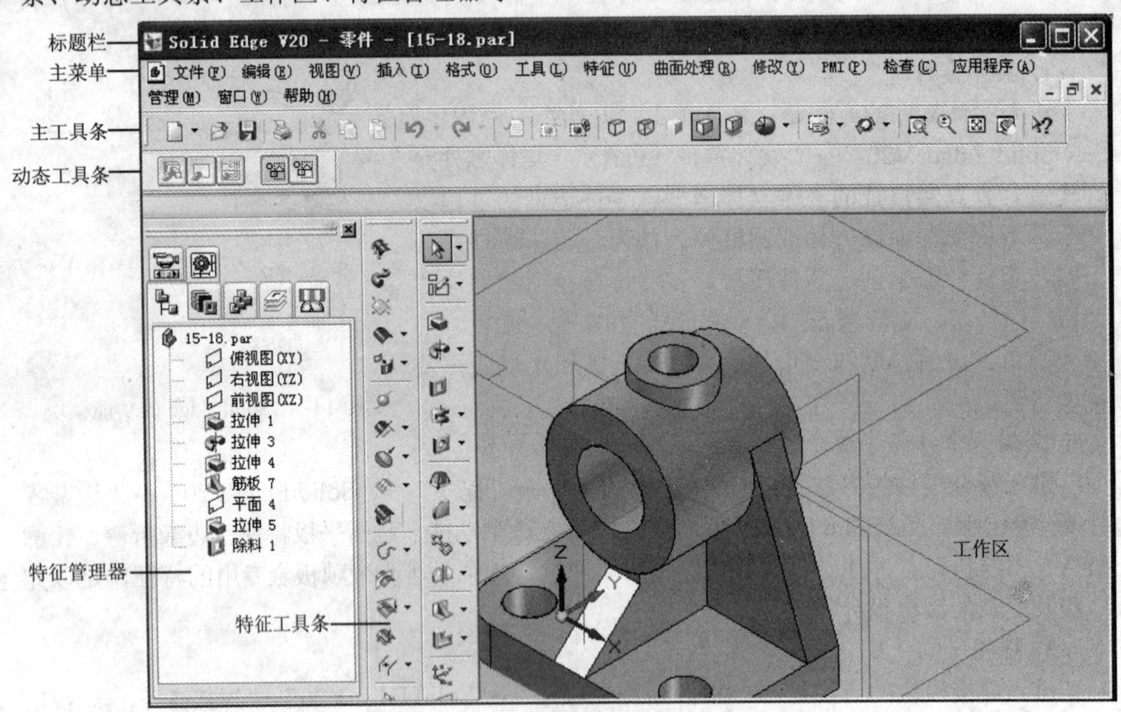

图 14-2 用户界面

（1）标题栏 显示 Solid Edge V20 当前工作的模块和当前文件的文件名。

（2）主菜单 主菜单包含了软件的全部功能，其定义和操作与 Windows 系统一致。每个下拉菜单中包含了一组命令，凡命令后带有“…”的，将会弹出一个对话框；凡命令后带有箭头的，该选项将包含下一级子菜单。

（3）主工具条 主工具条提供了主菜单中常见命令的快捷操作方式，包含常用的文件操作、文件打印、显示工具和联机帮助等。每个模块中的主工具条是一样的。

（4）特征工具条　Solid Edge V20 的每一个模块都有各自的特征工具条，一般在屏幕的左边，也可拖动到屏幕的任意位置。特征工具条包含了本模块可创建的特征、特征操作、可执行的命令、参考面和结构显示，凡是在按钮的右下方带有小箭头的，该按钮为抽屉按钮，将会有其他的按钮重叠在该按钮下。实体零件中的特征命令工具条如图 14-3 所示。

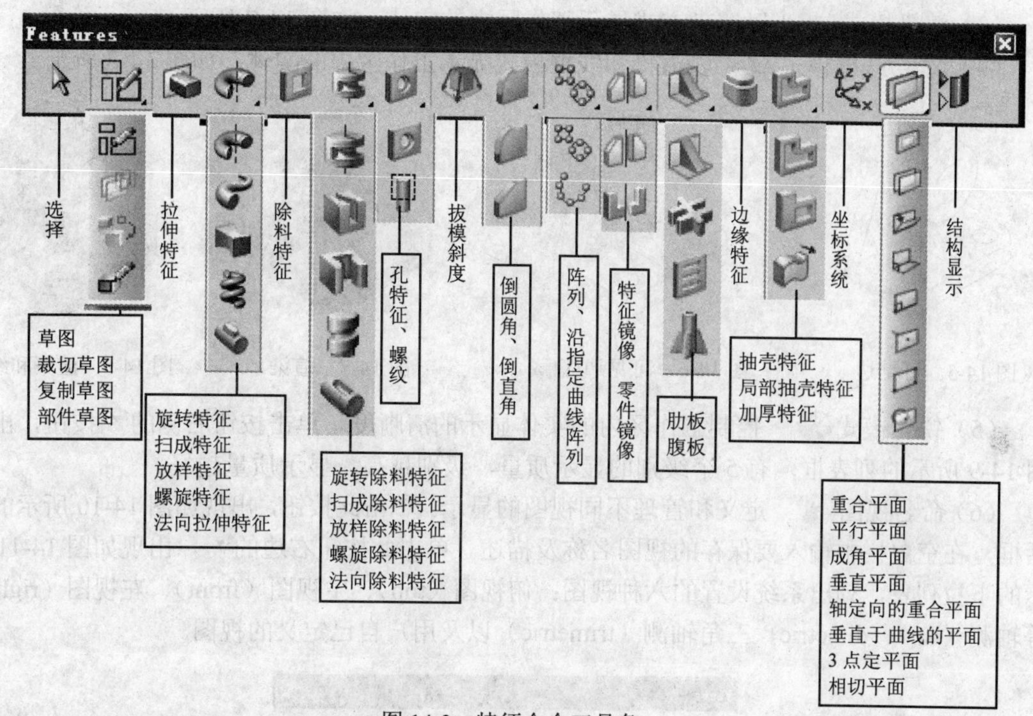

图 14-3　特征命令工具条

（5）动态工具条　动态工具条是一个随时变化的智能工具条，不同的特征命令和操作步骤会出现不同的动态工具条和按钮，协助完成指定特征的工作流程，并可利用它对已经完成的特征进行编辑和修改。

（6）工作区　Solid Edge V20 的每一个模块中都有工作区，并且每个工作区都有三个默认的主参考面：X-Y 面、X-Z 面和 Y-Z 面。

（7）特征管理器　Solid Edge V20 的每一个模块中都有特征管理器，在屏幕的左边。零件环境中的特征管理器如图 14-2 所示，包含特征路径查找器、特征库、零件族、层、传感器五个选项卡。不同设计模块中的特征管理器提供的特殊功能也不尽相同。

14.3　Solid Edge 的基本操作

1. 显示工具

Solid Edge V20 在主工具条中提供了非常丰富的显示操作工具，如图 14-4 所示。下面对各个按钮的功能进行简单的介绍。

图 14-4　主工具条中的显示工具

（1）线框可见边模式 以线框模式显示工作区内的实体，但只显示可见轮廓，如图14-5所示。

（2）线框可见边/隐藏模式 以线框模式显示工作区内的实体，但可见与不可见轮廓均显示，如图14-6所示。

（3）渲染模式 以渲染方式显示工作区内的实体，如图14-7所示。

（4）渲染/线框模式 以渲染和线框模式显示工作区内的实体，如图14-8所示。

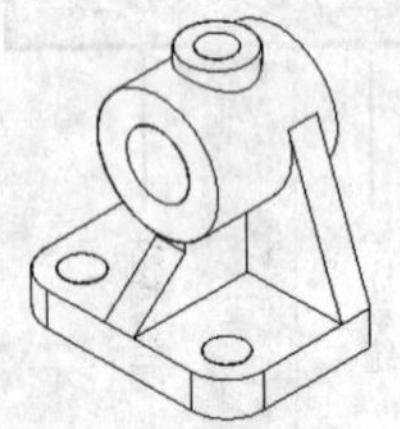
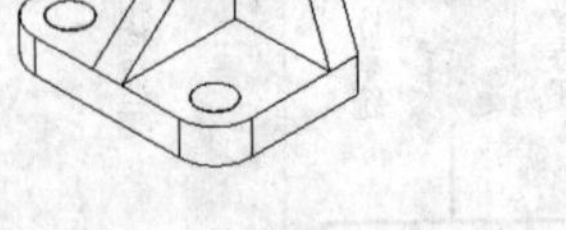

图14-5 可见边

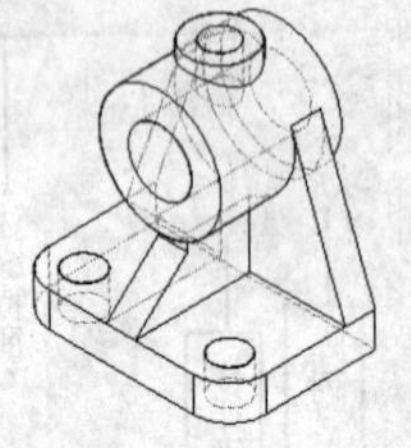
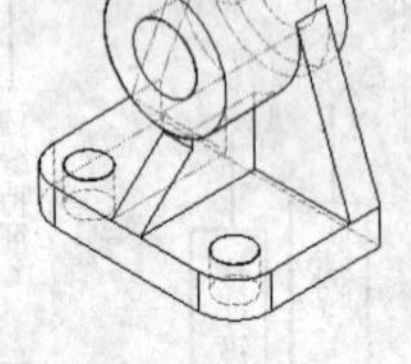

图14-6 可见边/隐藏

图14-7 渲染

图14-8 渲染和线框

（5）锐化模式 控制工作区内的实体显示的清晰度。单击按钮右侧的 按钮，出现图14-9所示的列表框，有5个级别的显示质量，级别越高，显示质量越好。

（6）命名视图 定义和管理不同视图的显示。单击此按钮，出现如图14-10所示的对话框，在空白栏中输入要保存的视图名称及描述。单击此按钮右边的，出现如图14-11所示的下拉列表，列出系统设置的六种视图：俯视图（top）、主视图（front）、左视图（right）、等轴测（iso）、dimetric、三角轴测（trimetric）以及用户自己定义的视图。

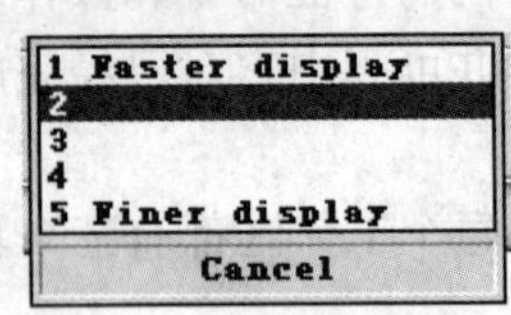

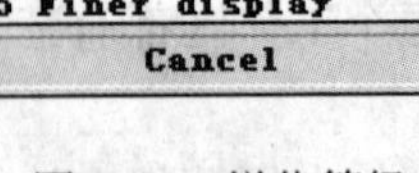

图14-9 锐化等级

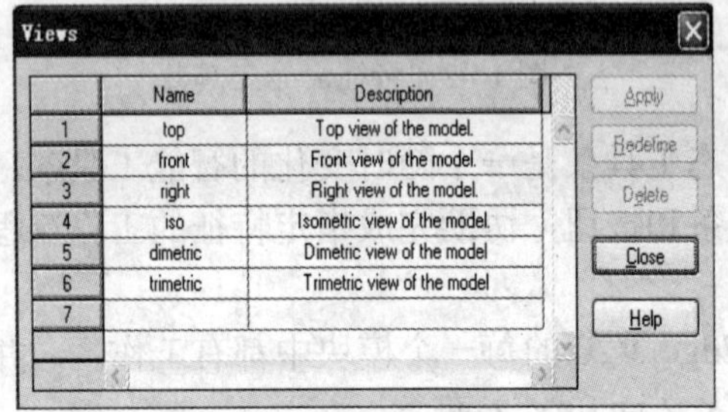

图14-10 定义视图对话框

图14-11 选择显示视图

（7）旋转视图 选择坐标轴或坐标系圆点对实体进行旋转，或者选定零件表面的任意边或点进行视图旋转，如图14-12所示。单击指定的坐标轴或原点，拖动鼠标即可绕指定轴或原点旋转零件，以方便从各个方向来观察零件；也可以单击零件表面的线或点，拖动鼠标来绕指定的边或点旋转零件。

（8）围绕旋转 与实体上指定的一个平面垂直，将视图旋转。单击该按钮，并单击实体上的一个面，出现一个圆环和与指定面垂直的旋转轴，如图14-13所示。单击垂直轴或者水平轴，并拖动鼠标可绕指定轴旋转实体，单击圆环、单击右键或动态工具条上“关闭”按钮，可以结束此命令。

（9）正视某面 单击该按钮，选择实体上的一个面后，该平面将自动转到与屏幕平行的方向。

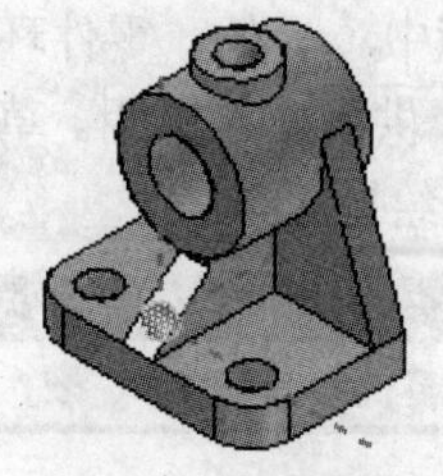

图 14-12　旋转视图

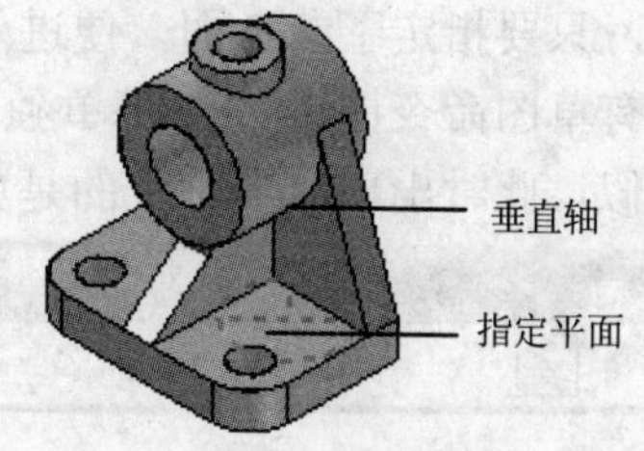

图 14-13　围绕旋转视图

说明：旋转视图、围绕视图和正视某面在同一个下拉菜单里。

（10）普通视图　以六个基本视图和八个正等轴测视图之一来显示实体。单击该按钮，弹出“一般视图”（Common Views）对话框，如图 14-14 所示。在对话框中，左边出现的立方体为视图状态选择工具，立方体的六个面代表六个基本视图，八个顶点代表八个正等轴测视图。

一般视图对话框

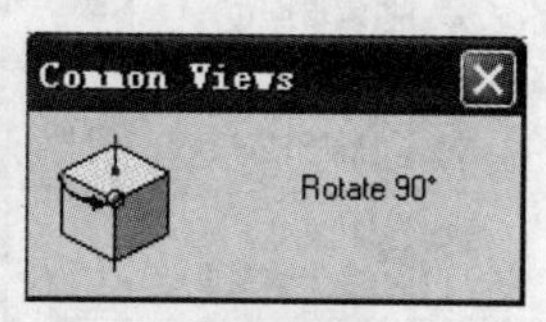

选择视图和提示

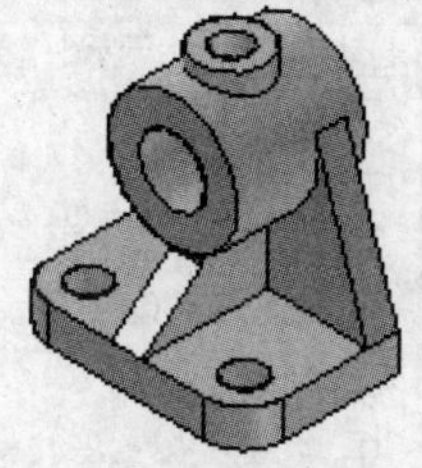

旋转之前的视图

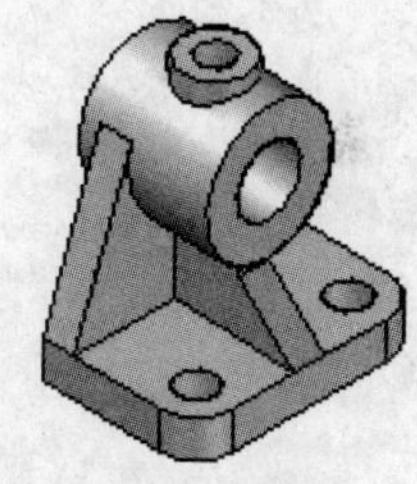

旋转之后的视图

图 14-14　普通视图

（11）局部视图　是放大显示指定区域的图形；缩放视图是用拖动方式来放大或缩小视图的显示；充满是将工作区域内的所有图形全部地显示在屏幕上；移动视图是拖动鼠标，可以平移视图，单击右键后可以结束该命令。

2. 命令的重复和终止

在任意一个 Solid Edge 模块中，一个命令完成后，又回到该命令的起始状态，可重复同一个命令的操作。要终止当前命令，有以下几种选择：单击选项按钮；按键盘上的 Esc 键；单击动态工具条上的“取消”按钮；单击右键。

14.4　零件轮廓图的基本知识

草图设计是一个二维绘图环境，嵌套在 Solid Edge 的各个造型模块中。Solid Edge 是一个基于特征的三维造型软件，特征是在草图轮廓的基础上形成的。因此，二维草图的绘制是造型设计的重要组成部分。草图设计就是在指定的参考面上绘制零件二维轮廓的过程，Solid Edge 的草图环境中绘制的轮廓是尺寸驱动的，可以进行尺寸、几何约束及代数约束来精确确定轮廓。

1. 进入草图环境和草图界面

在零件环境中，大部分的特征命令在执行时，系统首先要求指定一个参考面作为绘制草图轮廓的平面，只要指定了参考面，便进入到草图设计环境中。另外，零件环境中的特征命令工具条中都有草图命令按钮，可单独绘制永久的草图，供需要时选用。草图的界面与零件设计环境类似，此时出现在屏幕上的是如图 14-15 所示的绘图工具条。

图 14-15　绘图工具条

2. 智能导航、关系控制和选取

在绘制轮廓或编辑图形时，系统会自动帮助捕捉其他图元上的关键点，这些关键点的设置方法是单击主菜单“工具/智能草图（IntelliSketch）”出现如图 14-16 所示的对话框。可以设置系统自动捕捉关键点的类型和绘图控制，对话框中显示的各关键点对应的光标形状要记住。

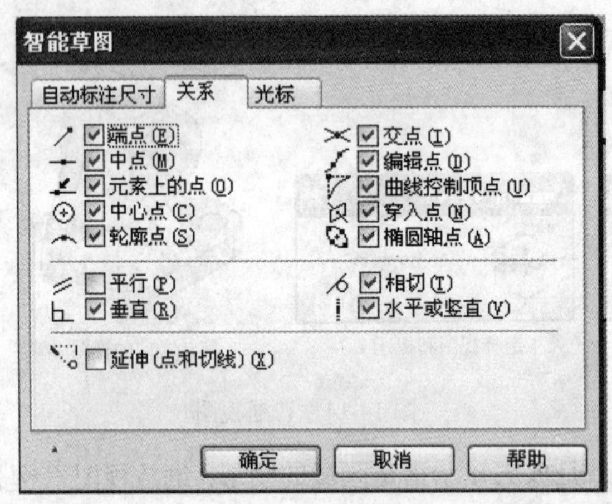

图 14-16　关键点设置对话框

在绘制轮廓或编辑图形时，在移动鼠标时，系统有时会出现水平或垂直的虚线光标，表示与附近图元上捕捉到的关键点沿着水平或垂直方向对齐。Solid Edge 的对齐指示功能默认是打开的，如果要取消该功能可以按住 Alt 键。

绘图工具条上的第一个命令是“选取”，用于选取各种已经绘出的元素，然后对其进行修改和编辑等工作。

3. 常用的绘图命令

（1）点、线命令　绘制点和线共有三个命令，在同一个抽屉式按钮中。

如果选择画线命令按钮，则出现如图 14-17 所示的动态工具条，在此工具条中可以设置直线的颜色、线型和线宽。画直线时可以用鼠标左键单击的方式来确定直线的端点，也可以在图 14-17 的动态工具条中输入直线的长度和角度来绘制精确的线段。若绘制完一段直线后，也可以单击图 14-17 中的按钮转换到绘制圆弧状态。

图 14-17　绘制直线动态工具条

如果选择画点命令按钮，则出现如图 14-18 所示的动态工具条，可以用鼠标左键指定点的位置，或者在图 14-18 所示的动态工具条中输入点的 X、Y 坐标来绘制点。

图 14-18　绘制点动态工具条

如果选择徒手草图命令按钮，则出现如图 14-19 所示的动态工具条，可使拖动鼠标生成的不规则图形用直线、圆或圆弧来代替，如图 14-20 所示。

图 14-19　徒手草图动态工具条

图 14-19 所示的动态工具条上的各个按钮的含义是：

：当徒手绘制完成后，所有斜线都会转换成水平或垂直的线。

：系统只是简单地拉直曲线并添加默认的约束。

：控制所绘制的曲线分别为直线、圆弧、圆和矩形。

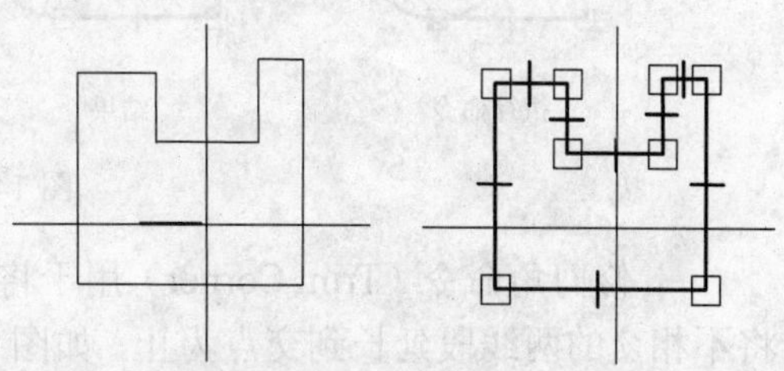

图 14-20　徒手草图动态工具条

（2）圆弧命令　绘制圆弧共有三个命令，位于同一个抽屉式按钮中。其中命令是绘制与已知直线或圆弧相切的圆弧，如图 14-21a 所示。命令是根据指定的三点绘制圆弧，如图 14-21b 所示。命令是用指定圆心、起点和终点的方式来绘制圆弧，如图 14-21c 所示。圆弧的半径和圆心角可以在动态工具条中输入。

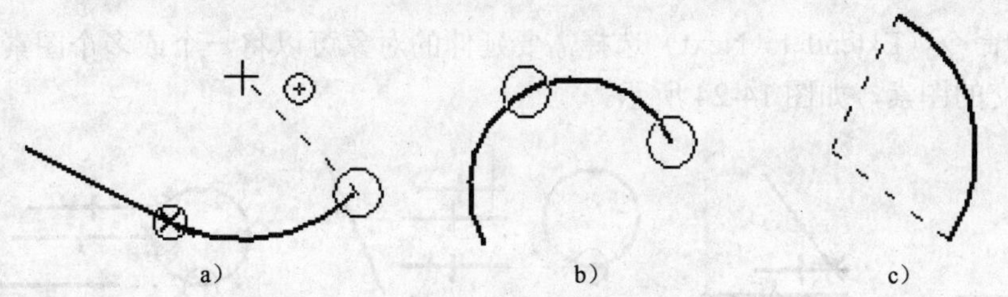

图 14-21　绘制圆弧

（3）圆和椭圆命令　在同一个抽屉式按钮中，有五个用来绘制圆和椭圆的命令。其中，命令是根据指定的圆心和半径值来绘制圆；命令是根据指定圆上的三个点来绘制圆；命令是绘制与已知直线、圆或圆弧相切的圆；命令是根据指定椭圆上的三点来绘制椭圆；命令是根据指定的圆心和轴来绘制椭圆。

（4）矩形命令　矩形命令（Rectangle）专门用于绘制矩形。其操作方法为：单击矩形命令，用鼠标左键单击第一点作为矩形的一个角点，单击第二点确定矩形的一个边，移动鼠标可以显示另一个边和大小，而矩形的宽度、高度和与水平方向的夹角可以在动态工具条上输入。也可以在单击矩形命令后，按住鼠标左键拖动鼠标，画出一条曲线，松开鼠标，便可生成以曲线为对角线的矩形。

4. 编辑命令

（1）倒圆角和倒棱角　倒角命令有倒圆角（Fillet）和倒棱角（Chamfer）。倒圆角用于在两个指定的图素间生成指定半径的连接圆弧，圆弧半径可以在动态工具条中输入。倒棱角用于在两个指定的直线间生成一个直线倒角。

（2）修剪和延伸　修剪和延伸工具包含三个命令。其中，修剪命令（Trim）可以删除指定图素上不需要的部分，如图 14-22 所示。当图素与其他线段相交时，系统会以交点为边界，删除指定的部分。若同时修剪多个图素，拖动鼠标经过要修剪的图素，可一次性删除。

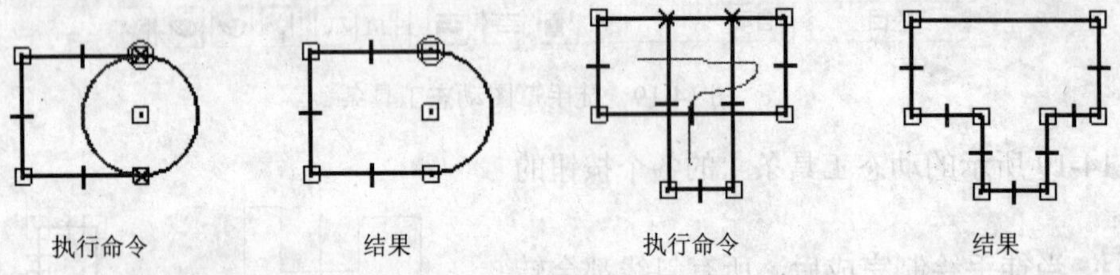

图 14-22　修剪命令

修剪角命令（Trim Corner）用于将相交两个线段以交点为界，将多余部分删除，或者将不相交的两线段延长到交点为止，如图 14-23 所示。图中鼠标经过的一侧为要保留的部分。

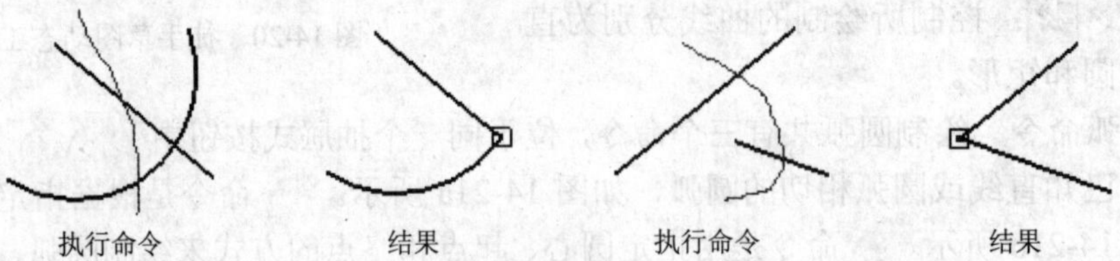

图 14-23　修剪角命令

延伸命令（Extend to Next）选择需要延伸的对象可以将一个或多个图素延长到最近一个与之相交的图素，如图 14-24 所示。

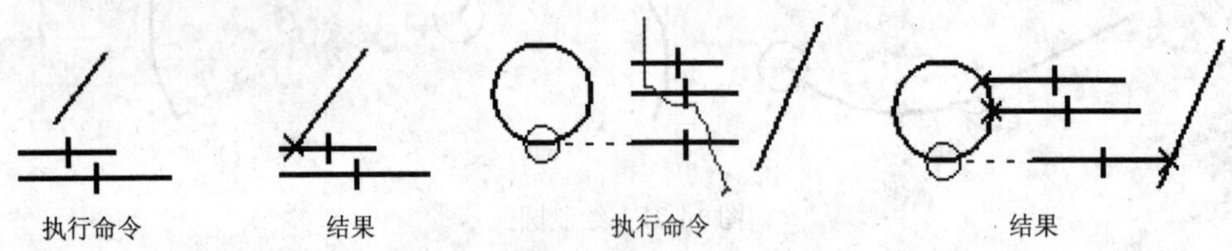

图 14-24　延伸命令

（3）偏移复制　偏移复制工具包括偏移复制和对称偏移命令，位于同一个抽屉按钮中。若选择按钮，则出现如图 14-25 所示的动态工具条。在该工具条中输入要偏移的距离，单击工具条上的，指定要偏移的方向，可以偏移一次或多次。生成的偏移特征如图 14-26 所示。

图 14-25　偏移动态工具条

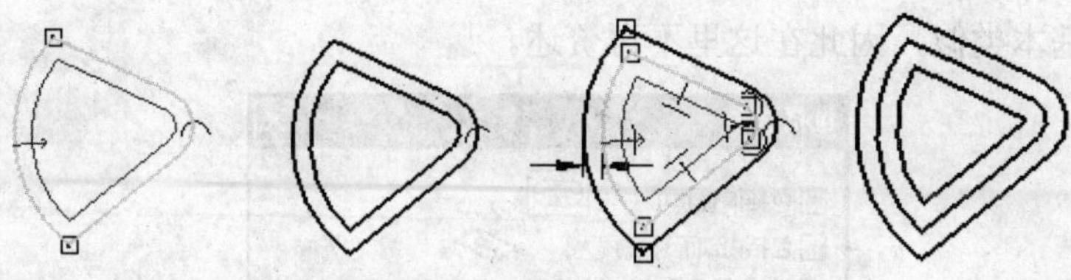

图 14-26 偏移特征

如果选择对称偏置命令，生成以指定图素（非封闭的图形）为中心线的对称复制。单击该命令按钮，则出现如图 14-27 所示的对话框。在对话框中确定宽度（Width）和半径（Radius）数值，选择“封盖类型”（Cap Type）为“线”（Line）后，关闭对话框，选择要偏移的要素（图 14-28a），单击，生成如图 14-28b 所示的特征；选择“封盖类型”为“圆弧”（Arc）后，生成如图 14-28c 所示的特征；选择“封盖类型”为“偏置圆弧”（Offset Arc）后，生成如图 14-28d 所示的特征。

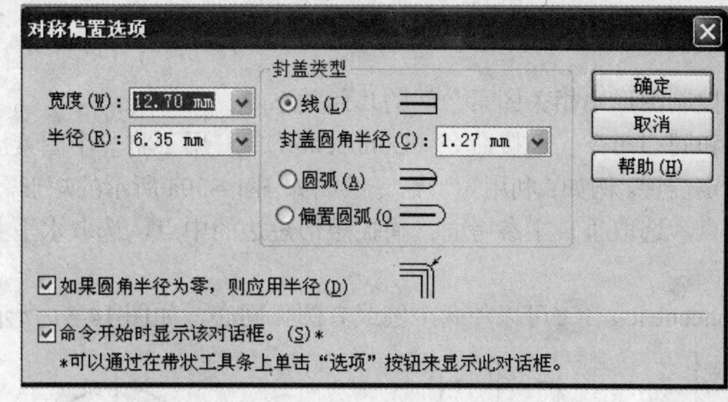

图 14-27 对称偏移对话框

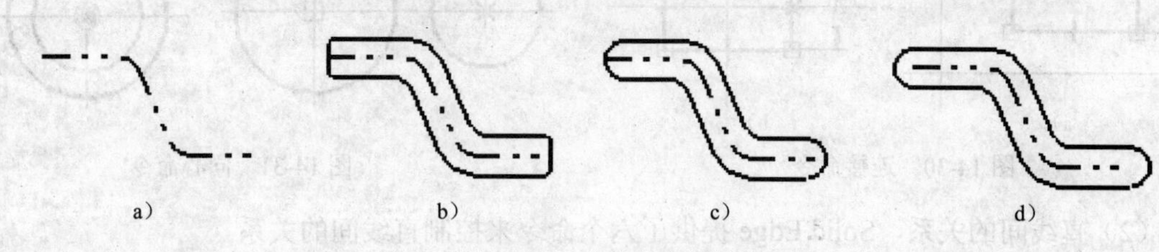

图 14-28 对称偏移复制

（4）包括和构造命令 包括命令（Include）用于将其他零件或草图的面、边、线等图素复制到本次草图中。但与复制不同的是，“包括”过来的图素与原对象是关联的，原对象修改，则复制的对象也随之改变。单击该命令按钮，则出现如图 14-29 所示的对话框。可设置包含方式为“包括内部面环”（Include internal face loops）或者“包括偏置”（Include with offset），如果选择“包括偏置”，则需要设置偏移距离和方向。具体操作可参照第 15 章轴承座例题的 4.创建支撑板，即图 15-19a 所示。

构造命令（Construction）将指定的草图轮廓线转换成辅助线，或者将辅助线转换成轮廓线。

（5）常用的编辑命令 常用到的编辑命令有移动、旋转、镜像、比例缩放、伸展和删除，它们位于同一个抽屉式按钮中。而这些常用到的编辑命令的功能和操作方法与 AutoCAD 基本类似，因此在这里不再赘述。

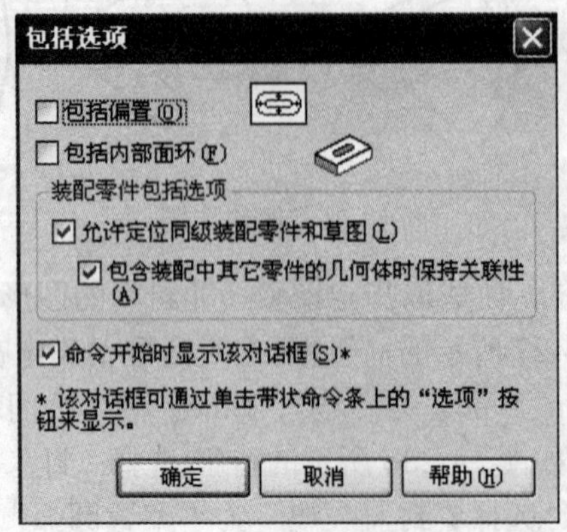

图 14-29　包含命令对话框

5. 几何约束

几何约束用于控制图形中相关图素之间的几何关系。

（1）连接命令和同心命令　连接命令（Connection）用于将一个图素上指定的点连接到另一个图素的指定位置。例如：利用矩形命令绘制如图 14-30a 所示的矩形，单击连接命令，捕捉矩形长边的中点，选取垂直主参考面；捕捉矩形短边的中点，选取水平主参考面，操作结果如图 14-30b 所示。

同心命令（Concentric）可以使两个圆或者圆弧同心，如图 14-31 所示。

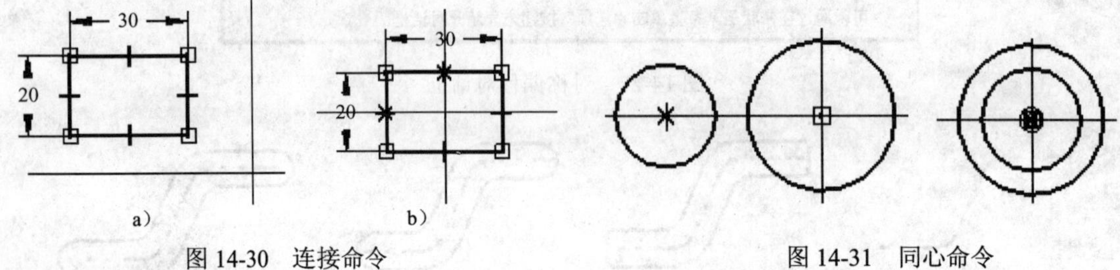

图 14-30　连接命令　　图 14-31　同心命令

（2）直线间的关系　Solid Edge 提供了六个命令来控制直线间的关系。

水平/垂直命令（Horizontal/Vertical）可以使倾斜的直线或者两点为水平或者垂直，如图 14-32 所示。被选择的直线与水平方向的夹角小于 45°，该斜线将变成水平直线，否则变成垂直线段。

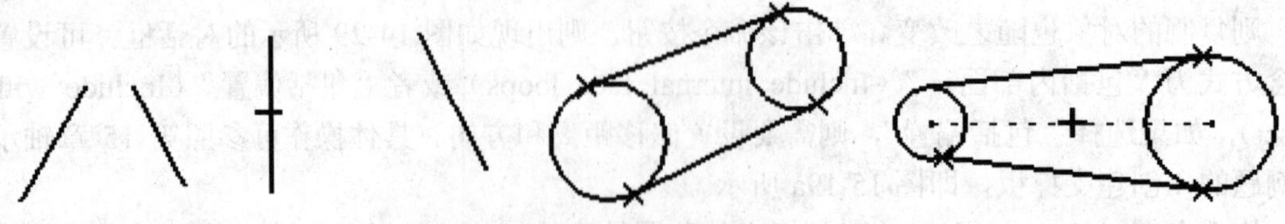

图 14-32　水平/垂直命令

共线命令（Collinear）可将两条非共线的直线设置为共线；平行命令（Parallel Relationship）用于使两条直线保持平行；垂直命令（Perpendicular）用于将指定的两

条直线设置成垂直关系。锁住命令（Lock）可以锁定图素或者图素上的关键点，使之不能被修改。创建一个几何组，将其中的几何体视为单一个体从而使元素固定。

（3）相切命令（Tangent）可以使直线与圆或圆弧相切，或者使两个圆或圆弧相切。

（4）相等、对称和对称轴命令　相等命令（Equal）可以使指定两直线的长度相等，或指定的圆或者圆弧半径相等。在此命令中，先选择的对象要发生变化，可以使用该命令来辅助绘制正多边形。对称命令（Symmetric Relationship）可使两个图素以指定的对称轴对称。该命令中第一个选择的对象要发生变化。对称轴命令（Symmetric Axis）用于将指定的直线设置成为全局对称轴。

6. 尺寸约束

Solid Edge 草图环境下绘制的草图可以先绘制出基本轮廓，再利用尺寸标注工具进行标注。所标注的尺寸为驱动尺寸，即图形随着所标注的尺寸的改变而自动改变。

（1）智能尺寸标注（Smart Dimension）用来标注可以直接选取的单一图素的尺寸。该命令可以根据选择图素的类型，自动判断尺寸类型是线性尺寸、半径尺寸或直径尺寸。单击该按钮，出现如图 14-33 所示的动态工具条。

图 14-33　智能尺寸标注动态工具条

动态工具条中的按钮控制所标注的尺寸是否用来驱动图素，用来给尺寸添加前缀和后缀，用来确定所注尺寸的类型，控制是否在尺寸数值上添加外框。

（2）尺寸标注　用于标注图素之间的尺寸或草图与其他零件的定位尺寸，包括六个命令，在同一个抽屉式按钮中。

间距（Distance Between）用于标注图素间或点之间的线性尺寸；角度尺寸标注（Angle Between）用来标注两个图素之间的夹角；坐标尺寸标注（Coordinate Dimension）是指定一点或者一条直线为基准，连续标注几何图素之间的距离，每个尺寸都是该图素到基准图素之间的距离，如图 14-34 所示；而角度坐标标注（Angular Coordinate Dimension）、轴对称尺寸标注（Symmetric Diameter）及尺寸轴标注（Dimension Axis）三个命令用得较少，在这里不再详细介绍。

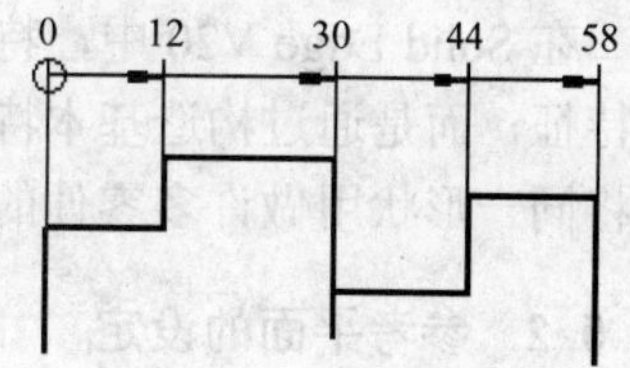

图 14-34　坐标尺寸标注

7. 实例分析

下面以图 14-35c 所示的平面图形为例来说明草图绘制的方法和步骤。

1）新建一个零件文件，单击草图命令，选择一个参考面，进入草图环境。

2）用圆命令在任意位置绘制三个圆，用智能尺寸命令标注三个圆尺寸；用同心命令使圆ϕ20 和ϕ32 同心；用水平/垂直命令保持ϕ6 的圆心和其他两圆圆心水平；用间距命令标注圆心距 20，如图 14-35a 所示。

3）用命令和智能导航绘制如图 14-35b 所示的两条直线，并用命令添加 9 和 26 两个尺寸。

4）用镜像命令绘制出图 14-35c 和图 14-36a 所示的图形。

5）用命令修剪掉多余的图素并删掉绘图过程中的约束尺寸，如图 14-36b 所示。

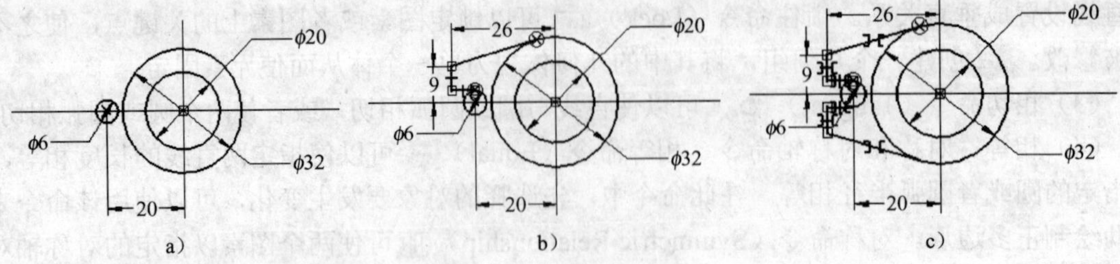

图 14-35 草图绘制过程

6）用命令绘制两条对称线，并用命令将其转换成辅助线。用和重新标注尺寸，如图 14-36c 所示。

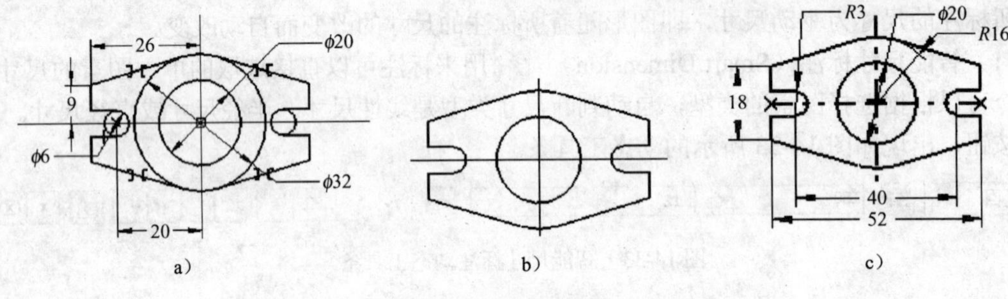

图 14-36 草图绘制过程

14.5 零件三维实体造型概述

14.5.1 特征造型综述

在 Solid Edge V20 中，特征造型是构造零件的过程。它不使用布尔运算来模拟真实的零件特征，而是通过构造基本特征开始建模过程，然后对先前的特征进行添加或删除材料，如果将同一形状用做许多零件的基本特征，就可以将其保存在模板中，这样可以反复地使用。

14.5.2 参考平面的设定

1. 参考平面的类型

在 Solid Edge 中，参考平面分为基本、全局和局部参考平面三种。基本参考平面是位于模型文件原点的三个正交参考面，它们是 X-Y、Y-Z、X-Z 平面，如图 14-37 所示。

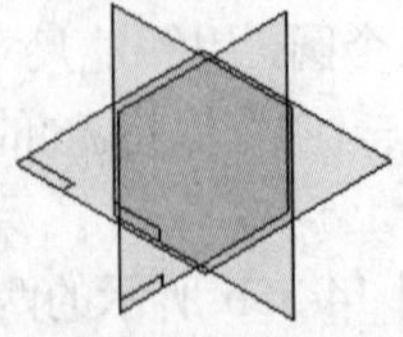

图 14-37 主参考平面

全局参考平面在零件环境中定义，是由基本参考面和零件表面构成的。生成全局参考面的命令有八个，位于特征工具栏的同一个命令抽屉中，如图 14-38 所示。

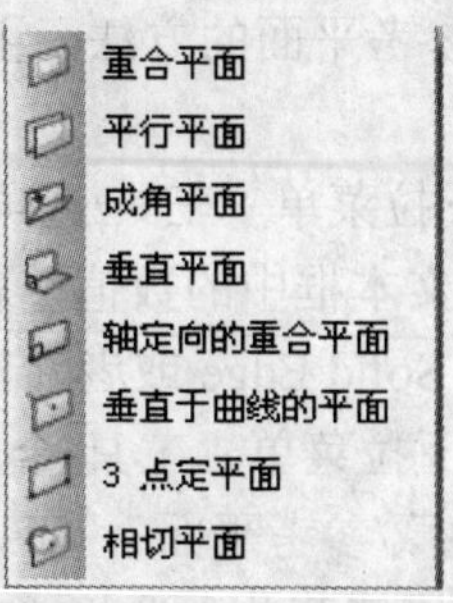

图 14-38　全局参考平面

局部参考平面在一个特征命令的选择面步骤生成，且只能在当前特征命令中使用。一旦特征完成，参考面消失。局部参考面是通过动态工具条上的下拉列表来选择的，如图 14-39 所示。

图 14-39　局部参考面动态工具条

2. 参考平面的定义

全局参考面和局部参考面的定义方式相同，共有八种方式。

1）重合平面：选择基本参考面或零件上的平面即为生成的全局或者局部参考面。

2）平行平面：选择基本参考面或者零件上的面，在动态工具条上的“距离”文本框中输入数值，回车确定后，生成与基本参考面或者零件上的面相隔一定距离的参考面。

3）成角平面：选择基本参考面或者零件上的面，生成与被选择的平面具有一定角度的参考平面，如图 14-40 所示。

4）垂直平面：选择基本参考面或者零件上的面，生成与被选择的平面相互垂直的参考平面，如图 14-41 所示。

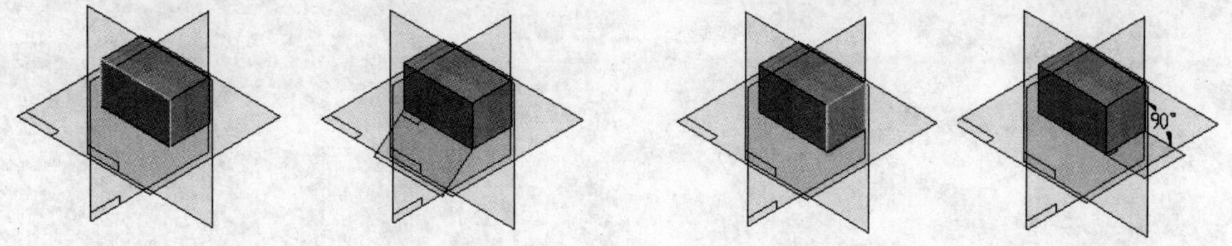

图 14-40　角度参考面　　图 14-41　垂直参考面

5）轴定向的重合平面：选择基本参考面或者零件上的面，生成与被选择的平面相重合的参考平面。该方式与 1）不同，需要指定参考平面的基准轴线以及原点。

6）垂直于曲线的平面：选择实体上的棱边或一条曲线，生成与其垂直的参考平面。

7）三点定平面：选择实体上的任意三个顶点，生成过此三个顶点的参考平面。

8）相切平面：选择一个曲面，在该曲面上创建相切的平面。

3. 参考平面的设置

Solid Edge 系统提供了可以设置参考平面的方法，主要是改变参考平面的大小及其显示/隐藏。

1）参考平面的大小设置：选择下拉菜单“工具/选项”，系统弹出设置对话框，选择“常规”选项卡，改变“参考平面尺寸”文本框中的数值，就可以修改参考平面的大小。

需要注意的是：只有在开始运行 Solid Edge 或者新建文件时，该数值才可以修改。

2）参考平面的显示/隐藏：选择下拉菜单“工具/全部显示/参考平面”，可以显示所有参考平面。选择下拉菜单“工具/全部隐藏/参考平面”，可以隐藏所有参考平面。也可以在特征管理器窗口单击鼠标右键，在弹出的快捷菜单中选择“全部显示/参考平面”，显示所有的参考平面；或者选择“全部隐藏/参考平面”，隐藏所有的参考平面。还可以在特征管理器窗口，单击右键选择需要设置的参考面，在弹出的列表里选择显示（Show）或隐藏（Hide），来设置参考平面的显示和隐藏。

14.5.3 基于轮廓的特征造型

很多特征使用轮廓来定义要对零件添加或删除材料的形状。基于轮廓的特征与它们的轮廓是相关联的，即如果更改轮廓，特征会自动更新。基于轮廓的特征造型的基本步骤如下：

1）单击特征命令按钮。

2）指定或生成参考平面。

3）在指定的参考平面上绘制所需的草图轮廓，或者选取已有的草图。

4）制订特征生成的方向、方式和尺寸，单击“完成”按钮。

第 15 章　特征造型方法

15.1　特征建立方法

15.1.1　拉伸造型

拉伸造型分为拉伸增料命令（Protrusion）和拉伸除料命令（CutOut）两种。

拉伸增料命令是沿着轮廓的垂直方向，构建轮廓形状的拉伸体。

1. 拉伸基础特征

创建如图 15-18 所示的底板的操作步骤如下：

1）单击特征命令工具条上的，出现如图 15-1 所示的拉伸动态工具条。工具条中高亮显示的按钮表示当前的操作步骤，要求指定参考面，单击 X-Y 平面，进入草图环境。

图 15-1　拉伸动态工具条

2）绘制草图：在草图环境中，单击按钮，任意绘制出一个矩形，标注尺寸如图 15-2a 所示。单击连接按钮，捕捉矩形上边的中点，单击 Y-Z 平面，约束矩形的中点在 Y-Z 平面上；单击共线按钮，使矩形上面的边与 X-Z 平面共线，如图 15-2b 所示。单击圆角按钮，对矩形的边进行倒圆角，圆角半径为 15；单击按钮，绘制两个直径为 15 的圆，并标注尺寸如图 15-2c 所示。单击“完成”按钮，返回到零件环境。

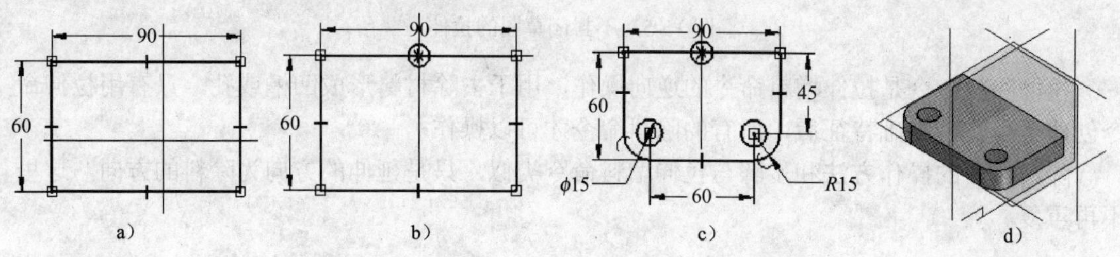

图 15-2　草图轮廓

3）指定拉伸距离和方向：在图 15-3 中的“距离（Distance）”文本框中输入 14.00，用鼠标左键单击草图的上方指定草图的拉伸方向为向上。在此步骤若单击对称延伸按钮，则生成以草图为对称面的拉伸体。动态条上为拉伸程度按钮，它们的含义依次是：穿透所有的面（Through All），表示穿过所有的实体；延伸到下一个（Through Next），表示

图 15-3　延伸步骤动态工具条

延伸到下一个实体的表面；由/到（From/To），表示从起始面延伸到终止面，要求分别指出起始面和终止面；有限延伸（Finite），表示按照输入的数值延伸。步长，鼠标移动的距离是步长的倍数。几何参考点（Keypoints），通过改选项可设置为延伸到某个几何元素参考点的位置。

4）指定拉伸距离和方向后，出现图 15-4 所示的工具条，单击“完成”按钮，本次特征命令结束。生成的实体如图 15-2d 所示。

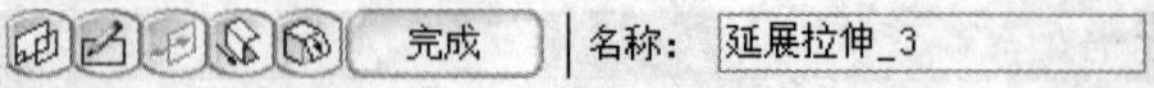

完成 | 名称： 延展拉伸_3

图 15-4　拉伸完成动态工具条

说明：在单击“完成”按钮之前，可利用其左边的重新指定参考面、轮廓步骤、拉伸方向、拉伸及处理步骤几个图标逐步地返回特征创建的各个步骤，进行相应的修改和编辑。

2. 不封闭草图的拉伸

在创建基础特征时，草图必须是封闭的。在基础特征上创建其他拉伸特征时，草图可以是封闭的，也可以是不封闭的。如果草图轮廓不封闭，则动态工具条上的生成方向按钮被激活，指明增料的方向。图 15-5a 为基础特征和在指定参考面上绘出的不封闭草图轮廓，如果指定生成方向向内，如图 15-5a 所示，指定拉伸距离为 10，拉伸结果如图 15-5b 所示；如果指定生成方向向外，如图 15-5c 所示，拉伸结果如图 15-5d 所示。

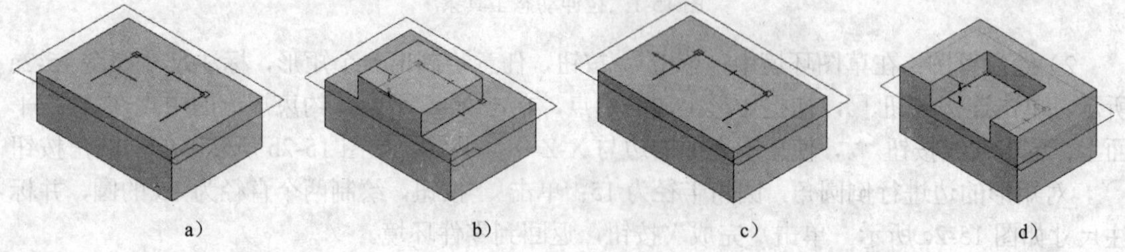

图 15-5　不封闭草图的拉伸

拉伸除料命令是拉伸增料命令的逆向操作，用于去除材料形成凹槽或孔。只有用拉伸命令创建至少一个基础特征后，所有的除料命令才可以操作。

除料命令的操作方法和步骤与拉伸增料命令类似，只是延伸的方向为除料的方向，这里不再重复。

15.1.2　旋转造型

旋转造型分为旋转拉伸命令（Revolved Protrusion）和旋转除料命令（Revolved CutOut）两种。

旋转造型命令是通过绘制立体的截面图形，然后绕指定的旋转轴旋转形成立体特征。旋转特征的创建与拉伸特征基本相同，只是在草图阶段需要定义一个旋转轴。创建如图 15-18 所示的轴承孔的操作步骤是：

1）单击旋转拉伸命令，选择 Y-Z 为参考面，进入草图环境。

2）在草图环境中，单击直线命令，绘制出一条水平直线；单击“旋转轴”按钮，将所绘制的直线设置为旋转轴线；单击“矩形”按钮，绘制出一个矩形；对轴线和矩形标注尺寸如图 15-6 所示，单击 “返回”按钮，回到零件环境。

3）旋转方式步骤：在图 15-8 所示的动态工具条中指定旋转方式，选择 360°旋转，单击“完成”按钮，本次特征命令结束，生成的实体如图 15-7 所示。不同的旋转方式生成的旋转特征也不同：有指定角度旋转、关键点旋转，还可以指定为单向、对称、非对称旋转。若选择非对称旋转，则出现如图 15-9 所示的动态工具条，可以分别指定逆时针和顺时针的角度。

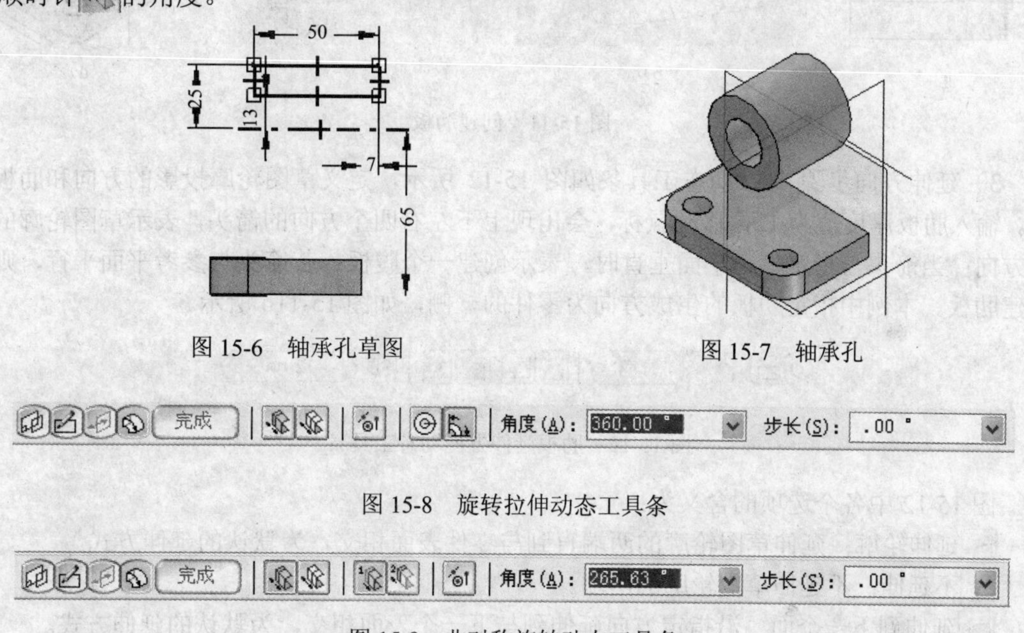

图 15-6 轴承孔草图

图 15-7 轴承孔

图 15-8 旋转拉伸动态工具条

图 15-9 非对称旋转动态工具条

与拉伸命令类似，旋转命令也能在已有的特征基础上创建新的旋转特征。

旋转除料命令是旋转增料命令的逆向操作，用于去除材料。只有创建至少一个基础特征后，所有的除料命令才可以操作。其操作方法和步骤与旋转增料命令类似，只是延伸的方向为除料的方向，这里不再重复。

15.1.3 肋板特征（Rib）

肋板特征用于构造一个肋板。肋板特征实质是开放轮廓的定向拉伸，所以与拉伸特征的建立有许多类似之处。操作时，首先在选择的工作面内画出肋板轮廓，然后再依次指定轮廓的延伸方向和厚度即可。需要注意的是，由于肋板是开放的，所以必须保证轮廓延伸后与零件相交。创建如图 15-18 所示肋板的操作步骤如下：

1）单击肋板特征命令，动态工具条显示如图 15-10 所示。

图 15-10 肋板动态工具条

2）轮廓步骤：选择 Y-Z 为参考面后，系统进入草图环境，用直线命令绘制出两段直线，并标注图 15-11a 所示尺寸，单击“完成”按钮，返回到零件环境。

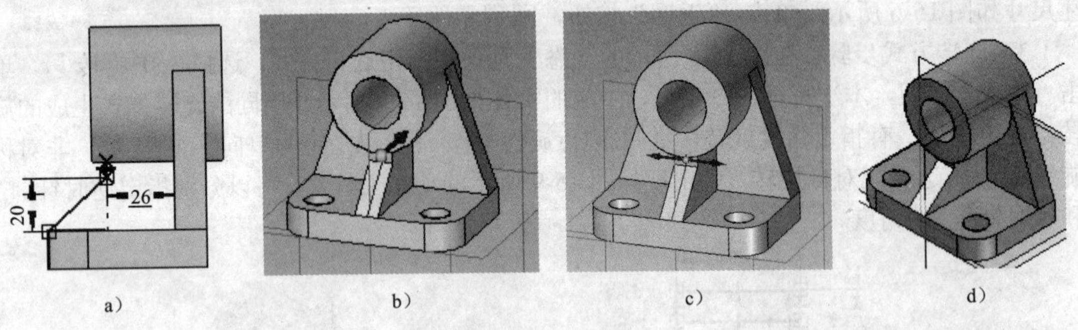

图 15-11　创建肋板

3）延伸方向步骤：动态工具条如图 15-12 所示，定义草图轮廓投影的方向和肋板厚度。输入肋板厚度值为 12，移动鼠标，会出现上下左右四个方向的箭头，表示草图轮廓的投影方向；当箭头与指定参考平面垂直时，表示创建一个腹板；若箭头与参考平面平行，则是创建肋板。本例中指定肋板的生成方向为零件的一侧，如图 15-11b 所示。

图 15-12　肋板延伸方向动态工具条

图 15-12 中各个选项的含义为：

延伸轮廓：延伸草图轮廓的两端直到与零件表面相交，为默认的延伸方式。

不延伸：不延伸草图轮廓的两端。

延伸到下一个面：沿指定方向延伸到与下一个表面相交，为默认的延伸方式。

有限深度：设置肋板的延伸距离。单击该按钮，动态工具条会出现“深度”，在该文本框中输入要延伸的距离。

4）指定厚度方向：移动鼠标，会出现三个方向的箭头，分别为向左、向右和对称，即以草图轮廓为基准，向左侧、右侧或对称扩展指定的厚度。本例中板厚的生成方式为“对称”，如图 15-11c 所示。

5）单击“完成”按钮，生成的肋板如图 15-11d 所示。

15.1.4　打孔（Hole）

打孔特征用来构造各种类型的孔：普通孔、螺纹孔、锥孔、埋头孔、沉头孔等。

基本的操作步骤为：

1）在特征工具栏上，单击孔命令按钮，出现如图 15-13 所示的动态工具条。

图 15-13　孔特征动态工具条

孔特征的构建有四个步骤：设置孔参数步骤、平面步骤、孔步骤、延伸步骤。

2）设置孔参数步骤：单击动态工具条中的按钮，出现如图 15-14 所示的“孔选项”

设置对话框。

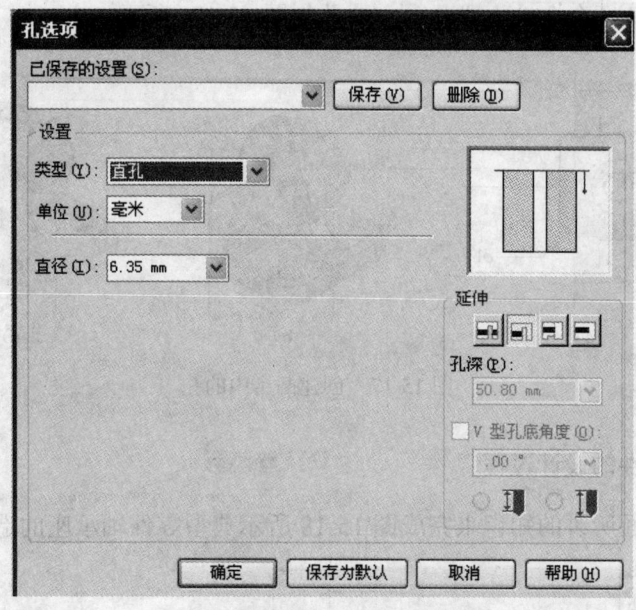

图 15-14 “孔选项”设置对话框

参数介绍：

类型（Type）：定义孔的类型，如图 15-15 所示。当选择不同的孔的类型时，对话框出现的参数也有所不同。本例中选择普通孔。

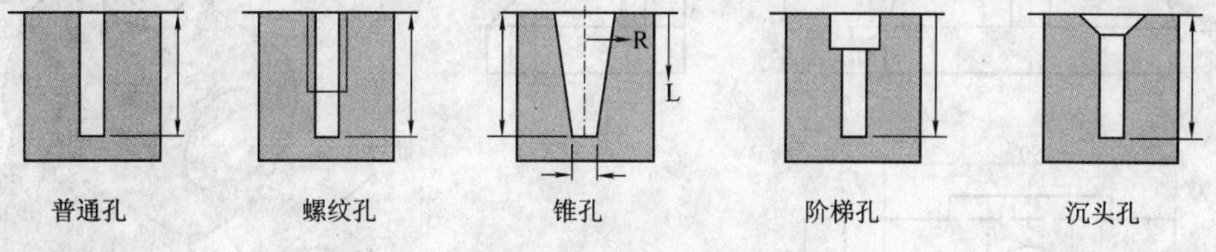

图 15-15 孔的类型

直径（Diameter）：设置孔的直径大小为 14。

延伸（Extents）：选择延伸的类型，有通过所有的面、延伸到下一个表面、延伸到相邻两个表面、固定值的延伸。

孔深（Hole depth）：输入孔的深度。

V 形底孔角度(V bottom angle)：输入钻孔尖头的角度。本例中选择延伸到下一个表面。

单击对话框中的“确定”（OK）按钮，结束孔参数的设置。

3）平面步骤：选择零件合适的表面作为孔的加工表面。

4）孔步骤：此时动态工具条变成如图 15-16 所示，定义完参考平面后，系统自动进入孔步骤，捕捉轴承座凸台圆的中心来设定孔的位置，如图 15-17a 所示。

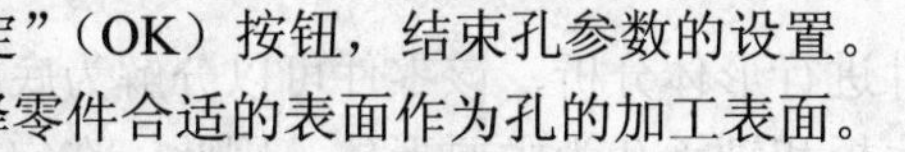

图 15-16 孔的动态工具条

5）延伸步骤[↓⊟]：移动鼠标，指定向下的箭头为孔的生成方向，如图 15-17b 所示；单击鼠标左键，结束孔特征命令，生成凸台中的孔如图 15-17c 所示。

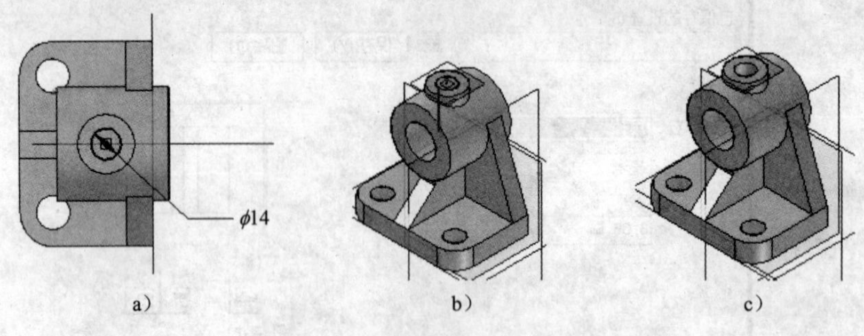

图 15-17　创建凸台中的孔

15.1.5　支座类零件的设计过程

下面将利用前面所讲的知识来完成图 15-18 所示典型零件轴承座的造型。

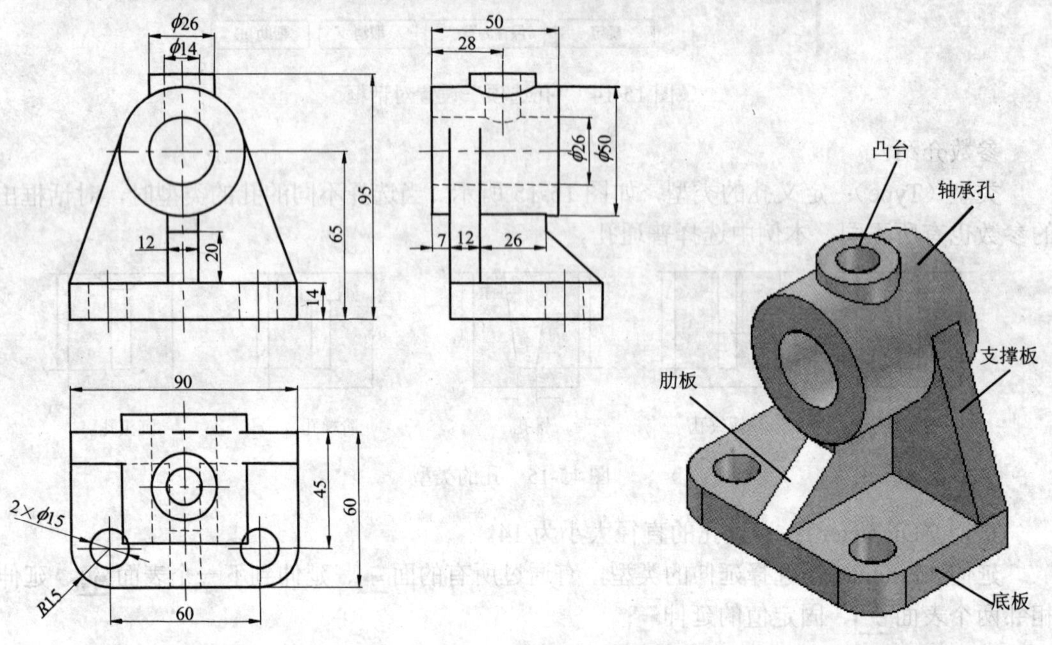

图 15-18　轴承座

1. 形体分析

对图 15-18 所示的零件进行形体分析，该零件可以分解为底板、轴承孔、支撑板、肋板和凸台五个部分。其中，底板和轴承孔为主要形体，因此，选定底板为基础特征。

2. 创建基础特征底板

方法和步骤参见 15.1.1 拉伸造型。

说明：底板的创建也可以由三个特征组成，拉伸命令创建矩形底板，除料命令生成两个孔，倒圆角命令（将在后面的章节介绍）生成底板上的圆角。这样创建的底板便于分别对各个特征进行修改。

3. 创建轴承孔

方法和步骤参见 15.1.2 旋转造型。

4. 创建支撑板

1）单击拉伸命令，选定 X-Z 平面为参考面，进入草图环境。

2）绘制草图：单击包含命令按钮，在出现的对话框中选取“包含内部面偏移”（Include internal face loops），单击“确定”按钮，选取直径为 50 的圆；单击，绘制出如图 15-19a 所示的两条直线，要保证与包含得到的圆相切；选取按钮，修剪掉多余的圆轮廓，如图 15-19a 所示；单击“完成”按钮，返回到零件环境。

3）生成拉伸体：指定增料的方向为向内，如图 15-19b 所示；输入拉伸的距离为 12，用鼠标左键指定拉伸方向为向前，单击“完成”按钮，生成的支撑板如图 15-19c 所示。

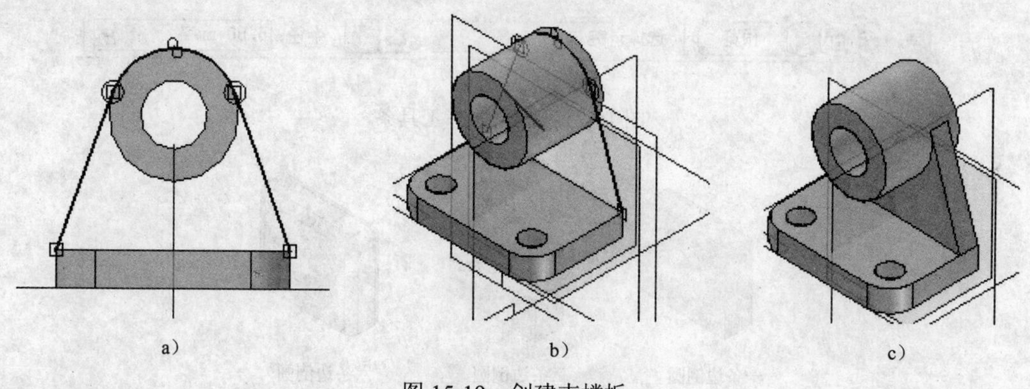

图 15-19　创建支撑板

5. 创建肋板

方法和步骤参见 15.1.4 肋板特征。

6. 创建凸台

1）单击拉伸命令，选定平行参考面按钮，选择要平行的平面为 X-Y 面，输入“距离”为 95，用鼠标左键指定方向为向上，进入到草图环境。

2）绘制草图：用绘制一个圆，并标注如图 15-20a 所示尺寸，单击“完成”按钮，返回到零件环境。

3）生成拉伸体：单击动态工具条上的按钮，鼠标指定向下为延伸方向，如图 15-20b 所示；单击“完成”按钮，创建出如图 15-20c 所示的凸台。

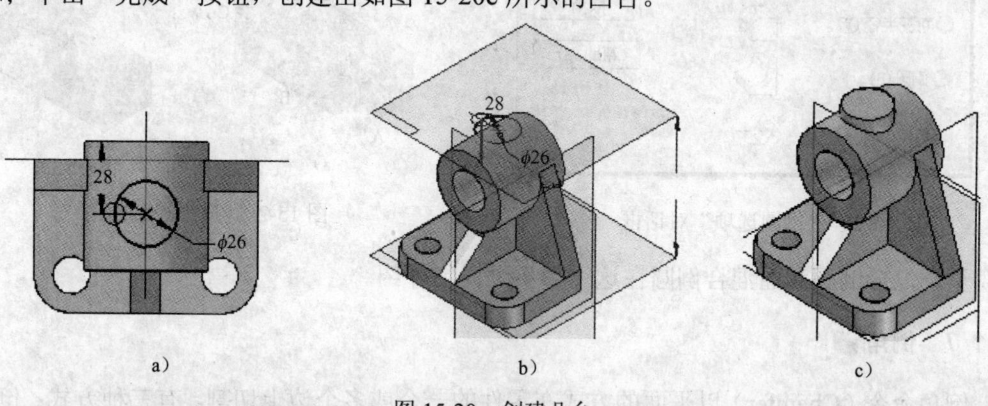

图 15-20　创建凸台

7. 创建凸台中的孔

方法和步骤参见 15.1.4 打孔命令。

15.1.6 过渡圆角

过渡圆角（Round）是在零件的一个或者多个边上增加圆角。可以使用常量半径、变半径和混合以及面混合的方式倒圆角。

1. 常量半径倒圆

其操作方法和步骤是：单击，选择要倒圆的边，此时显示的动态工具条如图 15-21 所示；输入倒圆半径，单击接受按钮；单击“预览”按钮，查看结果如图 15-22 所示；单击“完成”按钮，结束该命令。

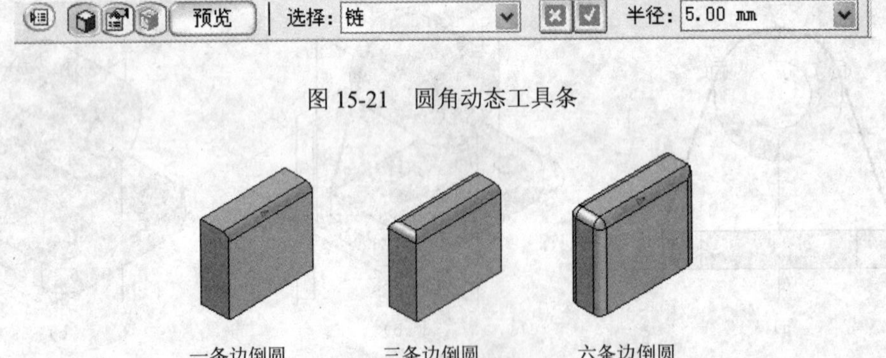

图 15-21 圆角动态工具条

图 15-22 常量半径倒圆角

2. 变半径倒圆

单击图 15-21 中的，弹出如图 15-23 所示对话框，选择“可变半径”选项，单击“确定”按钮；选择图 15-24a 中的边 AC，单击接受按钮；选择图 15-24a 顶点 A，输入 5，单击接受按钮；选择顶点 B，输入 25，单击接受按钮；选择顶点 C，输入 5，单击接受按钮；单击“预览”按钮，查看结果；单击“完成”按钮，结果如图 15-23b 所示。

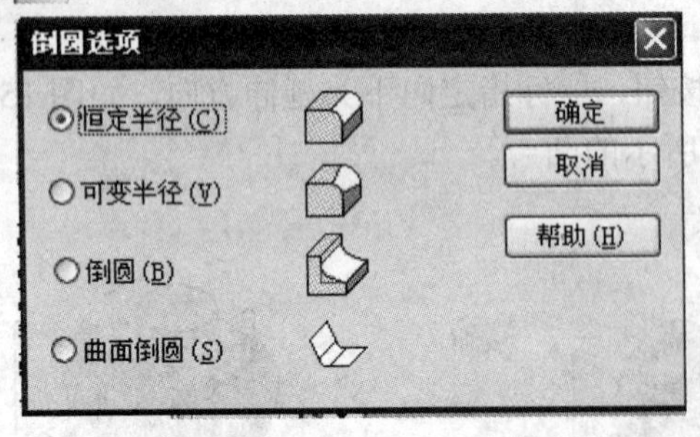

图 15-23 “倒圆选项”对话框

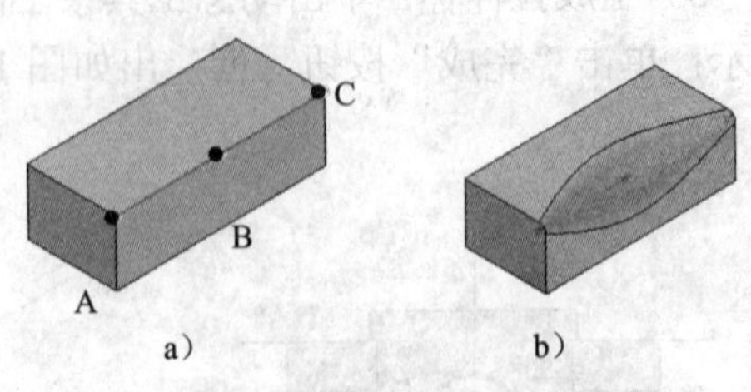

图 15-24 变半径倒圆角

至于混合倒圆和面混合倒圆在这里将不再详细介绍。

15.1.7 倒角

倒角命令（Chamfer）以平面的方式在零件的一个或多个边上切割。有三种方式：倒角深度相等、角度和倒角深度、倒角深度不等。

1. 倒角深度相等

1）单击倒角命令。

2）选择要倒角的边，输入倒角的距离，动态工具条如图 15-25 所示；选择图 15-26a 所示零件的两个边，输入倒角深度（Setback）为 3，单击接受按钮。

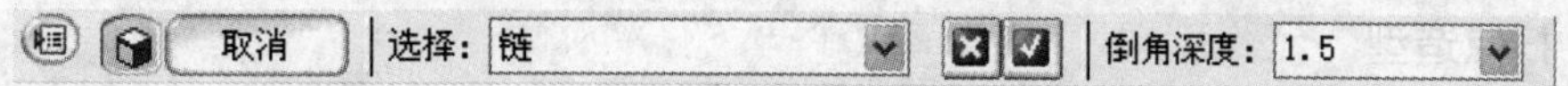

图 15-25　倒角动态工具条

3）结束步骤：单击“预览”按钮，查看结果，如图 15-26b 所示；单击“完成”按钮，结束该命令。

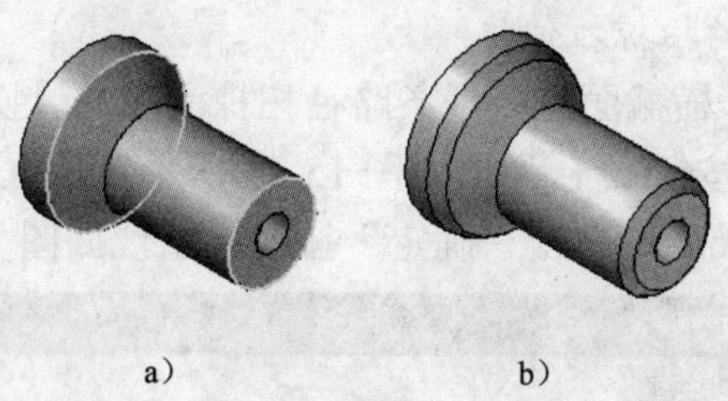

图 15-26　倒角边距离相等的倒角

2. 指定倒角距离和角度

1）单击倒角命令。

2）单击倒角选项按钮，弹出图 15-28 所示的“倒斜角选项”对话框，选择“角度和倒角深度”（Angle and Setback）选项，单击“确定”按钮。

3）指定一个基准面：选择图 15-27a 中的面 A，单击接受按钮，动态工具条如图 15-29 所示。

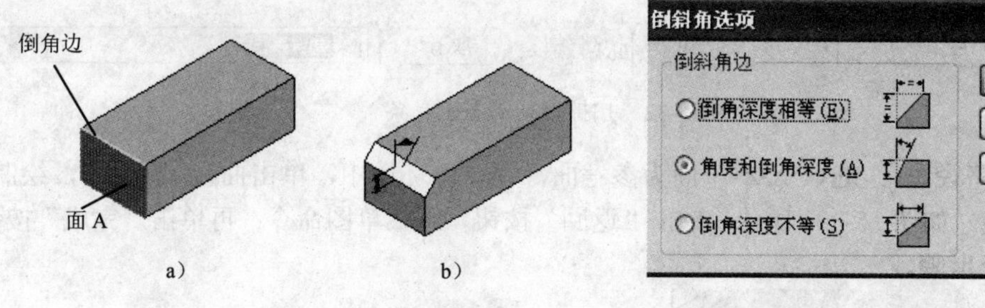

图 15-27　指定距离和角度倒角　　　图 15-28　“倒斜角选项”对话框

图 15-29　动态工具条

4）选择要倒角的边：选择图 15-27a 所示零件的一个边，输入倒角深度和角度，单击接受按钮，动态工具条如图 15-30 所示。

图 15-30 倒角动态工具条

5）结束步骤：单击“完成”按钮，生成的特征如图 15-27b 所示。

指定“两个倒角距离”方式与方式 2 的操作方法和步骤基本一样，这里不再赘述。

15.1.8 扫掠造型

扫掠造型分为扫掠拉伸命令（Swept Protrusion）和扫掠除料命令（Swept CutOut）两种。扫掠拉伸命令是通过沿一条或多条曲线拉伸一个或多个横截面进行实体的造型。路径可以由草图轮廓或实体的棱边来表示，横截面必须是封闭的平面图形，并且与所有的扫掠路径正交。扫掠路径最多有三条，但对横截面的轮廓图没有数目的限制。

1. 单一路径与横截面的扫掠拉伸体

该特征是由指定的一个横截面沿着一条路径扫掠而成的。操作方法和步骤为：

1）单击扫掠拉伸命令按钮，弹出如图 15-31 所示对话框，选择“单一路径和横截面”（Single path and cross section），单击“确定”按钮，出现如图 15-32 所示的动态工具条。

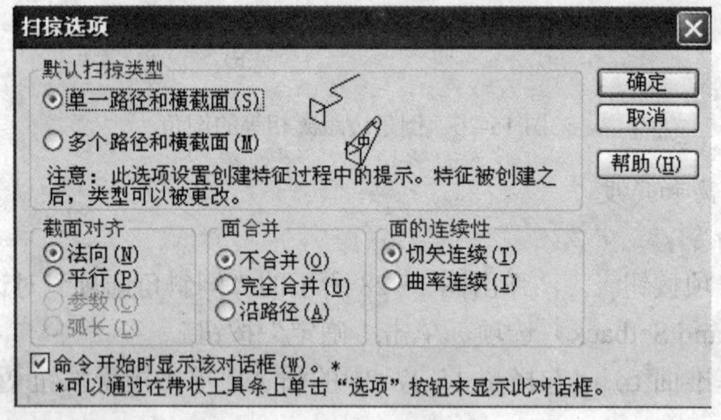

图 15-31 扫掠对话框

图 15-32 扫掠特征动态工具条

2）绘制路径：选取 X-Z 平面为参考面，在草图环境中，单击曲线命令，绘制出任意一条曲线，如图 15-33a 所示；单击“返回”按钮，结束草图命令；再单击“完成”按钮，结束绘制路径步骤。

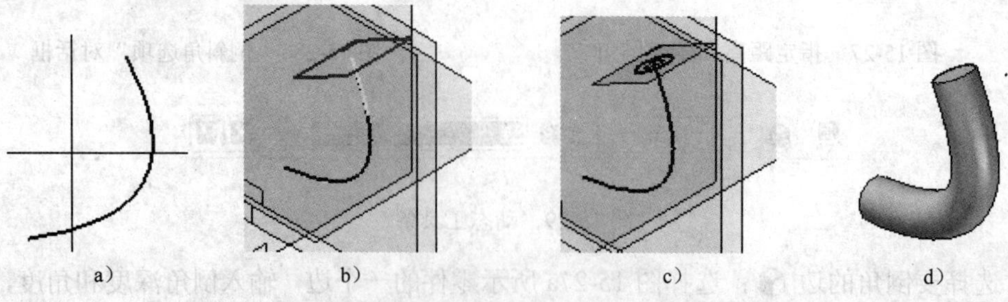

图 15-33 单一路径和横截面的扫掠拉伸体

3）绘制截面：在动态工具条上的列表框里选择“垂直于曲线的平面”选项，创建与路径曲线端点垂直的参考面，单击曲线右端点，确定的参考面如图 15-33b 所示；在草图环境中，单击画圆按钮，捕捉路径的端点为圆心，绘制出一个半径为 10 的圆，如图 15-33c 所示。

4）结束步骤：单击“完成”按钮，生成的扫掠拉伸体如图 15-33d 所示。

2. 多个路径和横截面的扫掠拉伸体

多个路径和横截面的扫掠拉伸体的操作步骤和方法与上面介绍的步骤和方法基本类似，在此不再赘述。它可以创建出图 15-34 所示的实体。

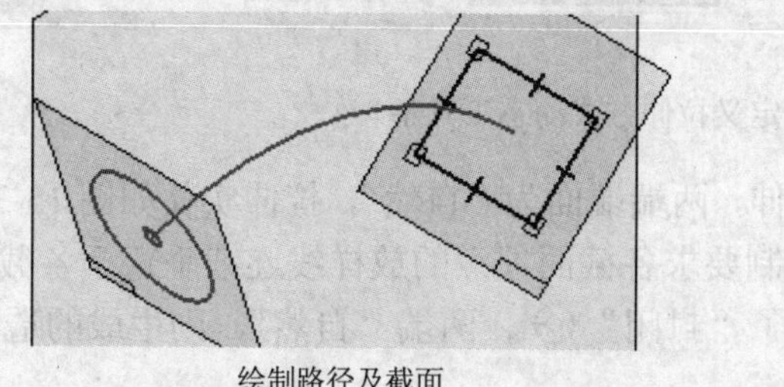

绘制路径及截面　　　生成的扫掠拉伸体

图 15-34　多个路径和横截面的扫掠拉伸体

说明：对已有多个路径和多个横截面扫掠的实体进行编辑时，可以通过动态工具条上的“截面顺序”按钮和“定义起始点”按钮重新指定截面的顺序和起始点。

扫掠除料特征是扫掠拉伸特征的逆向操作，是除去零件材料。其操作方法和步骤与扫掠拉伸命令一样，不再重复介绍。

15.1.9　放样造型

放样造型分为放样拉伸命令（Lofted Protrusion）和放样除料命令（Lofted CutOut）两种。放样拉伸命令是通过拟合多个截面轮廓来构造放样拉伸体。可以定义多个截面和路径，截面必须是封闭的平面轮廓线，所有截面必须与路径相交。

放样拉伸特征的一般操作步骤为：

1）定义截面：单击动态工具条中的草图命令按钮，选择 X-Z 参考面，在草图环境中绘制图 15-35a 所示的矩形截面草图，单击“返回”按钮；选择 Y-Z 参考面，在草图环境中绘制图 15-35b 所示的圆形截面草图，单击“返回”按钮。

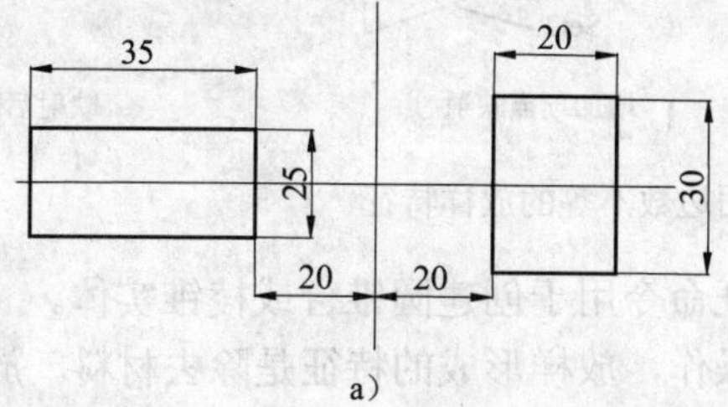

a）

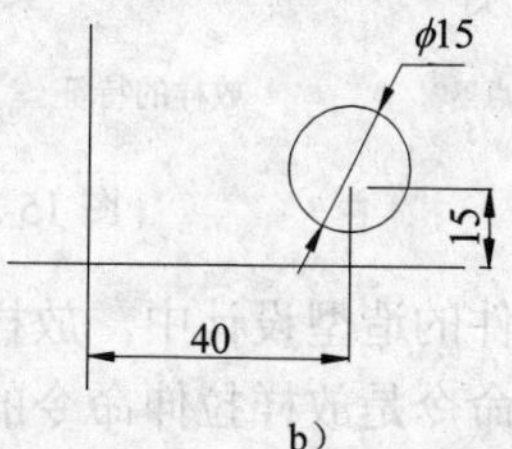

b）

图 15-35　截面轮廓

2）单击特征工具条上的放样拉伸命令，出现图 15-36 所示的放样特征动态工具条，在该工具条的下拉列表中选择“从草图/零件边缘选择”选项。

图 15-36 放样特征动态工具条

3）指定横截面步骤：依次逐个选择横截面并指定起始点，单击“预览”按钮，就可以得到如图 15-38 所示的实体。

4）导向曲线步骤：指定放样的路径，如果不需要设定导向曲线，则跳过此步骤。

5）延伸步骤：定义放样拉伸的方式，单击按钮，动态工具条如图 15-37 所示。

图 15-37 定义拉伸方式动态工具条

默认方式为“不封闭”的有限拉伸，两端端面为“自然”，拉伸实体如图 15-38a 所示。如果两端横截面为“垂直于端面”，则强制要求各截面顶点的放样线连续垂直于各截面，如图 15-38b 所示。如果在动态工具条中选择了“封闭”、两端“自然”，则生成的造型实体如图 15-38c 所示。

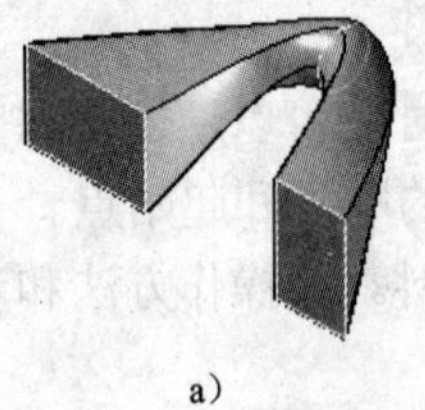

a)

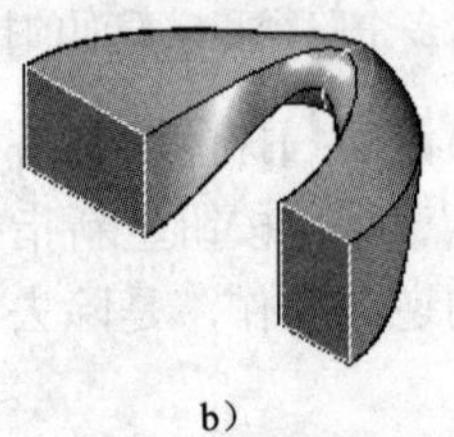

b)

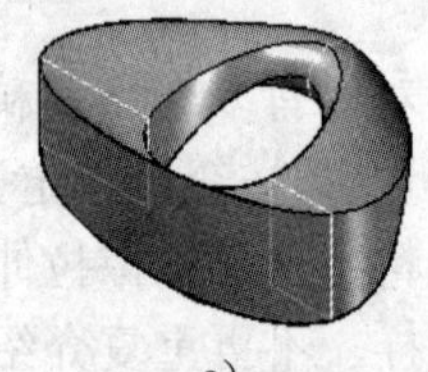

c)

图 15-38 放样拉伸体

6）单击“预览”按钮进行查看，然后单击“完成”按钮，结束放样拉伸特征。

图 15-37 中“顶点映射”选项用于当横截面的边数不一致时，如图 15-39 所示。

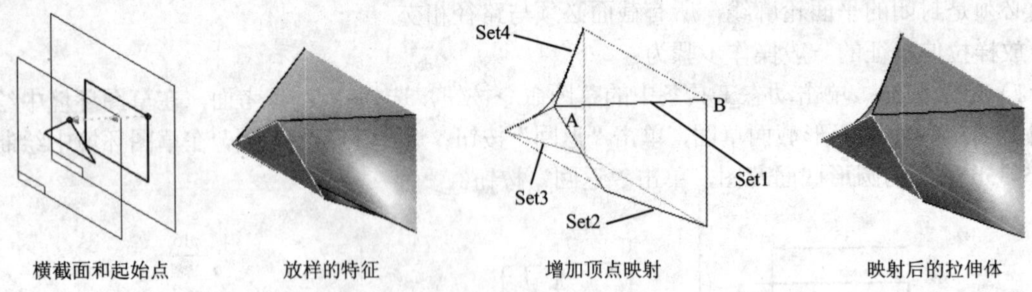

图 15-39 截面边数不等的放样特征

在普通零件的造型设计中，放样的特征命令用于创建圆锥台或棱锥实体。

放样除料命令是放样拉伸命令的逆向操作，放样形成的特征是除去材料。放样除料命令的操作方法和步骤与放样拉伸命令一样，不再赘述。

15.1.10 螺旋造型

螺旋造型分为螺旋拉伸命令（Helical Protrusion）和螺旋除料命令（Helical CutOut）

两种。螺旋拉伸命令用来创建螺旋特征。它是以螺旋线为路径，通过横截面轮廓沿着螺旋线移动而创建特征。因此，可方便地生成弹簧和蜗杆等实体。

下面以创建弹簧为例，来说明螺旋拉伸的操作方法和步骤：

1）单击螺旋拉伸命令，出现图 15-40 所示的动态工具条，并提示选择平面或参考平面。

图 15-40 螺旋拉伸动态工具条

2）绘制旋转轴和螺旋截面：选择 X-Z 参考面，绘制如图 15-41 所示的草图，并用将直线定义为旋转轴线，单击“返回”按钮。

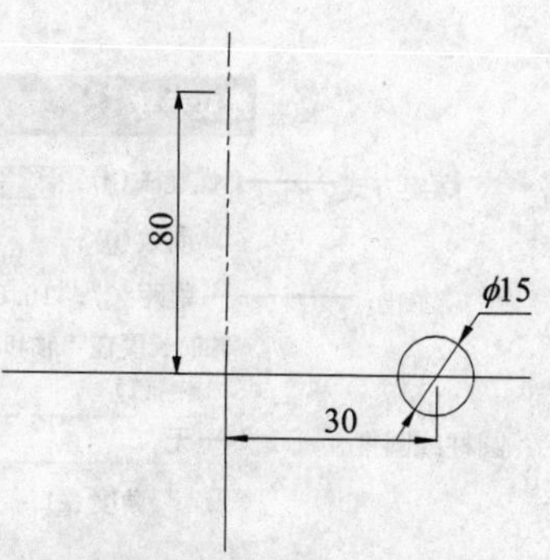

图 15-41 旋转轴和截面

3）指定螺旋的起始点：单击旋转轴的下面端点作为螺旋的起始点，动态工具条变成如图 15-42 所示，用来定义螺旋的详细参数。

4）定义螺旋的参数：在图 15-42 所示的工具条中，有三种简单的方式来定义螺旋的参数：轴长和螺距（Axis Length & Pitch），通过指定螺旋的轴长和螺距来定义螺旋的参数，轴长由“旋转轴和螺旋截面”步骤中的“轴”的长度来定义，螺距即为螺旋的节距，转数=轴长/节距；轴长和圈数（Axis Length & Turns）；螺距和圈数（Pitch & Turns）。以上三种方式生成的螺旋特征在默认情况下均为圆柱弹簧，且为右旋。在该工具条中选择“轴长和螺距”，“螺距”值为 10。

图 15-42 螺旋参数动态工具条

5）延伸步骤：此时的动态工具条如图 15-43 所示，定义螺旋的轴向长度。延伸方向有和两种，默认为。也可以选择，按照指定平面间的距离定义螺旋的长度。

图 15-43 螺旋拉伸步骤动态工具条

6）结束步骤：在图 15-43 所示的动态工具条中单击“预览”按钮，动态工具条变成如图 15-44 所示。如果需要对某个步骤进行修改，可以单击相应按钮返回到该步骤；单击“完成”按钮，结束该命令，得到的造型如图 15-46a 所示。

图 15-44 结束步骤工具条

在“定义螺旋的参数”步骤中，如果要对螺旋特征的参数进行详细的定义，单击图 15-42 所示动态工具条中的“更多”按钮，弹出如图 15-46 所示对话框，可以设置弹簧的螺旋方式、旋向、间距、锥度（圆柱或圆锥）等，得到的螺旋拉伸实体如图 15-45 所示。

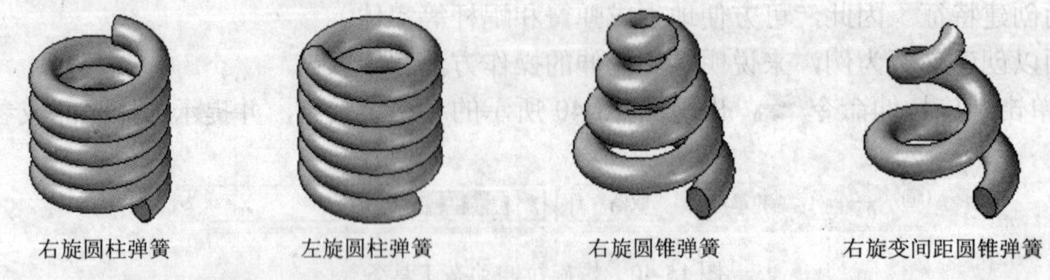

图 15-45　螺旋拉伸

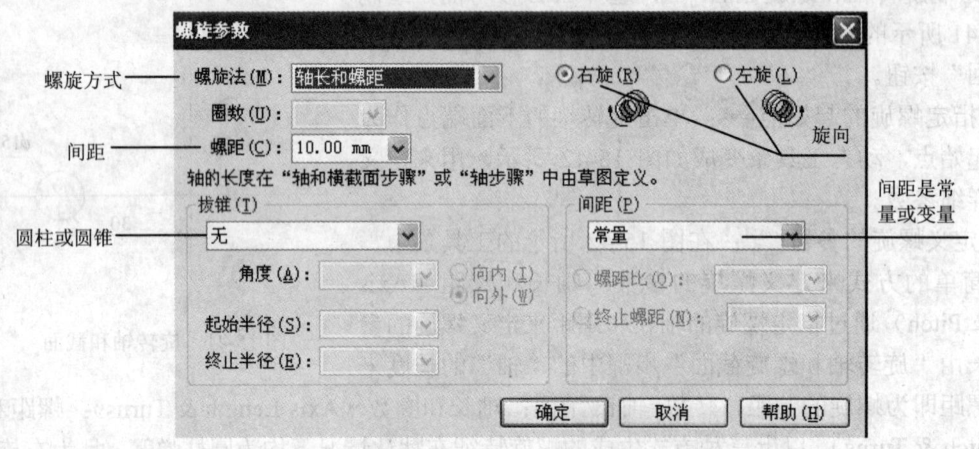

图 15-46　螺旋参数对话框

螺旋除料命令是螺旋拉伸命令的逆向操作，螺旋形成的特征是除去材料。其操作方法和步骤与螺旋拉伸命令一样，不再赘述。

15.1.11　添加螺纹

添加螺纹命令（Thread）可以对圆柱、圆锥面添加螺纹。但圆柱和圆锥面的直径必须与“安装目录\Solid Edge V20\Program\Hole.txt”或者“安装目录\Solid Edge V20\Program\PipeThreads.txt”两文件的尺寸系列相符。因此在执行此命令之前，应查看所设置的尺寸系列在两文件中是否存在，否则该命令无法执行。

要在图 15-47 所示的外圆柱面上添加如图 15-48 所示尺寸的螺纹，操作方法和步骤为：

1）单击添加螺纹命令，在弹出的对话框中选择“直螺纹”(Straight)，单击“确定”按钮，此时显示的动态工具条如图 15-49 所示。

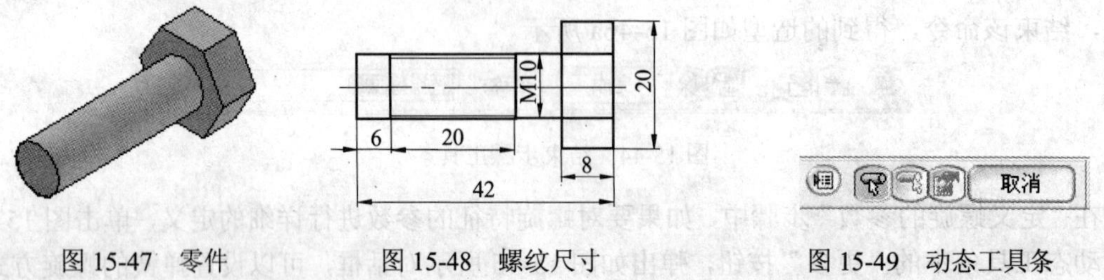

图 15-47　零件　　图 15-48　螺纹尺寸　　图 15-49　动态工具条

2）选择要添加螺纹的圆柱：选取图 15-47 中所示的圆柱面。

3）指定螺纹的起始端：单击圆柱的左端以定义螺纹的起始端。

4）设置螺纹的长度：动态工具条如图 15-50 所示。“偏置”（Offset）是指螺纹距起始端的距离，默认为 0。“深度”（Depth）是指螺纹的长度，有“限定值”（Finite value）和“到圆柱范围”（To cylinder extent）两种。按照图 15-48 中所示的数值在动态工具条中作相应的设置。

图 15-50　设置螺纹长度步骤动态工具条

5）单击“完成”按钮，结束添加螺纹命令。

用同样的方法也可以给孔添加螺纹特征。

说明：在圆柱面和内孔上添加螺纹特征，在零件上并不显示直观效果，在特征树中有相应的记录，在生成的工程图中会显示出螺纹。

15.1.12　拔模斜度

在模具零件设计中，为了使零件能从模具中脱离出来，给模具构建一定的拔模斜度，即设计时，给垂直的零件表面一定的斜度。Solid Edge 提供了拔模斜度命令（Add Draft）。

拔模斜度的基本操作方法和步骤如下：

1）单击拔模斜度命令，此时显示的动态工具条如图 15-51 所示。

图 15-51　拔模斜度动态工具条

2）定义拔模方式：单击按钮，弹出如图 15-52 所示的对话框。有六种方式可供选择，其中前两种，即“从平面”（From plane）和“从边”（From edge）经常用到，在此作详细介绍；后几种较少用到，因此不再赘述。选择对话框中的“从平面”（From plane）选项。

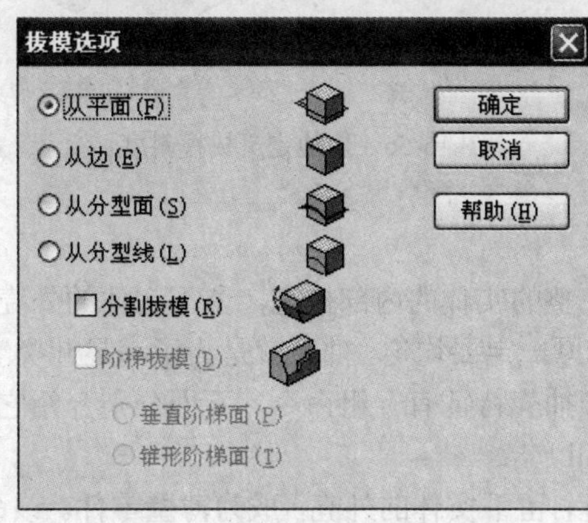

图 15-52　定义拔模方式对话框

3）定义基准平面：选择图 15-53a 所示的零件上表面。

4）指定要倾斜的表面：选择图 15-53b 中的要倾斜的表面。在图 15-54 所示的动态工具条中输入拔模斜度为 30°，单击接受按钮☑，再单击“下一个”按钮。

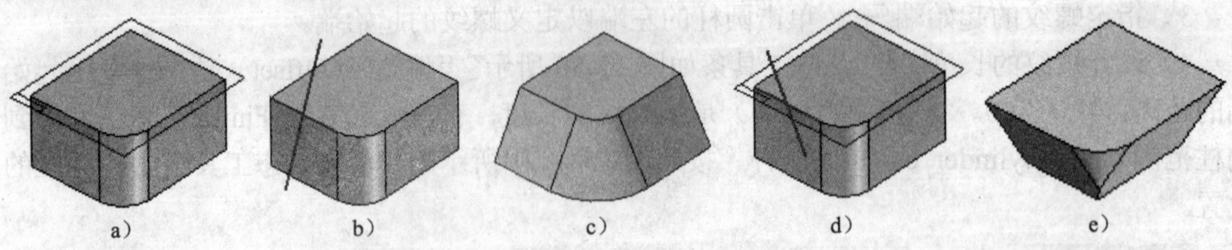

图 15-53　生成拔模斜度

5）指定倾斜方向：移动鼠标指定倾斜方向，当倾斜方向向外，如图 15-53b 所示，生成的拔模特征如图 15-53c 所示；当倾斜方向相反时，如图 15-53d 所示，单击“完成”按钮，生成的拔模特征如图 15-53e 所示。

如果步骤 2）定义拔模方式中选择“从边”（From edge）方式，可以选择零件的一个边来创建角度。定义完基准面后出现的动态工具条如图 15-55 所示。按钮是选择零件的一个边（图 15-56a）来创建角度，经过确定要倾斜的面（图 15-56b），以及倾斜方向（图 15-56c）后，生成的拔模特征如图 15-56d 所示。

图 15-54　指定要倾斜表面步骤动态工具条

图 15-55　定义边动态工具条

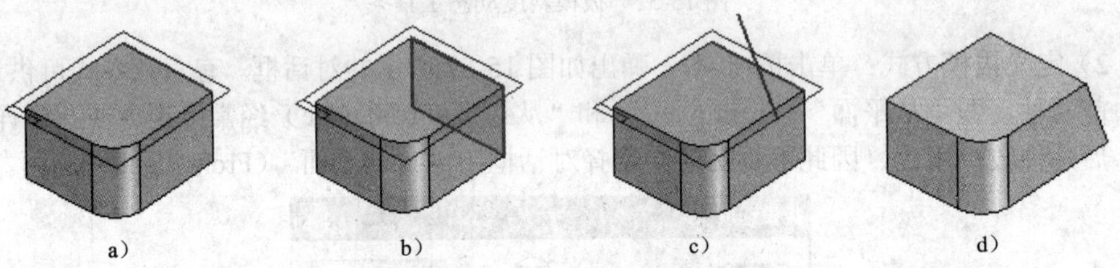

图 15-56　用边定义拔模斜度

15.1.13　抽壳特征

抽壳特征就是将一个完整的实体的内部挖空，留下实体的外壳。为了保证铸件质量，防止产生缩孔和裂纹，铸件壁厚一定要均匀。抽壳就是为了满足此类零件的加工要求而开发的。

在特征工具条上，对应抽壳特征有一组命令，下面分别介绍它们的功能及造型步骤。

1. 薄壁命令（Thin Wall）

对整个零件做抽壳处理，留下实体的外壳，成为薄壁零件。该命令的操作方法和步骤为：

1）单击薄壁命令，动态工具条如图 15-57 所示。

图 15-57　抽壳命令动态工具条

2）指定薄壁的生成方式和均匀厚度：薄壁生成方式有三种，在实体表面外侧生成指定壁厚，在实体表面内侧生成壁厚，以实体表面为对称面向内向外对半生成壁厚。在“均匀厚度”文本框中输入厚度值3，并按回车键。动态工具条如图15-58所示。

预览 | 选择：链

图15-58　选择开放面步骤动态工具条

3）选择开放面：选取图15-59a中的面A、面B和面C，单击按钮。

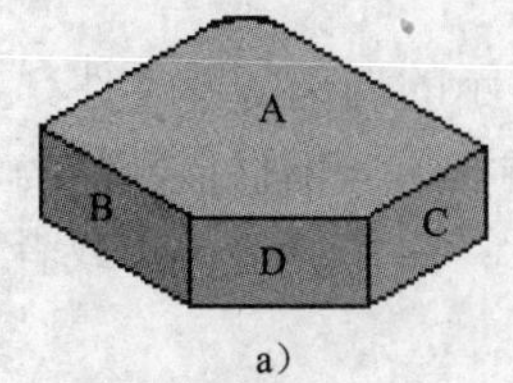

a）

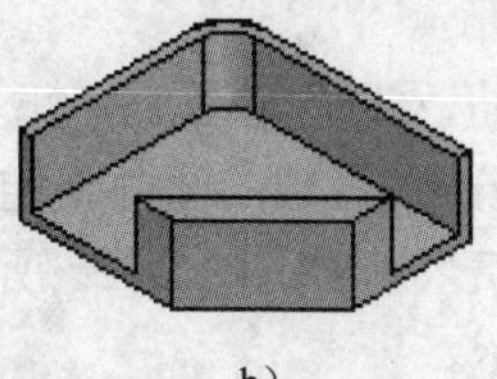
b）

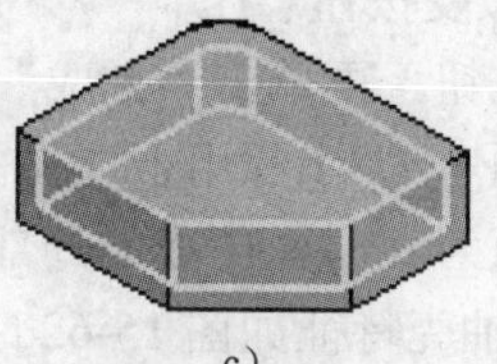
c）

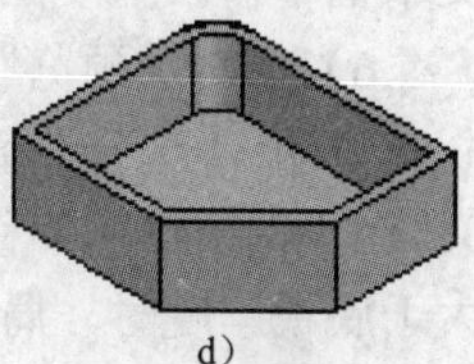
d）

图15-59　薄壁零件的生成

4）设置非同一厚度的面：单击该按钮，选择图15-59a中的面D，动态工具条如图15-60所示，在“非同一厚度”（Unique Thickness）文本框中输入7，单击按钮。

取消 | 选择：链 | 非同一厚度 7

图15-60　非同一厚度动态工具条

5）单击“预览”按钮，单击“完成”按钮，生成如图15-59b所示的薄壁零件。

说明：在上面的操作步骤中，步骤3）、4）不是必需的。当零件没有开口面，或者所有表面都具有共同的厚度时，可跳过对应步骤，直接单击图15-58中的“预览”按钮，然后单击“完成”按钮，得到封闭的薄壁零件，如图15-59c所示；或者厚度均匀的薄壁零件，如图15-59d所示。另外，当前零件环境中只能有一个零件，否则该命令不能执行。

2. *局部薄壁*（Thin Region）

可对零件指定部位做抽壳处理，形成局部抽壳特征。该命令的操作方法和步骤为：

1）单击局部抽壳命令，动态工具条如图15-61所示。

取消 | 选择：链 | 同一厚度

图15-61　局部抽壳动态工具条

2）选择图15-62a所示零件的面A、B和C，输入薄壁厚度值2，单击接受按钮。

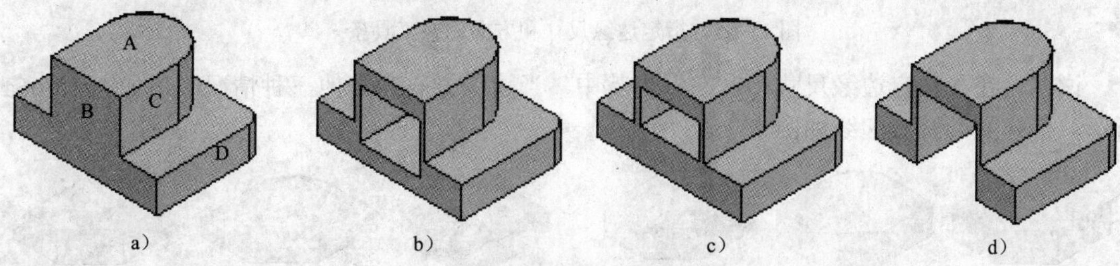

图15-62　局部抽壳零件的生成

3）选择开放面：选取图15-62a中的面B，单击接受按钮，动态工具条如图15-63

所示。

图 15-63　选择覆盖面动态工具条

4）选择覆盖面：选取图 15-62a 中的面 D，在图 15-63 的“偏置”（Offset）文本框中输入 6，单击按受按钮。

5）设置单一厚度的面：选择图 15-62a 中的面 A，在“非同一厚度”（Unique Thickness）文本框中输入 7，单击按受按钮。

6）单击“预览”按钮，再单击“完成”按钮，生成如图 15-62b 所示的局部薄壁零件。

说明：“选择覆盖面”步骤用于选择覆盖薄壁区域的面并指定偏移值，偏移值默认为 0。在本例中，当偏移值为 0 时，生成的局部抽壳特征如图 15-62c 所示；当偏移值等于或者大于底板厚度时，局部抽壳特征如图 15-62d 所示。

15.1.14　边缘特征

边缘命令（Lip）位于肋板的抽屉按钮里，该命令能够在零件边缘上创建矩形的凸缘或者凹缘，在零件指定边缘上增加材料，形成凸缘；反之是除去材料，形成凹缘。

在图 15-64a 所示的零件的边上增加凸缘，操作方法和步骤为：

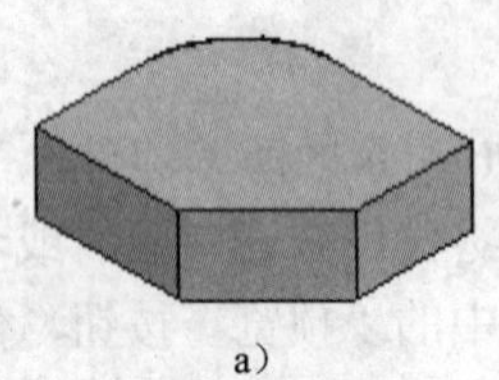
a）

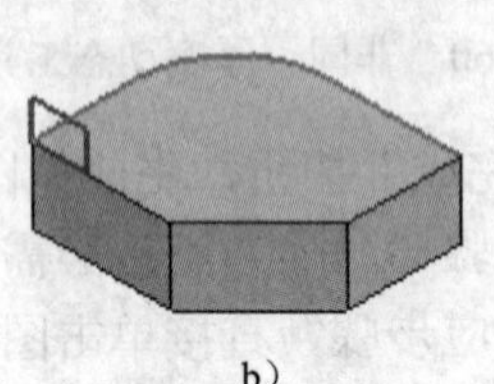
b）

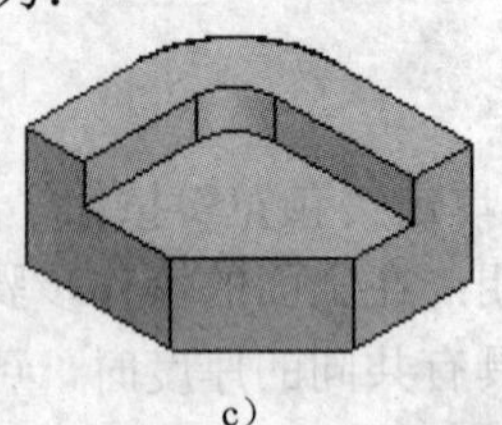
c）

图 15-64　凸缘特征

1）单击边缘命令。

2）选择边缘：选取图 15-64b 所示的边，单击接受按钮。

3）指定边缘尺寸和方向：动态工具条如图 15-65 所示。输入边缘“宽度”（Width）为 15，“高度”（Height）为 10。移动鼠标，在零件指定边缘起始处，会出现一个小的矩形框，有四个位置，选择图 15-64b 所示位置，单击左键确定。本例中需要注意的是：输入的“宽度”值一定要小于零件被选择边缘的倒圆角半径值。单击“完成”按钮，生成如图 15-64c 所示特征。

图 15-65　指定边缘尺寸和方向动态工具条

说明：在“指定边缘尺寸和方向”步骤中，当边缘方向为其他三种情况时，如图 15-66a 所示，创建的凸缘和凹缘如图 15-66b 所示。

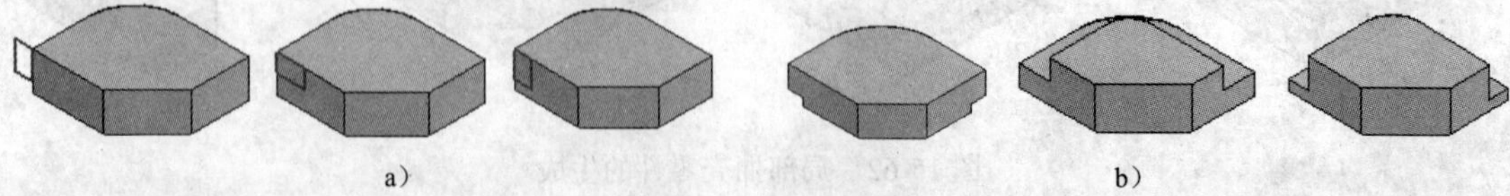

图 15-66　定义边缘的方向及生成的凸缘和凹缘

15.2 特征的修改与管理

15.2.1 特征的编辑

单击特征工具条中的选择命令按钮，出现用于编辑特征的工具条，如图 15-67 所示。如果单击按钮，就会显示用来构造特征的动态工具条。所有用于构造特征的参考元素或构造元素都会在窗口中显示。可以返回到构造特征过程中的任何步骤，并重新定义或改变参数值。如果单击按钮，则会进入草图绘制环境，可以对轮廓进行编辑。如果单击按钮，则会显示特征的尺寸，可以单击尺寸，直接进行修改。

图 15-67 编辑特征的动态工具条

15.2.2 特征的阵列

阵列命令（Pattern）是指根据一个原始特征，在一个平面上进行有规律的复制，一种是矩形阵列，另一种是圆形阵列。当原始特征的尺寸和形状发生变化时，复制的特征会随之更新，但不能修改复制特征的尺寸和形状。

1. 矩形阵列（Rectangular Pattern）

矩形阵列是将指定特征按矩形方式复制若干行和若干列。下面以图 15-68a 所示零件上复制直径为 8 的通孔为例来说明其操作步骤和方法。

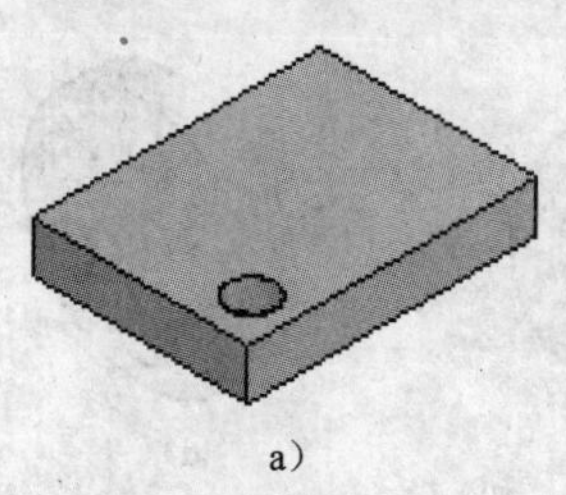

a)

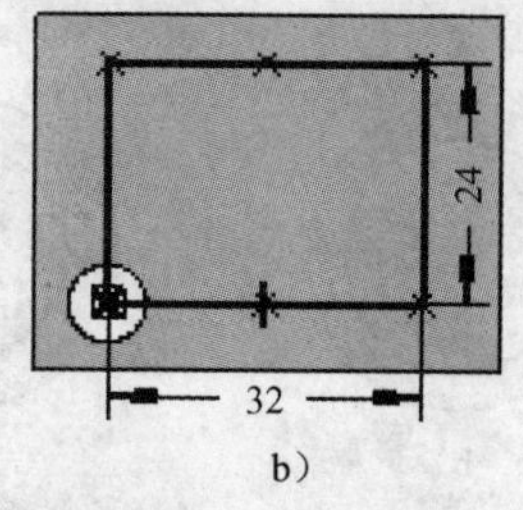

b)

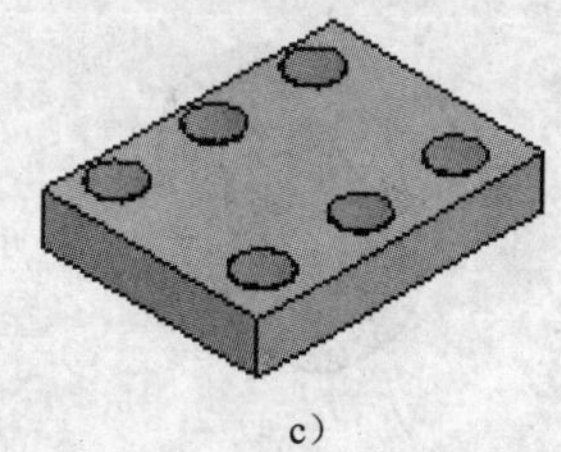

c)

图 15-68 矩形阵列特征的生成

1）单击阵列命令按钮。

2）选取要复制的特征：选择图 15-68a 所示的孔特征。

3）指定阵列模式：单击按钮，指定阵列模式为“智能”模式，单击接受按钮。

4）指定参考面：选取平板上表面为阵列轮廓平面，系统进入轮廓阵列环境。

5）在轮廓阵列环境中选择矩形阵列按钮，动态工具条如图 15-69 所示。

6）设置阵列方式和参数：阵列方式有三种：适合（Fit）、填充（Fill）、固定（Faced）。

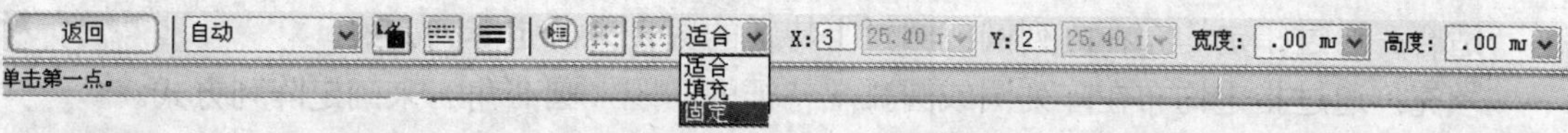

图 15-69 矩形阵列动态工具条

适合：在指定矩形轮廓内，输入 X 和 Y 方向的阵列数目，阵列间距由系统确定。

填充：在指定矩形轮廓内，输入 X 和 Y 方向的阵列间距，阵列数目由系统确定。

固定：分别输入 X 和 Y 方向的阵列间距和阵列数目。

其中，“适合”为默认方式，输入 X 和 Y 方向的阵列数目分别为 3 和 2，系统得到 3 行 2 列布局的阵列。

7）设置阵列范围：按照提示单击两个对角点画出一个矩形。本例中第一角点是圆孔的圆心，并标注尺寸进行约束，如图 15-68b 所示。该矩形代表阵列的范围，图中“X”符号代表阵列的布局点。在指定的范围内，阵列的间距由系统自动确定。

8）单击“返回”按钮，结束阵列轮廓的编辑，返回到零件环境，得到的矩形阵列如图 15-68c 所示。

9）单击“完成”按钮，结束阵列特征命令。

下面对图 15-69 所示工具条中的其他按钮进行简要说明：

1）交错选项（Stagger Options）：单击该按钮会出现一个对话框，可设置矩形阵列按行、按列交错或输入交错距离。

2）参考点（Reference Point）：单击该按钮，可在轮廓阵列环境中重新定义原始特征的位置。

3）抑制出现（Suppress Occurrence）：单击该按钮，在轮廓阵列环境中选取需要抑制的位置点，则在这些被抑制的布局点处将不产生复制特征。对于已经抑制的特征，再次单击抑制出现按钮，可以恢复被抑制的特征。

2. 圆形阵列（Circular Pattern）

圆形阵列的操作与矩形阵列基本类似，下面以图 15-70a 所示的零件复制其孔特征为例来简要说明。

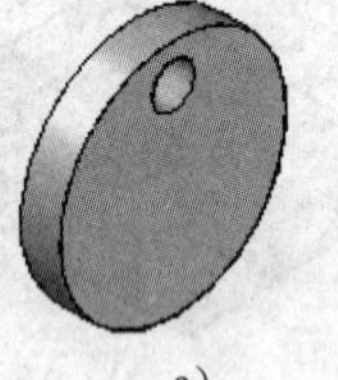
a）

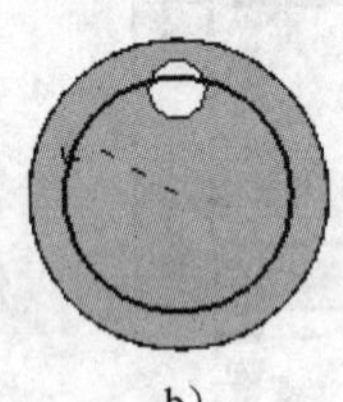
b）

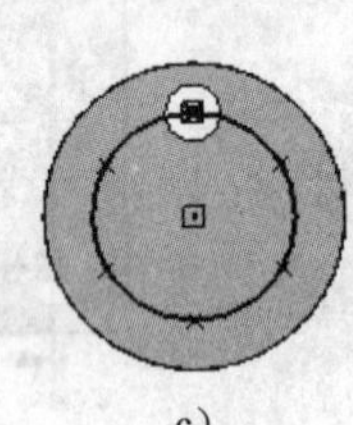
c）

d）

图 15-70　生成圆形阵列特征

在执行完矩形阵列前三步骤后，选择 Y-Z 参考面，进入到轮廓阵列环境，选择，此时出现的动态工具条如图 15-71 所示。与矩形阵列不同的是，圆形阵列方式只有适合（Fit）和填充（Fill）两种。它们的含义是：

图 15-71　圆形阵列动态工具条

适合：通过指定均布在阵列圆或圆弧上特征的数目来确定阵列方式。

填充：通过指定均布在阵列圆或圆弧上特征的间距（圆心角）来确定阵列方式。

本例选择“适合”，输入个数为 6。用图 15-71 的绘制一个以大圆柱圆心为圆心的阵列圆，半径任意确定，确定阵列方向如图 15-70b 所示，得到的阵列布局如图 15-70c 所示，结束该命令后，生成的阵列特征如图 15-70d 所示。

说明：在阵列轮廓环境中绘制圆或者圆弧时，必须用图 15-71 所示动态工具条中的或，否则命令无法执行。特征的复制始终是以所绘制的圆或圆弧的圆心为圆心，以原始特征为起始点，并按照圆弧的圆心角大小和绘制方向来阵列，因此，所绘制圆或圆弧半径的大小不影响阵列结果。

15.2.3 特征的镜像

镜像特征命令（Mirror Copy Feature）用于镜像选定的特征。镜像后的特征与原始特征相关，如果原始特征被更改或删除，则镜像特征也会随着更新。下面以图 15-72a 所示的零件为例，来说明镜像特征的操作步骤和方法。

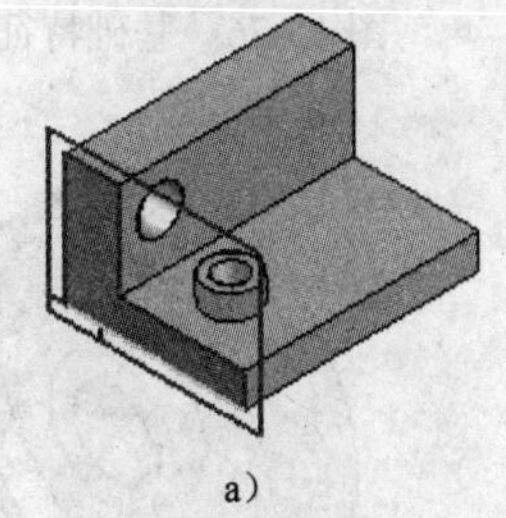

a）

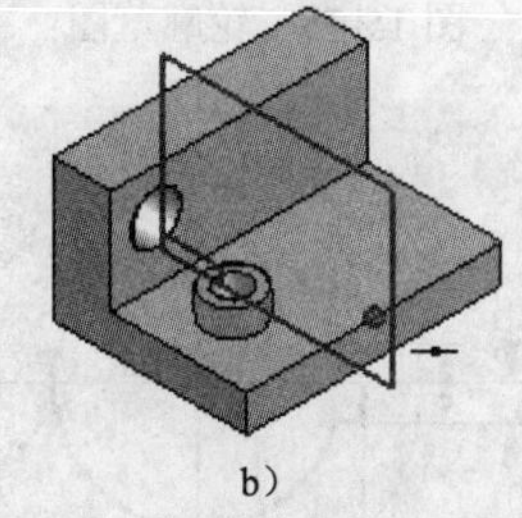

b）

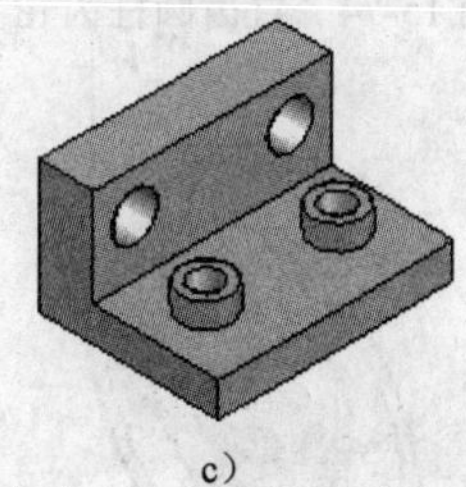

c）

图 15-72 镜像特征的生成

1）单击镜像特征命令按钮，出现的动态工具条如图 15-73 所示。

图 15-73 镜像特征动态工具条

2）选择特征：选择要镜像的特征，如图 15-72a 所示的孔和凸台。

3）确认特征：在动态工具条中单击“智能”（Smart）按钮，单击接受按钮。

4）选取镜像平面：选择动态工具条上的按钮，指定零件的左端面为要平行的平面，如图 15-72b 所示；选择按钮，捕捉底板上端面长边的中点，如图 15-72b 所示。

5）单击“完成”按钮，结束镜像特征命令，生成的特征如图 15-72c 所示。

说明：与镜像特征命令在同一个抽屉里的镜像零件命令（Mirror Copy），则是以指定的平面为对称面，镜像整个零件。其操作步骤和方法与镜像特征命令类似，这里不再赘述。

15.2.4 齿轮零件的造型设计

下面以图 15-74 所示的直齿圆柱齿轮为例，并按照其加工过程来说明该三维建模的方法和步骤。

（1）用命令来生成齿轮的基础特征　单击特征工具条上的，选择 X-Z 参考面，进入草图环境，绘制草图并标注图 15-75 所示约束尺寸；用将水平面的水平直线设置为旋转轴；单击“返回”按钮，回到零件设计环境；单击浮动工具条上的按钮，单击“完成”按钮，生成如图 15-76 所示的基础特征。

（2）用拉伸除料命令生成ϕ60mm 的中心孔和键槽　单击特征工具条上的按钮，选择ϕ90mm 的前面为参考面，如图 15-77 所示；进入草图环境，绘制草图并标注图 15-78 所示约束尺寸；返回到零件设计环境，指定拉伸方向为向后，拉伸方式为，单击“完成”按钮，生成如图 15-79 所示的除料特征。

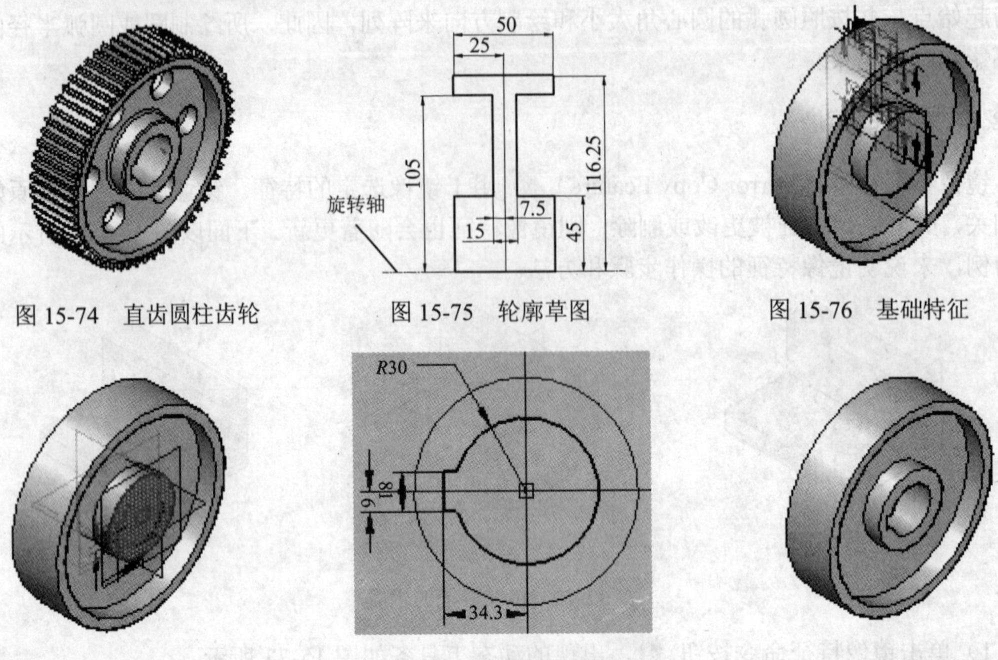

图 15-74　直齿圆柱齿轮　　图 15-75　轮廓草图　　图 15-76　基础特征

图 15-77　选择参考面图　　图 15-78　草图轮廓图　　图 15-79　除料特征

（3）用打孔命令生成ϕ32mm 的孔　单击特征工具条上的按钮，选择如图 15-80 所示的参考面；进入草图环境，绘制草图并标注图 15-81 所示约束尺寸；返回到零件设计环境，指定拉伸方向为向后，拉伸方式为，单击“完成”按钮，生成如图 15-82 所示的除料特征。

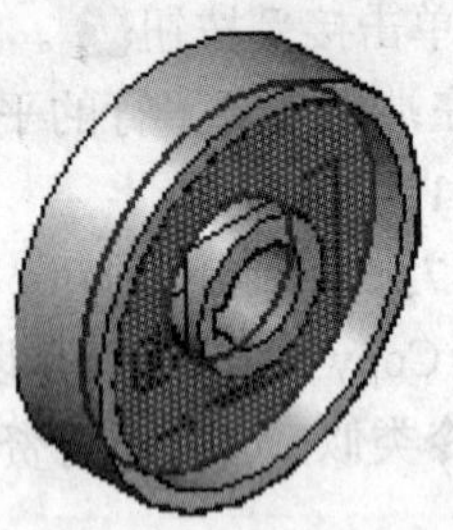

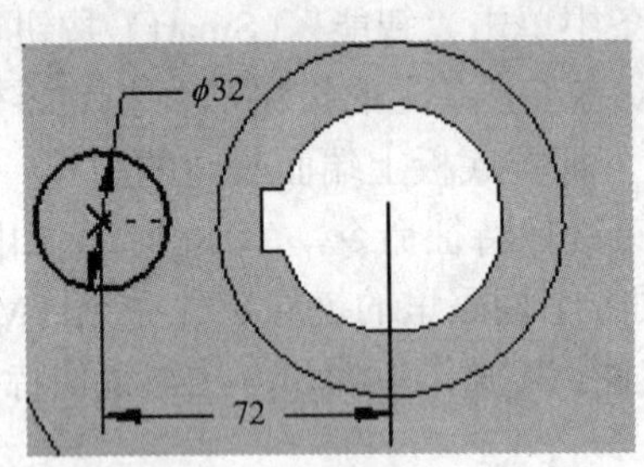

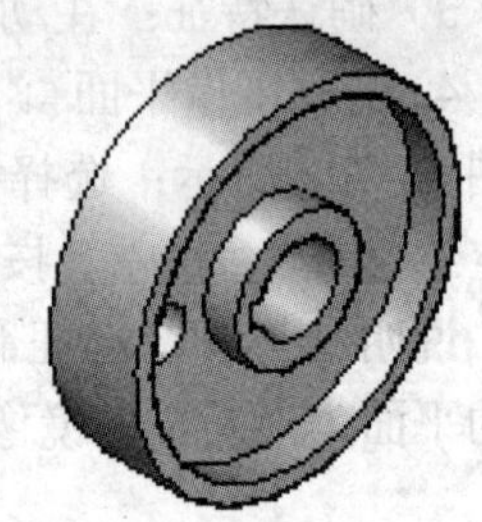

图 15-80　选择参考面图　　图 15-81　草图轮廓图　　图 15-82　除料特征

（4）用阵列命令生成 6 个均布的孔　单击特征工具条上的按钮，选择要阵列的孔特征；单击动态工具条上的智能按钮，然后单击接受按钮，选择图 15-83 所示的参考面；进入草图环境，单击圆形阵列按钮，圆形阵列方式为适合（Fit），用动态工具条上的绘制以大圆柱圆心为圆心，半径为 72mm 的圆，输入阵列个数为 6，生成的轮廓布局如图 15-84 所示；单击“返回”按钮，生成如图 15-85 所示的阵列特征。

（5）倒圆角　单击特征工具条上的，选择要倒圆的边，如图 15-86 所示；输入倒圆半径为 5mm，单击接受按钮；单击“预览”按钮，查看结果，如图 15-87 所示；再单击“完成”按钮，结束该命令。

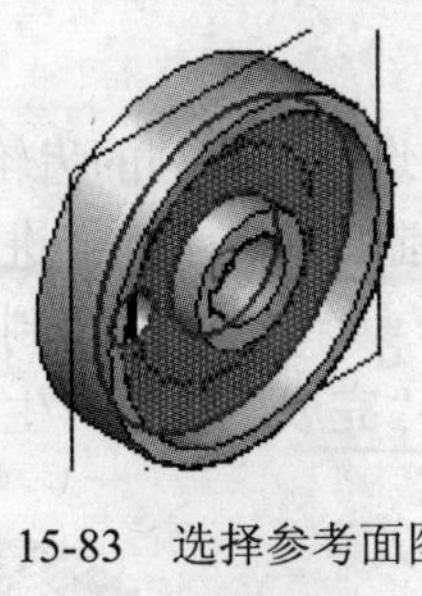
图 15-83　选择参考面图

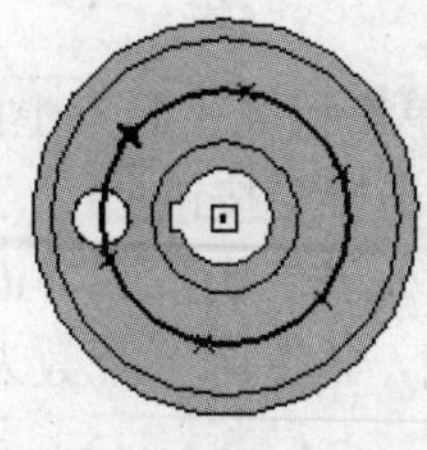
图 15-84　阵列布局

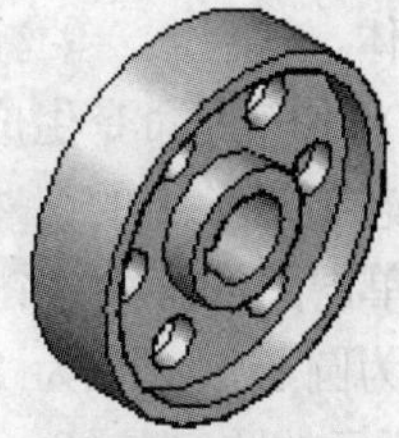
图 15-85　阵列特征

图 15-86　选择边

图 15-87　倒圆角

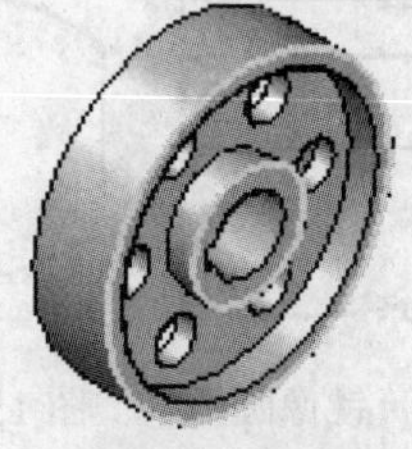
图 15-88　选择边

（6）倒角　单击倒角命令，选择图 15-88 所示零件的两个边，输入倒角距离（Setback）为 3，单击接受按钮；单击“预览”按钮，查看结果，如图 15-89 所示；单击“完成”按钮，结束该命令。

图 15-89　倒角

（7）用拉伸增料特征生成单个直齿轮特征　单击动态工具条上的，选择零件前面端面为参考面，进入草图轮廓，用渐开线绘制草图，步骤如下：

1）以大圆柱圆心为圆心分别绘制ϕ245.4mm 齿顶圆、ϕ240mm 分度圆、ϕ232.5mm 齿根圆。

2）过圆心绘制 3 条直线，它们与水平线间的夹角可由渐开线方程求出，标注如图 15-90 所示。

3）过三个圆和三条直线的交点用三点画弧命令绘制一个圆弧，如图 15-91 所示。

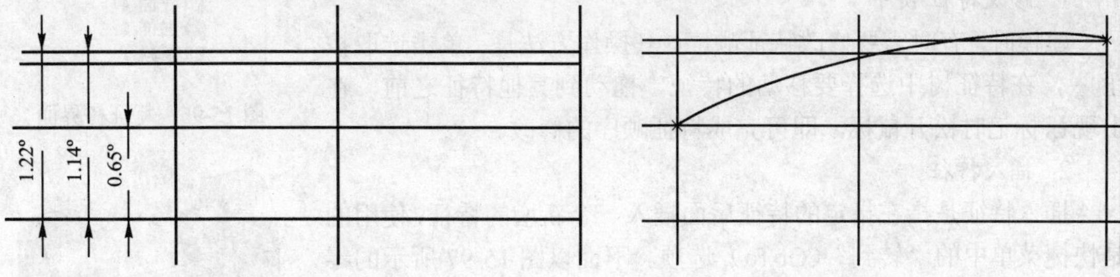

图 15-90　绘制三条直线图　　　图 15-91　绘制圆弧

4）单击特征工具条上的，选择要镜像的圆弧，在动态工具条中单击“智能”（Smart）按钮，再单击接受按钮；选取水平直线为镜像平面；单击“完成”按钮，结束镜像特征命令，生成如图 15-92 所示的特征。

5）用修剪命令将多余的线删掉，如图 15-93 所示。单击“返回”按钮，返回到零件设计环境。指定后方为拉伸方向，输入拉伸距离 50mm，单击“完成”按钮，生成如图 15-94

的拉伸体。

（8）用阵列命令生成所有轮齿　单击特征工具条上的按钮，选择要阵列的齿轮特征；单击动态工具条上的按钮，然后单击接受按钮；选择零件最前面为参考面；进入草图环境，单击圆形阵列按钮，圆形阵列方式为适合（Fit），用动态工具条上的绘制以大圆柱圆心为圆心，直径为 232.5mm 的圆，输入阵列个数为 60；单击“完成”按钮，生成如图 15-95 所示的阵列特征。

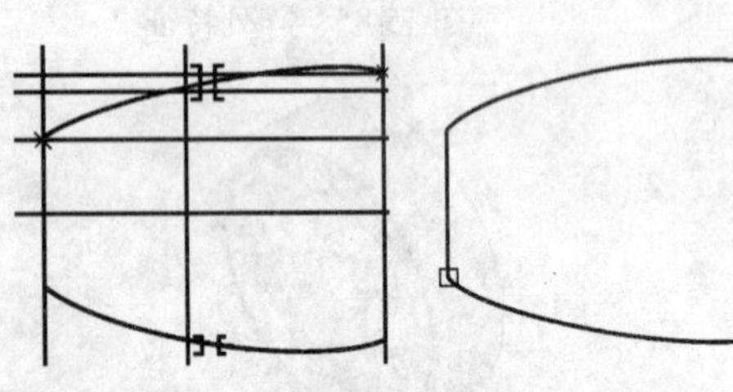

图 15-92　镜像圆弧　　图 15-93　修剪草图

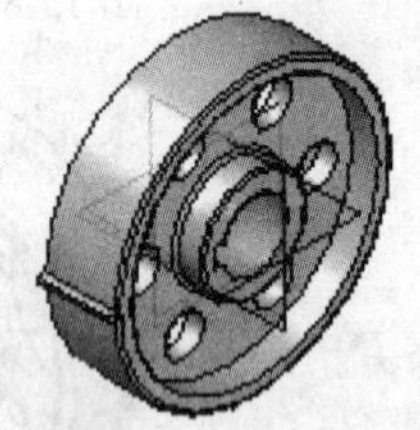

图 15-94　单个直齿特征的生成

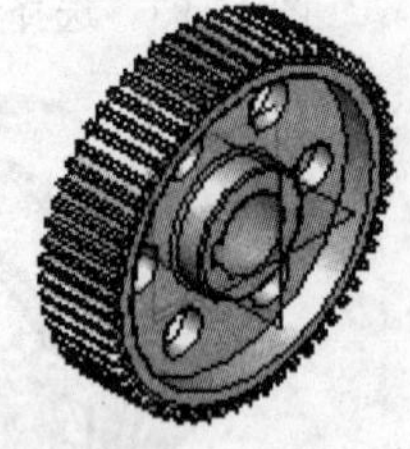

图 15-95　阵列轮齿

15.3　特征管理器

在 Solid Edge 的零件设计环境中，屏幕左边的特征管理器（EdgeBar）包含特征路径查找器、特征库、零件族、层、传感器、特征回放和工程参考七个选项。切换的方法是：单击下方相应的按钮。

15.3.1　特征路径查找器

特征树的界面如图 15-96 所示。它是零件设计环境的默认选项。它最直观的功能是以树状图的方式记录特征的生成顺序，同时提供了对特征的各种操作和管理功能，主要包括修改特征顺序、插入特征、选取并编辑特征、隐藏/显示特征和查看零件特征。

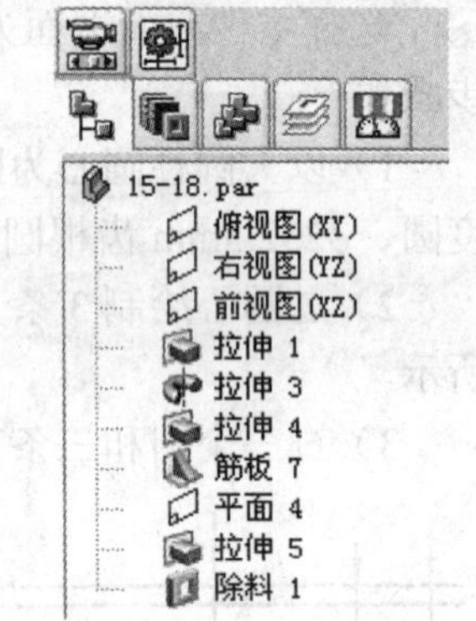

图 15-96　特征树界面

1. 修改特征顺序

建模时，有时需要修改特征顺序。其操作方法是：单击选取按钮，在特征树中选择要移动的特征，拖动到其他特征之前，在出现标记时松开鼠标，即可完成特征顺序的修改。

2. 插入特征

插入特征是指在指定的特征后面插入一个新增的特征，使用的是快捷菜单中的“转到”（GoTo）选项。下面以图 15-97 所示的零件为例，如果增加一个除料特征，即圆柱孔，操作方法和步骤是：

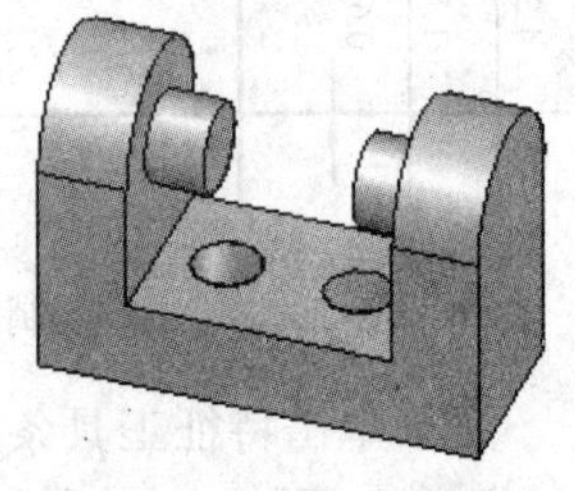

图 15-97　插入特征实例

1）单击选项按钮，在特征树中选取“拉伸体 3”，单击右键，在弹出的快捷菜单中选择“转到”，如图 15-98 所示。此时，特征树中“拉伸体 3”之后的特征前面出现标记，如图 15-99 所示。

2）在零件上添加新的特征：在本例中用命令增加圆柱孔。

3）重新计算后面的特征：单击选项按钮，在特征树中选择“除料 1”后面的特征，单击右键，在弹出的快捷菜单中选择“转到”选项，会重新生成该特征。

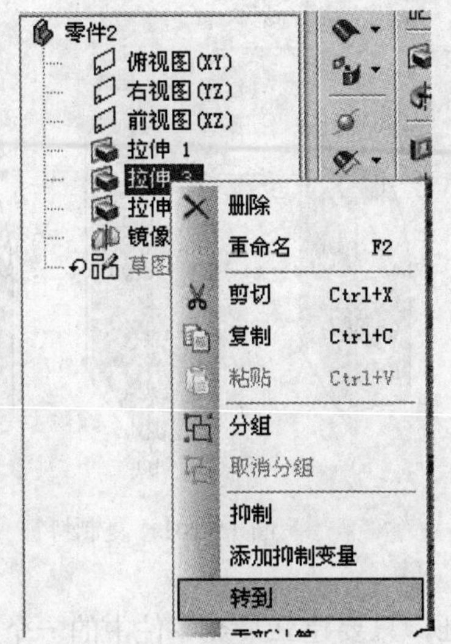

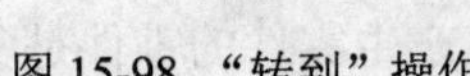

图 15-98 “转到”操作

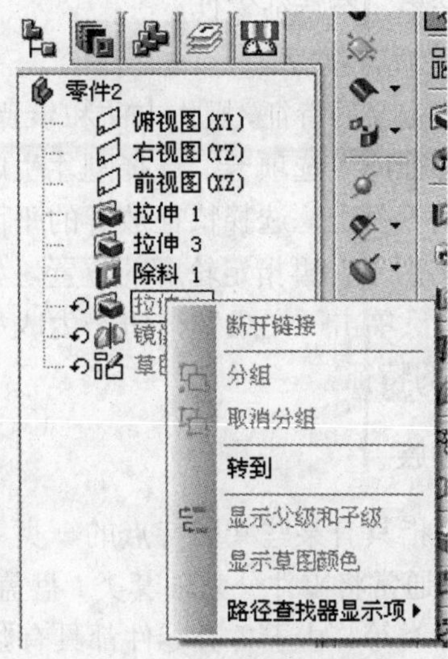

图 15-99 出现↶标记

3. 选取并编辑特征

单击选项按钮，在特征树中选择任意一个特征，单击右键，在弹出的快捷菜单中选择相应的选项。可以对特征进行删除、更名、抑制/取消抑制、转到、重新计算、剪切、复制、编辑定义、编辑轮廓和编辑尺寸。其中，后三个特征与动态工具条上的三个按钮等效。

4. 显示特征的状态

⊘：表示特征被抑制（Suppress）。

↶：表示特征被挂起，特征在“转到”操作中处于目前“转到”位置之后。

!：表示特征生成失败。

➪：表示该特征的草图轮廓存在问题，可以单击按钮进行修改。

15.3.2 特征库

图 15-100 特征库界面

特征库的界面如图 15-100 所示。在零件设计过程中，有些典型的结构，如孔、螺纹孔、键槽、凸台等特征，重复出现在不同的零件造型中，为了提高设计效率，引出了特征库的概念。特征库是各类特征的集合，特征库里的特征可以随时由读者定义，并被参数化；特征库里的特征可以随时应用于各类零件的设计。

1. 将特征存入特征库

以图 15-97 所示零件的圆柱拉伸特征为例，说明其操作方法和步骤：

1）在特征管理器中选择“特征库”选项卡。

2）设置零件存放的路径：单击图 15-100 中的文件路径下拉列表，指定特征存放的路径。

3）将特征存入特征库：单击选项按钮，选择特征，按住左键拖到特征库中，在特征库中会自动产生一个特征零件。

2. 复制特征

调用刚才定义的特征，操作方法和步骤是：

单击“特征库”选项卡，选择刚才生成的特征，拖动到零件上，选择特征放置的平面，如图 15-101a 所示；再指定轮廓的位置，如图 15-101b 所示；单击“完成”按钮，生成如图 15-101c 所示的特征。

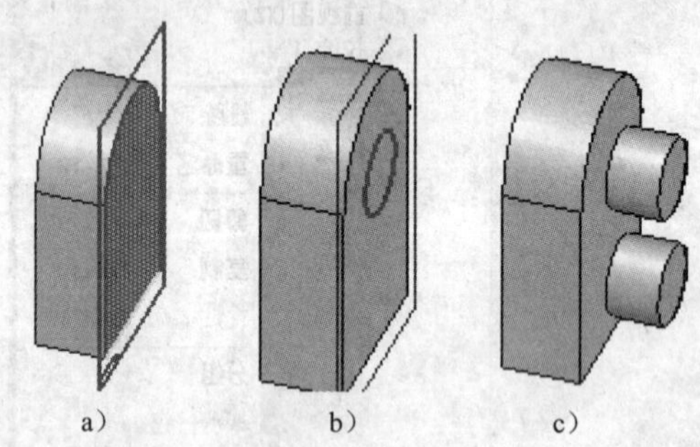

图 15-101　复制特征

15.3.3　零件族

零件族是指具有某些共同特点的一类零件的集合，比如通常将零件分为轴套类、盘盖类、叉杆类和箱体类等。由于各类零件都具有共同特征，只要建立某类零件中的一个零件，其他零件就可以从它派生而来。派生而来的零件是子零件，产生零件的零件是父零件。子零件可以继承父零件的所有特征，也可以隐藏部分特征。但它不是一个独立的零件，它的所有特征都是封装在一起的，不能进行编辑，要改变子零件的特征，必须对父零件做相应的修改。可以对子零件追加新的特征。

操作方法是：

1）打开“安装目录\Solid EdgeV20\Training\anchor.par”文件。

2）选择“零件族”选项卡，零件和界面如图 15-102 所示。

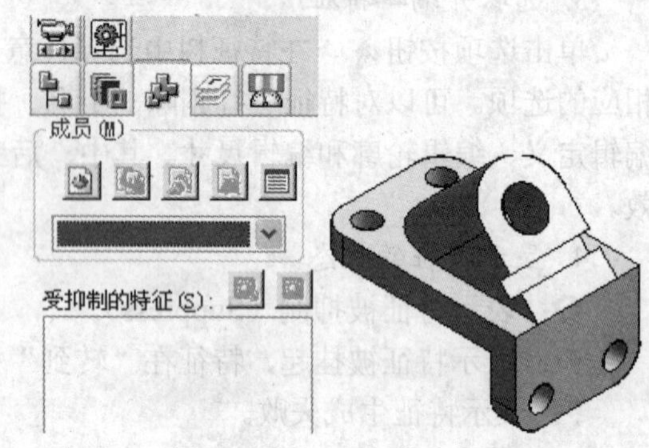

图 15-102　零件和零件族界面

3）单击选项卡的新建按钮，在弹出如图 15-103 所示的对话框的“成员名称”文本框中输入“anchor- son”，单击“确定”按钮。

新建成员

成员名称(M): anchor-son

确定　取消

图 15-103　新成员对话框

4）隐藏特征：在工作区内选择要隐藏的特征，单击选项卡的隐藏按钮，单击该选项卡最下面的“应用”（Apply），如图 15-104 所示。这些特征在工作区内被抑制。若要取消抑制，在列表中选择相应的特征，单击按钮即可。

5）对不隐藏的特征设置尺寸变量：单击选取按钮，单击“编辑尺寸”按钮，出现该特征的尺寸；选择相应的尺寸，单击选项卡中的“添加变量”按钮，该尺寸被定义为变量。

定义尺寸变量后，若要修改尺寸，直接在变量列表中修改变量的值即可。

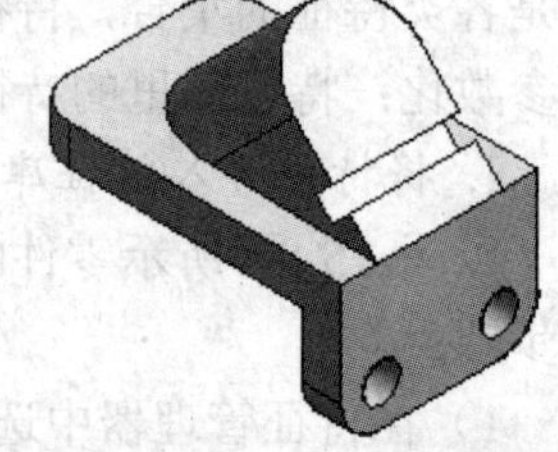

图 15-104　隐藏特征

15.3.4　层

层选项卡包括四个内容：：创建新层，并将其添加到层显示列表的最底层；：显示所选择层上的元素；：隐藏所选择层上的元素；：移动元素，只有当选择集中存在有效的二维元素时才可以使用该选项，单击该按钮，弹出移动元素对话框，可以将选中的元素移动到另一个层。

15.3.5 传感器（Sensors）

传感器选项卡是一个实时监测传感器，提供了最短距离传感器、变量传感器、表面面积传感器、定制传感器。在设计零件或部件时，有时需要跟踪关键的设计参数，当参数不符合设定的极限值时，系统会给出提示。

15.3.6 特征回放

特征回放选项卡可以浏览当前零件特征的建立顺序和方法。单击▶播放按钮，可浏览从开始建模到完成的整个特征生成过程；单击■按钮，可停止播放；单击⏮按钮，可使播放返回到开始处；单击⏭按钮，可以逐步地观看特征的生成过程。在“播放时间间隔”中可以设置播放的速度。

15.3.7 工程参考

单击“工程参考”选项卡，在“标准”右面的列表中选择“ISO”，则会在下面列出常用的零件，双击所需要的零件，如“轴”，弹出如图 15-105 所示对话框。该对话框中列出了许多设计时值得借鉴的内容。

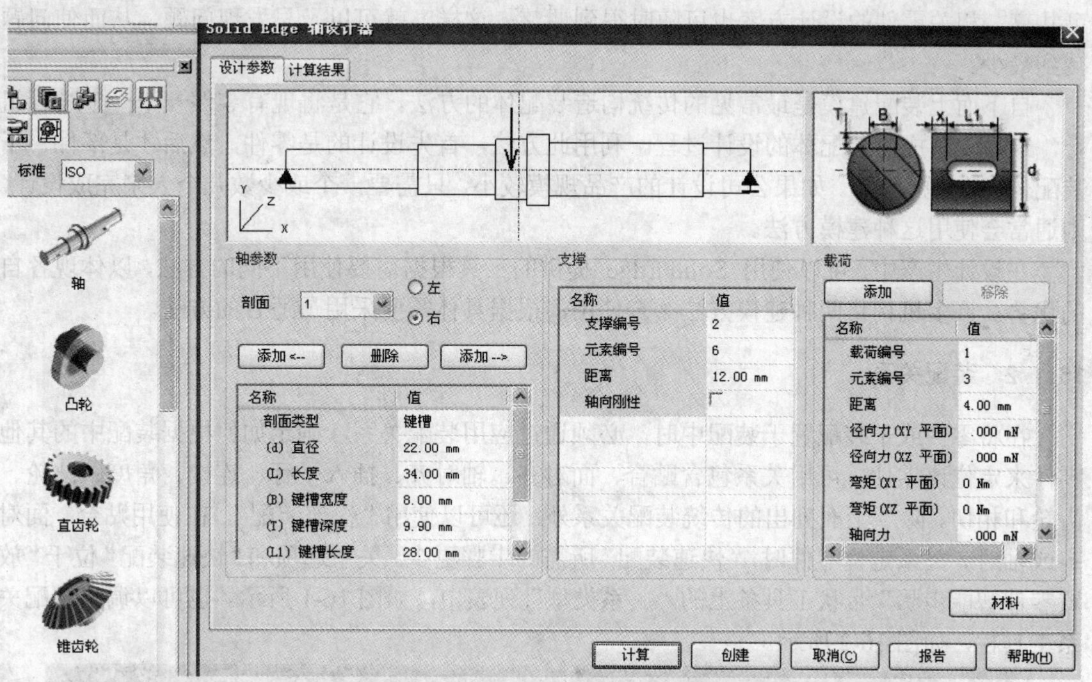

图 15-105　工程参考选项卡及对话框

第16章 零件装配

机器或部件都是由若干零件按照一定的装配关系和技术要求装配起来的，Solid Edge 的装配模块（Assembly）主要就是用来完成这种功能的。

16.1 零件装配理论

16.1.1 装配设计

Solid Edge“装配”环境允许读者很容易地构建、修改、显示、修订和分析装配，爆炸和剖切装配体，生成装配件剖视图，装配件运动仿真及虚拟工作室等。

装配设计可以按两个基本方式进行分类，即：自上而下设计和自下而上设计。

自上而下装配建模是一种以装配为中心的建模方法。利用此方法，设计人员通常根据设计方案分头设计零件，直到最后完成装配体的设计过程。如果公司的产品规模较大，需要多人协同完成设计，则通常会使用这种建模方法。首先由高级设计师创建初始装配布局，然后将此布局划分为逻辑子装配和零件，交给组织中的其他人来完成。每个人的设计成果随时都可共享，相关零件的设计方案也可随时得到调整。这样，就可以及早发现问题，从而使问题减到最少。

自下而上装配建模是最常见的传统构造装配体的方法。它是将现有零件一个一个进行组合，最后安装成总装配体的设计过程。利用此方法，首先设计的是零件，然后才是部件、子装配体、总装配件等。如果公司设计的产品规模较小，只需要一个或少数几个人来完成设计，则通常会使用这种建模方法。

在设计生产中，可以使用 Solid Edge 提供的工具根据需要使用不同的方法，以体现各自的优势。许多机构将两种建模方法结合使用，根据具体需要采用最适合的方法。

16.1.2 装配关系

在将零件或子装配置于装配中时，必须通过应用装配关系，确定如何根据装配中的其他零件来定位该零件。可用关系包含贴合、面对齐、轴对齐、插入平行、连接、角度、凸轮、齿轮和相切。除了上面列出的传统装配关系外，还可以使用“快速装配”，在使用贴合、面对齐或轴对齐关系定位零件时，“快速装配”所需的步骤更少。关系选项和“快速装配”位于“放置零件智能步骤”带状工具条上的“关系类型”列表中，如图 16-1 所示。也可以调出装配关系工具栏，如图 16-2 所示。

图 16-1 带状工具条

图 16-2 装配关系工具栏

1. 贴合

此关系确保一个零件的面与另一个零件的面共面或相向平行，如图 16-4 所示。通过图 16-3 条形菜单中输入一个为 0 的偏移距离值，使贴合的零件面互相接触，如图 16-4b 所示；或者不接触（偏移值非零），如图 16-4c 所示。

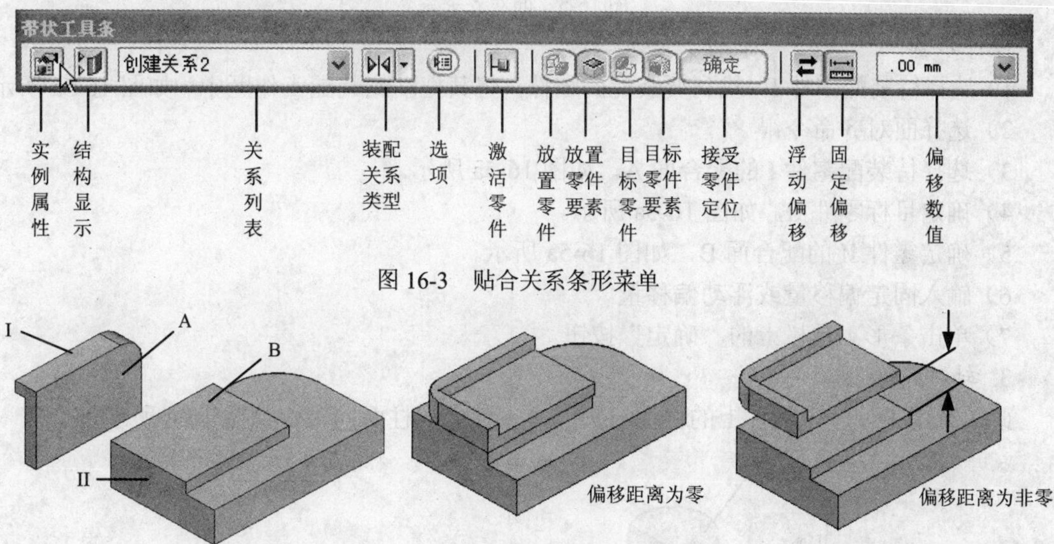

图 16-3 贴合关系条形菜单

图 16-4 贴合关系

操作步骤：

1）选择装配零件 I：在零件库中找到要装配的零件，将其拖动到装配工作区中。对于已经存在于装配件中的零件，则直接选择该零件，进行关系编辑即可，其他的装配关系道理相同。

2）选择贴合关系命令。

3）选择待装配零件 I 的配合面 A，如图 16-4a 所示。

4）确定目标零件 II。

5）确定零件 II 的配合面 B。

6）输入固定偏移量或浮动偏移量。可以应用具有浮动偏移或固定偏移的拼合关系。对于固定偏移，请在条形工具栏上的“偏移数值”框中输入偏移值，以后可以更改偏移值；对于浮动偏移，可以应用附加关系来控制偏移值，例如对齐关系。

7）单击条形工具栏上的“确定”按钮。

2. 面对齐

此关系用来确保一个零件的平面与另一个零件的平面保持平行，并且它们面向同一个方向，如图 16-5b、c 所示。面之间可以共面或者有所偏移。

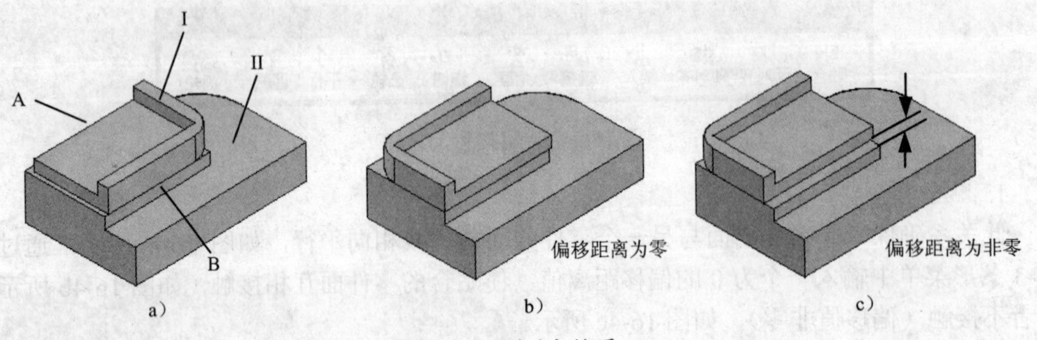

图 16-5　面对齐关系

操作步骤:

1）选择待装配零件 I：找到要装配的零件，将其拖动到装配工作区中，如图 16-5a 所示。

2）选择面对齐命令。

3）选择待装配零件 I 的配合面 A，如图 16-5a 所示。

4）确定目标零件 II，如图 16-5a 所示。

5）确定零件 II 的配合面 B，如图 16-5a 所示。

6）输入固定偏移量或浮动偏移量。

7）单击条形工具栏上的“确定”按钮。

3. 轴对齐

此关系用来使一个零件上的柱面与另一个零件上的柱面同轴，如图 16-6 所示。

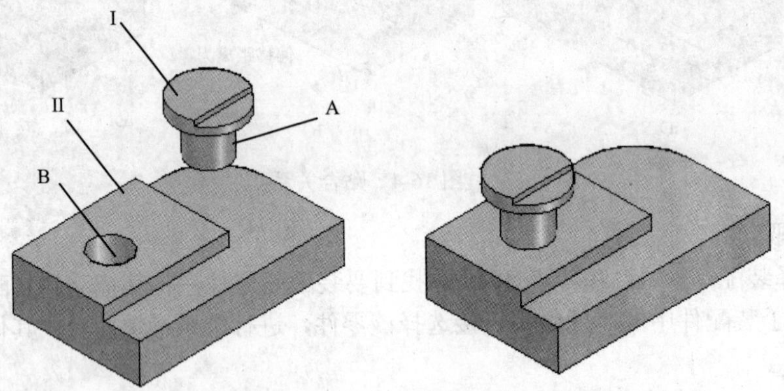

图 16-6　轴对齐关系

操作步骤:

1）选择待装配零件 I：找到要装配的零件，将其拖动到装配工作区中。

2）单击轴对齐命令按钮。

3）选择待装配零件 I 的配合柱面 A。

4）确定目标零件 II。

5）确定零件 II 的配合柱面 B。

6）输入固定偏移量或浮动偏移量。

7）单击条形工具栏上的“确定”按钮。

4. 插入

“插入”命令通常用来将轴对称零件（如螺栓或螺母）放到孔中或拉伸体上。“插入”命令组合了贴合关系和轴对齐关系，如图 16-7 所示。

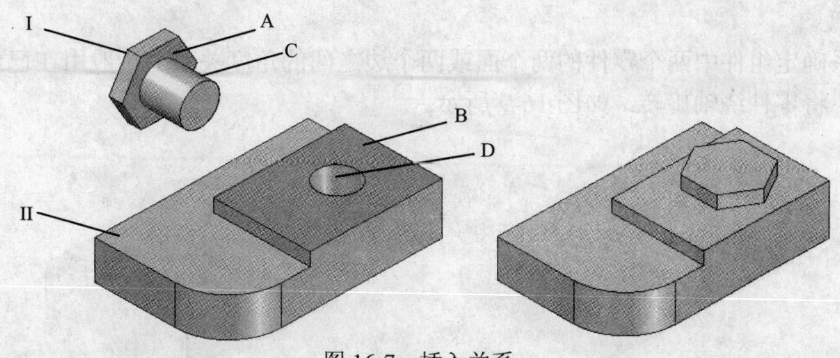

图 16-7　插入关系

操作步骤：

1）选择待装配零件 I：找到要装配的零件，将其拖动到装配工作区中。

2）选择插入命令。

3）选择待装配零件 I 的配合面 A。

4）确定目标零件 II。

5）确定零件 II 的配合面 B

6）选择待装配零件的配合面 C。

7）确定目标零件的配合面 D。

8）单击条形工具栏上的“确定”按钮。

5. 连接

如果无法用贴合和轴对齐关系来确定装配件中的两个零件，可以使用连接关系来定位它们。在正在定位的零件上，选择要连接的元素可以选择关键点、直线边或面，如图 16-8 所示。

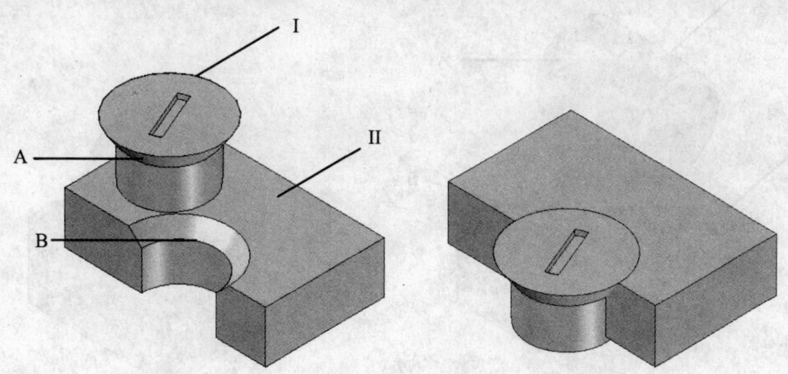

图 16-8　连接关系

操作步骤：

1）选择待装配零件 I：找到要装配的零件，将其拖动到装配工作区中。

2）选择连接命令。

3）选择待装配零件的关键点、直线或者面 A。

4）确定目标零件 II。

5）确定零件 II 的配合元素 B。

6）单击条形工具栏上的“确定”按钮。

6. 角度

此关系确定组件中两个零件的两个面或两个边之间的角度关系。一般用在已经有了轴对齐关系时，将零件绕轴旋转，如图 16-9 所示。

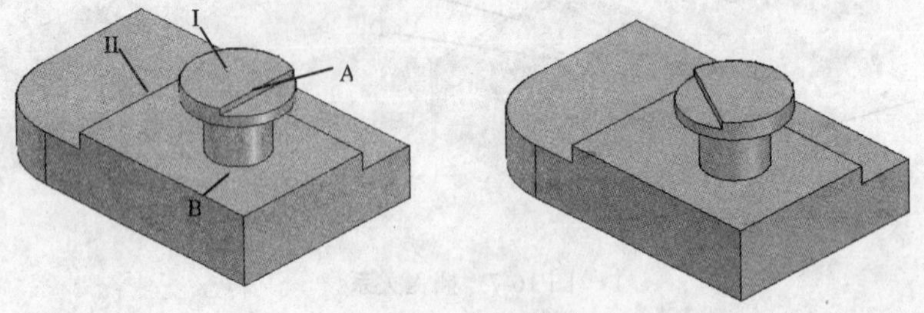

图 16-9　角度关系

操作步骤：

1）选择待装配零件 I：找到要装配的零件，将其拖动到装配工作区中。

2）选择角度命令。

3）选择待装配零件的平面、边或参考面 A 来定义测量角度的基准。

4）确定目标零件 II。

5）确定零件 II 的一个面或参考面 B 来定义测量角度的终止。

6）在条形菜单的“角度值”文本框中输入角度值。

7）单击条形工具栏上的“确定”按钮。

7. 相切

此关系确保组件中的一个零件的圆柱面与另一个零件的圆柱面或平面相切，如图 16-10 所示。相切零件面可以互相接触，也可以相互有偏移距离。

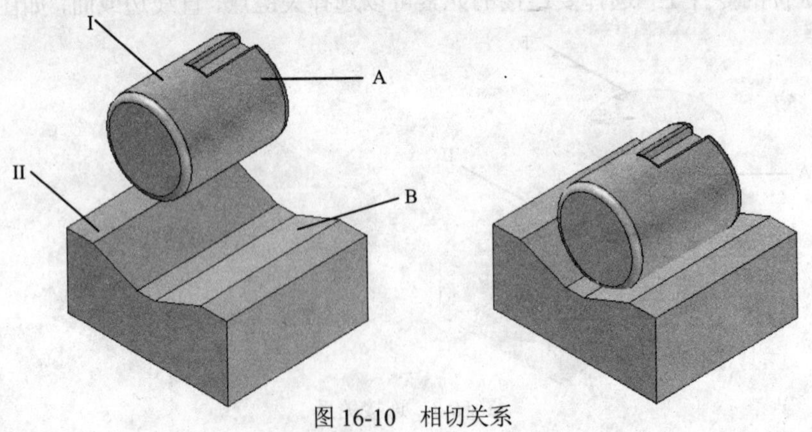

图 16-10　相切关系

操作步骤：

1）选择待装配零件 I：找到要装配的零件，将其拖动到装配工作区中。

2）选择相切命令。

3）选择待装配零件的相切面 A。

4）确定目标零件 II。

5）确定零件 II 的相切面 B。

6）单击条形工具栏上的“确定”按钮。

8. 凸轮

使用此关系可相对于一个或多个凸轮状表面对零件进行定位。

操作步骤：

1）选择凸轮。

2）执行下列操作之一：

① 如果要从现存零件替换删除的关系，请选择要重定位的零件，然后选择定义凸轮相切面的闭集。

② 如果要将新零件置入装配件，请选择定义凸轮相切面的闭集。

3）单击条形工具栏上的“接受”按钮。

4）选择代表凸轮从动的装配件中的零件。

5）在装配件中的零件上选择一个从动元素。从动元素可为平面、圆柱、球体或者关键点。

6）单击条形工具栏上的接受按钮。

7）单击条形工具栏上的“确定”按钮。

16.2 资源查找器

资源查找器是装配环境中必不可少的一项功能。在装配环境中，装配零件的调用，查看装配关系，查看装配层次，查看布局、零件、子组件的状态等都离不开资源查找器。第一次安装 Solid Edge 时，“资源查找器”工具位于 Solid Edge 工作区的左侧，如图 16-11 所示。

16.2.1 装配路径查找器

“资源查找器”工具中的“装配路径查找器”选项卡帮助构成装配的部件。在“装配”环境中，“装配路径查找器”被分为两个窗格。

（1）查看装配层次　当在活动装配件中处理装配件或者子装配件时，就可以使用装配路径查找器来查看、修改和删除用来定位零件和子装配件的装配关系，对装配件中的零件进行重新排序，以及帮助诊断装配件中的问题。

装配路径查找器被分为两个窗格，顶窗格以文件夹树结构显示活动装配件的部件；底窗格显示在顶窗格中选择的零件或子装配件的装配关系，如图 16-11 所示。

（2）确定部件的状态　名称前的符号反映了部件的当前状态，如图 16-12 所示。

（3）更改装配件的部件　可以激活零件或子装配件，从而可以进行设计和修改。例如，可以在装配路径查找器中选择一个零件，然后使用右键弹出的快捷菜单中的“编辑”命令激活零件，从而可以添加、删除或者修改零件上的特征。

（4）更改装配件的显示状态　使用装配路径查找器顶窗格控制装配件部件的显示状态。例如，可以隐藏零件或者子装配件，以便更容易地在装配件中定位正在放置的新零件。首先在“装配路径查找器”顶窗格中选择要隐藏的零件或者子装配件，然后使用右键弹出的快捷菜单中的“隐藏”命令隐藏零件或者子装配件。也可以使用快捷菜单中的“显示”命令显示零件或者子装配件。

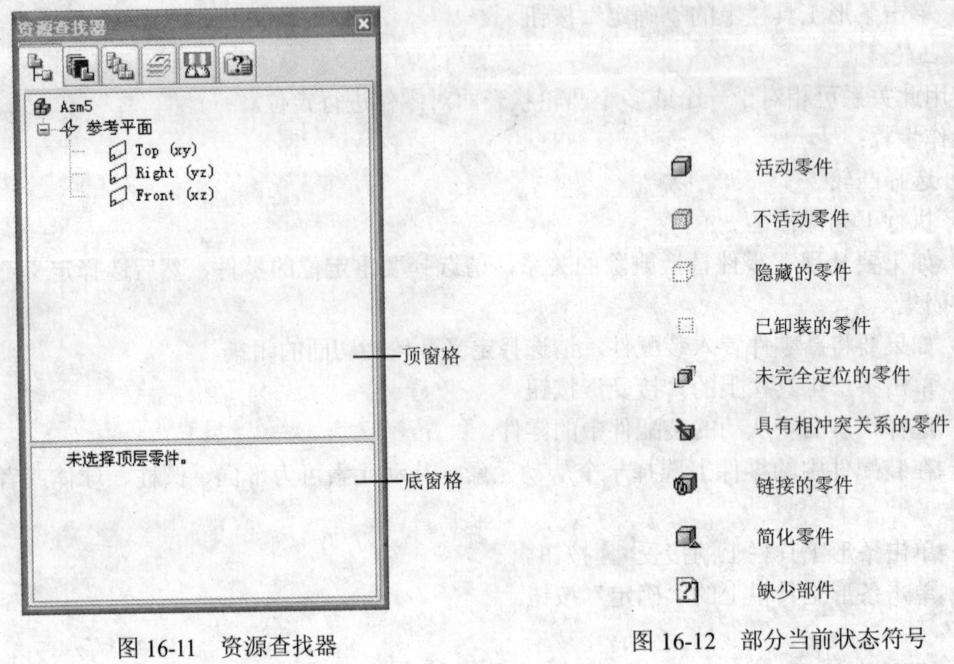

图 16-11　资源查找器　　　图 16-12　部分当前状态符号

16.2.2　零件库

在装配环境中，零件库的功能是为了装配零件时调入零件服务的，它是装配环境中不可缺少的一个功能，主要用于零件或组件的装配，以及在组件中创建新的零件。零件库分为三个功能区：选项区、零件或组件列表区、预览区，如图 16-13 所示。其中原位创建按钮可以在装配零件时建立新的零件。

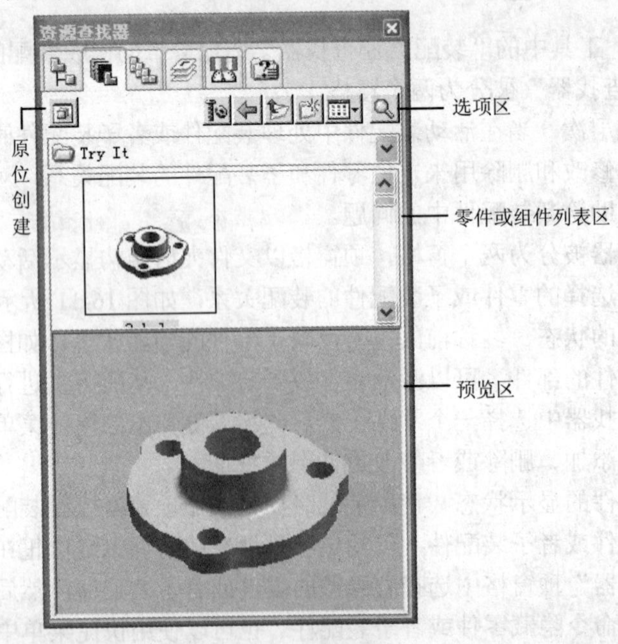

图 16-13　零件库

16.3 装配命令

装配环境中的命令工具条如图 16-14 所示，可以使用这些命令在零件装配关系的基础上对装配件进一步的编辑、优化等。如果希望在装配环境中构造特征，而不是在“零件”或“钣金”文档中，可以使用特征命令构造特征，例如除料、旋转除料、孔、倒斜角和螺纹。还可以镜像这些特征以及对其设置阵列。装配特征工具条如图 16-15 所示。

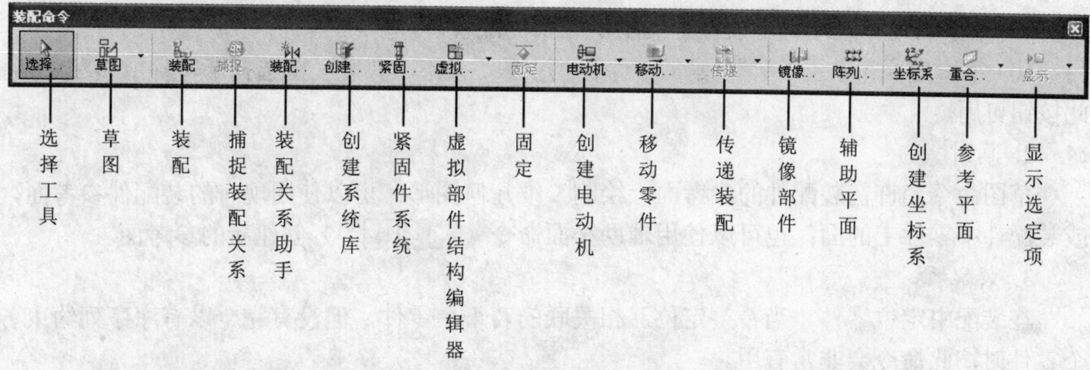

图 16-14 装配命令工具条

图 16-15 装配特征工具条

1. 选择工具

单击此命令可以退出其他命令状态，也可以选择零件并使用条形菜单，如图 16-16 所示，或装配路径查找器进行编辑。各项含义如下：

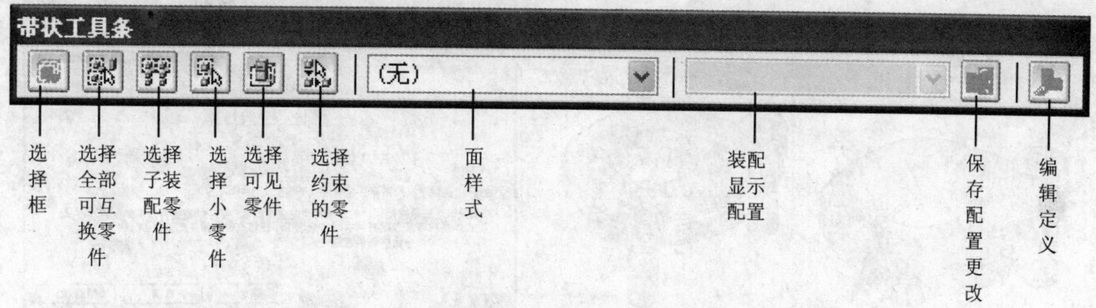

图 16-16 选择命令条形菜单

1）选择框：通过围绕着所选的单个零件绘制一个三维立体框来选择一组零件。

2）选择全部可互换的零件：选择在装配中与所选零件可互换的全部零件。

3）选择子装配零件：选择与选中零件多次出现在相同子装配件中的所有零件。

4）选择小零件：根据绘制的选择框的大小选择零件。单击并拖动鼠标来定义一个二维的框，比这个框小的零件将被选中。

5）选择可见零件：选择活动窗口中，在当前视图方向上完全可见或部分可见的零件。例如，如果某个零件未隐藏，但执行了放大操作，因而该零件没有显示在活动窗口中，便不选择该零件。

6）选择约束的零件：选择要约束到一个或多个以前选定零件的零件。在选择一个或多个零件后才能使用该选项。

7）面样式：列出并应用可用的面样式。

8）装配显示配置：用来管理活动装配件中零件和子装配件的显示。

9）保存配置更改：将更改保存到上次应用的配置。

10）编辑定义：显示“放置/编辑零件智能步骤”条形工具栏。在选择了零件或装配之后，此按钮可用。

2. 草图

草图命令允许在装配件的参考面上绘制二维几何图形。可以使用现有的装配件参考面，或装配件中零件上的面；也可以使用辅助平面命令（等）创建新的参考面。

3. 装配

在装配中定位零件。当希望定位互相关联的若干个零件，但没有完全以有序序列约束各个零件时，此命令会非常有用。

4. 捕捉

使用此命令可以捕捉零件或子装配件的装配关系，然后可以使用更少的步骤来放置相同的零件或子装配件。此命令不能捕捉角度关系。

操作步骤：

1）选中零件（图 16-17a 中的螺栓），单击按钮。

2）在“捕捉装配”对话框中（图 16-17c），使用添加和移除按钮来制订想要捕捉的关系。

3）单击“确定”按钮。

4）在“零件库”中拖动零件至工作区，然后确定目标零件并单击目标要素，结果如图 16-17b 所示。

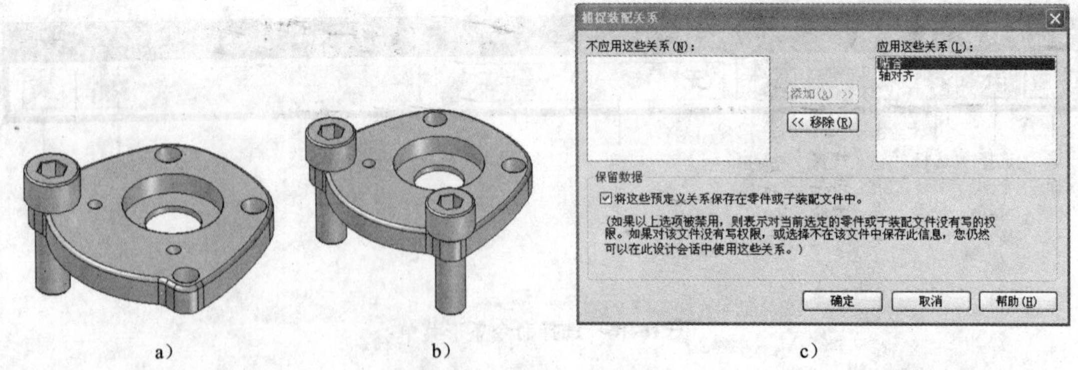

a） b） c）

图 16-17 捕获并适应命令

5. 创建系统库

系统库文档是特定的包含一组零件和零件特征的装配件文档。也可创建只包含零件、不包含特征的系统库文档。使用系统库文档可以使一组零件和零件特征置入装配件的过程自动化。将它们组合到一个文档可以加速置入装配件的过程。在放置之后，零件与装配件中任何零件的作用一致，并且系统库文档自身并不置于装配件中。

要放置系统库文档，将系统装配件文档从“零件库”拖放到装配件窗口。“放置系统库智能化步骤条形工具栏”引导放置过程。

6. 固定

此命令确保一个零件在指定的位置和方向上保持固定。固定的零件可以作为基准，其他的零件可以根据它进行定位。放置在装配件中的第一个零件自动应用“固定”关系。

7. 移动零件

平移或旋转装配件中的零件。正在移动的零件必须是固定的，或未完全定位。该命令的用途如下：

（1）沿着 X、Y 或 Z 轴动态定位零件

（2）分析机械装置中的物理运动

（3）检测零件间的冲突

操作步骤：

1）单击移动零件按钮。

2）选择要移动的零件，如图 16-18 所示部件中的螺栓。

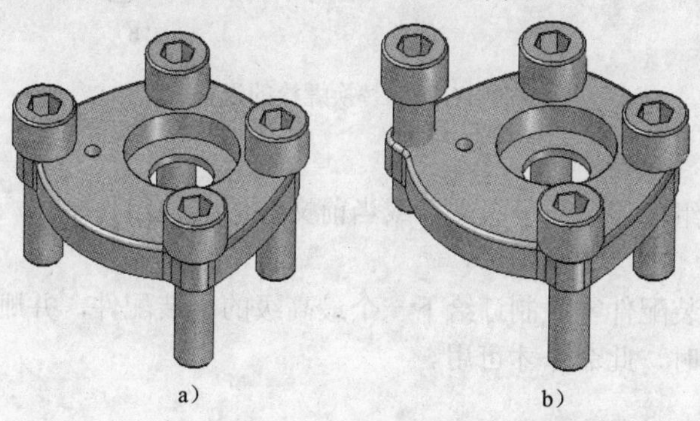

图 16-18　移动零件

对于已经定位的零件，可以使用装配路径查找器底窗格中右键快捷菜单中的“抑制”命令，临时抑制一个或多个装配关系，以允许移动该零件。如图 16-18a 所示，螺栓使用贴合和轴对齐关系后，不能进行轴向移动；此时若想轴向移动，则可以临时抑制贴合或轴对齐装配关系，如图 16-18b 所示。

（4）在条形菜单上设定移动选项等

（5）确定要移动的参考边或者轴

（6）在条形菜单中输入距离或角度，按回车键，执行结果如图 16-18b 所示

8. 替换

此命令用于将新的零件或子装配件替换装配件中的零件或子装配件。

操作步骤：

1）单击替换按钮。

2）选择想要替换的零件。

3）在“替换零件”对话框中，选择代替零件，然后单击“打开”按钮。

4）确定零件替换的方式：单个零件还是所有的出现零件同时替换，如图 16-19 所示。将图 16-20a 中长为 25cm 的螺栓替换为图 16-20b 中长 15cm 的螺栓。

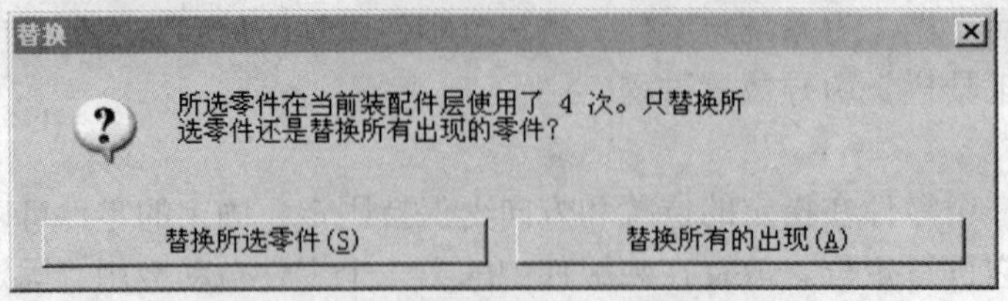

图 16-19　替换对话框

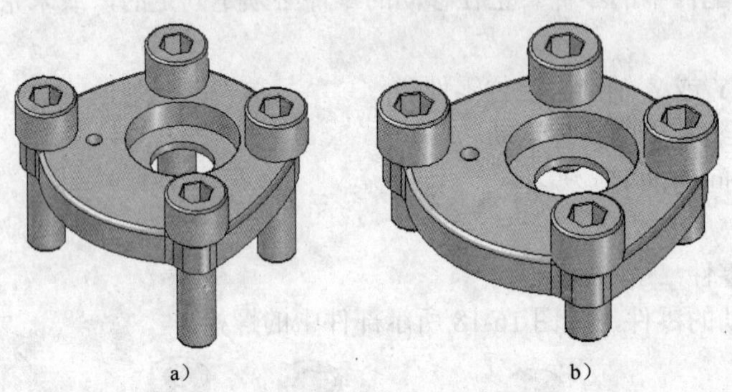

a）　b）

图 16-20　替换螺栓的过程

9. 转换

将选择的零件或组件移至新子组文件或当前文件的其他组件中。

10. 拆分

此命令重新将子装配件零件制订给下一个最高级的子装配件，并删除现有的子装配件。仅当选择了子装配件时，此命令才可用。

11. 除料

用来创建除料、旋转除料和孔特征。

操作步骤：

1）单击除料按钮。

2）在出现的“特征选项”对话框中指定是构造装配件特征还是装配导向的零件特征。

3）定义轮廓平面。使用绘图命令绘制轮廓，如图 16-21a 所示的圆弧线。

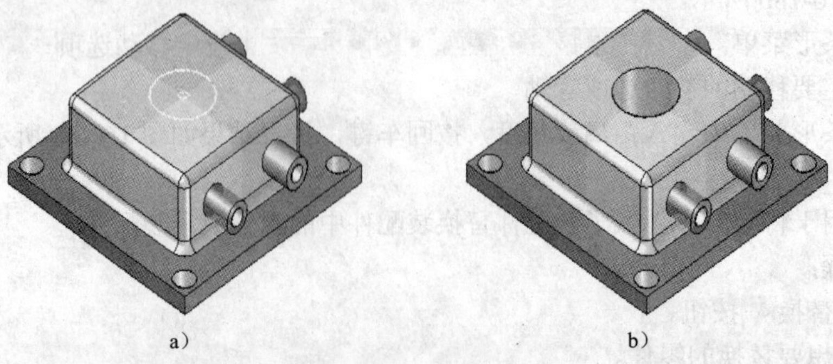

a）　b）

图 16-21　除料过程

4）单击条形菜单上的“完成”按钮，完成除料轮廓。

5）选择除料方向和延伸量。

6）选择删除材料的单个或多个零件，然后单击条形菜单的接受按钮。

7）单击“完成”按钮，如图 16-21b 所示。

12. 阵列

将一个或多个零件（或子装配件）复制到式样中。

操作步骤：

1）单击阵列按钮。

2）选择想要阵列的零件，如图 16-22a 所示部件中的螺栓。

3）单击条形菜单上的接受按钮。

4）选择包含阵列特征的零件或草图，如图 16-22 所示的零件 I。

5）单击零件上的阵列特征，如图 16-22 所示的四个螺栓孔 A、B、C 和 D。

6）在阵列中单击螺栓的参考位置，如图 16-22b 所示。

7）在条形菜单上单击“完成”按钮。

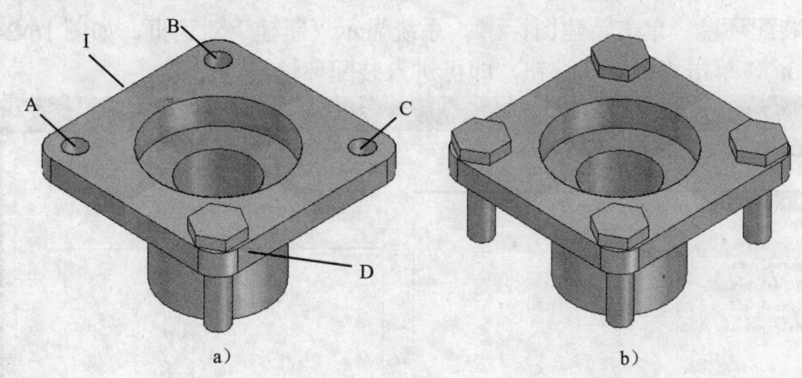

图 16-22 阵列过程

13. 坐标系统

创建一个自定义坐标系统。此命令允许相对于基本坐标系之外的坐标系操作数据。可定义相对于另一个坐标系或模型几何结构的坐标系。

通过匹配两个坐标系的 X、Y 和 Z 轴来定位零件，这两个坐标系是：正在放置的零件上的坐标系和装配件中已有零件上的坐标系，如图 16-23 所示。

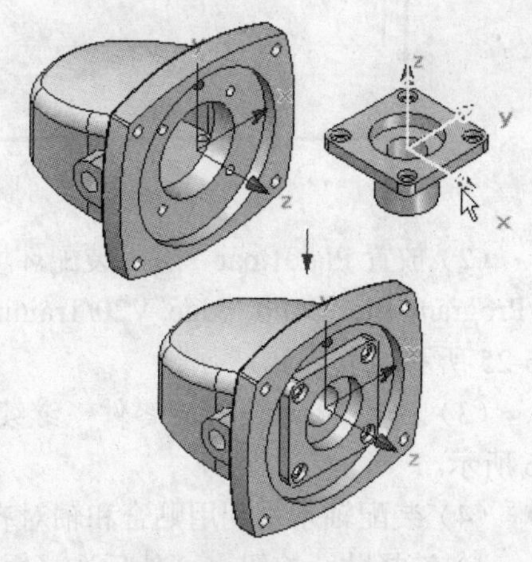

图 16-23 坐标系命令

14. 显示、隐藏、只显示、激活和锁定命令

1）显示命令：使任意隐藏的部件可见，如零件或钣金文档中的表面主体或设计主体，装配件文档中的零件或子装配件，焊接件文档中的部件。

2）隐藏命令：隐藏所选部件。为了使当前任务更轻松，可以隐藏部件。例如零件或钣金零件文档中的表面体或设计体，装配件文档中的零件或子装配件，焊接件文档中的部件。还可以使用“隐藏”命令来隐藏单个参考面、坐标系、曲线和表面。

3）仅显示命令：只显示视图中所选中的零件或子组件，隐藏所有未选中的零件、子组件。

4）激活命令：激活装配件中所选择的零件。将所有零件信息装入系统内存中。零件处于“不激活”状态时，有些命令无法使用。

5）锁定命令：由于不活动零件所使用的物理内存比活动零件少得多，因此停用零件可以改进性能。

16.4 装配实例

本节通过例题，综合运用前面所学的装配知识，来学习零件装配内容。本节例题的文件路径为：安装盘 C/Program files/Solid Edge V20/Training。

16.4.1 简单装配件手柄的制作

（1）进入装配环境　单击新建图标，系统显示“新建”对话框，如图 16-24 所示。选择“Normal.asm”，单击“确定”按钮，即可进入装配环境。

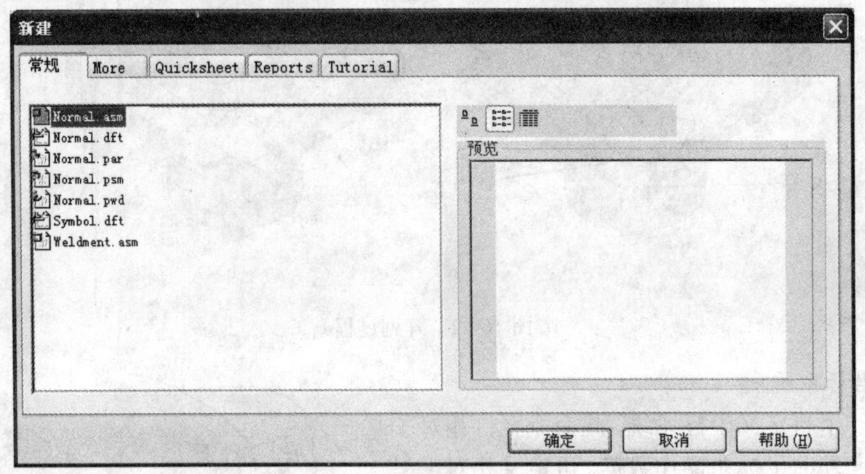

图 16-24　新建对话框

（2）放置 Plate1.par　进入装配环境后，在资源查找器中单击零件库按钮，找到安装盘 C/Program files/Solid Edge V20/Training/Plate1.par 零件，将零件 Plate1 拖动到工作区，如图 16-25 所示。

（3）放置 Bearing1.par 零件　继续将 Bearing1.par 轴承零件放置到装配模板中，如图 16-26 所示。

（4）装配轴承　利用贴合和轴对齐将轴承 Bearing1 加入到 Plate1 中。

1）选择贴合按钮，然后选择零件轴承 Bearing1 的底平面，如图 16-27a 所示。确定目标零件 Plate1，并选择 Plate1 的贴合面，如图 16-27b 所示。

2）选择轴对齐按钮，分别选择 Bearing1 和 Plate1 的内孔作为配合面，如图 16-28 和图 16-29 所示。单击“确定”按钮，其结果如图 16-30 所示。

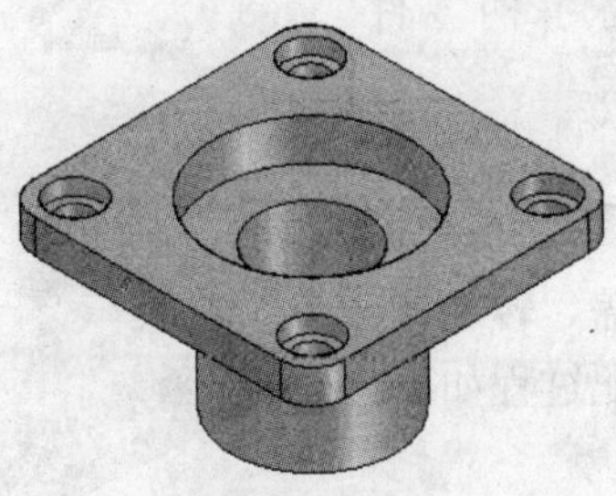

图 16-25　放置 Plate1.par 零件

图 16-26　放置 Bearing1.par 零件

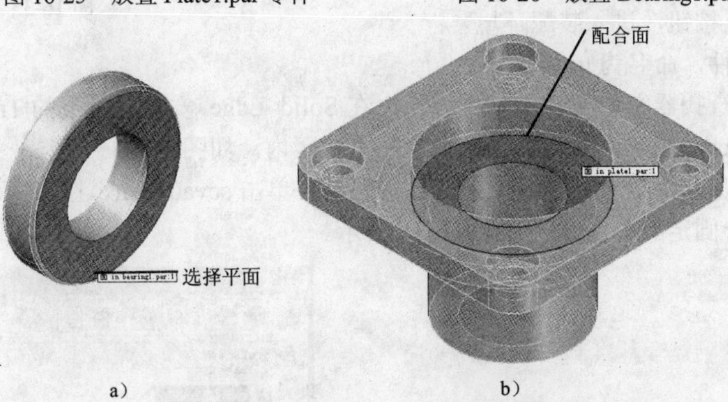

a)　　b)

图 16-27　为贴合命令选择贴合面

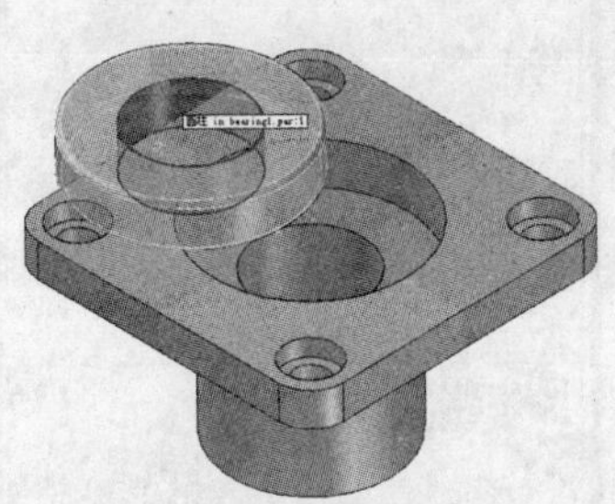

图 16-28　选择 Bearing1 的内孔

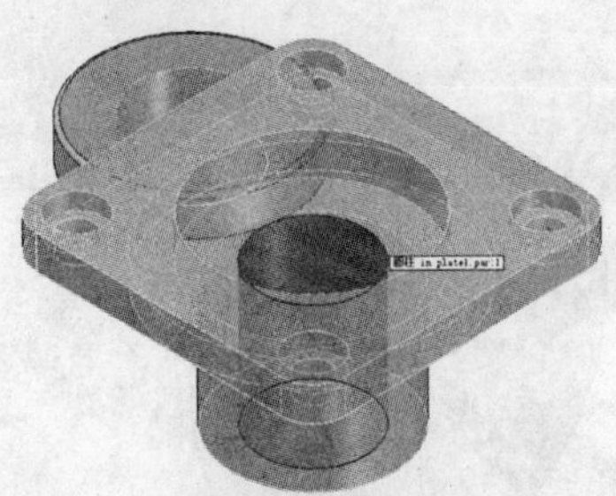

图 16-29　选择 Plate1 的内孔

（5）装配轴零件　利用插入关系将轴零件 Shaft1.par 加入到装配件中，结果如图 16-31 所示。“插入”命令组合了贴合和轴对齐关系。过程不再叙述。

（6）装配垫圈　利用插入关系将垫圈 Washer1.par 加入到装配件中，结果如图 16-32 所示。

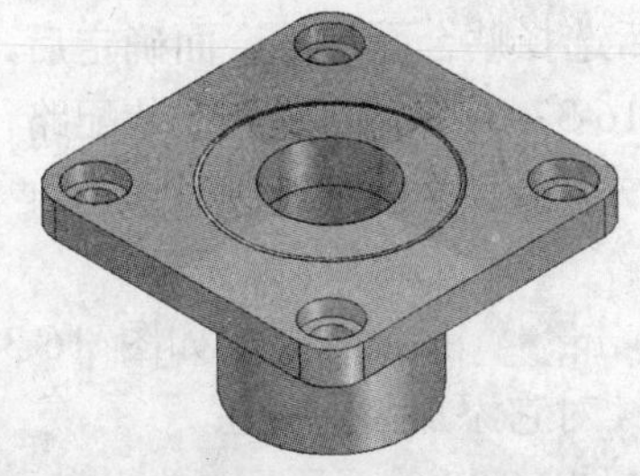

图 16-30　Bearing1 和 Plate1 的装配结果

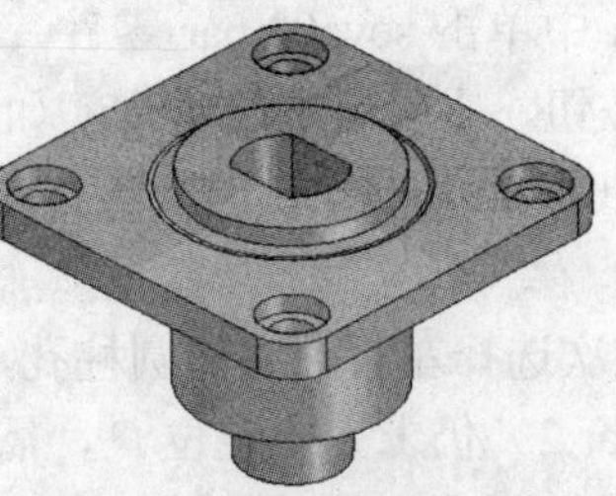

图 16-31　装配轴零件

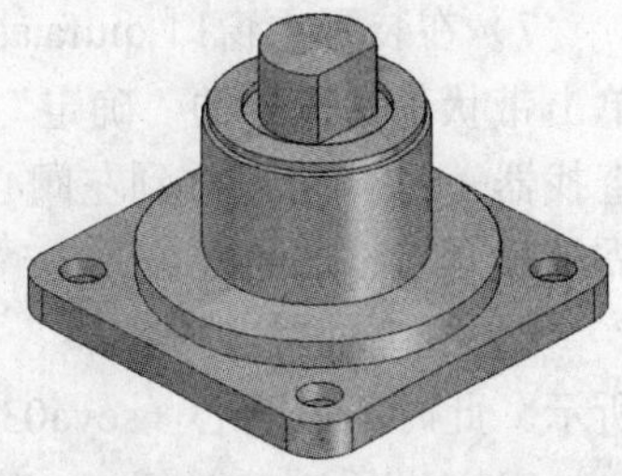

图 16-32　装配垫圈

（7）装配手柄　利用贴合和插入关系将手柄零件Lever1.par 加入到装配件中，结果如图 16-33 所示。

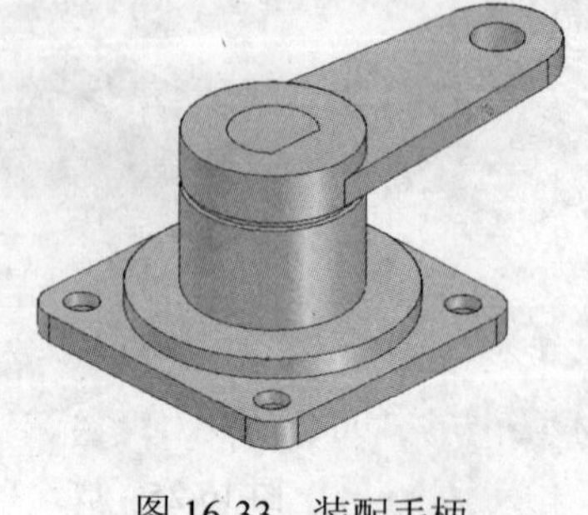

图 16-33　装配手柄

16.4.2　复杂装配件球阀的制作

球阀是由阀体、阀杆、左端盖、右端盖、压盖、转动杆、手柄及螺栓和螺母等组成，如图 16-57 所示。装配过程如下：

1. 装配阀心

1）单击按钮，在“新建”对话框中选择“Normal.asm”，并单击“确定”按钮，进入装配环境。

2）保存文件，命名为 qiufa.asm。

3）在资源查找器中单击零件库按钮，在 Solid Edge 安装目录下的 Training 子目录下找到阀心零件 seva03.par，并将其拖动到装配工作区内，如图 16-34 所示。

4）单击资源查找器的装配路径查找器按钮，单击 seva03.par，在底窗口中可以看到系统自动给它一个固定的关系，如图 16-35 所示。

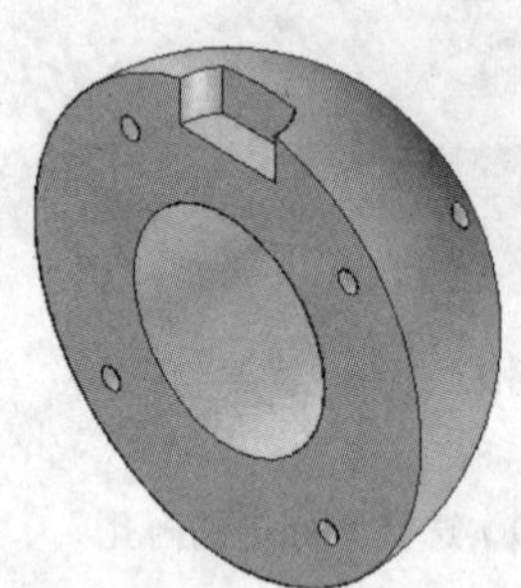

图 16-34　阀心 seva03.par 零件

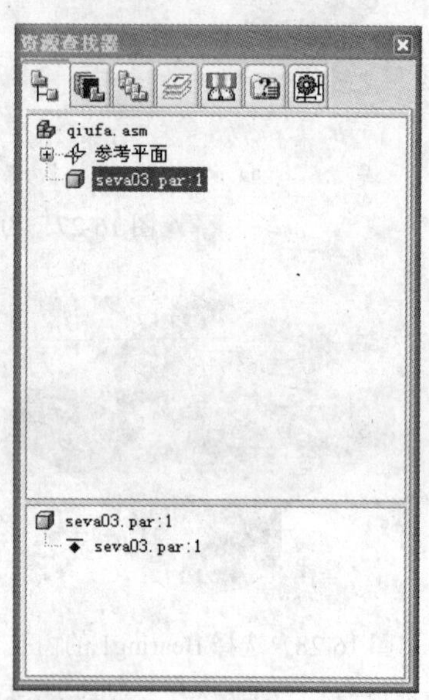

图 16-35　seva03.par 在资源查找器中的状态

5）调入另一半阀心。在零件库中再一次将阀心零件 seva03.par 拖动到装配工作区内。

6）单击贴合按钮，如图 16-36 所示。等贴合面 A 加亮显示后单击左键确定。

7）在装配主窗口 qiufa.asm 中单击 seva03.par 零件，然后选择贴合面，贴合面确定后，单击带状工具栏中的“确定”按钮，零件就装配进来，如图 16-37 所示。同时，在装配路径查找器中，可以看到左阀心（seva03.par:2）已经具有贴合关系，但是尚未完全定位，需继续对它添加装配关系。

8）选择轴对齐按钮，依次选择左右阀心的圆柱孔，单击 确定 按钮，显示如图 16-38 所示。此时，左阀心（seva03.par:2）仍未完全定位，需继续对它添加装配关系。

9）选择面对齐按钮，依次选择左右阀心的缺口平面，如图 16-38 箭头所示。单击 确定按钮后，左阀心已经完全定位，如图 16-39 所示。

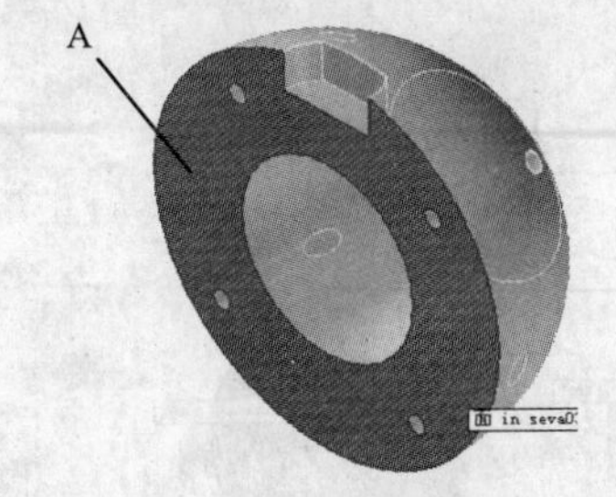

图 16-36　选择零件 seva03.par 的贴合面 A

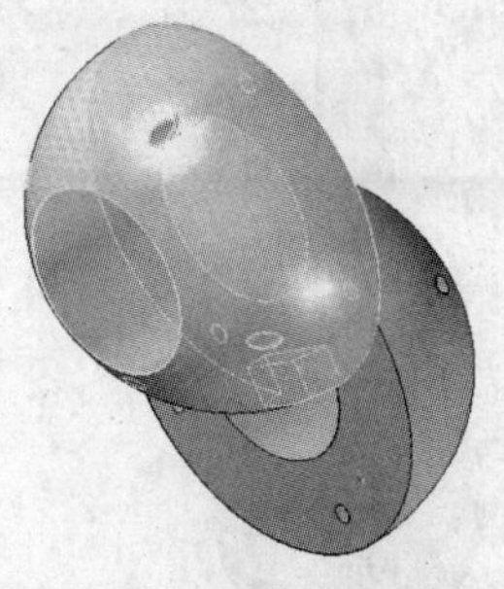

图 16-37　贴合后的零件

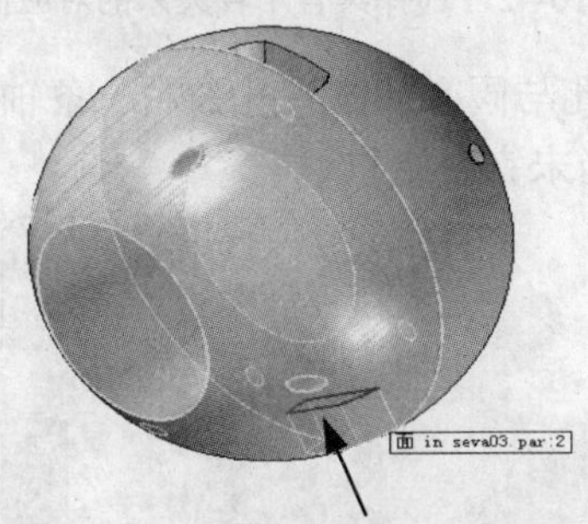

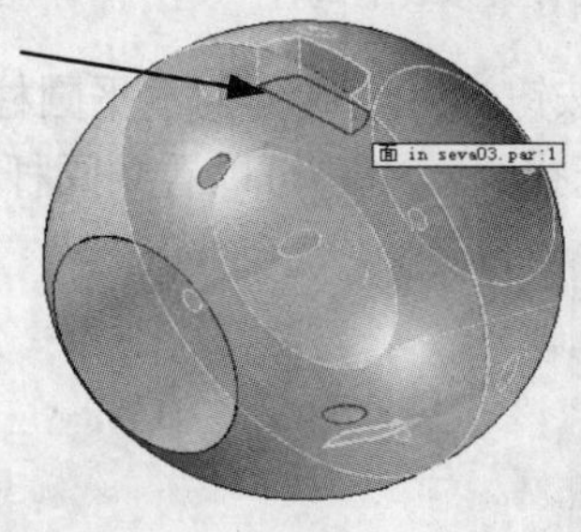

图 16-38　选择两个对应的面对齐平面

2. 装配阀杆

1）将阀杆文件 seva02.par 拖动至装配主窗口开始装配。

2）单击轴对齐按钮，装配后的结果如图 16-40 所示（具体步骤从略）。在装配路径查找器中，可以看到阀杆尚未完全定位。

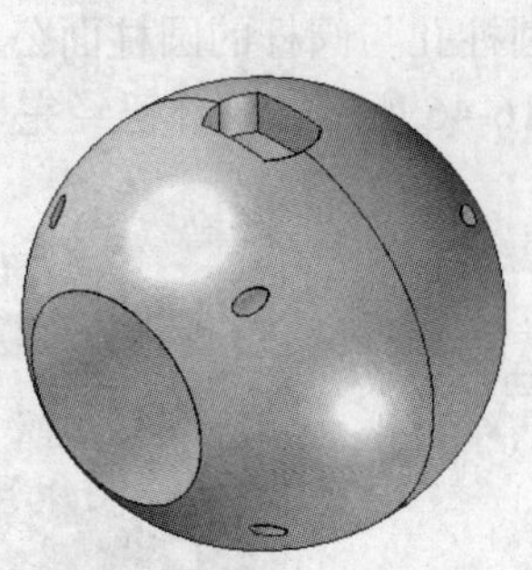

图 16-39　左阀心完全定位

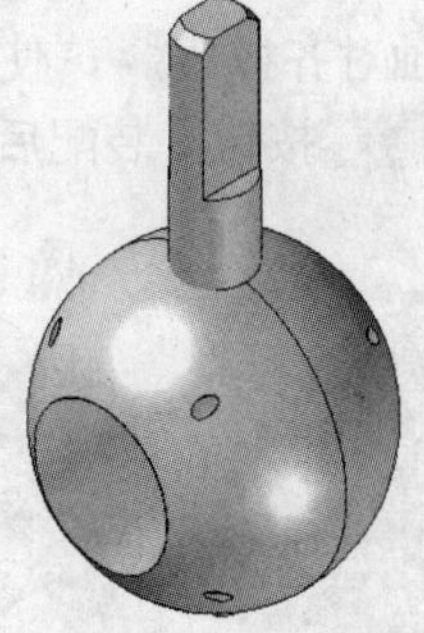

图 16-40　使用轴对齐装配阀杆

3）单击贴合按钮，使阀杆的底面和阀心缺口的底面贴合，结果如图 16-41 所示。在装配路径查找器中，可以看到阀杆仍未完全定位。

4）最后添加贴合按钮，使阀杆的侧面和阀心缺口的侧面贴合，如图 16-42 所示。单击确定按钮，装配后的结果如图 16-43 所示。阀杆已经完全定位。

3. 装配阀体

1）将阀体文件 seva01.par 拖动至装配主窗口开始装配。

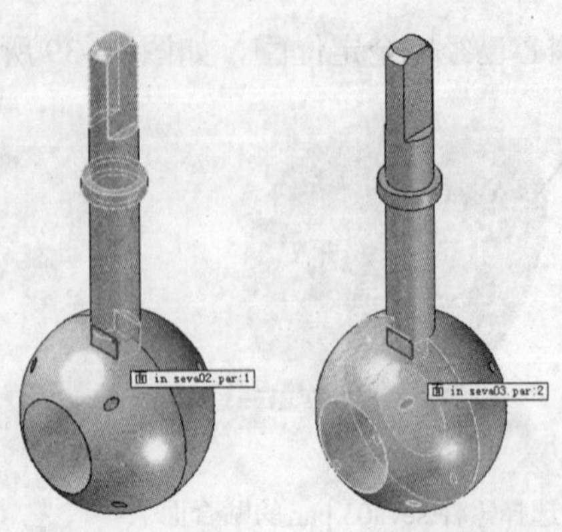

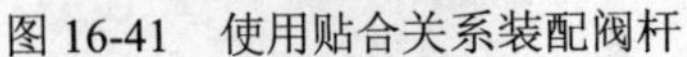

图 16-41 使用贴合关系装配阀杆　　图 16-42 选择具有贴合关系的对应面

2）单击轴对齐按钮，使阀体的水平圆柱孔与阀心的圆柱孔公用一条轴线，如图 16-44 所示。在装配路径查找器中，可以看到阀杆尚未完全定位。

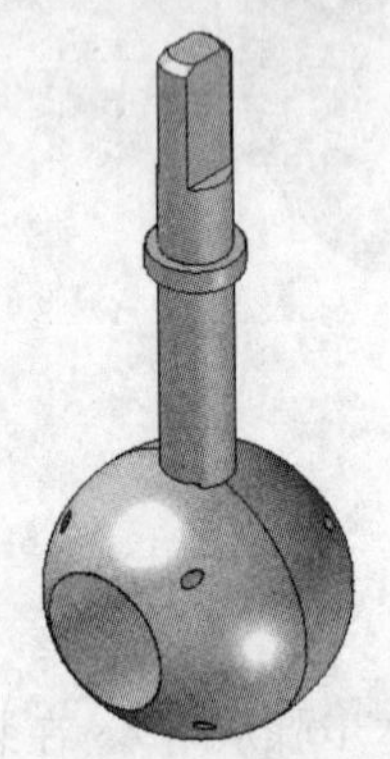

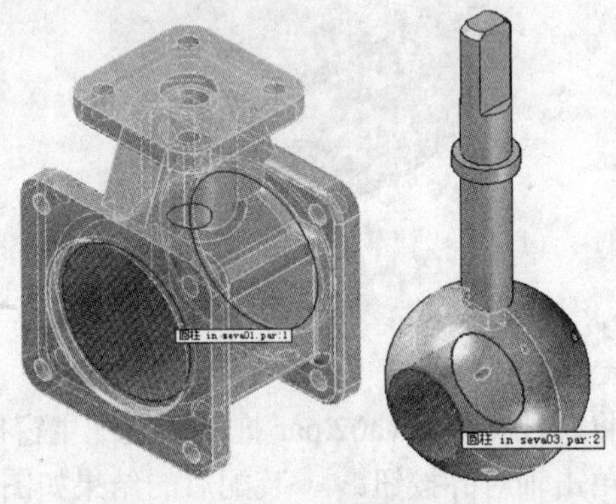

图 16-43 完全定位后的阀杆装配图　　图 16-44 选择具有轴对齐关系的圆柱孔

3）再次单击轴对齐按钮，使阀体的竖直圆柱孔与阀杆的圆柱面公用一条轴线。如图 16-45 所示。单击按钮，装配后的结果如图 16-46 所示。阀体已经完全定位。

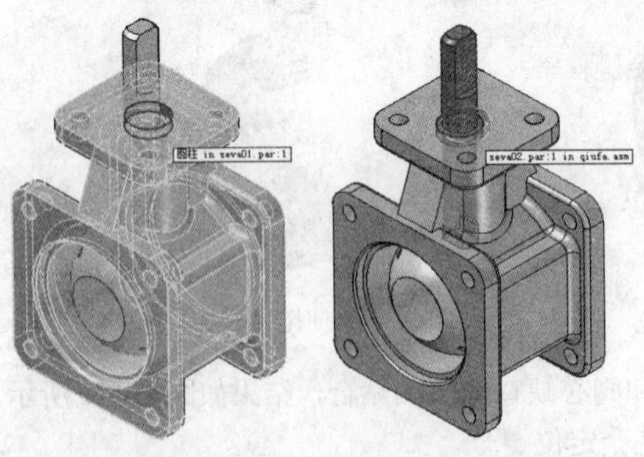

图 16-45 选择轴对齐圆柱面　　图 16-46 完全定位后的阀体

4. 装配端盖

左右端盖的装配关系相同，在这里只介绍左端盖的装配过程。

1）将端盖文件 seva04.par 拖动至装配主窗口开始装配。

2）单击贴合按钮，装配结果如图 16-47 所示（过程从略）。在装配路径查找器中，可以看到左端盖尚未完全定位。

3）单击轴对齐按钮，使端盖与阀体的水平孔轴对齐。可以看到端盖仍未完全定位。

4）再次单击轴对齐按钮，使端盖的螺栓孔与阀体的螺栓孔轴对齐。4 个螺栓孔中任意定位一个就可以了。装配后的结果如图 16-48 所示。左端盖已经完全定位。

5）右端盖的装配过程与左端盖相同，过程从略。装配后的结果如图 16-49 所示。

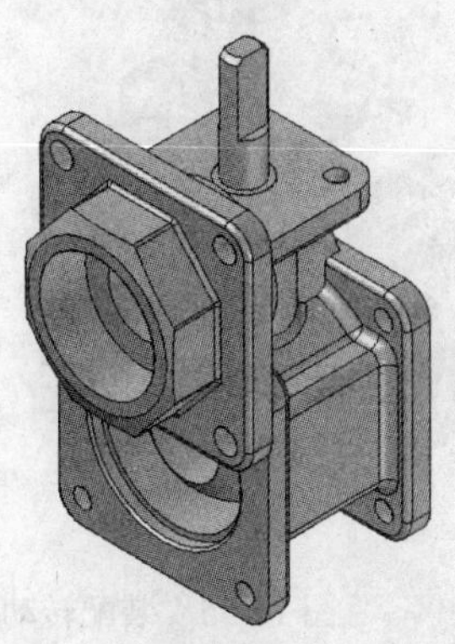

图 16-47　利用匹配关系装配左端盖

图 16-48　完全定位的左端盖

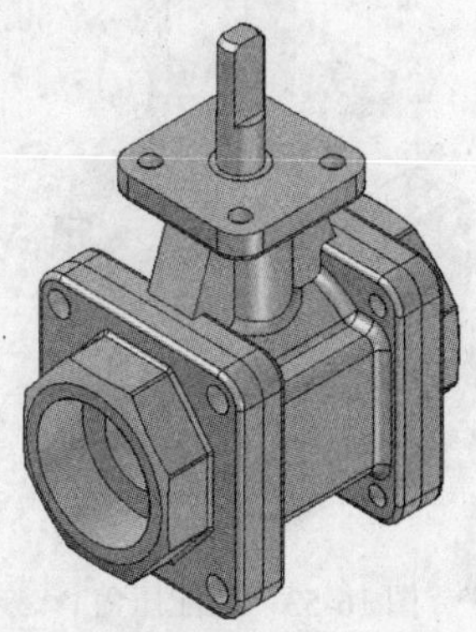

图 16-49　左右端盖均已装配

5. 装配螺栓

1）利用插入关系将螺栓 seva06.par 加入到装配件中，结果如图 16-50 所示。过程请参考 16.1.2 中的插入装配关系。

2）利用阵列命令完成其余螺栓的装配，结果如图 16-51 所示。过程请参考 16.3 中的阵列装配命令。

3）用同样的方法将右端盖的螺栓装配起来，如图 16-52 所示。

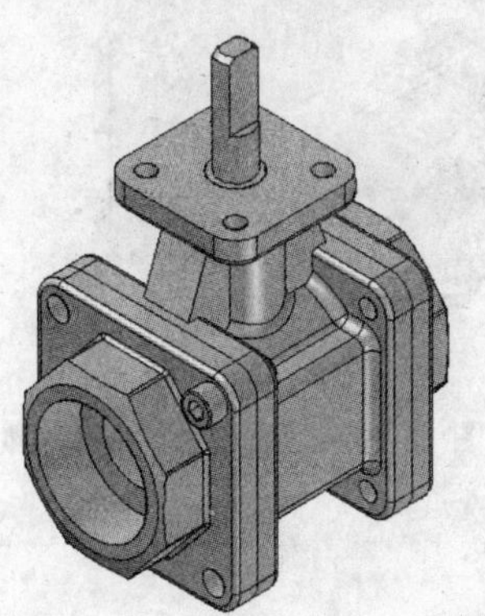

图 16-50　装配螺栓

图 16-51　阵列螺栓

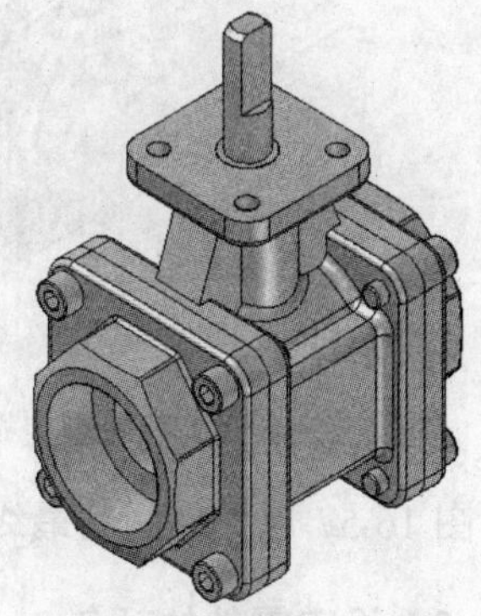

图 16-52　装配右端盖的螺栓

6. 装配压盖

压盖 seva05.par 的装配过程与端盖的装配过程类似。过程从略。装配后的结果如图 16-53 所示。

7. 装配压盖的螺栓

压盖螺栓 seva06.par 的装配过程与端盖螺栓的装配过程类似。过程从略。装配后的结果如图 16-54 所示。

8. 装配转动杆 seva07.par、紧定螺母 seva09.par 和手柄 seva08.par

1）装配转动杆 seva07.par 时，要建立其和阀杆 seva02.par 之间的装配关系，以保证它带动阀杆旋转。需要两个贴合和一个轴对齐关系。过程从略。装配后的结果如图 16-55 所示。

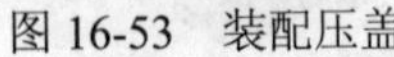

图 16-53 装配压盖

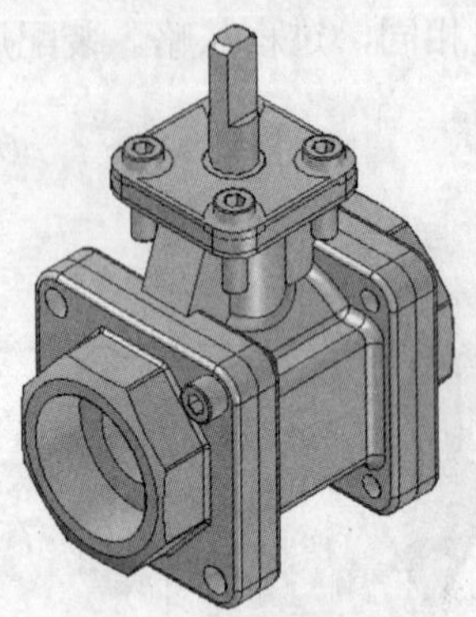

图 16-54 装配压盖的螺栓

图 16-55 装配转动杆

2）装配紧定螺母 seva09.par 是为了固定转动杆。紧定螺母和阀杆之间是插入的关系。装配后的结果如图 16-56 所示。

3）装配手柄 seva08.par。手柄和转动杆之间是插入的关系。装配后的结果如图 16-57 所示。

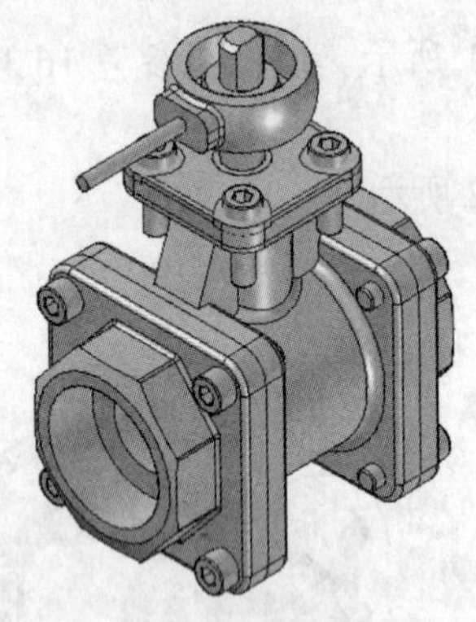

图 16-56 装配紧定螺母

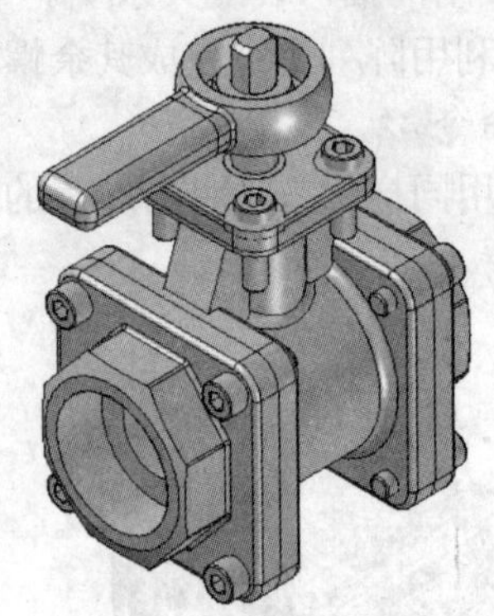

图 16-57 装配手柄

图 16-57 也是球阀的最终装配图。

16.4.3 设定零件的颜色

单击主菜单“工具”下的“颜色管理器”选项，将打开“颜色管理器”对话框，如图 16-58 所示。

1. 使用工具选项颜色设置

根据选项卡上的选项设置，来为活动、不活动和构造颜色设置颜色显示方式。

1）活动：显示为活动零件定义的颜色。

2）不活动：显示为不活动零件定义的颜色。

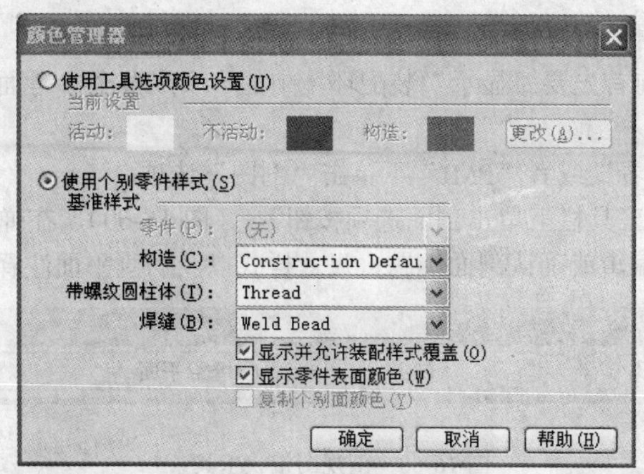

图 16-58 “颜色管理器”对话框

3）构造:显示为构造元素定义的颜色。

单击“更改”按钮，将显示在“选项”对话框中的“颜色”选项卡上，它允许更改颜色。

2. 使用单个零件样式

此选项允许根据不同的工作环境以不同方式管理颜色。在“装配件”环境中，可以对零件和构造元素应用样式覆盖。

用鼠标或者在资源查找器中选中一个零件，然后在动态工具条的材料下拉栏选择适当的材料。如图 16-59 所示。

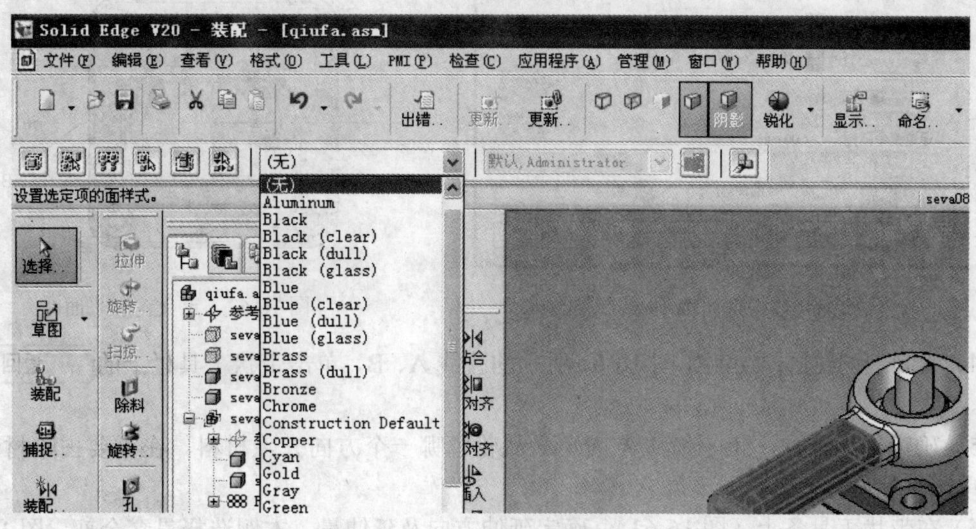

图 16-59 选择零件的材料

如果有多个零件属于同一材质，可以借助 Shift 或 Ctrl 键选择零件。

16.5 装配体剖切

装配体剖视图是表达装配结构的另一种常用手段。“装配体剖切”是模拟从装配件的一个或多个零件中删除材料，以便可以看到内部特征。下面以球阀为例，介绍装配体剖切的步骤。在剖切装配体之前首先要“显示”装配环境中的一个或多个参考面。

操作步骤：

1）在主菜单“查看”或者“PMI”下单击“剖图”选项。

2）在出现的带状工具栏上单击剖面选项按钮（图 16-60），在弹出的“剖面选项”对话框中（图 16-61），编辑或确认剖面标题、尺寸样式以及切割平面注释的默认设置。

图 16-60　剖视图带状工具条

3）在工作窗口中，选择平面 X-Z。选择平面 X-Z 是因为剖切拉伸方向与此平面垂直。选择平面 X-Z 后，系统进入如图 16-62 所示的新窗口。

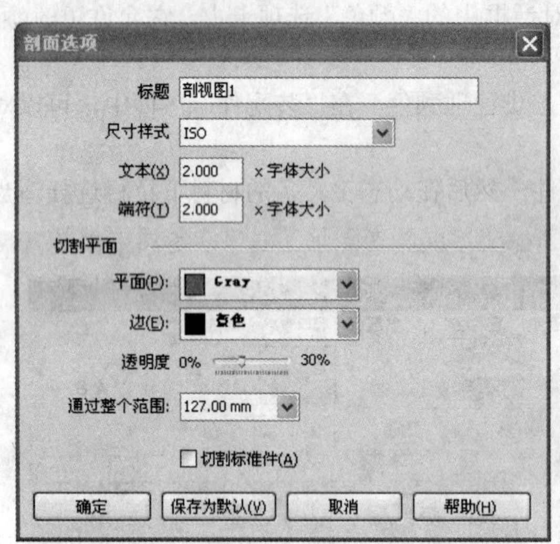

图 16-61　“剖面选项”对话框

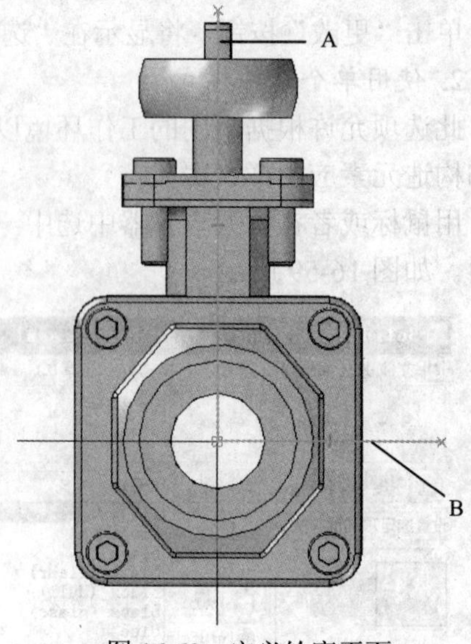

图 16-62　定义轮廓平面

4）绘制剖切轮廓：绘制如图 16-62 所示的直线 A、B，单击带状工具栏上的 返回 按钮。

5）确定剖切方向，指示箭头方向定义从轮廓哪一个方向去除材料。在需要去除材料的方向单击鼠标确定。

6）在带状工具条上（图 16-63），确定延伸方向及延伸量。本例选择贯穿全部，图 16-64 中所指状态即为贯穿全部。

图 16-63　带状工具条单

7）确定切削的零件：在如图 16-65 所示的条形菜单的“切除”列表中选择零件切除的方

式：切削所有零件、只切削选定的零件、只切削未选定零件。本例选择切削所有零件。

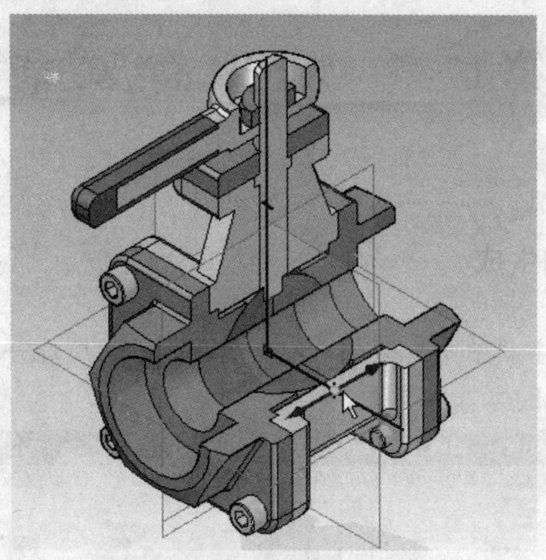

图 16-64　选择贯穿全部

图 16-65　带状工具条

8）单击条形菜单的“预览”按钮，如图 16-66 所示。如果预览效果不理想，可以通过条形菜单对以前各个步骤重新修改。

9）单击“完成”按钮以创建剖视图。在“资源查找器”工具上“路径查找器”选项卡上的“剖视图”集合中，查找剖面名称。

在第 7）步骤，可选择一些零件不做剖视，如选择“只切削选定的零件”，这样可以更清晰地显示出结构。如图 16-67 所示，零件阀杆和阀心没有被选择。

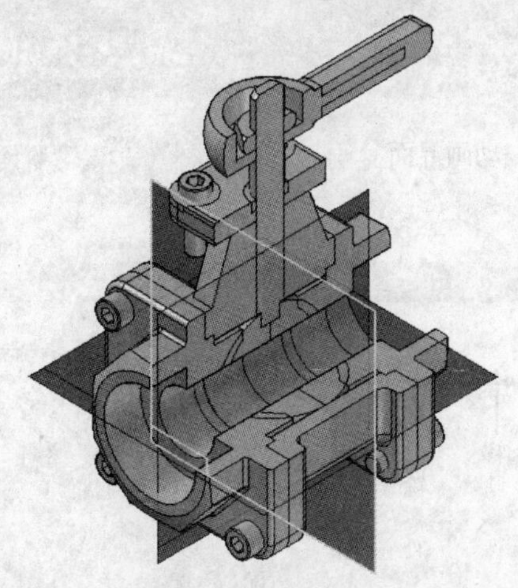

图 16-66　球阀剖视图

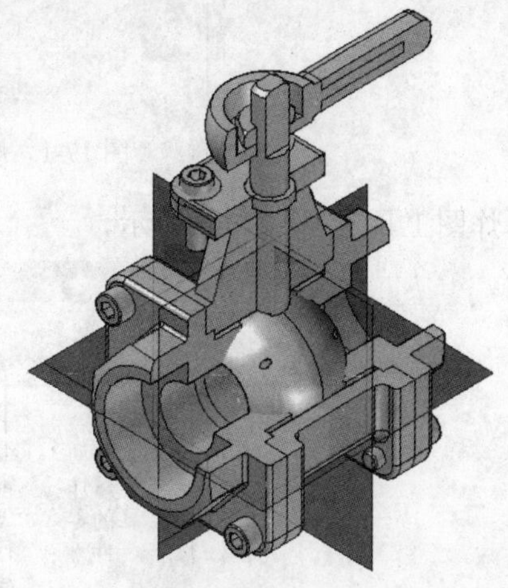

图 16-67　剖视部分零件

第 17 章　装配体高级功能

17.1　装配体爆炸图的生成

在装配环境中，单击主菜单中“应用程序”菜单中的“爆炸—渲染—动画”命令，装配环境将显示如图 17-1 所示的爆炸图界面。

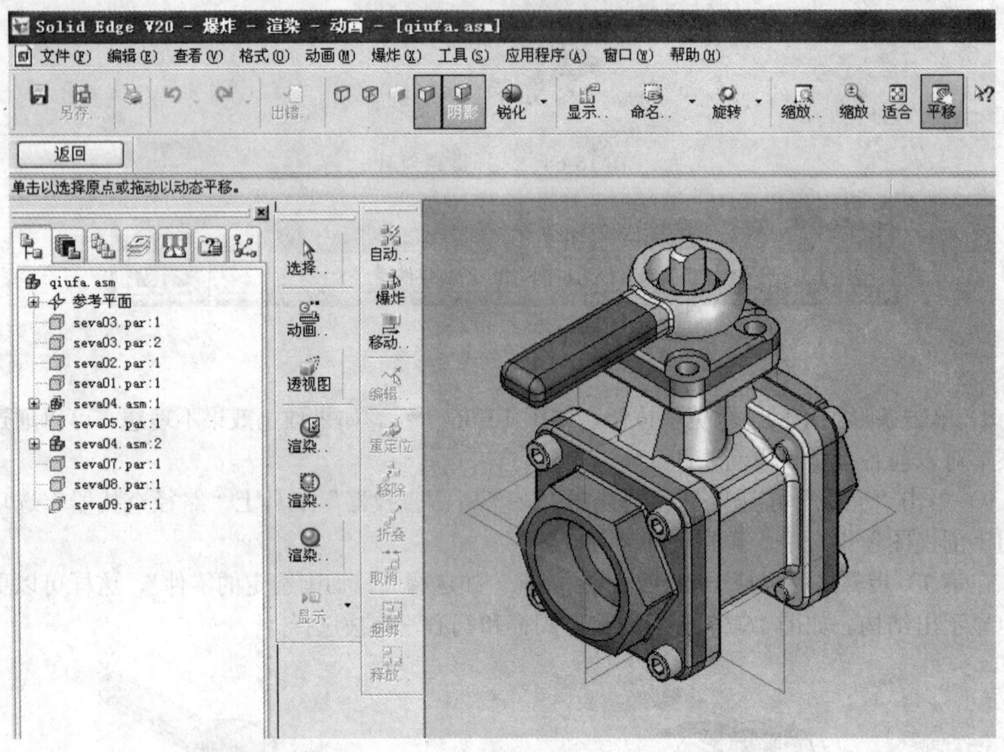

图 17-1　爆炸—渲染—动画界面

爆炸图工具栏如图 17-2 所示。

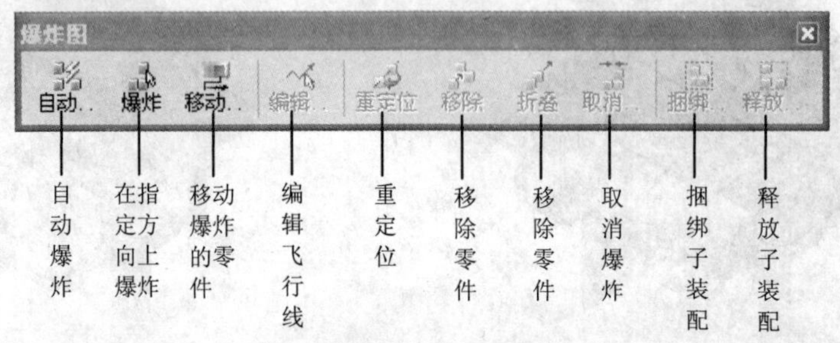

图 17-2　爆炸图工具条

1. 自动爆炸

通过使用“自动爆炸”命令，可以快速爆炸许多装配。可以使用此命令来爆炸装配中的所有零件，也可以只爆炸选择的子装配中的零件。

操作步骤：

1）在“爆炸图”工具栏上，单击“自动爆炸”按钮。

2）在图 17-3 所示的带状工具条上，可以选择是顶层装配还是子装配进行爆炸，单击接受按钮，然后单击带状工具栏中的 爆炸 按钮，结果如图 17-4 所示。

图 17-3　带状工具条

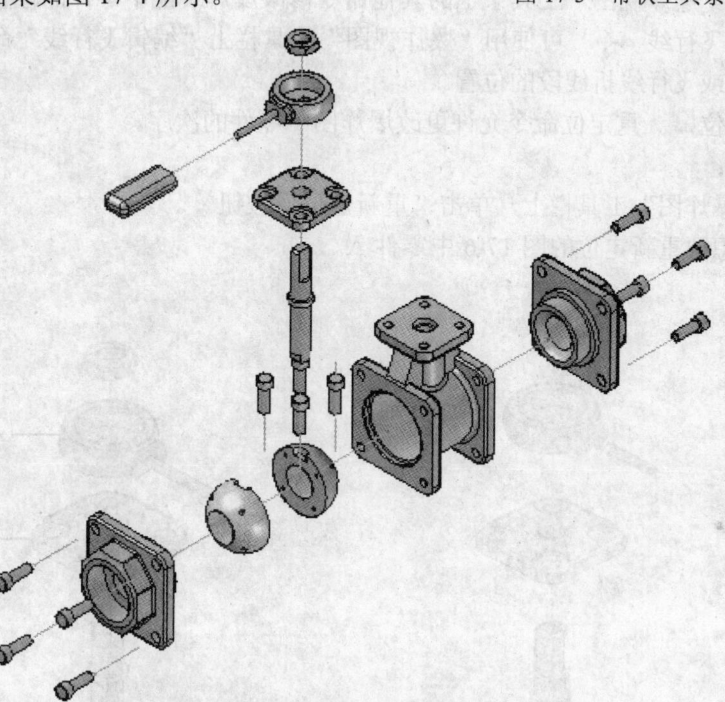

图 17-4　自动爆炸后的图形

如果想要爆炸个别子装配件，可以继续选择子装配件进行爆炸。

2. 爆炸

与“自动爆炸”命令相比，“爆炸”命令允许进一步控制装配爆炸。如果装配的许多零件不是使用贴合或轴对齐关系定位的，或者当想按不同于“自动爆炸”命令的方向爆炸零件时，应该使用“爆炸”命令。“爆炸”命令允许为一个或多个所选零件定义爆炸方向。既可以在图形窗口中选择零件，也可以在“装配路径查找器”中选择零件。手工爆炸零件时，可先定义要爆炸的零件，然后选择基本零件和该零件上的面，以定义爆炸方向。

还可以使用“爆炸”命令来编辑“自动爆炸”命令创建的爆炸。

操作步骤：

1）在“爆炸图”工具栏上，单击手动爆炸按钮。

2）指定想要爆炸的零件。

3）在“智能步骤”条形工具栏上，单击接受按钮。

4）选择固定零件。如阀体零件 seva01.par。

5）在固定零件上选择一个面或参考面。

6）使动态箭头指向所要的方向，然后单击鼠标左键。此时在带状工具条中可以输入指定的距离，再单击“爆炸”按钮，结果如图 17-5 所示。

3. 移动爆炸的零件

使用“移动爆炸零件”命令可沿着原始爆炸矢量，或定义的其他矢量移动或旋转一个或多个零件。可以使用条形工具栏上的按钮移动选定的零件及其相关零件。

4. 修改爆炸装配

可以使用“爆炸视图”工具条上的其他命令修改爆炸装配中零件的位置和显示。

（1）编辑飞行线 可使用“爆炸视图”工具栏上“编辑飞行线”命令编辑飞行线结束端的长度，或飞行线折线段的位置。

（2）重定位 重定位命令允许更改爆炸图中零件的次序。

操作步骤：

1）在“爆炸图”工具栏上，单击“重新定位”按钮。

2）选择想要重新定位的图 17-6 中零件 A。

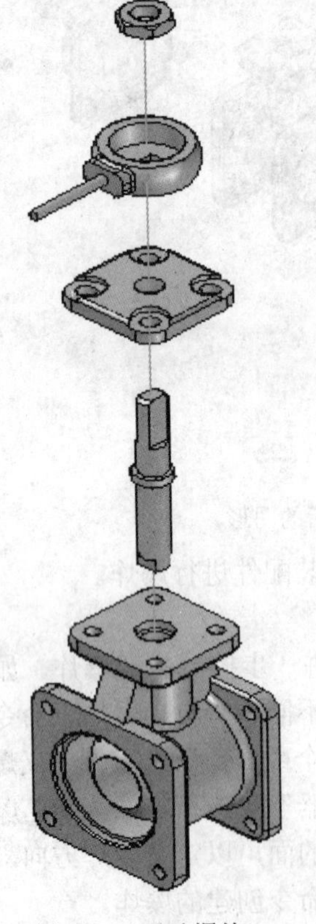

图 17-5 手动爆炸

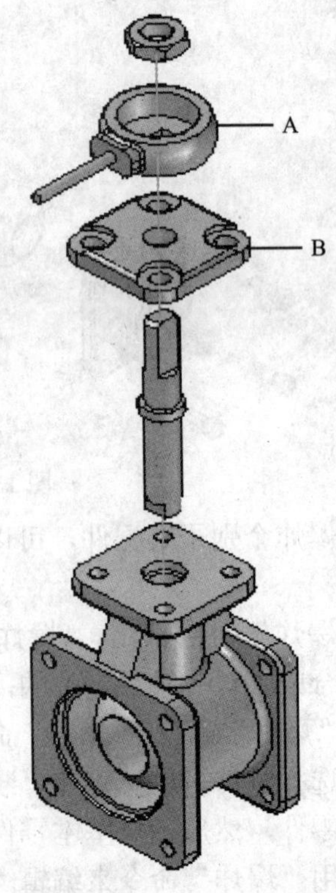

图 17-6 调整展开距离

3）选择要用做参考零件的零件 B。

4）单击以重新定位该零件，如图 17-6 所示。

（3）移除零件命令 操作步骤：

1）在“爆炸图”工具栏上，单击“选择工具”按钮。

2）在“装配件”窗口中，选择想要删除的零件。

3）在“爆炸”工具栏上，单击“移除零件”按钮。

当从爆炸装配件中删除零件时，该零件会隐藏起来，并回到它固有装配件的位置中。可以使用“装配件路径查找器”重新显示已删除的零件。

（4）“折叠”命令　可以快速将零件返回到它相对于父零件的原始装配位置，但仍显示在爆炸视图中。

（5）取消命令　取消爆炸命令是指将爆炸显示还原并回到原来的装配位置。

（6）捆绑命令　将子装配件设置为一个整体，当使用自动爆炸命令时，它们作为一个单元爆炸。

（7）释放命令　将先前使用“绑定子装配件”命令分组的子装配件取消绑定。

17.2　干涉检查

干涉检查的目的是为了检查零件间是否存在物理干涉，以及运动部件与非运动部件之间是否存在运动干涉，以便检验零件设计的合理性以及装配设计的合理性。

在装配环境中，在零件间检查干涉的步骤如下：

1）选择“检查”菜单中的“检查干涉”命令，出现如图 17-7 所示的带状工具条。

2）设置干涉选项。单击干涉选项按钮，出现如图 17-8 所示的“干涉选项”对话框。可以根据具体要求在“选项”选项卡中设置对选中的零件组检查哪些干涉情况，以及以何种形式输出干涉检查结果。以第 16 章建立的“qiufa.asm”为例，在“选项”选项卡中选中“装配中所有其它零件（A）”按钮，在“输出”选项的“干涉体积（V）”中选择“显示”按钮、“高亮显示干涉零件（H）”以及“生成报告”按钮。设置完毕后，单击 确定 按钮返回装配环境。

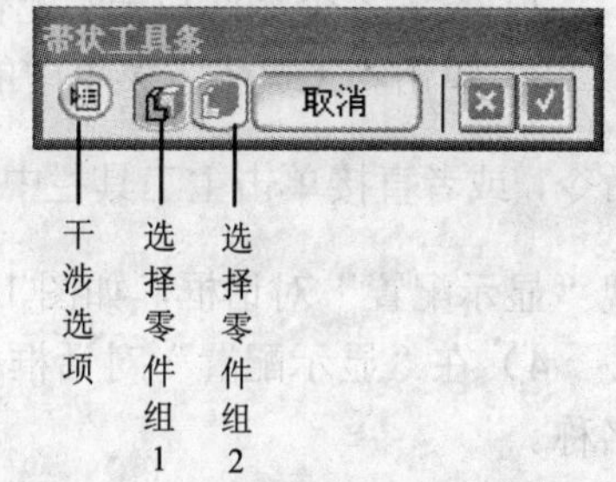

图 17-7　检查干涉带状工具条

3）定义选择组。要检查零件间的干涉，必须定义一个或两个零件集合，称为选择零件组 1、选择零件组 2。

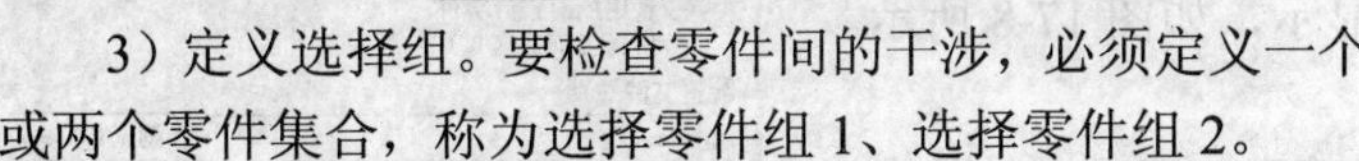

本例中设置“选择零件组 1”包括左右阀心零件 seva03.par 和阀杆零件 seva02.par。选定零件后，单击此时带状工具条上的按钮。注：如果在图 17-8 中的“选项”卡中选择“选择集 2（S）”按钮，则在选择了选择零件组 1 的零件后，“选择零件组 2”按钮便被激活，表示可以定义“选择零件组 2”。

4）进行干涉检查。单击此时带状工具条上的 处理 按钮，则按照前面步骤 2）和 3）中的设置进行干涉检查。如果不存在干涉，则会出现如图 17-9 所示的提示。

如果检测到干涉，则以高亮颜色显示干涉体积。

17.3　显示配置

使用显示配置命令可保存装配件的显示配置状态和装配件的分解图。当使用显示配置命

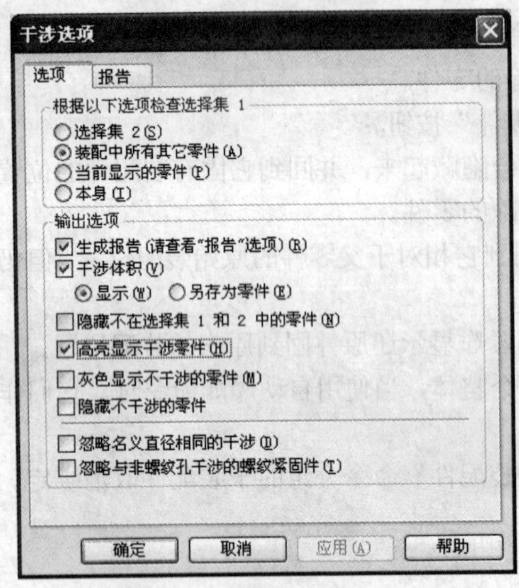

图 17-8 “干涉选项”对话框

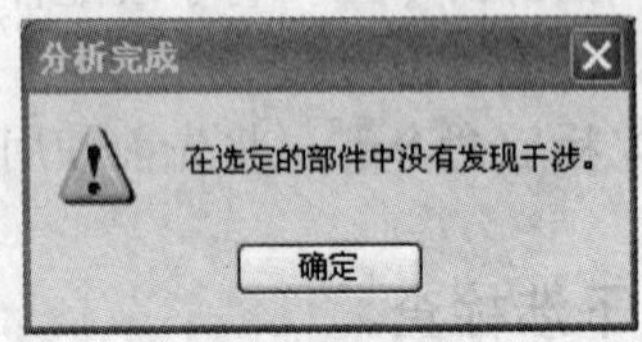

图 17-9 干涉提示

令保存显示配置时，当前显示状态就会保存起来，以便以后使用。显示配置存储在与装配件文档同名，但带有.CFG扩展名的文档中。配置文档与装配件文档存储在同一文件夹中。

1. 使用显示配置命令的步骤

1）单击“资源查找器”中的装配路径查找器按钮。

2）设置各个零件和子装配件保存时的显示方式。

3）单击“工具”主菜单中的“配置”→“显示配置”命令，或者直接单击主工具栏中的显示配置按钮，出现“显示配置”对话框，如图 17-10 所示。

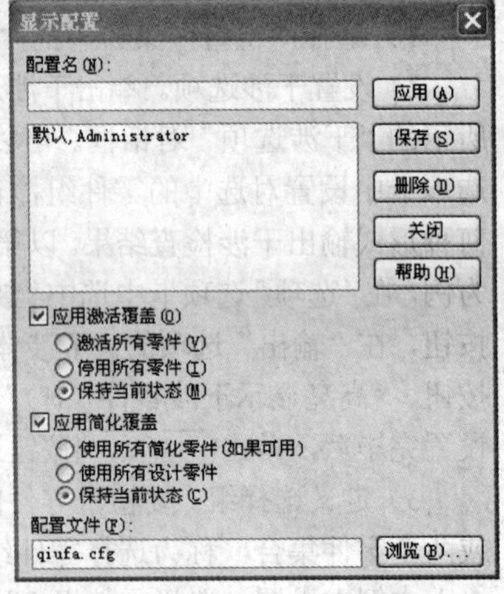

图 17-10 显示配置对话框

4）在“显示配置”对话框中，输入想要用于配置的名称。

5）单击“保存”以保存配置显示，如图 17-8 所示。

2. 使用爆炸显示配置

如果要显示装配图的爆炸显示配置，可以在“爆炸—渲染—动画”视图环境中，使用“爆炸图”工具条中的显示配置按钮选择相应的显示配置。还可通过从“选择”条形工具栏上的“装配配置”列表中选择显示配置，以便随后重新调用它，如图 17-11 所示。

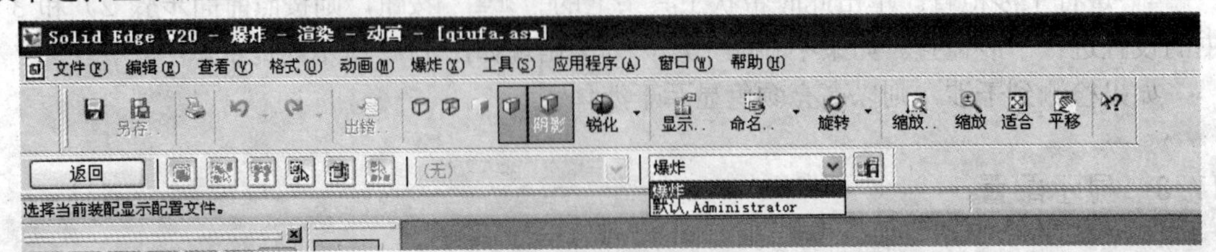

图 17-11 装配显示配置

可对爆炸图应用装配件配置，以控制零件或子装配件的显示/隐藏状态。不能对常规装配件窗口应用爆炸图配置。因此，在常规装配件窗口中工作时，条形工具栏上的“装配件配置”列表中不会显示爆炸图的配置名称。

3. 在工程图环境中使用显示配置

在工程图环境中创建图纸时，可以同时使用装配件和爆炸图配置。单击图纸视图向导命令，进入如图 17-12 所示的“选择模型”对话框；在“文件类型”中选择“装配文档”，在“文件名”中选择相应的装配图，如选择前面建立的“qiufa”装配图，单击“打开”按钮，进入如图 17-13 所示的“图纸视图创建向导”对话框；在“配置或 PMI 模型视图”列表框中可以选择装配件配置或爆炸图配置。选择其中任何一种配置，零件会按保存配置时它们显示或隐藏的状态放入图纸视图。图 17-14 为选择爆炸视图放入工程图纸中。

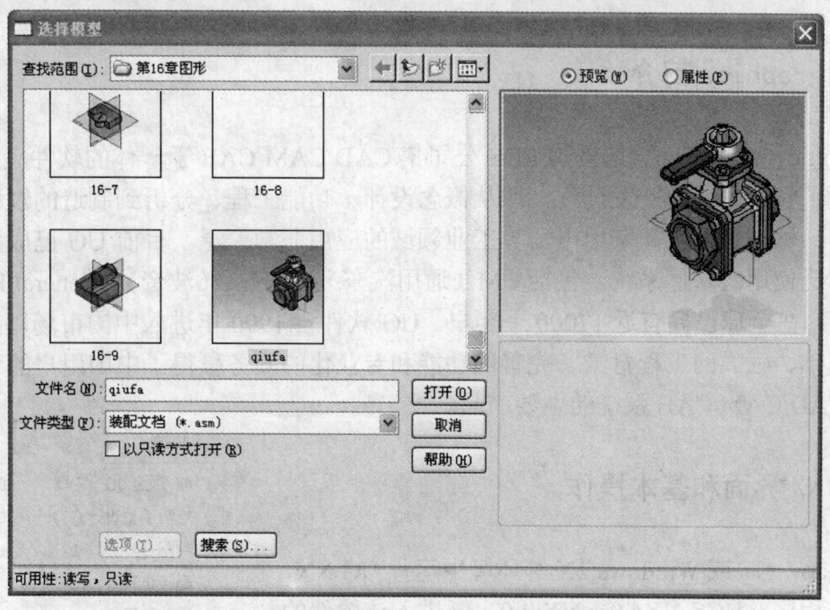

图 17-12 “选择模型”对话框

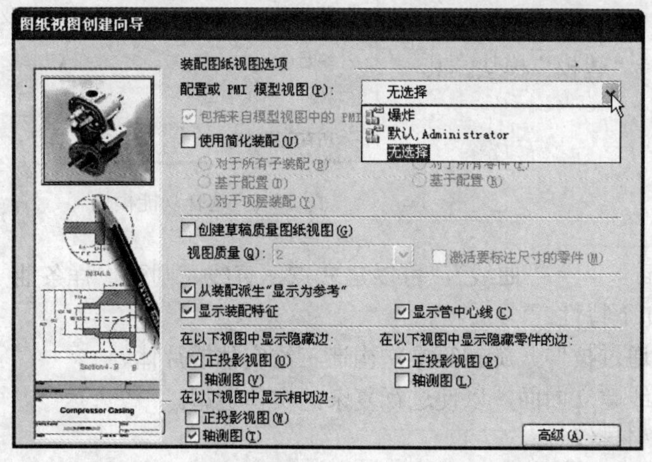

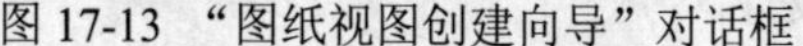

图 17-13 “图纸视图创建向导”对话框

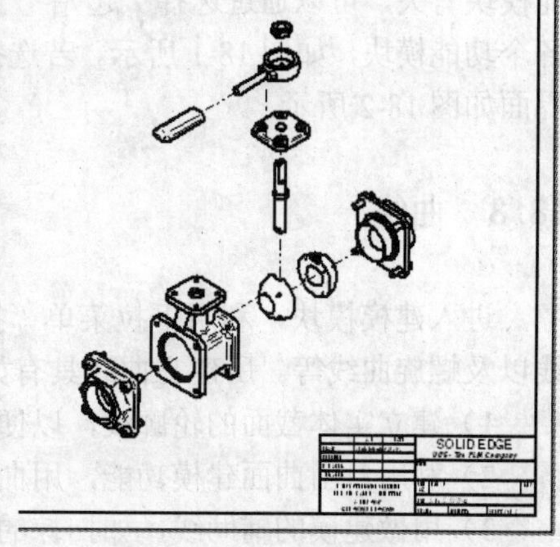

图 17-14 图纸中使用爆炸显示配置

第 5 篇　UG NX4.0 造型设计

第 18 章　Unigraphics 基本操作

18.1　Unigraphics 简介

Unigraphics（简称 UG）是美国 EDS 公司集 CAD/CAM/CAE 于一体的软件集成系统，它的功能覆盖了整个产品的开发过程，即从概念设计、功能工程、分析到制造的过程，在航空航天、汽车、机械、模具和家用电器等工业领域的应用非常广泛。目前 UG 已成为世界上最优秀公司广泛使用的软件系统，包括 GM（通用汽车）、Boeing（波音）、General Electric（通用电器）等。在全球已拥有近 17000 个客户。UG 软件自 1990 年进入中国市场以来，以其先进的理论基础、强大的工程背景、完善的功能和专业化的服务赢得了中国用户的青睐，成为中国高档 CAD/CAM/CAE 系统的主要产品。

18.2　UG NX 界面和基本操作

在 Window NT 或 Windows 2X 等环境中运行 UG NX，选择开始→程序→UGS NX4.0→NX 4.0，既进入该软件的界面，但主菜单及工具栏图标的显示内容与当前使用的功能模块有关，可以通过选择“起始”工具条进入所需要的各个功能模块，如图 18-1 所示。若选择“建模”模块，其界面如图 18-2 所示。

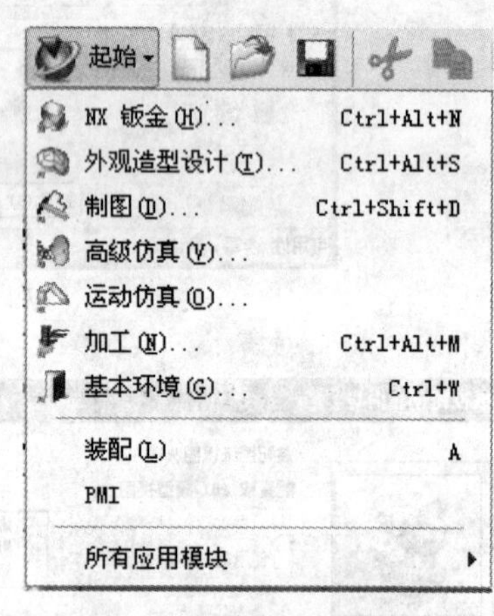

图 18-1　选择功能模块

18.3　曲线

进入建模模块，利用下拉菜单“插入”→“曲线”，可以建立点、直线、圆弧、样条曲线以及螺旋曲线等。所建立曲线具有如下特性：

1）建立实体截面的轮廓线，以便通过拉伸、旋转等操作构造三维实体或片体。

2）利用自由曲面建模功能，用曲线建立曲面，以便进行复杂的实体造型。

3）用做建模的辅助线，如扫掠的引导线等。

4）建立的曲线添加到草图中进行参数化设计。

本节主要介绍建立曲线、编辑曲线以及曲线操作方法。选择下拉菜单“编辑”→“曲线”，

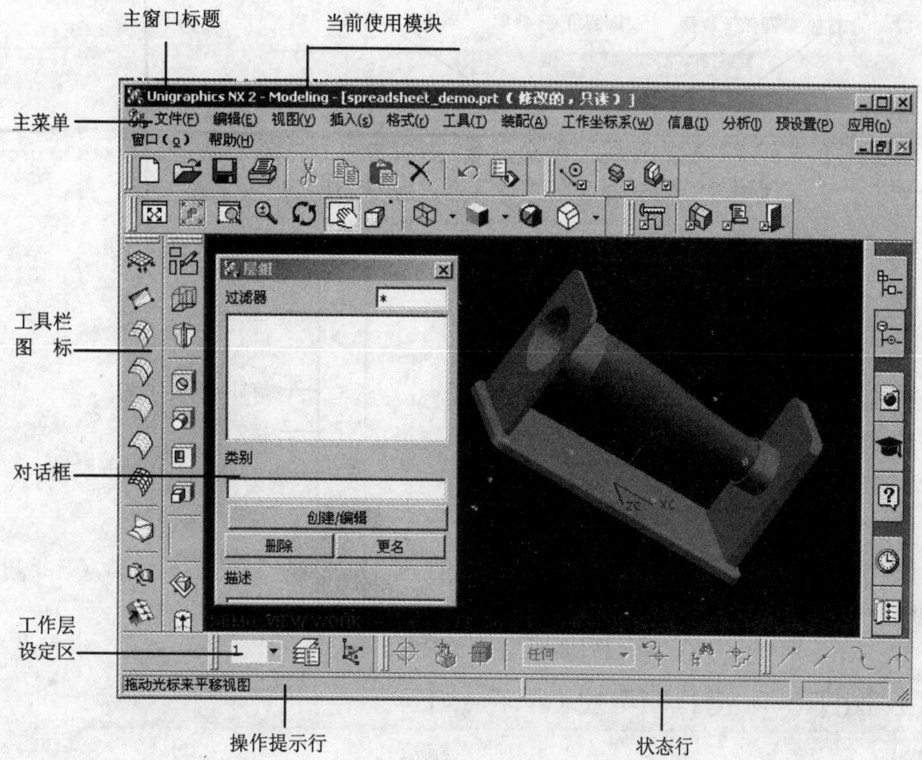

图 18-2　UG 的图形用户界面

可以进行曲线编辑；选择“插入”→“曲线”，可以进行曲线操作。图 18-3 给出了建立曲线和曲线操作所对应的部分图标，可以通过单击图 18-3 所示工具条右下角的倒三角符号，选择“添加或移除按钮”下的“曲线”，用左键单击要选择的图标来控制图 18-3 的图标选项。

图 18-3　建立曲线及曲线操作工具条

18.3.1　直线、圆弧和圆的建立

在 UG 软件中，直线、圆弧和圆都属于基本曲线。选择图 18-3 工具条的“基本曲线”进入图 18-4 所示对话框，利用此对话框可以建立直线、圆弧、圆和倒圆角，还可以修剪曲线及编辑曲线参数。本部分主要介绍直线、圆弧和圆的建立方法。

1. 建立直线

（1）对话条　由屏幕底部的文本域组成。图 18-5 给出了选择直线时的文本域，注意选择直线与选择圆弧时的文本域完全不同。这个文本域由两部分组成：

1）定位域：由 XC、YC、ZC 组成。XC、YC、ZC 跟踪鼠标点，或者用来输入以工作坐标系为参考的坐标值。

2）参数域：控制曲线的参数，包括曲线的长度、与 XC 轴的夹角以及偏置距离值。

使用 Tab 键可以在文本域之间进行切换，也可以用鼠标左键选择文本域。输完 XC、YC、

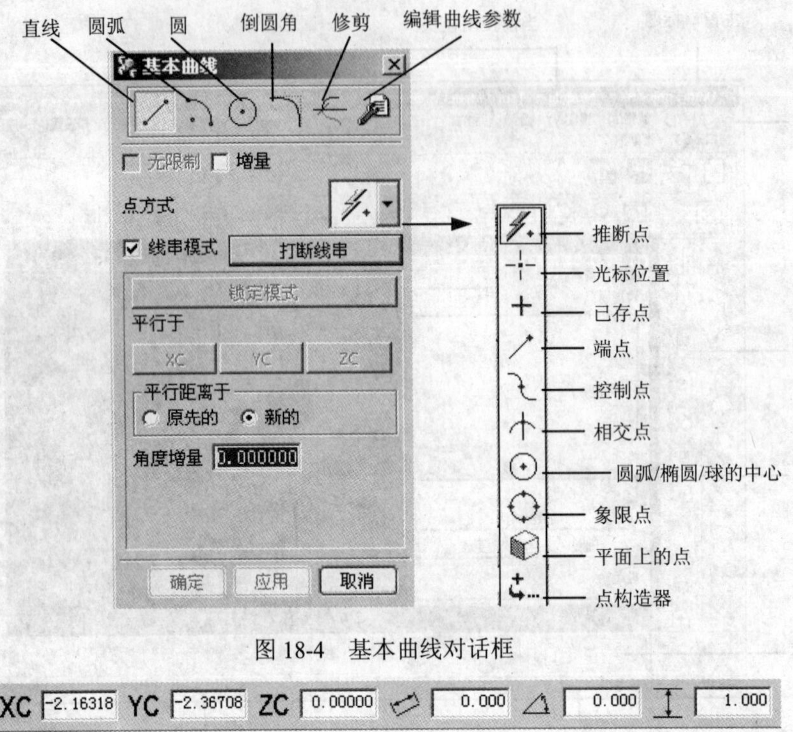

图 18-4　基本曲线对话框

XC -2.16318　YC -2.36708　ZC 0.00000　0.000　0.000　1.000

图 18-5　建立直线对话条

ZC 值，按“回车”键，则指定的点以“*”形式出现在屏幕上；输完长度、角度或者偏置距离值，按“回车”键，则参数赋予正在建立的曲线。

图 18-6　参数预设置

选择“首选项”→“用户界面”，弹出一个对话框。图 18-6 为其中的一部分，打开“跟踪”，图 18-5 所示对话框就会跟踪光标点，显示最新的光标点坐标；关闭“跟踪”，当鼠标移动时，图 18-5 所示对话框则不会改变。

捕捉角	7.0000
小数点位数	3
文本高度	0.1500

图 18-7　草图参数预设置

（2）直线建立方法

1）通过两点建立直线：在屏幕上定义两点，通过这两点建立直线，或者在对话框中输入 XC、YC 和 ZC，然后按“回车”键。如果要建立水平直线或垂直直线，可选择“预设置”→“草图”，弹出如图 18-7 所示对话框。在“捕捉角”中输入一定的值，当你输入的第二个点在捕捉角度范围内时，建立的线是水平或垂直线，如图 18-8 所示，否则建立的是斜线。

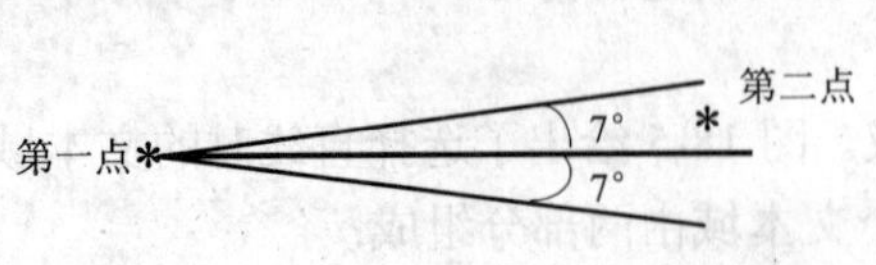

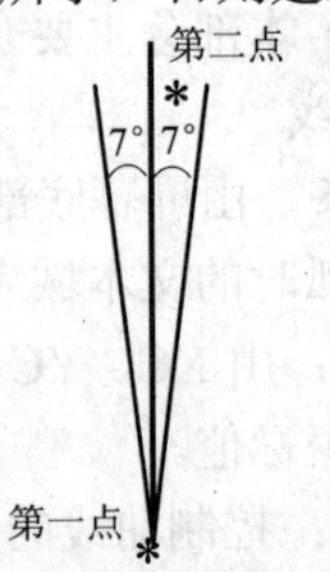

图 18-8　通过两点建立直线

2）通过一点与XC轴成一定角度

① 定义起始点。

② 在对话条的角度域中输入值并按“回车”键（角度以XC轴正向为参考方向，逆时针为正），与XC轴正向成此角度或此角度加180°的直线就建立了，它取决于鼠标相对于起点的位置。

③ 直线的长度可以用鼠标指定，也可以在对话条的长度域中输入值并按“回车”键。

3）通过一点与一直线平行、垂直或成一定角度

① 定义起始点。

② 选择直线，注意不要选择控制点。

③ 移动鼠标，注意状态栏中的提示：平行、垂直或成角度；如果建立成一定角度的直线，则在对话条中输入值并按“回车”键。

④ 直线的长度有3种确定方法：

a. 用鼠标任意选取。

b. 在对话条长度域中输入值并按“回车”键。

c. 选择几何体，此时应注意直线类型平行、垂直或成角度是否改变。为了防止改变，当状态栏中显示需要的直线类型时，在基本曲线对话框中选择“锁定模式”，然后再选择几何体，则通过一点建立了此直线的垂线。

4）给出一个偏置距离，作一条直线与已知直线平行：首先注意图18-4中“平行距离”中的两个参数的设置，如果选项设置为“原先的”，则给出的偏置距离都从原来的直线算起；如果选项设置为“新的”，则给出的偏置距离从新建立的直线算起。

① 关掉串联模式。

② 选择已知直线。

③ 在对话条中给出偏置距离。

④ 单击“应用”按钮，如果“平行距离”设置为“新的”，通过连续单击“应用”按钮可建立若干个偏置直线。

5）通过一点建立圆弧的切线或法线

① 定义起始点。

② 移动鼠标，注意状态栏中的提示：相切或垂直，满意时单击鼠标左键。

6）与一圆弧相切，是另一个圆弧的切线或法线

① 选择第一个圆弧，注意不要选择控制点。

② 移动鼠标，注意状态栏的提示：相切或垂直，满意时单击鼠标左键。

7）建立一条新直线，与一圆弧相切，与另一已知直线平行、垂直或成一定角度

① 选择圆弧，注意不要选择控制点。

② 选择直线，注意不要选择控制点。

③ 移动鼠标，注意状态栏中的提示：平行、垂直或成角度；如果建立成一定角度的直线，则在对话条的角度域中输入值并按“回车”键。

④ 新直线的长度可以用鼠标确定，或在对话条的长度域中输入，或通过选择几何体确定。

8）建立一条新直线，平分两条直线的夹角（两条直线不一定相交，理论上的交点为新

直线的起点）

① 选择第一条直线，注意不要选择控制点。

② 选择第二条直线，注意不要选择控制点。

③ 两条直线有四个夹角，移动鼠标可以平分任意夹角。

④ 新直线的长度可以用鼠标确定，或在对话条的长度域中输入，或通过选择几何体确定。

9）建立一条新直线，位于两条平行直线的中间

① 选择第一条直线，与选择点接近的端点为新直线的起点。

② 选择与第一条直线平行的直线。

③ 新直线与所选直线平行，并且位于两条平行直线的中间。

10）建立一条新直线，通过一点并且与一平面垂直

① 定义一点作为直线的起点。

② 在图 18-4 所示基本曲线对话框的“点方式”中选择“平面上的点”。

③ 选择一平面建立一条新直线，长度为起点到平面的距离，方向沿平面的法线方向。

（3）基本曲线对话框中其他参数简介

1）无限制：不限制边界的线。打开此选项，所建立的直线会沿着起点与终点连线，方向延长至图形窗口的边缘。

2）增量：打开此选项，则系统以增量方式建立直线，即在选定一点后，在 XC、YC、ZC 中输入的值是前一点坐标的增量值。

3）线串模式：打开此选项，系统会自动捕捉前一条直线的终点，作为下一条直线的起点来建立新直线。

4）打断线串：打开此选项，系统不会自动捕捉前一条直线的终点，可在图形窗口任意建立一条直线。

5）锁定模式：如果选择此选项，则所建立的直线会平行或垂直于选定的直线，或者与选定的直线成一定的角度。

6）解开模式：当锁定模式被选中后，则该按钮上的文本会变成“解开模式”。在此种模式下，移动鼠标，直线的方向在平行于选定的直线、垂直于选定的直线、与选定直线成一定的角度等方向变换，可以从中选择一个方向建立直线。

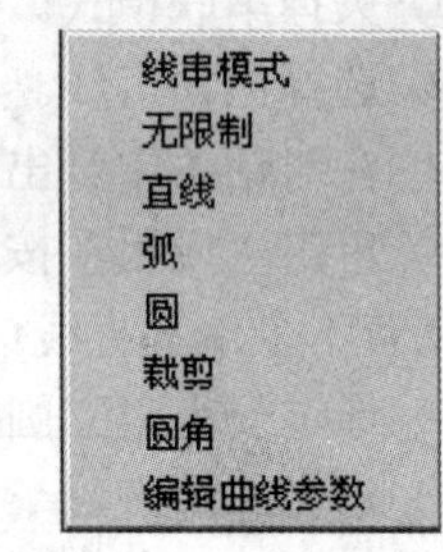

图 18-9　直线的 Shift+右键弹出菜单

（4）Shift+鼠标右键弹出菜单　当利用基本曲线建立直线、圆、圆弧时，有一个特殊的菜单可以使用。将鼠标移到图形区域，同时单击 Shift+鼠标右键，就会弹出如图 18-9 或图 18-10 所示的菜单。建立直线时，弹出的是如图 18-9 所示的菜单；建立圆弧时，弹出的是如图 18-10 所示的菜单；建立圆时，图 18-10 顶部两个选项不显示。

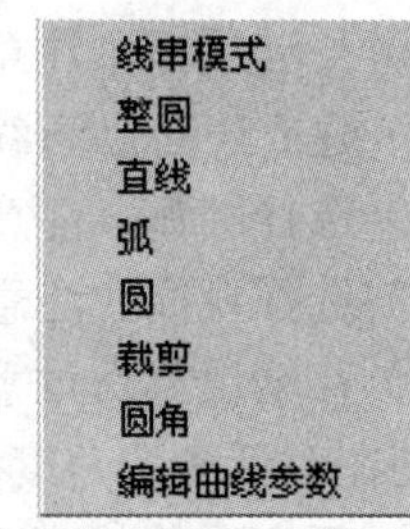

图 18-10　圆弧的 Shift+右键弹出菜单

2. 圆弧和圆的建立方法

当建立圆弧和圆时，屏幕底部对话框的显示内容与建立直线时不完全相同，如图 18-11 所示。

这个文本域同样由两部分组成：

图 18-11　建立圆弧和圆时的对话条

1）定位域：由 XC、YC、ZC 组成。XC、YC、ZC 跟踪鼠标点，或者用来输入以工作坐标系为参考的坐标值。

2）参数域：参数域控制曲线的参数，包括半径、直径、起始圆弧角和终止圆弧角。

（1）圆弧的建立方法　选择图标建立圆弧，有以下 3 种方法：

1）通过定义起点、终点和圆弧上的点建立圆弧。

2）通过定义圆心、起点和终点建立圆弧。

3）生成方式选择圆心、起点和终点，在图 18-11 所示文本框中输入圆心坐标、半径或者直径、起始圆弧角和终止圆弧角，最后按“回车”键建立圆弧。

此外，在用前两种方法建立圆弧时，起点、终点以及圆弧上的点都可以通过对话框直接输入，每输入一点后按“回车”键。

（2）圆的建立方法　选择图标建立圆，方法有以下三种：

1）在屏幕上用鼠标直接选取圆心和圆上的点。

2）在图 18-11 所示的文本框中输入圆心坐标和半径或直径值。

3）通过一点和相切对象建立圆。

18.3.2　矩形

单击建立曲线工具条上的矩形图标建立矩形，这时系统会弹出“点构造器”对话框，提示输入矩形的第一个角点和第二个角点，系统就会创建一个矩形。由于该功能比较简单，不再进行过多的讲述。

18.3.3　建立正多边形及其他类型的曲线

1. 建立正多边形

单击建立曲线工具条上的矩形图标来建立正多边形。在如图 18-12 所示的对话框中输入正多边形的边数，单击“确定”按钮，弹出如图 18-13 所示对话框。建立正多边形的方法有 3 种。

图 18-12　正多边形的边数

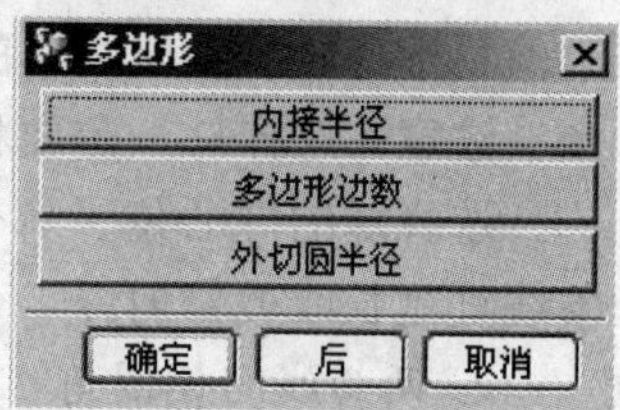

图 18-13　建立正多边形

（1）内接半径（内切圆半径）　选择此选项，弹出如图 18-14 所示对话框，分别在“内接半径”、“方向角度”文本框中输入内接圆半径和方向角，单击“确定”按钮，再利用弹出的点构造器设定正多边形的中心即可。其中内接半径和方向角的含义如图 18-15 所示。

（2）多边形边数（正多边形边长）　选择此选项后，分别在边长（侧）和方向角中输入值，再利用弹出的点构造器设定正多边形的中心即可。

（3）外切圆半径（外接圆半径）　选择此选项，弹出如图 18-16 所示对话框，分别在“圆半径”、“方向角度”文本框中输入外接圆半径和方向角，单击“确定”按钮，再利用弹出的点构造器设定正多边形的中心即可。其中外接圆半径和方向角的含义如图 18-17 所示。

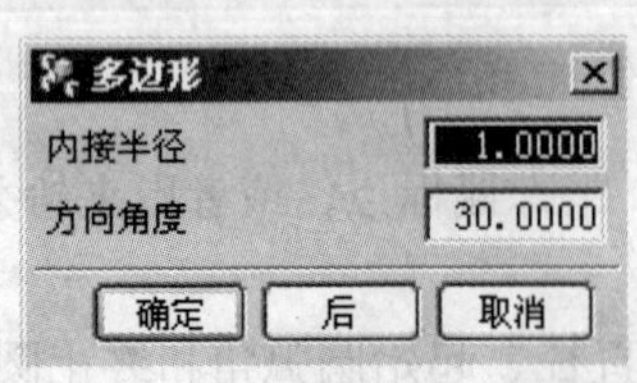

图 18-14　内接圆半径

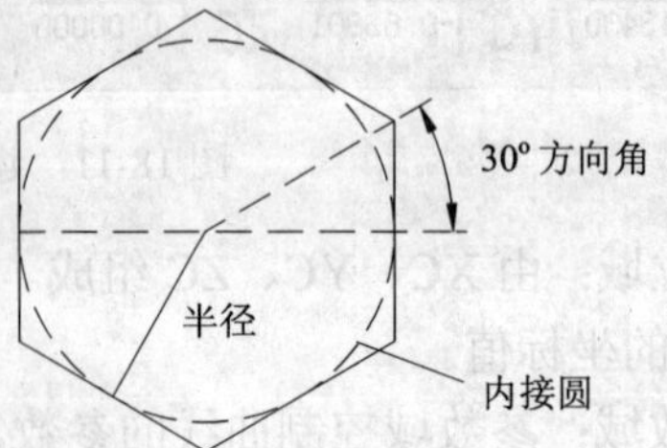

图 18-15　内接圆半径和方向角

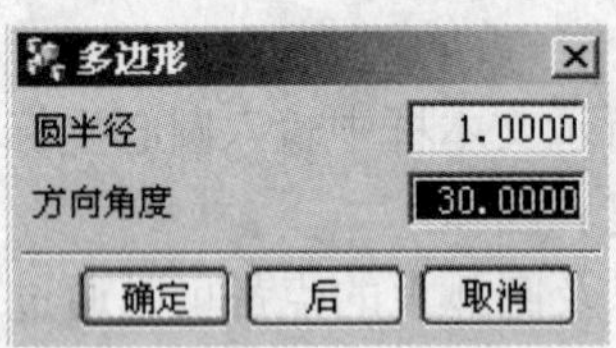

图 18-16　外接圆半径

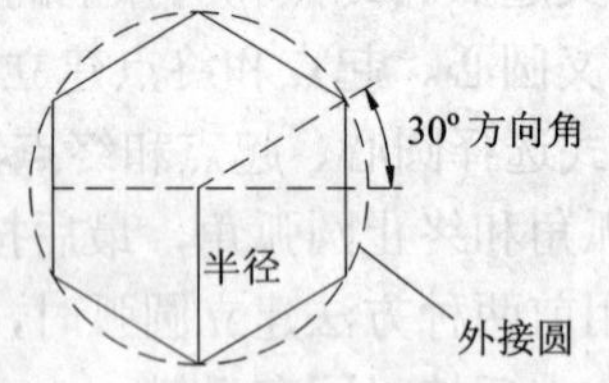

图 18-17　外接圆半径和方向角

2. 建立其他类型的曲线

其他类型曲线，如矩形、椭圆、抛物线、双曲线、二次曲线等，这些曲线参数设置与几何学中的设置相同，这里不再详细介绍。

18.4　曲线的编辑

18.4.1　倒圆角

在基本曲线对话框中选择图标，或直接在编辑曲线工具条中选择图标，弹出如图 18-18 所示对话框。对话框顶部为 3 种倒圆角的方式，介绍如下：

1. 简单倒圆角

简单倒圆角仅用于两共面但不平行直线间的倒角。选择图 18-18 顶部第一个图标，圆角半径的确定方法有两种：

1）在“半径”文本框中输入半径。

2）选择“继承”按钮，再选择一存在的圆角，以其半径为当前圆角半径。

将选择球至要倒圆角的两条直线交点处，单击鼠标左键即可。

注意：选择球一定要将两条直线都包括在内。

选择球的球心位于哪个象限（指两条直线形成的象限），它球心确定了圆角的圆心，两条线被延长或被修剪。

2. 两曲线间倒圆角

选择图 18-18 顶部的中间图标，先选择第一条曲线，然后选择第二条曲线，再设定一个大致的圆心位置。注意要使所形成的圆角沿逆时针方向从第一条曲线到第二条曲线，并且与两曲线相切。圆角半径的确定方法有两种：

1）在“半径”文本框中输入半径。

2）选择“继承”按钮，再选择一存在的圆角，以其半径为当前圆角半径。

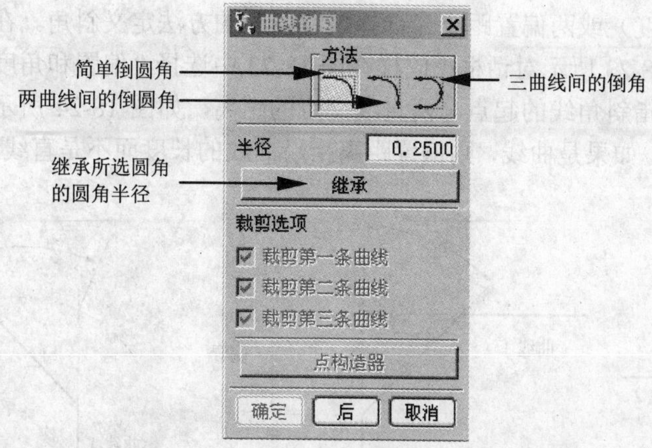

图 18-18 倒圆角

3. 三条曲线间倒圆角

选择图 18-18 顶部的第三个图标，依次选择三条曲线或点，并设定一个大致的圆心位置，所形成的圆角沿逆时针方向从第一条曲线到第三条曲线，并且与三条曲线相切，圆角半径由三条曲线间的关系确定。

18.4.2 倒斜角

单击图 18-3 所示工具条右下角的倒三角符号，选择“添加或移除按钮”下的“曲线”，用左键单击要选择的图标，弹出如图 18-19 所示对话框，使用此对话框可以实现在两条共面的直线或曲线间倒斜角。

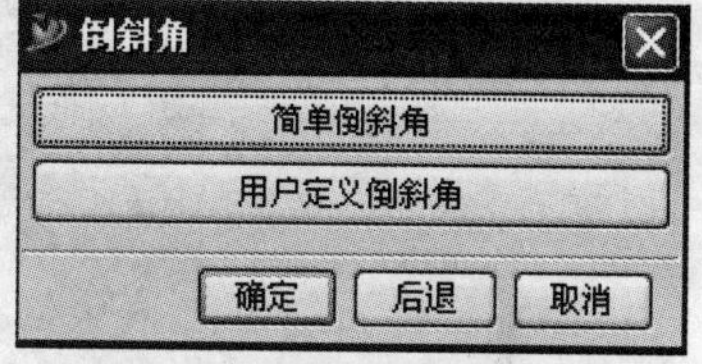

图 18-19 倒斜角

1. 简单倒斜角（简单倒角）

此选项用于两共面的直线间倒斜角。选择该选项后，弹出如图 18-20 所示对话框，在“偏置”文本框中输入倒角尺寸后，单击“确定”按钮，再选择两直线的交点处（注意选择球一定要同时选中两条直线），便会在两直线间产生等倒角尺寸的斜角。

图 18-20 简单倒斜角

2. 用户自定义倒斜角（用户自定义倒角）

此选项用于两共面的直线或曲线（圆弧、二次曲线、样条曲线）间倒斜角。选择该项后，弹出如图 18-21 所示对话框；从中选择两曲线的修剪方式（自动修剪、手工修剪、不修剪）后，单击“确定”按钮，进入如图 18-22 所示对话框或图 18-23 所示对话框，用偏置距离及

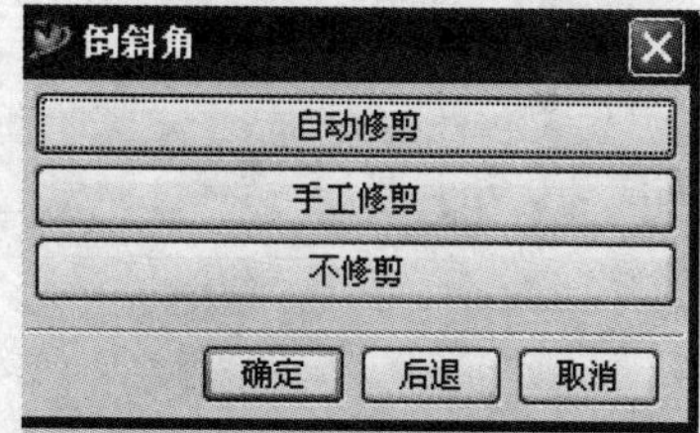

图 18-21 用户自定义倒角

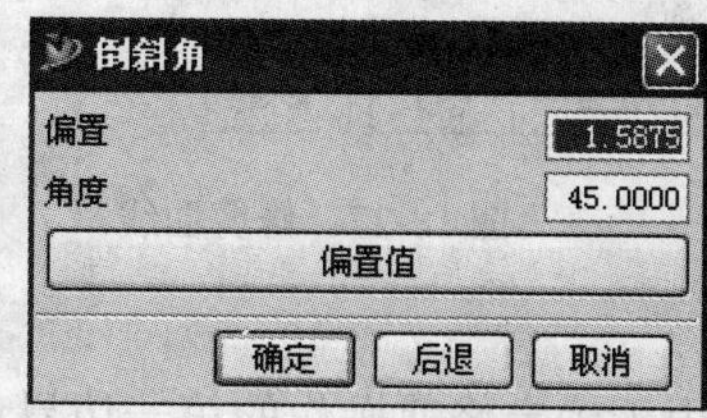

图 18-22 偏置和角度

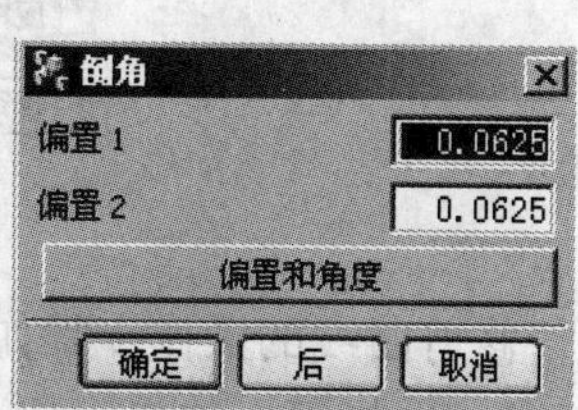

图 18-23 双偏置值

角度（选择偏置和角度）或两偏置距离（选择偏置值）的方法定义斜角。在图 18-22 中选择“偏置值”，进入图 18-23 所示对话框；同样在图 18-23 中选择“偏置和角度”，进入图 18-22 所示对话框。偏置是指斜角线的起点与两直线交点的距离，如图 18-24 所示；偏置和角度的含义如图 18-25 所示；如果是曲线，则偏置距离指沿曲线的长度而不是直线距离，如图 18-26 所示。

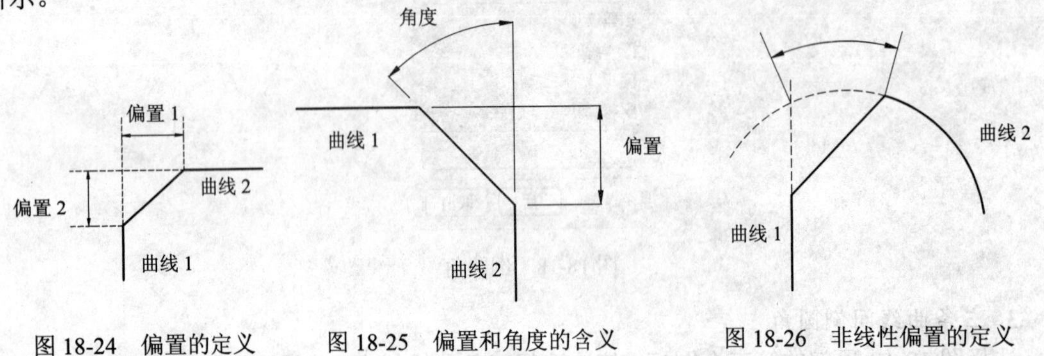

图 18-24　偏置的定义　　图 18-25　偏置和角度的含义　　图 18-26　非线性偏置的定义

18.4.3　修剪曲线

选择下拉菜单“编辑”→“曲线”→“修剪”，或选择图标，弹出如图 18-27 所示对话框。

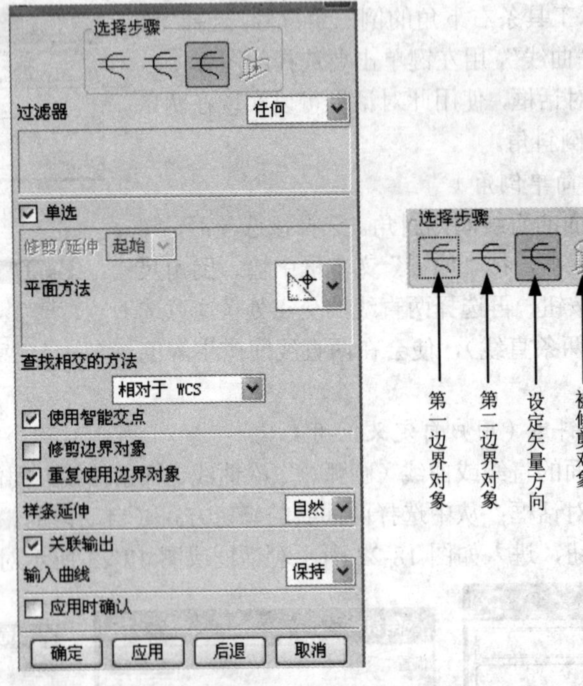

图 18-27　修剪曲线

修剪曲线的操作步骤如下：

1）选择第一边界对象：用于确定修剪操作的第一边界对象。

2）选择第二边界对象：用于确定修剪操作的第二边界对象（如果需要可以选择，否则直接操作第三步）。

3）选择被修剪曲线：可以选择一条或多条修剪曲线。

对于同一被修剪对象，选择不同的修剪位置，会有不同的结果，如图 18-28～图 18-30 所示。

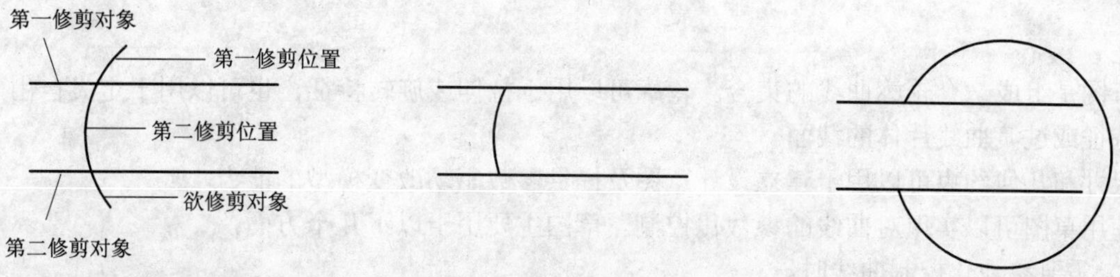

图 18-28　操作前的图形　图 18-29　选择第一修剪位置后的结果图　图 18-30　选择第二修剪位置后的结果

例　利用 UG NX 曲线功能绘制如图 18-31 所示图形。

1）进入 UG 后，选择进入“建模”模块，调出曲线工具条，单击，绘制一个长 90、宽 60 的矩形。

2）单击曲线工具条中的基本曲线图标，选择其中的圆角图标，弹出如图 18-32 所示对话框，选择“方法”中的第二项两曲线间倒角，按照前面所介绍的方法可以得到倒圆后的矩形，如图 18-32 所示。

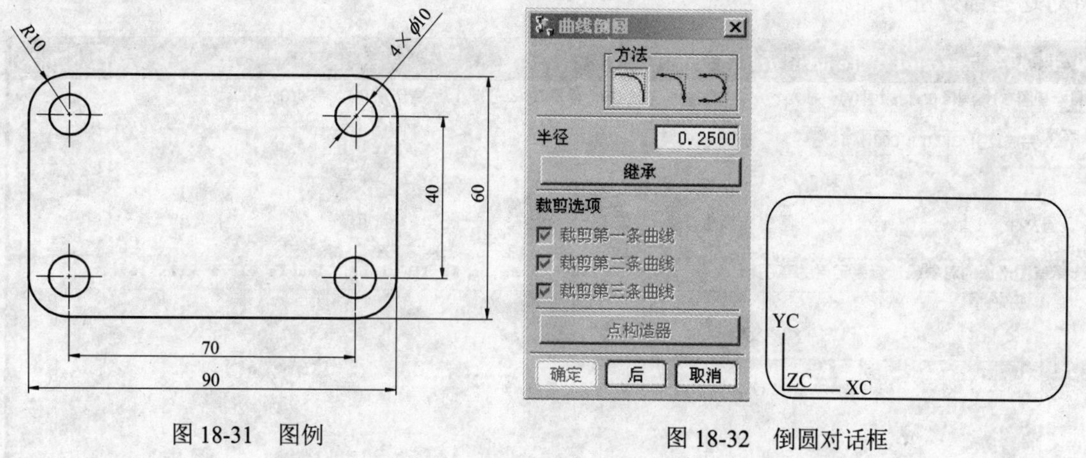

图 18-31　图例　　图 18-32　倒圆对话框

3）绘制直径为 10 的小圆，单击曲线工具条中的基本曲线图标，选择其中的画圆图标⊙。选择圆心时，要利用点方式中的圆心来捕捉已知圆弧的圆心，然后在图 18-11 所示的文本框中输入半径 5，由此可以绘制 4 个小圆，结果如图 18-33 所示。

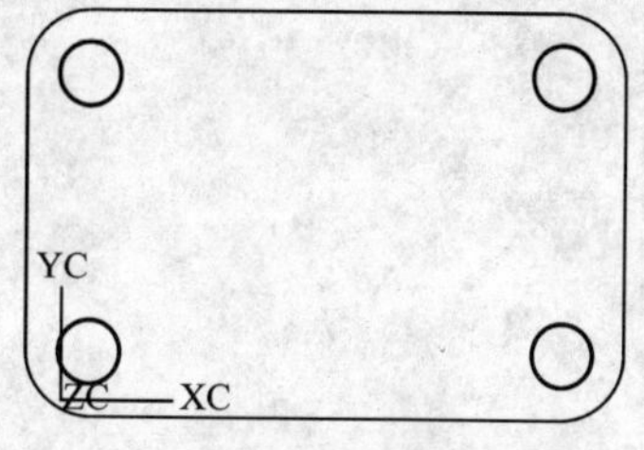

图 18-33　绘制小圆

第19章　草　　图

草图是组成一个轮廓曲线的集合。轮廓可以用于拉伸或旋转特征，也可以用于定义自由形状特征或过渡曲线片体的截面。

尺寸和几何约束可以用于建立设计意图及提供参数驱动改变模型的能力。

使用草图可以实现对曲线的参数化控制。草图主要用于以下几个方面：

1）需要参数化控制曲线时。

2）用草图建立用标准成形特征无法实现的形状。

3）如果用一组特征去建立模型，会使该形状编辑困难时。

4）从部件到部件形状相同但尺寸改变，可将草图作为用户定义特征的一部分。

5）如果形状本身适于拉伸或旋转，草图可以用做一个模型的基础特征。

6）将草图作为自由形状特征的控制线。

进入建模模块，选择下拉菜单“插入”→“草图”，或在“成形特征”工具条中选择图标，进入草图工作界面，如图 19-1 所示。在此界面内可以建立、约束和编辑草图。本章将对这些部分进行介绍。

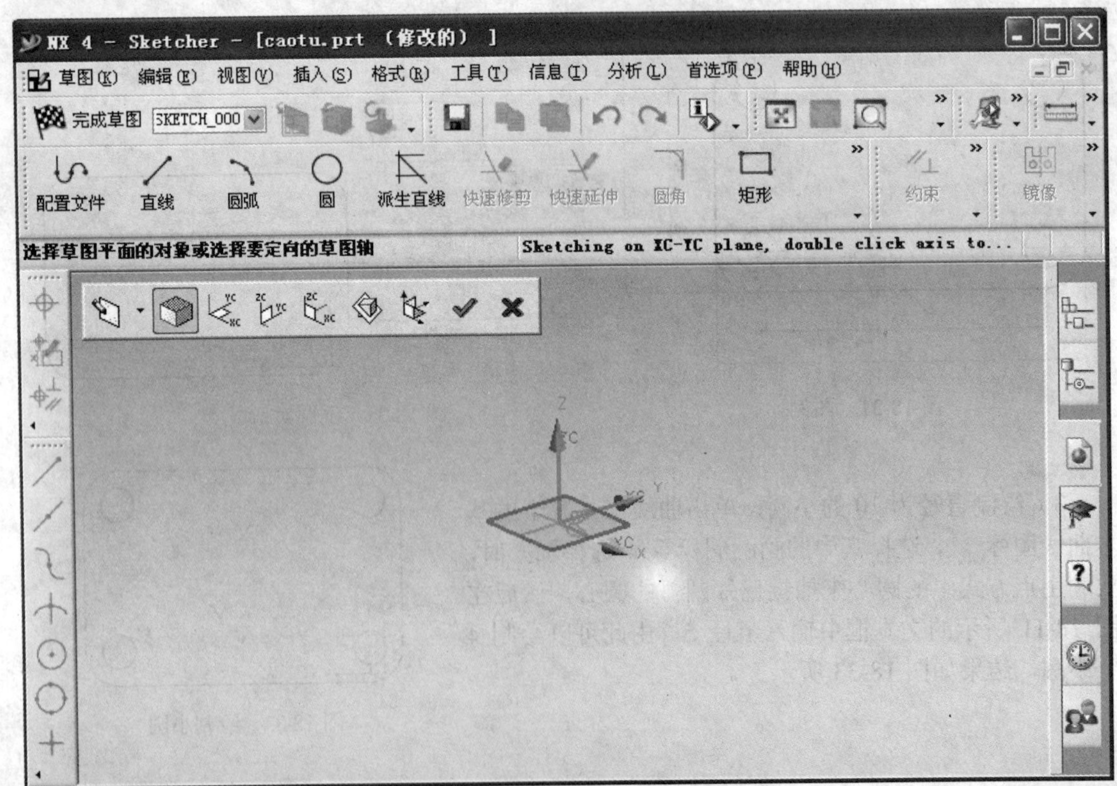

图 19-1　草图工作界面

19.1 新建草图

19.1.1 建立草图工作平面

草图是实体造型的特征，建立草图必须先建立草图工作平面。草图工作平面是绘制草图对象的平面，可以是坐标平面、基准面、实体表面或片体表面。草图工作平面包括名称、草图平面及参考方向三项内容。

1. 命名草图

每一个草图都具有唯一的草图名，因此在建立草图前，首先给定草图名称。可以在图 19-2 所示的“草图”工具条中的草图名称域中加入草图名称（系统默认名称为 SKETCH_000），通常草图名称由三部分组成，即前缀_图层_作用。

草图名称的第一个字符必须是字母，无论输入是大写或小写，系统都将输入的名称改为大写。

2. 选择草图平面

如图 19-3 所示，草图平面可以是当前工作坐标系的 XC_YC、XC_ZC、YC_ZC 平面之一（系统默认的草图平面是 XC_YC），或是已存在的实体表面，或是已存在的基准平面。

图 19-2 命名草图

图 19-3 选择草图平面

3. 设置参考方向

如果在坐标系上设置草图平面，则不必指定草图参考方向，系统自动用坐标轴的方向作为草图的参考方向；如果在基准面、实体表面设置草图平面，则在选择草图平面后，还应设置草图参考方向。

参考方向将决定草图的 X、Y 方向：水平参考方向对应 X 方向；垂直参考方向对应 Y 方向；另外可以选择实体边缘或基准轴为参考方向。

4. 建立草图工作平面

在输入草图名称、选择草图平面并且指定了草图参考方向后，单击图 19-2 中的图标 ✔，则在选择的表面上按指定的方向生成指定名称的草图工作平面，同时进入生成草图对象的界面，如图 19-4 所示。

19.1.2 建立草图对象

草图对象是指草图中的曲线和点。建立草图工作平面后，可在草图工作平面上建立草图对象。建立草图对象的方法有多种，既可以在草图工作平面中直接绘制曲线或点，也可以将图形窗口中已存在的曲线或点添加到草图中，还可以从实体或片体上抽取边缘到草图中。

如图 19-5 所示，系统提供了草图曲线工具条，利用其中的功能可以在草图平面中创建出所需的草图曲线或编辑已有的草图曲线。

在草图曲线工具条中提供了如直线、圆弧、圆角、快速延伸等常用曲线的建立，以及编辑的操作功能。由于在第 18 章介绍了基本曲线的创建以及基本编辑功能，只是界面显示可能有些不同，这里不再作详细介绍。现以图 19-6 所示的手柄零件图为例，来讲解创建草图对象的过程。

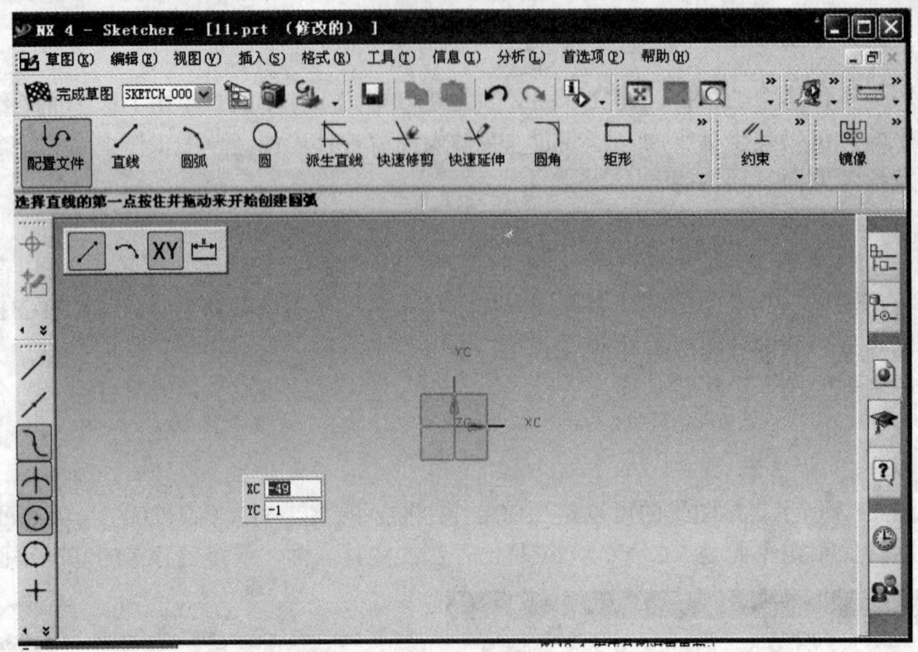

图 19-4 生成草图对象界面

图 19-5 草图曲线工具条

首先利用图 19-5 中的绘制圆图标⊙绘制圆 1 和圆 2，如图 19-7 所示；然后选择╱图标

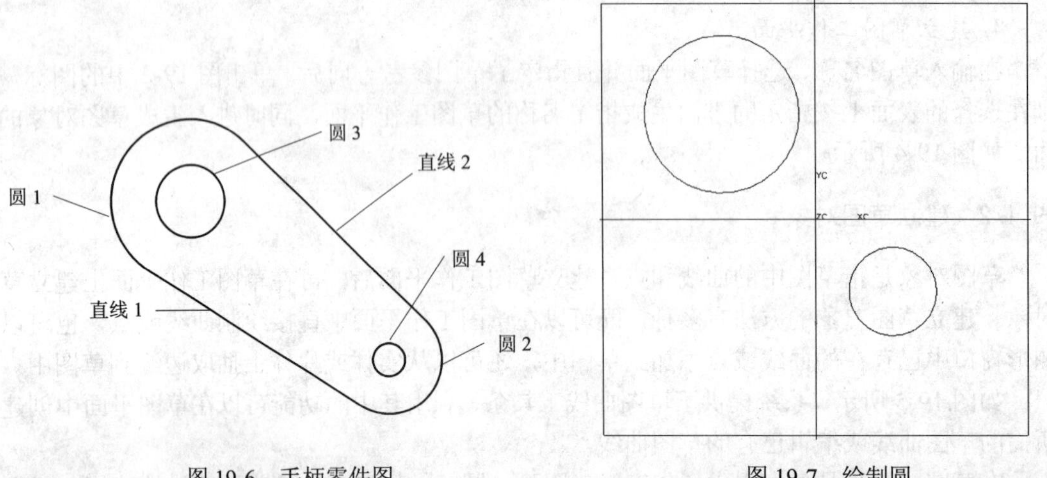

图 19-6 手柄零件图

图 19-7 绘制圆

分别绘制两条与圆 1 和 2 相切的直线，如图 19-8 所示；接着利用快速裁剪图标将中间的部分裁剪，如图 19-9 所示；最后在绘制圆（选择圆心以保证两个圆同心），这样就得到如图 19-10 所示的零件图。

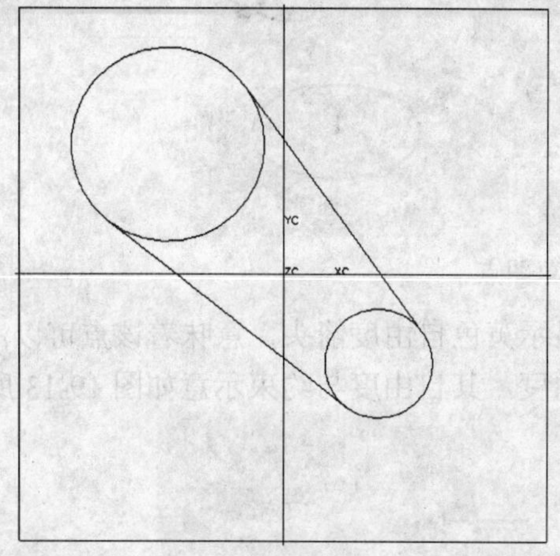

图 19-8　绘制切线

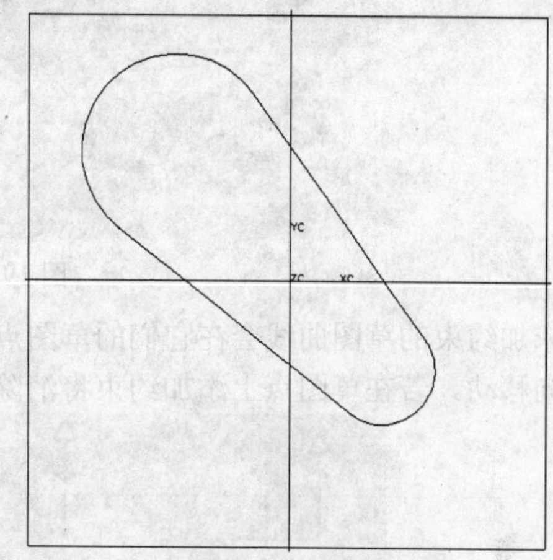

图 19-9　裁剪

注意：在创建草图曲线时，不必在意尺寸是否正确，只须绘出近似的曲线轮廓即可，然后加上约束来精确地控制图形的形状和尺寸。

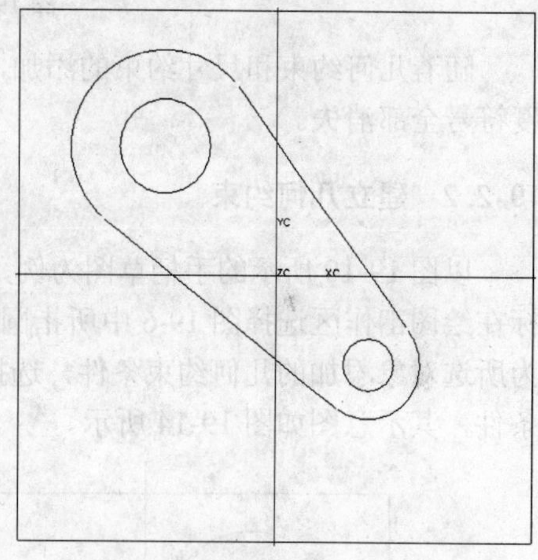

图 19-10　绘制同心圆

19.2　约束条件

建立草图对象后，需要对草图对象进行必需的约束。草图约束将限制草图的形状和尺寸，包括几何约束和尺寸约束。前者限制对象的形状，后者限制对象的大小。

图 19-11 所示系统提供了草图约束工具条，利用其中的约束功能操作，可以对草图平面中的对象进行各种约束条件的限制。

图 19-11　草图约束

在应用草图约束功能时，系统会在草图对象上自动显示自由度或约束条件符号，即在线段或样条端点处将会出现互相垂直的黄色箭头，而在中心处将会出现圆或椭圆，它表明了当前存在那些自由度还没有被限制。

19.2.1　草图点和自由度

草图对象由点控制，例如直线由两个端点控制，圆弧由圆心和起始点控制等，控制草图对象的这些点称为草图点，如图 19-12 所示。

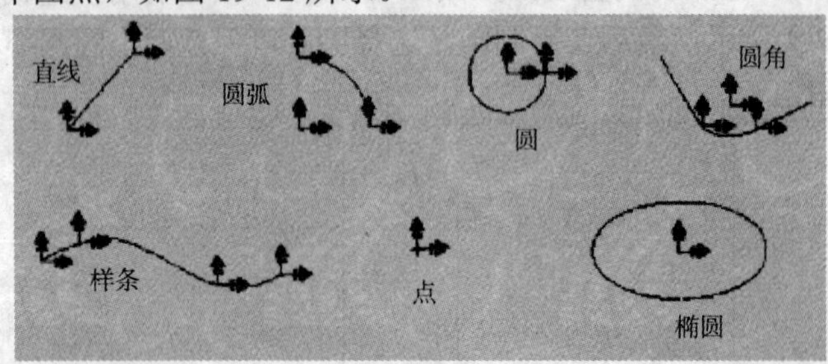

图 19-12　草图点

未加约束的草图曲线会在它们的草图点上显示黄色自由度箭头，意味着该点可以沿该箭头方向移动。若在草图点上添加约束将消除自由度，其自由度与约束示意如图 19-13 所示。

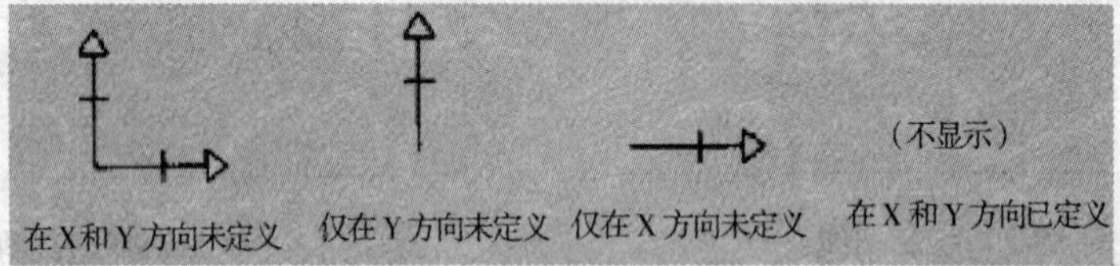

图 19-13　自由度与约束示意

随着几何约束和尺寸约束的添加，自由度符号逐步减少；当草图对象全部约束后，自由度符号全部消失。

19.2.2　建立几何约束

以图 19-10 所示的手柄草图为例，在图 19-11 所示草图约束中，单击约束图标后用鼠标在绘图工作区选择图 19-6 中所指圆 3 和圆 4，系统会在绘图工作区的左上角显示当前可以为所选对象添加的几何约束条件，选择其中的（等径），系统会在选取对象上添加该约束条件，其示意图如图 19-14 所示。

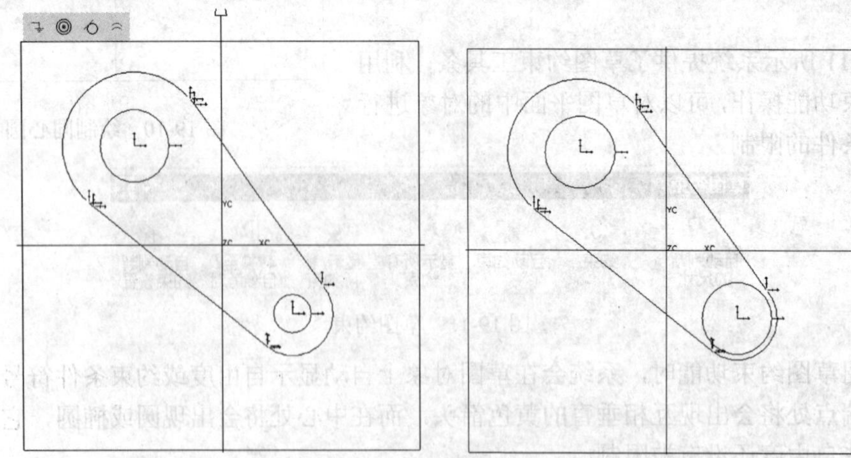

图 19-14　创建等半径约束

还可以给圆 1 和圆 3 加同心约束，圆 1 和直线 1 加相切约束，这里不再给出每一个约束的图形。

图 19-15 几何约束的标记

上面结合实际图形只讲解了 3 种约束类型，在UG NX系统中几何约束的类型有很多种，不同的草图对象可以添加不同的几何约束。下面介绍几种常用的几何约束。

1）水平：定义一直线为水平线（平行于 XC）。

2）垂直：定义一直线为垂直线（平行于 YC）。

3）平行：定义两条或多条直线或椭圆彼此是平行的。

4）正交：定义两条直线或椭圆彼此是正交的。

5）共线：定义两条或多条直线共线。

6）中点：定义点在直线或圆弧的中点上。

7）相切：定义选取的两个对象是相切的。

8）同心：定义两个或多个圆弧或椭圆弧的圆心相互重合。

9）等长：定义选取的两条或多条曲线等长。

10）等半径：定义选取的两个或多个圆弧等半径。

几何约束的标记如图 19-15 所示。

19.2.3 建立尺寸约束

建立尺寸约束是为了限制草图几何对象的大小，也就是在草图上标注草图尺寸。

在图 19-11 草图约束工具条中单击“自动判断的尺寸”图标，系统会在绘图区域的左上角弹出三个图标，单击“草图尺寸对话框”图标，弹出如图 19-16 所示对话框，其中包含了尺寸标注方式、尺寸表达式引出线和尺寸标注位置等选项。利用这些功能可以为草图对象添加相应的尺寸约束，以改变其形状。下面利用前面所讲的手柄的草图对象为例，来介绍尺寸约束的过程。

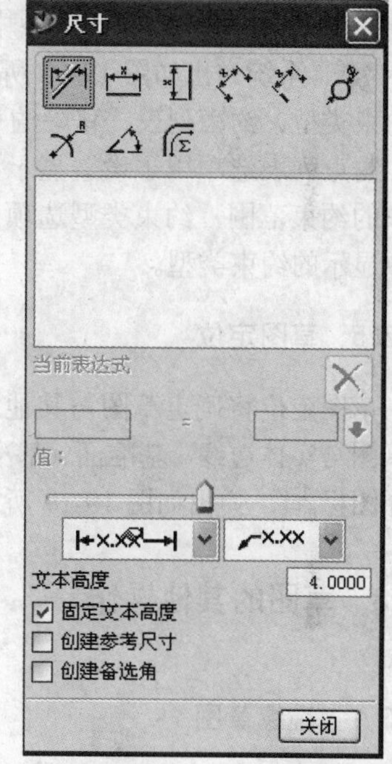

图 19-16 尺寸约束

单击尺寸约束对话框中的给草图对象添加直径约束图标，选择图 19-6 中所示的圆 3，拖动鼠标到合适位置并单击鼠标左键，系统给出当前图中的实际直径值，可以根据自己的要求在图 19-16 中当前表达式的地方给出要求值，草图对象根据读者的要求变为要求尺寸，同时由于前面给出了圆 3 和圆 4 的等半径几何约束，因此两个圆会同时变为读者要求值，操作后如图 19-17 所示。

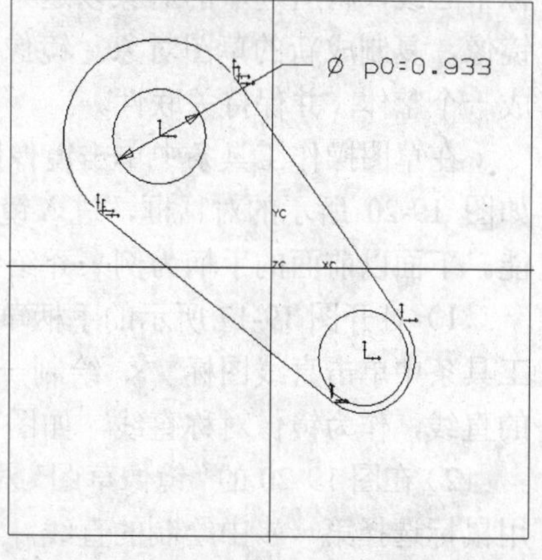

图 19-17 添加尺寸约束后的草图对象

下面介绍一些常用的尺寸约束的用法：

1）水平的：对所选对象进行水平方向的尺寸约束（平行于 XC 轴）。

2）竖直的：对所选对象进行竖直方向的尺寸约束（平行于 YC 轴）。

3）平行的：对所选对象进行平行于对象的尺寸约束。

4）垂直的：对所选的点到直线的距离进行尺寸约束。

5）半径：对所选的圆弧进行半径的约束。

6）角度：对所选的两条直线进行角度尺寸的约束。

7）周长：对所选的多个对象进行周长的尺寸约束。

19.2.4　显示/移除约束

显示/移除约束主要是查看现有的约束，设置查看范围、查看类型、列表方式以及移除不需要的几何约束。

在图 19-11 草图约束工具条中单击“显示/移除约束”图标，系统弹出如图 19-18 所示的对话框，其中包含了约束类型、约束列表、移除约束和约束信息等选项。

约束列表选项用于设置显示在约束列表框中的草图对象的约束范围，约束类型选项用于设置要在约束列表框中显示的约束类型。

图 19-18　显示/移除约束

19.2.5　草图定位

草图定位将确定草图与其他对象的相对位置，即确定草图与实体边缘、基准面、基准轴等对象的位置关系。选择图标，弹出如图 19-19 所示“定位”对话框。

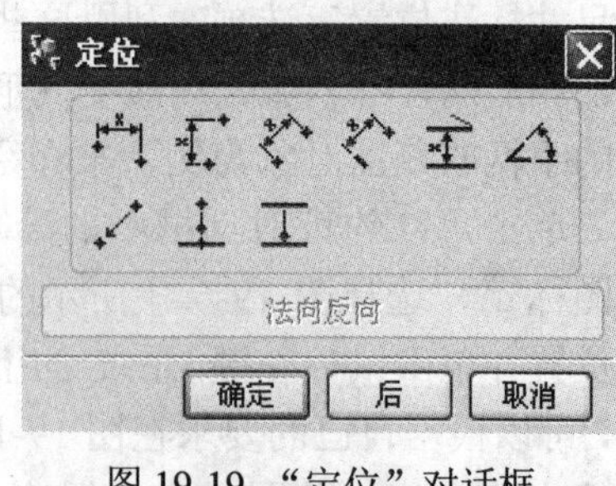

图 19-19 “定位”对话框

19.3　草图的其他操作

19.3.1　镜像草图

镜像草图就是将草图中的几何对象以一条直线为对称中心线，将所选取的对象以这条存在的直线为轴进行镜像，复制成新的草图对象。镜像复制对象与原对象形成一个整体，并保持关联性。

在草图操作工具条中单击镜像图标，系统会弹出如图 19-20 所示的对话框，进入镜像草图对象的操作功能。下面以前面的手柄为例来介绍镜像功能的使用。

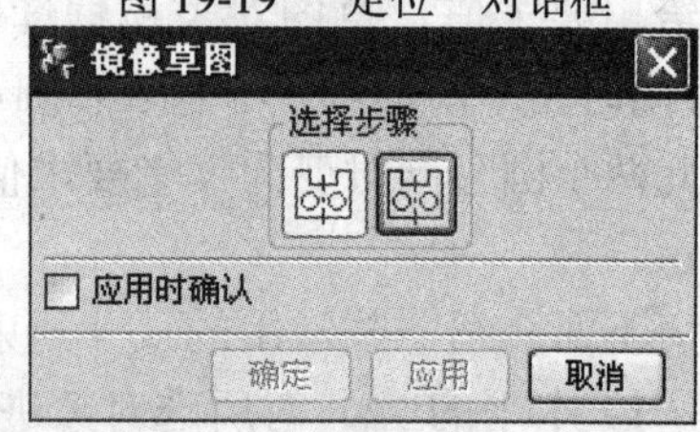

图 19-20 “镜像草图”对话框

1）打开图 19-17 所示的手柄草图对象，在草图曲线工具条中单击直线图标，绘制一条以圆 4 圆心为端点的直线，作为镜像对称直线，如图 19-21 所示。

2）在图 19-20 的“镜像草图”对话框中单击图标，用鼠标选择第一步中绘制的直线。

3）在图 19-20 的“镜像草图”对话框中单击图标

后，用鼠标选取整个曲线作为镜像操作的对象，单击“确定”按钮，系统就会进行镜像操作，操作后如图 19-22 所示。

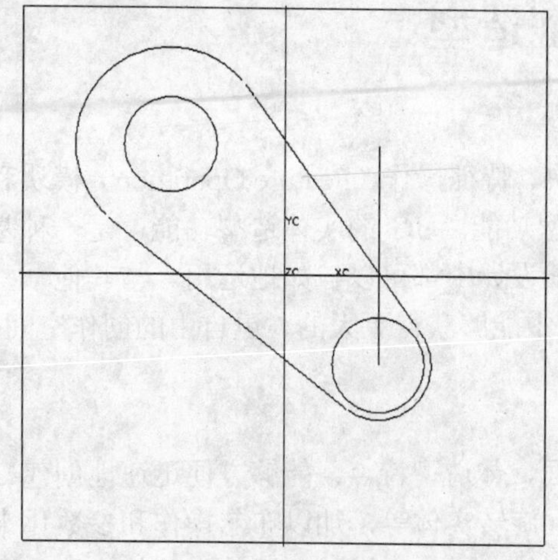

图 19-21　创建直线

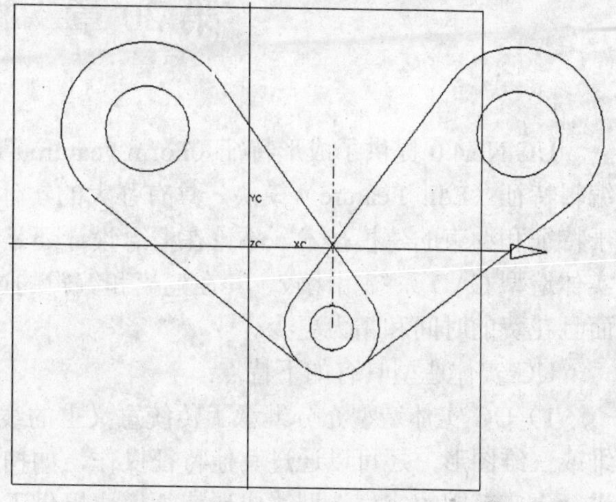

图 19-22　镜像操作后的图形

19.3.2　动画草图

动画草图是使所选尺寸在制订范围内变化，动态显示尺寸约束的对象和与其相关联的几何对象。在草图约束工具栏中单击动画尺寸图标，弹出如图 19-23 所示对话框。首先在图形窗口或尺寸表达式列表中选择一个尺寸，然后在对话框中设置尺寸变化的上限、下限以及每个循环的动画帧数。完成设置后单击“应用”按钮，则与所选尺寸约束相关的几何对象在图形窗口中动态显示，并同时弹出如图 19-24 所示的对话框。在动态显示过程中，尺寸可以显示，也可以不显示。动画草图不改变草图的尺寸，当鼠标左键单击图 19-24 所示的“停止”按钮结束动画时，草图回到原来的状态。

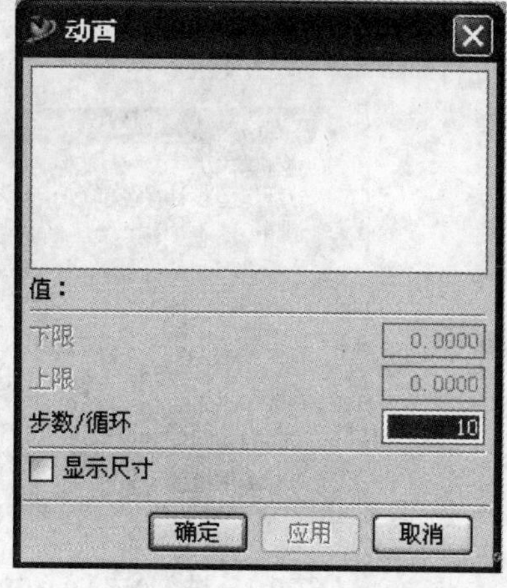

图 19-23　动画草图

图 19-24　动画结束对话框

第 20 章　特征造型

UG NX4.0 提供了成形特征（Form Feature）模块、特征操作（Feature Operation）模块和编辑特征（Edit Feature）模块，具有强大的实体造型功能。UG 的实体造型功能，是一种基于特征和约束的建模技术，不论在概念设计还是详细设计中都可以自如地运用。与其他一些实体造型 CAD 系统相比较，其在建模和编辑的过程中能够获得更大的、更自由的创作空间，而且花费的时间和精力更少。

UG 实体造型具有如下特点：

1）UG 实体造型充分继承了传统意义上的线、面、体造型特点，能够方便迅速地创建二维或三维图形，还可以通过其他特征操作，如扫描、旋转实体等，加以布尔操作和参数化来进行更广范围的实体造型。成形特征模块提供了长方体、圆柱、锥体、球体、管体、孔、圆形凸台、腔体、凸垫、键槽、环形槽。另外，特征操作模块和编辑特征模块可以对实体进行各种操作和编辑，将复杂的实体造型大大简化。

2）UG 的实体造型能够保持原有的关联性，可以引用到二维工程图、装配、加工、机构分析和有限元分析中。

3）UG 的三维实体造型中可以对实体进行一系列修饰和渲染。例如：着色、消隐和干涉检查，并可从实体中提取几何特性和物理特性，进行几何计算和物理特性分析。

20.1　特征建模基本知识

对于简单的实体造型，首先新建一个文件，再单击标准工具条上的“起始▼”→“建模...”，如图 20-1 所示，便可利用 UG NX4.0 提供的实体造型模块进行具体的实体造型操作。

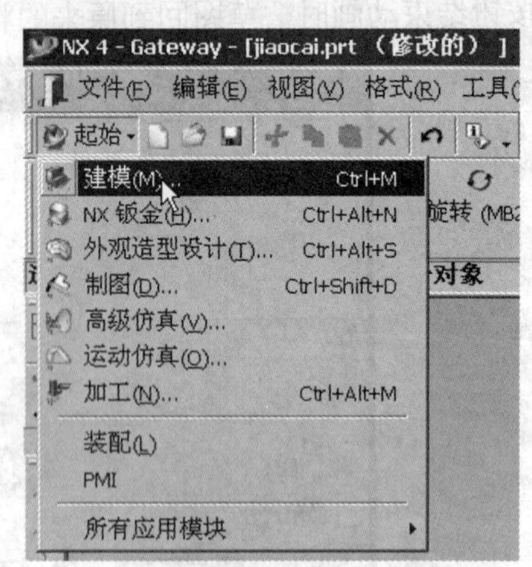

图 20-1　进入 NX4.0 的建模模块

20.1.1　常用工具条简介

实体造型功能可通过下拉菜单来实现，还可以通过工具条上的图标来实现。实体造型一般要通过成形特征、特征操作和曲线三个功能模块来实现。

1. 成形特征工具条

用于创建基本形体、扫描特征、参考特征、成形特征、用户自定义特征和抽取几何形体、由曲线生成片体、增厚片体与由边界生成的边界平面片体等。单击“成形特征”或“特征操作”或“曲线”的工具条右端的▼→“添加或移除按钮▼”→“成形特征►”，弹出如图 20-2 所示的成形特征功能按钮，其中功能按钮前有✔的，表明其已在工具条中显示。

2. 特征操作工具条

用于实体拔锥、边倒角、面倒圆、软倒圆、斜倒角、挖空实体、螺纹、阵列特征、缝合、修补实体、简化实体、包裹、移动表面、放缩实体、修剪实体、分割实体以及布尔操作等。单击“成形特征”或“特征操作”或“曲线”的工具条右端的▼→“添加或移除按钮▼”→“特征操作▶”，弹出如图 20-3 所示的特征操作功能按钮。

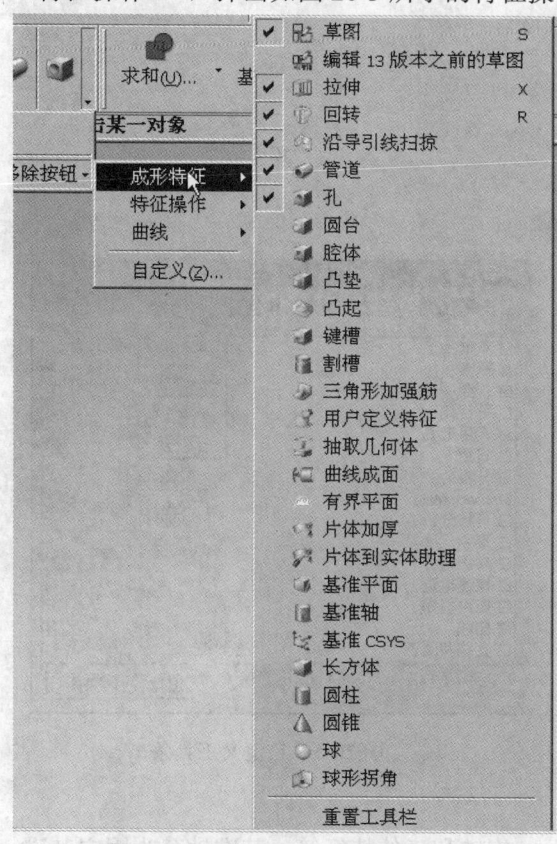

图 20-2　成形特征工具条

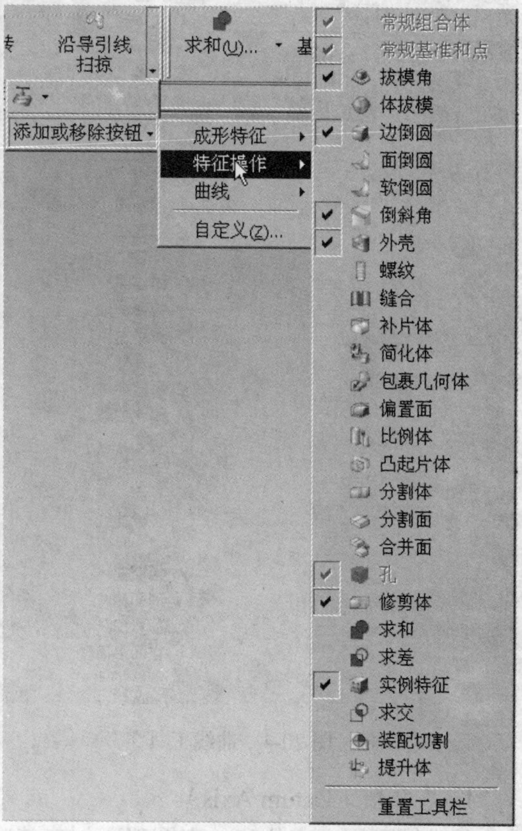

图 20-3　特征操作工具条

3. 曲线工具条

曲线工具用于绘制草图、编辑平面空间曲线特征等。单击“成形特征”或“特征操作”或“曲线”的工具条右端的▼→“添加或移除按钮▼”→“曲线▶”，弹出如图 20-4 所示曲线工具条。

读者可通过在工具条上单击鼠标右键，在弹出的“自定义”对话框中改变工具条的显示与个性化的设置，如图 20-5 所示。

20.1.2　构建基准特征

基准特征是实体造型的辅助工具，起参考作用。基准特征包括基准轴和基准面。在实体造型过程中，利用基准特征，可以在所需的方向和位置上绘制草图生成实体或者直接创建实体。基准特征的位置可以固定，也可以随其关联对象的变化而改变，使实体造型更灵活方便。例如，基准面可以用做草图和特征的放置面，而基准轴可以用于定位特征和草图。

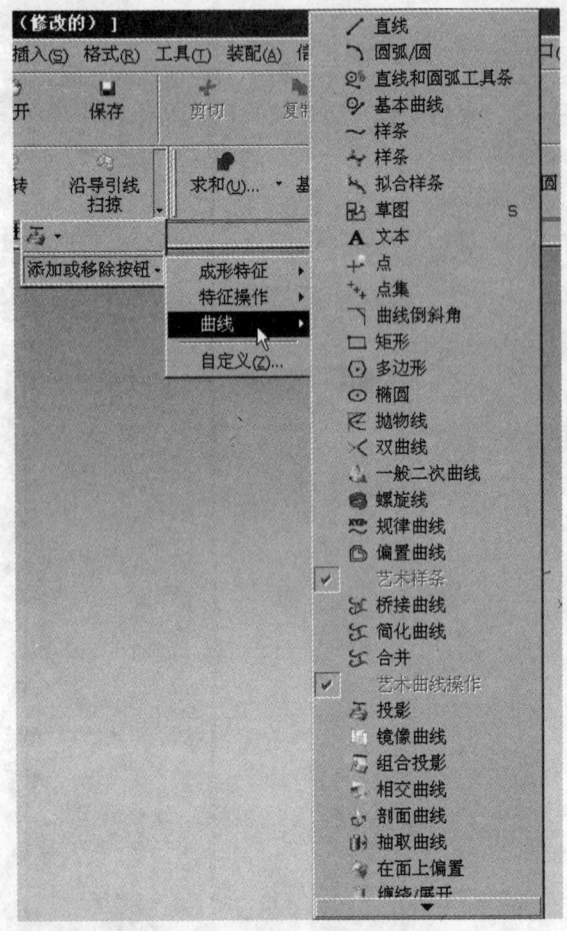

图 20-4 曲线工具条

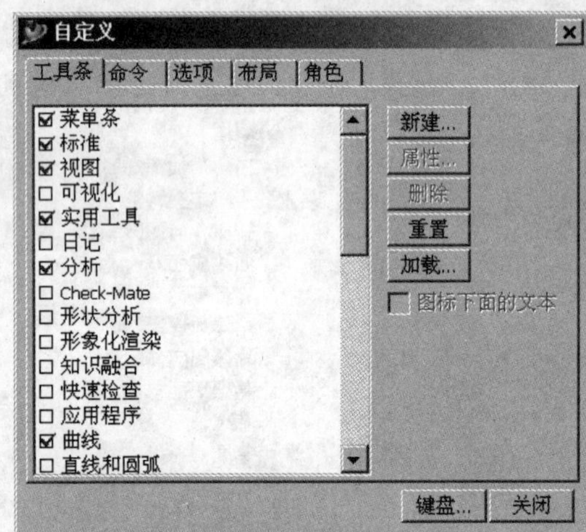

图 20-5 自定义工具条

1. 基准轴（Datum Axis）

基准轴可用于定位和约束图形、创建基准面、旋转和延伸特征等。基准轴分为固定基准轴和相对基准轴两种。固定基准轴没有任何参考，是绝对的，不受其他对象约束。相对基准轴与模型中其他对象（例如：曲线、平面或其他基准等）关联，并受其关联对象约束，是相对的。

可以使用两种基本方法来构造基准轴：

1）选择需要指定基准的边、平面或线框几何体，然后选择“基准轴”选项。

系统试图自动判断用于选中对象的最佳模式以成功定义基准，并在图形窗口中显示一个基准的预览。如果不能根据选中对象创建基准轴，使用图标选项来改变模式，添加附加对象或更改约束。

2）调用“基准轴”选项并从图形窗口选择所需的基准对象。

当选择了足够的有效对象以定义基准时，基准的预览显示在图形窗口中。使用“基准轴”图标选项来帮助指定对象和约束。

在“特征操作”工具条上，单击“基准平面”右侧▼→“基准轴...”，如图 20-6 所示，弹出如图 20-7 所示的窗口。在该窗口中，可以通过以下几种方法来创建基准轴。

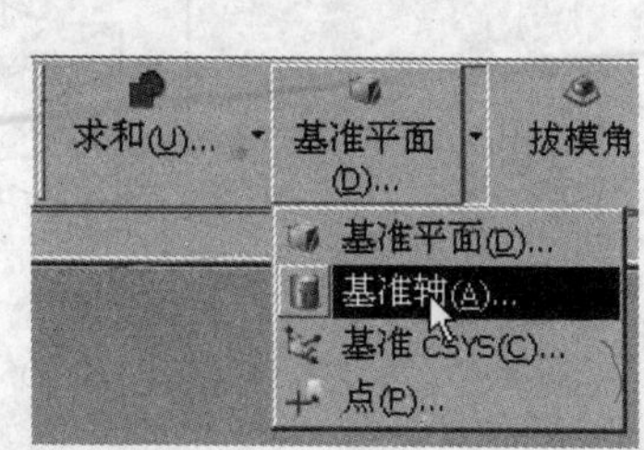

图 20-6　基准轴

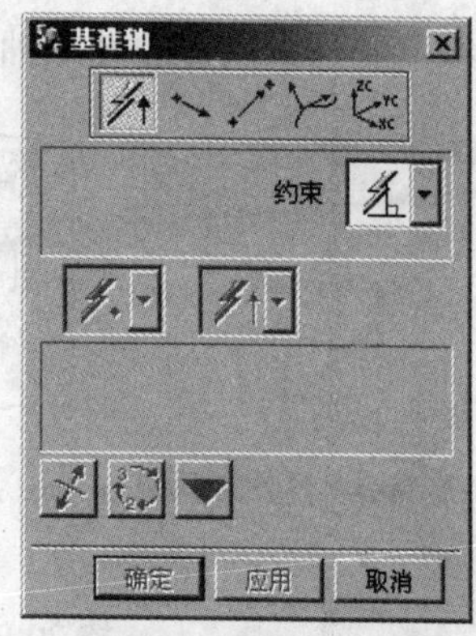

图 20-7　创建基准轴

1）系统自动判断（Inferred）。图标为![icon]。该方法为系统根据选择的形体来推断基准轴的构成。

2）点和方向（Point and Direction）。此方式为通过定义一个点和一个矢量方向来生成基准轴。操作方法如下：

① 打开“基准轴”对话框，单击图标![icon]。

② 选择点和方向。

③ 根据图形特点，选择点的捕捉模式。如图 20-8a 所示为捕捉圆柱底面圆心。

④ 可通过系统自动判断的矢量或矢量构造器来定义一个方向。如图 20-8b 所示。

⑤ 单击“确定”或“应用”创建基准轴，如图 20-8c 所示。

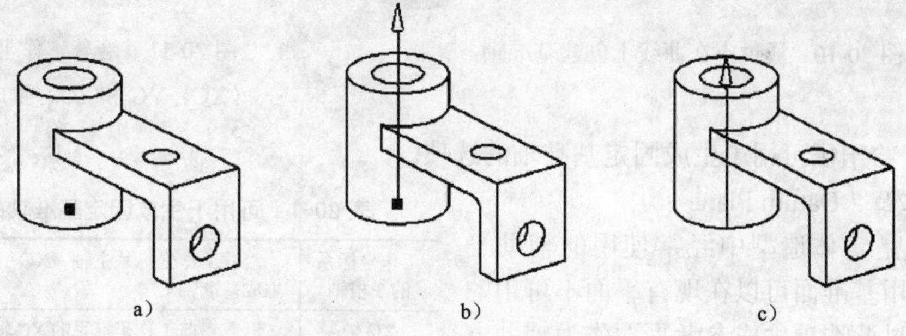

图 20-8　通过点和方向创建基准轴

3）两点（Two Points）。此方式为通过定义两个点来生成基准轴。使用两次点选择步骤来定义这两个点（“第一点”和“第二点”）。第一点必须是基点，而第二点定义了从第一点到第二点的方向。操作方法如下：

① 打开“基准轴”对话框，单击图标![icon]。

② 选择两个点。

③ 根据图形特点，选择点的捕捉模式。如图 20-9a 为选择“控制点”捕捉模式的两个点。

④ 可应用鼠标拖动的方式或修改参数来改变点的位置，如图 20-9b 所示。

⑤ 单击“确定”或“应用”创建基准轴，如图 20-9c 所示。

4）点在曲线上（Point on Curve）。图标为![icon]。此方式为通过定义曲线上一点，来创建该曲线的切线或法线方向，操作方法与应用“点和方向”创建基准轴方法类似。图 20-10 给出了应用点在曲线上的方式创建的基准轴。

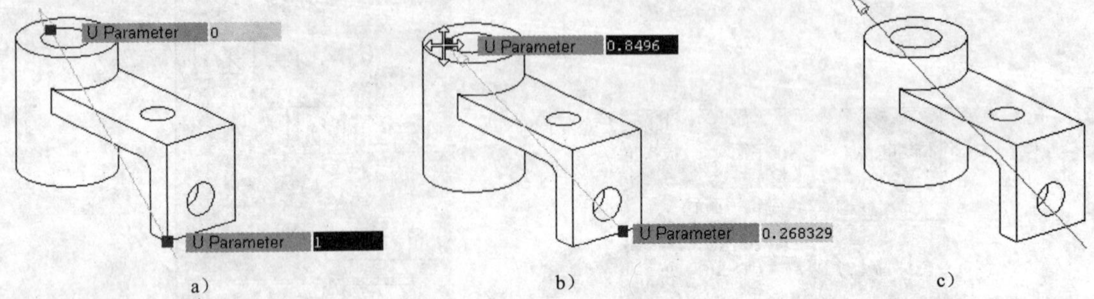

图 20-9　通过两点创建基准轴

5）固定基准轴（Fixed Datum Axes）。图标为[icon]。可以生成固定的基准轴。固定基准轴不会被其他几何对象参考，也不会受其约束。图 20-11 为沿着工作坐标系主轴（XC、YC 和 ZC）生成的基准轴。

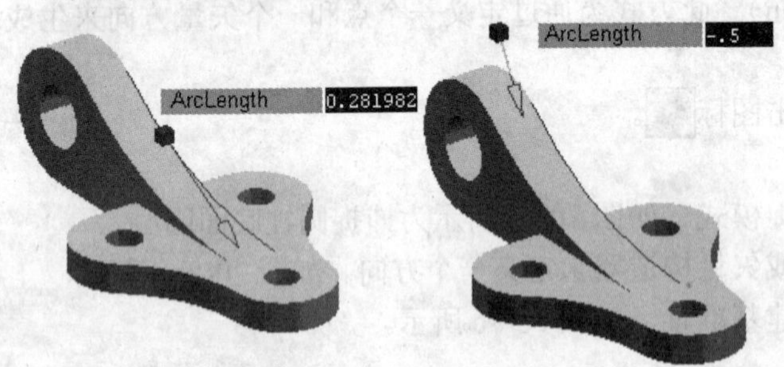

图 20-10　通过点在曲线上创建基准轴

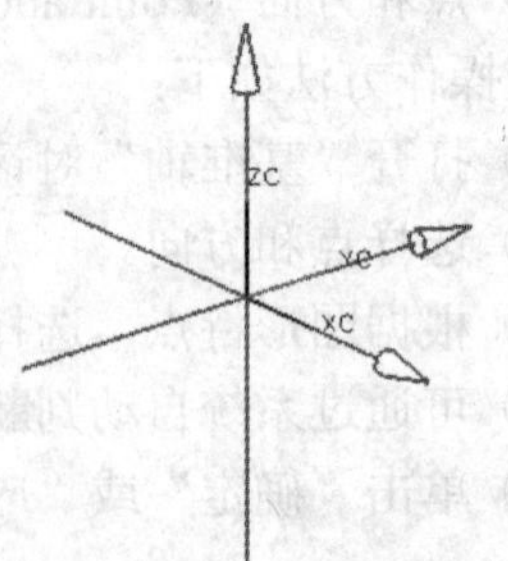

图 20-11　沿着工作坐标系主轴（XC、YC 和 ZC）生成的基准轴

表 20-1 给出了可用于生成固定基准轴的选项。

2. 基准面（Datum Plane）

表 20-1　可用于生成固定基准轴的选项

工作坐标系的 3 根轴	沿着工作坐标系主轴（XC、YC 和 ZC）生成基准轴
XC 轴	沿着当前工作坐标系的 XC 轴生成基准轴
YC 轴	沿着当前工作坐标系的 YC 轴生成基准轴
ZC 轴	沿着当前工作坐标系的 ZC 轴生成基准轴
矢量构造器	使用矢量构造器生成基准轴

基准面是实体造型中经常使用的辅助平面，通过使用基准面可以在现有平面不可用的情况下，通过此选项生成参考平面作为辅助方式来创建特征，或为草图提供工作平面。如：借助基准面，可在圆柱面、圆锥面、球面和旋转的实体等不易创建特征的表面上，方便地创建孔、键槽等复杂形状的特征。基准平面还有助于在目标实体面的非法线角度上生成特征。

可以创建两种类型的基准平面：相对的和固定的。相对基准平面是根据模型中的其他对象而创建的。可使用曲线、面、边缘、点及其他基准作为基准平面的参考对象。用于创建相对基准平面的方法有很多。固定基准平面不需设定参考，也不受其他几何对象的约束（在用户定义特征中使用除外）。可使用任意创建相对基准平面的方法创建固定基准平面。

在“特征操作”工具条上，单击[icon]，弹出如图 20-12 所示的窗口。在该窗口中，可通过以下几种方法来创建基准平面。

1）系统自动判断（Inferred）。图标为[icon]。该方法为系统根据选择的形体来推断基准面的构成。

2）点和方向（Point and Direction）。此方式为通过定义一个点和一个矢量方向来生成基准面。操作方法如下：

① 打开“基准平面”对话框，单击图标。

② 选择点和方向。

③ 单击“确定”或“应用”创建基准面，如图 20-13 所示。

3）三个点（Three Points）。图标为。此方式为通过定义三个点来创建一基准平面。图 20-14 为应用三点来创建的基准平面。

4）点在曲线上（Point on Curve）。操作步骤为：

① 打开“基准平面”对话框，单击图标。

② 在曲线上选择一个点。

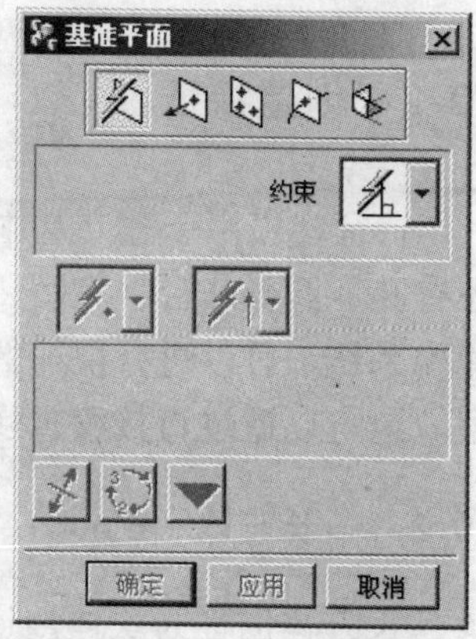

图 20-12　创建基准平面

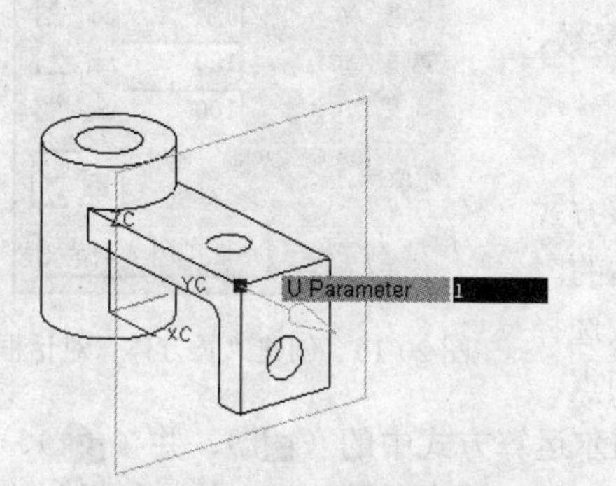

图 20-13　应用点和方向创建基准面

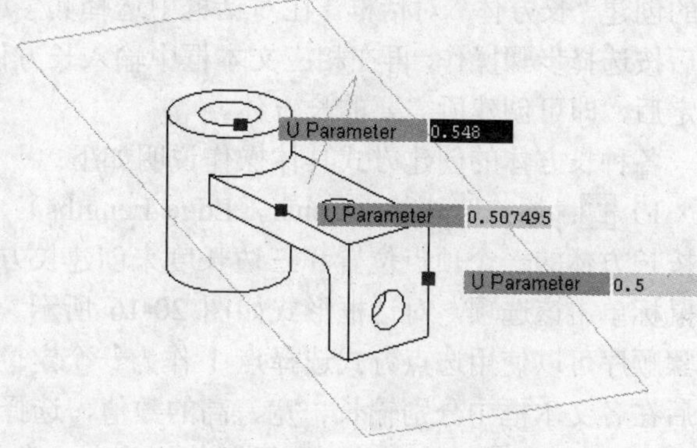

图 20-14　应用三点创建基准面

③ 可应用鼠标拖动的方式或修改参数来改变点的位置，如图 20-15a 所示；也可以单击基准平面上的图标来选择所需要的基准面。图 20-15b 为点在曲线延长线上的情景。

④ 单击“确定”或“应用”创建基准面。

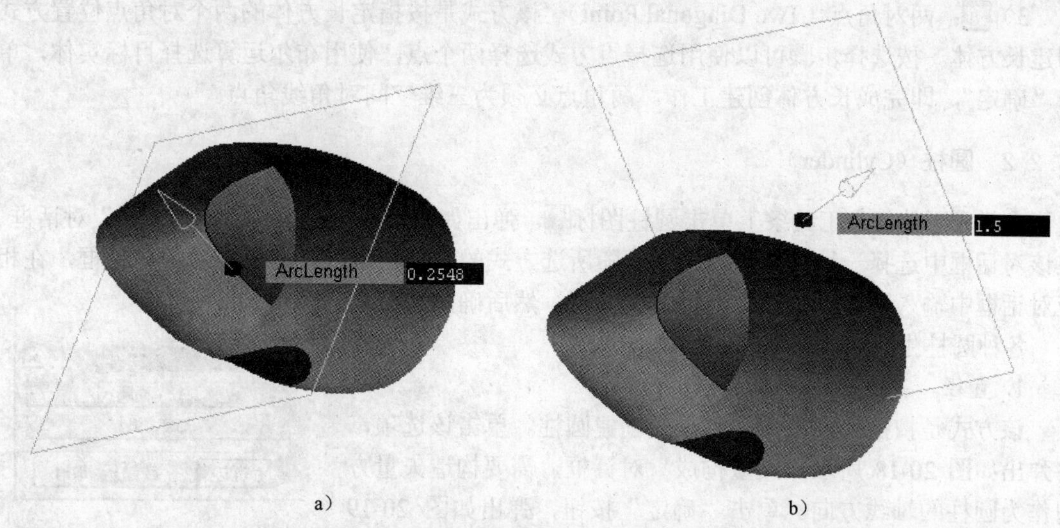

图 20-15　通过两点创建基准轴

20.2 创建特征

特征建模用于建立基本体素和简单的特征模型，包括长方体、圆柱、锥体、球体、管体，还有孔、圆形凸台、腔体、凸垫、键槽、环形槽等。NX Modeling 应用模块提供了一个实体建模系统，可以进行快速的概念设计。读者可以交互式地创建并编辑复杂的、实际的实体模型，也可以通过直接编辑实体尺寸的方法或使用其他构造技术对实体进行更改和更新。

20.2.1 长方体（Block）

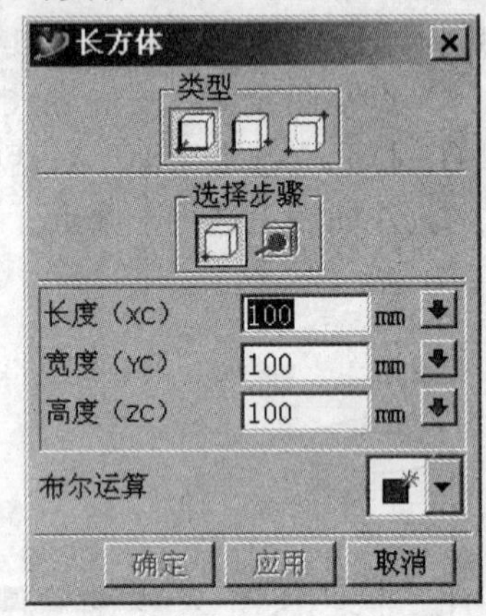

图 20-16 创建“长方体”对话框

长方体也称为块体，通过给定具体参数确定。在“成形特征”工具条上单击长方体图标，弹出如图 20-16 所示的创建“长方体”对话框。在对话框中选择其生成方式，然后按选择步骤操作，再在相应文本框中输入长方体参数，确定后，即可创建所需要的长方体。

各种长方体的创建方式具体操作说明如下：

1）：原点，边长（Coner，Edge Lengths）。该方式是按长方体的一个顶点位置和三边长度来创建长方体的。用鼠标单击该选项，对话框形式如图 20-16 所示。按选择步骤顺序可以使用选点方式选择点 1 作为一个定位顶点，然后在各文本框中分别输长、宽、高的数值，选择布尔运算方式中的（）、并（）、减（）和交（）的一种确定目标体，单击“确定”，即可创建所需的长方体。如果创建的新特征体与实体不接触，则只能选用创建项。

2）：两点，高度（Two Points，Height）。该方式是按指定高度和底面两个对角点的方式创建长方体。按选择步骤可以使用选择点方式选择两个点，然后在文本框中输入方向高度值，使用布尔运算选择目标实体，单击“确定”，即完成长方体创建工作。

3）：两对角点（Two Diagonal Point）。该方式是按指定长方体的两个对角点位置方式创建长方体。按选择步骤可以使用选择点方式选择两个点，使用布尔运算选择目标实体，单击“确定”，即完成长方体创建工作。两角点必须为三维空间对角线角点。

20.2.2 圆柱（Cylinder）

在“成形特征”工具条上单击圆柱图标，弹出如图 20-17 所示的创建“圆柱”对话框。在该对话框中选择一种圆柱生成方式，随所选方式的不同，系统弹出相应参数对话框，在相应对话框中输入圆柱参数，并指定圆柱位置，然后确定即可创建简单的圆柱造型。

各种圆柱生成方式具体说明如下：

1. 直径，高度（Diameter，Height）

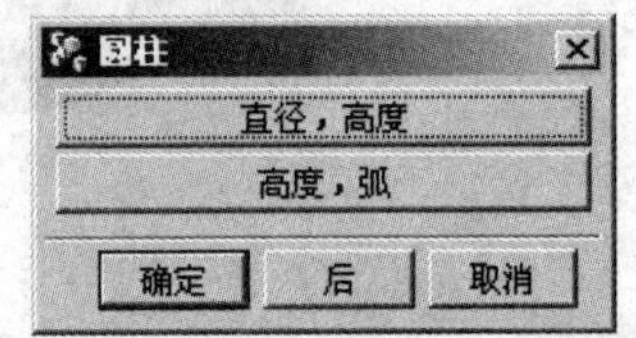

图 20-17 创建“圆柱”对话框

该方式是按指定直径和高度方式创建圆柱。单击该选项，将弹出如图 20-18 所示“矢量构成”对话框，需要构造矢量方向作为圆柱的轴线方向。单击“确定”按钮，弹出如图 20-19 所示输入圆柱的直径和高度参数对话框，输入相应的参数后单

击“确定”按钮。接着弹出如图 20-20 所示的“点构造器”对话框，用于指定创建圆柱的底面圆中心位置。确定一点，然后单击“确定”按钮，将弹出如图 20-21 所示的“布尔操作”对话框。按前面叙述的方法选择一种布尔操作方法，确定即可创建自己所需要的圆柱。在此过程中，可单击“后”按钮跳转到前一个对话框中，修改相应的参数设置。

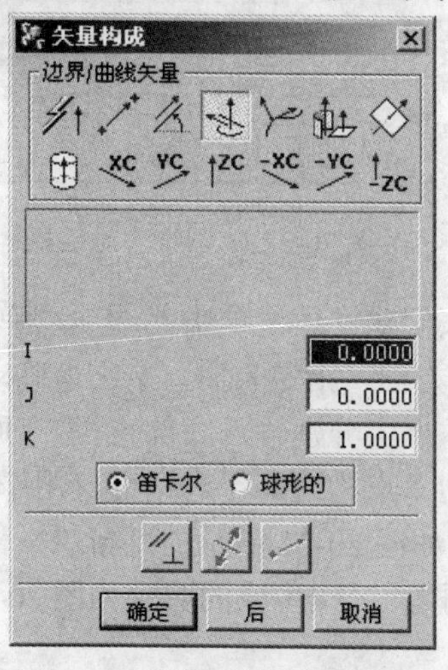

图 20-18 “矢量构成”对话框

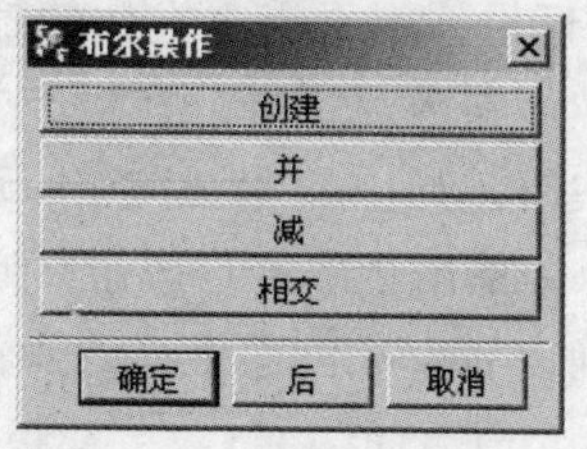

图 20-19 输入圆柱高度和直径

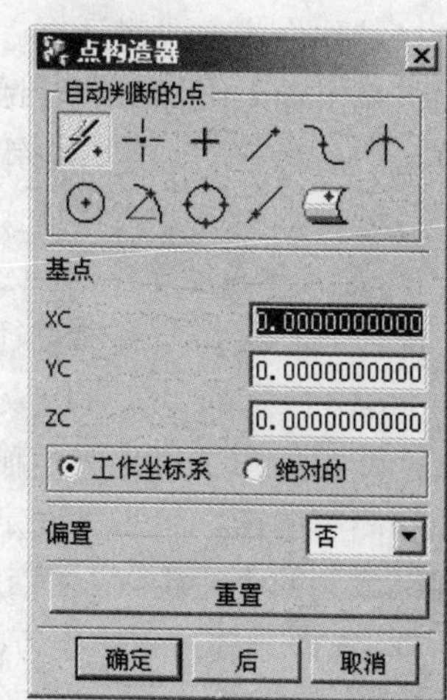

图 20-20 “点构造器”对话框

图 20-21 “布尔操作”对话框

2. 高度，圆弧（Height，Arc）

该方式是按指定高度和选择的圆弧创建圆柱。单击该选项，弹出如图 20-22 所示输入圆柱高度对话框，在文本框中输入圆柱的高度后，单击“确定”按钮；弹出如图 20-23 所示选择圆弧对话框，选择已经存在图形中的一条圆弧，则该圆弧半径即为创建圆柱的底面圆半径；此时图形中显示矢量箭头如图 20-24 所示，并弹出如图 20-25 所示对话框，提示是否反转圆柱生成方向，选择“是”则反转圆柱生成方向，选择“不”接受默认方向；再选择一种如前所述的布尔操作方法，即可完成创建圆柱的操作。图 20-26 为上述操作后生成的结果。

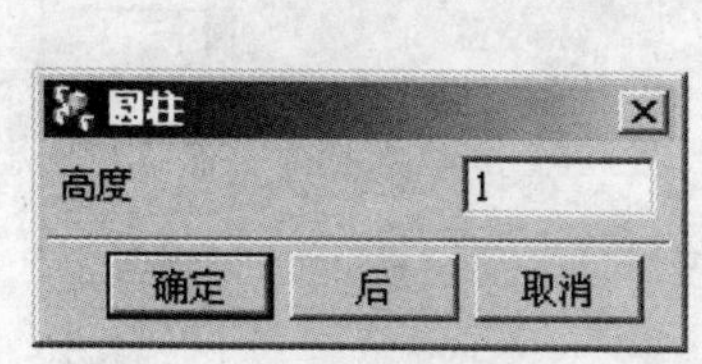

图 20-22 圆柱高度对话框

图 20-23 选择圆弧对话框

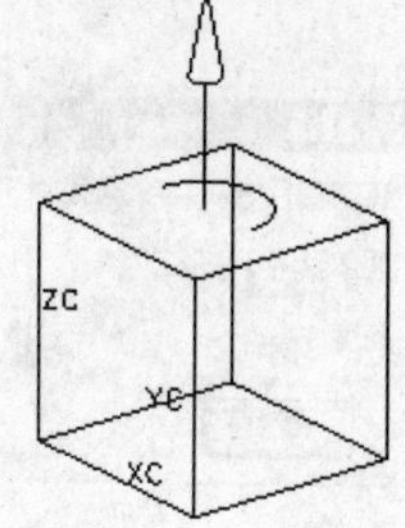

图 20-24 显示矢量箭头

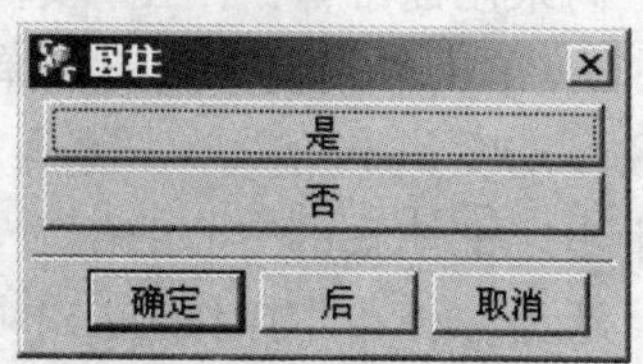

图 20-25 是否反转圆柱生成方向

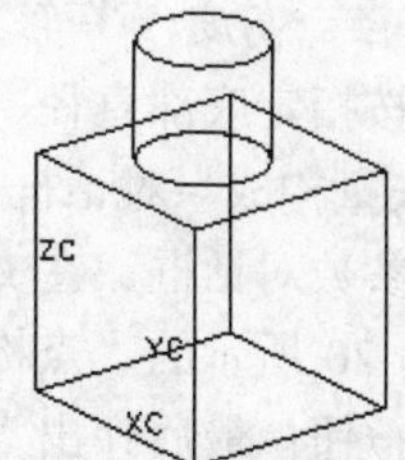

图 20-26 高度和圆弧创建圆柱

20.2.3 圆锥（Cone）

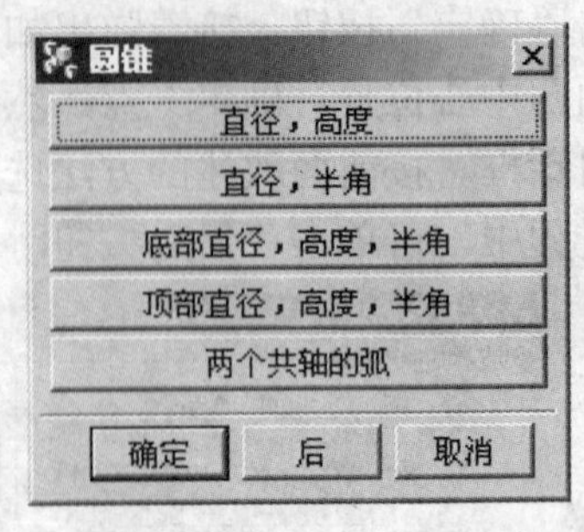

图 20-27 “圆锥”对话框

圆锥造型不仅可以构造圆锥，还可以创建圆台实体。在“成形特征”工具条上单击圆锥图标，弹出如图 20-27 所示选择锥体生成方式对话框。在对话框中选择一种锥体生成方式，弹出输入锥体参数对话框。在相应对话框中输入锥体参数，然后单击“确定”按钮即可创建简单的锥体造型。

各种锥体生成方式具体操作说明如下：

1. 直径，高度（Diameter，Height）

此方式是按指定底部直径、顶部直径、高度及生成方向来创建锥体，单击此选项，弹出如图 20-18 所示的“矢量构成”对话框，用于指定锥体的轴线方向，指定方向，单击“确定”按钮；弹出如图 20-28 所示输入锥体参数对话框，在对应文本框中分别输入底部直径、顶部直径和高度的值，单击“确定”按钮；弹出如图 20-20 所示的“点构造器”对话框，用于指定圆锥底圆的中心位置，指定一点，单击“确定”按钮；弹出如图 20-21 所示的“布尔操作”对话框，选择一种布尔操作方法，确定后完成创建锥体的操作。按此操作生成的圆台如图 20-29 所示。

2. 直径，半角（Diameters，Half Angle）

该方式是按指定的底部直径、顶部直径、半角及生成方向来创建锥体。单击该选项，弹出如图 20-18 所示的“矢量构成”对话框，用于指定锥体的轴线方向，构造轴线方向，单击“确定”按钮；弹出如图 20-30 所示圆锥参数对话框，在文本框中输入底部直径、顶部直径和半角值，单击“确定”按钮；接着弹出如图 20-20 所示的“点构造器”对话框，用于指定锥体底部中心的位置，指定一点，单击“确定”按钮；最后弹出“布尔操作”对话框，选择一种布尔操作方法，则完成创建锥体的操作。按此操作生成的圆锥如图 20-31 所示。半角为圆锥（圆台）的母线与其轴线的夹角，其正负符号与底部直径减顶部直径的差值符号一致。

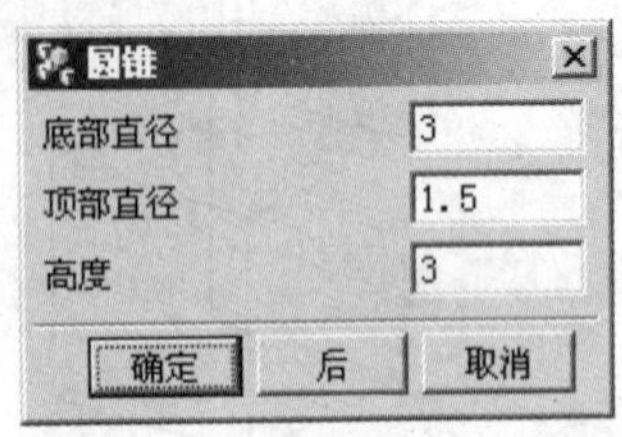

图 20-28 圆锥参数对话框

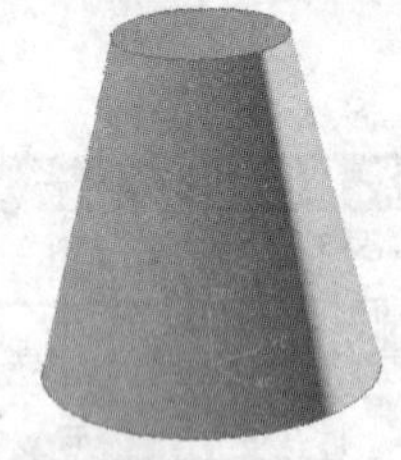
图 20-29 构造的圆台实体

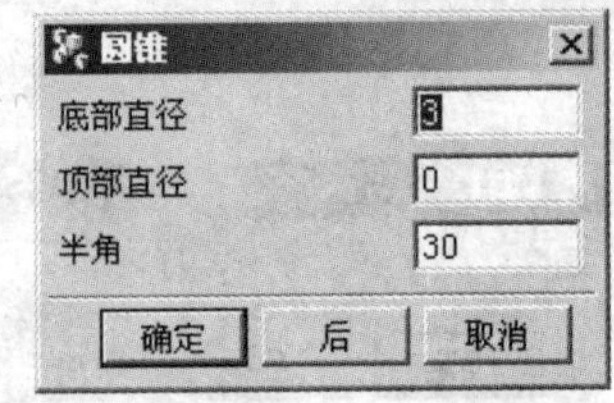

图 20-30 圆锥参数对话框

3. 底部直径，高度，半角（Base Diameters，Height，Half Angle）

此方式是按指定底部直径、高度、半角及生成方向来创建锥体。单击该选项，弹出如图 20-18 所示“矢量构成”对话框，指定锥体的轴线方向，单击“确定”按钮；弹出如图 20-32 所示输入锥体参数对话框，在文本框中输入底部直径、高度和半角，单击“确定”按钮；接着弹出如图 20-20 所示的“点构造器”对话框，用于指定锥体底部中心的位置，指定一点，单击“确定”按钮；最后弹出“布尔操作”对话框，选择一种布尔操作方法，则完成创建锥体的操作。按此操作生成的圆台如图 20-33 所示。

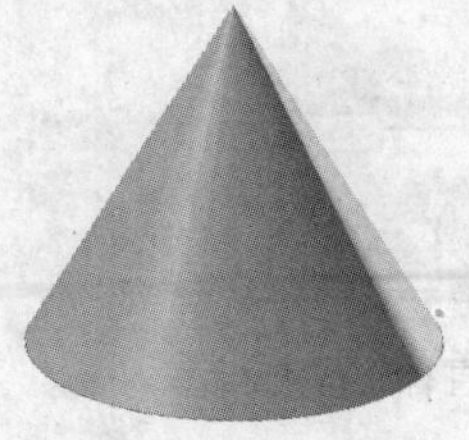

图 20-31 构造的圆锥实体

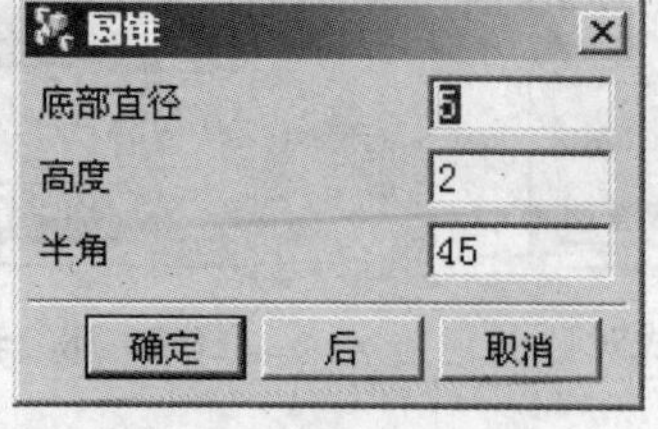

图 20-32 圆锥参数对话框

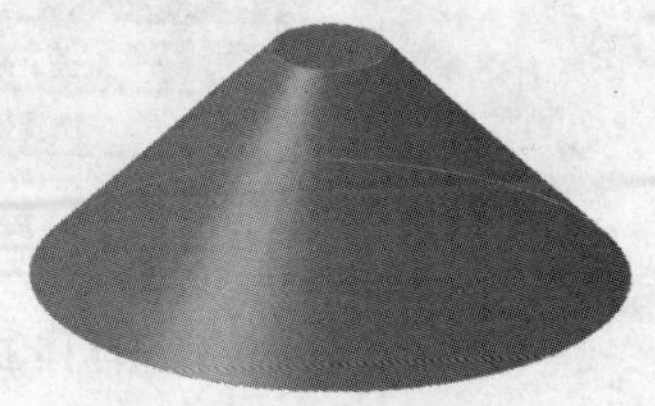

图 20-33 构造的圆台实体

4. 顶部直径，高度，半角（Top Diameters，Height，Half Angle）

该方式按指定顶径、高度、半角及生成方向创建锥体。单击该选项，类似地弹出“矢量构成”对话框，用于指定锥体的轴线方向，确定轴线方向，单击“确定”按钮；弹出如图 20-34 所示输入圆锥参数对话框，在文本框中输入顶部直径、高度和半角，其中半角的值可正可负，单击“确定”按钮；然后弹出“点构造器”对话框，用于指定锥体底圆的中心位置，指定一点后，单击“确定”按钮；最后弹出“布尔操作”对话框，选择一种布尔操作方法，则完成创建锥体的操作。按此操作生成的圆台如图 20-35 所示。

5. 两个共轴的弧（Two Coaxial Arcs）

该方式按指定两同轴圆弧的方式创建锥体。单击该选项，弹出如图 20-36 所示选择圆锥底面圆弧对话框，选择已存在的圆弧，则该圆弧的半径和中心点分别作为锥体的底面圆半径和中心；然后以此方式再选择另一条圆弧，完成圆弧选择后，弹出“布尔操作”对话框，选择一种布尔操作方法，即完成创建锥体的操作。第二段圆弧必须与前面所选底圆弧同轴线。

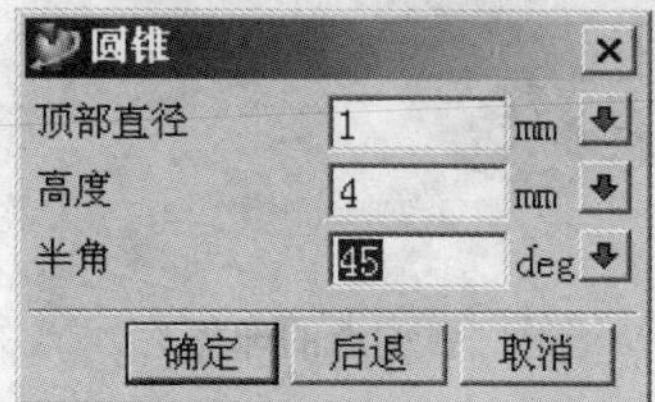

图 20-34 圆锥参数对话框

图 20-35 构造的圆台实体

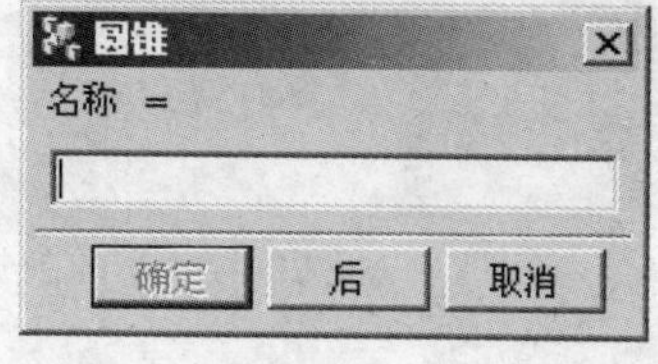

图 20-36 选择圆锥底面圆弧对话框

20.2.4 球体（Sphere）

球体造型主要是构造球形实体。在“成形特征”工具条上单击球体图标，弹出如图 20-37 所示的选择球体生成方式对话框。在对话框中选择一种球体生成方式，弹出输入球体参数对话框，输入参数后，单击“确定”，即可创建所需的球体。

各种球体生成方式具体操作说明如下：

1. 直径，圆心（Diameter，Center）

该方式按指定直径和圆心点位置方式创建球体。选择该选项，弹出如图 20-38 所示输入球直径对话框。在文本框中输入球的直径后，单击“确定”按钮，则弹出“点构造器”对话框，用于指定创建球的中心点位置。指定一点后，单击“确定”按钮，弹出“布尔操作”对话框。选择一种布尔操作方法，则完成创建球的操作。按此操作生成的球体如图 20-39 所示。

2. 选择弧（Select Arc）

该方式是按指定圆弧方式创建球体。单击该选项，弹出如图 20-40 所示选择圆弧对话框，

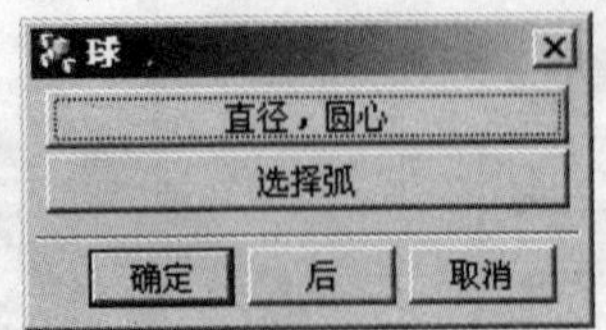

图 20-37　球体生成方式对话框

图 20-38　输入球直径对话框

图 20-39　构造的球体

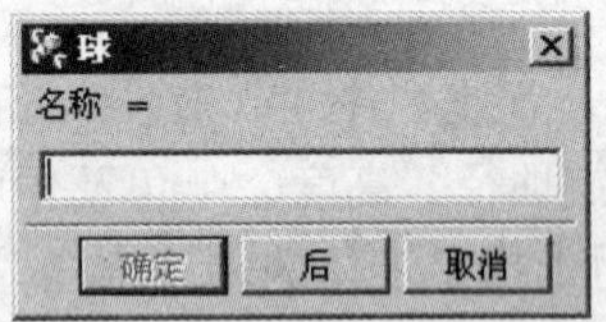

图 20-40　选择圆弧对话框

选择一条圆弧，如图 20-41 所示。则该圆弧的半径和中心点分别作为创建球体的球半径和球心。接着弹出“布尔操作”对话框，选择一种布尔操作方法，即完成创建球体的操作。按此操作构造的球体如图 20-42 所示。

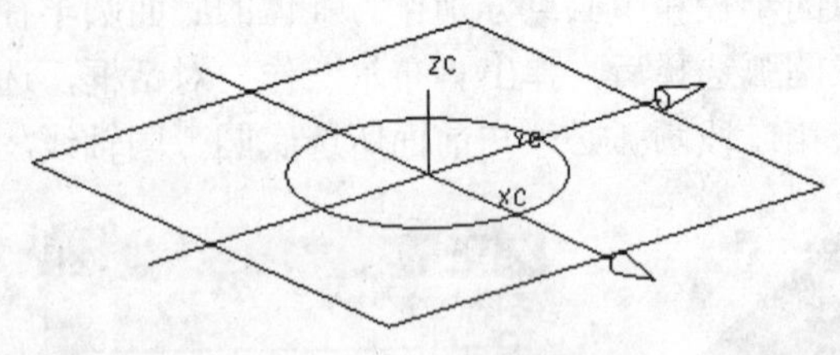

图 20-41　平面圆弧

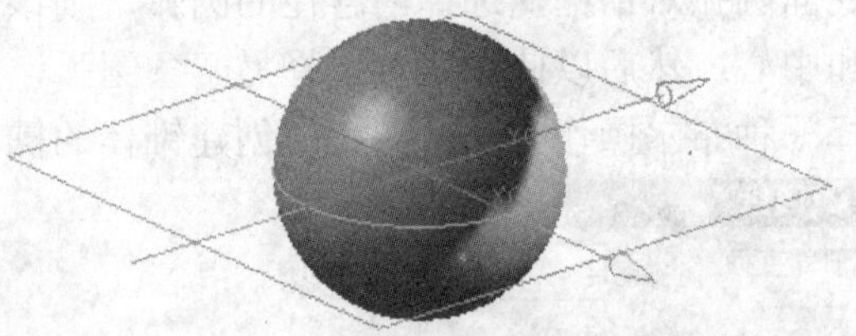

图 20-42　通过圆弧构造的球体

20.2.5　管道（Tube）

管道造型主要是构造各种管型实体。在“成形特征”工具条上单击管道图标，弹出如图 20-43 所示对话框，用于设定软管的参数。

该对话框中各选项说明如下：

1. 外径（Out Diameter）

用于设置管道的外径，其值必须大于 0。

2. 内径（Inner Diameter）

用于设置管道的内径，其值必须大于等于 0，且必须小于外径。

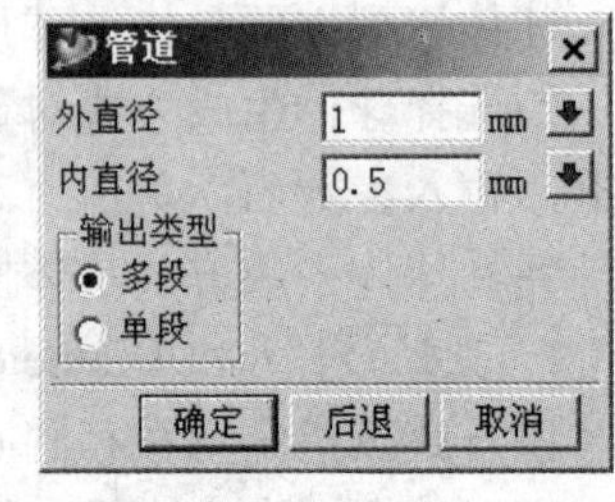

图 20-43　“管道”对话框

3. 输出类型（Output Type）

用于设置管道面的类型。包含多段与单段两个选项。

1）多段（Multiple Segment）：用于设置管道为有多段面的复合面。

2）单段（Single Segment）：用于设置管道有一段或两段表面。当内径等于 0 时，只有一段表面。

在图 20-43 对话框中输入管道外径与内径的值，并设置好管道表面的类型，即可完成管道参数的设置。单击“确定”按钮，弹出如图 20-44 所示“软管”对话框，选择用做引导的对象，如图 20-45 所示。生成结果如图 20-46 所示。

图 20-44 “软管”对话框

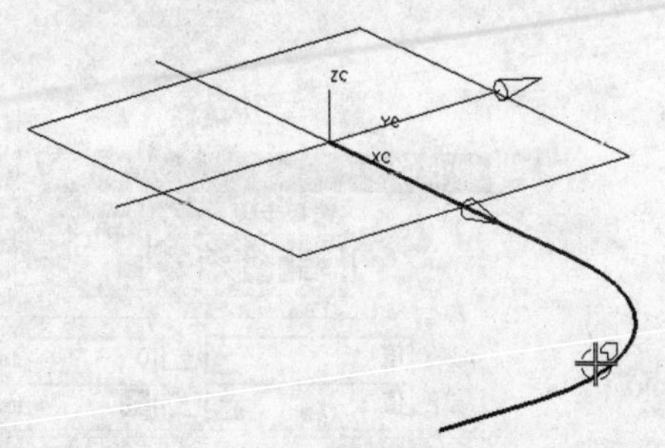

图 20-45 选择引导对象

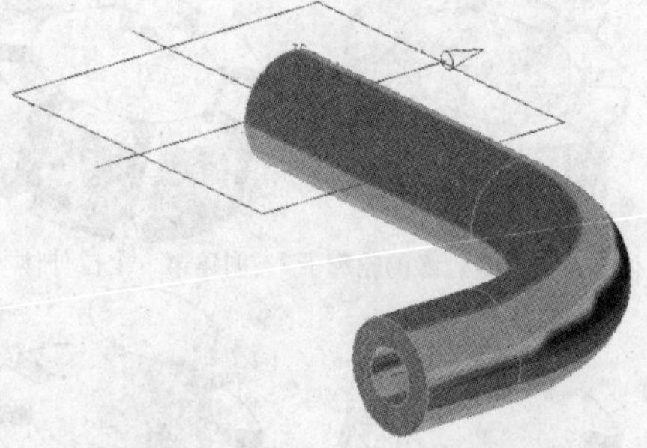

图 20-46 生成管道

创建软管所需的引导对象可以是曲线，也可以是实体表面的边缘线，或链接曲线等。

20.3 扫掠特征

扫掠特征是通过拉伸或旋转一截面几何体的曲线、草图、片体或一个面的边来生成特征。可以扫掠单个截面，也可以扫掠一组截面几何体；还可以生成带偏置的扫掠实体。

扫掠实体有拉伸（Extruded）、旋转（Revolved）、沿导线扫掠（Sweep Along Guide）三种。

20.3.1 拉伸

此功能沿指定方向扫掠 2D 或 3D 曲线、边、表面和草图的轮廓或曲线特征的直线距离，由此来创建体。通过布尔运算选项允许创建拉伸部分或对其与其他对象进行求和、求差或求交。

如果选择单个开放或封闭的剖面，则将得到单个片体或实体；如果选择多个开放或封闭的剖面，则可得到多个片体或实体。在这两种情况下，都能获得单个拉伸特征。图 20-47 为使用“贯通全部对象”和布尔求差创建的拉伸特征。

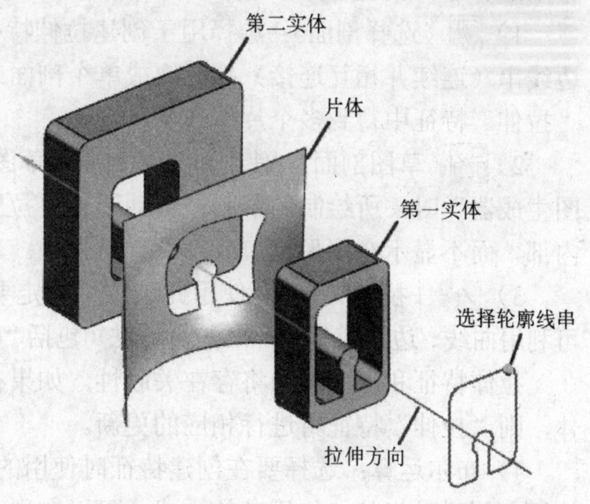

图 20-47 使用“贯通全部对象”和布尔求差创建拉伸

在图 20-48 中，选择了两个封闭的剖面，但在它们之间单击“应用”按钮，将创建两个拉伸体。如果尚未在选择之间单击“应用”，则结果的形状将不同，并将产生单个体而不是两个体。

可以使用面、基准平面或实体修剪拉伸特征；可以通过拖动距离手柄或指定距离值来确定拉伸的大小；也可以通过添加常数值来创建基本轮廓的偏置；还可以通过添加恒定值来创建拔模。

创建拉伸体的具体方法与步骤如下：

单击“成形特征”工具条上拉伸图标，弹出如图 20-49 所示“拉伸”对话框。

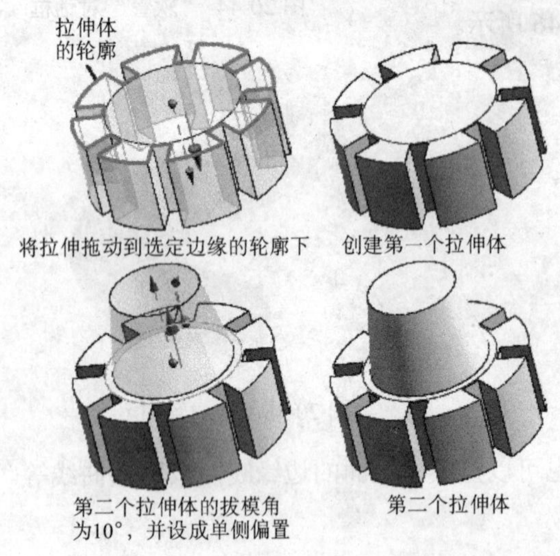

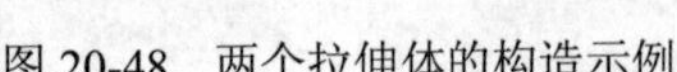
图 20-48　两个拉伸体的构造示例

图 20-49　“拉伸”对话框

在该对话框中包含拉伸轮廓的选择步骤、拉伸限制条件等选项。

1. 选择步骤

“选择步骤”是指对拉伸轮廓的选取、拉伸方向的设定以及生成的拉伸体与原有体间的布尔运算等，其包含如下选项：

1）（选择剖面）：选择用于创建拉伸特征的曲线或边缘几何体。每个未断开的曲线或边线串（连续并相互连接）都可组成单个剖面或轮廓线串。如果选择多个剖面线串，则将在“拉伸”特征中得到多个片体或实体。

2）（草图剖面）：使用此选项打开“草图生成器”并创建特征内部的剖面。在退出“草图生成器”时，所绘制的草图被自动选作要拉伸的剖面。创建“拉伸”特征后，草图就在其内部，而不显示在图形窗口或部件导航器中。

3）（拉伸矢量）：使用此选项，指定要拉伸的方向。默认方向为选定剖面的法向。可利用曲线、边缘或任意标准矢量方法（包括“矢量构成”上的那些方法）指定所需要的方向。

拉伸特征和方向之间将存在关联性。如果在创建“拉伸”之后更改针对方向选择的几何体，则“拉伸”特征将进行相应的更新。

4）布尔运算：选择要在创建特征时使用的布尔运算。布尔选项允许指定使新的“拉伸”特征在创建时与其他体相交的方式。可以在现有的体上应用以下布尔运算：

创建：创建独立的拉伸实体。

求和：将两个或多个体的拉伸体合成为一个单独的体。

求差：从目标体移除拉伸体。

相交：创建一个体，这个体包含由拉伸和与之相交的现有体共享的体。

2. 限制

使用“限制”选项，定义整体构造方式和拉伸的限制。

起始/结束：起始限制和结束限制表示拉伸结束的两个相对位置。使用下拉菜单，可选择控制拉伸限制的模式。

1）值：允许指定拉伸起始或结束的值。值为数字类型。轮廓之上的值为正；轮廓之下的值为负。可在轮廓的任一侧将起始和结束限制手柄拖动一个线性距离。在拖动手柄时，起始值和结束值会根据它们与轮廓的距离而发生更改。除了拖动手柄外，还可将限制值直接输入到对话框的数据输入字段或图形窗口的动态输入框中。

2）对称值：将起始限制距离转换为与结束限制相同的值。

3）直至下一个：将拉伸体沿方向路径延伸到下一个体。

4）直至选定对象：将拉伸体延伸到选择的面、基准平面或体。

5）直到被延伸：在剖面曲线延伸超出其边缘时，将已扫掠的体修剪到选择的面处。

3. 拉伸图形手柄

拉伸设置中，可以通过“图形手柄”来动态设置拉伸的参数，并在任一图形手柄上单击用来打开关联菜单选项。图 20-50 为一典型拉伸状态时的手柄显示。

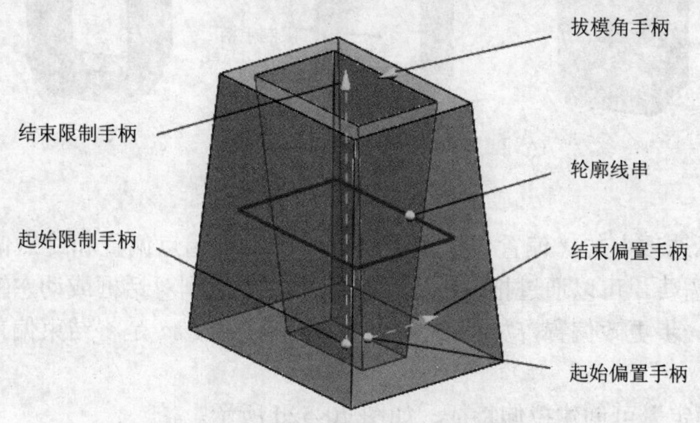

图 20-50　典型拉伸状态时的手柄

结束限制手柄：拖动该手柄可定义结束限制距离，即拉伸特征的最大范围。

起始限制手柄：拖动该手柄可定义开始拉伸特征的起始限制距离。

拔模角手柄：拖动此手柄，以便为已拉伸特征的斜度增加一定角度。

轮廓线串：此轮廓显示了选定的截面几何形状，该截面沿一个线性方向创建拉伸特征。

结束偏置手柄：拖动该手柄可定义拉伸特征的偏置结束位置。

起始偏置手柄：拖动该手柄可定义拉伸特征的偏置起始位置。

4. 创建简单拉伸

1）选择“拉伸”选项，“拉伸”对话框显示出来。

2）为轮廓线串选择曲线或边线串，或选择草图，将显示使用默认值的拉伸特征预览，如图 20-51a 所示。

3）拖动“限制手柄”，或用对话框或动态输入字段中的“距离”字段设置所需的拉伸尺寸，如图 20-51b 所示。

4）单击“确定”，创建出拉伸特征，如图 20-51c 所示。

5. 创建偏置拉伸

1）选择“拉伸”选项。“拉伸”对话框显示出来。

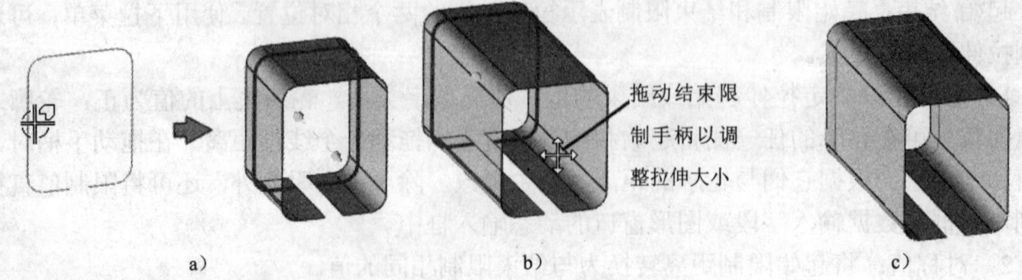

图 20-51　创建简单拉伸特征

2）为轮廓线串选择曲线或边线串，或选择草图，将显示使用默认值的拉伸特征预览，如图 20-52a 所示。

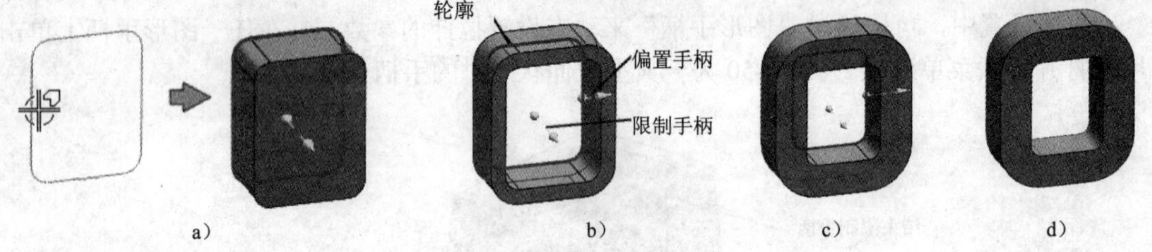

图 20-52　创建偏置拉伸特征

3）单击图标选项上的“偏置”按钮。默认值应用于起点偏置和终点偏置，而且会更新拉伸预览。如果需要，可以通过拖动偏置手柄或添加新值到对话框或动态输入字段中的“偏置”数据段来进一步更改偏置，如图 20-52b 所示。图 20-52c 是将结束偏置手柄拖出轮廓的结果。

4）单击“确定”可创建拉伸特征，如图 20-52d 所示。

6. 创建带有偏置的拔模拉伸

1）选择“拉伸”选项，“拉伸”对话框显示出来。

2）为轮廓线串选择曲线或边线串，或选择草图，将显示使用默认值的拉伸特征预览，如图 20-53a 所示。

3）将光标移至拉伸预览上，选择“偏置”。偏置的默认值就应用于被预览的拉伸。如果该值不合适，则通过拖动偏置手柄或在偏置动态输入框中输入值进行更改，如图 20-53b 所示。

4）拖动“开始手柄”到轮廓的另一侧，也可以单击“开始手柄”，然后在动态输入框中输入值，如图 20-53c 所示。

5）将光标移至“结束偏置手柄”之上，然后选择“对称”选项。结束偏置的值就应用于这两个偏置，如图 20-53d 所示。

6）添加拔模，如图 20-53e 所示，可使用手柄、弹出菜单或根据需要打开完整对话框来退回以更改诸多设置。

7）对预览的拉伸形状满意时，单击“确定”，创建出拉伸特征，如图 20-53f 所示。

20.3.2　回转

特征的回转是将实体表面、实体边缘、曲线、链接曲线或者片体通过围绕给定轴回转一个非零角度生成实体或者片体，如图 20-54a、b、c 所示。

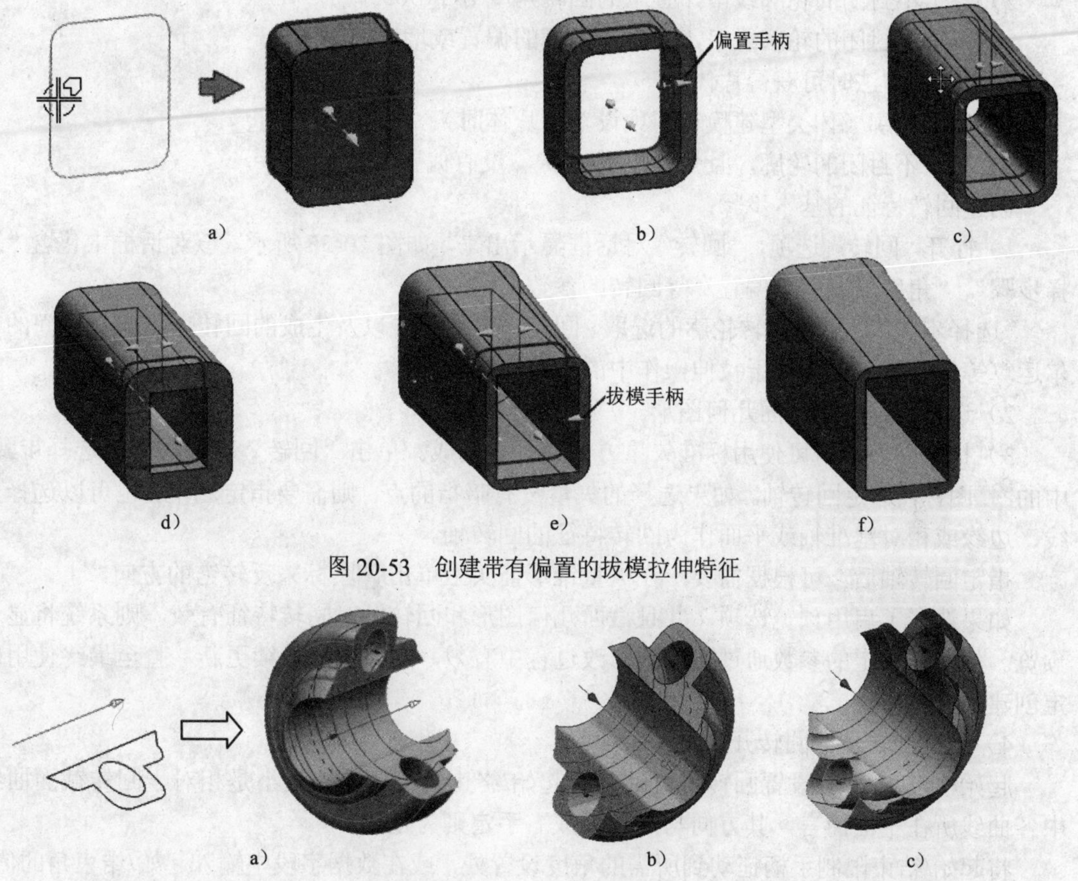

图 20-53　创建带有偏置的拔模拉伸特征

图 20-54　创建回转特征

在生成回转特征前，要定义回转轴，该轴的定义如下：

首先，需要使用“矢量构成”来定义回转方向（回转轴）。回转轴不能和剖面曲线在单个点处相交，但可以和一条边重合。

然后，使用“点构造器”来定义回转点。如果矢量包含一个隐含点的信息，就像和标准轴、直线或边缘一样，则无需定义点。

使用“矢量构成”会在回转体和回转轴之间建立一种关联性。如果在创建回转体以后改变选作回转轴的几何体，则回转体相应地被更新。

在为回转矢量定义了矢量以后，可以建立回转的方向。回转的正向通过右手规则确定。

可通过以下方式创建回转特征：

1）绕指定轴回转截面几何图形。

2）将截面几何图形（曲线、草图、面或面的边）回转到修剪面或相对基准平面。

3）在两个修剪面或相对基准平面之间回转截面几何图形。

4）可为回转特征添加偏置，创建回转特征时，可获得片体或实体。

5）可编辑回转特征的所有创建参数，“求和”、“求差”和“求交”布尔函数除外。

使用以下方法时可获得实体：

1）封闭轮廓线串（体类型建模首选项设置为实体时）。

2）一个不封闭的轮廓线串，且总的回转角度等于360°。

3）一个不封闭的轮廓线串，有任何角度的偏置或增厚。

使用以下方法时可获得片体：

1）封闭轮廓（体类型建模首选项设置为片体时）。

2）一个不封闭的轮廓，且角度小于360°，没有偏置。

创建回转特征的基本步骤：

1）打开"回转"选项，"回转"对话框显示出来，如图20-55所示。该对话框中包含"选择步骤"、"角度限制"、"偏置"等回转的参数设定。

"选择步骤"是指对回转轮廓的选取、回转方向的设定以及生成的回转体与原有体间的布尔运算等。具体含义类似于拉伸操作中的"选择步骤"。

2）选择要回转的截面几何图形。

3）指定回转轴。可使用标准矢量方法或矢量构成。单击"回转"对话框中"选择步骤"中的图标，选定回转轴。如果选择的矢量没有暗指的点，则需要指定一个。也可以选择曲线、边缘或相对基准轴或平面作为回转特征的回转轴。

指定回转轴后，可根据需要，在矢量锥形箭头上单击图标来反转它的方向。

如果选择了启用预览选项，并且截面几何图形和回转轴对回转特征有效，则系统将显示预览。如果所设定的参数通过随后的修改过程中有效，则预览将继续更新，直至最终使用确定创建回转特征。

4）定义回转体的回转开始和结束限制。

起始/结束：用于设置回转对象回转的起始/终止角度，值的大小是相对于回转截面曲线中各曲线所在平面而言，其方向与回转轴成右手定则为正。

将起始/结束限制手柄拖动到所需的角度设置处，或在数据字段中输入起始/结束角的值。

5）如有必要，可选择要使用的"布尔"模式。

6）如果剖面由单个开放或封闭环组成，则可选择为回转添加偏置。

添加偏置的方法：选择工具条上的偏置按钮，或选择对话框上的偏置选项。使用对话框起始偏置和结束偏置选项，或在图形窗口中拖动偏置手柄，以便定义偏置的范围。

7）单击"确定"按钮，创建回转特征，如图20-56所示。

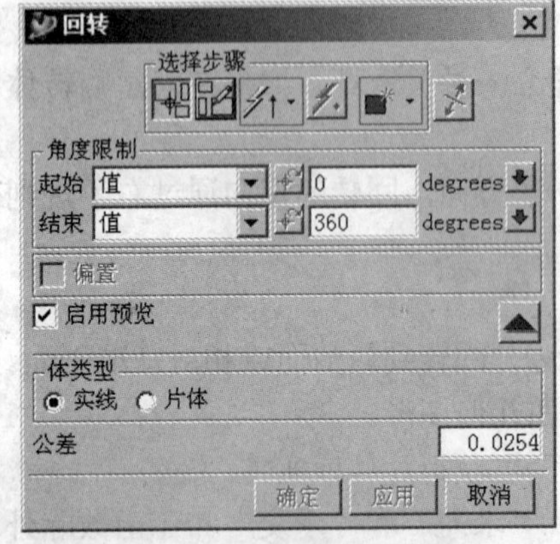

图20-55 回转特征对话框

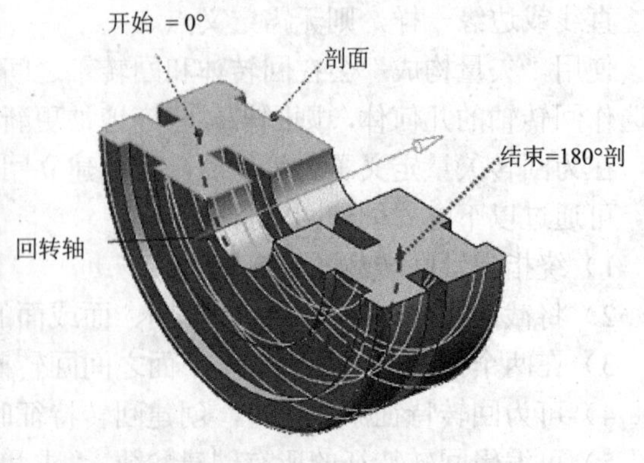

图20-56 创建回转特征

除基本的回转特征外，UG NX 还可以实现带有偏置的回转（图 20-57）、回转到对象（图 20-58），以及在两个对象之间回转（图 20-59）等。

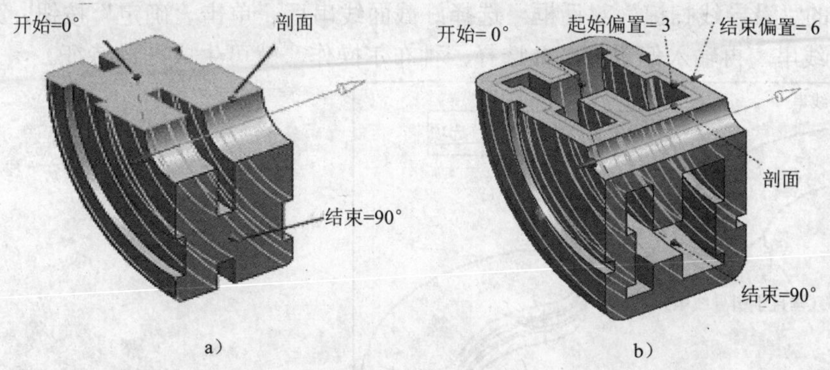

图 20-57　带有开始和结束偏置的回转特征

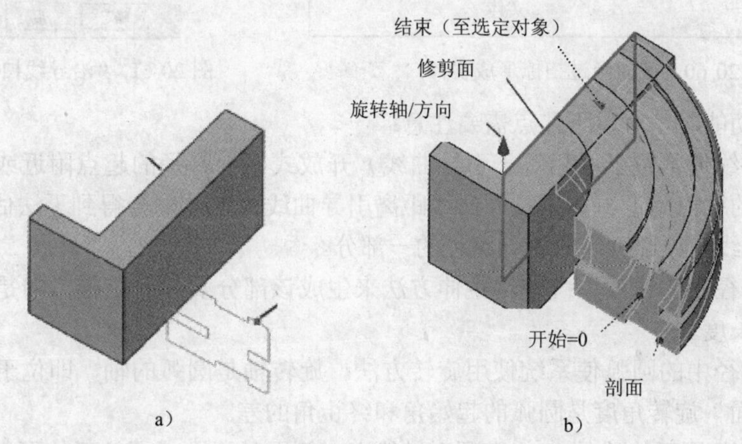

图 20-58　结束限制设置直至选定对象的回转特征

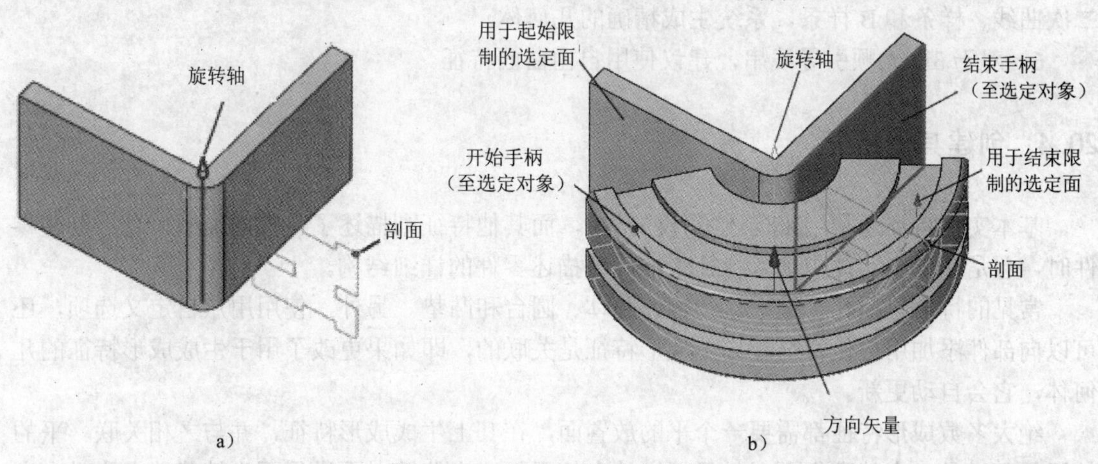

图 20-59　在两个对象之间回转

20. 3. 3　沿导线扫掠（Sweep Along Guide）

沿导线扫掠是通过沿着由一个或一系列曲线、边或面构成的引导线串（路径）拉伸开放的或封闭的边界草图、曲线、边或面来生成单个体，如图 20-60 所示。

创建该类拉伸体的步骤是单击成形特征工具条上的沿导引线扫掠图标，弹出如图 20-61 所示的“沿导线扫掠”对话框。选择好截面线串后，单击“确定”按钮，系统提示选择一条导引线串。再输入偏置值，并选择一种布尔操作，就可生成扫描特征。

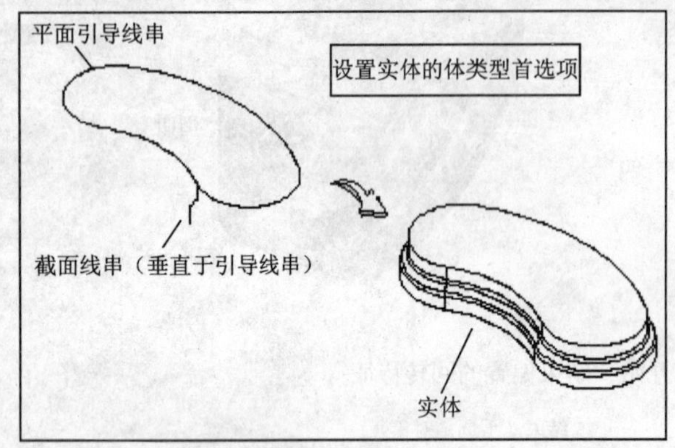

图 20-60　截面经过扫掠形成实体

图 20-61　“沿导线扫掠”对话框

使用该项功能时，有以下几点需要注意：

1）截面曲线通常位于（相对于引导曲线）开放式引导路径的起点附近或封闭式引导路径的任意曲线的端点附近。如果截面曲线距离引导曲线太远，则会得到无法估计的结果。

2）任何曲线对象都可用做引导路径的一部分。

3）引导路径中的线使系统使用拉伸方法来生成该部分实体。扫描方向是线的方向，扫描距离是线的长度。

4）引导路径中的圆弧使系统使用旋转方法。旋转轴是圆弧的轴，即位于圆弧的中心并垂直于圆弧平面。旋转角度是圆弧的起始角和终止角的差。

5）对于曲线/圆弧构成的 2D 光顺引导线串，侧面是平面或圆柱形的面。对于非光顺的二次曲线、样条和 B 样条，系统生成精确的几何体。

6）对于 3D 光顺引导线串，建议使用自由曲面特征。

20.4　创建其他特征

基本实体特征通常用来描述零件的结构，而其他特征则描述了零件的细节信息。创建零件时，总是在基本实体中加入特征来准确地描述零件的详细结构。

常见的特征包括孔、键槽、沟槽、腔体、圆台和凸垫。另外，使用用户自定义选项，还可以向部件添加用户化特征。许多成形特征是关联的，即如果更改了用于生成成形特征的几何体，它会自动更新。

绝大多数成形特征都需要一个平的放置面，在其上生成成形特征，并与之相关联。平的放置面可以是一个基准平面或是目标实体上的平面。当能够对面进行更为精确地定位时，在面的法向上、并靠近选择面的位置生成特征。特征将自动链接到选中面，以便当面被平移或旋转时，特征将保持与面的垂直关系，并且特征的高度相对于面将保持恒定。

如果将基准平面选择作为平的放置面，将出现方向矢量，显示将在基准平面的那一侧生成特征。可以选择是接受这一默认侧，还是对矢量进行反向，以便使用另一侧。

有些形式特征要求水平参考，需定义特征坐标系的 X 方向。可以选择边、面、基准轴或基准平面作为水平参考。水平参考定义那些需要长度的成形特征的长度方向，这些成形特征包括键槽、腔体和凸垫。

可以生成总是完全通过选中面的孔和槽，而不必考虑实体怎样修改。选择一个通过面，则孔或槽特征就认为要完全贯通整个实体，并且只受限于放置面和通过面。可以相对于已有的实体几何体或基准平面来定位特征（或草图），即控制特征相对于已有的实体几何体或基准平面的位置。也可以通过在选择尺寸类型之前选择“确定”来完成一个特征而不用约束它的位置。随后可以使用下拉菜单“编辑”→“特征”下的选项来定位或移动特征。

20.4.1 孔（Hole）

孔的类型包括简单孔、沉头孔和埋头孔(锥形沉孔)。单击成形特征工具条上的孔图标，弹出如图 20-62 所示构造孔对话框。首先指定孔的类型，然后选择实体表面或基准平面作为孔放置平面或通孔平面，再设置孔的参数及打通方向，最后确定孔在实体上的位置，则可创建所需要的孔。

创建各种类型孔的具体操作说明如下：

1. 简单孔

以指定的直径、深度和顶点的顶尖角生成一个简单的孔，如图 20-63 所示。其图标为。

在图 20-62 所示的构造孔对话框中选择该选项，按照选择步骤选择孔放置平面，孔放置平面可以是实体表面也可以是基准平面，然后在孔参数文本框中输入相应参数：直径、深度、尖角等。确定打孔方向，单击“确定”，弹出如图 20-64 所示选择定位方式对话框。该对话框提供了水平、竖直、平行、垂直、点到点、点到直线等定位方式。

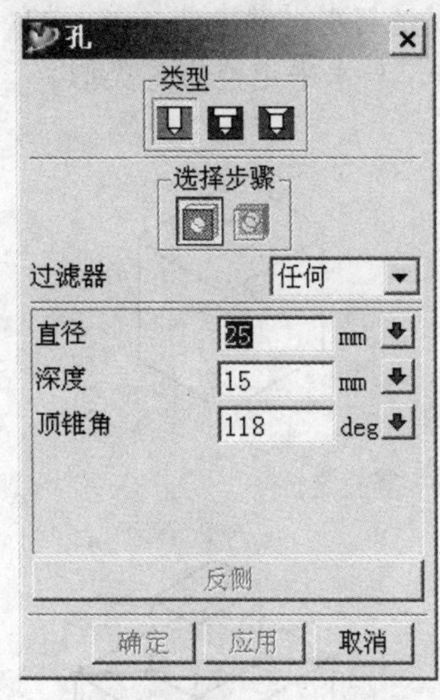

图 20-62 构造孔对话框

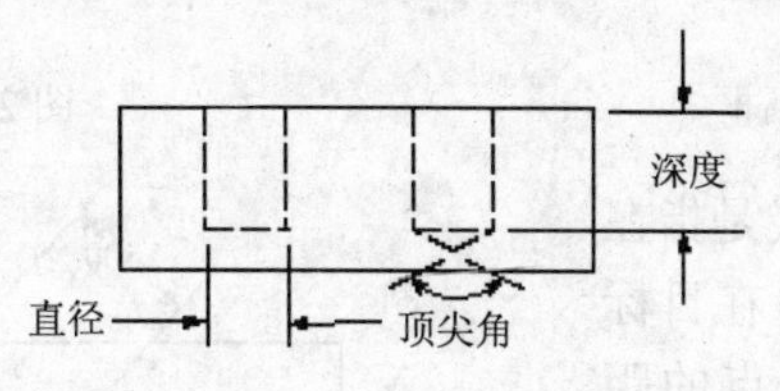

图 20-63 简单孔

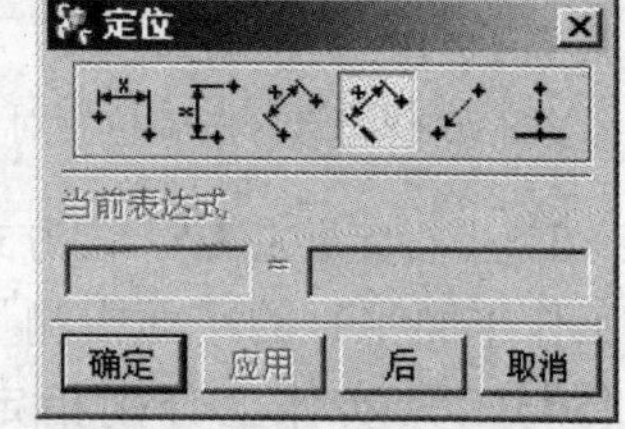

图 20-64 选择定位方式对话框

1）水平定位：。该方式通过在目标实体与工具实体上分别指定一点，再以这两点沿水平参考方向的距离进行定位。在两点之间生成一个定位尺寸。水平尺寸与水平参考相对齐，或者与竖直参考成 90°角，如图 20-65 所示。

单击该图标，弹出的对话框取决于当前特征是否已定义了水平参考方向或垂直参考方向。如果没有定义水平参考方向，则弹出如图 20-66 所示定义水平参考方向对话框。此时选择实体边缘、面、基准轴或基准平面作为水平参考方向。定义水平参考方向后，将弹出选择目标对象对话框。先在目标实体上选择对象，作为基准点；再在实体上选择对象，作为参考点。指定两个位置后，选择目标对象对话框的当前表达式文本框被激活，并在其文本框显示默认尺寸，可在文本框中输入需要的水平尺寸值，单击“确定”按钮，即完成水平定位操作。

如果已定义过水平参考方向，则不再出现图 20-66 指定水平参考方向对话框，而直接弹出如图 20-67 所示选择目标对象对话框。可按以上相同方法进行水平定位。

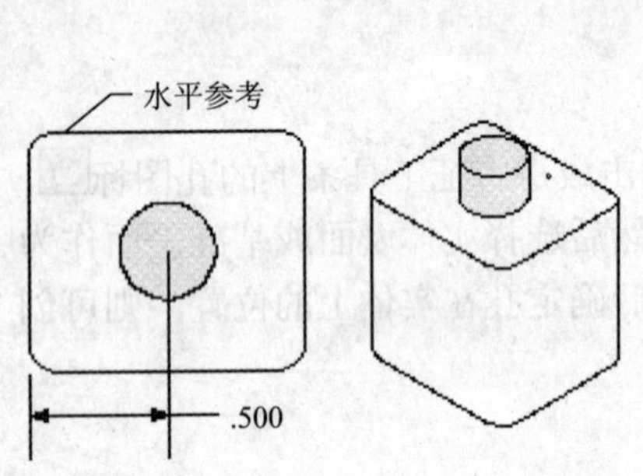

图 20-65　水平定位

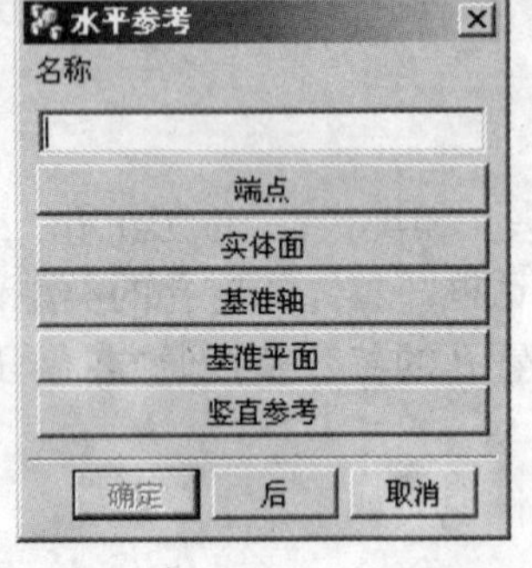

图 20-66　水平参考方向对话框

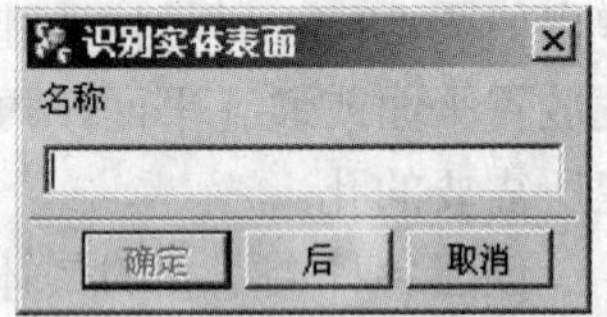

图 20-67　选择目标对象对话框

选择目标对象与工具边，实际上是选择其上的一点，即存在的点、实体边缘上的点，圆弧中心点或圆弧的切点。当选择的目标对象或工具边为圆弧时，将会弹出如图 20-68 所示选择圆弧位置的对话框，则可以直接选择圆弧的端点、中心点或切点。

2）竖直定位：。该方式通过在目标实体与工具实体上分别指定一点，以这两点沿竖直参考方向的距离进行定位。一个竖直尺寸与竖直参考相对齐，或是与水平参考成 90°，如图 20-69 所示。选择竖直定位方式时，弹出的对话框以及操作步骤，与水平定位方式类似。

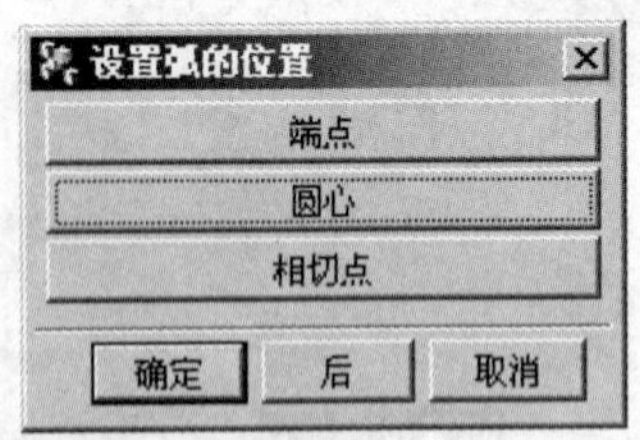

图 20-68　选择圆弧位置对话框

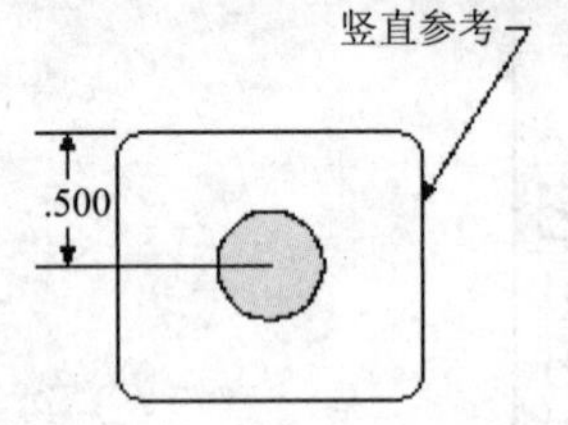

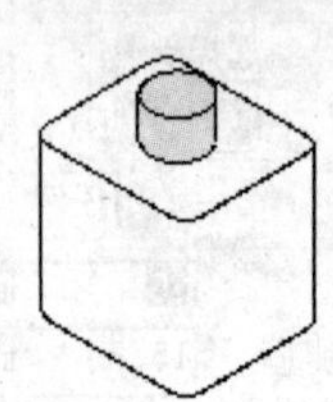

图 20-69　竖直定位

3）平行定位：。该方式是指在与工作平面平行的平面中测量在目标实体与工具实体上分别指定点的距离，如图 20-70 所示。单击该图标，弹出如图 20-67 所示的选择目标对象对话框。在目标实体上选择对象作为基准点，然后单击“确定”按钮，图

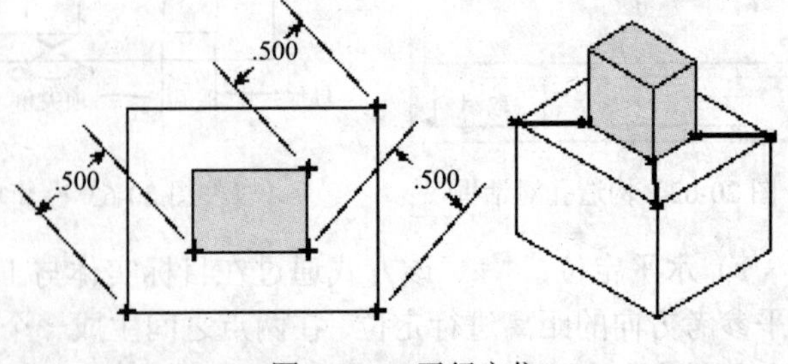

图 20-70　平行定位

20-64 中的“当前表达式”文本框被激活，并在其文本框显示默认尺寸，可在文本框中输入需要的水平尺寸值，单击“确定”按钮，即完成平行定位操作。

4）垂直定位：。该方式通过实体上指定一点，以该点至目标实体上指定边缘的垂直距离进行定位，如图 20-71 所示。单击该图标，其操作与平行定位相类似。

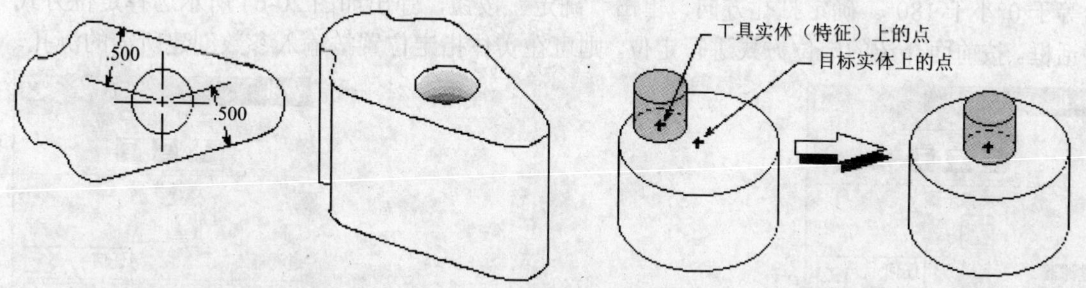

图 20-71　垂直定位

图 20-72　点到点定位

5）点到点定位：。该方式通过在工具实体与目标实体上分别指定一点，使两点重合进行定位，如图 20-72 所示。可以认为两点重合定位，是平行定位的特例，即在平行定位中的距离为零时，就是两点重合，其操作步骤与平行定位方式类似。

6）点到直线定位：。该方式通过在工具实体上指定一点，使该点位于目标实体的一指定边缘上进行定位，如图 20-73 所示。可以认为点到线上定位，是垂直定位的特例，即在垂直定位中的距离为零时，实现点到线上的定位。单击该图标，其后弹出的对话框，与垂直定位方式类似。

孔的定位方式确定以后，即可生成所需的孔，如果在图 20-62 所示的构造孔对话框中的“选择步骤”选择通孔平面步骤，则可以选择另一个平面创建通孔。

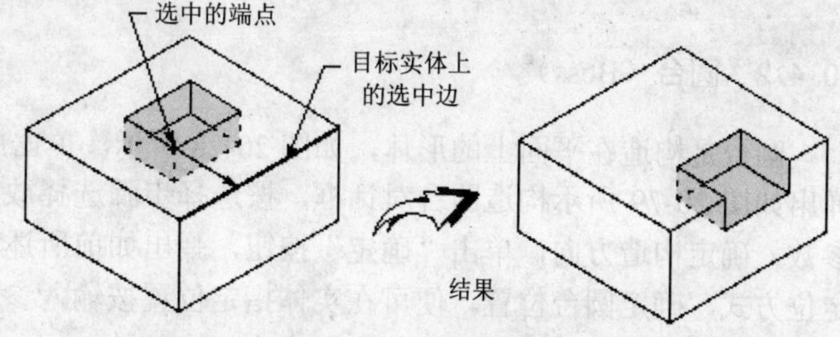

图 20-73　点到直线定位

2. 沉头孔

以指定的孔直径、孔深度、顶尖角、沉头直径和沉头深度生成的孔，如图 20-74 所示。其图标为。

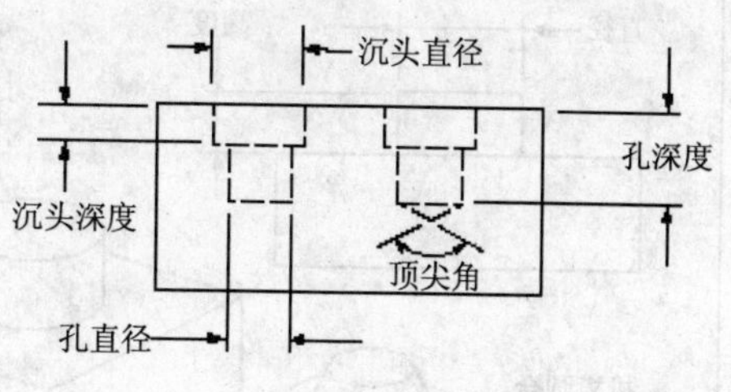

图 20-74　沉头孔

在图 20-62 构造孔对话框中选择沉头孔图标，对话框变为如图 20-75 所示的构造沉孔对话框。选择实体表面或基准平面作为放置平面，在各文本框中输入相应沉头孔参数，其中“C-沉头直径”必须大于孔直径，“C-沉头深度”必须小于孔深度，顶尖角必须大于等于 0°小于 180°。确定打孔方向，单击“确定”按钮，弹出如图 20-64 所示选择定位方式对话框，按前面介绍的定位方式进行定位即可。

3. 埋沉孔

以指定的孔直径、孔深度、顶尖角、埋头直径和埋头角度生成的孔，如图 20-76 所示。

其图标为▣。

在图 20-62 所示的构造孔对话框中选择埋头孔图标，对话框变为如图 20-77 所示的构造埋头孔对话框。选择实体表面或基准平面作为放置平面，在各文本框中输入相应沉孔参数，其中“C-埋头直径”必须大于孔直径，“C-埋头角度”必须大于 0°小于 180°，顶尖角必须大于等于 0°小于 180°。确定打孔方向，单击“确定”按钮，弹出如图 20-64 所示选择定位方式对话框。按前面介绍的定位方式进行定位，则可在实体指定位置按输入参数创建所需的沉孔。

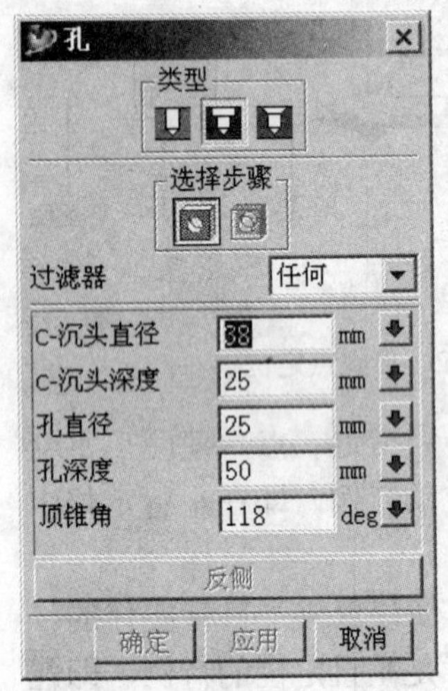

图 20-75 构造沉孔对话框

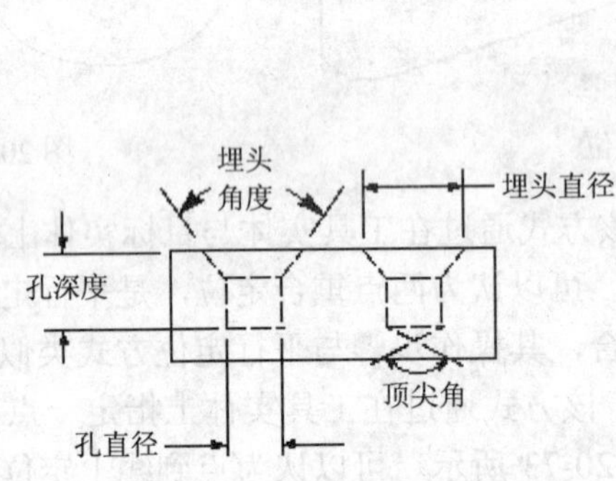

图 20-76 埋头孔

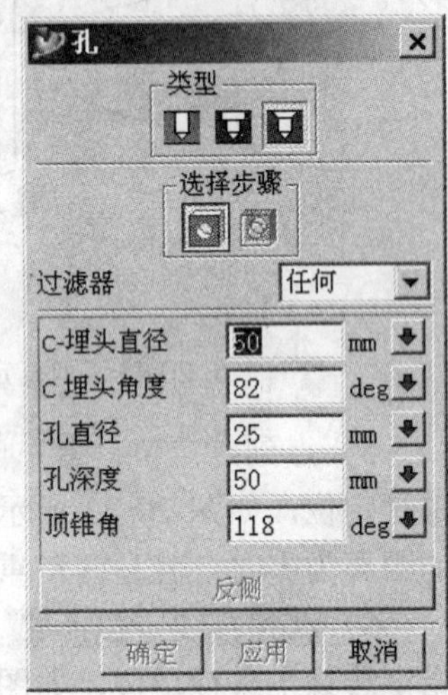

图 20-77 构造埋头孔对话框

20.4.2 圆台（Boss）

圆台是构造在平面上的形体，如图 20-78 所示。单击成形特征工具条上的圆台图标▣，弹出如图 20-79 所示构造圆台对话框，按选择步骤选择放置面，在各文本框中输入圆台相应参数，确定构造方向，单击“确定”按钮，弹出如前所述的定位方式对话框。按前面介绍的定位方式，确定圆台位置，便可在实体指定位置按输入参数创建圆台，如图 20-78 所示的示例。应用此方法生成的圆台与原实体成为一个整体。

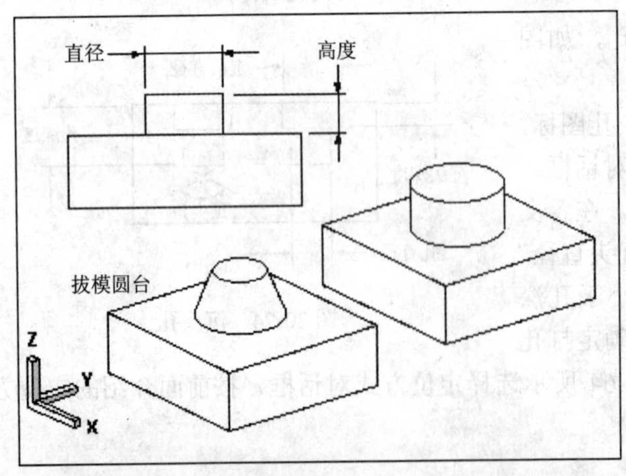

图 20-78 圆台

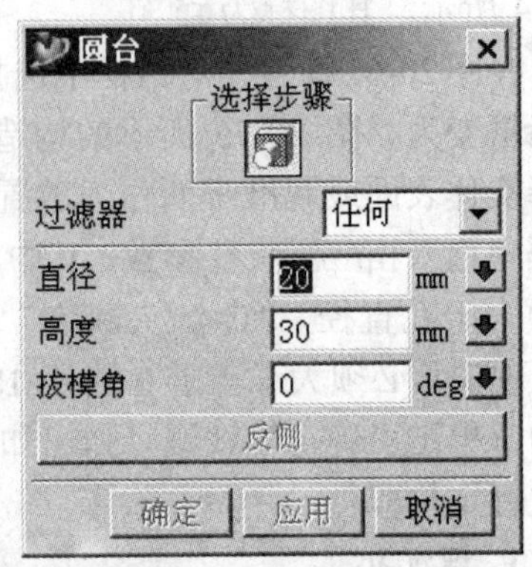

图 20-79 构造圆台对话框

20.4.3　腔体（Pocket）

腔体是创建于实体或者片体上，其类型包括圆柱形腔体、矩形腔体和一般腔体。单击成形特征工具条上的腔体图标，弹出如图 20-80 所示选择腔体类型对话框。在对话框中可以选择圆柱形、矩形或者一般腔体构造方式，对于圆柱形、矩形腔体，选择实体表面或基准平面作为腔体放置平面来构造腔体；而对于一般腔体类型，则利用创建一般腔体对话框来创建。

1. 圆柱形腔体

该选项可以定义一个圆形的腔体，指定其深度，有无圆角底面，侧面为直的或锥形，如图 20-81 所示。在图 20-80 所示的腔体类型对话框中选择“圆柱形”类型，弹出图 20-82 所示选择腔体放置平面对话框。对于该对话框：

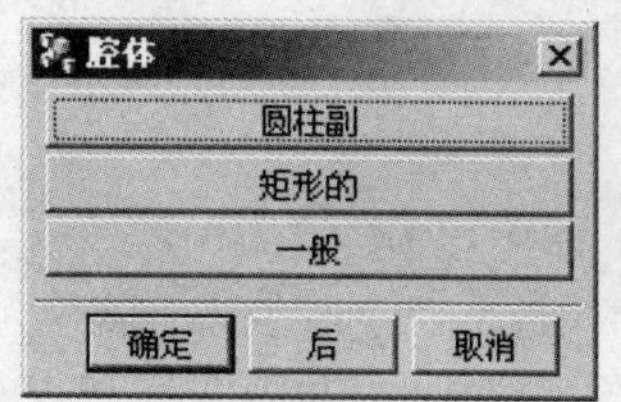

图 20-80　选择腔体类型对话框

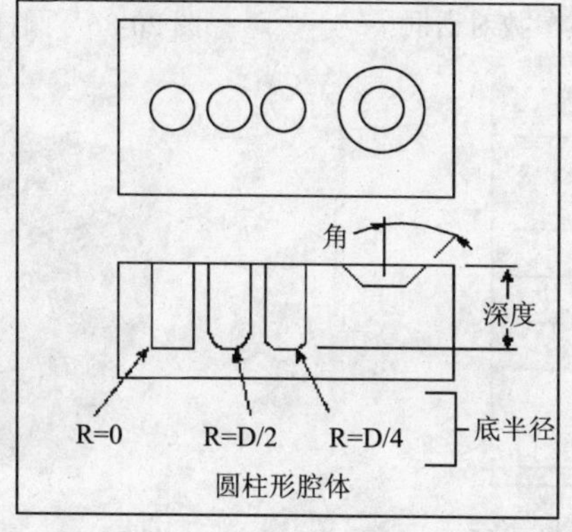

图 20-81　圆柱形腔体

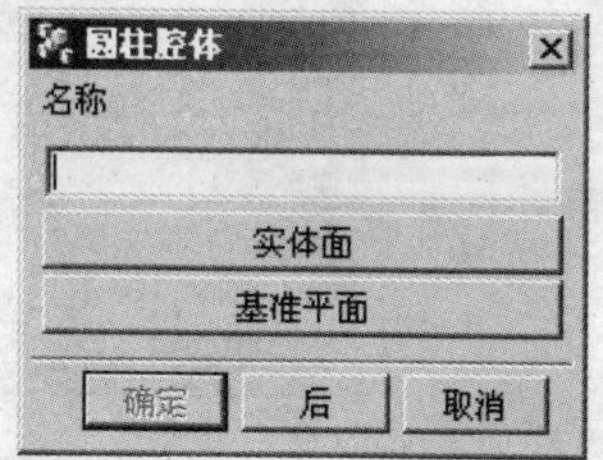

图 20-82　选择腔体放置平面对话框

1）实体面。选择该选项，弹出如图 20-83 所示选择实体表面对话框。选择实体平面作为腔体放置平面。

2）基准平面。选择该选项，弹出类似图 20-83 所示选择实体对话框的选择基准平面对话框。选择一个基准平面作为腔体放置平面，弹出如图 20-84 所示的选择腔体生成方向对话框。选择“接受缺省边”选项或“反向缺省侧”选项，接受或反转系统默认的腔体生成方向。

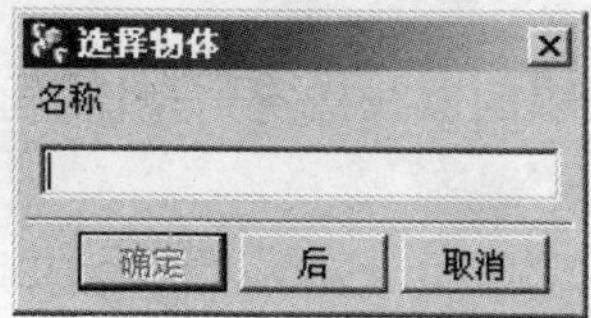

图 20-83　选择实体对话框

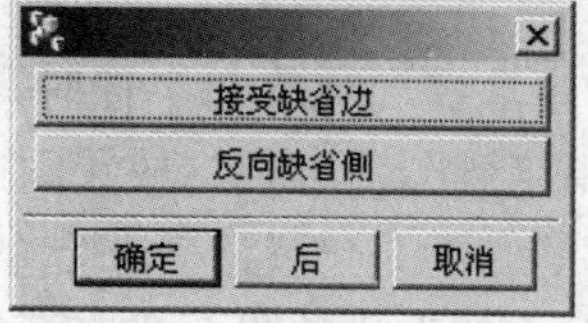

图 20-84　选择腔体生成方向对话框

确定平面后，将弹出如图 20-85 所示输入圆柱形腔体参数对话框，在各文本框中输入相应参数，单击“确定”按钮。

接着弹出定位方式对话框，如前所述的定位方式，确定圆柱形腔体的位置后，则可在实体上指定位置按输入参数创建圆柱形腔体。图 20-86 所示为圆柱形腔体构造示例。

2. 矩形腔体

在图 20-80 所示的腔体类型对话框中选择“矩形”类型后，弹出类似图 20-83 所示选择腔体放置平面对话框，操作相类似，选择完毕，弹出定义水平参考方向对话框，指定参考方向。之后弹出如图 20-87 所示设置矩形腔体参数对话框，在各文本框中输入相应参数，并单击“确定”。弹出定位方式对话框，按前面介绍的定位方式，确定矩形腔的位置，则可在实体上指定位置按输入参数创建需要的矩形腔体。图 20-88 所示为矩形腔体构造示例。

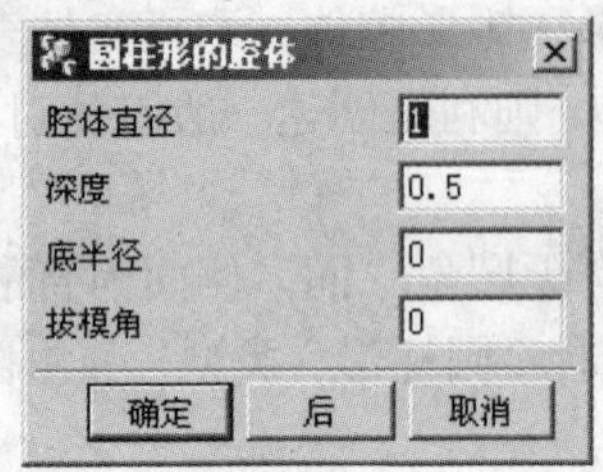

图 20-85　输入圆柱形腔体参数对话框

图 20-86　圆柱形腔体构造示例

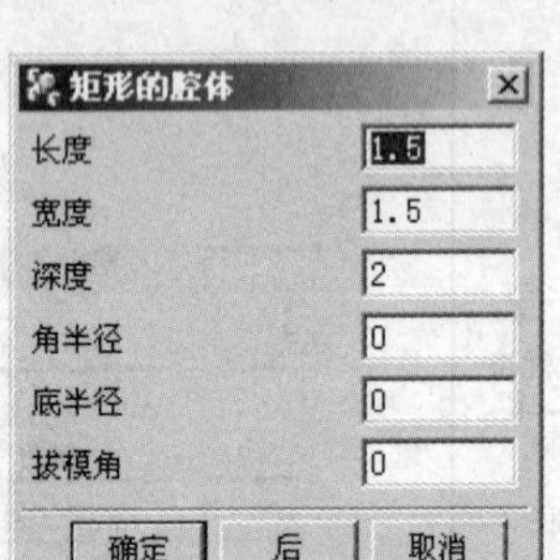

图 20-87　设置矩形腔体参数对话框

图 20-88　矩形腔体构造示例

3. 一般腔体

与圆柱形和矩形腔体选项相比，该选项所定义的腔体具有更大的灵活性。以下是“一般腔体”特征的一些独有特性：

1）一般腔体的放置面可以是自由形式的面。

2）腔体的底部通过底面进行定义，如果需要的话，底面也可以是自由形式的面。

3）通过曲线链定义腔体顶部或底部的形状。曲线不一定位于选中面上，如果没有位于选中面上，将按照选定的方式投影到面上。

4）在指定放置面或底面半径时，可以将代表腔体轮廓的曲线指定到腔体侧面与面的理论交点，或指定到圆角半径与放置面或底面之间的相切点。

5）腔体的侧面是定义腔体形状的理论曲线之间的直纹曲面。如果在圆角切线处指定曲线，系统将在内部生成放置面或底面的理论交集。

在图 20-80 所示的腔体类型对话框中选择“一般”类型，弹出如图 20-89 所示创建一般腔体对话框。该对话框上部的图标，用于指定创建一般腔体的相关对象。创建某个具体的一般腔体时，并不必使用每个步骤图标，大多数情况下，只用到几个常用图标。中部可变显示区，用于指定各相应步骤的控制方式。下部相关选项区，用于设置创建一般腔体的参数。

图 20-89 对话框上部的“选择步骤”图标，用于指定创建一般腔体的相关对象。各图标的具体含义与操作说明如下：

1）：放置面。该图标用于选择一般腔体的放置面。一般腔体的顶面跟随放置面的轮廓，可选择一个或多个表面、一个基准平面或平面作为一般腔体的放置面。使用时至少应选择一个面作为放置面。在选多个面做放置面时，各个面只能是实体或片体的表面，而且必须邻接。

2）：放置面轮廓面。该图标用于定义放置面轮廓面，用来描述一般腔体在放置面上顶面轮廓的曲线集。可以从模型中选择曲线或者利用边缘，也可用转换底面轮廓线的方式定义放置面轮廓线。单击该图标，如果没有定义放置面轮廓线，则图 20-89 中的可变显示区将变成如图 20-90 所示状态。其中：

拔模角：用于设置拔锥底面轮廓线得到放置面轮廓线时的拔锥角度，其值必须大于等于 0°，且小于等于 90°。拔模角可以是恒定的，也可以是规律控制的或根据轮廓外形线来确定。

相对于：用于定义拔锥方向。

放置面轮廓线必须封闭，而且是可投影的，即当轮廓线按投影方向投影到指定面时，必须封闭，不能自交。

3）：底面。该图标用于定义一般腔体的底面。单击该图标，图 20-89 中的可变显示区将变成如图 20-91 所示状态。在定义底面时非常灵活，可以直接选择底面，也可以偏置或转换放置面得到底面，还可以偏置或转换已选底面得到实际底面。在直接选择底面时，可选择一个或多个表面、或一个基准平面，或一个平面。其中：

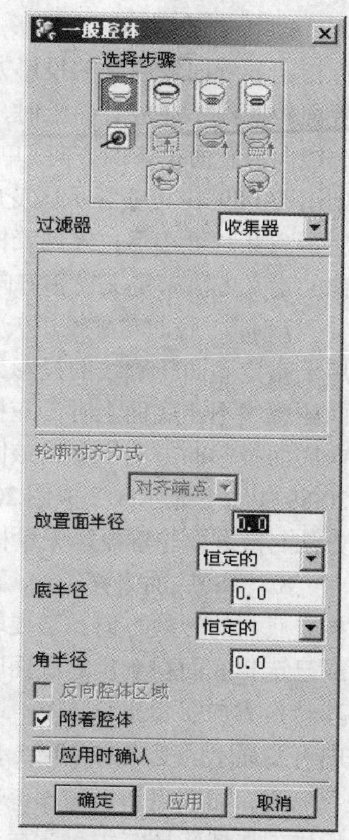

图 20-89　创建一般腔体对话框

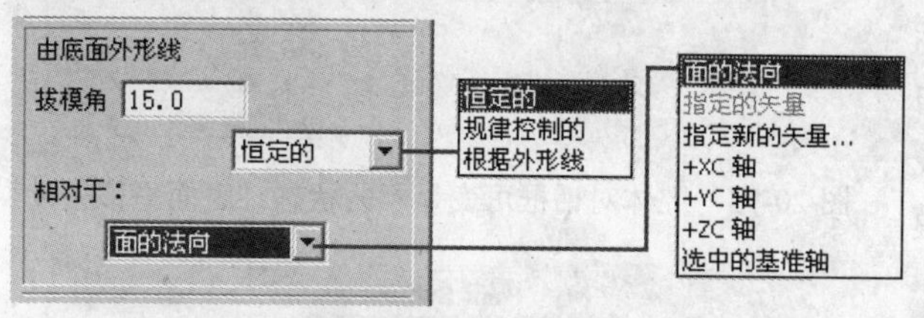

图 20-90　腔体对话框可变显示区状态（放置面轮廓面）

图 20-91　腔体对话框可变显示区状态（底面）

底面：用于设置底面的定义方式。包括 Offset 与 Translation 两个选项，Offset 的方向是系统默认方向，而 Translation 的方向可以自己定义。

从放置面：用于设置底面的偏置值。使所选放置面沿偏置方向偏置指定值得到底面。

被选中底面：用于设置底面的偏置值。使所选底面沿偏置方向偏置指定值得到实际底面。

4）：底面轮廓。该图标用于定义一般腔体的底面轮廓线，可以从模型中选择曲线或边缘定义，也可以通过转换放置面轮廓线进行定义。单击该图标，如果没有定义底面轮廓线，则图 20-89 中的可变显示区将变为图 20-92 所示。

选择的底面轮廓线必须是封闭曲线，不能自交。可变显示区与图 20-91 相类似。

5）：目标体。当目标实体不是第一个放置面所在的实体或片体时，应选择该图标指定放置一般腔体的目标实体。单击该图标，只要在模型中选择需要的一个实体或片体即可。可变显示区不变。

6）[icon]：放置面轮廓投影矢量。该图标指定放置面轮廓线的投影方向。当放置面轮廓线不在放置面上时，应指定轮廓线向放置面投影的方向。单击该图标，则图 20-89 中可变显示区变成图 20-93 所示。此时可在下拉式列表框中选择方向的定义方法来定义投影方向。

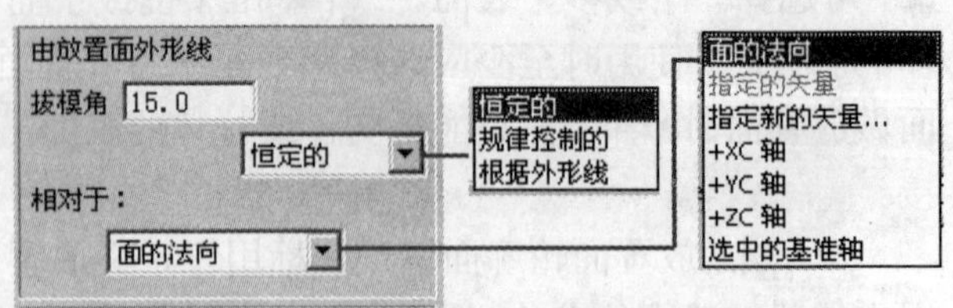

图 20-92　腔体对话框可变显示区状态（底面轮廓）

7）[icon]：底面轮廓投影矢量。该图标用于指定底面轮廓线的投影方向。当底面轮廓线不在底面上时，应指定轮廓线向底面投影的方向。单击该图标，则图 20-89 中可变显示区变成图 20-94 所示，方法与放置面轮廓投影矢量相类似。

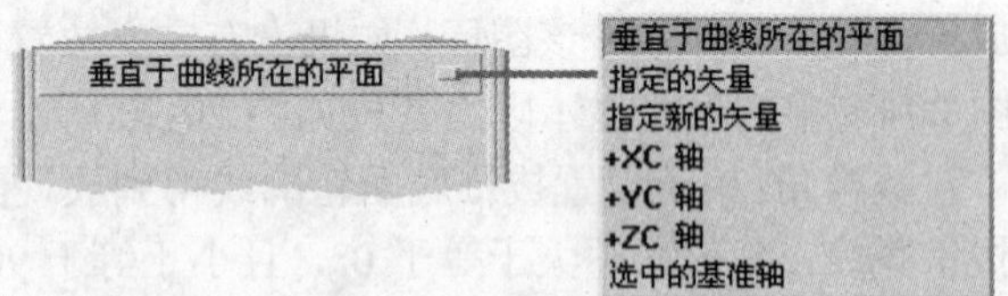

图 20-93　腔体对话框可变显示区状态（设置面轮廓投影矢量）

8）[icon]：底面平移矢量。该图标用于指定底面的转换方向。当要转换放置面或已选择底面得到实际底面时，应指定其转换方向。单击该图标，则图 20-89 中可变显示区变成图 20-95 所示，方法与放置面轮廓投影矢量相类似。此时，应确保底面轮廓线经投影后，可投影到转换得到的底面上。

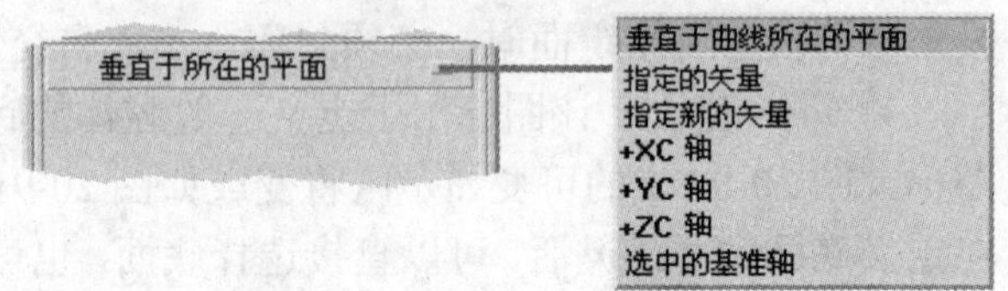

图 20-94　腔体对话框可变显示区状态（底面轮廓投影矢量）

9）[icon]：放置面上的对齐点。该图标用于指定放置面轮廓线的对齐点。单击该图标，则图 20-89 中可变显示区变成图 20-96 所示。通过使用点构造器在模型中选择对齐点。

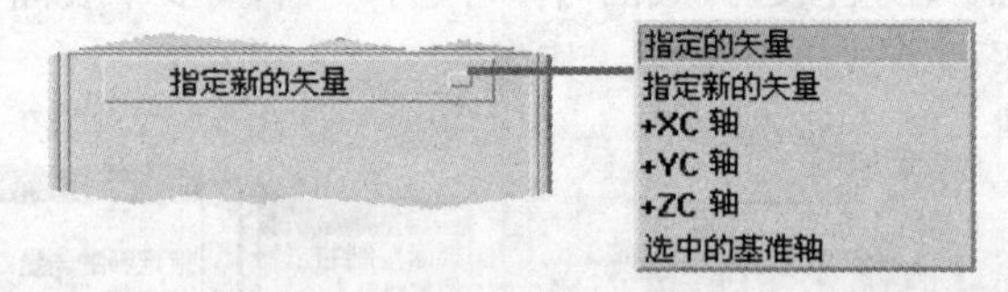

图 20-95　腔体对话框可变显示区状态（底面平移矢量）

放置面轮廓线设置的对齐点数目应与底面轮廓线设置的对齐点数目相同，而且按两条轮廓线上相应标号的点对齐后，能够创建一般腔体。

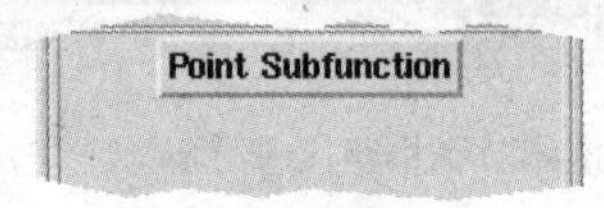

图 20-96　腔体对话框可变显示区状态（放置面上的对齐点）

10）[icon]：底面对齐点。该图标用于指定底面轮廓线的对齐点，与放置面上的对齐点图标相类似。

在图 20-89 创建一般腔体对话框中，除了步骤图标外，还有一些指定控制方式和设置参数的选项。各选项的相关说明见表 20-2。

20.4.4　凸垫（Pad）

凸垫是创建在实体或片体上的形体。用鼠标单击成形特征工具条上的腔体图标[icon]，弹出如图 20-97 所示选择凸垫类型对话框。凸垫的类型包括矩形凸垫和一般凸垫。创建矩形凸垫，选择矩形凸垫的放置面，并设置矩形凸垫的参数，便可创建矩形凸垫。创建一般凸垫类型与

表 20-2　创建一般腔体控制方式和设置参数的选项说明

选项	说明
过滤器	通过限制可选的类型，以助于选择几何体。此选项可用与否，取决于哪一个选择步骤是激活的
可改变的显示	（根据哪一个选择步骤是激活的，以及以前的定义，将在该区域出现其他选项）
轮廓对齐方式	如果选择了放置面轮廓或底面轮廓，则可以指定对齐放置面轮廓曲线或底面轮廓曲线的方式
放置面半径	定义放置面（腔体顶部）与腔体侧面之间的圆角半径
底面半径	定义腔体底面（腔体底部）与侧面之间的圆角半径
拐角半径	定义放置在腔体拐角处的圆角半径。拐角位于两条轮廓曲线/边之间的运动副处，这两条曲线/边的切线偏差的变化范围要大于角度公差
附着腔体	将腔体缝合到目标片体，或由目标实体减去腔体。如果没有选择该选项，则生成的腔体将成为独立的实体
应用时确认	可以预览结果，并接受、拒绝或分析结果。"选择步骤"对话框中均有这个选项

创建一般腔体的方法相类似。

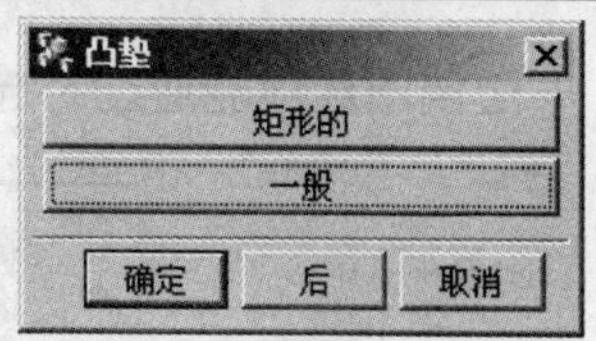

图 20-97　选择凸垫类型对话框

1. 矩形凸垫

在图 20-97 所示的凸垫类型对话框中选择矩形类型，将弹出图 20-98 所示选择凸垫放置平面对话框。与创建简单孔时选择放置平面相类似，选择凸垫的放置平面，确定之后，弹出定义水平参考方向对话框，指定水平参考方向，接着弹出如图 20-99 所示输入矩形凸垫参数对话框，在各文本框中输入相应参数。单击“确定”，弹出定位方式对话框，如上所述的定位方式，确定矩形凸垫的位置，则可按指定参数创建矩形凸垫。图 20-100 为矩形凸垫示例。

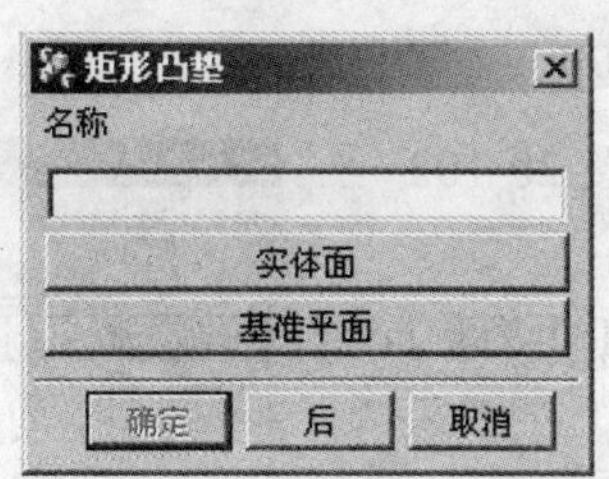

图 20-98　选择凸垫放置平面对话框

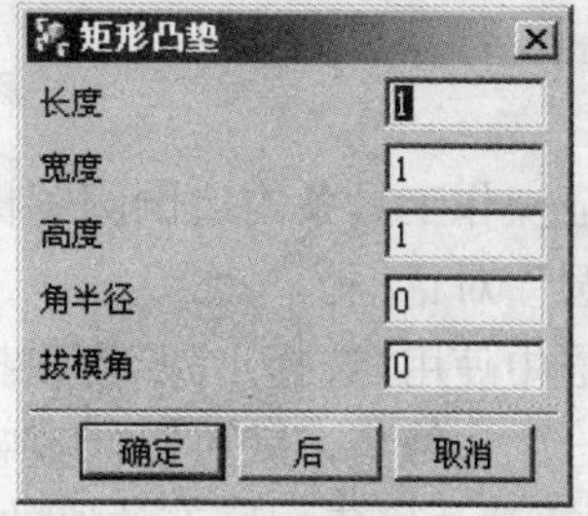

图 20-99　输入矩形凸垫参数对话框

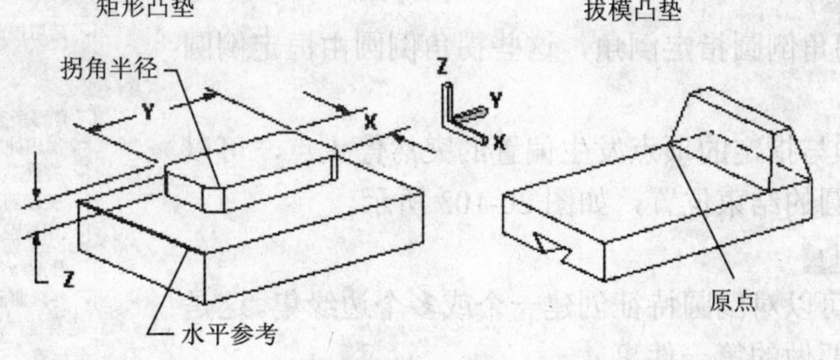

图 20-100　矩形凸垫的示例

2. 一般凸垫

一般凸垫与矩形凸垫相比，在形状和控制方面更加灵活。一般凸垫的放置面可以选择曲面。顶面可以定义，也可选择曲面作顶面。底面与顶面的形状，由链接曲线来定义。还可以指定放置面或顶面与其侧面的圆角半径。

在图 20-97 所示的凸垫类型对话框中选择一般类型，将弹出与创建一般腔体类似的对话框，其操作也相的类似，这里不再重复。

20.5　特征操作

特征操作是对已构造特征进行修改。通过特征操作，可以用简单实体建立复杂的实体。实体及特征的基本操作包括实体的逻辑运算、修剪、抽壳、倒角、圆角、拔模以及螺纹的攻螺纹等操作。限于篇幅的原因，本节仅给出圆角及螺纹攻螺纹的相关介绍。

20.5.1　边倒圆

边倒圆选项能通过对选定的边进行倒圆以修改一个实体，如图 20-101 所示。

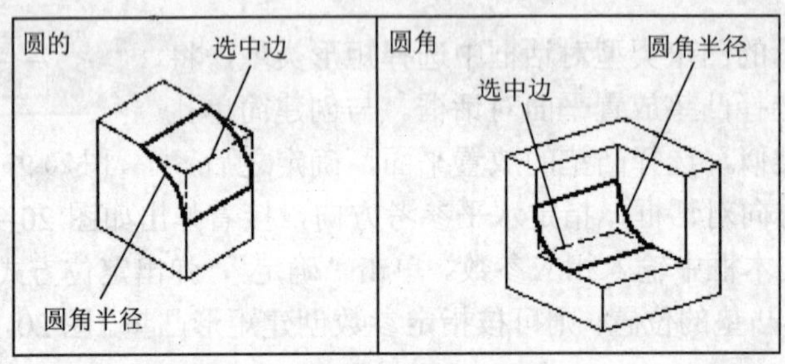

图 20-101　边缘圆角

单击特征操作工具条的边倒圆图标，弹出如图 20-102 所示“边倒圆”对话框。

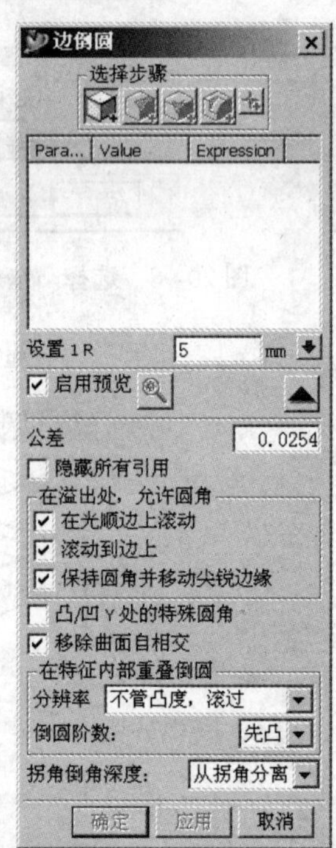

图 20-102 “边倒圆”对话框

在对话框中使用“选择步骤”可以指定边倒圆中的边缘集。一旦指定了一个边缘集，就可以修改它的工作方法：

1）可以更改边缘集中所有边缘的公共半径。

2）可以在沿边缘集长度的点上添加不同的半径值，以产生不同半径的倒圆。

3）可以对拐角倒圆指定倒角，这些拐角倒圆由恒定倒圆或可变倒圆组成。

4）通过添加与指定的顶点发生偏置的突然停止点，可以限制边缘集上倒圆的结束位置，如图 20-103 所示。

1. 恒定半径

使用该选项可以对倒圆特征创建一个或多个边缘集。这是在创建边倒圆时要做的第一件事。

要加入到边缘集，各边缘不必相互接触。在选择边缘集的边缘时，还可以在动态输入框中输入半径值。该半径值就应用于该边缘集的所有边缘上。如果要添加有关半径的引用、函数或公式，可使用参数输入选项。

在对边缘集选定了所有边缘后，在对话框或图标选项上单击完成一个步骤集然后开始下一个步骤集按钮，完成了边缘集，并将它添加到“可变窗口”的恒定半径集列表中。

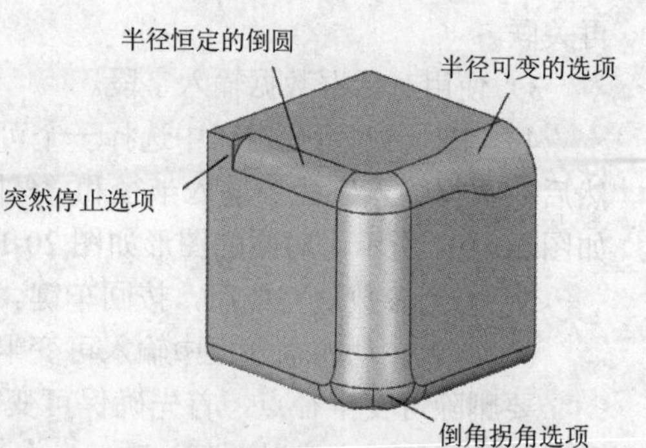

图 20-103　不同形式半径的倒圆角

边缘集在“可变窗口”中通过以下格式显示为 Set1 R、Set2 R 等依此类推。

如：

参数	值	表达式
Set1 R	0.5	p94=0.5
Set2 R	0.7	p95=0.7

边缘集在图形窗口中的标识为球形锚，如图 20-104 所示。

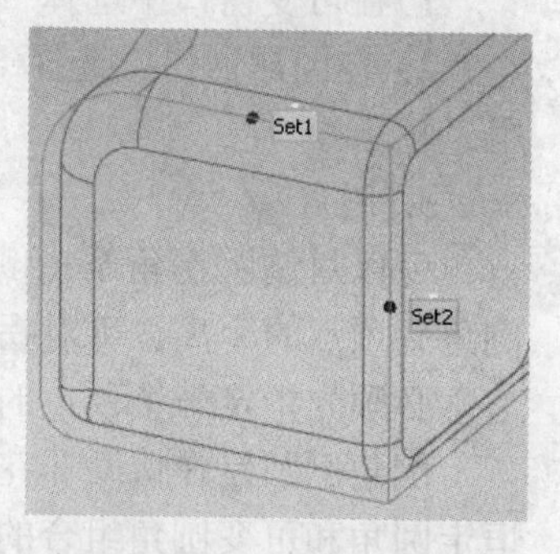

图 20-104　边缘集球形锚

要选择一个边缘集，在其锚上单击，或在可变窗口中选择。选择成链的集合后，就可以添加其余边缘或移除现有边缘。

要更改边缘集的圆角半径，则需完成以下某一项：

1）在对话框可变窗口中选择一个边缘集，然后在对话框数据输入字段中输入一个新的半径值。

2）在图形窗口中单击边缘集的锚，以获取其焦点，然后在动态输入框中输入一个半径值。

3）在图形窗口中单击边缘集的锚，以获取其焦点，并拖动其中一个半径拖动手柄，如图 20-105 所示。

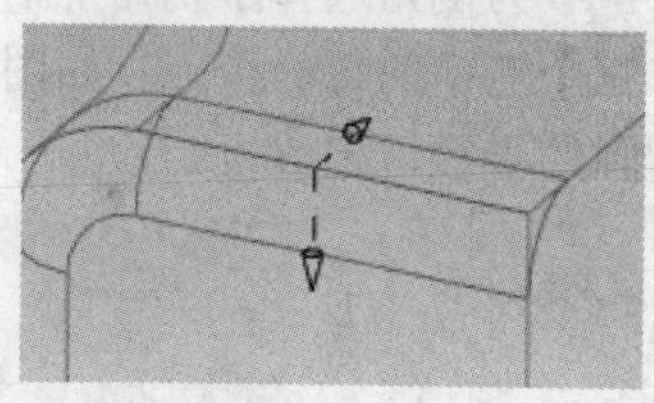
图 20-105　边缘集半径拖动手柄

要删除边缘集，则需完成以下某一项：

1）在对话框可变窗口中选择一个边缘集，然后单击“删除”。

2）在图形窗口中选择一个边缘集锚，然后使用“删除”。

2. 可变半径

可以沿着圆角长度改变圆角半径，方法是在其边缘上指定点，然后在每一点上输入不同的半径值。至少已指定了一个半径恒定的边缘集后，才能使用该选项对它添加可变半径点。

可变半径点是关联的。如果由于在更新期间部件发生更改而在稍后移动关联的点，则可变半径位置随其一同移动。如果稍后删除此点，则该点的可变半径位置也被删除。可在非倒圆边缘上定义可变半径点位置，软件将使其与边缘上的点关联。

要在边缘集中插入可变半径点，选择“可变半径”选择步骤，然后在边缘集的某个边缘上选择点。可变半径手柄显示在此点上，且有关此点的一个条目出现在可变窗口中。

可以添加圆角所允许的很多其他可变半径点。

要测量可变半径点处的可变半径大小，可以执行以下操作：

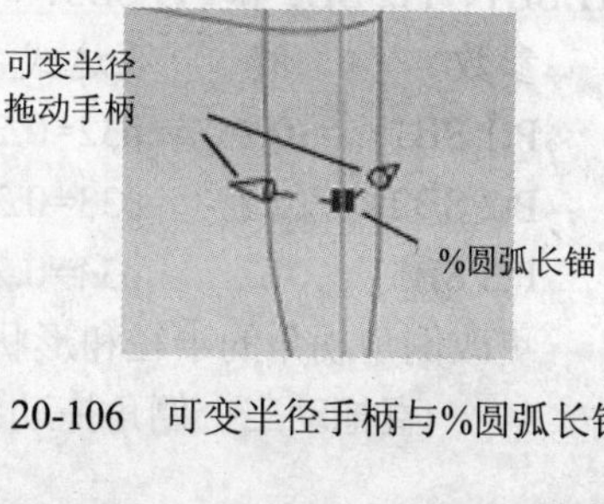

使用手柄：

1）拖动可变半径拖动手柄以更改半径。

2）拖动圆弧长锚沿着边缘移动可变半径点，如图 20-106 所示。注意，如果手工移动其位置，则此点将不

可变半径拖动手柄

%圆弧长锚

图 20-106　可变半径手柄与%圆弧长锚

再关联。

3）使用对话框数据输入字段。

4）在对话框可变窗口中选择一个可变半径条目，然后在数据输入字段中输入半径和“%圆弧长”值，如图 20-107 所示，对应的图形如图 20-108 所示。

5）每个参数值完成后，按回车键。

6）可以在动态输入框中输入可变半径的值。

要删除可变半径点，首先确保可变半径选择步骤是活动的，然后完成以下某一项：

1）在可变窗口中选择一个可变半径，然后“删除”。

2）在图形窗口中选择一个可变半径手柄，然后使用“删除”。

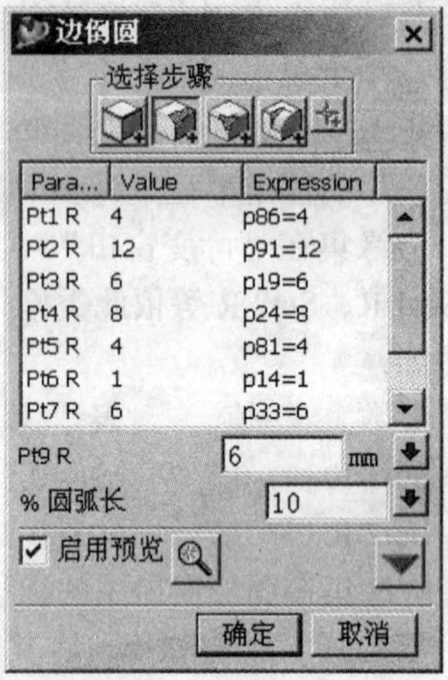

图 20-107　输入半径和“%圆弧长”值

3. 倒角

可以对倒圆拐角添加倒角点，而且通过调整每个倒角到顶点的距离，可对拐角应用其他变形，例如创建所谓的“球状前端倒圆”。

必须先指定一个顶点的至少 3 个边倒圆，然后才能使用这个选项。

倒角倒圆旨在协助非花式曲面进行钣金冲压，并不用于创建曲率连续的面。在包含任何恒定圆角和可变圆角组合的拐角处，可以创建倒角。

为倒角选择了拐角点后，在拐角顶点处会显示三个拖动手柄，每个手柄表示定义倒角的三个点中的每一个点，如图 20-109 所示。最初，三个倒角点离顶点的距离相同，使得拐角倒圆的半径恒定。

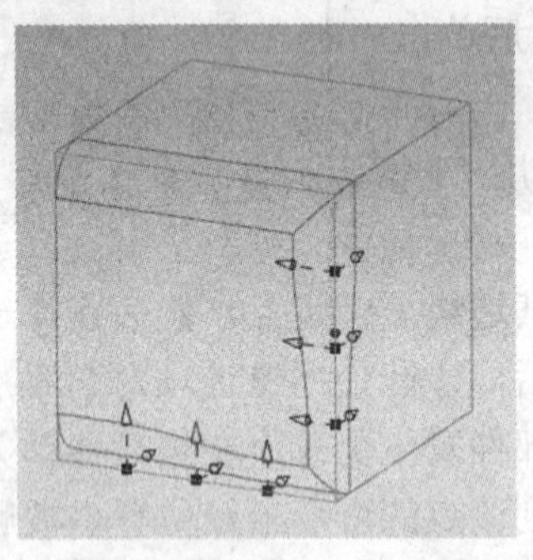

图 20-108　圆角的 6 个可变半径点

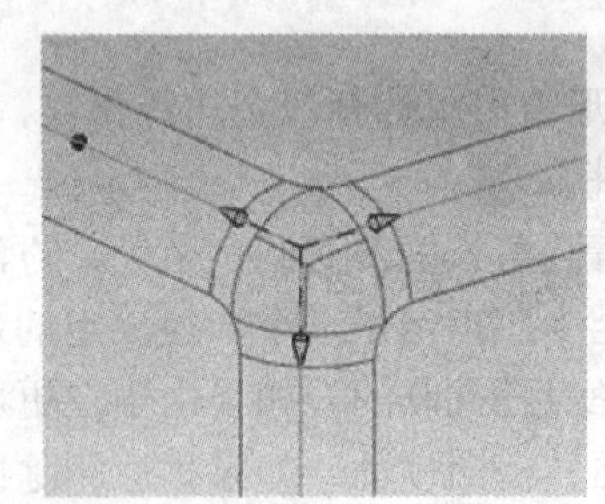

图 20-109　倒角拖动手柄

三个初始倒角的条目及其上的点都被添加到对话框可变窗口中，并以下面的格式显示为 Pt1 SB1、Pt2 SB2 和 Pt3 SB3：

参数	值	表达式
Pt1 SB1	0.2	p32=0.2
Pt2 SB2	0.2	p33=0.2
Pt3 SB3	0.2	p34=0.2

更改倒角拐角的半径和形状，则需完成以下某一项：

1）一直拖动三个倒角拖动手柄，直到生成所希望的拐角形状为止。

2）在对话框可变窗口的每个倒角点的输入字段或在图形窗口的动态输入框中输入值。

删除倒角，首先确保倒角选择步骤是活动的，然后完成以下某一项：

1）在对话框可变窗口中选择其中一个倒角点，然后使用“删除”。

2）在图形窗口中选项其中一个倒角点手柄，然后使用“删除”。

4. 突然停止

通过添加突然停止点，可以在非边缘端点处停止倒圆，如图 20-110 所示。

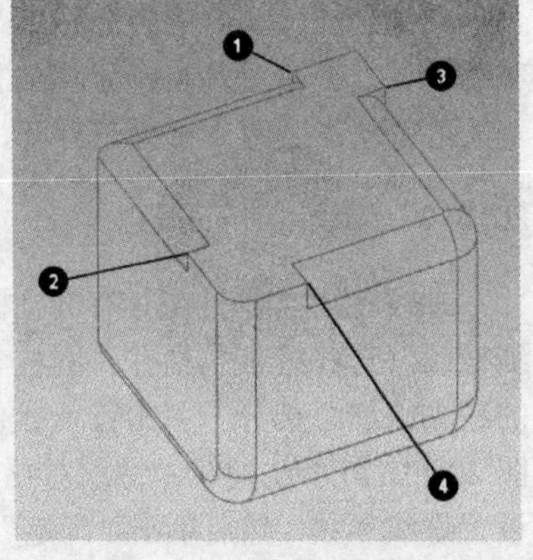

图 20-110　4 个突然停止点

在选择某个端点用于突然停止点后，可以指定要停止倒圆的边缘位置：

1）沿着边缘拖动突然停止点拖动手柄，如图 20-111 所示。

2）在对话框数据输入字段或动态输入框中输入沿着边缘的边缘距离百分比值。

先至少指定一个半径恒定的边缘集，之后才能使用该选项对其添加突然停止点。

要在边缘集中插入突然停止点，选择突然停止选择步骤，然后在边缘集中定义的某个边缘链中选择一个端点。在该点上会显示一个突然停止手柄和一个动态输入框，且在可变窗口中会出现一个该突然停止点条目。

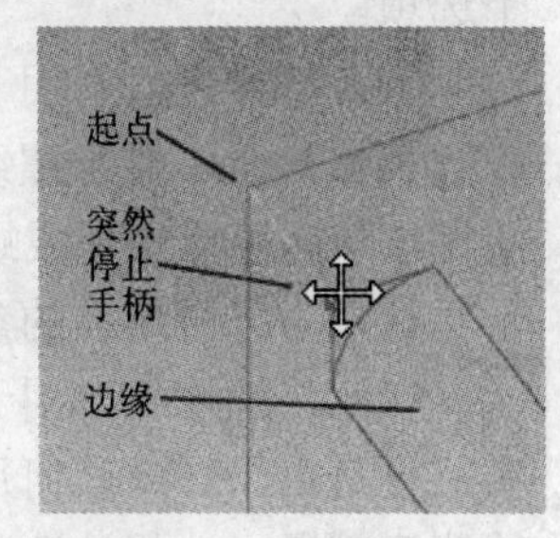

图 20-111　沿边缘拖动突然停止点拖动手柄

通过执行以下某一项，可以在边缘上确定该突然停止点的位置：

1）沿着边缘拖动突然停止点手柄。不能拖动该突然停止点跨过边缘顶点到达另一个边缘。

2）在对话框可变窗口%突然停止数据输入字段或在动态输入框中输入一个百分比值，它是边缘端点到该停止点的距离与此边缘长的比值。该百分比值仅适用于具有突然停止点的边缘，而不适用于整个边缘链。

停止点被指定为 Stopshort1、Stopshort2、Stopshort3 等，且以以下格式出现在可变窗口中：

参数	值	表达式
Stopshort1	25	p109=25
Stopshort2	25	p110=25
Stopshort3	25	p111=25
Stopshort4	25	p112=25

显示在可变窗口中的突然停止值是顶点开始沿着这些点所在边缘，到这些点的距离与它们所在边缘的百分比。

可以在边缘集中已定义的其他边缘链的端点处添加其他突然停止点。

要删除突然停止点，确保突然停止选择步骤是活动的，且完成以下某一项：

1）在可变窗口中选择一个突然停止点，然后使用“删除”。

2）在图形窗口中选择一个突然停止点手柄，然后使用“删除”。

5. 完成一个步骤集然后开始下一个步骤集

在“恒定半径”选择步骤中使用此按钮，完成边缘集的选择并将其添加到倒圆。

在选择曲线和边缘并将它们添加到边缘集时，每一项的条目都是在可变窗口中添加或更新的。在进行选择时会显示一个动态半径输入框，同时显示一条指向半径手柄的指引线（如果未通过 F3 键将其禁用）。

结束边缘集选择后在其位置显示一个手柄。如果 F3 不处于活动状态，则带有边缘集名称的标签、其半径和指向手柄的指引线也会显示。

可以双击边缘集手柄来打开，以便为其他边打开手柄并更改其半径。

20.5.2 螺纹（Thread）

螺纹特征操作是在具有圆柱面的特征上创建符号螺纹或详细螺纹，这些特征包括孔、圆柱、圆台以及圆周曲线扫掠产生的减去或增添部分。单击特征操作工具条上螺纹图标，弹出如图 20-112 所示创建符号螺纹对话框，根据需要选择螺纹类型，设置螺纹参数，然后单击“确定”按钮，即可创建所需的螺纹。

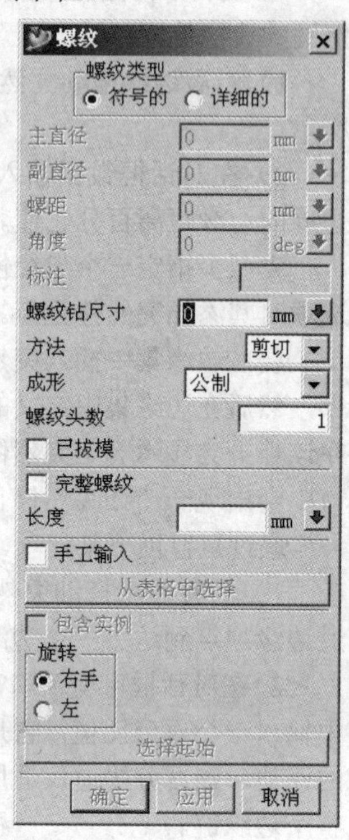

图 20-112　创建符号螺纹对话框

1. 螺纹类型

用于选择螺纹类型，其中包括“符号的”与“详细的”两个选项。

（1）符号螺纹　用于创建符号螺纹。符号螺纹指的是用虚线圆表示，而不显示螺纹实体，在工程图中用于表示螺纹和标注螺纹。这种螺纹生成螺纹的速度快，计算量小。图 20-112 所示对话框为符号螺纹的参数设置对话框。

（2）详细螺纹　用于创建详细螺纹。详细螺纹看起来更真实，可是由于螺纹几何形状的复杂性，计算量大，创建和更新的速度减慢。选择该选项，详细螺纹对话框如图 20-113 所示，即可设置详细螺纹的有关参数。

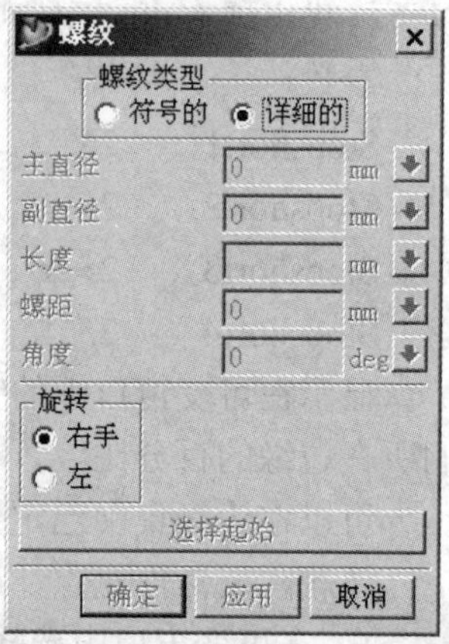

2. 主直径

用于设置螺纹大径，默认值是根据所选择圆柱面直径和内外螺纹的形式、螺纹参数表得到的。

3. 副直径

用于设置螺纹小径，默认值是根据所选择圆柱面直径和内外螺纹的形式、螺纹参数表得到的。

4. 螺距

用于设置螺距，默认值是根据所选择的圆柱面查螺纹参数表得到的。

5. 角度

用于设置螺纹牙型角，默认值为螺纹的标准值 60。

6. 螺纹钻尺寸

用于设置外螺纹轴的尺寸或内螺纹的钻孔尺寸，查螺纹参

图 20-113　详细螺纹对话框

数表得到。

7. 方法

用于指定螺纹的加工方法。包括剪切（车螺纹）、滚螺纹（Rolled）、接地（磨螺纹）和铣螺纹（Milled）四个选项。

8. 完整螺纹（全螺纹）

用于指定在整个圆柱上攻螺纹。如果圆柱长度改变时，螺纹随着自动改变。

9. 长度

用于设置螺纹的长度，默认值是根据所选择的圆柱面查螺纹参数得到的。螺纹长度从起始面（Select Start）进行计算。

10. 从表格中选择

用于指定螺纹参数从螺纹参数表中选择。

11. 包含实例

如果选中的面属于一个实例阵列，则此选项能将螺纹应用到其他实例上。当“螺纹类型”是“详细的”时，这个选项不出现。

12. 手工输入

用于设置从键盘输入螺纹的基本参数。

13. 旋转

用于指定螺纹的旋向，其中可供选择的有“右手”与“左”两个选项。

14. 选择起始

用于指定一个实体平面或基准平面作为螺纹的起始位置。

图 20-114 为创建符号螺纹和详细螺纹实例。

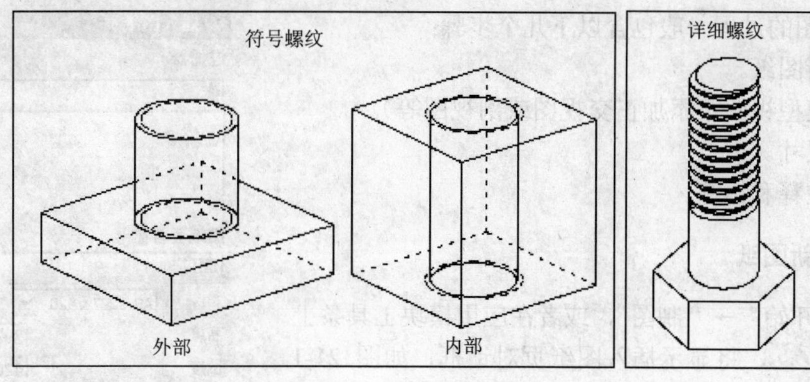

图 20-114 符号螺纹和详细螺纹

第21章 工 程 图

利用 UG NX4.0 的建模功能创建的零件和装配模型，可以引用到 UG 的 Drafting 应用模块中，快速地生成二维工程图。Drafting 应用模块的功能是创建并保留根据在 Modeling 应用模块中生成的模型而制作的各种图纸，而且在 Drafting 应用模块中创建的图纸与模型完全关联，此关联性可以根据需要对模型进行多次更改。除了强有力的关联性功能外，Drafting 还包含许多其他有用功能：

1）直观的、简单易用的图形用户界面，可以快速方便地创建图纸。

2）"在图纸上"工作的画图板模式。

3）支持新的装配体系结构和并行工程。

4）具有对自动隐藏线渲染和剖面线创建完全关联的横截面视图功能。

5）正交视图自动对齐。

6）图纸视图的自动隐藏线渲染。

7）具有从图形窗口编辑大多数制图对象（如尺寸、符号等）的功能，可以创建制图对象并立即对其进行更改。

21.1 创建工程图

创建工程图的过程一般包含以下几个步骤：

1）创建新图纸。

2）导入模型视图（添加正交视图或剖视图等）。

3）添加尺寸。

4）添加注释和标签。

21.1.1 创建新图纸

可选择"开始"→"制图"，或者在应用模块工具条上单击制图图标，将显示插入图纸页对话框，如图 21-1 所示。该对话框为图纸页指定各种图纸参数，如图纸大小、缩放比例、测量单位和投影角度。该对话框中各个选项的用法如下。

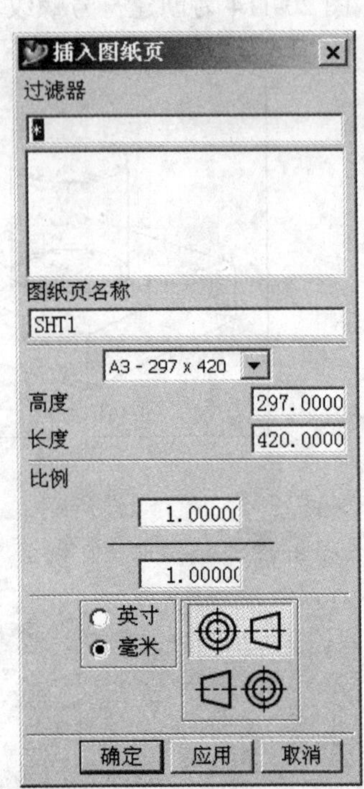

图 21-1 插入图纸页对话框

1. 过滤器

该选项指定对当前部件的多张工程图进行筛选的方法。在"过滤器"文本框中输入要搜寻的名称，则系统在图名列表框中列出所输入的工程图名称。如果不知道工程图的确切名称，可以通过通配符"*"或"?"取代不确定的字符。

2. 图纸页名称

该文本框用于输入新建工程图的名称。名称最多可包含 30 个字符，但不能含空格，输入的名称系统会自动转化为大写方式。

3. 图纸规格

该选项用于指定图纸的尺寸规格。确定图纸规格可直接从规格下拉列表框中选择与实体模型相适应的图纸规格，也可以在“高度”和“长度”文本框中输入图纸的高度和长度，自定义图样尺寸。图纸规格随所选工程图单位的不同而不同，在图 21-1 中如果选择了英寸单位，则为英制规格；如果选择毫米单位，则为米制规格。在这两种方式下，图纸规格列表框中的不同规格如图 21-2 所示。

a）公制	b）英制
	A - 8.5 X 11
	B - 11 X 17
	C - 17 X 22
A4 - 210 X 297	D - 22 X 34
A3 - 297 X 420	E - 34 X 44
A2 - 420 X 594	F - 28 X 40
A1 - 594 X 841	H - 28 X 44
A0 - 841 X 1189	J - 34 X 55

图 21-2　图纸规格

4. 比例

该选项用于设置工程图中各类视图的比例大小，系统缺省的设置比例是 1:1，通过设置合适的比例可以将工程图的大小调整为标准的尺寸。

5. 投影角度

该选项用于设置视图的投影方式。系统提供的投影角度有两种：第一分角投影和第三分角投影。按我国制图标准，一般应选择第一分角投影的投影方式。

所有参数设置完毕后，单击“确定”，新建图纸页的显示如图 21-3 所示。

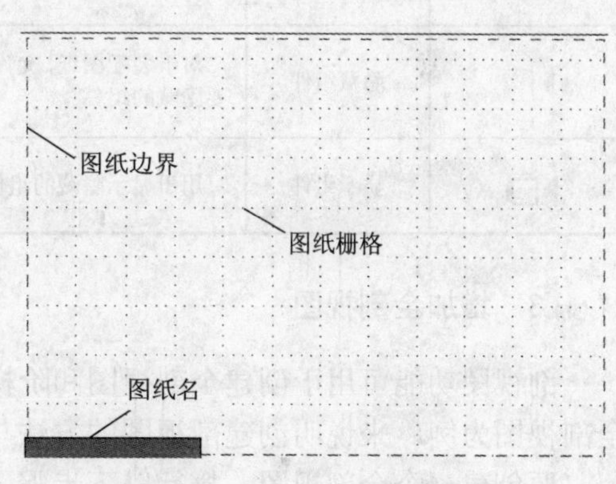

图 21-3　新建图纸页

21.1.2　创建基本视图

要处理图纸，先将基本（模型）视图导入到图纸上。导入基本视图后，即可根据它创建其他视图，包括正交视图、辅助视图、局部放大图和剖视图。导入的模型视图确定了从其投影的视图的正交空间和视图对齐情况。可以根据需要导入许多模型视图，然后从每个视图进行投影。

要导入模型视图，选择“插入”→“视图”→“基本视图”，或单击“图纸布局”工具条的基本视图图标，此时视图区上方显示图 21-4a 所示的基本视图工具条。从该工具条的视图选择列表中选择一个视图。使用鼠标在图纸上为视图指明一个位置，即可在图纸上生成相应的基本视图。根据该基本视图，可以移动鼠标在不同方向上产生相应的方向视图，此时的基本视图工具条变为图 21-4b 所示。

a）　　b）

图 21-4　基本视图工具条

基本视图工具条各选项的意义参见表 21-1。

表 21-1 基本视图工具条

图标	选项	描述	图标	选项	描述
	样式	启动“视图样式”对话框		非剖切组件	用于使组件成为非剖切组件
TOP	视图	从下拉菜单中选择基本视图类型，可以选择固定和定制视图		剖切组件	用于使非剖切组件成为剖切组件
1:1	比例	在向图纸添加视图之前，为基本视图指定一个特定的比例，默认的视图比例值等于图纸比例		移动视图	在放置基本视图的过程中移动现有的视图
				基本视图	选择另一个基本视图作为父视图。在有多个基本视图存在时可用此选项
	定向视图工具	用于视图定向		铰链线	用于定义一个固定的关联铰链线
	隐藏组件	对于装配图纸，允许选择要隐藏的组件		自动判断的矢量	用于选择“矢量构成”选项以定义铰链线，此选项在打开铰链线后即可用
	显示组件	用于显示隐藏的组件		反向	反转投影视图的方向

21.1.3 增加全剖视图

剖视图功能可用于创建全剖视图和阶梯剖视图。下面以全剖视图为例，来说明创建剖视图的方法与步骤。

要创建一个全剖视图，执行以下步骤：

1）从 Drafting 中选择“插入”→“视图”→“剖视图”，或单击“图纸布局”工具条的剖视图图标。

2）在希望要剖切的基本视图上单击鼠标左键。

3）应用打开或关闭捕捉点方法在视图几何体上选择一个点，如图 21-5 所示。

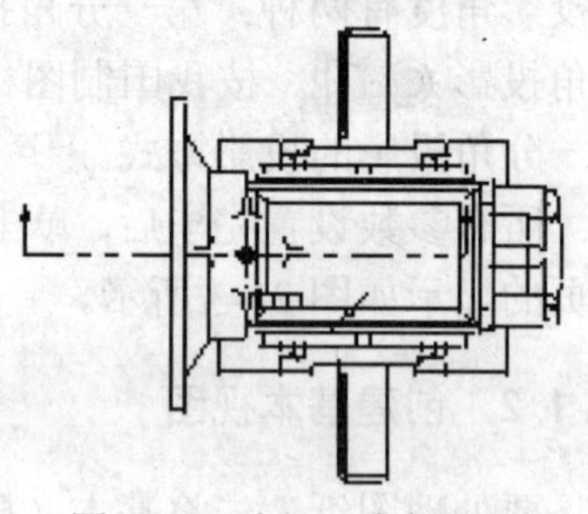

图 21-5 选择一个剖切位置

4）将动态剖切线移至所希望的剖切位置点。

5）单击鼠标左键放置剖切线。

6）将光标移出视图并移动到所希望的视图通道。

7）单击鼠标左键放置剖视图，如图 21-6 所示。

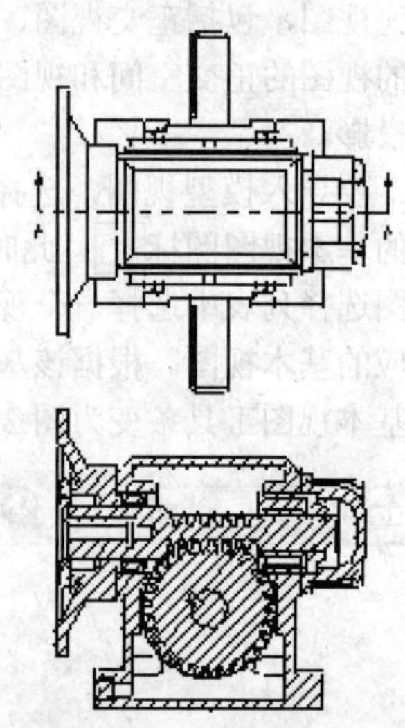

图 21-6 父视图（上）和全剖（下）

21.1.4 增加半剖视图

半剖视图中，部件的一半被剖切，另一半未被剖切。由于剖切段与所定义铰链线平行，因此半剖类似于全剖和阶梯剖。但半剖的剖切线只包含一个箭头、一个折弯和一个剖切段。

要创建一个阶梯剖视图，执行以下步骤：

1）从 Drafting 中选择“插入”→“半剖视图”，或单击“图纸布局”工具条的半剖视图图标 。

2）选择要剖切的父视图，如图 21-7 所示。

3）选择放置剖切线的捕捉点位置（圆弧中心），如图 21-8 所示。

4）选择放置折弯的另一个点，如图 21-9 所示。

5）将光标拖动至希望的位置并单击左键放置视图，如图 21-10 所示。

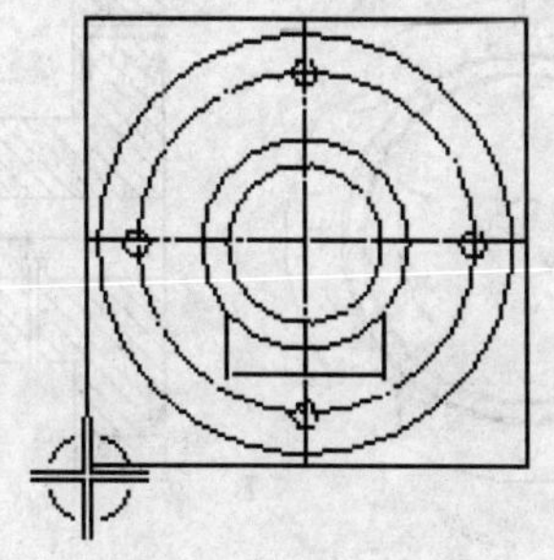

图 21-7　选择一个父视图

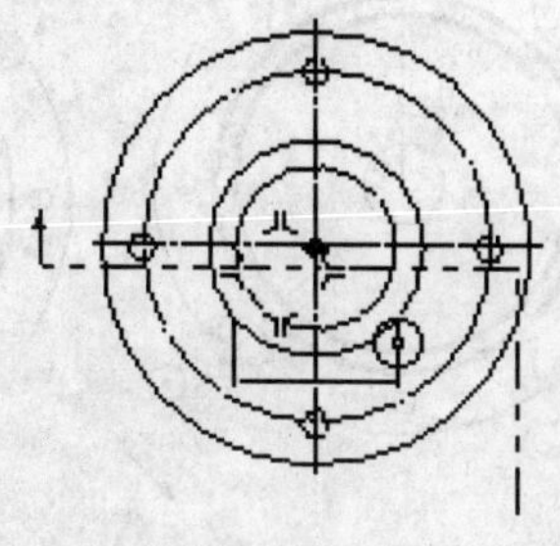

图 21-8　选择一个点以放置剖切线

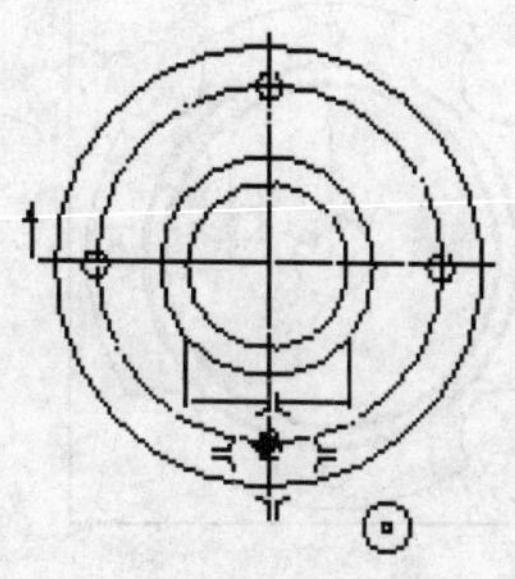

图 21-9　为折弯选择一个点

21.1.5　增加旋转剖视图

可以创建围绕轴旋转的剖视图。它是一个带有与之关联的父视图和剖切线的旋转剖视图。旋转剖视图可包含一个旋转剖面，也可以包含阶梯以形成多个剖面。在任一情况下，所有剖面都旋转到一个公共面中。

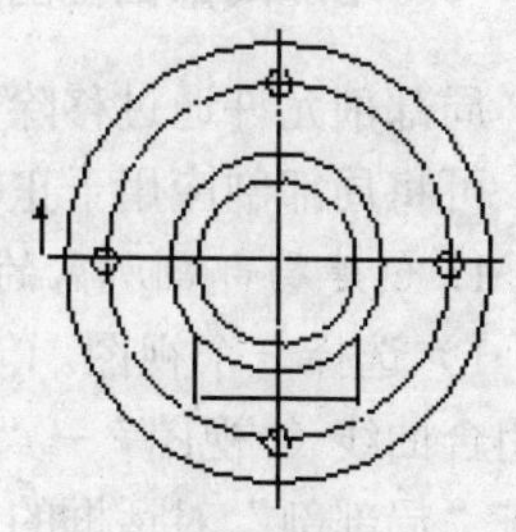

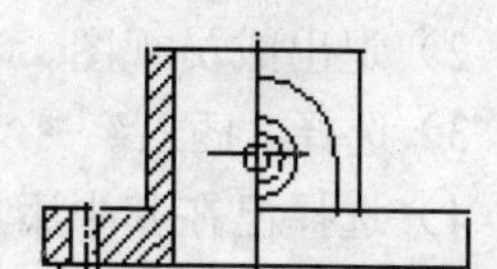

图 21-10　放置视图

要创建一个旋转剖视图，执行以下步骤：

1）从 Drafting 中选择“插入”→“旋转剖视图”，或单击“图纸布局”工具条的旋转剖视图图标 。

2）选择要剖切的父视图。

3）选择一个旋转点以放置剖切线，如图 21-11 所示。

4）为第一个段选择一个点，如图 21-12 所示。

5）选择第二段上的点，如图 21-13 所示。

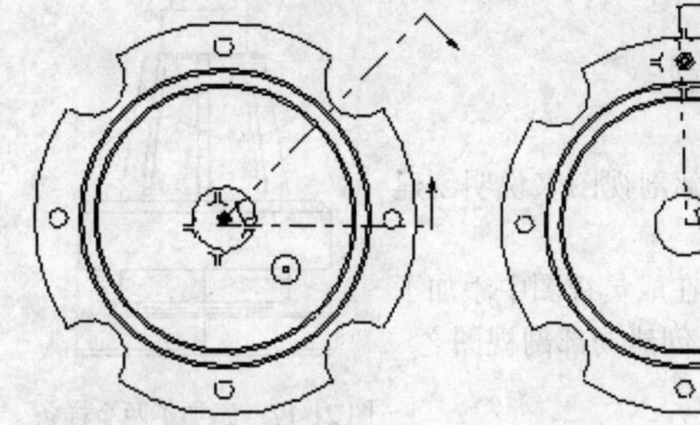

图 21-11　选择一个旋转点

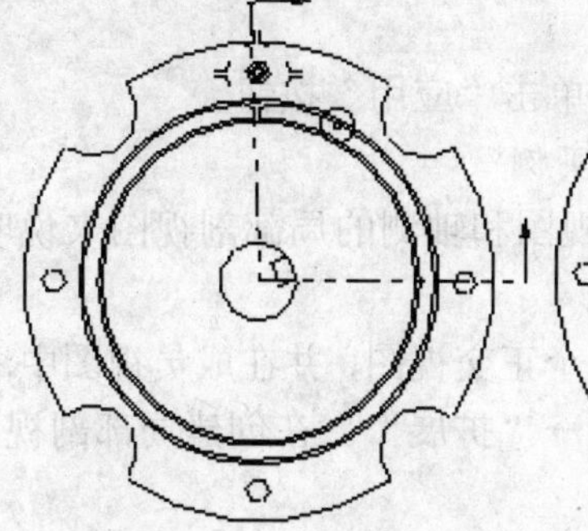

图 21-12　选择第一段上的点

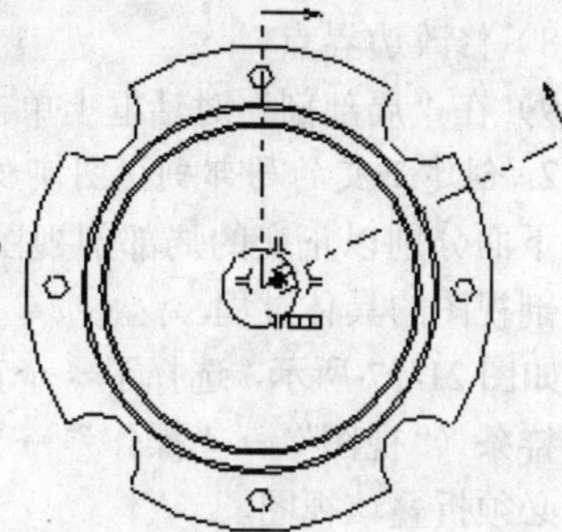

图 21-13　选择第二段上的点

6）放置旋转剖视图。在本例中，添加了一个附加段。

7）进入视图后，单击鼠标右键，选择“添加段”。

8）选择一个分段，如图 21-14 所示。

9）选择一个点以定义新的段，如图 21-15 所示。

10）将视图拖动至希望的位置并单击鼠标左键放置视图，如图 21-16 所示。

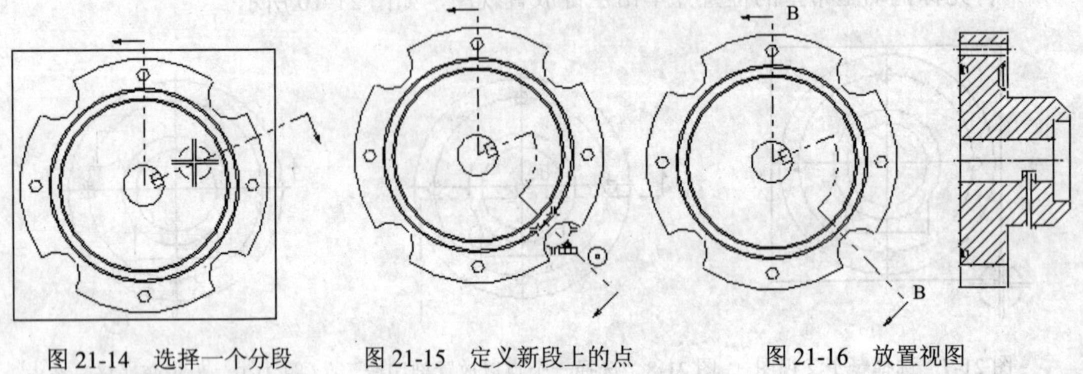

图 21-14　选择一个分段　　图 21-15　定义新段上的点　　图 21-16　放置视图

21.1.6　增加局部剖视图

局部剖允许通过移除部件的某个区域来查看部件内部，该区域由局部剖曲线的闭环来定义，可将局部剖应用于正交视图和轴测图。

1. 创建局部剖所需的基本步骤

1）选择一个视图。创建一个几何图形作为一条闭合的局部剖曲线。可在成员视图中创建闭合曲线（“视图”→“操作”→“扩展”），或者先在成员视图中创建一条开放式曲线，然后在“局部剖”对话框的“修改边界点”交互步骤中封闭该曲线。

2）退出成员视图。

3）选择“插入”→“视图”→“局部剖”，或单击图纸布局工具条的局部剖视图图标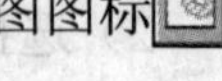。

4）选择已在其中添加了局部剖曲线的视图。

5）选择一个基点。

6）指出拉伸矢量。

7）选择曲线。

8）修改边界点。

9）在“局部剖”对话框上单击“应用”按钮。

2. 创建正交的局部剖视图实例

下面分别以正交的局部剖视图和轴测的局部剖视图来说明创建局部剖视图的具体过程。

如图 21-17 所示，选择了一个正交视图，并在成员视图中添加了两个样条（“视图”→“操作”→“扩展”）。在创建局部剖视图之前，必须折叠该视图。

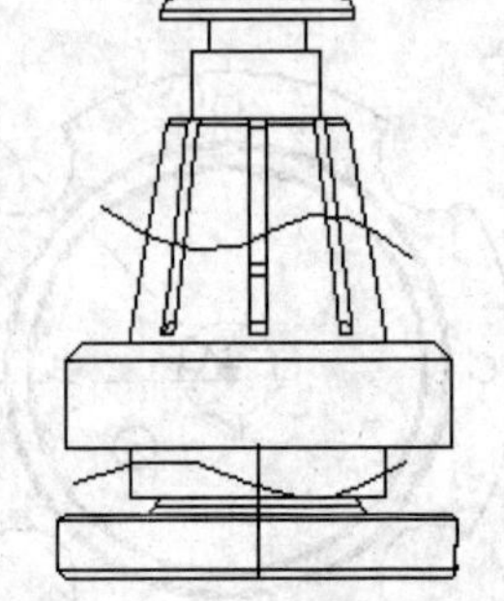

图 21-17　添加了两个样条

1）选择“插入”→“视图”→“局部剖”。

2）选择正交视图。在选择正交视图之后，“局部剖”对话框前移到“指出基点”图标。在本例中，希望从该部件的中心朝向读者进行局部剖。按图 21-18 所示的方式指出某个

击“图纸布局”工具条的半剖视图图标![icon]。

2）选择要剖切的父视图，如图 21-7 所示。

3）选择放置剖切线的捕捉点位置（圆弧中心），如图 21-8 所示。

4）选择放置折弯的另一个点，如图 21-9 所示。

5）将光标拖动至希望的位置并单击左键放置视图，如图 21-10 所示。

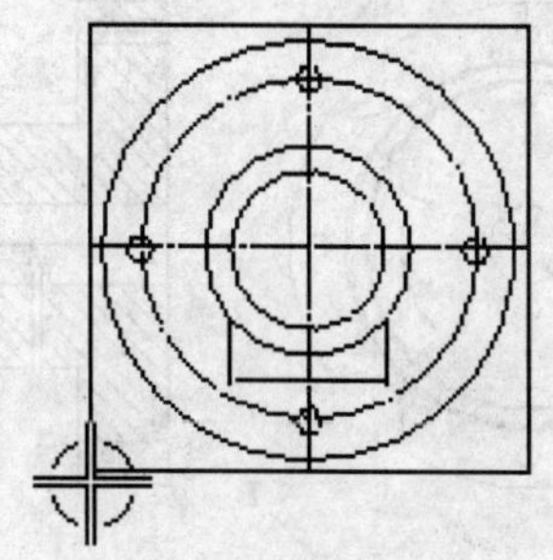

图 21-7　选择一个父视图

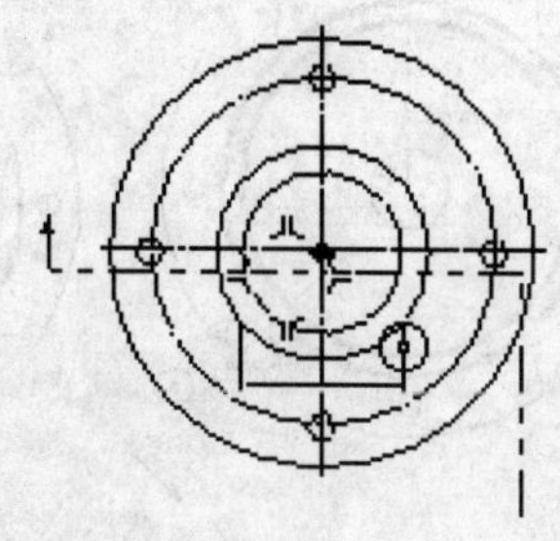

图 21-8　选择一个点以放置剖切线

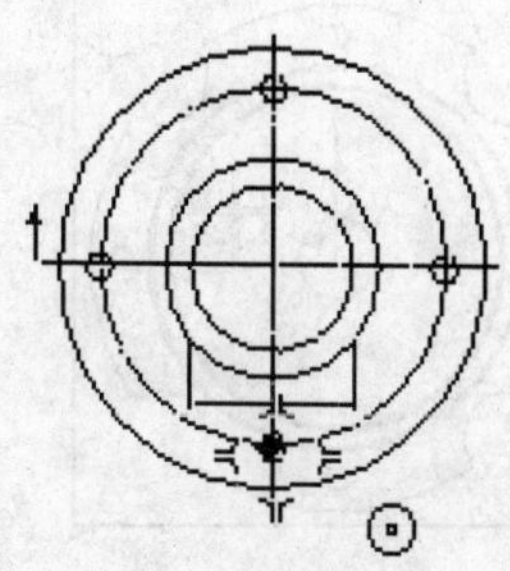

图 21-9　为折弯选择一个点

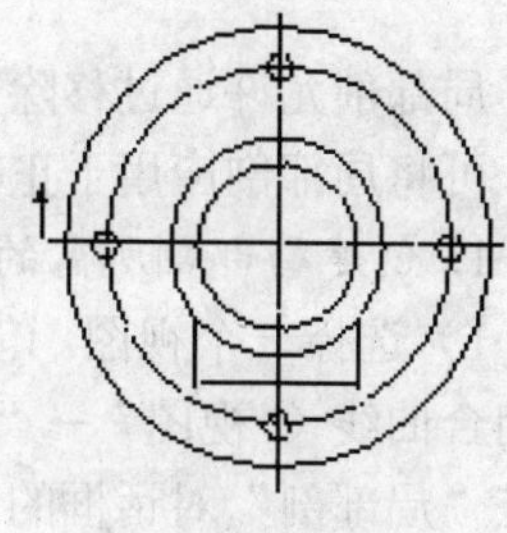

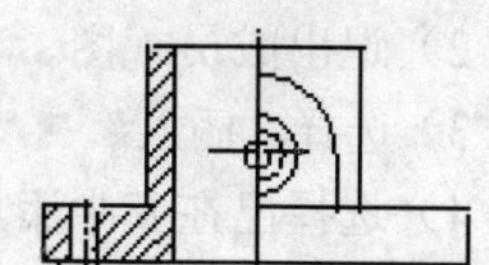

图 21-10　放置视图

21.1.5　增加旋转剖视图

可以创建围绕轴旋转的剖视图。它是一个带有与之关联的父视图和剖切线的旋转剖视图。旋转剖视图可包含一个旋转剖面，也可以包含阶梯以形成多个剖面。在任一情况下，所有剖面都旋转到一个公共面中。

要创建一个旋转剖视图，执行以下步骤：

1）从 Drafting 中选择“插入”→“旋转剖视图”，或单击“图纸布局”工具条的旋转剖视图图标。

2）选择要剖切的父视图。

3）选择一个旋转点以放置剖切线，如图 21-11 所示。

4）为第一个段选择一个点，如图 21-12 所示。

5）选择第二段上的点，如图 21-13 所示。

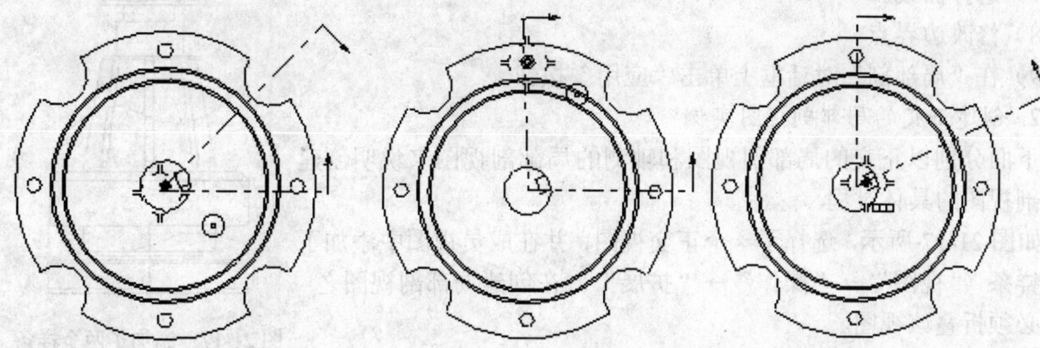

图 21-11　选择一个旋转点　　图 21-12　选择第一段上的点　　图 21-13　选择第二段上的点

6）放置旋转剖视图。在本例中，添加了一个附加段。

7）进入视图后，单击鼠标右键，选择“添加段”。

8）选择一个分段，如图 21-14 所示。

9）选择一个点以定义新的段，如图 21-15 所示。

10）将视图拖动至希望的位置并单击鼠标左键放置视图，如图 21-16 所示。

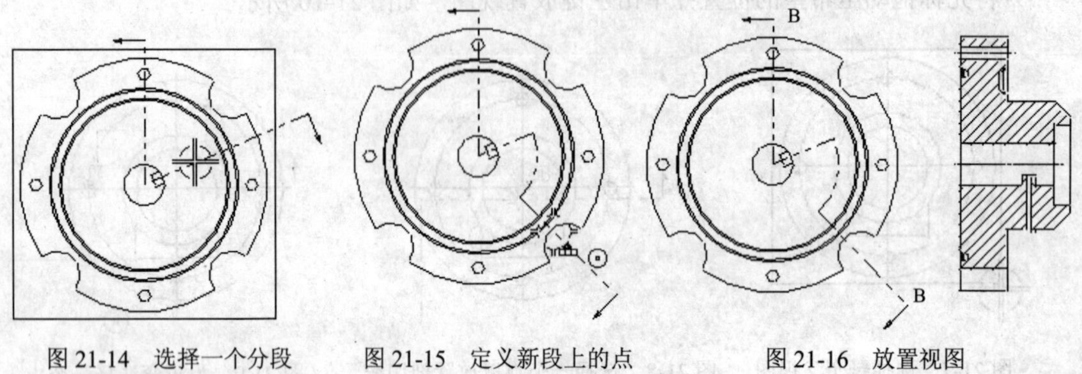

图 21-14　选择一个分段　　图 21-15　定义新段上的点　　图 21-16　放置视图

21.1.6　增加局部剖视图

局部剖允许通过移除部件的某个区域来查看部件内部，该区域由局部剖曲线的闭环来定义，可将局部剖应用于正交视图和轴测图。

1. 创建局部剖所需的基本步骤

1）选择一个视图。创建一个几何图形作为一条闭合的局部剖曲线。可在成员视图中创建闭合曲线（“视图”→“操作”→“扩展”），或者先在成员视图中创建一条开放式曲线，然后在“局部剖”对话框的“修改边界点”交互步骤中封闭该曲线。

2）退出成员视图。

3）选择“插入”→“视图”→“局部剖”，或单击图纸布局工具条的局部剖视图图标。

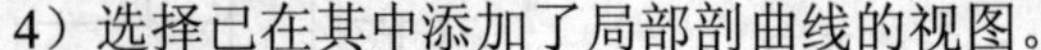

4）选择已在其中添加了局部剖曲线的视图。

5）选择一个基点。

6）指出拉伸矢量。

7）选择曲线。

8）修改边界点。

9）在“局部剖”对话框上单击“应用”按钮。

2. 创建正交的局部剖视图实例

下面分别以正交的局部剖视图和轴测的局部剖视图来说明创建局部剖视图的具体过程。

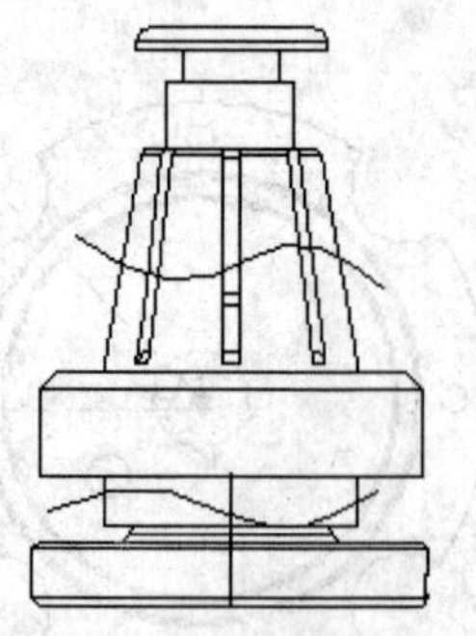

图 21-17　添加了两个样条

如图 21-17 所示，选择了一个正交视图，并在成员视图中添加了两个样条（“视图”→“操作”→“扩展”）。在创建局部剖视图之前，必须折叠该视图。

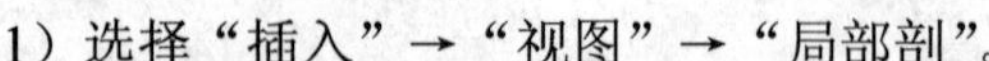

1）选择“插入”→“视图”→“局部剖”。

2）选择正交视图。在选择正交视图之后，“局部剖”对话框前移到“指出基点”图标。在本例中，希望从该部件的中心朝向读者进行局部剖。按图 21-18 所示的方式指出某个圆柱的中心。系统自动选择一个拉伸矢量。可以通过单击鼠标中键接受它，也可以通过使用“矢量构成”选项来定义新矢量。

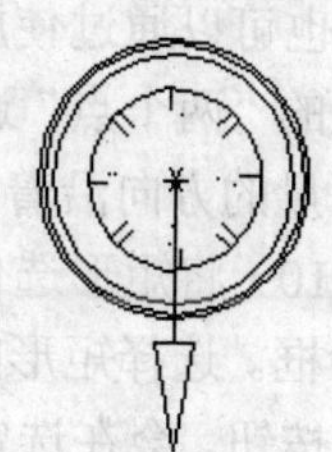

3）从某个样条中选择一个端点。该样条将高亮显示。将光标从第二个样条的一端移到另一端。当光标在第二个样条上移动时，会在任一端点处以橡皮筋选择模式显示一条线。选择某个端点，在该端点处有一条线连接样条的同一端，如图21-19所示。

4）单击鼠标中键接受这些曲线。系统会添加一条线，以便局部剖曲线形成闭环，如图21-20所示。注意边界曲线上的小圆圈。这些边界点允许重新设置边界曲线的形状。若重新设置曲线的形状，可在某个边界点上单击一次，然后不按下任何按钮并移动鼠标。在鼠标移动时，曲线会在该边界点处移动。单击鼠标左键可接受该边界点的新位置。

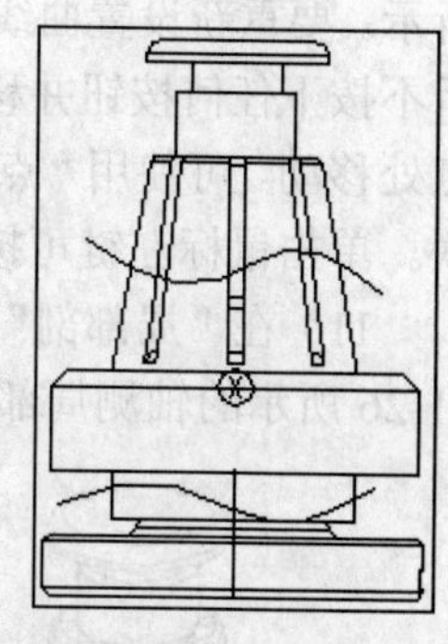

图21-18　指出基点

5）在“局部剖”对话框上单击“应用”按钮，系统生成图21-21所示的局部剖视图。

3. 创建轴测的局部剖视图实例

1）首先在Modeling应用模块添加了一个矩形，如图21-22所示。

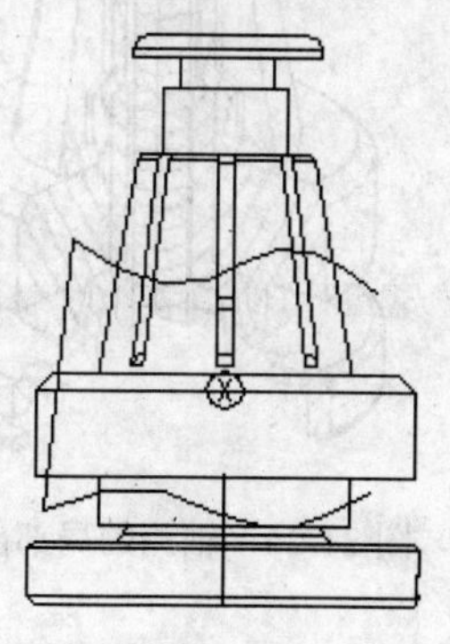

图21-19　选择曲线

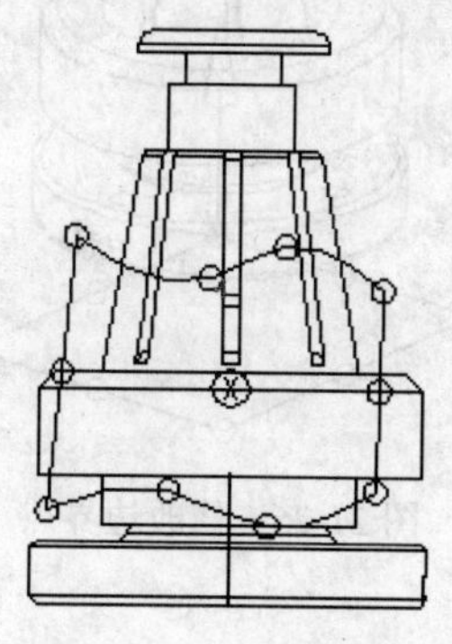

图21-20　选择曲线

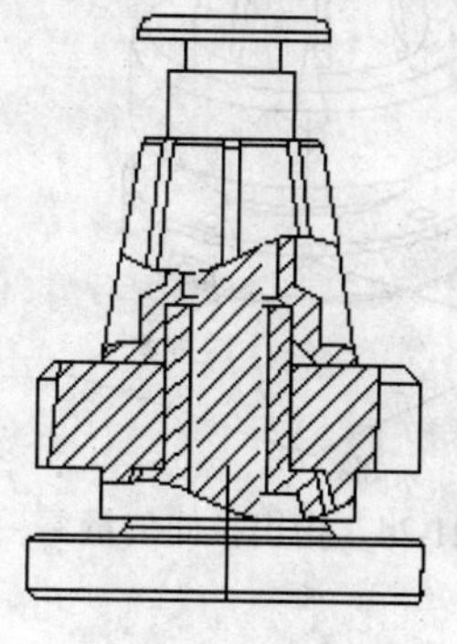

图21-21　选择曲线

2）选择“Drafting”应用模块。

3）选择“编辑”→“视图”→“视图关联编辑”。

4）选择该轴测图。

5）从“转换依赖性”中选择“模型转换到视图”，将显示“类选择”对话框。

6）选择该矩形的四条线，然后单击“确定”。

7）选择“插入”→“视图”→“局部剖”。

8）选择该轴测图。在选择该视图之后，“局部剖”对话框前移到“指出基点”图标。在本例中，希望从该部件的底部向顶部进行局部剖。打开“切透模型”，在该部件的底部下面指出了一个直线（这是一条参考线）端点，如图21-23所示。

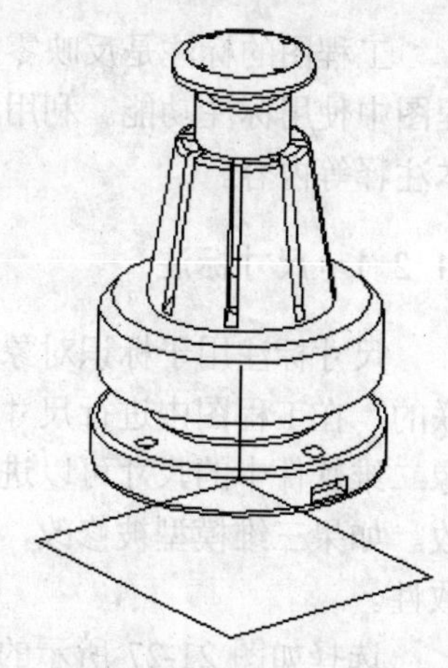

图21-22　添加了一个矩形

9）系统会自动选择拉伸矢量。可以通过单击鼠标中键接受它，也可以通过使用“矢量构成”选项来定义新矢量。使用矢量构造的“两个点”选项定义了一个矢量。使用两个弧中心，以便该矢量的方向沿着该部件的轴，如图 21-24 所示。

10）将矩形选作边界曲线。选择“成链选项”，显示“成链”对话框。选择矩形的任何一条边。在“成链”对话框上单击“确定”按钮。会在选定的矩形上显示边界点（小圆圈），如图 21-25 所示。要重新设置曲线的形状，可在某个边界点上单击一次，然后不按下任何按钮并移动鼠标。在鼠标移动时，曲线会在该边界点处移动。可使用“点构造器”将边界点与模型上的几何体相关联。单击鼠标左键可接受该边界点的新位置。

11）在“局部剖”对话框上单击“接受”按钮，系统生成图 21-26 所示的轴测局部剖视图。

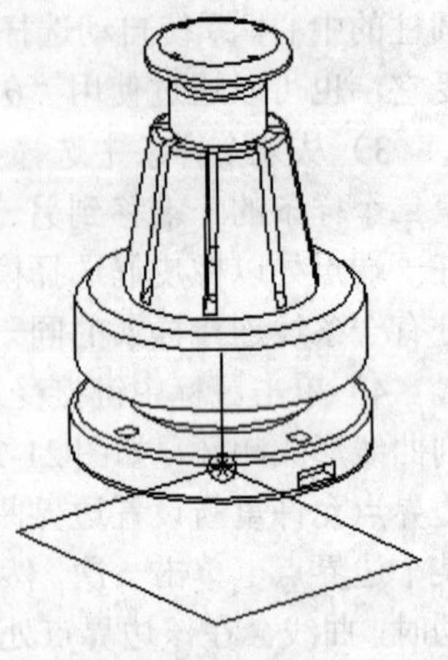

图 21-23　指出基点

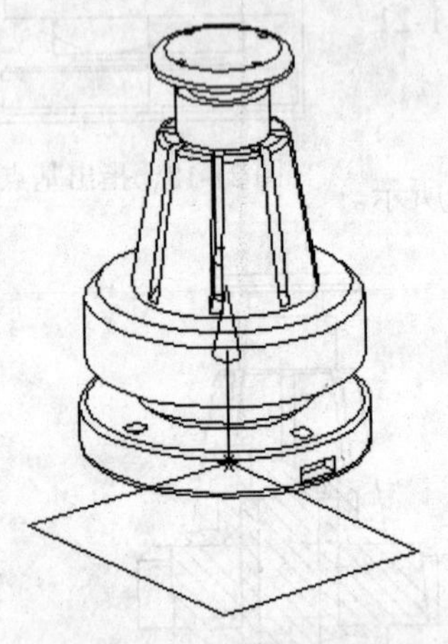

图 21-24　指出拉伸矢量

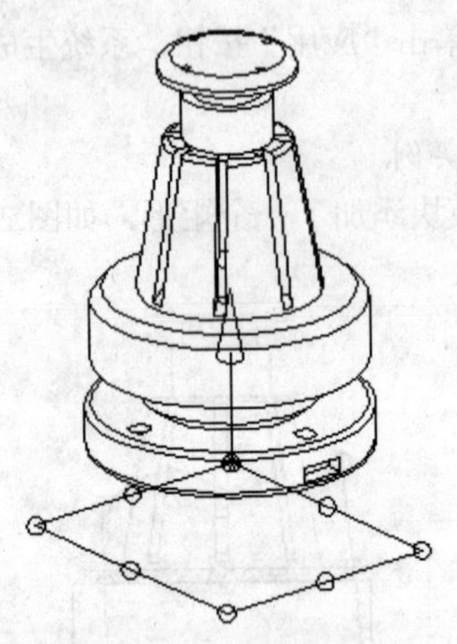

图 21-25　修改边界点

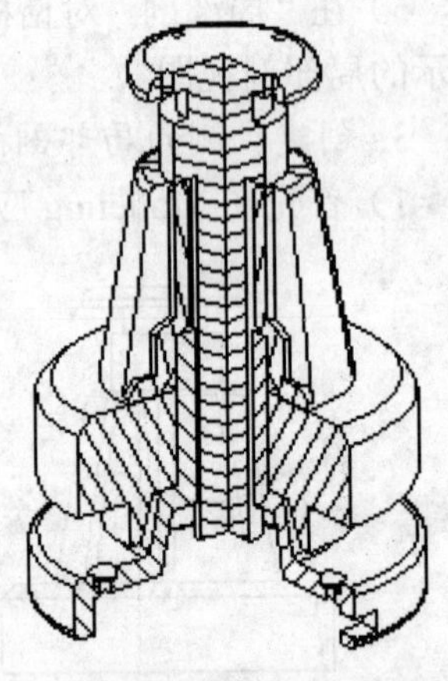

图 21-26　轴测的局部剖视图

21.2　工程图标注

工程图的标注是反映零件尺寸和公差信息的最重要的方式，在本小节中将介绍如何在工程图中使用标注功能。利用标注功能，可以向工程图中添加尺寸、形位公差、制图符号和文本注释等内容。

21.2.1　尺寸标注

尺寸标注用于标识对象的尺寸大小。由于 UG 工程图模块和三维实体造型模块是完全关联的，在工程图中进行尺寸标注就是直接引用三维模型真实尺寸，具有实际含义，因此无法像二维软件中的尺寸可以进行改动，若要改动零件中的某个尺寸参数，需要在三维实体中修改。如果三维模型被修改，工程图中的相应尺寸会自动更新，从而保证了工程图与模型的一致性。

选择如图 21-27 所示的“插入”→“尺寸”菜单下的命令，系统将弹出各自的“尺寸标注”对话框。该对话框中一般包含尺寸类型、点/线位置、引线位置、附加文字、公差设置和尺寸线设置等选项组。应用这些对话框可以创建和编辑各种类型的尺寸。

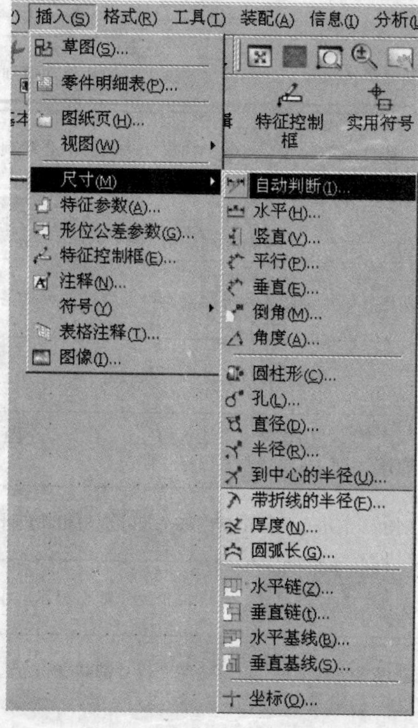

图 21-27　尺寸标注菜单

对应各种标注形式及其说明见表 21-2。

表 21-2　尺寸标注各项功能说明

图标	功能	说　明
	自动判断	系统根据读者选取的对象以及光标位置智能地判断尺寸类型
	水平尺寸	在两个选定点之间创建一个水平尺寸
	垂直尺寸	在两个选定点之间创建一个竖直尺寸
	平行尺寸	在两个选定点之间创建一个平行尺寸
	垂直尺寸	在一条直线或中心线与一个定义的点之间创建一个垂直尺寸
	角度尺寸	创建一个定义两条非平行线之间的角度尺寸
	圆柱尺寸	创建一个等于两个对象或点位置之间的线性距离的圆柱尺寸
	孔尺寸	用单一指引线创建具有任何圆形特征的直径尺寸
	直径尺寸	标注圆或弧的直径尺寸

（续）

图标	功能	说 明
	未至圆心半径	创建半径尺寸，此半径尺寸使用一个从尺寸值到弧的短箭头
	至圆心半径	创建一个半径尺寸，此半径尺寸从弧的中心绘制一条延伸线
	折线半径	为中心不在图形区的特大型半径弧创建半径尺寸
	厚度	创建厚度尺寸，该尺寸测量两个圆弧或两个样条之间的距离
	圆弧长	创建一个测量圆弧周长的圆弧长尺寸
	坐标尺寸	标注工程图中定义一个原点的位置，作为一个距离的参考点位置，进而可以明确地给出所选择对象的水平或垂直坐标（距离）
	水平尺寸链	创建一组水平尺寸，其中每个尺寸都与相邻尺寸共享其端点
	竖直尺寸链	创建一组竖直尺寸，其中每个尺寸都与相邻尺寸共享其端点
	水平基线标注	创建一组水平尺寸，其中每个尺寸都共享一条公共基准线
	竖直基线标注	创建一组竖直尺寸，其中每个尺寸都共享一条公共基准线
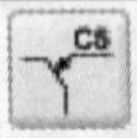	倒角	创建倒角尺寸

标注尺寸时，根据所要标注的尺寸类型，在尺寸工具栏中选择对应的图标，接着用点和线位置选项设置选择对象的类型，再选择尺寸放置方式和箭头、延长的显示类型，若需要附加文本，则还要设置附加文本的放置方式和输入文本内容，如果需要标注公差，则要选择公差类型和输入上下偏差。完成这些设置以后，将鼠标移到视图中，选择要标注的对象，并拖动标注尺寸到理想的位置，则系统即在指定位置创建一个尺寸的标注。

21.2.2 文本注释标注

单击菜单"插入"→"注释..."，系统将弹出应用图面注释工具条（图 21-28）与简单文本注释编辑器（图 21-29），在该窗口可直接输入文字，实现在工程图中插入文字功能。

如果文本中需要特殊符号或特定格式，则可应用图 21-28 中的各按钮来实现。单击图面注释工具条的注释编辑器按钮，弹出如图 21-30 所示"注释编辑器"对话框。在该窗口中，可实现文本字体如黑体、斜体、上下划线、角标等形式。该编辑器下部为图面符号、形位公差符号等。

21.2.3 表面粗糙度符号标注

在首次标注表面粗糙度符号时，要检查工程图模块中的插入下拉菜单中是否存在表面粗糙度符号菜单命令。如果没有该菜单命令，要在 UG 安装目录的 UgII 子目录（默认安装时为

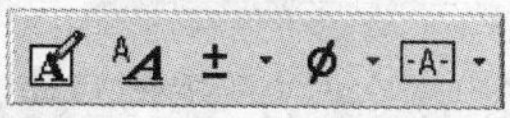

图 21-28　图面注释工具条

图 21-29　输入文本窗口

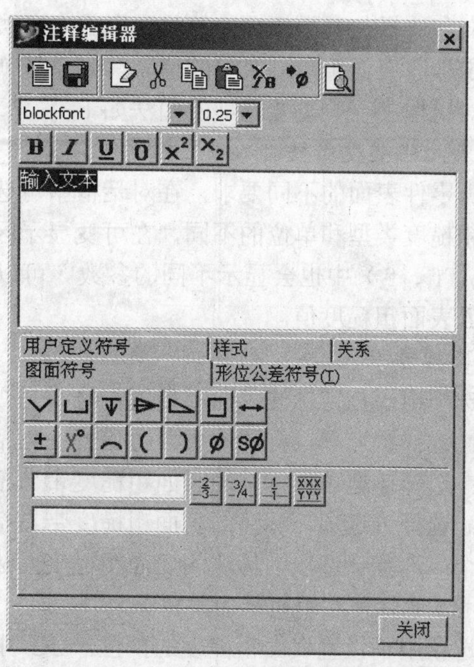

图 21-30　“注释编辑器”对话框

C: \Program Files\UGS\NX 4.0\UGII）中找到环境变量设置文件“ugii_env.dat”，并用记事本将其打开，将环境变量“UGII_SURFACE_FINISH”的默认设置改为“ON”，即 UGII_SURFACE_ FINISH=ON。保存环境变量设置文件后，重新进入 UG 系统，表面粗糙度的标注功能将添加到“插入”下拉菜单中。

选择菜单命令“插入”→“符号”→“表面粗糙度符号”，系统弹出如图 21-31 所示标注表面粗糙度对话框，用于在视图中对所选对象进行表面粗糙度的标注。

对话框上部的图标用于选择表面粗糙度符号类型，允许从 9 种表面粗糙度符号中选择一种；对话框中部的可变显示区为输入区域，用于显示所选表面粗糙度类型的标注参数和表面粗糙度单位及文本尺寸，包括文本框、符号图标、圆括号选项、Ra 单位、符号文本大小和重置等；对话框下部为创建和编辑选项，用于创建或编辑关联和非关联的符号，提供符号方位、指引线类型、创建符号位置图标、重新关联和撤销等操作。

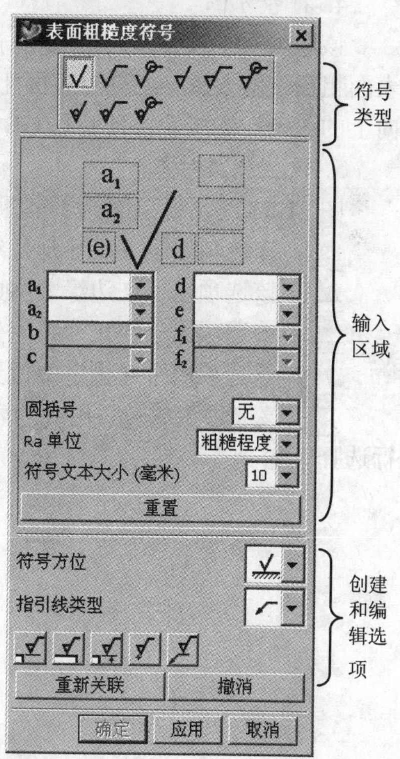

图 21-31　标注表面粗糙度对话框

标注表面粗糙度时，先在对话框上部选择表面粗糙度符号类型，然后在对话框的可变显示区中依次设置该表面粗糙度类型的单位、文本尺寸和相关参数，如果需要还可以在括号下拉列表框中选择括号类型。在指定各参数后，再在对话框下部指定表面粗糙度符号的方向和选择与表面粗糙度符号关联的对象类型，最后在绘图工作区中选择指定类型的对象，确定标注表面粗糙度符号的位置，则系统就可按设置的要求标注表面粗糙度符号。表面粗糙度对话框中一些主要选项的用法如下：

1. 表面粗糙度参数

根据零件表面的不同要求，在对话框中可选择合适的表面粗糙度参数标注类型，随着所选表面粗糙度类型和单位的不同，在可变显示区中表面粗糙度的各参数列表框（a_1、a_2、b、c、d、e、f_1、f_2）中也会显示不同的参数。可以在下拉列表框中选择表面粗糙度值，也可以直接输入表面粗糙度值。

2. 圆括号

该选项用于指定标注表面粗糙度符号时是否带括号，其下拉菜单中有 4 个选项。

否：选择该选项，标注的表面粗糙度不带括号。

左：选择该选项，标注的表面粗糙度带左括号。

右：选择该选项，标注的表面粗糙度带右括号。

两个：选择该选项，标注的表面粗糙度两边都带括号。

3. Ra 单位（表面粗糙度单位）

该选项用于设置表面粗糙度的单位。UG 中提供了两种表面粗糙度的单位：微米和粗糙度等级。

4. 符号方位

该选项用于设置表面粗糙度符号的方向，其中包含了水平和竖直两个方向，可满足标注表面粗糙度的要求。在放置表面粗糙度符号时，系统会根据所选择对象，自动推断在当前方向上的正确标注位置，使其与 GB 标准相符。

5. 设置相关对象

图 21-31 对话框下部的 5 个图标选项用于设置与表面粗糙度符号相关的对象类型。

：该选项用于在尺寸延长线上生成表面粗糙度符号。

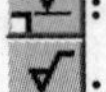

：该选项用于在边缘上生成表面粗糙度符号。

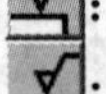

：该选项用于在尺寸线上生成表面粗糙度符号。

：该选项用于在指定的位置上生成表面粗糙度符号。

：该选项生成带引出线的表面粗糙度符号。引出线的类型可通过引出线下拉列表框进行选择。

第22章　装　配

装配是将产品的各个部件进行组织和定位的一个过程。通过装配操作，系统可以形成产品的总体结构，绘制装配图和检查部件之间是否发生干涉等。装配模块不仅能快速组合零部件成为产品，而且在装配过程中，可以参照其他部件进行部件关联设计，并可对装配模块进行间隙分析、重量管理等操作。通过 UG NX 系统，可以在计算机上进行虚拟装配仿真，以及早发现部件配合间存在的问题。另外，装配模型生成后，还可以建立爆炸视图，并将其引入到装配工程图中。

本章将介绍装配模块的使用方法，同时按照工程实践的要求，结合实例创建一个完整的装配模型。

22.1　装配概述

装配过程是在装配中建立部件之间的链接关系。它是通过关联条件在部件间建立约束关系来确定部件在产品中的位置。在装配中，部件的几何体是被装配引用，而不是复制到装配中，不管如何编辑部件和在何处编辑部件，整个装配部件保持关联性；如果某部件修改，则引用它的装配部件自动更新，反映部件的最新变化。

22.1.1　装配概念和术语

在装配操作中经常用到一些术语，包含装配部件、子装配、组件对象、组件、单个部件、自顶向下装配、自底向上装配、混合装配和主模型。

1. 装配部件

装配部件是由部件和子装配构成的部件，通俗地说就是在机械设计中学过的整件。

2. 子装配

子装配是在高一级装配中被用做组件的装配。子装配也拥有自己的组件。子装配是一个相对的概念，任何一个装配部件可以在更高级的装配中用做子装配。

3. 组件对象

每一个装配件和子装配件可以看作一个组件对象。组件对象是一个从装配部件或子装配件链接到主模型部件的实体。组件对象记录的信息有：部件名称、层、颜色、线型、线宽、引用集和配对条件等。

4. 组件

组件是装配中由组件对象所指的部件文件，它可以是单个部件（即零件），也可以是一个子装配。组件是由装配部件引用，而不是复制到装配部件中的。

5. 单个部件

单个部件是指在装配外存在的部件几何模型，它可以添加到一个装配中去，但它不能含有下级组件。

6. 自顶向下装配

自顶向下装配就是在上下文中进行设计，即由装配部件的顶级向下产生子装配和组件，在装配层次上建立和编辑组件，从装配件的顶级开始自顶向下进行设计。

7. 自底向上装配

自底向上装配是先建立单个零件的几何模型，即组件，再装成子装配件，最后装成装配部件，自底向上逐级地进行设计。

8. 混合装配

在实际工作中，根据实际需要可以混合运用上述两种装配。例如，先创建几个主要部件模型，再将其装配在一起，然后在装配中设计其他部件。根据需要，可以在这两种装配之间任意转换。

9. 主模型

主模型是组成 UG NX 的各个模块共同引用的部件模型。同一主模型，可同时被工程图、装配、加工、机构分析和有限元分析等模块引用。当主模型修改时，有限元分析、工程图、装配和加工等应用根据部件模型的改变自动更新。

22.1.2 装配结构编辑

可以对添加到装配结构中的组件进行删除、抑制、替换和重新定位等操作。下面介绍几种常用的编辑操作方法。

在任意工具条的任意位置单击右键，在弹出的工具条列表中选择“装配”，调出装配工具条，如图 22-1 所示。

图 22-1 装配工具条

1. 替换组件

在装配工具条中单击“替换组件”图标，在屏幕的左上角弹出的按钮中选择“类选择”图标，系统弹出“分类选择”对话框；此时可以在绘图区中选取要进行替换的组件，确定后，系统会给出警告提示；随后可以按照创建组件的方式重新载入一个新的部件来替换选取的部件。

2. 重新定位组件

在装配工具条中单击“重新定位组件”图标，在屏幕的左上角弹出的按钮中选择“类选择”图标，系统弹出“分类选择”对话框；此时可以在绘图区选择需要重新定位的组件，随后系统弹出如图 22-2 所示的“重定位组件”对话框。

该对话框用于重新定位装配中组件的位置。对话框上部是组件重新定位的方法图标，对话框中部列出距离或角度变化大小的设置，对话框下部是重定位的其他选项。系统提供了以下几种重新定位组件的方式。

1）点到点：用于将所选组件从一点移动到另一点。先在组件上设置一个基点，然后再指定移动的目标点，即可完成组件的定位。

2）平移：用于平移所选组件。设置组件沿 X、Y 和 Z 坐标轴方向的增量值，即可完成组件的平移定位；如果输入的是正值，则沿坐标轴正方向移动；反之，则沿负方向移动。

3）绕一点旋转：用于绕点旋转所选组件。先设置一个旋转的中心点，然后设置旋转的角度值，即可完成组件的旋转定位。

4）绕一直线旋转：用于绕轴线旋转所选组件。先设置一个旋转中心点和旋转矢量，然后设置旋转的角度，即可完成组件的旋转定位。

5）重定位：用移动坐标方式重新定位所选组件。此时需要指定参考坐标系和目标坐标系，系统会将组件从参考坐标系的相对位置移动到目标坐标系的相对位置。

6）在轴之间旋转：用于在所选的两轴间旋转所选的组件。先设置一个参考点，然后再设置参考轴和目标轴的方向，并设置旋转的角度值，系统会将组件在选择的两轴间旋转指定的角度。

7）在点之间旋转：用于在所选的两点间旋转所选的组件。先设置一个旋转的中心点，再设置参考点和目标点，系统会将组件绕旋转中心点，旋转从参考点到目标点的角度值。

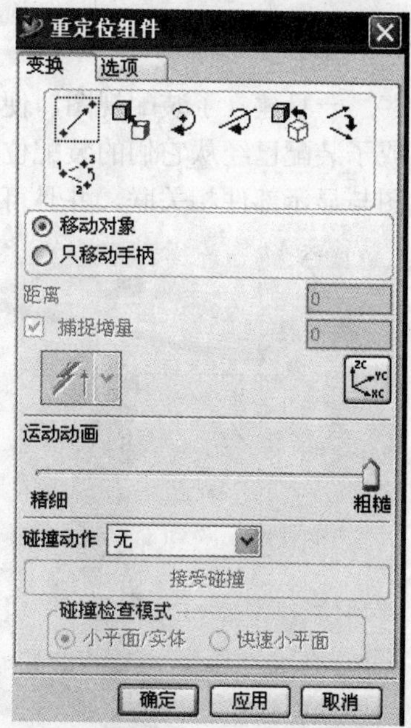

图 22-2 “重定位组件”对话框

22.1.3 装配导航器

装配导航器（装配导航工具）提供了一个装配结构的图形显示界面，也被称为“树形表”或“树图”。每一个组件显示为装配树结构中的一个节点。装配导航器能更清楚地表达装配关系，提供一种选择组件和操作组件的快速而简单的方法。例如，利用装配导航器可以改变工作部件和显示部件、隐藏与显示组件等。选择屏幕右方的图标，可以进入装配导航器，如图 22-3 所示。

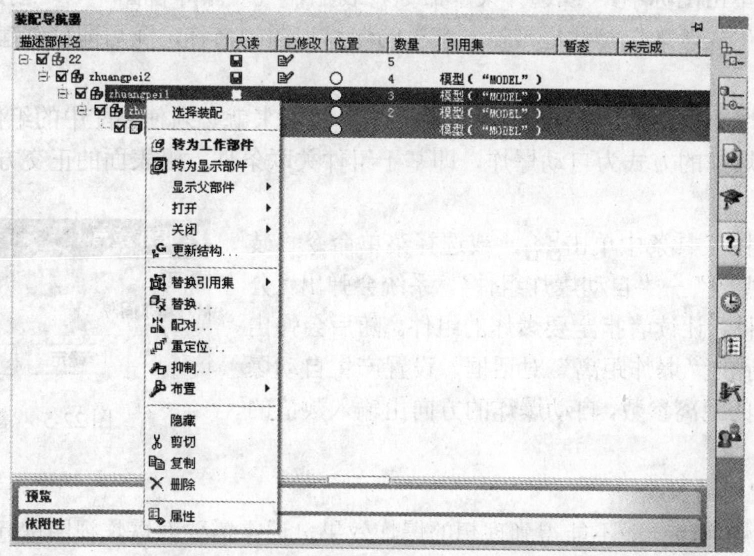

图 22-3 装配导航器

将光标放在树中的一个节点上，单击鼠标右键后，出现如图 22-3 所示的弹出式菜单，利用此菜单可以方便地操纵组件。

22.1.4 爆炸视图

一旦建立了装配视图，便可以为其中的组件定义爆炸视图了。在爆炸视图中，各个组件或子装配已经从它们的装配位置移离，如图 22-4 所示的千斤顶的爆炸视图与装配图。爆炸视图与显示部件相关联，并且可以与显示部件一起保存。

图 22-4 千斤顶爆炸视图（左）与装配图（右）

1. 爆炸视图的建立

完成部件装配后，可建立爆炸视图来表达装配部件内部各组件之间的相互关系。在爆炸视图工具条中单击图标，或选择菜单命令“装配”→“爆炸视图”→“创建爆炸视图”，系统会弹出“生成爆炸”对话框，输入产生的爆炸视图的名称，随后即可创建一个新的爆炸视图。

在新创建爆炸视图后，视图并没有发生变化，接下来就必须使装配中的组件炸开。在 UG NX 中，组件爆炸的方式为自动爆炸，即基于组件关联条件，沿表面的正交方向自动爆炸组件。

在爆炸视图工具条中单击，或选择菜单命令“装配”→“爆炸视图”→“自动爆炸组件”，系统会弹出“分类选择”对话框，让读者指定要爆炸的组件。随后会弹出如图 22-5 所示的“爆炸距离”对话框，设置产生自动爆炸时组件之间的距离参数，自动爆炸的方向由输入数值的正负来控制。

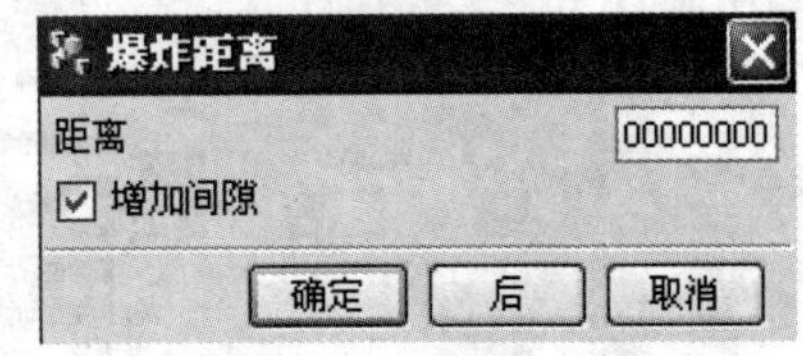

图 22-5 爆炸距离

2. 爆炸视图的编辑

采用自动爆炸，一般不能得到理想的爆炸效果，通常需要对爆炸视图进行调整。编辑爆炸视图是对所选择的部件输入分离参数，或对已存在的爆炸视图中的部件修改分离参数。

在爆炸视图工具条中单击，或选择菜单命令“装配”→“爆炸视图”→“编辑爆炸视图”，系统会弹出如图 22-6 所示的“编辑爆炸视图”对话框。该对话框可以实现单个或多个组件位置的调整，在其中输入所选组件的偏置距离和设置偏置方向后，即可完成该组件位置的调整。

3. 爆炸视图的操作

在创建了爆炸视图后，还可以利用系统提供的爆炸视图操作功能，对其进行一些常规的修改操作。

（1）复位组件　在爆炸视图工具条中单击，或选择菜单命令“装配”→“爆炸视图”→“取消爆炸组件”，系统会弹出“分类选择”对话框，选择要复位的组件后，系统即可使已爆炸的组件回到其原来的位置。

（2）删除爆炸视图　在爆炸视图工具条中单击，或选择菜单命令“装配”→“爆炸视图”→“删除爆炸图”，系统会弹出“爆炸图”对话框。其中显示了当前装配结构中所有的爆炸视图的名称，读者可以在列表中选择要删除的爆炸视图，则系统会删除这个已建立的爆炸视图。

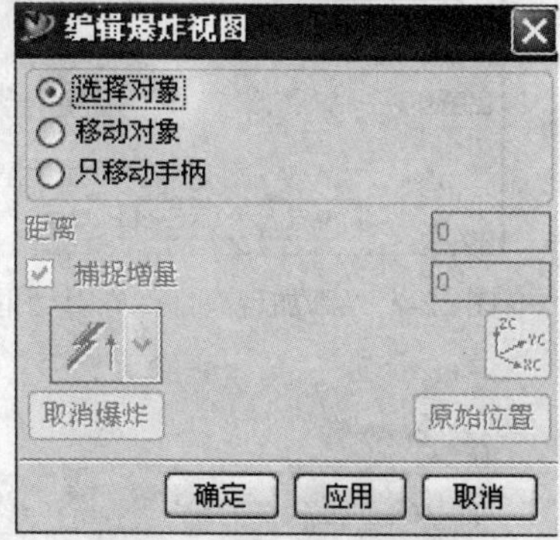

图 22-6 “编辑爆炸视图”对话框

（3）显示与隐藏爆炸视图　显示爆炸视图是将已建立的爆炸视图显示在图形区中。选择菜单命令“装配”→“爆炸视图”→“显示爆炸”，如果此时装配结构中只存在一个爆炸视图，则系统会直接将其打开，并显示在视图工作区中；如果已建立了多个爆炸视图，则系统会打开一个对话框，让读者在列表框中选择要显示的爆炸视图。

隐藏爆炸视图是将当前爆炸视图隐藏，使绘图工作区中的组件回到爆炸前的状态。选择菜单命令“装配”→“爆炸视图”→“隐藏爆炸”，如果此时绘图工作区中存在爆炸视图，则该爆炸视图隐藏，并恢复到原来的位置；如果此时绘图工作区中不存在爆炸视图，则会出现错误信息提示，说明没有爆炸视图存在，不能进行此项操作。

22.2 装配综合实例

在前面建模建立了千斤顶零件图的基础上，现利用这些零件图进行装配图的实例讲解。可以分为以下几个步骤：

1）进入 UG NX 后，打开前面创建的 5 个零件的文件，再新建名称为“zhuangpei0.prt”的文件，随后选择菜单 起始· 下的“装配”进入装配模块。

2）首先进行螺旋杆和螺套的装配。在装配工具条条中选择“添加现有的组件”图标，或选择菜单“装配”→“组件”→“添加现有的组件”，系统会弹出“选择部件”对话框；在载入的部件列表框中选择“luoxuangan.prt”，单击“确定”按钮，系统又会弹出如图 22-7 所示的“添加现有部件”对话框；在其中将“Reference Set”、“定位”和“图层选项”参数分别设置为“整个部件”、“绝对”和“工作层”，再单击“确定”按钮；随后系统会弹出点构造器，此时在绘图工作区的任意位置单击鼠标左键，系统就会导入螺旋杆。重复上述操作步骤，再导入螺套的文件“luotao.prt”，如图 22-8 所示，系统同时弹出如图 22-9 所示的“配对条件”对话框。

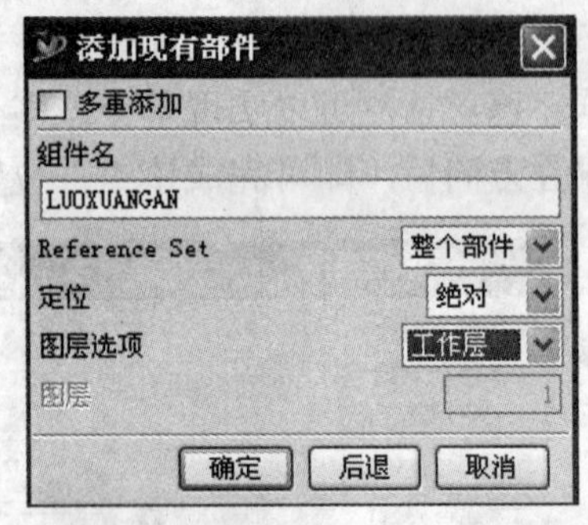

图 22-7 “添加现有部件”对话框

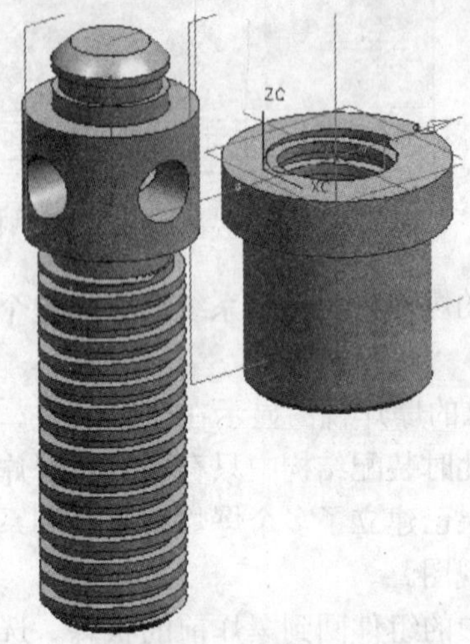

图 22-8 导入零件

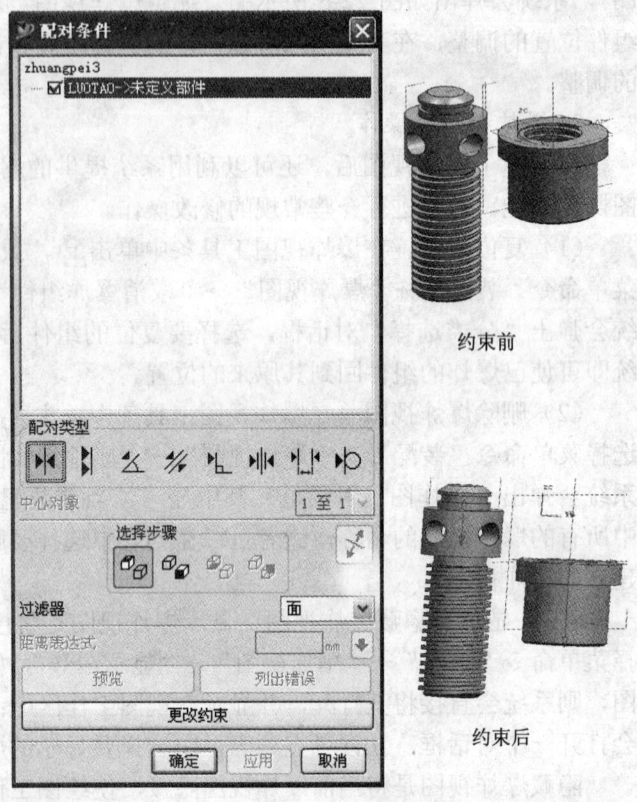

图 22-9 进行装配约束

3）在配对类型选项中单击，然后在绘图工作区中选择螺套的上端面，以及螺旋杆与螺套结合的端面，单击“应用”按钮，即可完成对所选对象装配条件的约束，其操作步骤如图 22-9 所示。

4）在“配对条件”对话框的“配对类型”选项中单击图标，然后在绘图工作区中选择螺套和螺旋杆零件的圆柱面，单击“应用”按钮，即可完成对所选对象的装配约束，其操作步骤如图 22-10 所示。

5）按照步骤 2）导入底座文件“dizuo.prt”，并将它定位在绘图工作区的合适位置，导入后如图 22-11 所示。

6）在装配工具条中单击“配对组件”图标，或选择菜单“装配”→“组件”→“贴合组件”，系统会弹出“配对条件”对话框；在“配对类型”选项中单击，然后在绘图工作区中选择底座零件的上端面以及螺套零件的上端面，系统用红色显示被选择的端面；单击“应用”按钮，即可完成对所选对象配对条件的约束，其操作步骤如图 22-12 所示。

7）在“配对条件”对话框的“配对类型”选项中单击“中心”图标，然后在绘图工作区中选择底座和螺旋杆零件的圆柱面，系统用红色显示被选择的端面；单击“应用”按钮，即可完成对所选对象的装配约束，其操作步骤如图 22-13 所示。

8）按照步骤 2）导入铰杆文件“jiaogan.prt”，并将它定位在绘图工作区的合适位置，导入后如图 22-14 所示。

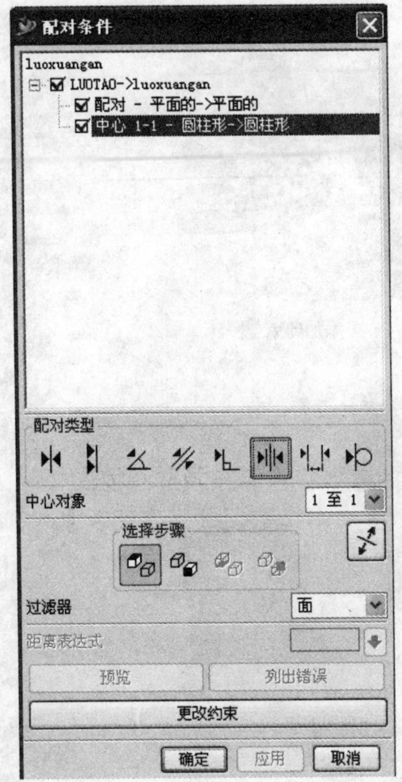

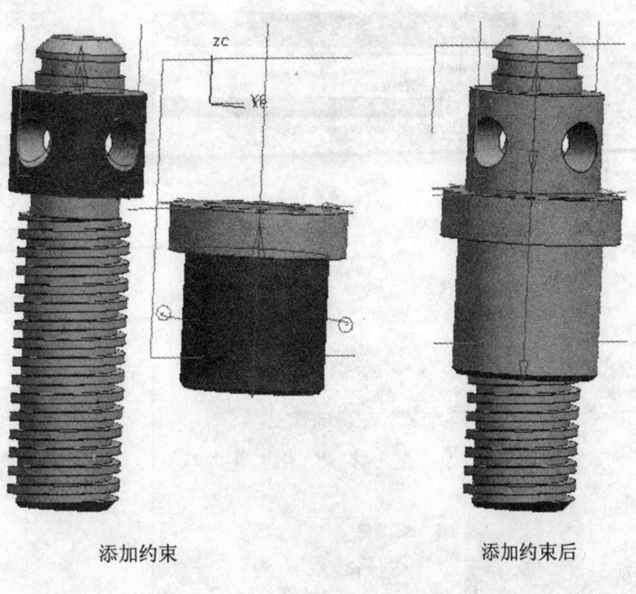

图 22-10　进行中心约束

9）在装配工具条中单击图标，或选择菜单“装配”→“组件”→“贴合组件”，系统会弹出“配对条件”对话框；在“配对类型”选项中单击，然后在绘图工作区中选择铰杆的表面以及螺旋杆的内孔面；单击“应用”按钮，即可完成对所选对象装配条件的约束，其操作步骤如图 22-15 所示。

10）按照步骤 2）导入顶垫文件“dingdian.prt”，并将它定位在绘图工作区的合适位置，导入后如图 22-16 所示。

图 22-11　导入底座零件

11）在装配工具条中单击图标，或选择菜单“装配”→“组件”→“贴合组件”，系统会弹出“配对条件”对话框；在“配对类型”选项中单击，然后在绘图工作区中选择顶垫的下表面以及螺旋杆的上部断面；单击“应用”按钮，即可完成对所选对象配对条件的约束，其操作步骤如图 22-17 所示。

12）在“配对条件”对话框的“配对类型”选项中单击图标，然后在绘图工作区中选择顶垫和底座零件的圆柱面，单击“应用”按钮，即可完成对所选对象的配对约束，其操作步骤如图 22-18 所示。

13）生成爆炸图。在爆炸视图工具条中单击图标，或选择菜单“装配”→“爆炸视图”→“创建爆炸视图”，系统会弹出“生成爆炸”对话框；在“名称”文本框中输入爆炸视图的名称，如“Explosion1”，单击“确定”按钮，则系统会激活其他与爆炸视图有关的命令功能，如图 22-19 所示。

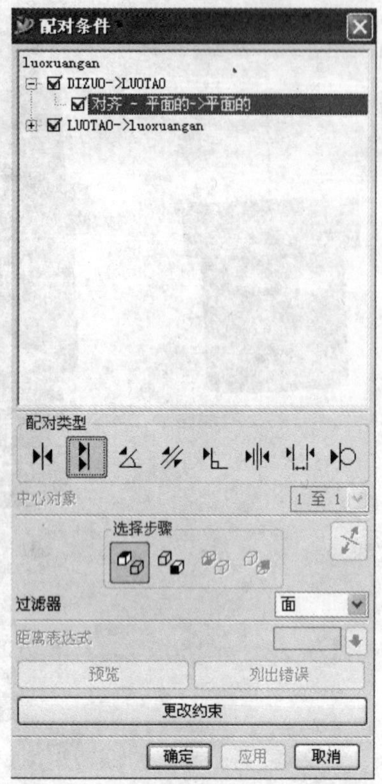

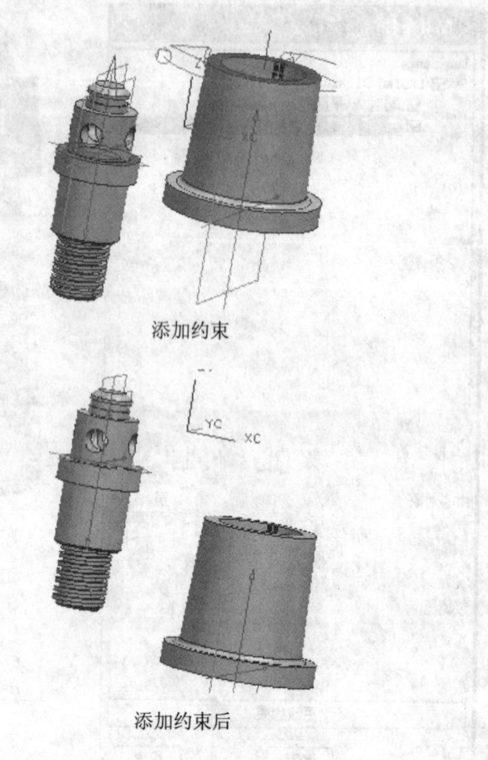

图 22-12　进行装配约束

图 22-13　添加中心约束

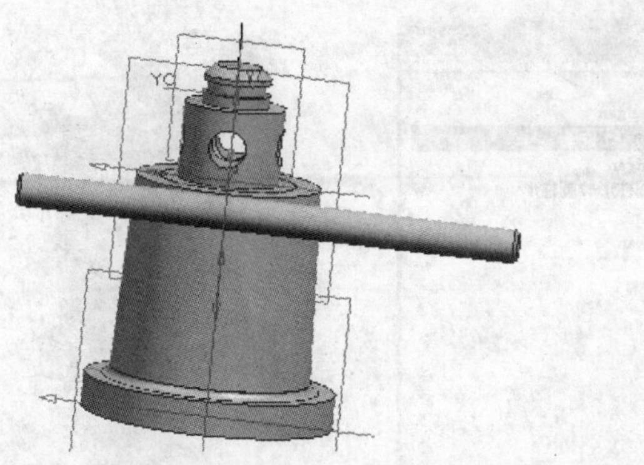

图 22-14　导入铰杆零件

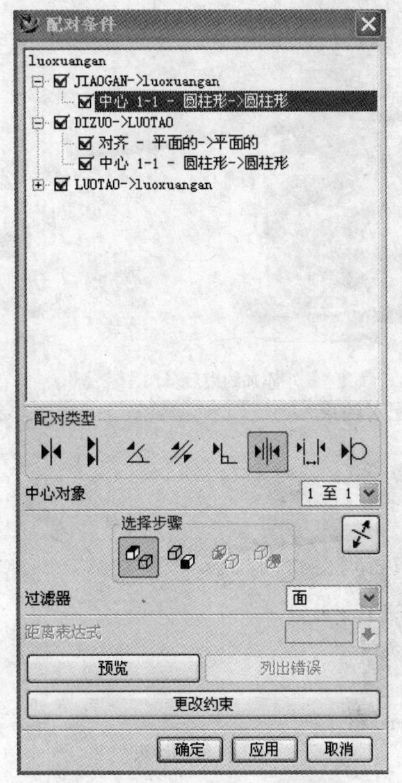

添加约束

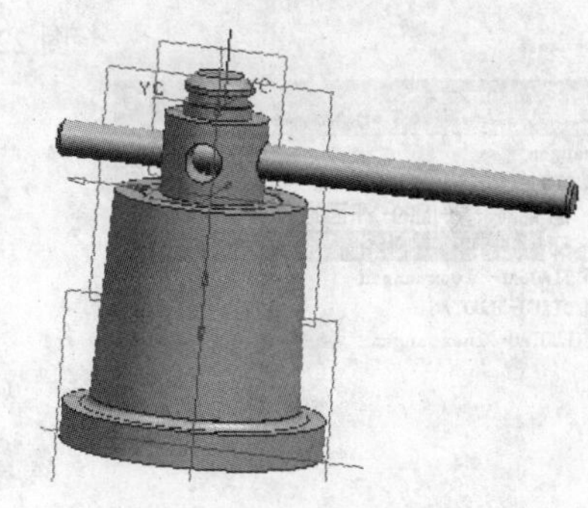

添加约束后

图 22-15　添加中心约束

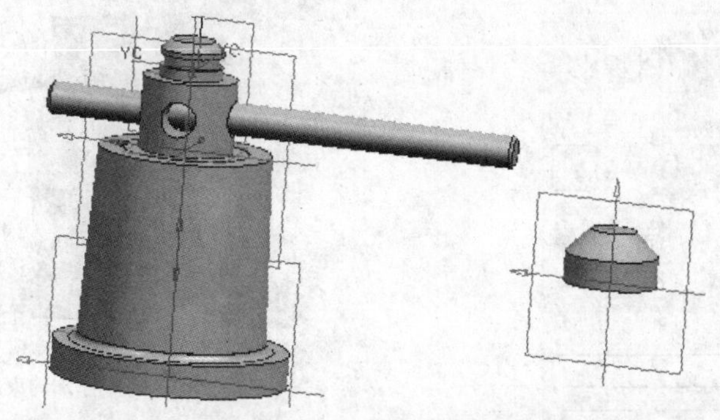

图 22-16　导入顶垫零件

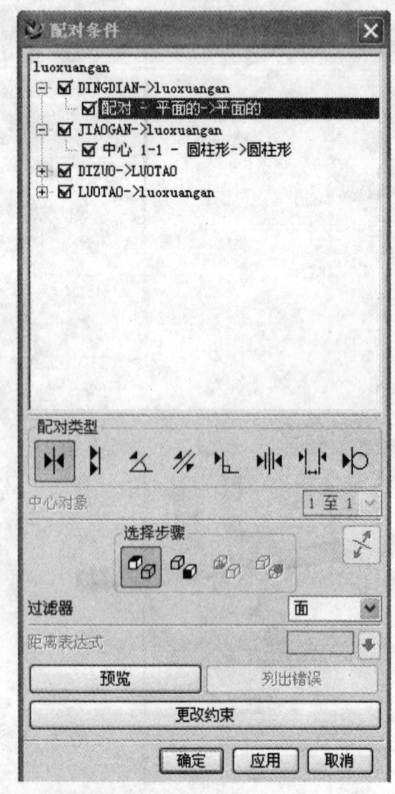

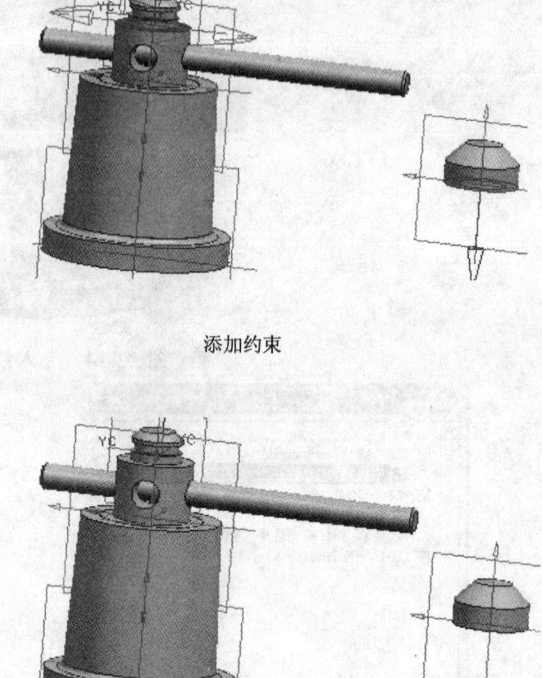

图 22-17　添加配对约束

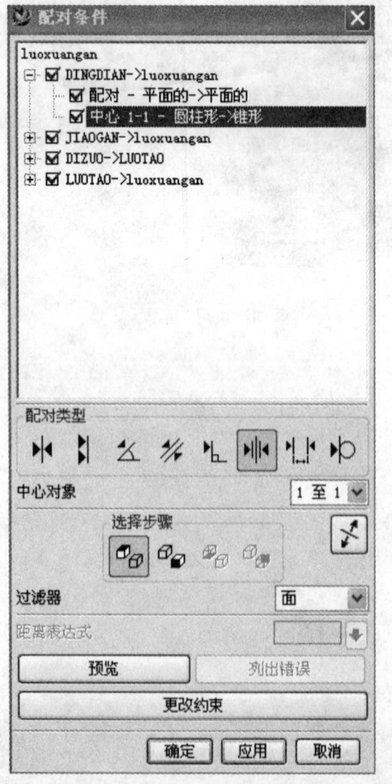

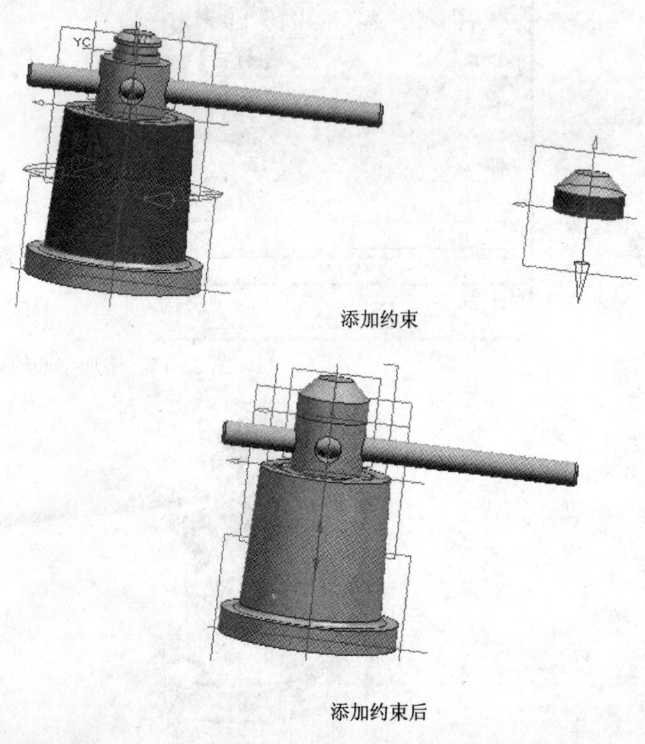

图 22-18　添加中心约束

14）在爆炸视图工具条中单击图标，或选择菜单“装配”→“爆炸视图”→“自动爆炸组件”，系统会弹出“分类选择”对话框；此时选取顶垫作为爆炸对象，单击“确定”按钮，系统会弹出“爆炸距离”对话框；在“距离”文本框中输入 5，单击“确定”按钮，即可生成爆炸视图，其操作步骤如图 22-19 所示。

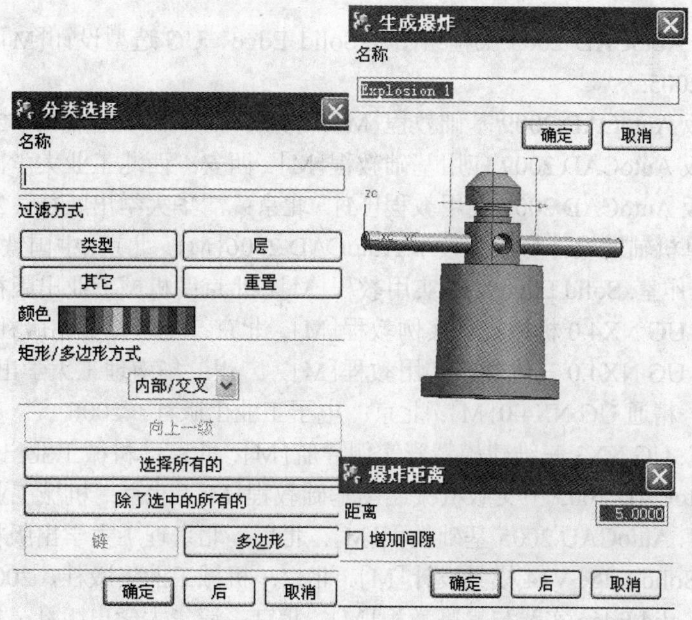

图 22-19　爆炸顶垫

15）重复步骤 14)，将其他零件爆炸后，生成的爆炸视图如图 22-20 所示。

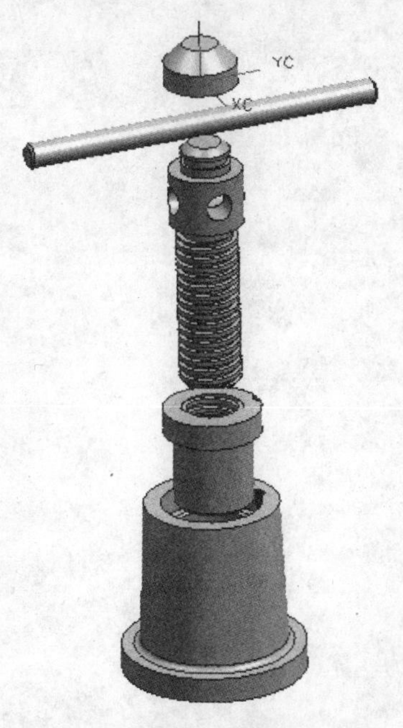

图 22-20　千斤顶的爆炸视图

参 考 文 献

[1] 姚涵珍，等. AutoCAD 2005 工程绘图及 Solid Edge、UG 造型设计[M]. 北京：机械工业出版社，2005.

[2] 薛焱. 中文版 AutoCAD 2009 基础教程[M]. 北京：清华大学出版社，2008.

[3] 马旭. 中文版 AutoCAD 2009 应用基础教程[M]. 西安：西北工业大学出版社，2007.

[4] 王征. 中文版 AutoCAD 2009 实用教程[M]. 北京：清华大学出版社，2008.

[5] 康顺利. 计算机辅助设计与绘图技术 AutoCAD 2006[M]. 北京：中国铁道出版社，2007.

[6] Cam2easy 工作室. Solid Edge V15 实用教程[M]. 北京：机械工业出版社，2004.

[7] 付本国，等. UG NX4.0 机械设计实例教程[M]. 北京：电子工业出版社，2006.

[8] 王树勋，等. UG NX4.0 三维建模实用教程[M]. 广州：华南理工大学出版社，2006.

[9] 杜立彬，等. 精通 UG NX4.0[M]. 北京：电子工业出版社，2006.

[10] 康鹏工作室. UG NX3 三维建模精彩实例导航[M]. 北京：机械工业出版社，2005.

[11] 徐敬谦. AutoCAD 2005 中文版机械制图基础教程[M]. 北京：机械工业出版社，2005.

[12] 郭启全，等. AutoCAD 2005 基础教程[M]. 北京：北京理工大学出版社，2004.

[13] 王恒，等. Solid Edge V14 模具设计[M]. 北京：机械工业出版社，2004.

[14] 续丹，等. Solid Edge 实践与提高教程[M]. 北京：清华大学出版社，2007.